“十三五”国家重点出版物出版规划项目
卓越工程能力培养与工程教育专业认证系列规划教材
（电气工程及其自动化、自动化专业）

开关变换器的建模与控制

张卫平　主　编
陈亚爱　张　懋　副主编
关晓菡　曹　靖　张晓强　参　编

机械工业出版社

本书系统地论述了开关变换器建模与控制方面的基本原理、基本方法、基本仿真技术、实用设计方法等。主要内容有：连续导电模式下直流-直流变换器建模，断续导电模式下直流-直流变换器建模，开关调节系统的基础知识，电压控制型开关调节系统的设计，平均电流控制型开关调节系统，峰值电流控制型开关调节系统的建模与设计，开关调节系统的仿真技术，谐振变换器的建模，LLC 谐振变换器的建模与设计，开关调节系统的 Psim 仿真技术等。

本书内容新颖、丰富、系统、实用。作者力图反映自 20 世纪 90 年代以来国内外学术界、技术界以及工程界在这个研究领域里取得的最新进展和主要研究成果。

本书可作为高等工科院校电气、自动化等相关专业高年级本科生、研究生的教材以及教学参考书，也适合于工程技术人员、研究人员在进行开关电源的工程设计和开发时使用及参考。

图书在版编目(CIP)数据

开关变换器的建模与控制 / 张卫平主编. —北京：机械工业出版社，2019.11(2024.1 重印)

“十三五”国家重点出版物出版规划项目　卓越工程能力培养与工程教育专业认证系列规划教材　电气工程及其自动化、自动化专业

ISBN 978-7-111-63732-5

Ⅰ. ①开…　Ⅱ. ①张…　Ⅲ. ①开关-变换器-系统建模-高等学校-教材 ②开关-变换器-控制系统-高等学校-教材　Ⅳ. ①TN624

中国版本图书馆 CIP 数据核字(2019)第 208481 号

机械工业出版社(北京市百万庄大街 22 号　邮政编码 100037)

策划编辑：王雅新　　责任编辑：王雅新　王小东

责任校对：刘志文　　封面设计：鞠　杨

责任印制：刘　媛

涿州市般润文化传播有限公司印刷

2024 年 1 月第 1 版第 4 次印刷

184mm×260mm · 22.5 印张 · 573 千字

标准书号：ISBN 978-7-111-63732-5

定价：59.00 元

电话服务

客服电话：010-88361066

010-88379833

010-68326294

网络服务

机　工　官　网：www.cmpbook.com

机　工　官　博：weibo.com/cmp1952

金　书　网：www.golden-book.com

机工教育服务网：www.cmpedu.com

“十三五”国家重点出版物出版规划项目

卓越工程能力培养与工程教育专业认证系列规划教材

（电气工程及其自动化、自动化专业）

编审委员会

序

工程教育在我国高等教育中占有重要地位，高素质工程科技人才是支撑产业转型升级、实施国家重大发展战略的重要保障。当前，世界范围内新一轮科技革命和产业变革加速进行，以新技术、新业态、新产业、新模式为特点的新经济蓬勃发展，迫切需要培养、造就一大批多样化、创新型卓越工程科技人才。目前，我国高等工程教育规模世界第一。我国工科本科在校生约占我国本科在校生总数的1/3，近年来我国每年工科本科毕业生约占世界总数的1/3以上。如何保证和提高高等工程教育质量，如何适应国家战略需求和企业需要，一直受到教育界、工程界和社会各方面的关注。多年以来，我国一直致力于提高高等教育的质量，组织并实施了多项重大工程，包括卓越工程师教育培养计划(以下简称卓越计划)、工程教育专业认证和新工科建设等。

卓越计划的主要任务是探索建立高校与行业企业联合培养人才的新机制，创新工程教育人才培养模式，建设高水平工程教育教师队伍，扩大工程教育的对外开放。计划实施以来，各相关部门建立了协同育人机制。卓越计划要求试点专业要大力改革课程体系和教学形式，依据卓越计划培养标准，遵循工程的集成与创新特征，以强化工程实践能力、工程设计能力与工程创新能力为核心，重构课程体系和教学内容；加强跨专业、跨学科的复合型人才培养；着力推动基于问题的学习、基于项目的学习、基于案例的学习等多种研究性学习方法，加强学生创新能力训练，“真刀真枪”做毕业设计。卓越计划实施以来，培养了一批获得行业认可、具备很好的国际视野和创新能力、适应经济社会发展需要的各类型高质量人才，教育培养模式改革创新取得突破，教师队伍建设初见成效，为卓越计划的后续实施和最终目标的达成奠定了坚实基础。各高校以卓越计划为突破口，逐渐形成各具特色的人才培养模式。

2016年6月2日，我国正式成为工程教育“华盛顿协议”第18个成员，标志着我国工程教育真正融入世界工程教育，人才培养质量开始与其他成员达到了实质等效，同时，也为以后我国参加国际工程师认证奠定了基础，为我国工程师走向世界创造了条件。专业认证把以学生为中心、以产出为导向和持续改进作为三大基本理念，与传统的内容驱动、重视投入的教育形成了鲜明对比，是一种教育范式的革新。通过专业认证，把先进的教育理念引入了我国工程教育，有力地推动了我国工程教育专业教学改革，逐步引导我国高等工程教育实现从课程导向向产出导向转变、从以教师为中心向以学生为中心转变、从质量监控向持续改进转变。

在实施卓越计划和开展工程教育专业认证过程中，许多高校的电气工程及其自动化、自动化专业结合自身的办学特色，引入先进的教育理念，在专业建设、人才培养模式、教学内容、教学方法、课程建设等方面积极开展教学改革，取得了较好的效果，建设了一大批优质课程。为了将这些优秀的教学改革经验和教学内容推广给广大高校，中国工程教育专业认证协会电子信息与电气工程类专业认证分委员会、教育部高等学校电气类专业教学指导委员会、教育部高等学校自动化类专业教学指导委员会、中国机械工业教育协会自动化学科教学委员会、中国机械工业教育协会电气工程及其自动化学科教学委员会联合组织规划了“卓越工程能力培养与工程教育专业认证系列规划教材(电气工程及其自动化、自动化专业)”。本套教材通过国家新闻出版广电总局的评审，入选了“十三五”国家重点图书。本套教材密切联系行业和市场需求，以学生工程能力培养为主线，以教育培养优秀工程师为目标，突出对学生工程理念、工程思维和工程能力的培养。本套教材在广泛吸纳相关学校在“卓越工程师教育培养计划”实施和工程教育专业认证过程中的经验和成果的基础上，针对目前同类教材存在的内容滞后、与工程脱节等问题，紧密结合工程应用和行业企业需求，突出实际工程案例，强化对学生工程能力的教育培养，积极进行教材内容、结构、体系和展现形式的改革。

经过全体教材编审委员会委员和编者的努力，本套教材陆续跟读者见面了。由于时间紧迫，各校相关专业教学改革推进的程度不同，本套教材还存在许多问题。希望各位老师对本套教材多提宝贵意见，以使教材内容不断完善提高。也希望通过本套教材在高校的推广使用，促进我国高等工程教育教学质量的提高，为实现高等教育的内涵式发展贡献一份力量。

卓越工程能力培养与工程教育专业认证系列规划教材

（电气工程及其自动化、自动化专业）

编审委员会

前　言

开关变换器是一个带有闭环控制的高阶-离散-非线性-时变系统，不能直接应用经典控制理论分析和设计，这给开关调节系统的动态分析和设计带来了极大的困难。然而，开关变换器的建模与控制是研究开关变换器动态特性的基础，也是电力电子与电气传动方向研究生、电气工程及其自动化专业本科生以及从事开关电源研究与开发的工程技术人员必备的基础知识。自20世纪80年代以来，开关变换器的建模与控制一直是电力电子学研究领域的重要内容之一，并已取得了许多成果，在理论方面基本趋于完善，在模拟控制技术方面已经成熟。

开关变换器的建模与控制受到国内外普遍重视的原因是：①随着开关变换器的广泛应用，特别是开关变换器在信息产业中的应用，对其动态特性提出了新的要求；②随着高频功率开关器件的普遍使用，为改善开关变换器的动态特性提供了物质条件；③随着对开关变换器研究的深入，研究者为了充分发挥高频功率器件的性能，设计出能够满足市场要求的高性能电源产品，急需一种理论来指导其动态设计。近年来随着数字控制技术的发展和普及，以平均状态方程为基础的建模理论进一步表现出其局限性，因此编著一本适合研究生和本科生使用的相关教材是很有必要的。

虽然开关变换器有很多种拓扑结构和控制方式，但总的来讲，开关变换器可以分为两类，即PWM型变换器和谐振变换器，两种变换器存在着较大的差别，本书前几章主要研究PWM型变换器的建模与控制。继有源箝位变换器和全桥移相变换器后，LLC谐振变换器受到学者和工业界的普遍关注，LLC谐振变换器具有结构简单、效率高、效率曲线符合期望值要求、输入电压变化范围宽和便于功率集成等优点。不同于PWM控制，谐振变换器采用了变频控制。到目前为止，LLC谐振变换器功率电路的设计方法基本成熟，但是物理概念模糊，难以理解。本书试图利用数理方法，将物理概念与工程设计相结合，以便读者透彻理解，解决调试中出现的问题。谐振变换器的小信号工作过程类似于调频通信系统，比较复杂，所以始终没有一个令人满意的小信号模型和仿真电路。本书采用李泽元教授在LLC谐振变换器小信号建模方面取得的研究成果介绍相关的建模理论。

本书系统地论述了开关变换器建模与控制方面的基本原理、基本方法、基本仿真技术、实用设计方法等，主要内容包括三个部分：第一部分，开关变换器的建模；第二部分，开关调节系统的控制技术；第三部分，开关调节系统的仿真技术。开关变换器建模是研究控制技术的基础，仿真技术是分析、验证开关调节系统稳态和动态特性的重要手段。全书共分为10章。第1章连续导电模式下直流-直流变换器建模，主要介绍小信号模型的建模思路——基本建模法、状态空间平均法、开关器件与开关网络平均模型法等。第2章断续导电模式下直流-直流变换器建模，主要介绍状态空间平均法、开关器件平均模型法和开关网络平均模型法在DCM变换器中的应用。第3章开关调节系统的基础知识，主要介绍IEC有关开关调节系统瞬态响应的基本要求、瞬态分析、频域分析与设计以及频率特性的测量等基础知识。第 4 章电压控制型开关调节系统的设计，分别介绍常用的单极点型控制对象和双重极点型控制对象电压控制器的设计方法，并通过开关电源的设计实例介绍了隔离型和无隔离型这两种典型采样网络的设计方法。第 5 章平均电流控制型开关调节系统，主要介绍双环控制的开关调节系统分析方法，尤其是电流控制器的大信号设计以及等效功率级与电压控制器的设计。第 6 章峰值电流控制型开关调节系统的建模与设计，先介绍次谐波振荡产生的原因、消除技术以及斜坡补偿电路的设计方法与典型电路，然后介绍电流控制环的一阶模型、精确模型及其电压控制器的设计方法，最后介绍三种基本电路的传递函数及其框图分析法。第 7 章开关调节系统的仿真技术，主要介绍采用通用电路分析软件（PSpice）研究 PWM 型开关调节系统的大信号及小信号动态响应的相关内容。第 8 章谐振变换器的建模，主要介绍谐振变换器建模的基础知识、扩展描述函数分析法及等效电路模型法。第 9 章 LLC 谐振变换器的建模与设计，主要介绍 LLC 谐振变换器的基波分析法、功率级设计、小信号模型、闭环静态分析及反馈电路的设计方面的内容。第 10 章开关调节系统的 Psim 仿真技术，主要介绍基于小信号时域仿真的数值建模、控制器的智能设计和自动生成数字控制器的 C 代码等内容。

本书内容丰富、新颖，力图反映 20 世纪 90 年代以来国内外学术界、技术界、工程界在这个研究领域里取得的最新进展和主要研究成果。作为一本教材，编著者力图做到兼顾基础性、先进性、系统性和实用性。基础性：国内外的学者在开关变换器建模与控制方面做了大量卓有成效的研究工作，研究成果发表在国内外杂志、论文集或会议报告中。编著者通过学习、分类、归纳和研究，对现有的成果去粗取精，重点介绍具有典型代表意义的基础知识，使读者能够举一反三。系统性：由于没有现成的参考书，且现有成果较为分散，本书力图系统介绍已有的成果，并使之初步形成较为完整的理论体系。实用性：书中含有大量经过实际验证的设计实例、设计方法和设计程序。为了突出实用性，书中还介绍了若干实验技术和方法，以便研究者能用实验的方法验证其理论结果。先进性：本书力图反映在开关变换器建模与控制研究领域里取得的有实用价值的最新成果。

参加本书编写工作的人员有：张卫平教授（博士）、陈亚爱教授、张懋博士、关晓菡副教授、曹靖博士、张晓强副教授。其中，第 1、2 章由关晓菡副教授编写；第 3、4 章由陈亚爱教授编写；第 5、6、7 章由张卫平教授编写；第 8 章由曹靖博士编写；第 9 章及第 10 章的 10.1、10.3 节由张懋博士编写；第 10 章的 10.2 节由张晓强副教授编写。

美国 POWERSIM 软件中国总代理商新驱科技（北京）有限公司王江武和时晓东工程师等为本书的编写提供了大量资料和帮助。参加本书审阅的专家有：西安交通大学刘进军教授(审阅了第 1、2 章)，浙江大学何湘宁教授(审阅了第 3、4 章)，南京航空航天大学阮新波教授(审阅了第 5、6 章)，浙江大学吴兆麟教授(审阅了第 7、8 章)，LLC 谐振变换器专家、台达电子企业管理（上海）有限公司研发中心主任章进法(审阅了第 9 章)及时晓东工程师(审阅了第 10 章)。在此对以上人员和关心本书的所有人员表示由衷的感谢！ 此外，北方工业大学绿色电源实验室的刘元超、程强，研究生陈云鹏、赵荀等同志也付出了辛勤的劳动，在此向他们致以衷心的感谢。

作者在编著本书时参考了很多文献，在此对文献的作者表示感谢。

由于电力电子技术的发展十分迅猛，在开关变换器建模与控制研究领域里已取得的许多很有使用价值的成果无法在一本书中将其全部囊括，因此，难免挂一漏万。由于编著者的水平有限，加之时间仓促，书中难免有不妥之处，甚至谬误，恳请前辈、同仁们及广大读者批评赐教。

编　者

2019 年于北方工业大学

目　录

序

前言

第 1 章　连续导电模式下直流-直流变换器建模 ……1

1.1　直流-直流变换器控制系统概述 ……1

1.2　直流-直流变换器小信号模型概述 ……4

1.3　状态空间平均法 ……14

1.4　开关器件与开关网络平均模型法 ……30

1.5　非理想 Flyback 变换器的分析 ……46

第 2 章　断续导电模式下直流-直流变换器建模 ……55

2.1　状态空间平均法在 DCM 变换器中的应用 ……55

2.2　开关器件平均模型法在 DCM 变换器中的应用 ……71

2.3　开关网络平均模型法在 DCM 变换器中的应用 ……76

第 3 章　开关调节系统的基础知识 ……85

3.1　开关调节系统简介 ……85

3.2　时域性能指标和频域性能指标 ……89

3.3　开关变换器传递函数分析 ……94

3.4　开关调节系统的瞬态分析 ……100

3.5　典型开关调节系统的频域分析与设计 ……106

3.6　开关调节系统频率特性的测量 ……116

第 4 章　电压控制型开关调节系统的设计 ……120

4.1　电压控制型开关调节系统中的基本问题 ……120

4.2　电压控制型开关调节系统的设计 ……127

4.3　单极点型控制对象的电压控制器 ……137

4.4　双重极点型控制对象的电压控制器 ……142

4.5　电压采样网络的设计 ……150

4.6　开关电源的设计实例 ……155

第 5 章　平均电流控制型开关调节系统 ……163

5.1　双环控制的开关调节系统 ……163

5.2　电流控制器的大信号设计 ……168

5.3　等效功率级与电压控制器的设计 ……175

5.4　双环系统控制 Buck 变换器的分析与研究 ……182

第 6 章　峰值电流控制型开关调节系统的建模与设计……186
6.1　次谐波振荡及其消除技术……187
6.2　斜坡补偿电路的设计及其典型应用……191
6.3　电流控制环的一阶模型……196
6.4　基于一阶模型设计电压控制器……201
6.5　电流控制环的精确模型……208
6.6　三种基本变换器的传递函数及其框图分析法……217
第 7 章　开关调节系统的仿真技术……227
7.1　电路平均和平均开关模型……227
7.2　开关变换器开环特性的仿真……231
7.3　组合型 CCM/DCM 平均开关模型及 PSpice 建模……234
7.4　组合型 CCM/DCM 模型的应用举例……237
7.5　峰值电流控制器的 PSpice 建模及其仿真……244
第 8 章　谐振变换器的建模……250
8.1　谐振变换器建模的基础知识……250
8.2　谐振变换器扩展描述函数分析法……259
8.3　等效电路模型法……273
第 9 章　LLC 谐振变换器的建模与设计……282
9.1　LLC 谐振变换器的基础知识……282
9.2　功率级设计……288
9.3　LLC 谐振变换器的小信号模型……298
9.4　闭环 LLC 谐振变换器的静态分析……302
9.5　LLC 谐振变换器反馈电路设计……306
第 10 章　开关调节系统的 Psim 仿真技术……311
10.1　开关变换器数值建模……311
10.2　控制器的智能设计……318
10.3　自动形成数字控制器的 C 代码……323
附录……335
附录 A　与频率法相关的基础知识……335
附录 B　几种传递函数近似处理方法……343
参考文献……349

第 1 章　连续导电模式下直流-直流变换器建模

1.1　直流-直流变换器控制系统概述

直流-直流(DC-DC)变换器是构建许多其他类型电能变换器的基本组成部分。然而为了有效实现各种电能变换功能，并使系统安全、平稳地运行，DC-DC 变换器必须与其他功能模块相互配合，组成一个控制系统，共同完成电能的变换与调节，这种 DC-DC 变换器控制系统也称为开关调压系统。

一个典型的 DC-DC 变换器控制系统的结构原理图如图 1-1 所示。系统的核心部分为 DC-DC 变换器，同时包含了控制用的负反馈回路。在负反馈回路中，输出电压 $v(t)$ 经采样后与给定的参考电压 V_{ref} 相比较，所得偏差送补偿放大环节，再经过脉冲宽度调制，得到一系列控制用的脉冲序列$\delta(t)$，通过驱动器将脉冲放大，控制 DC-DC 变换器中功率开关器件的导通与关断。控制输入 $d(t)$ 代表开关器件在一个周期内的导通占空比，是脉冲序列$\delta(t)$的参数，改变 $d(t)$ 即可调节变换器的输出电压 $v(t)$，$d(t)$ 也称为控制量。当输入电压或负载发生变化时，或系统受到其他因素的干扰使输出电压发生波动时，通过负反馈回路可以调节 DC-DC 变换器中开关器件在一个开关周期内的导通时间，达到稳定输出电压的目的。此外，为了提高系统的工作性能，保证输出波形的质量，使系统安全运行，通常在一个完整的 DC-DC 变换器控制系统中还应包括滤波、保护、缓冲等辅助环节，可以参考有关文献中的内容[1,2]。

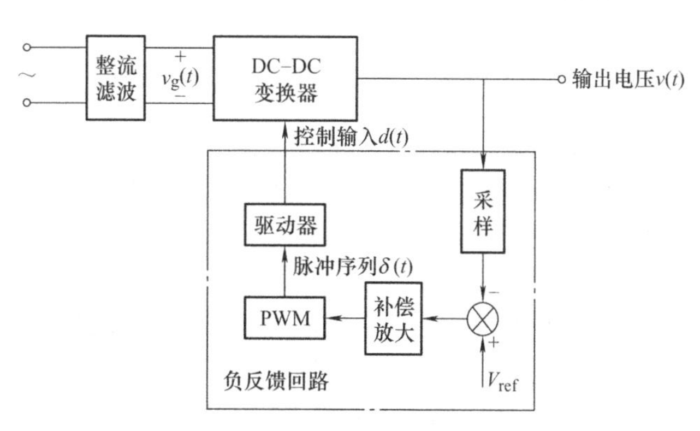

图 1-1　DC-DC 变换器控制系统的结构原理图

以图 1-2 所示的 Buck 型开关调压系统为例，该系统是对图 1-1 所示 DC-DC 变换器控制系统的具体实现。图 1-2 中采用 Buck 型变换器作为 DC-DC 变换器，V_g 代表整流滤波后得到的直流输入电压。输出电压采样环节由分压电路实现。运放 A1 及阻抗 Z_1、Z_2 共同组成比较和补偿放大环节，产生的控制信号 $v_c(t)$ 输入给脉冲调制环节 PWM，PWM 产生的脉冲序列$\delta(t)$经驱动器驱动后作为 Buck 变换器中功率开关器件 MOSFET 的栅极驱动信号。

PWM 环节的一种实现方式如图 1-3a 所示，利用比较器 A2 将控制信号 $v_c(t)$ 与振荡器产生的锯齿波时钟信号相比较，其输出为周期不变、脉冲宽度即占空比 $d(t)$ 受 $v_c(t)$ 调制的一系列脉冲信号$\delta(t)$，具体工作过程如图 1-3b 所示。在每个开关周期内，当 $v_c(t)$ 大于锯齿波时钟信号时，输出脉冲为高电平，开关器件导通；当时钟信号上升大于 $v_c(t)$ 时，输出脉冲为低电平，开关器件截止，直到下一周期开始，再次输出高电平。可见，输出脉冲的周期与锯齿波的周期相同，占空比 $d(t)$ 由 $v_c(t)$ 决定，进而决定了开关器件的导通时间。

驱动器环节的驱动方式多种多样，不同的功率开关器件对驱动电路的要求也不同[3]。以图 1-2 所示的 MOSFET 为例，其栅极驱动可以采用 TTL 电路、CMOS 电路、晶体管推挽电路和专用集成驱动电路芯片等多种方式。驱动电路应具有电气隔离和为栅极提供合适的驱动脉冲等功能。采用专用集成电路芯片是目前常用的一种驱动方式[4]。

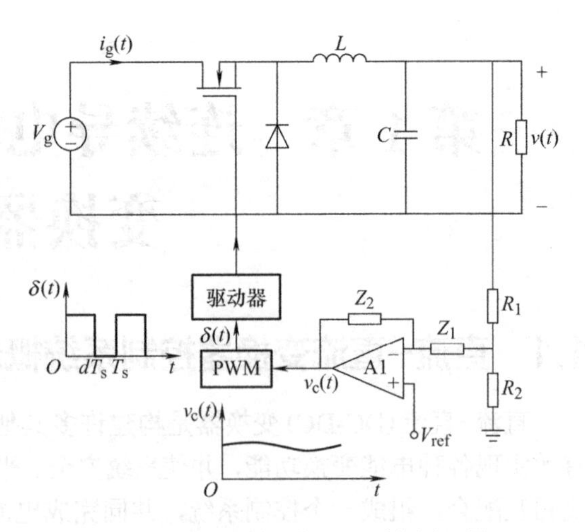

图 1-2　Buck 型开关调压系统原理图

当输入电压或负载发生变化，或系统受到其他因素的干扰，使输出电压发生波动时，如图 1-2 所示 Buck 型开关调压系统，可以通过负反馈回路调节开关器件的导通占空比 $d(t)$，使输出电压稳定。例如，当输入电压 V_g 上升时，输出电压 $v(t)$ 也随之上升，采样电压上升，$v_c(t)$ 下降，则 PWM 输出脉冲的占空比 $d(t)$ 减小，MOSFET 在一周期内的导通时间缩短，使 $v(t)$ 减小，达到了稳压的目的。

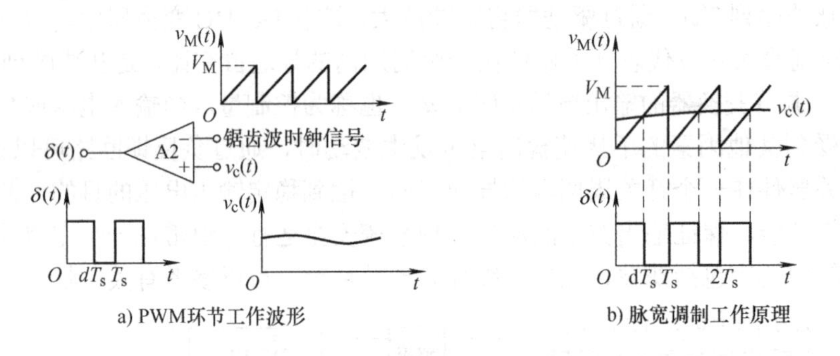

图 1-3　脉宽调制（PWM）环节

当 DC-DC 变换器控制系统的输入电压、负载都维持恒定，且系统无外界干扰时，变换器的工作状态最为简单。此时输入 $v_g(t)$、PWM 环节的输入 $v_c(t)$ 与控制量 $d(t)$ 皆为恒定值，分别用 V_g、V_c 与 D 表示。$v_g(t)$、$v_c(t)$、开关器件的驱动脉冲 $\delta(t)$ 以及稳态工作时输出电压 $v(t)$ 的波形如图 1-4a 所示。可见输出 $v(t)$ 是由直流分量与周期性的细小纹波叠加而成，纹波的周期与驱动脉冲的周期相同，均为 T_s，纹波是由功率开关器件周期性的导通与关断引起的。对输出电压 $v(t)$ 在一个开关周期内求平均即可得到其直流分量，用 V 表示。由于纹波的幅值很小，只有几十毫伏，一般远远小于平均值 V，因此通常可以忽略纹波的影响，将 $v(t)$ 视为直流，用 $v(t)$ 在一周期内的平均值 V 代表变换器输出，从而实现了 DC-DC 变换的目的。

但是，在各种实际系统中，$v_g(t)$ 常常无法达到理想的直流，其中包含整流后的谐波等交流分量；而且在负反馈回路的作用下，驱动脉冲的占空比也相应地成为一个时间变量 $d(t)$。若 $v_g(t)$ 与 $d(t)$ 中分别包含交流分量 $\hat{v}_g(t)$ 和 $\hat{d}(t)$，即

$$v_g(t) = V_g + \hat{v}_g(t),\ \hat{v}_g(t) = v_{gm}\cos\omega_g t \tag{1-1}$$

$$d(t) = D + \hat{d}(t),\ \hat{d}(t) = d_m\cos\omega_g t \tag{1-2}$$

$$\left|\hat{v}_g(t)\right| << \left|V_g\right|, \left|\hat{d}(t)\right| << \left|D\right|, \ f_g << f_s \tag{1-3}$$

式中，V_g与D分别为$v_g(t)$与$d(t)$中的直流分量；v_{gm}与d_m分别为$v_g(t)$与$d(t)$中交流分量的幅值；$\omega_g(=2\pi f_g)$为输入交流分量的频率，通常控制量的交流分量具有与输入交流分量相同的频率；f_s为开关频率。

由于$v_g(t)$与$d(t)$的交流分量的幅值远远小于对应的直流分量，因此也称交流分量为交流小信号或低频小信号扰动。此时变换器的输入$v_g(t)$、PWM环节的输入$v_c(t)$、驱动脉冲$\delta(t)$以及稳态工作时输出$v(t)$的波形如图1-4b所示，可见输出电压$v(t)$中不仅含有直流分量与开关纹波，同时还出现了与输入交流小信号相同频率的低频交流分量。

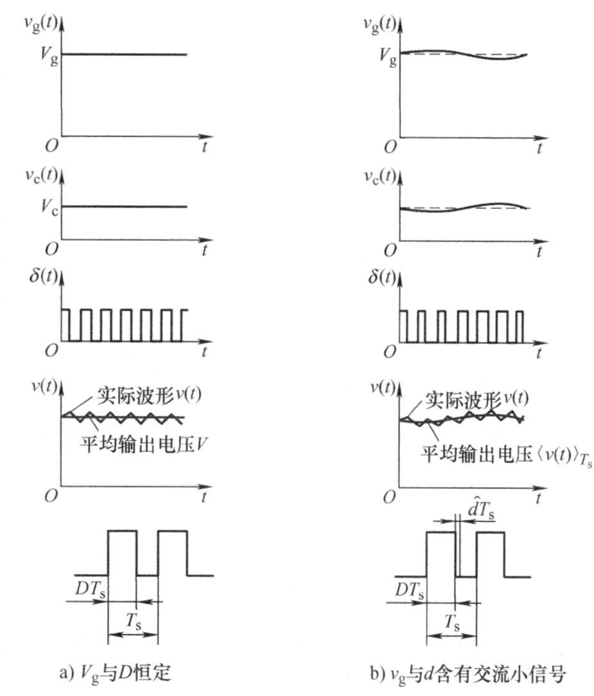

图1-4　DC-DC变换器控制系统变量示意图

图1-4b中输出电压$v(t)$的频谱如图1-5所示。$v(t)$中含有直流分量V_0、低频扰动及其谐波分量(f_g，$2f_g$，$3f_g$，……)、开关频率及其谐波分量(f_s，$2f_s$，……)，以及开关频率及其谐波分量的边频分量($f_s \pm f_g$，$2f_s \pm f_g$，……)。一般情况下，变换器中低通滤波器的转折频率f_0远小于开关频率f_s，输出电压中主要的频率分量为低频扰动分量f_g，或称为小信号分量。小信号分量的幅值与相位不仅与输入量$v_g(t)$和控制量$d(t)$有关，同时受变换器的频率特性的影响；要为DC-DC变换器控制系统设计控制策略，使系统性能满足一定要求，也必须以变换器的动态模型为基础。因此，研究存在交流小信号扰动时DC-DC变换器的特性、为变换器建立解析模型或等效电路模型是分析和设计DC-DC变换器控制系统的前提。

DC-DC变换器的模型按其传输信号的种类可以分为稳态模型、小信号模型和大信号模型等，其中稳态模型主要用于求解变换器在稳态工作时的工作点；小信号模型用于分析低频交流小信号分量在变换器中的传递过程，是分析与设计变换器的有力数学工具，是本章和第2章研究的重点；大信号模型目前主要用于对变换器进行仿真，有时也用于研究不满足小信号条件时的系统特性。

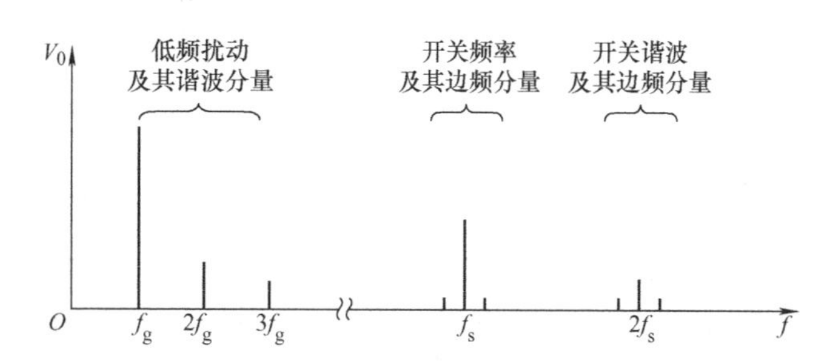

图1-5　含有交流小信号分量的DC-DC变换器输出电压频谱

本章和第2章将介绍多种DC-DC变换器的建模方法，虽然每种方法有其不同的着眼点和建模过程，但由于变换器中的有源开关器件和二极管都是在其特性曲线的大范围内工作，从而使变换器成为一个强非线性电路。针对变换器的这一特殊性，采取如下建模思路：首先将变换器电路中的各变量在一个开关周期内求平均，以消除开关纹波的影响；其次将各平均变量表达为对应的直流分量与交流小信号分量之和，消去直流分量后即可得到只含小信号分量的表达式，达到分离小信号的目的；最后对只含小信号分量的表达式作线性化处理，从而将非线性系统在直流工作点附近近似为线性系统，为将线性系统的各种分析与设计方法应用于DC-DC变换器做好准备。

本章着眼于为各种变换器建立连续导电模式(CCM)下的模型，第2章将讨论如何建立断续导电模式(DCM)下的模型。1.2节首先介绍各种建模方法共同遵循的最基本思路，即求平均变量、分离扰动与线性化，基于这一思路直接得到的方法称为基本建模法；根据解析模型建立交流小信号的等效电路模型，在此基础上分析变换器的低频动态特性。1.3节介绍状态空间平均法，这一方法是对1.2节基本思路的直接应用，或者说是用状态方程的形式对1.2节的方法所做的具体描述，但又比基本建模法更具普遍适用性；该节还将介绍交流小信号的标准电路，以及根据状态方程建立标准电路的方法。1.4节介绍开关器件与开关网络平均模型法，是用受控源构成开关器件或开关网络的等效平均电路，也称为大信号等效电路，由此进一步求得直流等效电路与交流小信号等效电路，该方法较前两种方法操作更加简便，且因相同结构的开关网络具有相同的等效电路，故为等效电路的建立和变换器的仿真带来方便。1.5节将对带变压器隔离的Flyback变换器进行分析研究，说明以上各种方法如何应用于隔离变换器，并从中总结隔离变换器建模的特点。

1.2 直流-直流变换器小信号模型概述

为了研究含有交流小信号分量的直流-直流变换器动态特性，目前已提出了多种直流-直流变换器的交流小信号分析方法[1,5]。本节将介绍交流小信号建模方法的基本思路及其应用，包括如何根据解析模型建立交流小信号的等效电路模型，及分析变换器的低频动态特性等。

1.2.1 小信号模型的建模思路——基本建模法

首先介绍一种将非线性问题线性化的常用方法。以图1-6所示的理想Boost变换器为例，已知电路工作在连续导电模式(CCM)下，输入电压和输出电压均为直流，占空比D恒定不变。基于这些条件，可以证明变换器的直流电压增益M与占空比D之间存在着如下非线性关系(证明过程可参见本小节后续内容)

$$M=\frac{V}{V_{\mathrm{g}}}=\frac{1}{1-D} \tag{1-4}$$

M与D的关系如图1-7所示。若输入电压$v_{\mathrm{g}}(t)$中存在一个小信号扰动量$\hat{v}_{\mathrm{g}}(t)$，为了确保输出电压恒定，则占空比$d(t)$中必然含有交流小信号分量$\hat{d}(t)$。在这种工作状态下电压增益也不再是恒定值，v/v_{g}随$d(t)$按非线性规律变化，且存在一个与$\hat{v}_{\mathrm{g}}(t)$、$\hat{d}(t)$相对应的扰动量$\hat{m}(t)$。如果想求得$\hat{m}(t)$与$\hat{v}_{\mathrm{g}}(t)$、$\hat{d}(t)$之间的关系，需要求解非线性方程。然而，当$\hat{v}_{\mathrm{g}}(t)$满足$\left|\hat{v}_{\mathrm{g}}(t)\right|<<V_{\mathrm{g}}$，且$\hat{d}(t)$满足$\left|\hat{d}(t)\right|<<D$时，可近似认为$v/v_{\mathrm{g}}$在静态工作点$(D, M)$附近按线性规律变化，如图1-7中$(D, M)$点的切线所示，从而使$v/v_{\mathrm{g}}$与$d(t)$的关系线性化。也就是说，在静态工作点附近将$V/V_{\mathrm{g}}$与$d(t)$的关系用切线近似代替实际曲线，达到了使非线性问题线性化的目的。若图1-7中的曲线在静态工作点(D, M)处的斜率为k，则

$$\hat{m}(t) \approx k\hat{d}(t) \tag{1-5}$$

式(1-5)表明，在静态工作点附近，各小信号分量之间存在着近似的线性关系。

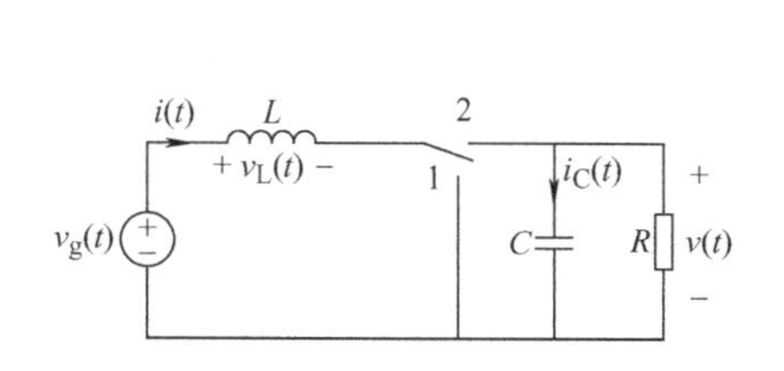

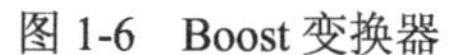

图 1-6　Boost 变换器

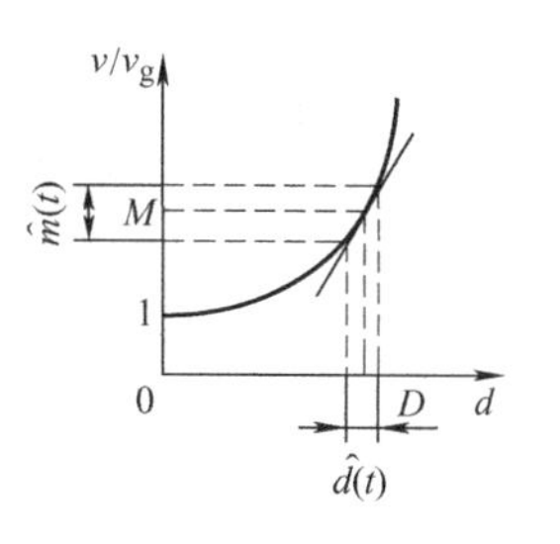

图 1-7　Boost 变换器输出特性线性化示意图

可见，上述非线性问题线性化方法的基本原则为：就小信号分量而言，求得静态工作点后，在静态工作点附近用线性关系近似代替变量间的非线性关系，从而使得各小信号分量之间可以用线性方程来描述，实现了非线性系统的线性化。基于上述基本原则，人们已研究出为 DC-DC 变换器建立小信号模型的许多方法。本节以理想的 Boost 变换器为例，介绍这类方法所遵循的基本思路。

1. 求平均变量

为了求解 Boost 变换器的静态工作点，需要消除变换器中各变量的高频开关纹波分量。通常采取在一个开关周期内求变量平均值的方法，即定义变量 $x(t)$ 在开关周期 T_s 内的平均值 $\langle x(t)\rangle_{T_s}$ 为

$$\langle x(t)\rangle_{T_s} = \frac{1}{T_s}\int_t^{t+T_s} x(\tau)\mathrm{d}\tau \tag{1-6}$$

以图 1-4b 中输出电压 $v(t)$ 的波形为例，其平均值 $\langle v(t)\rangle_{T_s}$ 为

$$\langle v(t)\rangle_{T_s} = \frac{1}{T_s}\int_t^{t+T_s} v(\tau)\mathrm{d}\tau \tag{1-7}$$

由图 1-4b 可见，$\langle v(t)\rangle_{T_s}$ 不再含有高频开关纹波，但保留了 $v(t)$ 的直流分量与低频小信号分量。原因在于交流小信号的频率 f_g 通常远远小于开关频率 f_s，因此在一个开关周期内求平均值可以滤除变量中的开关纹波，而不会对变量携带的其他信息（包括直流信息与交流小信号信息）产生太大的影响。**交流小信号的频率 f_g 应远远小于开关频率 f_s，是能够对变换器应用小信号分析方法的重要前提条件之一**，即

$$f_g \ll f_s \tag{1-8}$$

这一前提条件也称为**低频假设**。

不仅如此，当变换器中低通滤波器的转折频率 f_0 远远小于开关频率 f_s 时，电路中状态变量所含的高频开关纹波分量已被大大衰减，远远小于直流量与低频小信号分量之和，通常可以近似认为状态变量的平均值与瞬时值相等，而不会引起较大的误差，即

$$\langle x(t)\rangle_{T_s} \approx x(t) \tag{1-9}$$

在分析过程中用状态变量的平均值 $\langle x(t)\rangle_{T_s}$ 近似代替瞬时值 $x(t)$，既可消除开关纹波的影响，又可保留有用的直流与低频交流分量的信息。

变换器的转折频率 f_0 远远小于开关频率 f_s，是对变换器进行低频小信号分析的第二个重要前提条件，即

$$f_0 << f_s \tag{1-10}$$

式(1-10)也称为**小纹波假设**。

对于理想 Boost 变换器，当变换器满足低频假设和小纹波假设时，对于状态变量电感电流 $i(t)$ 与电容电压 $v(t)$，可以根据式(1-6)定义 $\langle i(t)\rangle_{T_s}$ 与 $\langle v(t)\rangle_{T_s}$，即

$$\begin{cases} \langle i(t)\rangle_{T_s} = \dfrac{1}{T_s}\displaystyle\int_t^{t+T_s} i(\tau)\mathrm{d}\tau \\ \langle v(t)\rangle_{T_s} = \dfrac{1}{T_s}\displaystyle\int_t^{t+T_s} v(\tau)\mathrm{d}\tau \end{cases} \tag{1-11}$$

且平均变量与瞬时值近似相等，则有

$$\begin{cases} \langle i(t)\rangle_{T_s} \approx i(t) \\ \langle v(t)\rangle_{T_s} \approx v(t) \end{cases} \tag{1-12}$$

为了分析变换器中各平均变量之间的关系，还需建立输入电压 $v_g(t)$ 以及其他变量，如电感电压 $v_L(t)$ 与电容电流 $i_C(t)$ 的平均变量。对于输入电压 $v_g(t)$，仍根据式(1-6)定义 $\langle v_g(t)\rangle_{T_s}$ 为

$$\langle v_g(t)\rangle_{T_s} = \frac{1}{T_s}\int_t^{t+T_s} v_g(\tau)\mathrm{d}\tau \tag{1-13}$$

当变换器满足低频假设时，在一个开关周期内由于低频小信号的存在使输入电压发生的变化很小，因此可以认为 $v_g(t)$ 的平均变量与其瞬时值也是近似相等的，即

$$\langle v_g(t)\rangle_{T_s} \approx v_g(t) \tag{1-14}$$

但是，在每个开关周期的开关切换瞬间，电感电压 $v_L(t)$ 与电容电流 $i_C(t)$ 这类变量会发生突变(如图 1-8 所示)，为了求它们的平均变量，需要对 Boost 变换器在每个开关周期内的不同工作状态进行分析。

为了简化分析过程，在理想变换器中，将有源开关器件与二极管都视为理想开关，忽略它们的导通压降和截止电流，同时认为开关动作是瞬时完成的，则连续导电模式(CCM)下 DC-DC 变换器在每个开关周期内都有两种不同的工作状态。

工作状态 1 如图 1-6 所示的理想 Boost 变换器在(CCM)模式下，在每一周期的 $(0, dT_s)$ 时间段内，开关位于位置 1，其等效电路如图 1-9a 所示。电感电压 $v_L(t)$ 与电容电流 $i_C(t)$ 分别为

$$v_L(t) = L\frac{\mathrm{d}i(t)}{\mathrm{d}t} = v_g(t) \tag{1-15}$$

$$i_C(t) = C\frac{\mathrm{d}v(t)}{\mathrm{d}t} = -\frac{v(t)}{R} \tag{1-16}$$

当变换器满足低频假设和小纹波假设时，式(1-15)和式(1-16)中分别用 $\langle v_g(t)\rangle_{T_s}$ 和 $\langle v(t)\rangle_{T_s}$ 近似代替 $v_g(t)$ 与 $v(t)$，即

$$v_L(t) = L\frac{\mathrm{d}i(t)}{\mathrm{d}t} \approx \langle v_g(t)\rangle_{T_s} \tag{1-17}$$

$$i_{\mathrm{C}}(t)=C\frac{\mathrm{d}v(t)}{\mathrm{d}t}\approx-\frac{\left\langle v(t)\right\rangle_{T_{\mathrm{s}}}}{R} \tag{1-18}$$

再利用低频假设，当小信号的变化周期远远大于开关周期时，在一个开关周期内，由低频小信号引起的输入量与状态量的变化很小，则输入量与状态量的平均变量的变化也很小。为了简化分析，在一个开关周期内，这些平均变量可近似视为恒定不变。则在式(1-17)与式(1-18)中，将$\left\langle v_{\mathrm{g}}(t)\right\rangle_{T_{\mathrm{s}}}$和$\left\langle v(t)\right\rangle_{T_{\mathrm{s}}}$近似视为恒值，电感电流$i(t)$和电容电压$v(t)$在每个开关周期的第一阶段内可近似为按线性规律变化，根据式(1-17)和式(1-18)可以确定变化的斜率分别为$\frac{\left\langle v_{\mathrm{g}}(t)\right\rangle_{T_{\mathrm{s}}}}{L}$和$-\frac{\left\langle v(t)\right\rangle_{T_{\mathrm{s}}}}{RC}$，如图1-8所示。

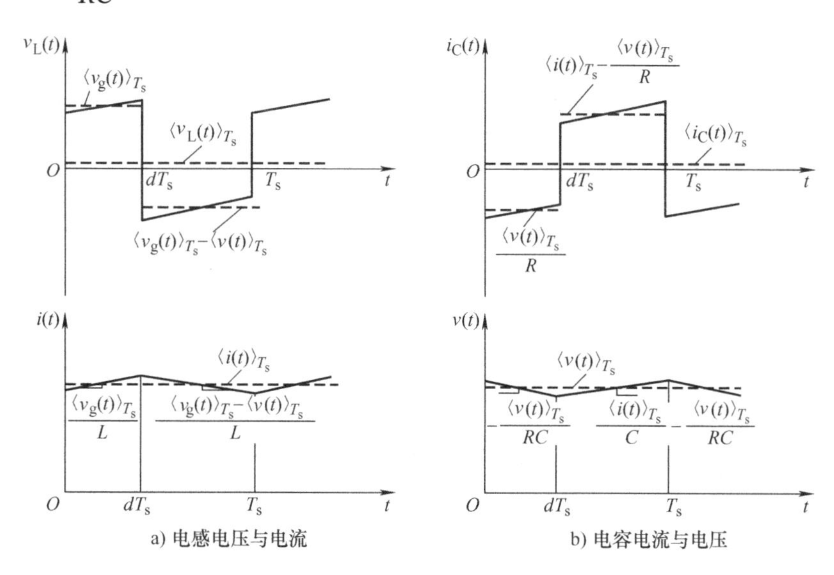

a) 电感电压与电流　　b) 电容电流与电压

图1-8　Boost变换器电感与电容波形

工作状态2　图1-6所示的理想Boost变换器在每一周期的dT_{s}时刻，开关从位置1切换到位置2，则在(dT_{s}，T_{s})时间段内，等效电路如图1-9b所示。此时的电感电压$v_{\mathrm{L}}(t)$与电容电流$i_{\mathrm{C}}(t)$分别为

$$v_{\mathrm{L}}(t)=L\frac{\mathrm{d}i(t)}{\mathrm{d}t}=v_{\mathrm{g}}(t)-v(t) \tag{1-19}$$

$$i_{\mathrm{C}}(t)=C\frac{\mathrm{d}v(t)}{\mathrm{d}t}=i(t)-\frac{v(t)}{R} \tag{1-20}$$

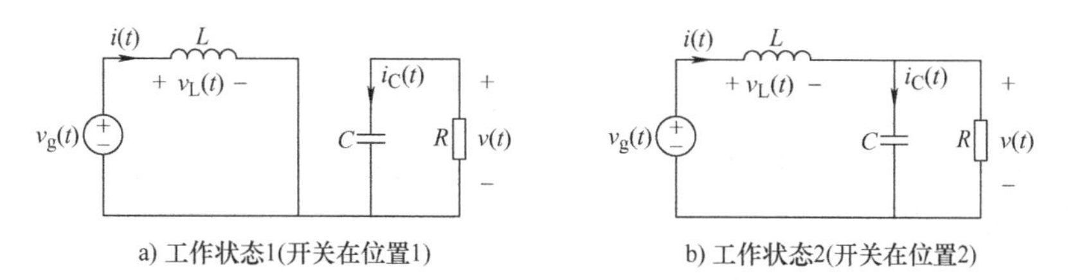

a) 工作状态1(开关在位置1)　　b) 工作状态2(开关在位置2)

图1-9　理想Boost变换器的两种工作状态

为了消除开关纹波的影响，当变换器满足低频假设与小纹波假设时，采用与工作状态1

相同的处理方法，用平均变量$\langle v_g(t)\rangle_{T_s}$，$\langle v(t)\rangle_{T_s}$与$\langle i(t)\rangle_{T_s}$近似代替$v_g(t)$，$v(t)$和$i(t)$，式(1-19)与式(1-20)可近似为

$$v_L(t)=L\frac{\mathrm{d}i(t)}{\mathrm{d}t}\approx\langle v_g(t)\rangle_{T_s}-\langle v(t)\rangle_{T_s} \tag{1-21}$$

$$i_C(t)=C\frac{\mathrm{d}v(t)}{\mathrm{d}t}\approx\langle i(t)\rangle_{T_s}-\frac{\langle v(t)\rangle_{T_s}}{R} \tag{1-22}$$

同理，根据低频假设，在式(1-21)与式(1-22)中将$\langle v_g(t)\rangle_{T_s}$、$\langle v(t)\rangle_{T_s}$和$\langle i(t)\rangle_{T_s}$也近似视为恒值，则电感电流$i(t)$和电容电压$v(t)$在每周期的第二个工作阶段也可近似为按线性规律变化，其变化的斜率分别为$\dfrac{\langle v_g(t)\rangle_{T_s}-\langle v(t)\rangle_{T_s}}{L}$和$\dfrac{\langle i(t)\rangle_{T_s}}{C}-\dfrac{\langle v(t)\rangle_{T_s}}{RC}$，如图1-8所示。

通过对理想Boost变换器在一个开关周期内的两个工作阶段的分析，得到电感电压的分段表达式[式(1-17)和式(1-21)]与电容电流的分段表达式[式(1-18)和式(1-22)]。据此可以进一步得到电感电压与电容电流在一个开关周期内的平均值。首先分析电感电压$v_L(t)$，根据式(1-6)有

$$\langle v_L(t)\rangle_{T_s}=\frac{1}{T_s}\int_t^{t+T_s}v_L(\tau)\mathrm{d}\tau=\frac{1}{T_s}\left(\int_t^{t+\mathrm{d}T_s}v_L(\tau)\mathrm{d}\tau+\int_{t+\mathrm{d}T_s}^{t+T_s}v_L(\tau)\mathrm{d}\tau\right) \tag{1-23}$$

将式(1-17)与式(1-21)代入式(1-23)得

$$\langle v_L(t)\rangle_{T_s}=\frac{1}{T_s}\left[\int_t^{t+\mathrm{d}T_s}\langle v_g(\tau)\rangle_{T_s}\mathrm{d}\tau+\int_{t+\mathrm{d}T_s}^{t+T_s}\left(\langle v_g(\tau)\rangle_{T_s}-\langle v(\tau)\rangle_{T_s}\right)\mathrm{d}\tau\right] \tag{1-24}$$

若进一步认为$\langle v_g(t)\rangle_{T_s}$与$\langle v(t)\rangle_{T_s}$在一个开关周期内近似恒定，则由式(1-24)可得

$$\langle v_L(t)\rangle_{T_s}=d(t)\langle v_g(t)\rangle_{T_s}+d'(t)\left(\langle v_g(t)\rangle_{T_s}-\langle v(t)\rangle_{T_s}\right) \tag{1-25}$$

$$d'(t)=1-d(t) \tag{1-26}$$

$\langle v_L(t)\rangle_{T_s}$如图1-8a所示。

再根据式(1-6)有

$$\langle v_L(t)\rangle_{T_s}=\frac{1}{T_s}\int_t^{t+T_s}v_L(\tau)\mathrm{d}\tau=\frac{1}{T_s}\int_t^{t+T_s}L\frac{\mathrm{d}i_L(\tau)}{\mathrm{d}\tau}\mathrm{d}\tau=\frac{L}{T_s}\int_t^{t+T_s}\mathrm{d}i_L(\tau)=\frac{L}{T_s}[i_L(t+T_s)-i_L(t)]$$

且

$$L\frac{\mathrm{d}}{\mathrm{d}t}\langle i(t)\rangle_{T_s}=L\frac{\mathrm{d}}{\mathrm{d}t}\frac{1}{T_s}\int_t^{t+T_s}i(\tau)\mathrm{d}\tau=\frac{L}{T_s}[i_L(t+T_s)-i_L(t)]$$

所以

$$\langle v_L(t)\rangle_{T_s}=L\frac{\mathrm{d}}{\mathrm{d}t}\langle i(t)\rangle_{T_s} \tag{1-27}$$

可见，电感电压与电流的平均变量之间仍保持着电感电压与电流瞬时值关系的形式。将式(1-27)代入式(1-25)可得

$$L\frac{\mathrm{d}\langle i(t)\rangle_{T_s}}{\mathrm{d}t}=\langle v_g(t)\rangle_{T_s}-d'(t)\langle v(t)\rangle_{T_s} \tag{1-28}$$

式(1-25)将电感电压的分段函数合成了一个用平均变量表达的统一表达式，式(1-28)将平均

变量间的关系更进一步地表达为一阶微分方程的形式。

同理，根据电容电流的分段表达式(1-18)与式(1-22)，运用相同的分析方法也可以得到电容电流平均值的表达式为

$$\langle i_{\mathrm{C}}(t)\rangle_{T_s}=d(t)\left(-\frac{\langle v(t)\rangle_{T_s}}{R}\right)+d'(t)\left(\langle i(t)\rangle_{T_s}-\frac{\langle v(t)\rangle_{T_s}}{R}\right)=d'(t)\langle i(t)\rangle_{T_s}-\frac{\langle v(t)\rangle_{T_s}}{R} \tag{1-29}$$

以及

$$C\frac{\mathrm{d}\langle v(t)\rangle_{T_s}}{\mathrm{d}t}=d'(t)\langle i(t)\rangle_{T_s}-\frac{\langle v(t)\rangle_{T_s}}{R} \tag{1-30}$$

$\langle i_{\mathrm{C}}(t)\rangle_{T_s}$ 如图 1-8b 所示。

至此已经得到理想 Boost 变换器中各电压与电流平均变量间的关系。

式(1-28)与式(1-30)可以视为理想 Boost 变换器的平均变量状态方程，但却是一组非线性状态方程，各平均变量与控制量 $d(t)$ 中同时包含着直流分量与低频小信号分量。为此，若要对变换器的性能进行严格的数学分析，必然涉及求解非线性微分方程，这是很困难的。在实际工程应用中，通常采取一种近似的分析方法，即遵循 1.2.1 节最初提出的非线性问题线性化的基本思路，寻找变换器的静态工作点，在工作点处进行线性化处理。实现这一思路的具体方法是将平均变量中的直流分量与交流小信号分量分离开来，用直流分量描述变换器的稳态解，即变换器的静态工作点，用交流小信号分量描述变换器在静态工作点处的动态性能。

2. 分离扰动

对于变换器中变量 $x(t)$ 的平均变量 $\langle x(t)\rangle_{T_s}$，可以将其分解为直流分量 X 与交流小信号分量 $\hat{x}(t)$ 两项之和，即

$$\langle x(t)\rangle_{T_s}=X+\hat{x}(t) \tag{1-31}$$

$$\hat{x}(t)=x_{\mathrm{m}}\cos\omega_{\mathrm{g}}t \tag{1-32}$$

式中，x_{m} 为小信号的幅值；ω_{g} 为小信号的角频率。

对 Boost 变换器的输入变量 $v_{\mathrm{g}}(t)$ 及状态变量 $i(t)$、$v(t)$，应用上述分解方法有

$$\begin{cases}\langle v_{\mathrm{g}}(t)\rangle_{T_s}=V_{\mathrm{g}}+\hat{v}_{\mathrm{g}}(t)\\ \langle i(t)\rangle_{T_s}=I+\hat{i}(t)\\ \langle v(t)\rangle_{T_s}=V+\hat{v}(t)\end{cases} \tag{1-33}$$

式中，V_{g}、I 和 V 为对应变量的直流分量；$\hat{v}_{\mathrm{g}}(t)$、$\hat{i}(t)$ 和 $\hat{v}(t)$ 为对应变量的交流分量。

不仅如此，由于控制变量 $d(t)$ 中也含有同频的交流成分，参见式(1-2)，因此应将 $d(t)$ 也分解为稳态值 D 与交流量 $\hat{d}(t)$ 之和，即

$$d(t)=D+\hat{d}(t) \tag{1-34}$$

为了保证在静态工作点处对变换器所做的线性化处理不会引入较大的误差，**要求电路中各变量的交流分量的幅值必须远远小于相应的直流分量，这是能够对变换器应用小信号分析方法的第三个重要前提条件**，也称为**小信号假设**，可以用下式表示

$$|\hat{x}(t)|<<|X| \tag{1-35}$$

当 Boost 变换器满足小信号假设时，变换器中的各变量应满足

$$\left|\hat{v}_{\mathrm{g}}(t)\right| << \left|V_{\mathrm{g}}\right|,\ \left|\hat{i}(t)\right| << \left|I\right|,\ \left|\hat{v}(t)\right| << \left|V\right|,\ \left|\hat{d}(t)\right| << \left|D\right| \tag{1-36}$$

在此前提下，将式(1-33)、式(1-34)代入式(1-28)和式(1-30)，使状态方程中的平均变量分解为相应的直流分量与小信号分量之和，并考虑到

$$d'(t) = 1 - d(t) = 1 - (D + \hat{d}(t)) = D' - \hat{d}(t) \tag{1-37}$$

$$D' = 1 - D \tag{1-38}$$

则

$$L\frac{\mathrm{d}(I + \hat{i}(t))}{\mathrm{d}t} = (V_{\mathrm{g}} + \hat{v}_{\mathrm{g}}(t)) - (D' - \hat{d}(t))(V + \hat{v}(t)) \tag{1-39}$$

$$C\frac{\mathrm{d}(V + \hat{v}(t))}{\mathrm{d}t} = (D' - \hat{d}(t))(I + \hat{i}(t)) - \frac{V + \hat{v}(t)}{R} \tag{1-40}$$

合并同类项后有

$$L\left(\frac{\mathrm{d}I}{\mathrm{d}t} + \frac{\mathrm{d}\hat{i}(t)}{\mathrm{d}t}\right) = (V_{\mathrm{g}} - D'V) + (\hat{v}_{\mathrm{g}}(t) - D'\hat{v}(t) + V\hat{d}(t)) + \hat{d}(t)\hat{v}(t) \tag{1-41}$$

$$C\left(\frac{\mathrm{d}V}{\mathrm{d}t} + \frac{\mathrm{d}\hat{v}(t)}{\mathrm{d}t}\right) = D'I - \frac{V}{R} + \left(D'\,\hat{i}(t) - \frac{\hat{v}(t)}{R} - I\hat{d}(t)\right) - \hat{d}(t)\hat{i}(t) \tag{1-42}$$

(1) 分析式(1-41)

由于等式两边的对应项必然相等，对应的直流项相等，则有

$$L\frac{\mathrm{d}I}{\mathrm{d}t} = V_{\mathrm{g}} - D'V \tag{1-43}$$

当系统进入稳态时，$L\frac{\mathrm{d}I}{\mathrm{d}t} = 0$。代入式(1-43)可得到 Boost 变换器稳态时的电压比 M 为

$$M = \frac{V}{V_{\mathrm{g}}} = \frac{1}{D'} = \frac{1}{1 - D} \tag{1-44}$$

再令式(1-41)两边对应的交流项相等，则有

$$L\frac{\mathrm{d}\hat{i}(t)}{\mathrm{d}t} = (\hat{v}_{\mathrm{g}}(t) - D'\,\hat{v}(t) + V\hat{d}(t)) + \hat{d}(t)\hat{v}(t) \tag{1-45}$$

式(1-45)为根据电感的工作特性确定的交流小信号状态方程。

(2) 分析式(1-42)

同理可得

$$C\frac{\mathrm{d}V}{\mathrm{d}t} = D'I - \frac{V}{R} = 0 \tag{1-46}$$

则电感电流的稳态值 I 为

$$I = \frac{V}{D'R} = \frac{V_{\mathrm{g}}}{D'^2 R} \tag{1-47}$$

令式(1-42)两边对应交流项相等，则有

$$C\frac{\mathrm{d}\hat{v}(t)}{\mathrm{d}t}=\left(D'\hat{i}(t)-\frac{\hat{v}(t)}{R}-I\hat{d}(t)\right)-\hat{d}(t)\hat{i}(t) \tag{1-48}$$

式(1-48)为根据电容的工作特性确定的交流小信号状态方程。

根据式(1-44)与式(1-47)即可确定理想 Boost 变换器稳态时的静态工作点。Boost 变换器的实际工作状态是在静态工作点附近作微小变化，当变换器满足小信号假设时，可以近似认为变换器的状态在静态工作点附近按线性规律变化。但是由式(1-45)与式(1-48)组成的交流小信号状态方程仍为非线性状态方程，其中分别存在非线性项 $\hat{d}(t)\hat{v}(t)$ 与 $-\hat{d}(t)\hat{i}(t)$，因此还需使非线性状态方程线性化。

3. 线性化

以式(1-45)为例，其中的非线性项 $\hat{d}(t)\hat{v}(t)$ 为交流小信号的乘积项，而等式右边的其余各项均为线性项，当变换器满足小信号假设时，该乘积项幅值必远远小于其余各项的幅值，即满足

$$\left|\hat{d}(t)\hat{v}(t)\right| << \left|\hat{v}_{\mathrm{g}}(t)-D'\hat{v}(t)+V\hat{d}(t)\right| \tag{1-49}$$

也称 $\hat{d}(t)\hat{v}(t)$ 为二阶微小量，若将其从等式中略去，不会给分析过程引入大的误差，则式(1-45)可简化为线性状态方程

$$L\frac{\mathrm{d}\hat{i}(t)}{\mathrm{d}t}=-D'\hat{v}(t)+\hat{v}_{\mathrm{g}}(t)+V\hat{d}(t) \tag{1-50}$$

同理，也可将式(1-48)中的非线性项 $-\hat{d}(t)\hat{i}(t)$ 略去，得到电容电压的交流小信号线性状态方程为

$$C\frac{\mathrm{d}\hat{v}(t)}{\mathrm{d}t}=D'\hat{i}(t)-\frac{\hat{v}(t)}{R}-I\hat{d}(t) \tag{1-51}$$

式(1-50)与式(1-51)中的静态值已由式(1-44)和式(1-47)确定，则式(1-50)与式(1-51)组成了理想 Boost 变换器交流小信号的线性解析模型。

这一线性化的处理过程在理论上也可以通过对平均变量方程作泰勒级数展开加以证明，有兴趣的读者可以参阅文献[5]。

综上，可以归纳出为 DC-DC 变换器建立 CCM 模式下小信号线性解析模型的基本思路：

1)对变换器中的各变量求平均。当变换器满足**低频假设**与**小纹波假设**时，将输入变量与状态变量直接表示为在一个开关周期内的平均变量。再根据变换器在一个开关周期内的不同运行状态为其他变量(主要包括状态量的微分量以及其他感兴趣的变量)建立一个开关周期内统一的平均变量表达式。

2)分解平均变量，求得静态工作点及非线性的交流小信号状态方程。

3)对非线性的小信号状态方程进行线性化处理。当变换器满足**小信号假设**时，忽略非线性状态方程中的小信号乘积项，得到线性小信号解析模型。

利用上述方法还可以为 Buck、Buck-boost、Cuk 等变换器建立小信号模型。由于这一思路是其他建模方法的基础，因此称这种方法为基本建模法。

对于式(1-50)和式(1-51)可以采用解析法求解，如做拉普拉斯变换后在 s 域求解，还可以采用另一种更直观的方式，即根据解析表达式建立交流小信号的等效电路，通过求解等效电路达到求解状态方程的目的。不仅如此，根据等效电路还可以直接求得变换器的其他动态特性，如输出—输入和输出—控制变量的传递函数、输入阻抗、输出阻抗等性能指标。

1.2.2 小信号等效电路的建立

根据小信号的解析模型式(1-50)和式(1-51)，可以建立更为直观的交流小信号等效电路模型，为分析变换器的小信号特性提供方便。

首先分析式(1-50)。该式起源于不同阶段含电感电压的回路电压方程，经求平均变量、分离扰动与线性化处理后，仍然具有回路电压方程的形式。式中各项都具有电压的量纲，因此可以根据式(1-50)建立一个单回路电路，使该回路的电压方程符合式(1-50)。对应式中的四项，要求相应的回路中应包含如下四个元件：① 对应 $L\dfrac{\mathrm{d}\hat{i}(t)}{\mathrm{d}t}$ 应包含电感 L，且该回路电流即为电感电流 $\hat{i}(t)$；② 对应 $D'\hat{v}(t)$ 应包含一个受控电压源，该受控电压源受输出电压 $\hat{v}(t)$ 的控制，系数为 D'；③对应 $\hat{v}_{\mathrm{g}}(t)$ 应包含一个独立电压源，其参数即为 $\hat{v}_{\mathrm{g}}(t)$；④ 对应 $V\hat{d}(t)$ 应再设置一个独立电压源，$V\hat{d}(t)$ 不受电路中其他变量的影响，只能用独立电压源表示。其中，直流量 V 已确定，$\hat{d}(t)$ 为控制变量，由外界决定。

考虑表达式中的正负号，可以绘出图 1-10 所示的单回路电路，其回路电流为 $\hat{i}(t)$，回路电压满足式(1-50)。

再分析式(1-51)。该式起源于不同阶段的电容电流方程，经求平均变量、分离扰动与线性化处理后，仍具有节点电流方程的形式，式中各项都具有电流的量纲。因此可以根据式(1-51)建立一个含有一对节点的电路，对应式中的四项，使该电路在这对节点之间有四条支路相连，每条支路中包含一个元件：①对应 $C\dfrac{\mathrm{d}\hat{v}(t)}{\mathrm{d}t}$，应设置一条包含电容 C 的支路，该电容的端电压即是这对节点间的电压，为 $\hat{v}(t)$；②对应 $D'\hat{i}(t)$，设置一条包含受控电流源 $D'\hat{i}(t)$ 的支路；③对应 $\dfrac{\hat{v}(t)}{R}$，设置一条包含电阻 R 的支路，由于节点间的电压为 $\hat{v}(t)$，该支路的电流恰好为 $\dfrac{\hat{v}(t)}{R}$；④对应 $I\hat{d}(t)$，设置一条包含独立电流源 $I\hat{d}(t)$ 的支路。考虑式中的正负号，可以绘出如图 1-11 所示的电路，其节点间电压为 $\hat{v}(t)$，节点电流满足式(1-51)。

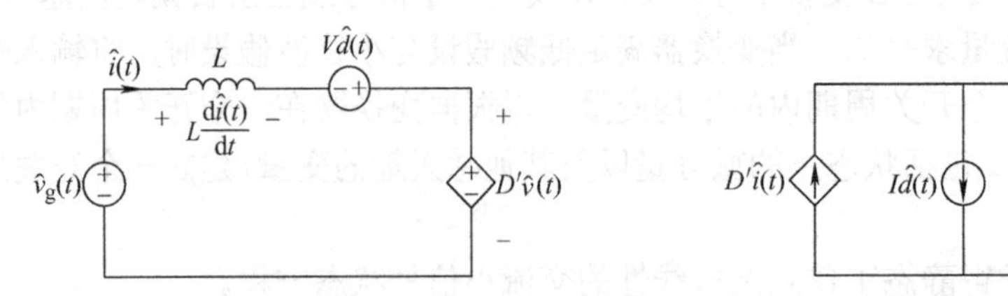

图 1-10 电感回路的小信号等效电路　　图 1-11 电容回路的小信号等效电路

若将图 1-10 与图 1-11 所示的两个电路组合起来，可得到图 1-12a 所示的电路。可见，受控电压源 $D'\hat{v}(t)$ 的电压恰好为受控电流源 $D'\hat{i}(t)$ 的端电压的 D'倍，而受控电流源 $D'\hat{i}(t)$ 的电流恰好为流入受控电压源 $D'\hat{v}(t)$ 的电流的 D'倍，显然，受控源 $D'\hat{v}(t)$ 与 $D'\hat{i}(t)$ 的共同作用相当于一个理想变压器，变比为 $D':1$，如图 1-12b 所示。图 1-12b 就是完整的 CCM 模式下理想 Boost 变换器的交流小信号等效电路模型，该等效电路为线性电路，电路中独立源 $V\hat{d}(t)$ 与 $I\hat{d}(t)$ 的参数已用 V_{g}，$D(D')$ 和 R 表示。

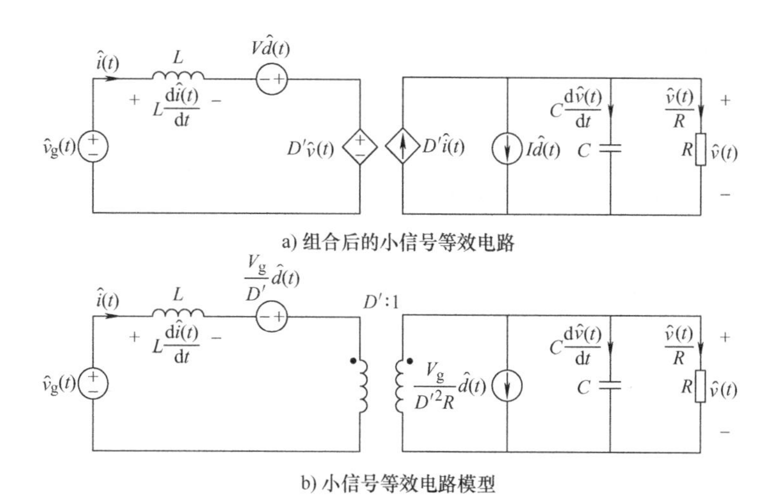

a) 组合后的小信号等效电路

b) 小信号等效电路模型

图 1-12　理想 Boost 电路 CCM 模式下交流小信号等效电路模型

1.2.3　小信号等效电路的分析

图 1-12b 直观地体现了 Boost 变换器对交流小信号的处理过程。对于输入交流小信号 $\hat{v}_g(t)$，不仅按 $1/D'$ 的电压比将其放大(交流小信号的电压比与直流电压比相同)，同时电路中的电感和电容还组成了一个低通滤波器。一般情况下，小信号的频率 f_g 总是小于变换器的转折频率 f_0，因此低通滤波器对 $\hat{v}_g(t)$ 的衰减作用并不明显，输出 $\hat{v}(t)$ 中仍含有明显的低频小信号分量。小信号 $\hat{d}(t)$ 控制量在变换器中的传递过程则稍为复杂，需由电压源 $V\hat{d}(t)$ 和电流源 $I\hat{d}(t)$ 共同表征，变换器对 $V\hat{d}(t)$ 同样具有放大与低通滤波的作用，对 $I\hat{d}(t)$ 则仅由电容 C 滤波。

若要进一步定量分析 Boost 变换器的低频动态特性，根据图 1-12b 可以建立 Boost 变换器的小信号 s 域等效电路模型，如图 1-13 所示，分析图 1-13 可以得到如下各项传递函数。

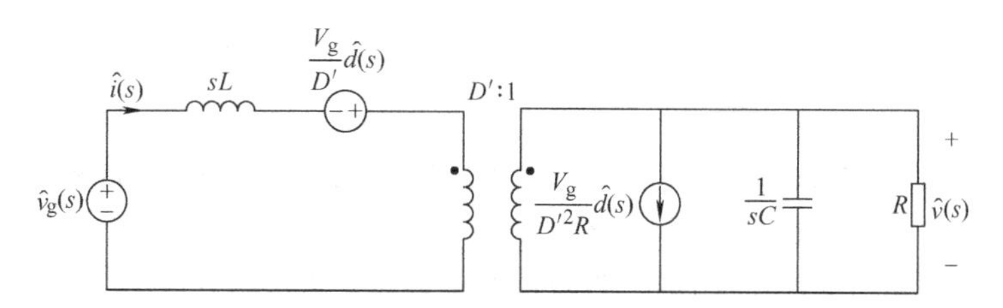

图 1-13　理想 Boost 电路 CCM 模式下交流小信号 s 域等效电路

(1) 输出 $\hat{v}(s)$ 对输入 $\hat{v}_g(s)$ 的传递函数 $G_{vg}(s)$

$$G_{vg}(s)=\left.\frac{\hat{v}(s)}{\hat{v}_g(s)}\right|_{\hat{d}(s)=0}=\frac{1}{D'}\frac{D'^2\left(\frac{1}{sC}//R\right)}{sL+D'^2\left(\frac{1}{sC}//R\right)}=\frac{1}{D'}\frac{1}{1+s\frac{L}{D'^2R}+s^2\frac{LC}{D'^2}} \tag{1-52}$$

(2) 输出 $\hat{v}(s)$ 对控制变量 $\hat{d}(s)$ 的传递函数 $G_{vd}(s)$

$$G_{vd}(s)=\left.\frac{\hat{v}(s)}{\hat{d}(s)}\right|_{\hat{v}_g(s)=0}=\left(\frac{V_g}{D'^2}\right)\frac{1-\frac{sL}{D'^2R}}{1+s\frac{L}{D'^2R}+s^2\frac{LC}{D'^2}} \tag{1-53}$$

(3) 开环输入阻抗 $Z(s)$

令 $\hat{d}(s)=0$，则有

$$Z(s)=\left.\frac{\hat{v}_{\mathrm{g}}(s)}{\hat{i}(s)}\right|_{\hat{d}(s)=0}=sL+D'^2\left(\frac{1}{sC}//R\right)=D'^2R\cdot\frac{1+s\dfrac{L}{D'^2R}+s^2\dfrac{LC}{D'^2}}{1+sCR} \tag{1-54}$$

(4) 开环输出阻抗 $Z_{\mathrm{out}}(s)$

根据图 1-13，求开环输出阻抗的电路如图 1-14 所示，则

$$Z_{\mathrm{out}}(s)=\left.\frac{\hat{v}(s)}{\hat{i}_{\mathrm{out}}(s)}\right|_{\hat{v}_{\mathrm{g}}(s)=0,\ \hat{d}(s)=0}=\frac{sL}{D'^2}//\frac{1}{sC}//R=\left(\frac{L}{D'^2}\right)\frac{s}{1+s\dfrac{L}{D'^2R}+s^2\dfrac{LC}{D'^2}} \tag{1-55}$$

本节重点介绍 CCM 模式下 DC-DC 变换器建立小信号模型的基本思路(即求平均变量、分离扰动与线性化)，为后续即将介绍的状态空间平均法、开关器件与开关网络平均模型法以及断续导电模式下 DC-DC 变换器建模提供指导；同时本节指出了应用这一思路指导进行建模时，变换器必须首先满足的三个重要前提条件——低频假设、小纹波假设和小信号假设。根据变换器的解析模型建立等效电路模型是分析变换器的另一个重要手段，建立等效电路模型可以为变换器低频动态特性的分析提供方便。

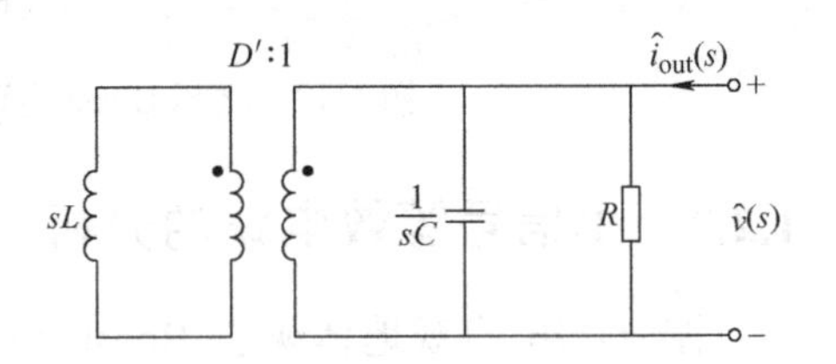

图 1-14　求开环输出阻抗的电路

本节介绍的方法适用于各种情况下的 DC-DC 变换器，包括考虑元件寄生参数以后的非理想变换器以及带变压器隔离的变换器等。

1.3　状态空间平均法

本节将介绍 CCM 模式下 DC-DC 变换器建模的另一种方法——状态空间平均法。状态空间平均法与基本建模法遵循相同的建模思想，但用状态方程的形式对基本建模法加以整理后，简化了计算过程，使各种不同结构变换器的解析模型具有了统一的形式，因此这种方法的可操作性更强。同时，根据统一形式的状态方程，还可以进一步建立统一结构的等效电路模型，将不同的变换器纳入相同结构的等效电路中去，给变换器性能的分析与比较带来方便。

1.3.1　状态方程解析模型的建立

回顾上节介绍的基本建模法，可以发现很多表达式已经具有了状态方程的形式，对 Boost 变换器的分析也是从分析电感与电容的状态量的变化开始的，若用状态方程的形式对基本建模法的建模过程加以整理，即可得到状态空间平均法。下面沿袭与基本建模法相同的思路介绍如何为变换器建立状态方程形式的解析模型。

1. 求平均变量

为了滤除变换器各变量中的高频开关纹波，使各变量中的直流分量与交流小信号分量间的关系突显出来，仍需采取在一个开关周期内求变量平均值的方法，并以状态方程的形式建立各平均变量间的关系，称为平均变量的状态方程。

对于 CCM 模式下的理想 DC-DC 变换器，在一个开关周期内，对应开关器件的不同工作

状态，通常可以将变换器的工作过程分为两个阶段。针对每个工作阶段，都可以为变换器建立线性状态方程。

工作状态 1 在每个开关周期的[0，dT_s]时间段内，针对变换器的具体工作状态为变换器建立状态方程为

$$\dot{\boldsymbol{x}}(t)=\boldsymbol{A}_1\boldsymbol{x}(t)+\boldsymbol{B}_1\boldsymbol{u}(t) \tag{1-56}$$

为了便于研究系统中其他变量的演化情况，一般还要为变换器建立如式(1-57)所示的输出方程

$$\boldsymbol{y}(t)=\boldsymbol{C}_1\boldsymbol{x}(t)+\boldsymbol{E}_1\boldsymbol{u}(t) \tag{1-57}$$

式中，$\boldsymbol{x}(t)$为状态向量；$\boldsymbol{u}(t)$为输入向量；$\boldsymbol{A}_1$和$\boldsymbol{B}_1$分别为状态矩阵与输入矩阵；$\boldsymbol{y}(t)$为输出向量；$\boldsymbol{C}_1$和$\boldsymbol{E}_1$分别为输出矩阵和传递矩阵。

式(1-56)和式(1-57)共同组成了对变换器在每个开关周期的[0，dT_s]时间段内工作状态的完整描述。

工作状态 2 采用同样的方法，也可以为变换器在每个开关周期的[dT_s，T_s]时间段的工作状态建立状态方程与输出方程为

$$\dot{\boldsymbol{x}}(t)=\boldsymbol{A}_2\boldsymbol{x}(t)+\boldsymbol{B}_2\boldsymbol{u}(t) \tag{1-58}$$

$$\boldsymbol{y}(t)=\boldsymbol{C}_2x(t)+\boldsymbol{E}_2u(t) \tag{1-59}$$

式(1-58)和式(1-59)中的状态向量$\boldsymbol{x}(t)$、输入向量$\boldsymbol{u}(t)$和输出向量$\boldsymbol{y}(t)$与式(1-56)和式(1-57)中相同。但由于开关器件的工作状态发生了变化，使电路结构也相应地变化，所以矩阵$\boldsymbol{A}_2$、$\boldsymbol{B}_2$、$\boldsymbol{C}_2$和$\boldsymbol{E}_2$则具有不同的形式。

为了消除开关纹波的影响，需要对状态变量在一个开关周期内求平均，并为平均状态变量建立状态方程。根据式(1-6)，可定义平均状态向量为

$$\langle\boldsymbol{x}(t)\rangle_{T_s}=\frac{1}{T_s}\int_t^{t+T_s}\boldsymbol{x}(\tau)\mathrm{d}\tau \tag{1-60}$$

同理，也可定义平均输入向量$\langle\boldsymbol{u}(t)\rangle_{T_s}$与平均输出向量$\langle\boldsymbol{y}(t)\rangle_{T_s}$。

进一步可以得到平均状态向量对时间的导数为

$$\langle\dot{\boldsymbol{x}}(t)\rangle_{T_s}=\frac{\mathrm{d}}{\mathrm{d}t}\langle\boldsymbol{x}(t)\rangle_{T_s}=\frac{\mathrm{d}}{\mathrm{d}t}\left(\frac{1}{T_s}\int_t^{t+T_s}\boldsymbol{x}(\tau)\mathrm{d}\tau\right)=\frac{1}{T_s}\left[\boldsymbol{x}(t+T_s)-\boldsymbol{x}(t)\right]$$

且

$$\frac{1}{T_s}\int_t^{t+T_s}\dot{\boldsymbol{x}}(\tau)\mathrm{d}\tau=\frac{1}{T_s}\int_t^{t+T_s}\left(\frac{\mathrm{d}\boldsymbol{x}(\tau)}{\mathrm{d}\tau}\right)\mathrm{d}\tau=\frac{1}{T_s}\left[\boldsymbol{x}(t+T_s)-\boldsymbol{x}(t)\right]$$

所以

$$\langle\dot{\boldsymbol{x}}(t)\rangle_{T_s}=\frac{1}{T_s}\int_t^{t+T_s}\dot{\boldsymbol{x}}(\tau)\mathrm{d}\tau \tag{1-61}$$

对式(1-61)右端作分段积分，并将式(1-56)和式(1-58)代入，则有

$$\begin{aligned}\langle\dot{\boldsymbol{x}}(t)\rangle_{T_s}&=\frac{1}{T_s}\left(\int_t^{t+dT_s}\dot{\boldsymbol{x}}(\tau)\mathrm{d}\tau+\int_{t+dT_s}^{t+T_s}\dot{\boldsymbol{x}}(\tau)\mathrm{d}\tau\right)\\&=\frac{1}{T_s}\left\{\int_t^{t+dT_s}\left[\boldsymbol{A}_1\boldsymbol{x}(\tau)+\boldsymbol{B}_1\boldsymbol{u}(\tau)\right]\mathrm{d}\tau+\int_{t+dT_s}^{t+T_s}\left[\boldsymbol{A}_2\boldsymbol{x}(\tau)+\boldsymbol{B}_2\boldsymbol{u}(\tau)\right]\mathrm{d}\tau\right\}\end{aligned} \tag{1-62}$$

根据 1.2.1 节中的分析，当变换器满足低频假设与小纹波假设时，对于状态变量与输入变量，可以用其在一个开关周期内的平均值代替瞬时值，并近似认为平均值在一个开关周期内维持恒值，不会给分析引入较大的误差，即

$$\begin{cases}\langle \boldsymbol{x}(t)\rangle_{T_s} \approx \boldsymbol{x}(t) \\ \langle \boldsymbol{u}(t)\rangle_{T_s} \approx \boldsymbol{u}(t)\end{cases} \tag{1-63}$$

且 $\langle \boldsymbol{x}(t)\rangle_{T_s}$ 与 $\langle \boldsymbol{u}(t)\rangle_{T_s}$ 在一个开关周期内可视为常量。则式(1-62)可近似化简为

$$\begin{aligned}\langle \dot{\boldsymbol{x}}(t)\rangle_{T_s} &\approx \frac{1}{T_s}\left\{\int_t^{t+dT_s}\left[\boldsymbol{A}_1\langle \boldsymbol{x}(\tau)\rangle_{T_s}+\boldsymbol{B}_1\langle \boldsymbol{u}(\tau)\rangle_{T_s}\right]\mathrm{d}\tau+\int_{t+dT_s}^{t+T_s}\left[\boldsymbol{A}_2\langle \boldsymbol{x}(\tau)\rangle_{T_s}+\boldsymbol{B}_2\langle \boldsymbol{u}(\tau)\rangle_{T_s}\right]\mathrm{d}\tau\right\} \\ &\approx \frac{1}{T_s}\left\{\left[\boldsymbol{A}_1\langle \boldsymbol{x}(\tau)\rangle_{T_s}+\boldsymbol{B}_1\langle \boldsymbol{u}(\tau)\rangle_{T_s}\right]dT_s+\left[\boldsymbol{A}_2\langle \boldsymbol{x}(\tau)\rangle_{T_s}+\boldsymbol{B}_2\langle \boldsymbol{u}(\tau)\rangle_{T_s}\right]d'T_s\right\}\end{aligned} \tag{1-64}$$

整理后，得

$$\langle \dot{\boldsymbol{x}}(t)\rangle_{T_s}=\left[d(t)\boldsymbol{A}_1+d'(t)\boldsymbol{A}_2\right]\langle \boldsymbol{x}(t)\rangle_{T_s}+\left[d(t)\boldsymbol{B}_1+d'(t)\boldsymbol{B}_2\right]\langle \boldsymbol{u}(t)\rangle_{T_s} \tag{1-65}$$

式(1-65)即为 CCM 模式下 DC-DC 变换器平均变量状态方程的一般形式。

采取相同的分析方法对输出向量求平均，利用式(1-57)和式(1-59)，可得输出方程为

$$\langle \boldsymbol{y}(t)\rangle_{T_s}=\left(d(t)\boldsymbol{C}_1+d'(t)\boldsymbol{C}_2\right)\langle \boldsymbol{x}(t)\rangle_{T_s}+\left(d(t)\boldsymbol{E}_1+d'(t)\boldsymbol{E}_2\right)\langle \boldsymbol{u}(t)\rangle_{T_s} \tag{1-66}$$

式(1-65)和式(1-66)共同组成了用平均向量表达的状态方程形式的变换器解析模型。引入平均向量后，可以对变换器在一个开关周期内不同阶段的工作状态进行综合考虑，并用统一的表达式表达。

2. 分离扰动

得到平均变量状态方程以后，为了进一步确定变换器的静态工作点，并分析交流小信号在静态工作点处的工作状况，应对平均变量进行分解，分解为直流分量与交流小信号分量之和。对平均向量 $\langle \boldsymbol{x}(t)\rangle_{T_s}$、$\langle \boldsymbol{u}(t)\rangle_{T_s}$ 和 $\langle \boldsymbol{y}(t)\rangle_{T_s}$ 可作如下分解：

$$\begin{cases}\langle \boldsymbol{x}(t)\rangle_{T_s}=\boldsymbol{X}+\hat{\boldsymbol{x}}(t) \\ \langle \boldsymbol{u}(t)\rangle_{T_s}=\boldsymbol{U}+\hat{\boldsymbol{u}}(t) \\ \langle \boldsymbol{y}(t)\rangle_{T_s}=\boldsymbol{Y}+\hat{\boldsymbol{y}}(t)\end{cases} \tag{1-67}$$

式中，$\boldsymbol{X}$、$\boldsymbol{U}$、$\boldsymbol{Y}$ 分别是与状态向量、输入向量和输出向量对应的直流分量向量；$\hat{\boldsymbol{x}}(t)$、$\hat{\boldsymbol{u}}(t)$、$\hat{\boldsymbol{y}}(t)$ 则分别是对应的交流小信号分量向量。

同时对含有交流分量的控制量 $d(t)$ 也进行分解，分解形式同前，则有

$$d(t)=D+\hat{d}(t),\quad d'(t)=1-d(t)=D'-\hat{d}(t) \tag{1-68}$$

而且变换器满足小信号假设,即各变量的交流小信号分量的幅值均远远小于对应的直流分量。

将式(1-67)和式(1-68)代入式(1-65)和式(1-66)，得

$$\begin{aligned}\dot{\boldsymbol{X}}+\dot{\hat{\boldsymbol{x}}}(t)=&[(D+\hat{d}(t))\boldsymbol{A}_1+(D'-\hat{d}(t))\boldsymbol{A}_2](\boldsymbol{X}+\hat{\boldsymbol{x}}(t))+ \\ &[(D+\hat{d}(t))\boldsymbol{B}_1+(D'-\hat{d}(t))\boldsymbol{B}_2](\boldsymbol{U}+\hat{\boldsymbol{u}}(t))\end{aligned} \tag{1-69}$$

$$\boldsymbol{Y}+\hat{\boldsymbol{y}}(t)=[(D+\hat{d}(t))\boldsymbol{C}_1+(D'-\hat{d}(t))\boldsymbol{C}_2](\boldsymbol{X}+\hat{\boldsymbol{x}}(t))+[(D+\hat{d}(t))\boldsymbol{E}_1+(D'-\hat{d}(t))\boldsymbol{E}_2](\boldsymbol{U}+\hat{\boldsymbol{u}}(t)) \tag{1-70}$$

合并同类项后，有

$$\begin{aligned}\dot{\boldsymbol{X}}+\dot{\hat{\boldsymbol{x}}}(t)=&(D\boldsymbol{A}_1+D'\boldsymbol{A}_2)\boldsymbol{X}+(D\boldsymbol{B}_1+D'\boldsymbol{B}_2)\boldsymbol{U}+(D\boldsymbol{A}_1+D'\boldsymbol{A}_2)\hat{\boldsymbol{x}}(t)+\\&(D\boldsymbol{B}_1+D'\boldsymbol{B}_2)\hat{\boldsymbol{u}}(t)+[(\boldsymbol{A}_1-\boldsymbol{A}_2)\boldsymbol{X}+(\boldsymbol{B}_1-\boldsymbol{B}_2)\boldsymbol{U}]\hat{d}(t)+\\&(\boldsymbol{A}_1-\boldsymbol{A}_2)\hat{\boldsymbol{x}}(t)\hat{d}(t)+(\boldsymbol{B}_1-\boldsymbol{B}_2)\hat{\boldsymbol{u}}(t)\hat{d}(t)\end{aligned} \tag{1-71}$$

$$\begin{aligned}\boldsymbol{Y}+\hat{\boldsymbol{y}}(t)=&(D\boldsymbol{C}_1+D'\boldsymbol{C}_2)\boldsymbol{X}+(D\boldsymbol{E}_1+D'\boldsymbol{E}_2)\boldsymbol{U}+(D\boldsymbol{C}_1+D'\boldsymbol{C}_2)\hat{\boldsymbol{x}}(t)+\\&(D\boldsymbol{E}_1+D'\boldsymbol{E}_2)\hat{\boldsymbol{u}}(t)+[(\boldsymbol{C}_1-\boldsymbol{C}_2)\boldsymbol{X}+(\boldsymbol{E}_1-\boldsymbol{E}_2)\boldsymbol{U}]\hat{d}(t)+\\&(\boldsymbol{C}_1-\boldsymbol{C}_2)\hat{\boldsymbol{x}}(t)\hat{d}(t)+(\boldsymbol{E}_1-\boldsymbol{E}_2)\hat{\boldsymbol{u}}(t)\hat{d}(t)\end{aligned} \tag{1-72}$$

令

$$\begin{cases}\boldsymbol{A}=D\boldsymbol{A}_1+D'\boldsymbol{A}_2\\\boldsymbol{B}=D\boldsymbol{B}_1+D'\boldsymbol{B}_2\\\boldsymbol{C}=D\boldsymbol{C}_1+D'\boldsymbol{C}_2\\\boldsymbol{E}=D\boldsymbol{E}_1+D'\boldsymbol{E}_2\end{cases} \tag{1-73}$$

则式(1-71)及式(1-72)可简记为

$$\begin{aligned}\dot{\boldsymbol{X}}+\dot{\hat{\boldsymbol{x}}}(t)=&\boldsymbol{AX}+\boldsymbol{BU}+\boldsymbol{A}\hat{\boldsymbol{x}}(t)+\boldsymbol{B}\hat{\boldsymbol{u}}(t)+\left[(\boldsymbol{A}_1-\boldsymbol{A}_2)\boldsymbol{X}+(\boldsymbol{B}_1-\boldsymbol{B}_2)\boldsymbol{U}\right]\hat{d}(t)+\\&(\boldsymbol{A}_1-\boldsymbol{A}_2)\hat{\boldsymbol{x}}(t)\hat{d}(t)+(\boldsymbol{B}_1-\boldsymbol{B}_2)\hat{\boldsymbol{u}}(t)\hat{d}(t)\end{aligned} \tag{1-74}$$

$$\begin{aligned}\boldsymbol{Y}+\hat{\boldsymbol{y}}(t)=&\boldsymbol{CX}+\boldsymbol{EU}+\boldsymbol{C}\hat{\boldsymbol{x}}(t)+\boldsymbol{E}\hat{\boldsymbol{u}}(t)+\left[(\boldsymbol{C}_1-\boldsymbol{C}_2)\boldsymbol{X}+(\boldsymbol{E}_1-\boldsymbol{E}_2)\boldsymbol{U}\right]\hat{d}(t)+\\&(\boldsymbol{C}_1-\boldsymbol{C}_2)\hat{\boldsymbol{x}}(t)\hat{d}(t)+(\boldsymbol{E}_1-\boldsymbol{E}_2)\hat{\boldsymbol{u}}(t)\hat{d}(t)\end{aligned} \tag{1-75}$$

在式(1-74)和式(1-75)中，等号两边的直流量与交流量必然对应相等。使直流量对应相等可得

$$\dot{\boldsymbol{X}}=\boldsymbol{AX}+\boldsymbol{BU} \tag{1-76}$$

$$\boldsymbol{Y}=\boldsymbol{CX}+\boldsymbol{EU} \tag{1-77}$$

且稳态时状态向量的直流分量 $\boldsymbol{X}$ 为常数，$\dot{\boldsymbol{X}}=\boldsymbol{0}$。由式(1-76)和式(1-77)可以解得变换器的静态工作点为

$$\boldsymbol{X}=-\boldsymbol{A}^{-1}\boldsymbol{BU} \tag{1-78}$$

$$\boldsymbol{Y}=(\boldsymbol{E}-\boldsymbol{CA}^{-1}\boldsymbol{B})\boldsymbol{U} \tag{1-79}$$

再使式(1-74)和式(1-75)中对应的交流项相等，可得

$$\begin{aligned}\dot{\hat{\boldsymbol{x}}}(t)=&\boldsymbol{A}\hat{\boldsymbol{x}}(t)+\boldsymbol{B}\hat{\boldsymbol{u}}(t)+[(\boldsymbol{A}_1-\boldsymbol{A}_2)\boldsymbol{X}+(\boldsymbol{B}_1-\boldsymbol{B}_2)\boldsymbol{U}]\hat{d}(t)+\\&(\boldsymbol{A}_1-\boldsymbol{A}_2)\hat{\boldsymbol{x}}(t)\hat{d}(t)+(\boldsymbol{B}_1-\boldsymbol{B}_2)\hat{\boldsymbol{u}}(t)\hat{d}(t)\end{aligned} \tag{1-80}$$

$$\begin{aligned}\hat{\boldsymbol{y}}(t)=&\boldsymbol{C}\hat{\boldsymbol{x}}(t)+\boldsymbol{E}\hat{\boldsymbol{u}}(t)+[(\boldsymbol{C}_1-\boldsymbol{C}_2)\boldsymbol{X}+(\boldsymbol{E}_1-\boldsymbol{E}_2)\boldsymbol{U}]\hat{d}(t)+\\&(\boldsymbol{C}_1-\boldsymbol{C}_2)\hat{\boldsymbol{x}}(t)\hat{d}(t)+(\boldsymbol{E}_1-\boldsymbol{E}_2)\hat{\boldsymbol{u}}(t)\hat{d}(t)\end{aligned} \tag{1-81}$$

式(1-80)和式(1-81)分别为变换器的交流小信号状态方程与输出方程，方程中状态向量的稳态值 $\boldsymbol{X}$ 由式(1-78)确定。但式(1-80)和式(1-81)为非线性方程，还需在静态工作点附近将其线性化。

3. 线性化

分析式(1-80)和式(1-81)，等号右侧的非线性项均为小信号的乘积项。根据 1.2.1 节中的分析，当变换器满足小信号假设时，小信号乘积项的幅值必远远小于等号右侧其余各项的幅值，因此可以将这些乘积项从方程中略掉，而不会给分析引入较大的误差，从而达到将非线性的小信号方程线性化的目的。

采用这一方法对式(1-80)和式(1-81)作线性化处理，即从中分别略去 $(\boldsymbol{A}_1-\boldsymbol{A}_2)\hat{\boldsymbol{x}}(t)\hat{d}(t)+(\boldsymbol{B}_1-\boldsymbol{B}_2)\hat{\boldsymbol{u}}(t)\hat{d}(t)$ 和 $(\boldsymbol{C}_1-\boldsymbol{C}_2)\hat{\boldsymbol{x}}(t)\hat{d}(t)+(\boldsymbol{E}_1-\boldsymbol{E}_2)\hat{\boldsymbol{u}}(t)\hat{d}(t)$ 两项，得到线性化的小信号状态方程与输出方程为

$$\dot{\hat{\boldsymbol{x}}}(t)=\boldsymbol{A}\hat{\boldsymbol{x}}(t)+\boldsymbol{B}\hat{\boldsymbol{u}}(t)+\left[(\boldsymbol{A}_1-\boldsymbol{A}_2)\boldsymbol{X}+(\boldsymbol{B}_1-\boldsymbol{B}_2)\boldsymbol{U}\right]\hat{d}(t) \tag{1-82}$$

$$\hat{\boldsymbol{y}}(t)=\boldsymbol{C}\hat{\boldsymbol{x}}(t)+\boldsymbol{E}\hat{\boldsymbol{u}}(t)+\left[(\boldsymbol{C}_1-\boldsymbol{C}_2)\boldsymbol{X}+(\boldsymbol{E}_1-\boldsymbol{E}_2)\boldsymbol{U}\right]\hat{d}(t) \tag{1-83}$$

式(1-82)和式(1-83)即是用状态空间平均法为 CCM 模式下 DC-DC 变换器建立的交流小信号解析模型。可见，状态空间平均法的建模思路与基本建模法完全相同，仍然采用求平均、分离扰动与线性化的方法，只是其最终结果是以状态方程的形式表达。然而这种统一的表达形式使得状态空间平均法更具普遍适用性，对于不同类型的变换器，只需求出其各项矩阵 $\boldsymbol{A}_1$、$\boldsymbol{A}_2$、$\boldsymbol{A}$、$\boldsymbol{B}_1$、$\boldsymbol{B}_2$、$\boldsymbol{B}$、$\boldsymbol{C}_1$、$\boldsymbol{C}_2$、$\boldsymbol{C}$、$\boldsymbol{E}_1$、$\boldsymbol{E}_2$、$\boldsymbol{E}$ 代入结果方程即可，省略了许多复杂的中间计算过程。

1.3.2 状态空间平均法在理想 Buck 变换器分析中的应用

本节以图 1-15 所示的理想 Buck 变换器为例，具体说明如何应用状态空间平均法确定变换器的静态工作点，并建立状态方程形式的小信号解析模型。

根据 1.3.1 节的分析，首先应为理想 Buck 变换器在一个开关周期内的两种不同工作状态建立状态方程与输出方程。取电感电流 $i(t)$ 和电容电压 $v(t)$ 作为状态变量，组成二维状态向量 $\boldsymbol{x}(t)=[i(t),\ v(t)]^{\mathrm{T}}$；取输入电压 $v_{\mathrm{g}}(t)$ 作为输入变量，组成一维输入向量 $\boldsymbol{u}(t)=[v_{\mathrm{g}}(t)]$；取电压源 $v_{\mathrm{g}}(t)$ 的输出电流 $i_{\mathrm{g}}(t)$ 和变换器的输出电压 $v(t)$ 作为输出变量，组成二维输出向量 $\boldsymbol{y}(t)=[i_{\mathrm{g}}(t),\ v(t)]^{\mathrm{T}}$。

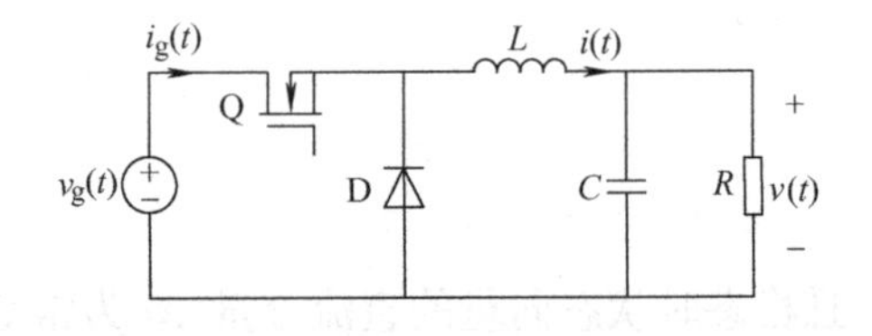

图 1-15　理想 Buck 变换器

工作状态 1　理想 Buck 变换器在连续导电模式下，在每一周期的 $(0,\ dT_{\mathrm{s}})$ 时间段内，Q 导通，D 截止，此时等效电路如图 1-16a 所示。电感电压 $v_{\mathrm{L}}(t)$ 与电容电流 $i_{\mathrm{C}}(t)$ 分别为

$$\begin{cases} v_{\mathrm{L}}(t)=L\dfrac{\mathrm{d}i(t)}{\mathrm{d}t}=v_{\mathrm{g}}(t)-v(t) \\ i_{\mathrm{C}}(t)=C\dfrac{\mathrm{d}v(t)}{\mathrm{d}t}=i(t)-\dfrac{v(t)}{R} \end{cases} \tag{1-84}$$

输入电流 $i_{\mathrm{g}}(t)$ 即为电感电流 $i(t)$，输出电压 $v(t)$ 即为电容电压，则有

$$\begin{cases} i_{\mathrm{g}}(t)=i(t) \\ v(t)=v(t) \end{cases} \tag{1-85}$$

将式(1-84)与式(1-85)写成状态方程与输出方程的形式为

$$\begin{bmatrix} \dot{i}(t) \\ \dot{v}(t) \end{bmatrix} = \begin{bmatrix} 0 & -\dfrac{1}{L} \\ \dfrac{1}{C} & -\dfrac{1}{RC} \end{bmatrix} \begin{bmatrix} i(t) \\ v(t) \end{bmatrix} + \begin{bmatrix} \dfrac{1}{L} \\ 0 \end{bmatrix} \begin{bmatrix} v_g(t) \end{bmatrix} \tag{1-86}$$

$$\begin{bmatrix} i_g(t) \\ v(t) \end{bmatrix} = \begin{bmatrix} 1 & 0 \\ 0 & 1 \end{bmatrix} \begin{bmatrix} i(t) \\ v(t) \end{bmatrix} + \begin{bmatrix} 0 \\ 0 \end{bmatrix} \begin{bmatrix} v_g(t) \end{bmatrix} \tag{1-87}$$

将式(1-86)和式(1-87)与式(1-56)和式(1-57)相对照，可以确定矩阵$\boldsymbol{A}_1$、$\boldsymbol{B}_1$、$\boldsymbol{C}_1$、$\boldsymbol{E}_1$分别为

$$\boldsymbol{A}_1 = \begin{bmatrix} 0 & -\dfrac{1}{L} \\ \dfrac{1}{C} & -\dfrac{1}{RC} \end{bmatrix} \quad \boldsymbol{B}_1 = \begin{bmatrix} \dfrac{1}{L} \\ 0 \end{bmatrix} \quad \boldsymbol{C}_1 = \begin{bmatrix} 1 & 0 \\ 0 & 1 \end{bmatrix} \quad \boldsymbol{E}_1 = \begin{bmatrix} 0 \\ 0 \end{bmatrix} \tag{1-88}$$

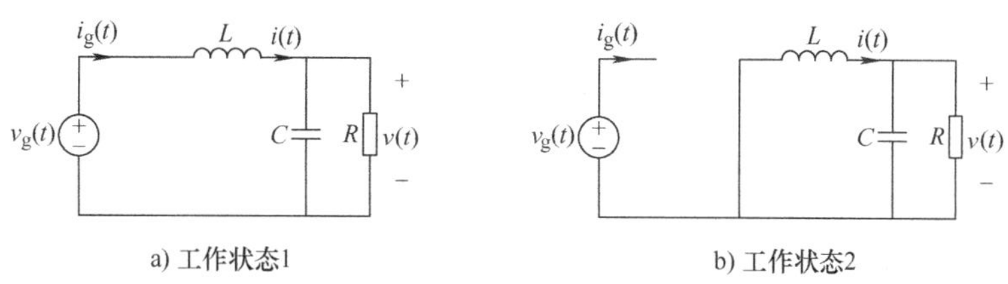

图 1-16　理想 Buck 变换器的两种工作状态

工作状态 2　理想 Buck 变换器在每一周期的(dT_s, T_s)时间段内，Q 截止，D 导通，此时电路如图 1-16b 所示。这一阶段的电感电压$v_L(t)$与电容电流$i_C(t)$分别为

$$\begin{cases} v_L(t) = L\dfrac{di(t)}{dt} = -v(t) \\ i_C(t) = C\dfrac{dv(t)}{dt} = i(t) - \dfrac{v(t)}{R} \end{cases} \tag{1-89}$$

由于 Q 截止，输入电流$i_g(t)$为零，输出电压$v(t)$仍为电容电压，则有

$$\begin{cases} i_g(t) = 0 \\ v(t) = v(t) \end{cases} \tag{1-90}$$

将式(1-89)与式(1-90)整理成状态方程与输出方程的形式为

$$\begin{bmatrix} \dot{i}(t) \\ \dot{v}(t) \end{bmatrix} = \begin{bmatrix} 0 & -\dfrac{1}{L} \\ \dfrac{1}{C} & -\dfrac{1}{RC} \end{bmatrix} \begin{bmatrix} i(t) \\ v(t) \end{bmatrix} + \begin{bmatrix} 0 \\ 0 \end{bmatrix} \begin{bmatrix} v_g(t) \end{bmatrix} \tag{1-91}$$

$$\begin{bmatrix} i_g(t) \\ v(t) \end{bmatrix} = \begin{bmatrix} 0 & 0 \\ 0 & 1 \end{bmatrix} \begin{bmatrix} i(t) \\ v(t) \end{bmatrix} + \begin{bmatrix} 0 \\ 0 \end{bmatrix} \begin{bmatrix} v_g(t) \end{bmatrix} \tag{1-92}$$

将式(1-91)和式(1-92)与式(1-58)和式(1-59)相对照，可以确定矩阵$\boldsymbol{A}_2$、$\boldsymbol{B}_2$、$\boldsymbol{C}_2$、$\boldsymbol{E}_2$分别为

$$\boldsymbol{A}_2 = \begin{bmatrix} 0 & -\dfrac{1}{L} \\ \dfrac{1}{C} & -\dfrac{1}{RC} \end{bmatrix} \quad \boldsymbol{B}_2 = \begin{bmatrix} 0 \\ 0 \end{bmatrix} \quad \boldsymbol{C}_2 = \begin{bmatrix} 0 & 0 \\ 0 & 1 \end{bmatrix} \quad \boldsymbol{E}_2 = \begin{bmatrix} 0 \\ 0 \end{bmatrix} \tag{1-93}$$

求得 $\boldsymbol{A}_1$、$\boldsymbol{A}_2$、$\boldsymbol{B}_1$、$\boldsymbol{B}_2$、$\boldsymbol{C}_1$、$\boldsymbol{C}_2$、$\boldsymbol{E}_1$、$\boldsymbol{E}_2$ 之后，可以根据式(1-78)和式(1-79)直接确定 Buck 变换器的静态工作点。为此，将式(1-88)和式(1-93)代入式(1-73)求得矩阵 $\boldsymbol{A}$、$\boldsymbol{B}$、$\boldsymbol{C}$、$\boldsymbol{E}$ 分别为

$$\boldsymbol{A}=D\boldsymbol{A}_1+D'\boldsymbol{A}_2=D\begin{bmatrix}0 & -\dfrac{1}{L}\\ \dfrac{1}{C} & -\dfrac{1}{RC}\end{bmatrix}+D'\begin{bmatrix}0 & -\dfrac{1}{L}\\ \dfrac{1}{C} & -\dfrac{1}{RC}\end{bmatrix}=\begin{bmatrix}0 & -\dfrac{1}{L}\\ \dfrac{1}{C} & -\dfrac{1}{RC}\end{bmatrix} \tag{1-94}$$

$$\boldsymbol{B}=D\boldsymbol{B}_1+D'\boldsymbol{B}_2=D\begin{bmatrix}\dfrac{1}{L}\\ 0\end{bmatrix}+D'\begin{bmatrix}0\\ 0\end{bmatrix}=\begin{bmatrix}\dfrac{D}{L}\\ 0\end{bmatrix} \tag{1-95}$$

$$\boldsymbol{C}=D\boldsymbol{C}_1+D'\boldsymbol{C}_2=D\begin{bmatrix}1 & 0\\ 0 & 1\end{bmatrix}+D'\begin{bmatrix}0 & 0\\ 0 & 1\end{bmatrix}=\begin{bmatrix}D & 0\\ 0 & 1\end{bmatrix} \tag{1-96}$$

$$\boldsymbol{E}=D\boldsymbol{E}_1+D'\boldsymbol{E}_2=D\begin{bmatrix}0\\ 0\end{bmatrix}+D'\begin{bmatrix}0\\ 0\end{bmatrix}=\begin{bmatrix}0\\ 0\end{bmatrix} \tag{1-97}$$

与状态向量、输入向量和输出向量相对应的直流分量向量分别为 $\boldsymbol{X}=[I,\ V]^{\mathrm{T}}$，$\boldsymbol{U}=[V_{\mathrm{g}}]$ 及 $\boldsymbol{Y}=[I_{\mathrm{g}},\ V]^{\mathrm{T}}$。将式(1-94)～式(1-97)代入式(1-78)和式(1-79)，可以确定理想 Buck 变换器的静态工作点为

$$\begin{bmatrix}I\\ V\end{bmatrix}=-\begin{bmatrix}0 & -\dfrac{1}{L}\\ \dfrac{1}{C} & -\dfrac{1}{RC}\end{bmatrix}^{-1}\begin{bmatrix}\dfrac{D}{L}\\ 0\end{bmatrix}V_{\mathrm{g}}=\begin{bmatrix}\dfrac{D}{R}\\ D\end{bmatrix}V_{\mathrm{g}} \tag{1-98}$$

$$\begin{bmatrix}I_{\mathrm{g}}\\ V\end{bmatrix}=\left(\begin{bmatrix}0\\ 0\end{bmatrix}-\begin{bmatrix}D & 0\\ 0 & 1\end{bmatrix}\begin{bmatrix}0 & -\dfrac{1}{L}\\ \dfrac{1}{C} & -\dfrac{1}{RC}\end{bmatrix}^{-1}\begin{bmatrix}\dfrac{D}{L}\\ 0\end{bmatrix}\right)V_{\mathrm{g}}=\begin{bmatrix}\dfrac{D^2}{R}\\ D\end{bmatrix}V_{\mathrm{g}} \tag{1-99}$$

由式(1-98)可以得到理想 Buck 变换器的电压比与电感电流的稳态值分别为

$$M=\frac{V}{V_{\mathrm{g}}}=D \tag{1-100}$$

$$I=\frac{V}{R}=\frac{DV_{\mathrm{g}}}{R} \tag{1-101}$$

由式(1-99)还可得到输入电流的稳态值为

$$I_{\mathrm{g}}=\frac{D^2V_{\mathrm{g}}}{R} \tag{1-102}$$

最后根据式(1-82)和式(1-83)可以直接建立变换器的小信号线性状态方程与输出方程。与状态向量、输入向量和输出向量相对应的交流小信号分量向量分别为 $\hat{\boldsymbol{x}}(t)=[\hat{i}(t),\ \hat{v}(t)]^{\mathrm{T}}$，$\hat{\boldsymbol{u}}(t)=[\hat{v}_{\mathrm{g}}(t)]$，$\hat{\boldsymbol{y}}(t)=[\hat{i}_{\mathrm{g}}(t),\ \hat{v}(t)]^{\mathrm{T}}$。将式(1-88)、式(1-89)及式(1-94)～式(1-97)代入式(1-82)和式(1-83)，可以得到理想 Buck 变换器的小信号状态方程与输出方程为

$$\begin{bmatrix}\dot{\hat{i}}(t)\\ \dot{\hat{v}}(t)\end{bmatrix}=\begin{bmatrix}0 & -\dfrac{1}{L}\\ \dfrac{1}{C} & -\dfrac{1}{RC}\end{bmatrix}\begin{bmatrix}\hat{i}(t)\\ \hat{v}(t)\end{bmatrix}+\begin{bmatrix}\dfrac{D}{L}\\ 0\end{bmatrix}\hat{v}_{\mathrm{g}}(t)+\left\{\left(\begin{bmatrix}0 & -\dfrac{1}{L}\\ \dfrac{1}{C} & -\dfrac{1}{RC}\end{bmatrix}-\begin{bmatrix}0 & -\dfrac{1}{L}\\ \dfrac{1}{C} & -\dfrac{1}{RC}\end{bmatrix}\right)\begin{bmatrix}I\\ V\end{bmatrix}+\left(\begin{bmatrix}\dfrac{1}{L}\\ 0\end{bmatrix}-\begin{bmatrix}0\\ 0\end{bmatrix}\right)V_{\mathrm{g}}\right\}\hat{d}(t) \tag{1-103}$$

$$\begin{bmatrix}\hat{i}_{\mathrm{g}}(t)\\ \hat{v}(t)\end{bmatrix}=\begin{bmatrix}D & 0\\ 0 & 1\end{bmatrix}\begin{bmatrix}\hat{i}(t)\\ \hat{v}(t)\end{bmatrix}+\begin{bmatrix}0\\ 0\end{bmatrix}\hat{v}_{\mathrm{g}}(t)+\left\{\left(\begin{bmatrix}1 & 0\\ 0 & 1\end{bmatrix}-\begin{bmatrix}0 & 0\\ 0 & 1\end{bmatrix}\right)\begin{bmatrix}I\\ V\end{bmatrix}+\left(\begin{bmatrix}0\\ 0\end{bmatrix}-\begin{bmatrix}0\\ 0\end{bmatrix}\right)V_{\mathrm{g}}\right\}\hat{d}(t) \tag{1-104}$$

式(1-103)和式(1-104)中的直流量I和V分别由式(1-100)和式(1-101)确定。

也可以根据式(1-103)和式(1-104)写出$\dot{\hat{i}}(t)$、$\dot{\hat{v}}(t)$和$\hat{i}_{\mathrm{g}}(t)$的解析表达式，其结果与运用基本建模法得到的结果完全相同，同时还可以采用1.2.2节介绍的方法为理想Buck变换器建立小信号等效电路，请读者自行完成。

1.3.3 状态空间平均法的基本步骤

为了方便读者应用状态空间平均法，本节根据1.3.1节和1.3.2节中介绍的内容对状态空间平均法的操作过程进行归纳整理。

1. 分阶段列写状态方程

对于连续导电的DC-DC变换器，由于开关器件的不同工作状态，一般情况下在每个开关周期内变换器都有两个工作阶段。首先需要对这两个阶段分别列写如下形式状态方程与输出方程

$$\begin{cases}\dot{\boldsymbol{x}}(t)=\boldsymbol{A}_1\boldsymbol{x}(t)+\boldsymbol{B}_1\boldsymbol{u}(t)\\ \boldsymbol{y}(t)=\boldsymbol{C}_1\boldsymbol{x}(t)+\boldsymbol{E}_1\boldsymbol{u}(t)\end{cases}\quad 0<t<dT_{\mathrm{s}} \tag{1-105}$$

$$\begin{cases}\dot{\boldsymbol{x}}(t)=\boldsymbol{A}_2\boldsymbol{x}(t)+\boldsymbol{B}_2\boldsymbol{u}(t)\\ \boldsymbol{y}(t)=\boldsymbol{C}_2\boldsymbol{x}(t)+\boldsymbol{E}_2\boldsymbol{u}(t)\end{cases}\quad dT_{\mathrm{s}}<t<T_{\mathrm{s}} \tag{1-106}$$

通常选取独立的电感电流与电容电压组成状态向量$\boldsymbol{x}(t)$，以输入电压作为输入向量$\boldsymbol{u}(t)$，选取感兴趣的其他变量组成输出向量$\boldsymbol{y}(t)$。

2. 求静态工作点

当变换器满足低频假设与小纹波假设时，变换器的静态工作点可由下式确定：

$$\begin{cases}\boldsymbol{AX}+\boldsymbol{BU}=\boldsymbol{0}\\ \boldsymbol{Y}=\boldsymbol{CX}+\boldsymbol{EU}\end{cases} \tag{1-107}$$

式中，$\boldsymbol{X}$、$\boldsymbol{U}$、$\boldsymbol{Y}$分别是状态向量$\boldsymbol{x}(t)$、输入向量$\boldsymbol{u}(t)$与输出向量$\boldsymbol{y}(t)$的直流分量向量，矩阵$\boldsymbol{A}$、$\boldsymbol{B}$、$\boldsymbol{C}$、$\boldsymbol{E}$分别为

$$\begin{cases}\boldsymbol{A}=D\boldsymbol{A}_1+D'\boldsymbol{A}_2\\ \boldsymbol{B}=D\boldsymbol{B}_1+D'\boldsymbol{B}_2\\ \boldsymbol{C}=D\boldsymbol{C}_1+D'\boldsymbol{C}_2\\ \boldsymbol{E}=D\boldsymbol{E}_1+D'\boldsymbol{E}_2\end{cases} \tag{1-108}$$

式中，D为控制量$d(t)$的稳态值，$D'=1-D$。

求解式(1-107)可以得到变换器状态变量与输出变量的静态工作点为

$$\boldsymbol{X}=-\boldsymbol{A}^{-1}\boldsymbol{B}\boldsymbol{U} \tag{1-109a}$$

$$\boldsymbol{Y}=(\boldsymbol{E}-\boldsymbol{C}\boldsymbol{A}^{-1}\boldsymbol{B})\boldsymbol{U} \tag{1-109b}$$

3. 建立交流小信号状态方程与输出方程

交流小信号的状态方程与输出方程的形式为

$$\dot{\hat{\boldsymbol{x}}}(t)=\boldsymbol{A}\hat{\boldsymbol{x}}(t)+\boldsymbol{B}\hat{\boldsymbol{u}}(t)+\left[(\boldsymbol{A}_1-\boldsymbol{A}_2)\boldsymbol{X}+(\boldsymbol{B}_1-\boldsymbol{B}_2)\boldsymbol{U}\right]\hat{d}(t) \tag{1-110a}$$

$$\hat{\boldsymbol{y}}(t)=\boldsymbol{C}\hat{\boldsymbol{x}}(t)+\boldsymbol{E}\hat{\boldsymbol{u}}(t)+\left[(\boldsymbol{C}_1-\boldsymbol{C}_2)\boldsymbol{X}+(\boldsymbol{E}_1-\boldsymbol{E}_2)\boldsymbol{U}\right]\hat{d}(t) \tag{1-110b}$$

式中，$\hat{\boldsymbol{x}}(t)$、$\hat{\boldsymbol{u}}(t)$、$\hat{\boldsymbol{y}}(t)$ 分别是与状态向量、输入向量和输出向量对应的交流小信号分量向量；$\hat{d}(t)$ 为控制量 $d(t)$ 的交流分量，$\boldsymbol{X}$ 由式(1-109a)确定；$\hat{\boldsymbol{u}}(t)$ 与 $\hat{d}(t)$ 由外界输入决定，为已知量。

可以根据式(1-110)解得 $\hat{\boldsymbol{x}}(t)$ 与 $\hat{\boldsymbol{y}}(t)$，求解过程将在 1.3.4 节中介绍。

以上即是用状态空间平均法为变换器建立解析模型的基本步骤，只需在分析变换器两个阶段基本工作状态的基础上直接进行矩阵运算即可，较 1.2 节的基本建模法省略了许多复杂的代数运算过程。而且任何形式的 DC-DC 变换器，包括非理想的 DC-DC 变换器与带变压器隔离的 DC-DC 变换器，只要能够为其写出形如式(1-105)与(1-106)的状态方程，即可应用状态空间平均法求得静态工作点并建立小信号解析模型。

从式(1-110a)的状态方程中也可以整理出含电感的回路电压方程以及含电容的节点电流方程，然后按照 1.2.2 节介绍的方法为变换器建立 CCM 模式下交流小信号的等效电路模型。

此外，根据变换器的交流小信号状态方程还可以分析变换器的各种动态性能，为变换器的分析与控制做好准备。

1.3.4 小信号状态方程的分析

任何类型的 DC-DC 变换器，当为其建立了形如式(1-110)的小信号状态方程与输出方程以后，都可以据此求得变换器的各种动态小信号特性。

首先求解式(1-110)中的状态变量与输出变量。对式(1-110)进行拉普拉斯变换，设各状态变量的初始值均为零，得

$$s\hat{\boldsymbol{x}}(s)=\boldsymbol{A}\hat{\boldsymbol{x}}(s)+\boldsymbol{B}\hat{\boldsymbol{u}}(s)+\left[(\boldsymbol{A}_1-\boldsymbol{A}_2)\boldsymbol{X}+(\boldsymbol{B}_1-\boldsymbol{B}_2)\boldsymbol{U}\right]\hat{d}(s) \tag{1-111}$$

$$\hat{\boldsymbol{y}}(s)=\boldsymbol{C}\hat{\boldsymbol{x}}(s)+\boldsymbol{E}\hat{\boldsymbol{u}}(s)+\left[(\boldsymbol{C}_1-\boldsymbol{C}_2)\boldsymbol{X}+(\boldsymbol{E}_1-\boldsymbol{E}_2)\boldsymbol{U}\right]\hat{d}(s) \tag{1-112}$$

由式(1-111)可解得

$$\hat{\boldsymbol{x}}(s)=(s\boldsymbol{I}-\boldsymbol{A})^{-1}\boldsymbol{B}\hat{\boldsymbol{u}}(s)+(s\boldsymbol{I}-\boldsymbol{A})^{-1}\left[(\boldsymbol{A}_1-\boldsymbol{A}_2)\boldsymbol{X}+(\boldsymbol{B}_1-\boldsymbol{B}_2)\boldsymbol{U}\right]\hat{d}(s) \tag{1-113}$$

式中，$\boldsymbol{I}$ 为单位矩阵。

将式(1-113)代入式(1-112)可得

$$\begin{aligned}\hat{\boldsymbol{y}}(s)=&[\boldsymbol{C}(s\boldsymbol{I}-\boldsymbol{A})^{-1}\boldsymbol{B}+\boldsymbol{E}]\hat{\boldsymbol{u}}(s)+\\&\{\boldsymbol{C}(s\boldsymbol{I}-\boldsymbol{A})^{-1}[(\boldsymbol{A}_1-\boldsymbol{A}_2)\boldsymbol{X}+(\boldsymbol{B}_1-\boldsymbol{B}_2)\boldsymbol{U})]+[(\boldsymbol{C}_1-\boldsymbol{C}_2)\boldsymbol{X}+(\boldsymbol{E}_1-\boldsymbol{E}_2)\boldsymbol{U}]\}\hat{d}(s)\end{aligned} \tag{1-114}$$

对式(1-113)与式(1-114)进行拉普拉斯反变换，即可求得变换器的时域状态变量与输出变量。

根据式(1-113)与式(1-114)还可以得到变换器的各项传递函数，通常变换器的输入变量为输入电压 $v_g(t)$，则 $\hat{\boldsymbol{u}}(s)=[\hat{v}_g(s)]$，代入式(1-113)与式(1-114)可以得到以下各项传递函数向量：

(1)状态变量 $\hat{\boldsymbol{x}}(s)$ 对输入 $\hat{v}_g(s)$ 的传递函数 $\boldsymbol{G}_{xg}(s)$ 为

$$\boldsymbol{G}_{xg}(s)=\left.\frac{\hat{\boldsymbol{x}}(s)}{\hat{v}_g(s)}\right|_{\hat{d}(s)=0}=(s\boldsymbol{I}-\boldsymbol{A})^{-1}\boldsymbol{B} \tag{1-115}$$

(2)状态变量 $\hat{\boldsymbol{x}}(s)$ 对控制变量 $\hat{d}(s)$ 的传递函数 $\boldsymbol{G}_{xd}(s)$ 为

$$\boldsymbol{G}_{xd}(s)=\left.\frac{\hat{\boldsymbol{x}}(s)}{\hat{d}(s)}\right|_{\hat{v}_g(s)=0}=(s\boldsymbol{I}-\boldsymbol{A})^{-1}\left[(\boldsymbol{A}_1-\boldsymbol{A}_2)\boldsymbol{X}+(\boldsymbol{B}_1-\boldsymbol{B}_2)V_g\right] \tag{1-116}$$

(3)输出变量 $\hat{\boldsymbol{y}}(s)$ 对输入 $\hat{v}_g(s)$ 的传递函数 $\boldsymbol{G}_{yg}(s)$ 为

$$\boldsymbol{G}_{yg}(s)=\left.\frac{\hat{\boldsymbol{y}}(s)}{\hat{v}_g(s)}\right|_{\hat{d}(s)=0}=\boldsymbol{C}(s\boldsymbol{I}-\boldsymbol{A})^{-1}\boldsymbol{B}+\boldsymbol{E} \tag{1-117}$$

(4)输出变量 $\hat{\boldsymbol{y}}(s)$ 对控制变量 $\hat{d}(s)$ 的传递函数 $\boldsymbol{G}_{yd}(s)$ 为

$$\boldsymbol{G}_{yd}(s)=\left.\frac{\hat{\boldsymbol{y}}(s)}{\hat{d}(s)}\right|_{\hat{v}_g(s)=0}=\boldsymbol{C}(s\boldsymbol{I}-\boldsymbol{A})^{-1}\left[(\boldsymbol{A}_1-\boldsymbol{A}_2)\boldsymbol{X}+(\boldsymbol{B}_1-\boldsymbol{B}_2)V_g\right]+(\boldsymbol{C}_1-\boldsymbol{C}_2)\boldsymbol{X}+(\boldsymbol{E}_1-\boldsymbol{E}_2)V_g \tag{1-118}$$

以 1.3.2 节分析的理想 Buck 变换器为例，可以用上述求传递函数的方法求解 Buck 变换器的交流小信号动态特性。例如将 1.3.2 节中有关的理想 Buck 变换器的参数代入式(1-115)，得到传递函数向量为

$$\begin{bmatrix} \left.\dfrac{\hat{i}(s)}{\hat{v}_g(s)}\right|_{\hat{d}(s)=0} \\ \left.\dfrac{\hat{v}(s)}{\hat{v}_g(s)}\right|_{\hat{d}(s)=0} \end{bmatrix}=\begin{bmatrix} s & \dfrac{1}{L} \\ -\dfrac{1}{C} & s+\dfrac{1}{RC} \end{bmatrix}^{-1}\begin{bmatrix} \dfrac{D}{L} \\ 0 \end{bmatrix}=\frac{1}{\dfrac{1}{LC}+\dfrac{s}{RC}+s^2}\begin{bmatrix} \dfrac{D}{L}\left(\dfrac{1}{RC}+s\right) \\ \dfrac{D}{LC} \end{bmatrix} \tag{1-119}$$

从中可以整理出理想 Buck 变换器输出 $\hat{v}(s)$ 对输入 $\hat{v}_g(s)$ 的传递函数 $G_{vg}(s)$ 为

$$G_{vg}(s)=\left.\frac{\hat{v}(s)}{\hat{v}_g(s)}\right|_{\hat{d}(s)=0}=\frac{D}{1+s\dfrac{L}{R}+s^2LC} \tag{1-120}$$

若将理想 Buck 变换器的有关参数代入式(1-116)，可以从中得到输出 $\hat{v}(s)$ 对控制变量 $\hat{d}(s)$ 的传递函数 $G_{vd}(s)$ 为

$$G_{vd}(s)=\left.\frac{\hat{v}(s)}{\hat{d}(s)}\right|_{\hat{v}_g(s)=0}=\frac{V_g}{1+s\dfrac{L}{R}+s^2LC} \tag{1-121}$$

利用式(1-117)可以得到理想 Buck 变换器的开环输入导纳 $Y(s)$ 为

$$Y(s)=\left.\frac{\hat{i}_g(s)}{\hat{v}_g(s)}\right|_{\hat{d}(s)=0}=\frac{D^2}{R}\cdot\frac{1+sCR}{1+s\dfrac{L}{R}+s^2LC} \tag{1-122}$$

取其倒数则得到开环输入阻抗 $Z(s)$ 为

$$Z(s)=\left.\frac{\hat{v}_{\mathrm{g}}(s)}{\hat{i}(s)}\right|_{\hat{d}(s)=0}=\frac{1}{Y(s)}=\frac{R}{D^2}\cdot\frac{1+s\dfrac{L}{R}+s^2LC}{1+sCR} \tag{1-123}$$

1.3.5 根据状态方程建立典型等效电路

1.2.2 节已经介绍了一种为 CCM 模式下的 DC-DC 变换器建立交流小信号等效电路的方法，但这种等效电路模型必须针对每一种变换器一一加以建立，不同的变换器具有不同的电路结构与参数，需要对每种变换器的特性单独进行分析。本节将介绍一种根据变换器的小信号状态空间模型建立的统一结构的稳态和动态低频小信号等效电路，该等效电路模型不仅可以直观地反映变换器的直流电压变换作用、小信号在变换器中的传递过程以及变换器的低频特性，同时由于各种变换器都具有相同的结构，更有利于对各种变换器的特性进行统一分析和比较，称这种等效电路为典型等效电路，如图 1-17 所示。

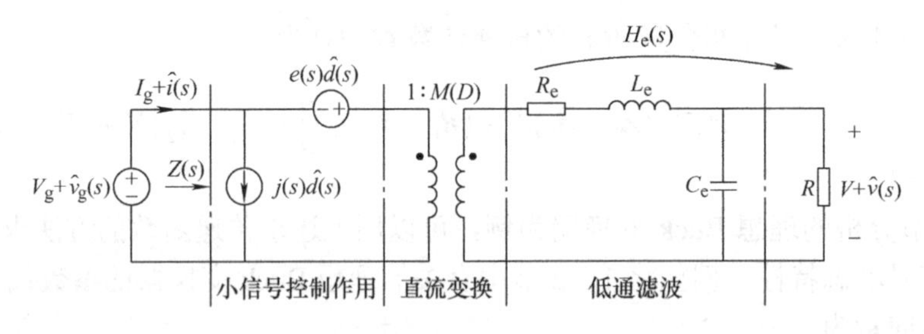

图 1-17　CCM 模式下 DC-DC 变换器稳态和低频小信号典型等效电路

典型等效电路的结构之所以如此设计，是由 DC-DC 变换器的功能决定的。根据对 CCM 模式 DC-DC 变换器的分析可知，一个 DC-DC 变换器应该具有以下功能：

(1) 直流变换　为了完成这一功能，在图 1-17 所示的典型等效电路中设计了电压比为 $1:M(D)$ 的理想变压器，$M(D)$ 为不考虑任何寄生参数时理想变换器的稳态电压之比。该理想变压器不仅可以变换直流，同时可以变换交流小信号。

(2) 低通滤波作用　变换器中用于存储与转换能量的储能元件对高频开关纹波具有滤波作用，同时对低频小信号的幅值与相位也产生相应的影响，因此在图 1-17 中用 L_e、C_e 组成最简单的 LC 低通滤波器模拟这一功能，下标 e 表示该元件值为等效值，并非实际电路中的物理元件值。R_e 则用于模拟各种寄生电阻引起的功率损耗，理想变换器中 $R_e=0$。

(3) 控制变量的控制作用　控制变量 $d(t)$ 的小信号分量 $\hat{d}(t)$ 的作用在 1.2 节 Boost 变换器的等效电路中，是通过独立电压源与独立电流源共同体现的，在图 1-17 中，也由一个电压源 $e(s)\hat{d}(s)$ 与一个电流源 $j(s)\hat{d}(s)$ 来模拟，$e(s)$ 与 $j(s)$ 为控制系数，由变换器的元件参数及静态工作点决定，不同变换器 $e(s)$ 与 $j(s)$ 也不同。

可见，图 1-17 集中表征了 DC-DC 变换器需要完成的三项功能。图中主要的电压电流变量同时标注了直流分量与交流小信号分量，这是由于该等效电路既能模拟 DC-DC 变换器的直流电压变换功能，又能作为交流小信号的等效电路模型。

若利用该典型等效电路模拟变换器的直流变换功能，只需令图 1-17 中所有变量和元件参数的小信号分量全部为零，同时将电感短路，电容开路，则可得到

$$\frac{V}{V_g}=M(D)\frac{R}{R+R_e}=M(D)k \tag{1-124}$$

式中，$M(D)$为变换器的稳态电压比的理想值；k 为考虑了非理想因素(如变换器中的各种寄生电阻)后而增加的校正系数。

若要利用该标准型电路模拟变换器的交流动态特性，只需在图 1-17 中令各变量的直流分量为零，同时在参数 $e(s)$、$j(s)$、$M(D)$与 R_e 中将已知的稳态值代入，再分析电路即可。本节最后将以 Buck 变换器为例，说明如何根据典型等效电路分析变换器的动态特性。

小信号状态方程是变换器的解析模型，典型等效电路是变换器的等效电路模型，二者间必然存在着对应关系，从状态方程出发可以确定图 1-17 中典型等效电路的各项参数。参数的求解过程可以按以下三步进行：

(1) 首先确定 $M(D)$与 R_e　由式(1-124)已知 $M(D)$与 R_e和 V/V_g有关。若变换器仅有唯一的输入变量——输入电压 $v_g(t)$，并以输出电压 $v(t)$为唯一的输出变量，则根据式(1-109b)可得

$$V=(e_V-\boldsymbol{c}_V\boldsymbol{A}^{-1}\boldsymbol{b})V_g \tag{1-125}$$

式中，$\boldsymbol{A}$ 为状态矩阵；$\boldsymbol{b}$ 是以 $v_g(t)$为输入变量时的矩阵 $\boldsymbol{B}$(由于只有单一输入变量 $v_g(t)$，矩阵 $\boldsymbol{B}$ 退化为列向量 $\boldsymbol{b}$)；$\boldsymbol{c}_V$是以 $v(t)$为输出变量时的矩阵 $\boldsymbol{C}$(由于只有单一输出变量 $v(t)$，矩阵 $\boldsymbol{C}$ 退化为行向量 $\boldsymbol{c}_V$)；e_V是以 $v_g(t)$为输入变量、以 $v(t)$为输出变量时的矩阵 $\boldsymbol{E}$(由于只有单一输入变量和单一输出变量，所以矩阵 $\boldsymbol{E}$ 退化为数值量 e_V)。

实际电压比为

$$\frac{V}{V_g}=e_V-\boldsymbol{c}_V\boldsymbol{A}^{-1}\boldsymbol{b} \tag{1-126}$$

代入式(1-124)可得

$$M(D)k=e_V-\boldsymbol{c}_V\boldsymbol{A}^{-1}\boldsymbol{b} \tag{1-127}$$

当忽略变换器的所有寄生参数时，即理想变换器情况下，图 1-17 中 R_e必为零，则校正系数 $k=1$，代入式(1-127)可以得到 $M(D)$为

$$M(D)=\left.\frac{V}{V_g}\right|_{\text{所有寄生参数}=0}=\left.e_V-\boldsymbol{c}_V\boldsymbol{A}^{-1}\boldsymbol{b}\right|_{\text{所有寄生参数}=0} \tag{1-128}$$

将从式(1-128)得到的 $M(D)$值和式(1-126)代入式(1-124)，可得

$$R_e=R\left(\frac{M(D)}{\dfrac{V}{V_g}}-1\right)=R\left(\frac{M(D)}{e_V-\boldsymbol{c}_V\boldsymbol{A}^{-1}\boldsymbol{b}}-1\right) \tag{1-129}$$

(2) 确定图 1-17 中控制变量电压源与电流源的系数 $e(s)$与 $j(s)$　根据式(1-114)可知，当输入电压 $v_g(t)$为变换器的唯一输入变量时，任意输出变量的交流小信号分量都可以表示为

$$\hat{y}(s)=G_{yg}(s)\hat{v}_g(s)+G_{yd}(s)\hat{d}(s) \tag{1-130}$$

式中，$G_{yg}(s)$为指定的输出变量 $\hat{y}(s)$ 对输入变量 $\hat{v}_g(s)$ 的传递函数；$G_{yd}(s)$为 $\hat{y}(s)$ 对控制变量 $\hat{d}(s)$ 的传递函数。

若以输入电流 $i_g(t)$ 和输出电压 $v(t)$ 为输出变量，则利用式(1-114)可以将 $\hat{i}_g(s)$ 和 $\hat{v}(s)$ 表示为

$$\hat{i}_g(s)=G_{ig}(s)\hat{v}_g(s)+G_{id}(s)\hat{d}(s) \tag{1-131}$$

$$\hat{v}(s)=G_{vg}(s)\hat{v}_g(s)+G_{vd}(s)\hat{d}(s) \tag{1-132}$$

从式(1-131)和式(1-132)可以分别整理出传递函数 $G_{ig}(s)$ 和 $G_{id}(s)$、$G_{vg}(s)$ 和 $G_{vd}(s)$。

另一方面根据图 1-17 所示典型等效电路也可以确定这四项传递函数。根据图 1-17 可以得到

$$\hat{i}_g(s)=\frac{1}{Z(s)}\hat{v}_g(s)+\left[j(s)+\frac{e(s)}{Z(s)}\right]\hat{d}(s) \tag{1-133}$$

$$\hat{v}(s)=M(D)H_e(s)\hat{v}_g(s)+e(s)M(D)H_e(s)\hat{d}(s) \tag{1-134}$$

式中，$Z(s)$ 为典型等效电路的输入阻抗；$H_e(s)$ 为低通滤波器的传递函数，其中包括了负载电阻 R 的作用，如图 1-17 所示。

因而，上述四项传递函数可表示为

$$G_{ig}(s)=\left.\frac{\hat{i}_g(s)}{\hat{v}_g(s)}\right|_{\hat{d}(s)=0}=\frac{1}{Z(s)} \tag{1-135}$$

$$G_{id}(s)=\left.\frac{\hat{i}_g(s)}{\hat{d}(s)}\right|_{\hat{v}_g(s)=0}=j(s)+e(s)\frac{1}{Z(s)}=j(s)+e(s)G_{ig}(s) \tag{1-136}$$

$$G_{vg}(s)=\left.\frac{\hat{v}(s)}{\hat{v}_g(s)}\right|_{\hat{d}(s)=0}=M(D)H_e(s) \tag{1-137}$$

$$G_{vd}(s)=\left.\frac{\hat{v}(s)}{\hat{d}(s)}\right|_{\hat{v}_g(s)=0}=e(s)M(D)H_e(s)=e(s)G_{vg}(s) \tag{1-138}$$

从式(1-138)和式(1-136)可以得到 $e(s)$ 与 $j(s)$ 分别为

$$e(s)=\frac{G_{vd}(s)}{G_{vg}(s)} \tag{1-139}$$

$$j(s)=G_{id}(s)-e(s)G_{ig}(s) \tag{1-140}$$

式(1-139)和式(1-140)中的传递函数由式(1-131)和式(1-132)确定。

(3) 确定图 1-17 中的 L_e 与 C_e　L_e 与 C_e 是低通滤波器 $H_e(s)$ 的组成部分，由式(1-137)可知

$$H_e(s)=\frac{G_{vg}(s)}{M(D)} \tag{1-141}$$

同时，根据图 1-17 的电路结构也可以求得 $H_e(s)$ 为

$$H_e(s)=\frac{R//\dfrac{1}{sC_e}}{R_e+sL_e+R//\dfrac{1}{sC_e}}=\frac{1}{\left(1+\dfrac{R_e}{R}\right)+\left(\dfrac{L_e}{R}+R_eC_e\right)s+L_eC_es^2} \tag{1-142}$$

只需令式(1-141)与式(1-142)的对应项相等，即可求得 L_e 与 C_e。

以上即是根据 DC-DC 变换器的状态方程求解稳态和低频小信号典型等效电路参数的过程。对于任何类型的 DC-DC 变换器，只需写出其在 CCM 模式下的状态方程与输出方程，按照上面的步骤即可得到统一结构的典型等效电路参数。基于典型等效电路可以对各种 DC-DC 变换器作统一的分析，为分析比较各种变换器的性能提供了有利条件。

这一典型等效电路参数的求解过程在附录 A 中有更详细的说明。

下面以图 1-17 所示理想 Buck 变换器为例，为其建立典型等效电路，并分析其低频动态特性。

(1) 首先确定 $M(D)$ 与 R_e　根据上文叙述的确定典型等效电路参数的步骤，欲确定 $M(D)$ 与 R_e，需要首先求解变换器的稳态电压比 V/V_g。求解 V/V_g 可以输出电压 $v(t)$ 为唯一的输出变量列写状态方程与输出方程，再利用式(1-126)求得 V/V_g。由于在 1.3.2 节已经对理想 Buck 变换器作了较详细的分析，在此直接利用其分析结果。根据式(1-100)可知理想 Buck 变换器的稳态电压比为

$$\frac{V}{V_g}=D \tag{1-143}$$

将式(1-143)代入式(1-124)则有

$$\frac{V}{V_g}=M(D)k=D \tag{1-144}$$

由于分析对象为理想 Buck 变换器，必有 $k=1$，则电压比 $M(D)$ 为

$$M(D)=D \tag{1-145}$$

理想变换器未考虑任何寄生参数造成的损耗，故

$$R_e=0 \tag{1-146}$$

也可以根据式(1-129)计算 R_e，结果相同。

(2) 确定 $e(s)$ 与 $j(s)$　根据上文介绍的分析步骤，欲确定 $e(s)$ 与 $j(s)$，应以 $i_g(t)$ 和 $v(t)$ 为输出变量列写理想 Buck 变换器在两个工作阶段的状态方程和输出方程。仍可利用 1.3.2 节的分析结果，将各项矩阵[式(1-88)、式(1-93)～式(1-97)]以及状态量的稳态值[式(1-98)]代入式(1-114)，可得

$$\begin{bmatrix}\hat{i}_g(s)\\ \hat{v}(s)\end{bmatrix}=\frac{1}{s^2+\dfrac{1}{RC}s+\dfrac{1}{LC}}\begin{bmatrix}\dfrac{D^2}{L}\left(s+\dfrac{1}{RC}\right)\\ \dfrac{D}{LC}\end{bmatrix}\hat{v}_g(s)+\left(\frac{1}{s^2+\dfrac{1}{RC}s+\dfrac{1}{LC}}\begin{bmatrix}\dfrac{D}{L}\left(s+\dfrac{1}{RC}\right)V_g\\ \dfrac{1}{LC}V_g\end{bmatrix}+\begin{bmatrix}\dfrac{D}{R}V_g\\ 0\end{bmatrix}\right)\hat{d}(s) \tag{1-147}$$

则理想 Buck 变换器的各项传递函数为

$$\begin{cases}G_{ig}(s)=\dfrac{1}{\varDelta}\dfrac{D^2}{L}\left(s+\dfrac{1}{RC}\right),\ G_{id}(s)=\dfrac{1}{\varDelta}\dfrac{D}{L}\left(s+\dfrac{1}{RC}\right)V_g+\dfrac{D}{R}V_g\\ G_{vg}(s)=\dfrac{1}{\varDelta}\left(\dfrac{D}{LC}\right),\ G_{vd}(s)=\dfrac{1}{\varDelta}\left(\dfrac{V_g}{LC}\right)\end{cases} \tag{1-148}$$

式中，$\Delta=s^2+\frac{1}{RC}s+\frac{1}{LC}$。

根据式(1-139)与式(1-140)可以得到 $e(s)$ 与 $j(s)$ 为

$$\begin{cases} e(s)=\dfrac{G_{\mathrm{vd}}(s)}{G_{\mathrm{vg}}(s)}=\dfrac{V_{\mathrm{g}}}{D}=\dfrac{V}{D^2} \\ j(s)=G_{\mathrm{id}}(s)-e(s)G_{\mathrm{ig}}(s)=\dfrac{DV_{\mathrm{g}}}{R}=\dfrac{V}{R} \end{cases} \tag{1-149}$$

(3) 确定 L_{e} 与 C_{e}　根据式(1-141)可求得 $H_{\mathrm{e}}(s)$ 为

$$H_{\mathrm{e}}(s)=\frac{G_{\mathrm{vg}}(s)}{M(D)}=\frac{1}{\Delta}\frac{1}{LC}=\frac{1}{LC}\frac{1}{s^2+\dfrac{1}{RC}s+\dfrac{1}{LC}} \tag{1-150}$$

使式(1-150)与式(1-142)对应项相等，可得

$$\begin{cases} L_{\mathrm{e}}=L \\ C_{\mathrm{e}}=C \end{cases} \tag{1-151}$$

对于理想 Buck 变换器，其典型等效电路中的等效电感与等效电容值恰好与变换器中的实际电感与电容值相等。

至此，CCM 模式下理想 Buck 变换器稳态和低频小信号典型等效电路中的所有参数都已获得，将这些参数代入图 1-17，得到如图 1-18 所示的典型等效电路。

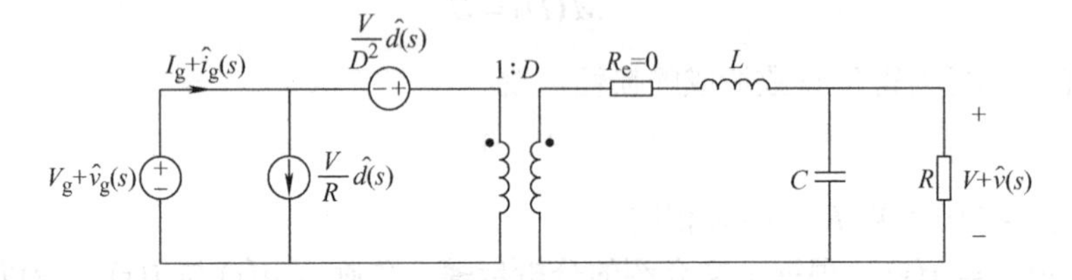

图 1-18　CCM 模式下理想 Buck 变换器稳态和低频小信号典型等效电路

用同样的方法也可以求得其他类型 DC-DC 变换器 CCM 模式下的稳态和低频小信号典型等效电路，表 1-1 列出了常见的四种理想 DC-DC 变换器典型等效电路的各项参数，将这些参数直接代入图 1-17 即可得到相应的典型等效电路。由于考虑的是理想变换器，均有 $R_{\mathrm{e}}=0$，表中略去了 R_{e} 参数。

表 1-1　四种理想 DC-DC 变换器 CCM 模式下典型等效电路参数

变换器名称	$M(D)$	$e(s)$	$j(s)$	L_{e}	C_{e}
Buck 变换器	D	$\frac{V}{D^2}$	$\frac{V}{R}$	L	C
Boost 变换器	$\frac{1}{D'}$	$V\left(1-\frac{sL}{D'^2R}\right)$	$\frac{V}{D'^2R}$	$\frac{L}{D'^2}$	C
Buck-boost 变换器	$-\frac{D}{D'}$	$-\frac{V}{D^2}\left(1-\frac{sDL}{D'^2R}\right)$	$-\frac{V}{D'^2R}$	$\frac{L}{D'^2}$	C
Cuk 变换器	$-\frac{D}{D'}$	$-\frac{V}{D^2}\left(1-\frac{sD^2L_1}{D'^2R}+\frac{s^2L_1C_1}{D'}\right)$	$-\frac{V}{D'^2R}\left(1-\frac{sD'C_1R}{D^2}\right)$	$\frac{D^2L_1}{D'^2}$	$\frac{C_1}{D^2}$

说明：（1）对于理想的 Cuk 变换器，其典型等效电路的最后一级低通滤波器是由两级 LC 滤波器级联而成的，如图 1-19 所示。表 1-1 中的参数 L_e、C_e 为第一级滤波器的电感、电容值；第二级滤波器的电感 L_2、电容 C_2 与 Cuk 变换器中的电感 L_2、电容 C_2 相等。

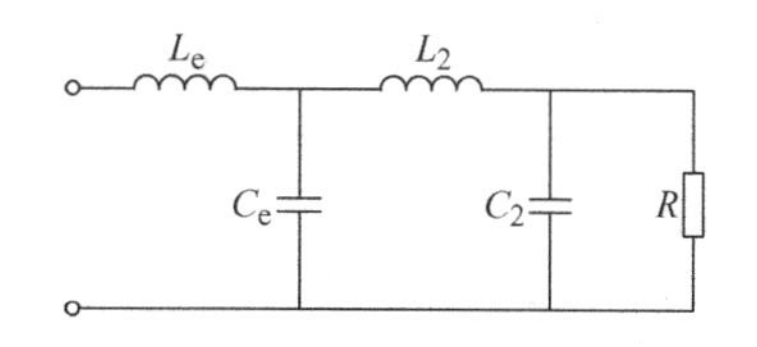

图 1-19　理想 Cuk 变换器典型等效电路中的低通滤波器

（2）理想 Buck、Boost 与 Buck-boost 变换器典型等效电路中低通滤波器的传递函数如式（1-142）所示，只需令式中 $R_e = 0$，则 $H_e(s) = \frac{1}{L_e C_e} \frac{1}{s^2 + \frac{1}{C_e R}s + \frac{1}{L_e C_e}}$；对于理想 Cuk 变换器，其两级低通滤波器总的传递函数为

$$H_e(s) = \frac{1}{L_e C_e L_2 C_2 s^4 + \frac{L_e C_e L_2}{R} s^3 + (L_e C_e + L_2 C_2 + L_e C_2) s^2 + \frac{L_e + L_2}{R} s + 1}$$

根据图 1-17 的典型等效电路，可以进一步分析变换器的各种动态小信号特性。以图 1-18 所示的理想 Buck 变换器典型等效电路为例，该变换器的几项动态特性如下：

1）输出 $\hat{v}(s)$ 对输入 $\hat{v}_g(s)$ 的传递函数 $G_{vg}(s)$ 为

$$G_{vg}(s) = \left.\frac{\hat{v}(s)}{\hat{v}_g(s)}\right|_{\hat{d}(s)=0} = DH_e(s) = \frac{D}{LCs^2 + \frac{L}{R}s + 1} \tag{1-152}$$

2）输出 $\hat{v}(s)$ 对控制变量 $\hat{d}(s)$ 的传递函数 $G_{vd}(s)$ 为

$$G_{vd}(s) = \left.\frac{\hat{v}(s)}{\hat{d}(s)}\right|_{\hat{v}_g(s)=0} = DH_e(s)e(s) = \frac{V}{D} \frac{1}{LCs^2 + \frac{L}{R}s + 1} \tag{1-153}$$

3）开环输入阻抗 $Z(s)$ 为

$$Z(s) = \left.\frac{\hat{v}_g(s)}{\hat{i}_g(s)}\right|_{\hat{d}(s)=0} = \left(\frac{1}{D}\right)^2 \left(sL_e + \frac{1}{sC_e} // R\right) = \frac{R}{D^2} \frac{LCs^2 + \frac{L}{R}s + 1}{RCs + 1} \tag{1-154}$$

4）开环输出阻抗 $Z_{out}(s)$（电路如图 1-20 所示）

$$Z_{out}(s) = \left.\frac{\hat{v}(s)}{\hat{i}_{out}(s)}\right|_{\hat{v}_g(s)=0,\ \hat{d}(s)=0} = sL // \frac{1}{sC} // R = \frac{Ls}{LCs^2 + \frac{L}{R}s + 1} \tag{1-155}$$

表 1-2 归纳了理想 Buck、Boost、Buck-boost 和 Cuk 变换器在连续导电模式下稳态和动态小信号特性，供读者验证与查询。

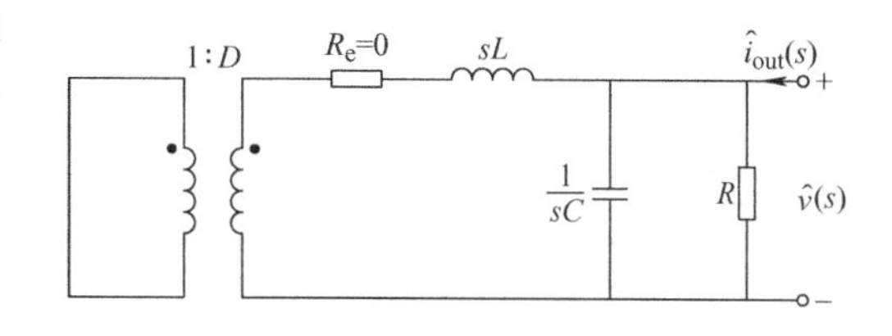

图 1-20　求开环输出阻抗的电路

表 1-2　四种理想 DC-DC 变换器 CCM 模式下稳态与动态小信号特性

变换器名称	$M(D)$	$\left.\frac{\hat{v}(s)}{\hat{v}_g(s)}\right\|_{\hat{d}(s)=0}$	$\left.\frac{\hat{v}(s)}{\hat{d}(s)}\right\|_{\hat{v}_g(s)=0}$	输入阻抗 $Z(s)$	开环输出阻抗 $Z_{out}(s)$	L_e	C_e
Buck 变换器	D	$\frac{D}{LCs^2+\frac{L}{R}s+1}$	$\frac{V_g}{LCs^2+\frac{L}{R}s+1}$	$\frac{R}{D^2}\frac{LCs^2+\frac{L}{R}s+1}{RCs+1}$	$\frac{Ls}{LCs^2+\frac{L}{R}s+1}$	L	C
Boost 变换器	$\frac{1}{D'}$	$\frac{1}{D'}\frac{1}{L_eCs^2+\frac{L_e}{R}s+1}$	$\left(\frac{V_g}{D'^2}\right)\frac{1-\frac{L_e}{R}s}{L_eCs^2+\frac{L_e}{R}s+1}$	$D'^2R\frac{L_eCs^2+\frac{L_e}{R}s+1}{RCs+1}$	$\frac{L_es}{L_eCs^2+\frac{L_e}{R}s+1}$	$\frac{L}{D'^2}$	C
Buck-boost 变换器	$-\frac{D}{D'}$	$-\frac{D}{D'}\frac{1}{L_eCs^2+\frac{L_e}{R}s+1}$	$-\frac{V_g}{D'^2}\frac{1-\frac{L_eD}{R}s}{L_eCs^2+\frac{L_e}{R}s+1}$	$\frac{D'^2R}{D^2}\frac{L_eCs^2+\frac{L_e}{R}s+1}{RCs+1}$	$\frac{L_es}{L_eCs^2+\frac{L_e}{R}s+1}$	$\frac{L}{D'^2}$	C
Cuk 变换器	$-\frac{D}{D'}$	$-\frac{D}{D'}\frac{1}{\Delta(s)}$	$-\frac{V_g}{D'^2}\frac{L_eC_eD's^2-\frac{L_e}{R}s+1}{\Delta(s)}$	$\frac{D'^2R}{D^2}\frac{\Delta(s)}{\alpha(s)}$	$\frac{L_eC_eL_2s^3+(L_e+L_2)s}{\Delta(s)}$	$\frac{D^2L_1}{D'^2}$	$\frac{C_1}{D^2}$

说明：Cuk 变换器的传递函数中 $\Delta(s)=L_eC_eL_2C_2s^4+\frac{L_eC_eL_2}{R}s^3+(L_eC_e+L_2C_2+L_eC_2)s^2+\frac{L_e+L_2}{R}s+1$，$\alpha(s)=C_eL_2C_2Rs^3+C_eL_2s^2+(C_e+C_2)Rs+1$。

1.4　开关器件与开关网络平均模型法

由于 DC-DC 变换器中存在开关器件，将非线性特性引入了变换器，为了解决这一问题，前两节介绍了线性化的交流小信号建模方法，对变换器建立了低频小信号线性模型，为进一步分析与控制变换器提供了便利条件。基本建模法与状态空间平均法的指导思想是相同的，都是针对变换器的解析表达式或状态方程进行处理，通过求平均、分离扰动和线性化等一系列步骤，求得小信号的微分方程或状态方程，借此建立等效电路或直接求得变换器的动态低频小信号特性。

这一求平均、分离扰动与线性化的过程也可以直接在变换器的相关变量上完成，从而简化分析过程，使模型结果更加简单明了。本节介绍开关器件平均模型法与开关网络平均模型法，前者直接在开关器件的变量上求平均，后者则在开关网络的端口变量上求平均，两者都采用受控源构成原开关器件或开关网络的等效电路。

开关器件平均模型法与开关网络平均模型法的共同特点在于，在不改变电路结构的基础上，直接对开关器件变量或开关网络的端口变量进行操作，而不再抽象地处理各种解析表达式，得到的等效电路模型其物理意义更加明确，既简化了分析过程，又有助于更好地理解变换器的稳态和动态特性。而且两种方法简便易行，应用范围广，对不同类型的变换器、不同结构的开关网络、理想或非理想变换器、连续或断续导电模式下的变换器均可应用。特别是开关网络平均模型法，不同类型变换器中相同结构的开关网络都具有相同的开关网络等效电路，因此不必再针对每种变换器单独建模，只需为几种有限类型的开关网络建立等效电路，在变换器分析中直接利用这些结果即可，大大简化了分析过程。由于这两种方法仍然沿袭前两节的基本建模思路，因此建模结果与前两种方法是等效的。

1.4.1　开关器件平均模型法[1]

从前面的分析可知，开关变换器的时变因素与非线性因素主要是由开关器件导致的。为了使变换器的等效电路成为线性电路，开关器件平均模型法采取了对开关器件直接进行分析的方法。

首先对开关器件的电压或电流变量在一个开关周期内求平均，并用以该平均变量为参数的受控源代替原开关器件，从而得到等效的平均参数电路，平均参数等效电路消除了变量波形中由于开关动作而引起的脉动，也就是消除了时变因素，但仍然是一个非线性电路，这样的电路由于同时包含了直流分量与交流分量的作用，称为大信号等效电路。

其次，若使大信号等效电路中的各平均变量均等于其对应的直流分量，同时考虑到直流电路中稳态时电感相当于短路、电容相当于开路，可以得到变换器的直流等效电路，直流等效电路为线性电路；若使大信号等效电路中的各平均变量分解为相应的直流分量与交流小信号分量之和，即分离扰动，并忽略小信号分量的乘积项（即二阶微小量）使其线性化，再剔除各变量中的直流量，可以得到变换器的小信号等效电路，小信号等效电路也为线性电路。可见，开关器件平均模型法的指导思想仍然是求平均、分离扰动与线性化，因此这种方法与基本建模法和状态空间平均法必然是等效的。

以图 1-21a 所示理想 Boost 变换器为例，用开关器件平均模型法为其建立等效电路。变换器中包含 Q 与 D 两个开关器件。首先求开关器件的平均变量。由图 1-21a 可知，有源开关器件 Q 时而接通电感电流，时而开路，由于电感电流是一个状态变量，用电感电流的平均值表征有源开关器件的平均电流是合理的，因此用一个电流控制电流源代替有源开关器件 Q；无源开关器件 D 的电压时而是电容两端的电压，时而短路，用状态变量电容电压的平均值表征无源开关器件的端电压也是合理的。因此，用一个电压控制的电压源来代替无源开关器件 D，如图 1-21b 所示。

为了确定这两个受控源的参数，需要求解 Q 的电流 $i_{\mathrm{Q}}(t)$ 的平均变量与 D 的端电压 $v_{\mathrm{D}}(t)$ 的平均变量。为此分析理想 Boost 变换器在 CCM 模式下一个开关周期内的工作情况。

1）在每个周期的 $(0,\ dT_{\mathrm{s}})$ 时间段内，Q 导通，D 截止，此时 $i_{\mathrm{Q}}(t)$ 与 $v_{\mathrm{D}}(t)$ 分别为

$$i_{\mathrm{Q}}(t)=i(t) \tag{1-156}$$

$$v_{\mathrm{D}}(t)=v(t) \tag{1-157}$$

2）在每一周期的 $(dT_{\mathrm{s}},\ T_{\mathrm{s}})$ 时间段内，Q 截止，D 导通，此时 $i_{\mathrm{Q}}(t)$ 与 $v_{\mathrm{D}}(t)$ 分别为

$$i_{\mathrm{Q}}(t)=0 \tag{1-158}$$

$$v_{\mathrm{D}}(t)=0 \tag{1-159}$$

$i_{\mathrm{Q}}(t)$ 与 $v_{\mathrm{D}}(t)$ 的波形如图 1-21c 所示。

当变换器满足低频假设与小纹波假设时，可近似认为在一个开关周期内状态变量的瞬时值与平均值相等，即 $i(t)\approx\langle i(t)\rangle_{T_{\mathrm{s}}}$，$v(t)\approx\langle v(t)\rangle_{T_{\mathrm{s}}}$，且平均值 $\langle i(t)\rangle_{T_{\mathrm{s}}}$ 与 $\langle v(t)\rangle_{T_{\mathrm{s}}}$ 在一个开关周期内近似不变，则 $i_{\mathrm{Q}}(t)$ 与 $v_{\mathrm{D}}(t)$ 在一个开关周期内的平均变量分别为

$$\langle i_{\mathrm{Q}}(t)\rangle_{T_{\mathrm{s}}}=\frac{1}{T_{\mathrm{s}}}\int_{t}^{t+T_{\mathrm{s}}}i_{\mathrm{Q}}(\tau)\mathrm{d}\tau=\frac{1}{T_{\mathrm{s}}}\int_{t}^{t+dT_{\mathrm{s}}}i(\tau)\mathrm{d}\tau\approx\frac{1}{T_{\mathrm{s}}}\int_{t}^{t+dT_{\mathrm{s}}}\langle i(\tau)\rangle_{T_{\mathrm{s}}}\mathrm{d}\tau\approx d(t)\langle i(t)\rangle_{T_{\mathrm{s}}} \tag{1-160}$$

$$\langle v_{\mathrm{D}}(t)\rangle_{T_{\mathrm{s}}}=\frac{1}{T_{\mathrm{s}}}\int_{t}^{t+T_{\mathrm{s}}}v_{\mathrm{D}}(\tau)\mathrm{d}\tau=\frac{1}{T_{\mathrm{s}}}\int_{t}^{t+dT_{\mathrm{s}}}v(\tau)\mathrm{d}\tau\approx\frac{1}{T_{\mathrm{s}}}\int_{t}^{t+dT_{\mathrm{s}}}\langle v(\tau)\rangle_{T_{\mathrm{s}}}\mathrm{d}\tau\approx d(t)\langle v(t)\rangle_{T_{\mathrm{s}}} \tag{1-161}$$

如图 1-21b 所示。在等效电路中可以用平均电流为 $d(t)\langle i(t)\rangle_{T_{\mathrm{s}}}$ 的受控电流源代替 Q，用平均电

压为 $d(t)\langle v(t)\rangle_{T_s}$ 的受控电压源代替 D，受控电流源 $d(t)\langle i(t)\rangle_{T_s}$ 与受控电压源 $d(t)\langle v(t)\rangle_{T_s}$ 可以分别视为开关器件 Q 和 D 的平均变量模型。

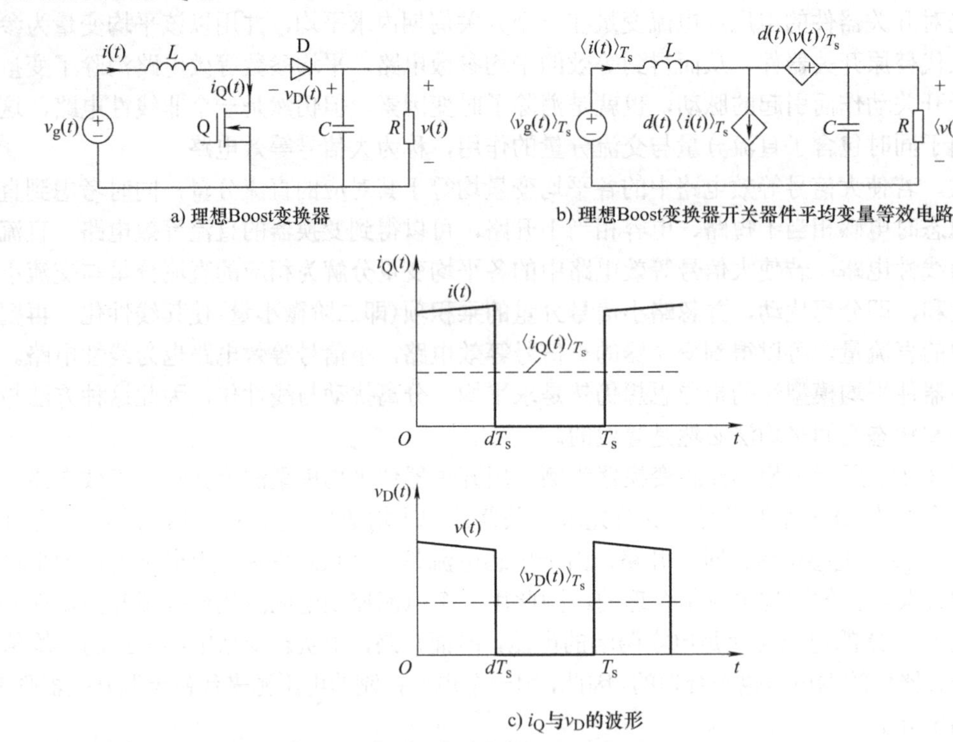

图 1-21　用开关器件平均模型法求理想 Boost 变换器等效电路

为了建立一个完整的平均变量等效电路，仅为开关器件建立平均变量模型还不够，还需为电路中的其他元器件——电阻 R、电感 L、电容 C 和电压源 $v_g(t)$ 建立平均变量模型，这些元器件的平均变量模型可以用平均变量伏安关系来表征。

(1) 电阻 R　已知线性电阻伏安关系的瞬时值形式为

$$v = Ri \tag{1-162}$$

等号两边同时取平均值有

$$\frac{1}{T_s}\int_t^{t+T_s} v(\tau)\mathrm{d}\tau = \frac{1}{T_s}\int_t^{t+T_s} R\,i(\tau)\mathrm{d}\tau = R\frac{1}{T_s}\int_t^{t+T_s} i(\tau)\mathrm{d}\tau \tag{1-163}$$

即

$$\langle v(t)\rangle_{T_s} = R\langle i(t)\rangle_{T_s} \tag{1-164}$$

式(1-164)即为线性电阻伏安关系的平均值形式。

(2) 电感 L　已知线性电感伏安关系的瞬时值形式为

$$v = L\frac{\mathrm{d}i}{\mathrm{d}t} \tag{1-165}$$

等号两边同时取平均值有

$$\frac{1}{T_s}\int_t^{t+T_s} v(\tau)\mathrm{d}\tau = \frac{1}{T_s}\int_t^{t+T_s} L\frac{\mathrm{d}i(\tau)}{\mathrm{d}\tau}\mathrm{d}\tau = \frac{L}{T_s}[i(t+T_s) - i(t)]$$

且

$$L\frac{\mathrm{d}}{\mathrm{d}t}\langle i(t)\rangle_{T_\mathrm{s}}=L\frac{\mathrm{d}}{\mathrm{d}t}\left(\frac{1}{T_\mathrm{s}}\int_t^{t+T_\mathrm{s}}i(\tau)\mathrm{d}\tau\right)=\frac{L}{T_\mathrm{s}}\left[i(t+T_\mathrm{s})-i(t)\right] \tag{1-166}$$

即

$$\langle v(t)\rangle_{T_\mathrm{s}}=L\frac{\mathrm{d}}{\mathrm{d}t}\langle i(t)\rangle_{T_\mathrm{s}} \tag{1-167}$$

式(1-167)即为线性电感元件在平均变量等效电路中应遵循的伏安关系。

(3) 电容 C　已知线性电容伏安关系的瞬时值形式为

$$i=C\frac{\mathrm{d}v}{\mathrm{d}t} \tag{1-168}$$

采用与线性电感相同的分析方法，可以得到线性电容的平均变量伏安关系为

$$\langle i(t)\rangle_{T_\mathrm{s}}=C\frac{\mathrm{d}}{\mathrm{d}t}\langle v(t)\rangle_{T_\mathrm{s}} \tag{1-169}$$

(4) 电压源 $v_\mathrm{g}(t)$　电压源 $v_\mathrm{g}(t)$ 的平均变量为

$$\int_t^{t+T_\mathrm{s}}v_\mathrm{g}(\tau)\mathrm{d}\tau=\langle v_\mathrm{g}(t)\rangle_{T_\mathrm{s}} \tag{1-170}$$

可见，电阻、电感和电容元件的伏安关系的平均值形式均与瞬时值形式相同。因此，在平均变量等效电路中，电阻、电感与电容的参数值应保持不变，其平均变量的伏安关系应分别满足式(1-164)、式(1-167)和式(1-169)。对于电压源，在平均变量等效电路中用平均参数为 $\langle v_\mathrm{g}(t)\rangle_{T_\mathrm{s}}$ 的电压源代替即可。

此外，平均变量等效电路还具有与瞬时值电路相同的拓扑结构，这可以由基尔霍夫定律的平均值形式与瞬时值形式完全相同来保证。

基尔霍夫电流定律的瞬时值形式为

$$\Sigma i(t)=0 \tag{1-171}$$

等号两边取平均后有

$$\frac{1}{T_\mathrm{s}}\int_t^{t+T_\mathrm{s}}\Sigma i(\tau)\mathrm{d}\tau=\sum\frac{1}{T_\mathrm{s}}\int_t^{t+T_\mathrm{s}}i(\tau)\mathrm{d}\tau=\sum\langle i(t)\rangle_{T_\mathrm{s}}=0 \tag{1-172}$$

$\sum\langle i(t)\rangle_{T_\mathrm{s}}=0$ 为基尔霍夫电流定律的平均值形式。同理可得到基尔霍夫电压定律的平均值形式为

$$\sum\langle v(t)\rangle_{T_\mathrm{s}}=0 \tag{1-173}$$

由于基尔霍夫定律是对电路的拓扑结构施加的唯一约束，当原电路满足基尔霍夫电流与电压方程的瞬式值形式时，相同拓扑结构的平均变量等效电路必然满足对应的基尔霍夫电流与电压方程的平均值形式。

通过以上分析，可以得到如图 1-21b 所示的平均变量等效电路。该电路采用与图 1-21a 完全相同的电路结构，仅用受控源代替原电路中的开关器件，电阻 R、电感 L 和电容 C 参数不变，电压源的参数用其平均变量表示，电路中各变量用其平均变量标示。可见，用受控源

代替开关器件后，电路具有了时不变的拓扑结构，但受控源均为非线性受控源，等效电路亦为非线性电路。

在图 1-21b 所示理想 Boost 变换器平均变量等效电路的基础上，可以继续建立直流等效电路和交流小信号等效电路。欲建立直流等效电路，只需令图 1-21b 中的各平均变量等于其对应的直流分量，并使电感短路，电容开路，即可得到如图 1-22a 所示的理想 Boost 变换器直流等效电路。根据该等效电路可以求得稳态时 Boost 变换器的电压比 M 及输入电流 I。

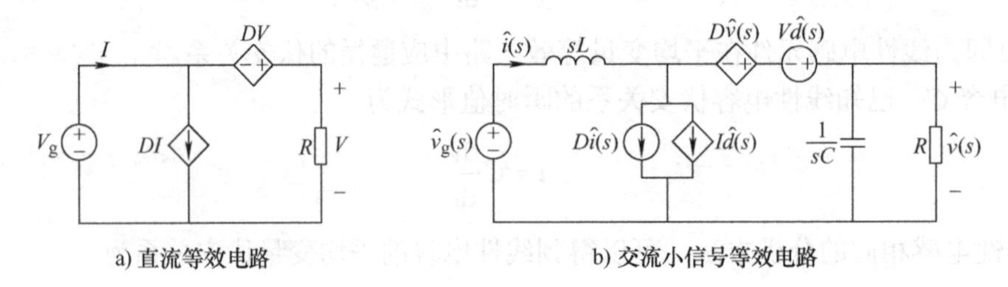

图 1-22　根据开关器件平均模型法得到的理想 Boost 变换器等效电路

根据图 1-22a 列写电路方程，有

$$V_g = -DV + V \tag{1-174}$$

$$M = \frac{V}{V_g} = \frac{1}{1-D} \tag{1-175}$$

$$I = DI + \frac{V}{R} \tag{1-176}$$

则

$$I = \frac{V}{R}\frac{1}{1-D} = \frac{V_g}{R}\frac{1}{(1-D)^2} \tag{1-177}$$

M 与 I 的结果与 1.2 节的分析结果相同。

根据图 1-21b 所示的理想 Boost 变换器平均变量等效电路，还可以得到交流小信号等效电路，并据此分析变换器的低频动态特性。

首先对图 1-21b 中各支路的电压、电流平均变量和输入电压源参数分离扰动，使其等于对应的直流分量与交流小信号分量之和，并消去直流分量，保留交流分量。

但对于两个非线性受控源的参数需作特殊处理。对受控电流源的参数分离扰动，则有

$$d(t)\langle i(t)\rangle_{T_s} = (D+\hat{d}(t))(I+\hat{i}(t)) = DI + D\hat{i}(t) + I\hat{d}(t) + \hat{d}(t)\hat{i}(t) \tag{1-178}$$

式(1-178)中小信号分量的乘积项 $\hat{d}(t)\hat{i}(t)$ 为非线性项，同时也是二阶微小量，当变换器满足小信号假设时可以忽略；再消去其中的直流项 DI，剩余两项之和 $D\hat{i}(t)+I\hat{d}(t)$ 为线性项，代表交流小信号的作用。作为原受控电流源在小信号等效电路中的参数，可用受控电流源 $D\hat{i}(t)$ 与独立电流源 $I\hat{d}(t)$ 相并联来表示，如图 1-22b 所示，图中各元件的参数为 s 域参数。

同理，对图 1-21b 中受控电压源的参数 $d(t)\langle v(t)\rangle_{T_s}$ 经分离扰动、剔除直流量并使其线性化后，得到交流参数 $D\hat{v}(t)+V\hat{d}(t)$，可用受控电压源 $D\hat{v}(t)$ 与独立电压源 $V\hat{d}(t)$ 相串联来表示。

经过以上处理，得到图 1-22b 所示交流小信号等效电路，该等效电路为线性电路。基于该线性电路可以求得理想 Boost 变换器的各种动态小信号特性。

1) 输出 $\hat{v}(s)$ 对输入 $\hat{v}_g(s)$ 的传递函数 $G_{vg}(s)$ 为

$$G_{vg}(s)=\left.\frac{\hat{v}(s)}{\hat{v}_g(s)}\right|_{\hat{d}(s)=0}=\frac{1}{1-D}\frac{1}{1+\frac{sL}{(1-D)^2R}+\frac{s^2LC}{(1-D)^2}} \tag{1-179}$$

2) 输出 $\hat{v}(s)$ 对控制变量 $\hat{d}(s)$ 的传递函数 $G_{vd}(s)$ 为

$$G_{vd}(s)=\left.\frac{\hat{v}(s)}{\hat{d}(s)}\right|_{\hat{v}_g(s)=0}=\frac{V_g}{(1-D)^2}\frac{1-\frac{sL}{(1-D)^2R}}{1+\frac{sL}{(1-D)^2R}+\frac{s^2LC}{(1-D)^2}} \tag{1-180}$$

3) 开环输入阻抗 $Z(s)$ 为

$$Z(s)=\left.\frac{\hat{v}_g(s)}{\hat{i}(s)}\right|_{\hat{d}(s)=0}=(1-D)^2R\frac{1+\frac{sL}{(1-D)^2R}+\frac{s^2LC}{(1-D)^2}}{1+sCR} \tag{1-181}$$

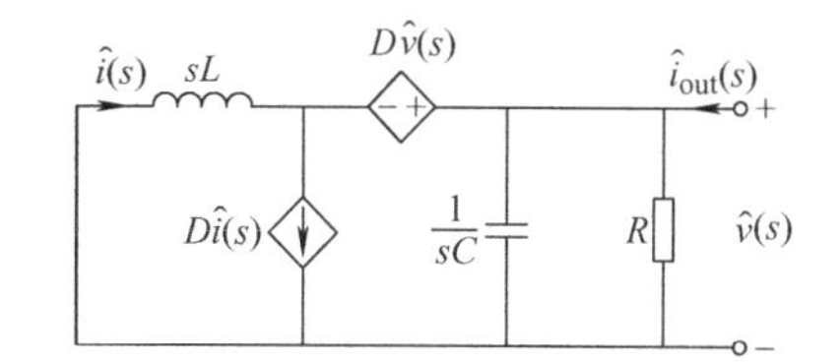

图 1-23　求开环输出阻抗的电路

4) 开环输出阻抗 $Z_{out}(s)$（电路如图 1-23 所示）为

$$Z_{out}(s)=\left.\frac{\hat{v}(s)}{\hat{i}_{out}(s)}\right|_{\hat{v}_g(s)=0,\,\hat{d}(s)=0}=\frac{1}{(1-D)^2}\cdot\frac{sL}{1+\frac{sL}{(1-D)^2R}+\frac{s^2LC}{(1-D)^2}} \tag{1-182}$$

以上各项传递函数及阻抗的具体求解过程请读者自行推导。可以验证，以上结果与 1.2 节中用基本建模法得到的结果完全相同。

1.4.2　开关器件平均模型法在非理想变换器中的应用

开关器件平均模型法不仅可以求得理想 DC-DC 变换器的平均等效电路、直流与交流小信号等效电路，还可以应用于考虑寄生电阻及各种损耗后的非理想 DC-DC 变换器以及具有变压器隔离的变换器。下面以图 1-24a 所示的 Buck-boost 变换器为例，变换器中考虑了电感内阻 R_L，说明如何用这种方法分析非理想变换器。用开关器件平均模型法分析隔离变换器的有关内容，将在 1.5 节介绍。

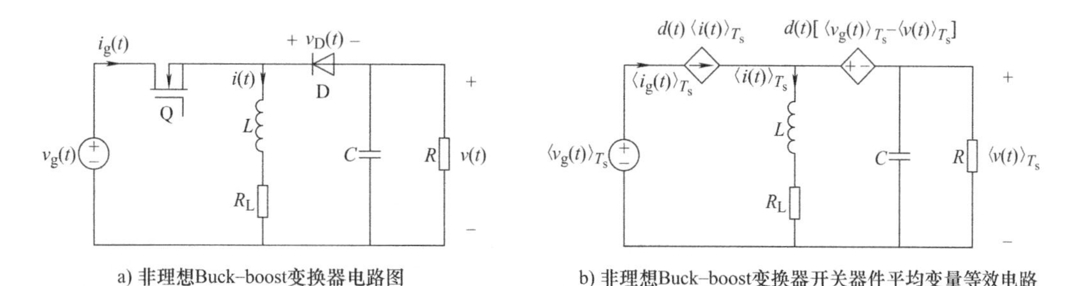

a) 非理想Buck-boost变换器电路图　　b) 非理想Buck-boost变换器开关器件平均变量等效电路

图 1-24　非理想 Buck-boost 变换器

为图 1-24a 所示的非理想 Buck-boost 变换器建立平均变量等效电路，有源开关器件 Q 仍然用受控电流源代替，无源开关器件 D 仍用受控电压源代替，因此需要求出 Q 电流，即输入电流 $i_g(t)$ 的平均变量表达式与 D 的端电压 $v_D(t)$ 的平均变量表达式。通过分析 Buck-boost 变

换器在 CCM 模式下一个开关周期内的工作情况可以得到

$$\begin{cases} i_{\mathrm{g}}(t)=i(t)\approx\langle i(t)\rangle_{T_{\mathrm{s}}} & 0<t<dT_{\mathrm{s}} \\ i_{\mathrm{g}}(t)=0 & dT_{\mathrm{s}}<t<T_{\mathrm{s}} \end{cases} \tag{1-183}$$

$$\begin{cases} v_{\mathrm{D}}(t)=v_{\mathrm{g}}(t)-v(t)\approx\langle v_{\mathrm{g}}(t)\rangle_{T_{\mathrm{s}}}-\langle v(t)\rangle_{T_{\mathrm{s}}} & 0<t<dT_{\mathrm{s}} \\ v_{\mathrm{D}}(t)=0 & dT_{\mathrm{s}}<t<T_{\mathrm{s}} \end{cases} \tag{1-184}$$

则 $i_{\mathrm{g}}(t)$ 与 $v_{\mathrm{D}}(t)$ 在一个开关周期内的平均变量分别为

$$\langle i_{\mathrm{g}}(t)\rangle_{T_{\mathrm{s}}}=d(t)\langle i(t)\rangle_{T_{\mathrm{s}}} \tag{1-185}$$

$$\langle v_{\mathrm{D}}(t)\rangle_{T_{\mathrm{s}}}=d(t)\left(\langle v_{\mathrm{g}}(t)\rangle_{T_{\mathrm{s}}}-\langle v(t)\rangle_{T_{\mathrm{s}}}\right) \tag{1-186}$$

用平均电流为 $d(t)\langle i(t)\rangle_{T_{\mathrm{s}}}$ 的受控电流源代替 Q，用平均电压为 $d(t)\left(\langle v_{\mathrm{g}}(t)\rangle_{T_{\mathrm{s}}}-\langle v(t)\rangle_{T_{\mathrm{s}}}\right)$ 的受控电压源代替 D，各支路变量和输入电压源参数用其平均变量表示，其余器件参数不变，电路结构不变，得到非理想 Buck-boost 变换器平均变量等效电路如图 1-24b 所示。

根据图 1-24b 可以进一步得到 Buck-boost 变换器的直流等效电路与交流小信号等效电路。使图中的各平均变量皆等于其对应的直流分量，并使电感短路，电容开路，得到如图 1-25a 所示的 Buck-boost 变换器直流等效电路。分析图 1-25a，电路中的变量存在关系为

$$\begin{cases} IR_{\mathrm{L}}=D(V_{\mathrm{g}}-V)+V \\ DI=I+\dfrac{V}{R} \end{cases} \tag{1-187}$$

联立求解，得

$$M=\frac{V}{V_{\mathrm{g}}}=-\frac{D}{1-D}\frac{1}{1+\left(\dfrac{1}{1-D}\right)^{2}\dfrac{R_{\mathrm{L}}}{R}} \tag{1-188}$$

$$I=-\frac{V}{(1-D)R}=\frac{D}{(1-D)^{2}}\frac{V_{\mathrm{g}}}{R}\frac{1}{1+\left(\dfrac{1}{1-D}\right)^{2}\dfrac{R_{\mathrm{L}}}{R}} \tag{1-189}$$

则输入电流 $i_{\mathrm{g}}(t)$ 的直流分量为

$$I_{\mathrm{g}}=DI=\left(\frac{D}{1-D}\right)^{2}\frac{V_{\mathrm{g}}}{R}\frac{1}{1+\left(\dfrac{1}{1-D}\right)^{2}\dfrac{R_{\mathrm{L}}}{R}} \tag{1-190}$$

再将图 1-24b 中的各平均变量分解为相应的直流分量与小信号分量之和，忽略其中的小信号分量乘积项，并消去其中的直流项，原受控电流源 $d(t)\langle i(t)\rangle_{T_{\mathrm{s}}}$ 用并联的受控电流源 $D\hat{i}(t)$ 与独立电流源 $I\hat{d}(t)$ 来表示，原受控电压源 $d(t)\left(\langle v_{\mathrm{g}}(t)\rangle_{T_{\mathrm{s}}}-\langle v(t)\rangle_{T_{\mathrm{s}}}\right)$ 用串联的受控电压源 $D(\hat{v}_{\mathrm{g}}(t)-\hat{v}(t))$ 与独立电压源 $(V_{\mathrm{g}}-V)\hat{d}(t)$ 来表示，得到图 1-25b 所示小信号等效电路，图中元器件参数及各变量均表示为 s 域形式。

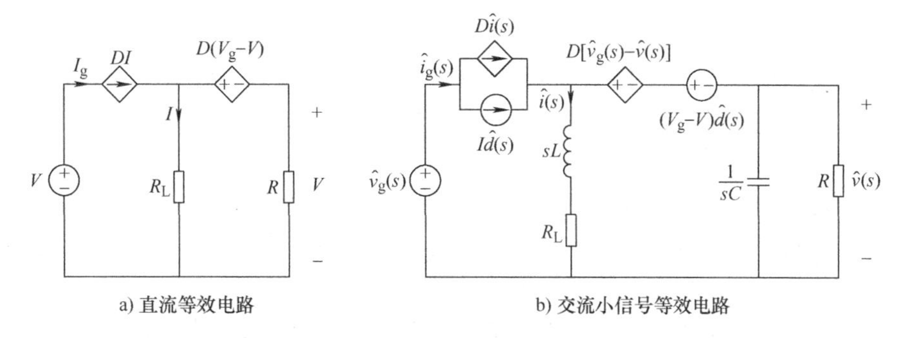

图 1-25　根据开关器件平均模型法得到的非理想 Buck-boost 变换器等效电路

分析图 1-25b，可以求得非理想 Buck-boost 变换器的各种动态小信号特性，见式(1-191)～式(1-194)，式中 $L_e=\dfrac{L}{(1-D)^2}$。

1) 输出 $\hat{v}(s)$ 对输入 $\hat{v}_g(s)$ 的传递函数 $G_{vg}(s)$ 为

$$G_{vg}(s)=\left.\frac{\hat{v}(s)}{\hat{v}_g(s)}\right|_{\hat{d}(s)=0}=-\frac{D}{1-D}\frac{1}{L_eCs^2+\left(\dfrac{L_e}{R}+\dfrac{R_LC}{(1-D)^2}\right)s+1+\dfrac{R_L}{(1-D)^2R}} \tag{1-191}$$

2) 输出 $\hat{v}(s)$ 对控制变量 $\hat{d}(s)$ 的传递函数 $G_{vd}(s)$ 为

$$G_{vd}(s)=\left.\frac{\hat{v}(s)}{\hat{d}(s)}\right|_{\hat{v}_g(s)=0}=-\frac{V_g}{(1-D)^2+\dfrac{R_L}{R}}\frac{1-\dfrac{(2D-1)R_L}{(1-D)^2R}-\dfrac{L_eD}{R}s}{L_eCs^2+\left(\dfrac{L_e}{R}+\dfrac{R_LC}{(1-D)^2}\right)s+1+\dfrac{R_L}{(1-D)^2R}} \tag{1-192}$$

3) 开环输入阻抗 $Z(s)$ 为

$$Z(s)=\left.\frac{\hat{v}_g(s)}{\hat{i}_g(s)}\right|_{\hat{d}(s)=0}=\left(\frac{1-D}{D}\right)^2R\frac{L_eCs^2+\left(\dfrac{L_e}{R}+\dfrac{R_LC}{(1-D)^2}\right)s+1+\dfrac{R_L}{(1-D)^2R}}{1+sCR} \tag{1-193}$$

4) 开环输出阻抗 $Z_{out}(s)$（电路如图 1-26 所示）为

$$Z_{out}(s)=\left.\frac{\hat{v}(s)}{\hat{i}_{out}(s)}\right|_{\hat{v}_g(s)=0,\ \hat{d}(s)=0}=\frac{sL_e+\dfrac{R_L}{(1-D)^2}}{L_eCs^2+\left(\dfrac{L_e}{R}+\dfrac{R_LC}{(1-D)^2}\right)s+1+\dfrac{R_L}{(1-D)^2R}} \tag{1-194}$$

当 $R_L=0$ 时，式(1-191)～式(1-194)与表 1-2 中理想 Buck-boost 变换器的各项动态特性完全相同。

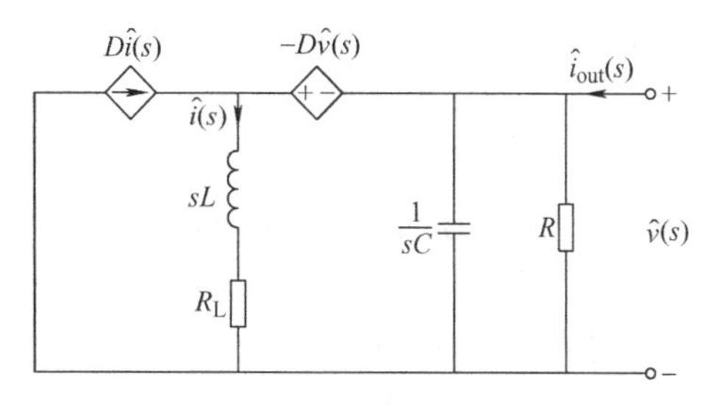

图 1-26　求开环输出阻抗的电路

综合以上开关器件平均模型法在理想 Boost 变换器与非理想 Buck-boost 变换器分析中的应用，可以归纳出用开关器件平均模型法建模的基本过程：

1) 建立变换器的平均变量等效电路。平均变量等效电路与瞬时值电路的拓扑结构完全相同，且等效电路中电阻、电感和电容的参数也与原电路相同，各支路变量及输入电压源参数用其平均变量表示，有源开关器件用受控电流源代替，无源开关器件用受控电压源代替，受控源的参数分别为有源开关器件在一个开关周期内的平均电流和无源开关器件在一个开关周期内的平均电压。

2)根据平均变量等效电路建立直流等效电路，并进行稳态分析。在平均变量等效电路的基础上，将电感短路，电容开路，电路中的平均变量和参数用其直流量代替，得到直流等效电路。利用直流等效电路可以分析变换器的各种稳态特性。

3)根据平均变量等效电路建立交流小信号等效电路，并进行动态特性分析。将平均变量等效电路中的各平均变量和器件参数分解为直流量和交流小信号分量之和。对于各支路变量和输入电压源参数，消去直流分量，保留交流分量；对于受控源参数，除消去直流分量外，还应忽略其中的非线性项，保留线性小信号分量，并用并联或串联的独立源与受控源为其建立新的小信号模型，组成交流小信号等效电路。利用交流小信号等效电路可以分析变换器的低频动态特性。

与基本建模法和状态空间平均法相比，开关器件平均模型法具有等效电路与原电路结构相同、运算过程简单、保留信息多、概念清楚、易于推广等突出的优点。

1.4.3　开关网络平均模型法[5]

开关网络平均模型法是与开关器件平均模型法类似的一种建模方法。这种方法是将变换器中的所有开关器件作为一个整体，将其视为一个二端口(或多端口)网络，然后以这个二端口(或多端口)网络为研究对象，通过分析端口变量间的关系建立由受控源构成的等效电路，故称为开关网络平均模型法。

开关网络平均模型法的建模过程与开关器件平均模型法十分类似，首先根据二端口(或多端口)网络在端口处的电压、电流的平均变量间的关系建立一个由受控源构成的等效网络，该等效网络即为原开关网络的平均变量等效电路，也就是大信号等效电路；再以大信号等效电路为基础，建立开关网络的直流等效电路与交流小信号等效电路。利用开关网络的各种等效电路可以获得变换器的等效电路。

对于相同结构的开关网络，即使位于不同类型的变换器中，其大信号、小信号与直流等效电路也是相同的，因此不必再针对每种变换器单独建模，只需为几种不同类型的开关网络建立等效电路，在分析变换器的过程中直接利用这些结果即可，极大地简化了变换器的建模与分析过程。而且以开关网络端口变量方程为基础，可以建立仿真用的 PSPICE 模型，从而可以借助通用的 PSPICE 仿真软件分析变换器的动态特性，包括大信号分析和小信号分析，为 DC-DC 变换器系统的设计提供有力的帮助。有关开关网络与变换器仿真的内容将在第 7 章详细介绍。

以图 1-27a 所示的理想 Buck 变换器中所包含的开关网络为例。变换器中包含的 Q 与 D 两个开关器件组成了一个开关网络，形成一个二端口，端口电压与电流分别为 $v_1(t)$、$i_1(t)$、$v_2(t)$、$i_2(t)$。将该二端口从 Buck 变换器中分离出来，如图 1-27b 所示，称为 Buck 型开关网络。

分析该二端口，对于二端口的四个变量，通常选择与原电路中的状态变量或输入变量直接相关的两个变量作为独立变量，其余两个作为非独立变量，并用独立变量对非独立变量加以表示。由图 1-27a 可知，端口电压 $v_1(t)$即为输入电压 $v_g(t)$，端口电流 $i_2(t)$即为电感电流 $i(t)$，而且在 CCM 模式下，Buck 型开关网络的端口变量间总满足以下关系：

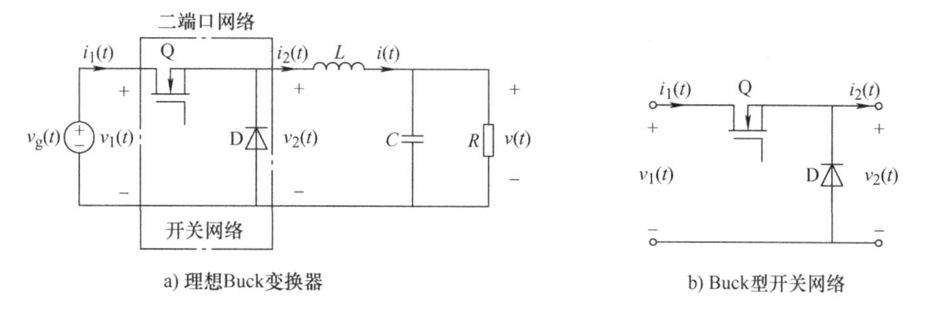

a) 理想Buck变换器　　b) Buck型开关网络

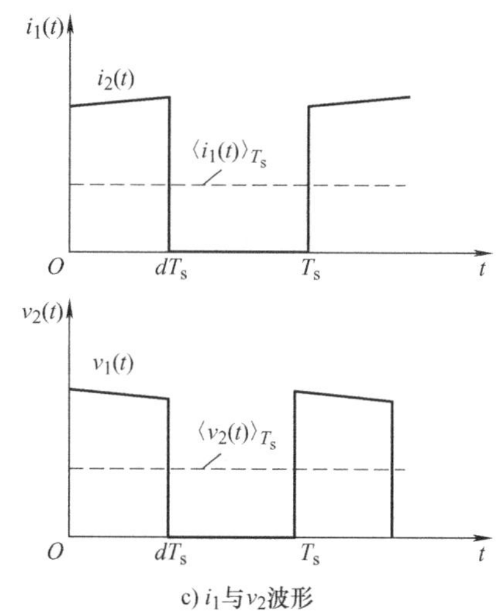

c) i_1与v_2波形

图 1-27　理想 Buck 变换器中的 Buck 型开关网络

$$\begin{cases} i_1(t)=i_2(t), & 0\leqslant t\leqslant dT_s \ (\text{Q导通，D截止}) \\ i_1(t)=0, & dT_s\leqslant t\leqslant T_s \ (\text{Q截止，D导通}) \end{cases} \tag{1-195}$$

$$\begin{cases} v_2(t)=v_1(t) & 0\leqslant t\leqslant dT_s \ (\text{Q导通，D截止}) \\ v_2(t)=0 & dT_s\leqslant t\leqslant T_s \ (\text{Q截止，D导通}) \end{cases} \tag{1-196}$$

$i_1(t)$与 $v_2(t)$的波形如图 1-27c 所示。因此，选择 $i_2(t)$与 $v_1(t)$作为二端口的独立变量，$i_1(t)$与 $v_2(t)$作为非独立变量。当变换器满足低频假设与小纹波假设时，非独立变量的平均变量可以用独立变量的平均变量表达为

$$\langle i_1(t)\rangle_{T_s}=d(t)\langle i_2(t)\rangle_{T_s} \tag{1-197}$$

$$\langle v_2(t)\rangle_{T_s}=d(t)\langle v_1(t)\rangle_{T_s} \tag{1-198}$$

根据式(1-197)和式(1-198)，可以建立由受控源构成的二端口等效电路，如图 1-28a 所示，该二端口是图 1-27b 所示 Buck 型开关网络的平均变量等效电路。在原变换器中直接用开关网络的平均变量等效电路代替原开关网络，可以得到变换器的平均变量等效电路，即变换器的大信号等效电路，如图 1-28b 所示。可以利用大信号等效电路分析变换器的各种特性，也可以直接从开关网络的平均变量等效电路出发对变换器进行分析。

下面介绍利用 Buck 型开关网络平均变量等效电路建立原 Buck 变换器的直流等效电路与交流小信号等效电路的方法。

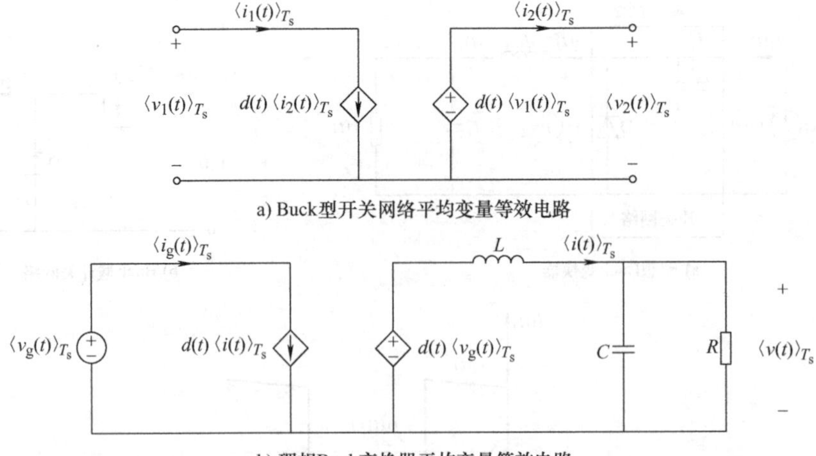

图 1-28　Buck 型开关网络与理想 Buck 变换器平均变量等效电路

欲建立 Buck 变换器的直流等效电路，首先对图 1-28a 所示的 Buck 型开关网络平均变量等效电路进行处理，令其中的各平均变量等于其对应的直流分量，可以得到开关网络的直流等效电路，如图 1-29a 所示。图 1-29a 中一对受控源的共同作用相当于一个理想变压器(可以变换直流)，因此图 1-29a 可以进一步等效为图 1-29b。再将图 1-29b 代换回图 1-27a 的理想 Buck 变换器，并使原变换器中的电感短路、电容开路，电路中的瞬时值变量用其直流量表示，可以得到 Buck 变换器的直流等效电路如图 1-29c 所示。该直流等效电路仅用一个理想变压器简单明了地表示出 Buck 变换器对直流电压的降压变换作用。

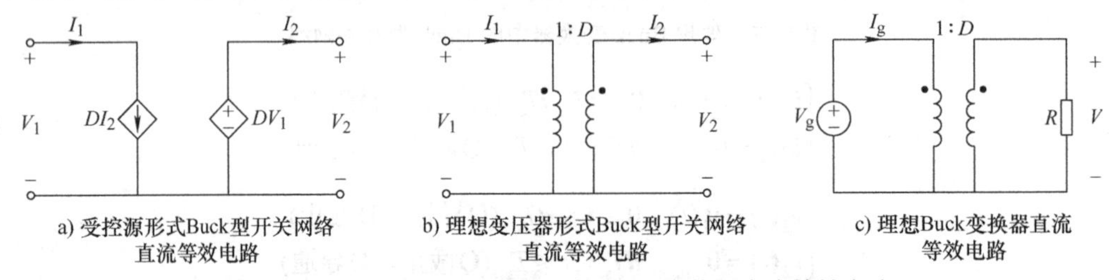

图 1-29　Buck 型开关网络及理想 Buck 变换器直流等效电路

在 Buck 型开关网络平均变量等效电路的基础上，还可以建立 Buck 变换器的交流小信号等效电路。首先对开关网络平均变量等效电路中的各平均变量分离扰动，分解为相应的直流分量与交流小信号分量之和，忽略其中的高阶微小量，并消去相应的直流量，可以得到开关网络的交流小信号等效电路。对于图 1-28a 所示的 Buck 型开关网络，其小信号等效电路如图 1-30a 所示，图中受控电流源 $D\hat{i}_2(t)$ 与独立电流源 $I_2\hat{d}(t)$ 来自于图 1-28a 中的受控电流源 $d(t)\langle i_2(t)\rangle_{T_s}$，受控电压源 $D\hat{v}_1(t)$ 与独立电压源 $V_1\hat{d}(t)$ 来自于图 1-28a 中的受控电压源 $d(t)\langle v_1(t)\rangle_{T_s}$。图 1-30a 中的一对受控源 $D\hat{i}_2(t)$ 和 $D\hat{v}_1(t)$ 恰好组成了一个理想变压器，可以得到图 1-30b 所示的 Buck 型开关网络的小信号等效电路。再将图 1-30b 替代图 1-27a 的理想 Buck 变换器中的 Buck 型开关网络，并将原电路中的各变量用其小信号量表示，则得到 Buck 变换器的交流小信号等效电路，如图 1-30c 所示，图中各变量与元器件参数用其 s 域形式表示。

根据以上分析过程可知，开关网络平均模型法是以开关网络为研究对象，并利用平均技术进行处理。该方法可以对从原变换器中分离出来的开关网络单独进行分析，不再受原变换器的结构与参数的限制。从而使得任一种变换器，无论它的结构参数如何，只要包含着相同的开关网络，就可以直接利用已知开关网络的平均变量等效电路、直流等效电路或交流小信号等效电路，得到该变换器的各种等效电路。因此开关网络平均模型法较开关器件平均模型法更具普遍适用性。

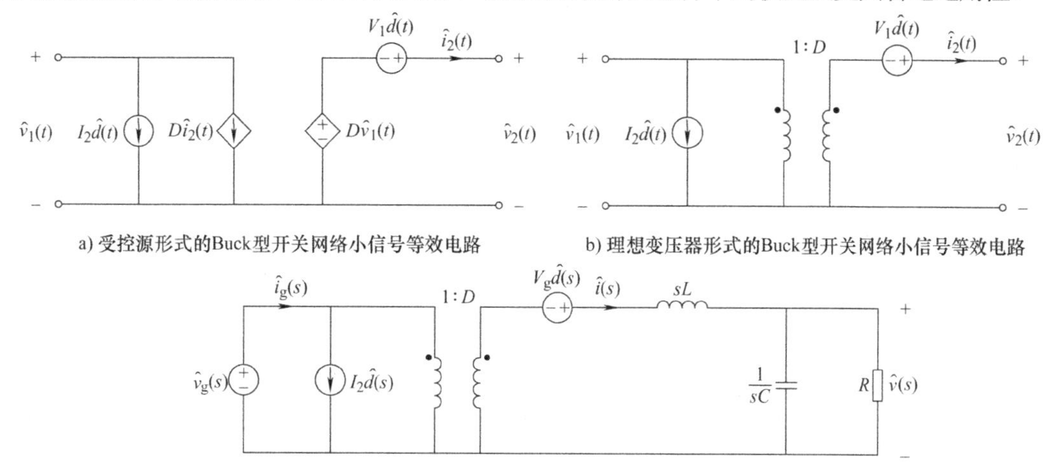

图 1-30 Buck 型开关网络与理想 Buck 变换器交流小信号等效电路

分析图 1-29c 与图 1-30c，可以得到理想 Buck 变换器的直流特性与动态低频小信号特性，结果与 1.3 节完全相同。

以上分析方法也可以应用于其他形式的开关网络，如 Boost 变换器中的 Boost 型开关网络，结果见表 1-3，请读者自行推导。

表 1-3 开关网络及其等效电路

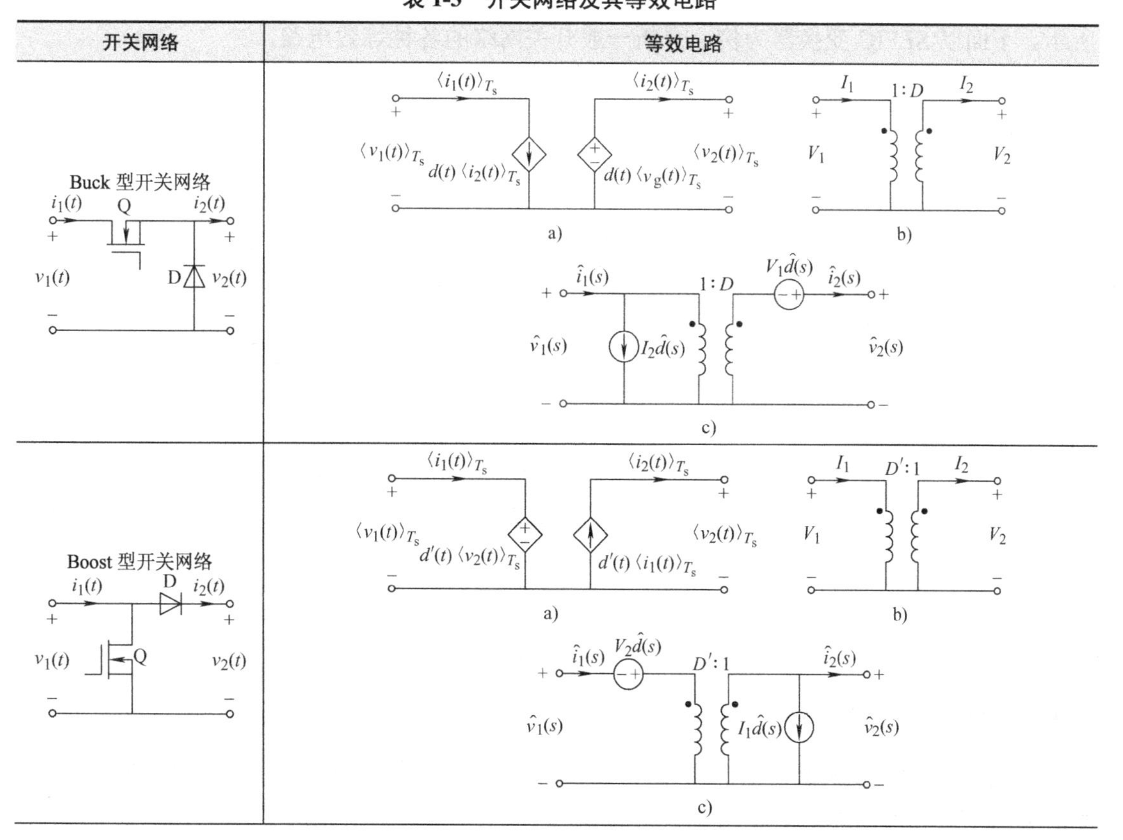

（续）

开关网络	等效电路

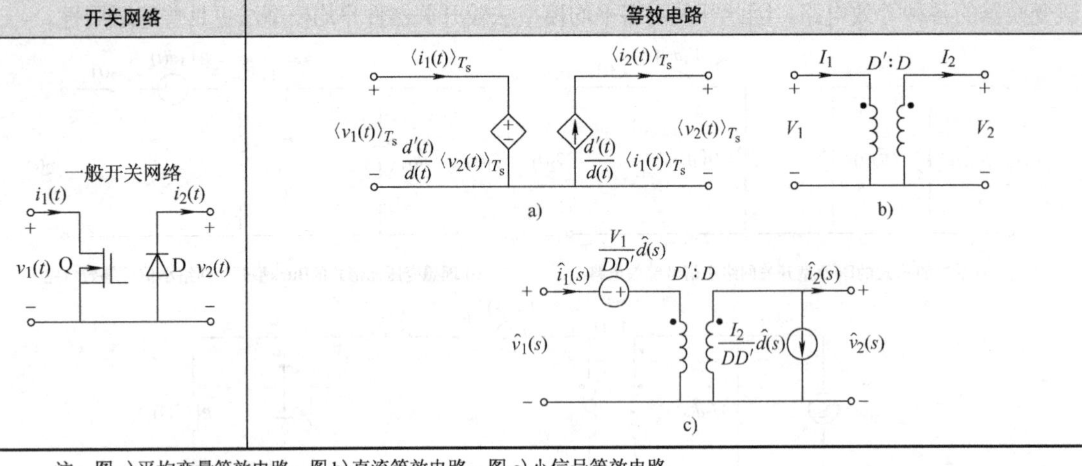

注：图 a) 平均变量等效电路；图 b) 直流等效电路；图 c) 小信号等效电路

在 Buck 型开关网络和 Boost 型开关网络（参见表 1-3）中，有源开关器件和无源开关器件具有公共节点，形如式（1-197）和式（1-198）的开关网络端口变量关系方程较易获得。但是，对于某些类型的 DC-DC 变换器，如图 1-31a 所示的 SEPIC 变换器，由于电路中的两个开关器件被其他器件隔离开来，若仍然采用开关网络平均模型法分析变换器，需要为其建立一种更具普遍意义的开关网络，如图 1-31b 所示，将两个开关器件从原变换器中抽出来，组成一个二端口网络。这种形式的开关网络正是最一般形式的开关网络，无论开关器件在电路中以何种方式连接，都可以为其建立这种形式的开关网络，故称之为一般开关网络，如图 1-31c 所示。下面以 SEPIC 变换器为例，分析一般开关网络的各种等效电路。

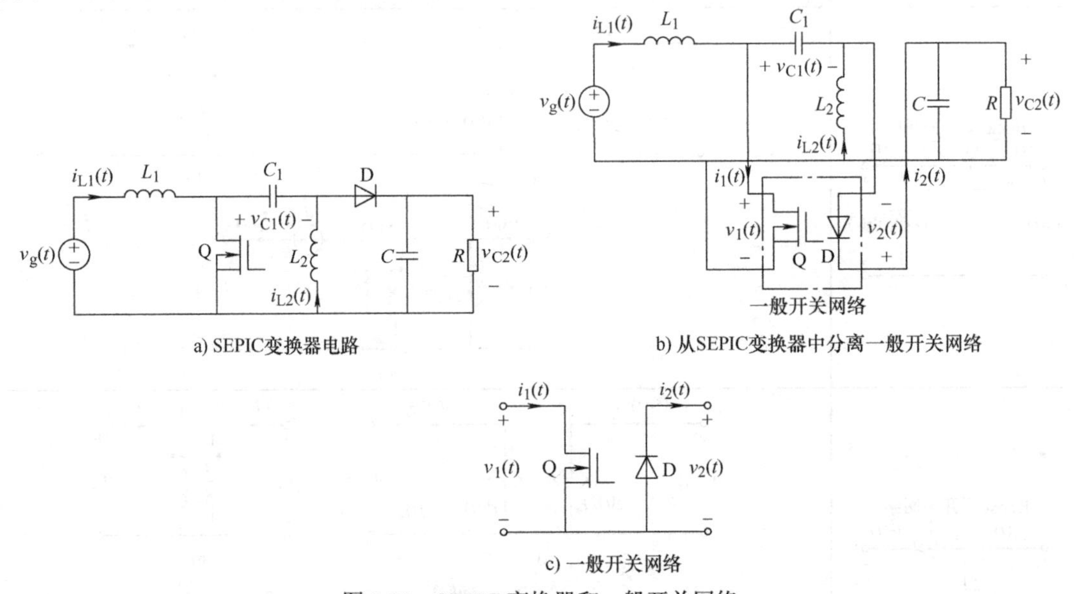

图 1-31　SEPIC 变换器和一般开关网络

1.4.4　一般开关网络

首先在 SEPIC 变换器中分析一般开关网络各端口变量之间的关系。为此分析 SEPIC 变换器在 CCM 模式下一个开关周期内的工作状态。

工作状态 1　在[0，dT_s]区间内，Q 导通，D 截止，则 SEPIC 变换器中一般开关网络的各端口变量在这一阶段分别为

$$v_1(t)=0 \tag{1-199a}$$

$$i_1(t)=i_{L1}(t)+i_{L2}(t) \tag{1-199b}$$

$$v_2(t)=v_{C1}(t)+v_{C2}(t) \tag{1-199c}$$

$$i_2(t)=0 \tag{1-199d}$$

工作状态 2　在[dT_s，T_s]区间内，Q 截止，D 导通，则一般开关网络的各端口变量分别为

$$v_1(t)=v_{C1}(t)+v_{C2}(t) \tag{1-200a}$$

$$i_1(t)=0 \tag{1-200b}$$

$$v_2(t)=0 \tag{1-200c}$$

$$i_2(t)=i_{L1}(t)+i_{L2}(t) \tag{1-200d}$$

各端口变量波形如图 1-32 所示，式(1-199)和式(1-200)中将各端口变量均用状态变量表示。

当变换器满足低频假设与小纹波假设时，根据式(1-199)和式(1-200)可以求得一般开关网络各端口的平均变量为

$$\langle v_1(t)\rangle_{T_s}=d'(t)\left(\langle v_{C1}(t)\rangle_{T_s}+\langle v_{C2}(t)\rangle_{T_s}\right) \tag{1-201}$$

$$\langle i_1(t)\rangle_{T_s}=d(t)\left(\langle i_{L1}(t)\rangle_{T_s}+\langle i_{L2}(t)\rangle_{T_s}\right) \tag{1-202}$$

$$\langle v_2(t)\rangle_{T_s}=d(t)\left(\langle v_{C1}(t)\rangle_{T_s}+\langle v_{C2}(t)\rangle_{T_s}\right) \tag{1-203}$$

$$\langle i_2(t)\rangle_{T_s}=d'(t)\left(\langle i_{L1}(t)\rangle_{T_s}+\langle i_{L2}(t)\rangle_{T_s}\right) \tag{1-204}$$

如图 1-32 所示。从中选择$\langle i_1(t)\rangle_{T_s}$与$\langle v_2(t)\rangle_{T_s}$作为一般开关网络的独立变量，$\langle i_2(t)\rangle_{T_s}$与$\langle v_1(t)\rangle_{T_s}$作为非独立变量，用独立变量来表示非独立变量，根据式(1-201)～式(1-204)有

$$\langle i_2(t)\rangle_{T_s}=\frac{d'(t)}{d(t)}\langle i_1(t)\rangle_{T_s} \tag{1-205}$$

$$\langle v_1(t)\rangle_{T_s}=\frac{d'(t)}{d(t)}\langle v_2(t)\rangle_{T_s} \tag{1-206}$$

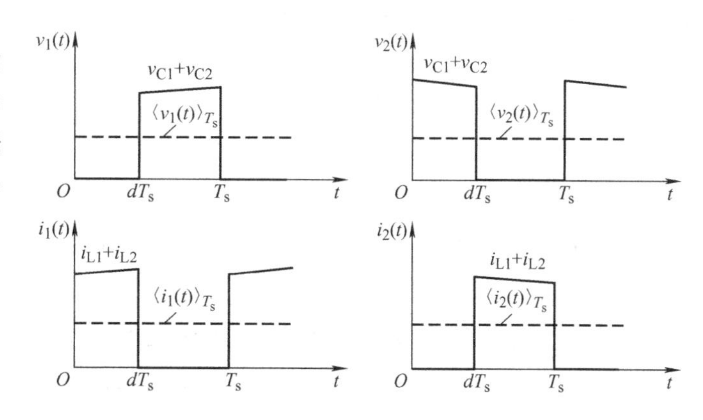

图 1-32　SEPIC 变换器一般开关网络端口变量波形

根据式(1-205)及式(1-206)，可以建立一般开关网络的平均变量等效电路如图 1-33 所示，利用该等效电路可以分析 SEPIC 变换器的直流特性与交流特性。

尽管一般开关网络的端口特性是在 SEPIC 变换器中推导出的，但一般开关网络的用途并不仅仅局限于分析 SEPIC 变换器。在建立一般开关网络平均变量等效电路的过程中，只是简

单地用平均变量替代其瞬时变量，故由式(1-205)和式(1-206)给出的数学模型适用于任何含有双开关的变换器，如 Buck、Boost、Buck-Boost、Cuk 变换器等中的开关网络都可以按图 1-31c 所示的一般开关网络的形式分离出来(图 1-34 所示为从 Buck 变换器中分离一般开关网络)。可以验证，各变换器中一般开关网络的端口变量均满足式(1-205)和式(1-206)，则其平均变量等效电路也都与图 1-33 相同。也就是说，图 1-33 所示网络是适用于所有 CCM 模式下 DC-DC 变换器的一般开关网络平均变量等效电路。无论何种类型的 DC-DC 变换器，若用图 1-33 替换其中的一般开关网络，并对电路中的参数和变量作相应的处理，都可得到该变换器的平均变量等效电路。基于式(1-205)和式(1-206)给出的数学模型，还可以建立一般开关网络的 PSPICE 模型，为用 PSPICE 程序分析变换器的性能提供了方便。

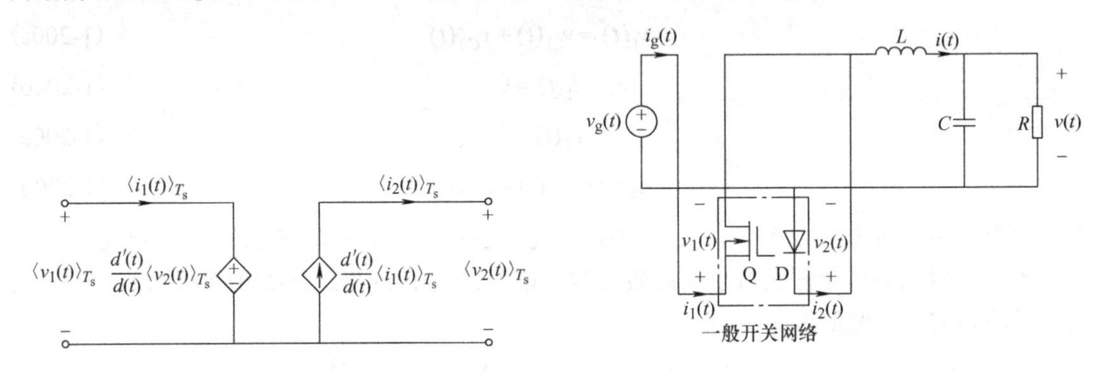

图 1-33　一般开关网络平均变量等效电路　　图 1-34　从 Buck 变换器中分离一般开关网络

采用 1.4.3 节介绍的方法可以直接推导一般开关网络的直流等效电路与交流小信号等效电路。令图 1-33 中的各平均变量等于其对应的直流分量，可得到一般开关网络的直流等效电路，如图 1-35 所示，图中已将一对直流受控源的作用等效为一个理想变压器，该理想变压器可以变换直流。用图 1-35 代替图 1-31b 中 SEPIC 变换器的一般开关网络，并对原电路中的有关器件、参数和变量作相应的处理，可以得到 SEPIC 变换器的直流等效电路，如图 1-36 所示。分析该电路可以得到 SEPIC 变换器的直流特性。

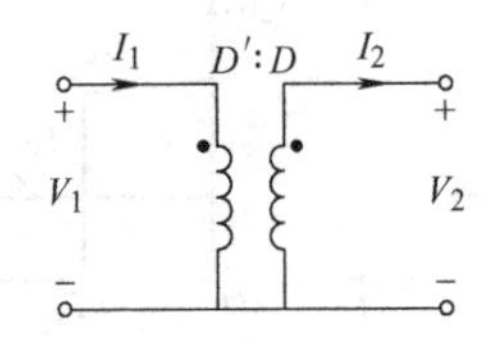

图 1-35　一般开关网络直流等效电路　　图 1-36　SEPIC 变换器直流等效电路

再将图 1-33 中的平均变量分离扰动，以获得一般开关网络的小信号等效电路。对于受控源的参数，将式(1-205)与式(1-206)中的变量分离扰动，得到

$$(D+\hat{d}(t))(I_2+\hat{i}_2(t))=(D'-\hat{d}(t))(I_1+\hat{i}_1(t)) \tag{1-207}$$

$$(D+\hat{d}(t))(V_1+\hat{v}_1(t))=(D'-\hat{d}(t))(V_2+\hat{v}_2(t)) \tag{1-208}$$

即

$$D(I_2+\hat{i}_2(t))=D'(I_1+\hat{i}_1(t))-(I_2+I_1)\hat{d}(t)-\hat{d}(t)\hat{i}_2(t)-\hat{d}(t)\hat{i}_1(t) \tag{1-209}$$

$$D(V_1+\hat{v}_1(t))=D'(V_2+\hat{v}_2(t))-(V_1+V_2)\hat{d}(t)-\hat{d}(t)\hat{v}_1(t)-\hat{d}(t)\hat{v}_2(t) \tag{1-210}$$

式(1-209)和式(1-210)中，等号两边的直流项对应相等，可以得到

$$DI_2 = D'I_1 \tag{1-211}$$

$$DV_1 = D'V_2 \tag{1-212}$$

式(1-211)与式(1-212)建立了一般开关网络端口变量直流分量间的关系，这一关系也可以通过式(1-205)和式(1-206)获得。

在式(1-209)和式(1-210)两边同时减去直流项，并忽略两式中的小信号乘积项使方程线性化，得到线性的交流小信号方程为

$$D\,\hat{i}_2(t) = D'\,\hat{i}_1(t) - (I_2 + I_1)\hat{d}(t) \tag{1-213}$$

$$D\,\hat{v}_1(t) = D'\,\hat{v}_2(t) - (V_1 + V_2)\hat{d}(t) \tag{1-214}$$

利用式(1-211)和式(1-212)消去以上两式中的直流量 I_1 和 V_2，解得非独立的小信号变量为

$$\hat{i}_2(t) = \frac{D'}{D}\hat{i}_1(t) - \frac{I_2 + I_1}{D}\hat{d}(t) = \frac{D'}{D}\hat{i}_1(t) - \frac{I_2}{DD'}\hat{d}(t) \tag{1-215}$$

$$\hat{v}_1(t) = \frac{D'}{D}\hat{v}_2(t) - \frac{V_1 + V_2}{D}\hat{d}(t) = \frac{D'}{D}\hat{v}_2(t) - \frac{V_1}{DD'}\hat{d}(t) \tag{1-216}$$

根据式(1-215)和式(1-216)可以建立一般开关网络的交流小信号等效电路，如图 1-37 所示。将图 1-37 替换图 1-31b 中 SEPIC 变换器的一般开关网络，得到 SEPIC 变换器 CCM 模式下小信号等效电路，如图 1-38 所示，图中变量及参数表示为 s 域形式。分析图 1-38 可以得到 SEPIC 变换器的交流小信号特性。

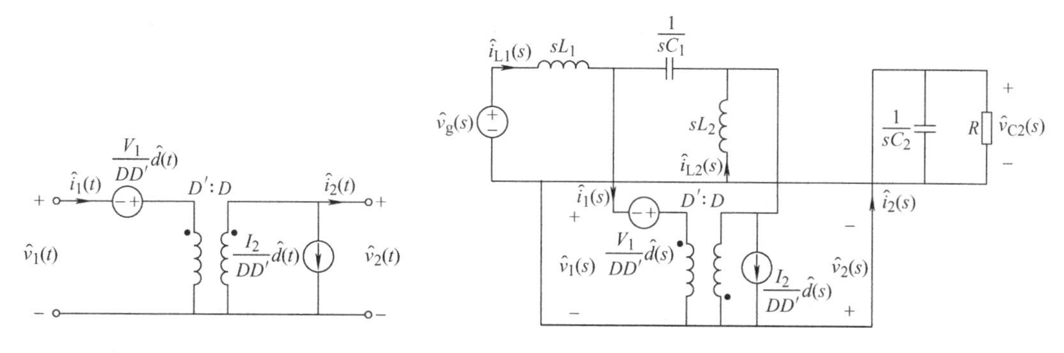

图 1-37　一般开关网络交流小信号等效电路　　图 1-38　SEPIC 变换器交流小信号等效电路

图 1-35 与图 1-37 也可以代换 Buck、Boost、Buck-boost、Cuk 变换器等中的一般开关网络，为这些变换器建立相应的 CCM 直流等效电路与交流小信号等效电路。以 Buck 变换器为例，按照图 1-34 所示分离一般开关网络的方式，用图 1-35 替换一般开关网络后得到另一种形式的 Buck 变换器直流等效电路如图 1-39a 所示，用图 1-37 替换一般开关网络后得到另一种形式的 Buck 变换器交流小信号等效电路如图 1-39b 所示，这两种等效电路的结构虽然稍显复杂，但分析电路后得到的直流特性与交流特性与前面的分析结果完全相同，这也说明用各种不同的方法得到的等效电路虽然结构参数不同，但却互为等效电路。

表 1-3 归纳了一般开关网络的平均变量等效电路、直流等效电路与交流小信号等效电路。无论何种变换器中的开关网络，只要与表 1-3 中的某种类型的开关网络结构相同，即可直接利用表 1-3 中的结果为该变换器建立各类 CCM 等效电路。

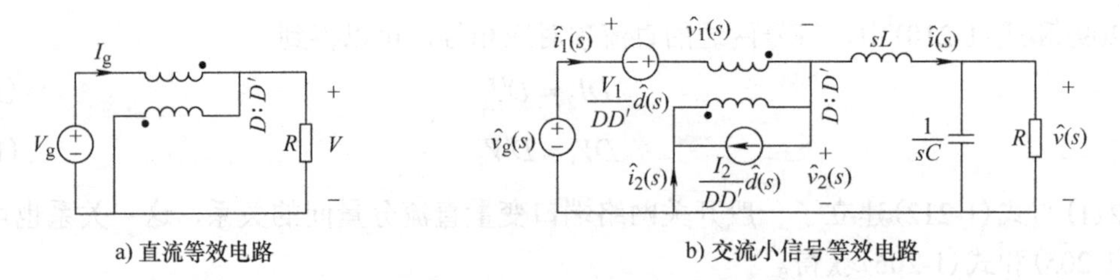

图 1-39　利用一般开关网络建立的理想 Buck 变换器等效电路

1.5　非理想 Flyback 变换器的分析

1.2～1.4 节共介绍了四种为 CCM 模式下 DC-DC 变换器建模的方法，这些方法不仅适用于理想 DC-DC 变换器，同时也适用于非理想情况。不仅如此，对于包含变压器的隔离式直流变换器，如全桥、半桥、正激、反激、推挽式变换器等，以上方法也同样适用。本节以考虑电感内阻的 Flyback 变换器为例，分别用状态空间平均法、开关器件与开关网络平均模型法为其建立解析模型与等效电路模型，说明如何对含变压器隔离的变换器应用上述方法，并分析 Flyback 变换器的直流特性与交流小信号特性。

1.5.1　用状态空间平均法为非理想 Flyback 变换器建模

Flyback 变换器如图 1-40a 所示，由于变换器中变压器的励磁电感参与了能量传递的过程，因此将实际变压器用励磁电感 L 与理想变压器并联的模型来代替，同时考虑励磁电感的内阻 R_L，得到非理想 Flyback 变换器的分析电路如图 1-40b 所示。下面按照 1.3.3 节介绍的状态空间平均法的基本步骤分三步为非理想的 Flyback 变换器建模。

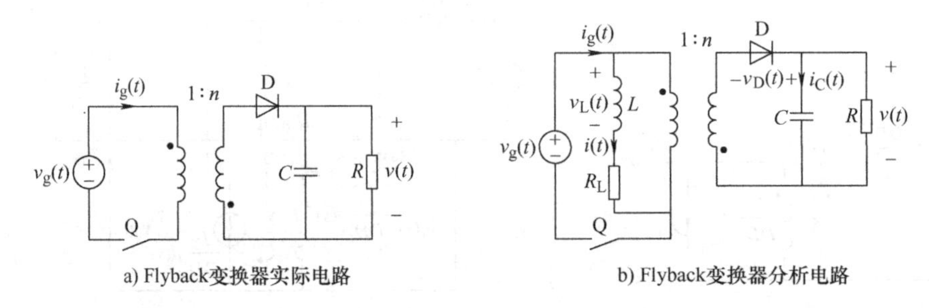

图 1-40　Flyback 变换器

1. 分阶段列写状态方程

选取电感电流 $i(t)$ 和电容电压 $v(t)$ 作为状态变量，组成状态向量 $\boldsymbol{x}(t) = [i(t),\ v(t)]^{\mathrm{T}}$；选取输入电流 $i_g(t)$ 和输出电压 $v(t)$ 作为输出变量，组成输出向量 $\boldsymbol{y}(t) = [i_g(t),\ v(t)]^{\mathrm{T}}$；以输入电压 $v_g(t)$ 作为输入变量，输入向量为 $\boldsymbol{u}(t) = [v_g(t)]$。各变量如图 1-40b 所示。

在连续导电模式下，根据有源开关 Q 和二极管 D 的不同状态，在每个开关周期内将 Flyback 变换器的工作过程分为两个阶段。

工作状态 1　在每一周期的 $(0,\ dT_s)$ 时间段内，开关 Q 导通，二极管 D 截止，此时等效电路如图 1-41a 所示。对于电感 L 和电容 C，分别有

$$v_L(t) = L\frac{\mathrm{d}i(t)}{\mathrm{d}t} = v_g(t) - i(t)R_L \tag{1-217}$$

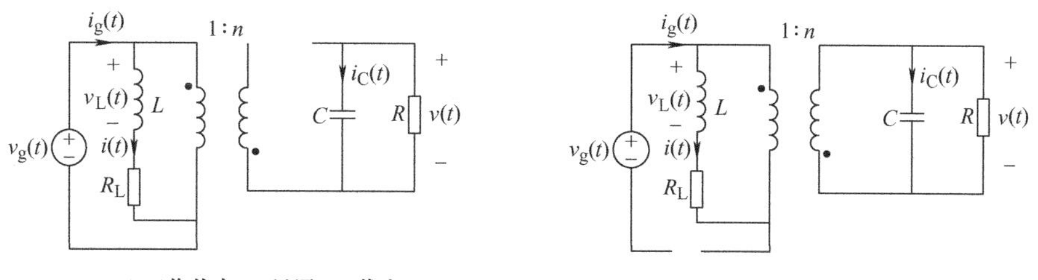

a) 工作状态1(Q导通，D截止)　　b) 工作状态2(Q截止，D导通)

图 1-41　Flyback 变换器的两种工作状态

$$i_C(t)=C\frac{dv(t)}{dt}=-\frac{v(t)}{R} \tag{1-218}$$

整理状态方程为矩阵形式，得

$$\begin{bmatrix}\dot{i}(t)\\ \dot{v}(t)\end{bmatrix}=\begin{bmatrix}-\dfrac{R_L}{L} & 0\\ 0 & -\dfrac{1}{RC}\end{bmatrix}\begin{bmatrix}i(t)\\ v(t)\end{bmatrix}+\begin{bmatrix}\dfrac{1}{L}\\ 0\end{bmatrix}\begin{bmatrix}v_g(t)\end{bmatrix} \tag{1-219}$$

在这一阶段输出变量满足

$$\begin{cases}i_g(t)=i(t)\\ v(t)=v(t)\end{cases} \tag{1-220}$$

整理输出方程为矩阵形式，得

$$\begin{bmatrix}i_g(t)\\ v(t)\end{bmatrix}=\begin{bmatrix}1 & 0\\ 0 & 1\end{bmatrix}\begin{bmatrix}i(t)\\ v(t)\end{bmatrix}+\begin{bmatrix}0\\ 0\end{bmatrix}\begin{bmatrix}v_g(t)\end{bmatrix} \tag{1-221}$$

则

$$\boldsymbol{A}_1=\begin{bmatrix}-\dfrac{R_L}{L} & 0\\ 0 & -\dfrac{1}{RC}\end{bmatrix},\ \boldsymbol{B}_1=\begin{bmatrix}\dfrac{1}{L}\\ 0\end{bmatrix},\ \boldsymbol{C}_1=\begin{bmatrix}1 & 0\\ 0 & 1\end{bmatrix},\ \boldsymbol{E}_1=\begin{bmatrix}0\\ 0\end{bmatrix} \tag{1-222}$$

工作状态 2　在每一周期的 dT_s 时刻，开关 Q 截止，则二极管 D 导通，在 $(dT_s,\ T_s)$ 时间段内，实际电路如图 1-41b 所示。此时对于电感 L 和电容 C，分别有

$$v_L(t)=L\frac{di(t)}{dt}=-\frac{v(t)}{n}-i(t)R_L \tag{1-223}$$

$$i_C(t)=C\frac{dv(t)}{dt}=\frac{i(t)}{n}-\frac{v(t)}{R} \tag{1-224}$$

整理成矩阵形式为

$$\begin{bmatrix}\dot{i}(t)\\ \dot{v}(t)\end{bmatrix}=\begin{bmatrix}-\dfrac{R_L}{L} & -\dfrac{1}{nL}\\ \dfrac{1}{nC} & -\dfrac{1}{RC}\end{bmatrix}\begin{bmatrix}i(t)\\ v(t)\end{bmatrix}+\begin{bmatrix}0\\ 0\end{bmatrix}\begin{bmatrix}v_g(t)\end{bmatrix} \tag{1-225}$$

这一阶段的输出变量为

$$\begin{cases} i_{g}(t)=0 \\ v(t)=v(t) \end{cases} \tag{1-226}$$

整理成矩阵形式为

$$\begin{bmatrix} i_{g}(t) \\ v(t) \end{bmatrix}=\begin{bmatrix} 0 & 0 \\ 0 & 1 \end{bmatrix}\begin{bmatrix} i(t) \\ v(t) \end{bmatrix}+\begin{bmatrix} 0 \\ 0 \end{bmatrix}[v_{g}(t)] \tag{1-227}$$

则

$$\boldsymbol{A}_{2}=\begin{bmatrix} -\frac{R_{L}}{L} & -\frac{1}{nL} \\ \frac{1}{nC} & -\frac{1}{RC} \end{bmatrix},\quad \boldsymbol{B}_{2}=\begin{bmatrix} 0 \\ 0 \end{bmatrix},\quad \boldsymbol{C}_{2}=\begin{bmatrix} 0 & 0 \\ 0 & 1 \end{bmatrix},\quad \boldsymbol{E}_{2}=\begin{bmatrix} 0 \\ 0 \end{bmatrix} \tag{1-228}$$

2. 求静态工作点

已知矩阵 $\boldsymbol{A}_1$、$\boldsymbol{A}_2$、$\boldsymbol{B}_1$、$\boldsymbol{B}_2$、$\boldsymbol{C}_1$、$\boldsymbol{C}_2$、$\boldsymbol{E}_1$、$\boldsymbol{E}_2$，根据式(1-108)，可以确定矩阵 $\boldsymbol{A}$、$\boldsymbol{B}$、$\boldsymbol{C}$、$\boldsymbol{E}$ 为

$$\boldsymbol{A}=D\boldsymbol{A}_{1}+D'\boldsymbol{A}_{2}=\begin{bmatrix} -\frac{R_{L}}{L} & -\frac{D'}{nL} \\ \frac{D'}{nC} & -\frac{1}{RC} \end{bmatrix},\quad \boldsymbol{B}=D\boldsymbol{B}_{1}+D'\boldsymbol{B}_{2}=\begin{bmatrix} \frac{D}{L} \\ 0 \end{bmatrix}$$
$$\boldsymbol{C}=D\boldsymbol{C}_{1}+D'\boldsymbol{C}_{2}=\begin{bmatrix} D & 0 \\ 0 & 1 \end{bmatrix},\quad \boldsymbol{E}=D\boldsymbol{E}_{1}+D'\boldsymbol{E}_{2}=\begin{bmatrix} 0 \\ 0 \end{bmatrix} \tag{1-229}$$

将矩阵 $\boldsymbol{A}$、$\boldsymbol{B}$、$\boldsymbol{C}$、$\boldsymbol{E}$ 代入式(1-109a)(即 $\boldsymbol{X}=-\boldsymbol{A}^{-1}\boldsymbol{BU}$)可以得到状态变量的静态工作点为

$$\begin{bmatrix} I \\ V \end{bmatrix}=-\begin{bmatrix} -\frac{R_{L}}{L} & -\frac{D'}{nL} \\ \frac{D'}{nC} & -\frac{1}{RC} \end{bmatrix}^{-1}\begin{bmatrix} \frac{D}{L} \\ 0 \end{bmatrix}V_{g}=\begin{bmatrix} \left(\frac{n}{D'}\right)^{2}\frac{DV_{g}}{R}\frac{1}{1+\left(\frac{n}{D'}\right)^{2}\frac{R_{L}}{R}} \\ \frac{nDV_{g}}{D'}\frac{1}{1+\left(\frac{n}{D'}\right)^{2}\frac{R_{L}}{R}} \end{bmatrix} \tag{1-230}$$

再根据式(1-109b)(即 $\boldsymbol{Y}=(\boldsymbol{E}-\boldsymbol{CA}^{-1}\boldsymbol{B})\boldsymbol{U}$)确定输出变量的静态工作点为

$$\begin{bmatrix} I_{g} \\ V \end{bmatrix}=\left(\begin{bmatrix} 0 \\ 0 \end{bmatrix}-\begin{bmatrix} D & 0 \\ 0 & 1 \end{bmatrix}\begin{bmatrix} -\frac{R_{L}}{L} & -\frac{D'}{nL} \\ \frac{D'}{nC} & -\frac{1}{RC} \end{bmatrix}^{-1}\begin{bmatrix} \frac{D}{L} \\ 0 \end{bmatrix}\right)V_{g}=\begin{bmatrix} \left(\frac{nD}{D'}\right)^{2}\frac{V_{g}}{R}\frac{1}{1+\left(\frac{n}{D'}\right)^{2}\frac{R_{L}}{R}} \\ \frac{nDV_{g}}{D'}\frac{1}{1+\left(\frac{n}{D'}\right)^{2}\frac{R_{L}}{R}} \end{bmatrix} \tag{1-231}$$

3. 建立交流小信号状态方程与输出方程

将已知各量代入式(1-110a)给出的小信号状态方程(即 $\dot{\hat{\boldsymbol{x}}}(t)=\boldsymbol{A}\hat{\boldsymbol{x}}(t)+\boldsymbol{B}\hat{\boldsymbol{u}}(t)+[(\boldsymbol{A}_{1}-\boldsymbol{A}_{2})\boldsymbol{X}+(\boldsymbol{B}_{1}-\boldsymbol{B}_{2})\boldsymbol{U}]\hat{d}(t)$)得到

$$\begin{bmatrix}\dot{\hat{i}}(t)\\ \dot{\hat{v}}(t)\end{bmatrix}=\begin{bmatrix}-\dfrac{R_L}{L} & -\dfrac{D'}{nL}\\ \dfrac{D'}{nC} & -\dfrac{1}{RC}\end{bmatrix}\begin{bmatrix}\hat{i}(t)\\ \hat{v}(t)\end{bmatrix}+\begin{bmatrix}\dfrac{D}{L}\\ 0\end{bmatrix}\hat{v}_g(t)+\left(\begin{bmatrix}0 & \dfrac{1}{nL}\\ -\dfrac{1}{nC} & 0\end{bmatrix}\begin{bmatrix}I\\ V\end{bmatrix}+\begin{bmatrix}\dfrac{1}{L}\\ 0\end{bmatrix}V_g\right)\hat{d}(t)$$
$$=\begin{bmatrix}-\dfrac{R_L}{L}\hat{i}(t)-\dfrac{D'}{nL}\hat{v}(t)+\dfrac{D}{L}\hat{v}_g(t)+\left(\dfrac{V}{nL}+\dfrac{V_g}{L}\right)\hat{d}(t)\\ \dfrac{D'}{nC}\hat{i}(t)-\dfrac{1}{RC}\hat{v}(t)-\dfrac{I}{nC}\hat{d}(t)\end{bmatrix} \tag{1-232}$$

将已知各量代入式(1-110b)给出的小信号输出方程(即 $\hat{\boldsymbol{y}}(t)=\boldsymbol{C}\hat{\boldsymbol{x}}(t)+\boldsymbol{E}\hat{\boldsymbol{u}}(t)+[(\boldsymbol{C}_1-\boldsymbol{C}_2)\boldsymbol{X}+(\boldsymbol{E}_1-\boldsymbol{E}_2)\boldsymbol{U}]\hat{d}(t)$)得到

$$\begin{bmatrix}\hat{i}_g(t)\\ \hat{v}(t)\end{bmatrix}=\begin{bmatrix}D & 0\\ 0 & 1\end{bmatrix}\begin{bmatrix}\hat{i}(t)\\ \hat{v}(t)\end{bmatrix}+\begin{bmatrix}0\\ 0\end{bmatrix}\hat{v}_g(t)+\left(\begin{bmatrix}1 & 0\\ 0 & 0\end{bmatrix}\begin{bmatrix}I\\ V\end{bmatrix}+\begin{bmatrix}0\\ 0\end{bmatrix}V_g\right)\hat{d}(t)=\begin{bmatrix}D\hat{i}(t)+I\hat{d}(t)\\ \hat{v}(t)\end{bmatrix} \tag{1-233}$$

式(1-232)和式(1-233)中的静态变量 I 和 V 由式(1-230)确定。

式(1-232)和式(1-233)即是利用状态空间平均法为非理想 Flyback 变换器建立的交流小信号解析模型。在此基础上，还可以为非理想 Flyback 变换器建立典型等效电路。

1.5.2 为非理想 Flyback 变换器建立典型等效电路

1.3.5 节介绍了根据状态方程建立典型等效电路的方法，为 DC-DC 变换器提供一种更直观的建模方式。当变换器中考虑了功率损耗因素以后，图 1-17 中的等效电阻 R_e 将不再为零。下面遵循 1.3.5 节介绍的建立典型等效电路的步骤，为非理想 Flyback 变换器建立标准型等效电路。

1. 确定 $M(D)$ 与 R_e

$M(D)$ 与 R_e 和稳态电压比 V/V_g 有关，直接利用 1.5.1 节中的分析结果，由式(1-230)可得

$$\frac{V}{V_g}=\frac{nD}{D'}\cdot\frac{1}{1+\left(\dfrac{n}{D'}\right)^2\dfrac{R_L}{R}} \tag{1-234}$$

根据式(1-128)可以确定 $M(D)$ 为

$$M(D)=\left.\frac{V}{V_g}\right|_{\text{所有寄生参数}=0}=\left.\frac{nD}{D'}\frac{1}{1+\left(\dfrac{n}{D'}\right)^2\dfrac{R_L}{R}}\right|_{R_L=0}=\frac{nD}{D'} \tag{1-235}$$

再根据式(1-129)可得

$$R_e=R\left(\frac{M(D)}{\dfrac{V}{V_g}}-1\right)=R\left(\frac{\dfrac{nD}{D'}}{\dfrac{nD}{D'}\dfrac{1}{1+\left(\dfrac{n}{D'}\right)^2\dfrac{R_L}{R}}}-1\right)=\left(\frac{n}{D'}\right)^2R_L \tag{1-236}$$

可见，等效电阻 R_e 并不等于实际变换器中的电感内阻 R_L，用 R_e 模拟 R_L 在原电路中的作用。

2. 确定系数 $e(s)$ 与 $j(s)$

在 1.5.1 节中已经以输入电流 $i_g(t)$ 和输出电压 $v(t)$ 为输出变量对变换器进行了分析，为了将 $\hat{i}_g(s)$ 和 $\hat{v}(s)$ 表达为式(1-131)和式(1-132)的形式，需要将各项矩阵[式(1-222)、式(1-228)和式(1-229)]以及状态量的稳态值[式(1-230)]代入式(1-114)，可得

$$\begin{aligned}
\begin{bmatrix}\hat{i}_g(s)\\ \hat{v}(s)\end{bmatrix} &= \begin{bmatrix}D & 0\\ 0 & 1\end{bmatrix}\begin{bmatrix}s+\dfrac{R_L}{L} & \dfrac{D'}{nL}\\ -\dfrac{D'}{nC} & s+\dfrac{1}{RC}\end{bmatrix}^{-1}\begin{bmatrix}\dfrac{D}{L}\\ 0\end{bmatrix}\hat{v}_g(s)\\
&+\left\{\begin{bmatrix}D & 0\\ 0 & 1\end{bmatrix}\begin{bmatrix}s+\dfrac{R_L}{L} & \dfrac{D'}{nL}\\ -\dfrac{D'}{nC} & s+\dfrac{1}{RC}\end{bmatrix}^{-1}\left(\begin{bmatrix}0 & \dfrac{1}{nL}\\ -\dfrac{1}{nC} & 0\end{bmatrix}\begin{bmatrix}I\\ V\end{bmatrix}+\begin{bmatrix}\dfrac{1}{L}\\ 0\end{bmatrix}V_g\right)+\begin{bmatrix}1 & 0\\ 0 & 0\end{bmatrix}\begin{bmatrix}I\\ V\end{bmatrix}\right\}\hat{d}(s)\\
&= \frac{1}{1+\dfrac{R_e}{R}+\left(\dfrac{L_n}{R}+R_eC\right)s+L_nCs^2}\begin{bmatrix}\left(\dfrac{nD}{D'}\right)^2\dfrac{1+RCs}{R}\\ \dfrac{nD}{D'}\end{bmatrix}\hat{v}_g(s)\\
&+\frac{1}{1+\dfrac{R_e}{R}+\left(\dfrac{L_n}{R}+R_eC\right)s+L_nCs^2}\begin{bmatrix}\dfrac{n^2DV_g}{D'^3(R+R_e)}\left[\varDelta+(1+RCs)\left(1+(1-2D)\dfrac{R_e}{R}-\dfrac{L_nD}{R}s\right)\right]\\ \dfrac{nV_g}{D'^2}\dfrac{1+(1-2D)\dfrac{R_e}{R}-\dfrac{L_nD}{R}s}{1+\dfrac{R_e}{R}}\end{bmatrix}\hat{d}(s)
\end{aligned} \tag{1-237}$$

式中，R_e 由式(1-236)确定，L_n 和$\varDelta$由下式确定

$$L_n=\left(\frac{n}{D'}\right)^2 L \tag{1-238}$$

$$\varDelta=1+\frac{R_e}{R}+\left(\frac{L_n}{R}+R_eC\right)s+L_nCs^2 \tag{1-239}$$

将式(1-237)和式(1-131)、式(1-132)中的各项相对应，可以得到非理想 Flyback 变换器的四项传递函数为

$$G_{ig}(s)=\left.\frac{\hat{i}_g(s)}{\hat{v}_g(s)}\right|_{\hat{d}(s)=0}=\frac{1}{\varDelta}\left(\frac{nD}{D'}\right)^2\frac{1+RCs}{R} \tag{1-240}$$

$$\begin{aligned}
G_{id}(s)=\left.\frac{\hat{i}_g(s)}{\hat{d}(s)}\right|_{\hat{v}_g(s)=0} &=\frac{1}{\varDelta}\frac{n^2DV_g}{D'^3(R+R_e)}\left[\varDelta+(1+RCs)\left(1+(1-2D)\frac{R_e}{R}-\frac{L_nD}{R}s\right)\right]\\
&=\frac{1}{\varDelta}\frac{2n^2DV_g}{D'^3(R+R_e)}\left[1+\frac{D'R_e}{R}+\left(\frac{D'L_n}{2R}+\frac{RC}{2}+D'R_eC\right)s+\frac{D'L_nC}{2}s^2\right]
\end{aligned} \tag{1-241}$$

$$G_{vg}(s)=\left.\frac{\hat{v}(s)}{\hat{v}_g(s)}\right|_{\hat{d}(s)=0}=\frac{1}{\Delta}\frac{nD}{D'} \tag{1-242}$$

$$G_{vd}(s)=\left.\frac{\hat{v}(s)}{\hat{d}(s)}\right|_{\hat{v}_g(s)=0}=\frac{1}{\Delta}\frac{nV_g}{D'^2}\frac{1+(1-2D)\frac{R_e}{R}-\frac{L_nD}{R}s}{1+\frac{R_e}{R}} \tag{1-243}$$

将以上各项传递函数代入式(1-139)和式(1-140)，可以得到 $e(s)$ 与 $j(s)$ 为

$$e(s)=\frac{G_{vd}(s)}{G_{vg}(s)}=\frac{V_g}{DD'}\frac{1+(1-2D)\frac{R_e}{R}-\frac{L_nD}{R}s}{1+\frac{R_e}{R}}=\frac{V}{nD^2}\left[1+(1-2D)\frac{R_e}{R}-\frac{L_nD}{R}s\right] \tag{1-244}$$

$$j(s)=G_{id}(s)-e(s)G_{ig}(s)=\frac{n^2D}{D'^3}\frac{V_g}{R+R_e}=\frac{n}{D'^2}\frac{V}{R} \tag{1-245}$$

3\. *确定* L_e *与* C_e

L_e 与 C_e 是低通滤波器 $H_e(s)$ 的组成部分，根据式(1-141)可得

$$H_e(s)=\frac{G_{vg}(s)}{M(D)}=\frac{1}{\Delta}=\frac{1}{1+\frac{R_e}{R}+\left(\frac{L_n}{R}+R_eC\right)s+L_nCs^2} \tag{1-246}$$

对应式(1-142)中的各项,可以确定典型等效电路中的等效电感 L_e 恰好为式(1-238)确定的 L_n，等效电容 C_e 则与变换器中的实际电容 C 相等，即

$$\begin{cases}L_e=\left(\dfrac{n}{D'}\right)^2L\\ C_e=C\end{cases} \tag{1-247}$$

至此，非理想 Flyback 变换器典型等效电路中的所有参数都已获得，由于隔离变压器的存在，等效电路中的各项参数均与隔离变压器的电压比 n 有关，同时有些参数还受到了电感内阻 R_L 的影响，将这些参数代入图 1-17 即可得到非理想 Flyback 变换器的标准型电路。

若令非理想 Flyback 变换器典型等效电路各项参数中的等效电阻 $R_e=0$，即得到理想 Flyback 变换器典型等效电路的参数。表 1-4 列出了理想的 Flyback 与 Forward DC-DC 变换器在 CCM 模式下典型等效电路的各项参数。Forward 变换器如图 1-42 所示。由于考虑的是理想变换器，均有 $R_e=0$，表 1-4 中略去 R_e 参数。

表 1-4　理想 Flyback 与 Forward 变换器 CCM 模式下典型等效电路参数

变换器	$M(D)$	$e(s)$	$j(s)$	L_e	C_e
Flyback	$\frac{nD}{D'}$	$\frac{V}{nD^2}\left(1-\frac{sn^2LD}{D'^2R}\right)$	$\frac{nV}{D'^2R}$	$\frac{n^2L}{D'^2}$	C
Forward	nD	$\frac{V}{nD^2}$	$\frac{nV}{R}$	L	C

比较表 1-4 与表 1-1 中的参数，可见，若令表 1-4 中 Flyback 变换器的参数 $n=-1$，则与表 1-1 中 Buck-Boost 变换器的参数相同；若令表 1-4 中 Forward 变换器的参数 $n=1$，则与表 1-1 中 Buck 变换器的参数相同。这说明对于包含隔离变压器的 DC-DC 变换器，其基本特性与非隔离变换器的特性是一致的，只是考虑了变压器的电压比及同名端设置对各项参数的影响。因此，对于其他形式的隔离式 DC-DC 变换器，也可利用表 1-1 中的数据建立其标准型电路，但必须正确考虑变压器电压比及同名端设置对参数的影响。

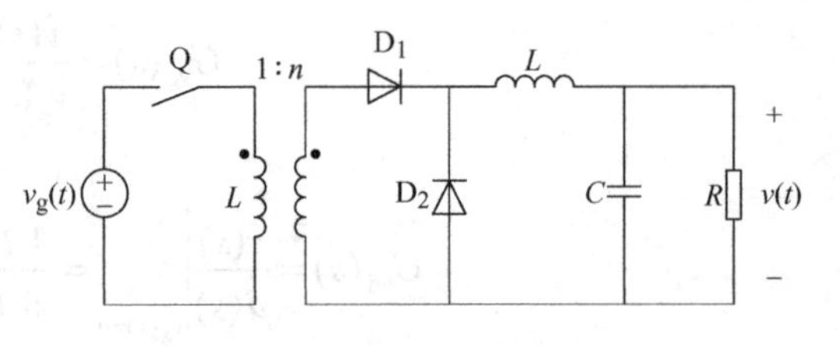

图 1-42　Forward 变换器

1.5.3　非理想 Flyback 变换器分析

基于非理想 Flyback 变换器的典型等效电路，可以分析其各项动态特性。在建立标准型电路的过程中，已经得到了 G_{vg}、G_{vd}、G_{ig} 与 G_{id} 四项传递函数，当然，这四项传递函数也可以根据标准型电路求出，在此不再重复。通常还要分析变换器的开环输入阻抗 $Z(s)$ 与开环输出阻抗 $Z_{out}(s)$，由于 $G_{ig}(s)=\left.\dfrac{\hat{i}_g(s)}{\hat{v}_g(s)}\right|_{\hat{d}(s)=0}=\dfrac{1}{Z(s)}$，则有

$$Z(s)=\frac{1}{G_{ig}(s)}=\left.\frac{\hat{v}_g(s)}{\hat{i}_g(s)}\right|_{\hat{d}(s)=0}=\left(\frac{D'}{nD}\right)^2 R\frac{\Delta}{1+RCs}=\left(\frac{D'}{nD}\right)^2 R\frac{1+\dfrac{R_e}{R}+\left(\dfrac{L_e}{R}+R_eC\right)s+L_eCs^2}{1+RCs} \tag{1-248}$$

求开环输出阻抗的电路如图 1-43 所示，则有

$$\begin{aligned}Z_{out}(s)&=\left.\frac{\hat{v}(s)}{\hat{i}_{out}(s)}\right|_{\hat{v}_g(s)=0,\ \hat{d}(s)=0}=(R_e+sL_e)//\frac{1}{sC}//R\\&=R_e\frac{1+s\dfrac{L_e}{R_e}}{1+\dfrac{R_e}{R}+\left(\dfrac{L_e}{R}+R_eC\right)s+L_eCs^2}\end{aligned} \tag{1-249}$$

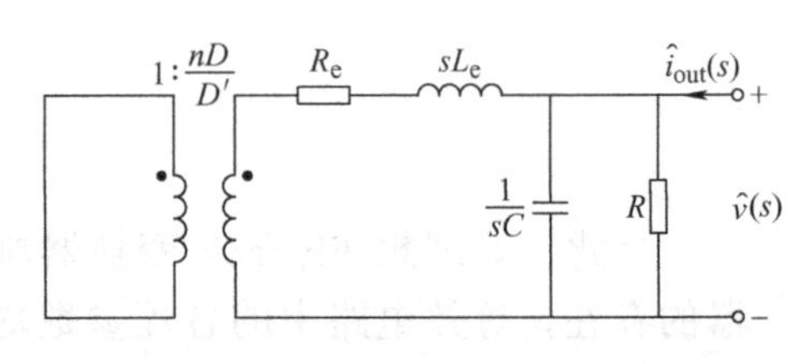

图 1-43　求开环输出阻抗的电路

式(1-248)及式(1-249)中的 R_e、L_e 定义同前。

1.5.4　用开关器件平均模型法为非理想 Flyback 变换器建模

根据图 1-40b，用受控电流源代替有源开关器件 Q，用受控电压源代替无源开关器件 D，则需要求 Q 的电流，即输入电流 $i_g(t)$ 的平均变量与 D 的端电压 $v_D(t)$ 的平均变量。

分析图 1-41 所示的 Flyback 变换器在两个阶段内的工作状态，可知

$$i_g(t)=\begin{cases}i(t) & 0\leqslant t\leqslant dT_s\ \text{(Q导通，D截止)}\\0 & dT_s\leqslant t\leqslant T_s\ \text{(Q截止，D导通)}\end{cases} \tag{1-250}$$

$$v_D(t)=\begin{cases}nv_g(t)+v(t) & 0\leqslant t\leqslant dT_s\ \text{(Q导通，D截止)}\\0 & dT_s\leqslant t\leqslant T_s\ \text{(Q截止，D导通)}\end{cases} \tag{1-251}$$

则 $i_{\mathrm{g}}(t)$ 与 $v_{\mathrm{D}}(t)$ 的平均变量为

$$\left\langle i_{\mathrm{g}}(t)\right\rangle_{T_{\mathrm{s}}}=d(t)\left\langle i(t)\right\rangle_{T_{\mathrm{s}}} \tag{1-252}$$

$$\left\langle v_{\mathrm{D}}(t)\right\rangle_{T_{\mathrm{s}}}=d(t)\left[n\left\langle v_{\mathrm{g}}(t)\right\rangle_{T_{\mathrm{s}}}+\left\langle v(t)\right\rangle_{T_{\mathrm{s}}}\right] \tag{1-253}$$

用平均电流为 $d(t)\left\langle i(t)\right\rangle_{T_{\mathrm{s}}}$ 的受控电流源代替 Q，用平均电压为 $d(t)\left[n\left\langle v_{\mathrm{g}}(t)\right\rangle_{T_{\mathrm{s}}}+\left\langle v(t)\right\rangle_{T_{\mathrm{s}}}\right]$ 的受控电压源代替 D，则得到如图 1-44 所示的 Flyback 变换器平均变量等效电路。

使图中的各平均变量皆等于其对应的直流分量，并使电感短路，电容开路，得到如图 1-45a 所示的 Flyback 变换器直流等效电路，图中变压器为可以变换直流的理想变压器。分析该直流等效电路可获得变换器的直流特性。图 1-45a 所示电路中的变量存在如下关系：

$$\begin{cases} IR_{\mathrm{L}}=\dfrac{1}{n}[-V+D(nV_{\mathrm{g}}+V)] \\ \dfrac{V}{R}=-\dfrac{1}{n}(DI-I) \end{cases} \tag{1-254}$$

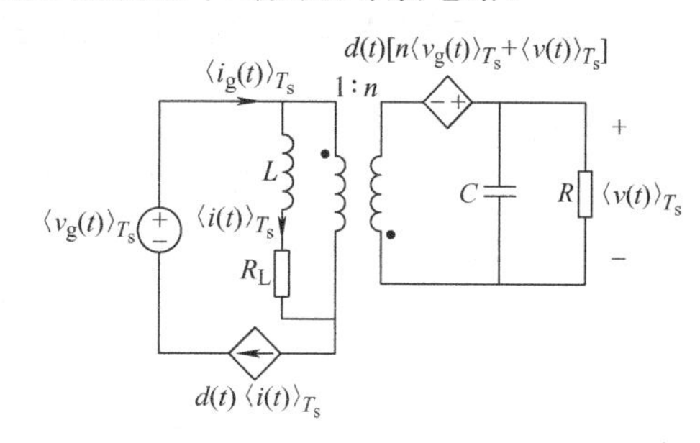

图 1-44　用开关器件平均模型法为非理想 Flyback 变换器建立平均变量等效电路

联立解得变换器的稳态电压比和输入电流为

$$M=\frac{V}{V_{\mathrm{g}}}=\frac{nD}{1-D}\frac{1}{1+\left(\dfrac{n}{1-D}\right)^{2}\cdot\dfrac{R_{\mathrm{L}}}{R}} \tag{1-255}$$

$$I_{\mathrm{g}}=DI=\frac{nDV}{(1-D)R}=\frac{V_{\mathrm{g}}}{R}\left(\frac{nD}{1-D}\right)^{2}\frac{1}{1+\left(\dfrac{n}{1-D}\right)^{2}\dfrac{R_{\mathrm{L}}}{R}} \tag{1-256}$$

可以验证，用开关器件平均模型法得到的 Flyback 变换器的静态工作点与用状态空间平均法求得的结果相同。

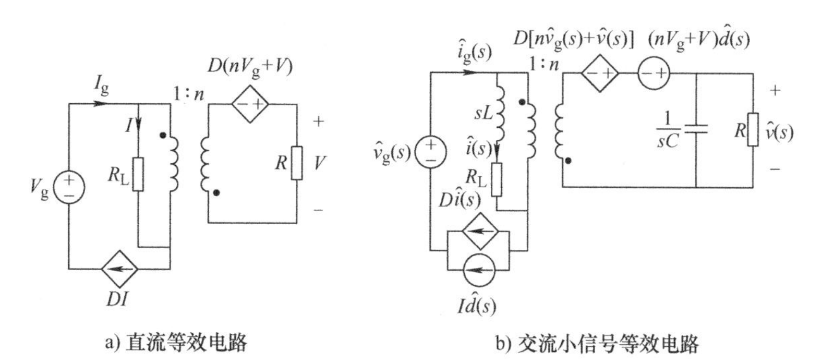

a) 直流等效电路　　b) 交流小信号等效电路

图 1-45　根据开关器件平均模型法得到的 Flyback 变换器等效电路

再将图 1-44 中的各平均变量分解为相应的直流分量与交流小信号分量之和，忽略其中的小信号分量乘积项，并减去其中的直流项，将平均等效电路中的受控电流源 $d(t)\left\langle i(t)\right\rangle_{T_{\mathrm{s}}}$ 用并

联的受控电流源 $D\hat{i}(t)$ 与独立电流源 $I\hat{d}(t)$ 来代替，将平均等效电路中的受控电压源 $d(t)\left[n\left\langle v_g(t)\right\rangle_{T_s}+\left\langle v(t)\right\rangle_{T_s}\right]$ 用串联的受控电压源 $D[n\hat{v}_g(t)+\hat{v}(t)]$ 与独立电压源 $(nV_g+V)\hat{d}(t)$ 来代替，得到 Flyback 变换器的交流小信号等效电路，如图 1-45b 所示，图中各变量均表示为 s 域形式。

分析图 1-45b 可以得到 Flyback 变换器的各种动态小信号特性，其结果与分析标准型电路得到的结果完全相同，不再重复。

1.5.5 用开关网络平均模型法为非理想 Flyback 变换器建模

由于 Flyback 变换器中的开关器件分别位于变压器的两侧，对照表 1-3 中三种类型的开关网络，可以利用其中的一般开关网络为 Flyback 变换器建模。将图 1-40b 重画于图 1-46a，将图 1-40b 中的开关符号 Q 用有源开关器件具体表示，并改变二极管的位置以便与有源开关组成开关网络。利用表 1-3 中一般开关网络的三种等效电路，得到 Flyback 变换器的平均变量等效电路、直流等效电路与交流小信号等效电路，分别如图 1-46b、c、d 所示。

利用图 1-46 中的各等效电路也可以求得非理想 Flyback 变换器的直流特性与交流小信号特性，结果同前。但由于在直流等效电路与交流小信号等效电路中包含两个变压器，求解过程较为复杂，因此不推荐利用开关网络平均模型法分析隔离式变换器。但可以利用开关网络平均模型法为隔离式变换器建立平均变量等效电路，即大信号模型，用于变换器系统的仿真。

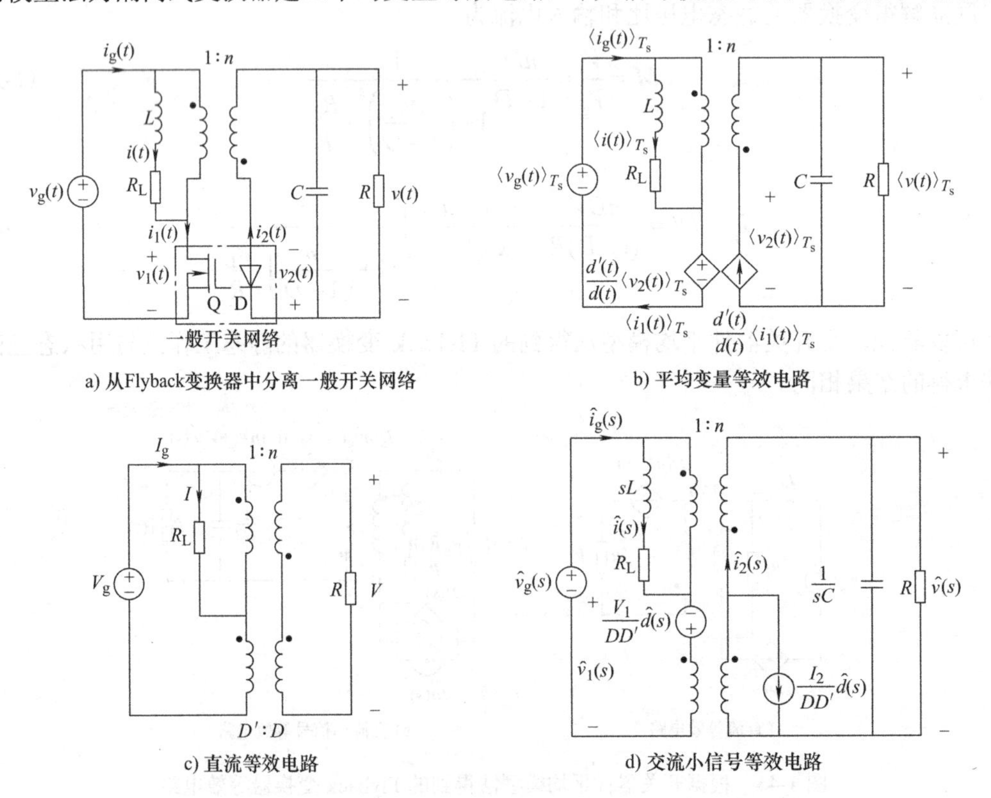

a) 从Flyback变换器中分离一般开关网络
一般开关网络
b) 平均变量等效电路
c) 直流等效电路
d) 交流小信号等效电路

图 1-46 用开关网络平均模型法为非理想 Flyback 变换器建模

第 2 章　断续导电模式下直流-直流变换器建模

DC-DC 变换器不仅工作在连续导电模式(CCM)下，当变换器中的参数满足一定条件时，还会出现另一种工作状态，即断续导电模式(DCM)，如图 2-1 所示。图中以电感电流 $i(t)$ 为例，在每一个开关周期的起始时刻 $i(0)=0$，在一个开关周期结束之前的 $t=(d_1+d_2)T_s$ 时刻电感电流又重新回到零，并在这一周期剩余的时间里维持零值不变，直到下一周期开始。储能元件的这种新的工作方式使变换器出现了不同于连续导电模式的新特点，本章将分析变换器的这些新特点及其对变换器建模的影响，并研究为 DCM 模式下 DC-DC 变换器建模的方法。

第 1 章所介绍的变换器建模思想(即求平均、分离扰动与线性化)在此仍然适用，因此状态空间平均法、开关器件与开关网络平均模型法也同样可用于为 DCM 变换器建模，但必须根据断续模式下变换器出现的新情况对这些方法进行修正。本章 2.1 节介绍如何用状态空间平均法为 DCM 变换器建模，以及如何根据解析模型建立 DCM 等效电路模型，并分析变换器的低频动态特性；2.2 节介绍断续导电模式下的开关器件平均模型法；2.3 节介绍断续导电模式下的开关网络平均模型法，断续导电模式下的开关网络具有功率守恒的独特性质，利用这一性质可以为变换器建立新型的等效电路。

本章在分析过程中仍然沿袭第 1 章中已经提出的三项假设(低频假设、小纹波假设与小信号假设)，且研究对象还满足如下条件：当所分析的变换器受到外界干扰(如输入电压或控制变量有微小变化)时，变换器仍工作在 DCM 模式下。如图 2-1 中点画线所示的电感电流，在扰动情况下虽然波形发生变化，但电感电流仍处于断续工作状态。

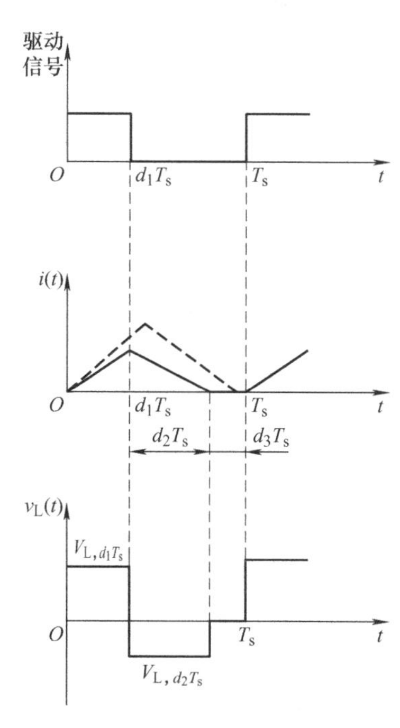

图 2-1　断续导电模式下驱动信号、电感电流与电压波形示意图

2.1　状态空间平均法在 DCM 变换器中的应用

应用状态空间平均法分析 DCM 变换器的过程与分析 CCM 变换器基本相同，但应注意 DCM 变换器与 CCM 变换器的以下两点不同之处，并据此对分析过程作适当的修改。

1) 已知 CCM 变换器在一个开关周期内有两种工作状态：状态 1，有源开关器件导通，二极管截止；状态 2，有源开关器件截止，二极管导通。而对于 DCM 变换器则还存在第三种工作状态(见图 2-1)，除状态 1($(0, d_1T_s)$阶段)与状态 2($(d_1T_s, (d_1+d_2)T_s)$阶段之外，在$(d_1+d_2)T_s$时刻以后电感电流为零，即在$((d_1+d_2)T_s, T_s)$阶段出现了有源开关器件与二极管同时截止的第三种工作状态。因此在 DCM 模式下求平均变量时应同时考虑变换器的三种工作状态；

2) 对于 DCM 变换器，开关器件的导通时间 d_1T_s 是由控制电路决定的，$d_1(t)$ 为控制变量，但二极管的导通时间 d_2T_s 则由变换器中的参数与 $d_1(t)$ 共同决定，不受控制电路控制，因此增加了一个未知变量 $d_2(t)$。然而断续工作模式也同时提供了新的已知条件：根据变换器的具体工作状况可以写出电感电流平均值 $\langle i(t)\rangle_{T_s}$ 的近似表达式，为分析变换器增加一个新方程。$\langle i(t)\rangle_{T_s}$ 的一般形式为

$$\langle i(t)\rangle_{T_s}=g\left(d_1,\langle v_g(t)\rangle_{T_s},\langle v(t)\rangle_{T_s}\right) \tag{2-1}$$

式中，d_1 为控制变量；$\langle v_g(t)\rangle_{T_s}$ 与 $\langle v(t)\rangle_{T_s}$ 分别为输入电压与输出电压在一个开关周期内的平均值。式 (2-1) 的详细说明将在 2.1.1 节中给出。必须指出，在用状态空间平均法分析 DCM 变换器的过程中，断续量 (一般为电感电流) 的平均值是指其在瞬时值不为零的时间内，即[0, $(d_1+d_2)T_s$]期间内的平均值[1]。

不仅如此，根据变换器始终工作在 DCM 模式下的假设，电感电流在每个周期的起始时刻和终止时刻都等于零，即 $i(0)=i(T_s)=0$，根据伏秒平衡原理，必然有

$$\langle v_L(t)\rangle_{T_s}T_s=0 \tag{2-2}$$

$$\langle v_L(t)\rangle_{T_s}=0 \tag{2-3}$$

式中，$\langle v_L(t)\rangle_{T_s}$ 为电感电压在一个开关周期内的平均值。

又由于

$$\langle v_L(t)\rangle_{T_s}=\frac{1}{T_s}\int_t^{t+T_s}v_L(\tau)\mathrm{d}\tau=\frac{1}{T_s}\int_t^{t+(d_1+d_2)T_s}L\frac{\mathrm{d}i(\tau)}{\mathrm{d}\tau}\mathrm{d}\tau=\frac{1}{T_s}\left[i(t+(d_1+d_2)T_s)-i(t)\right]$$

且

$$L\frac{\mathrm{d}\langle i(t)\rangle_{T_s}}{\mathrm{d}t}=L\frac{\mathrm{d}}{\mathrm{d}t}\left[\frac{1}{(d_1+d_2)T_s}\int_t^{t+(d_1+d_2)T_s}i(\tau)\mathrm{d}\tau\right]=\frac{L}{(d_1+d_2)T_s}\left[i(t+(d_1+d_2)T_s)-i(t)\right]$$

显然

$$\langle v_L(t)\rangle_{T_s}=(d_1+d_2)L\frac{\mathrm{d}\langle i(t)\rangle_{T_s}}{\mathrm{d}t} \tag{2-4}$$

式 (2-4) 利用了断续导电模式下电感电压 $v_L(t)$ 在 $((d_1+d_2)T_s, T_s)$ 阶段等于零的条件。将式 (2-14) 代入式 (2-3) 可得

$$\frac{\mathrm{d}\langle i(t)\rangle_{T_s}}{\mathrm{d}t}=0 \tag{2-5}$$

式 (2-1) 与式 (2-5) 将共同作为状态方程以外的辅助分析条件。

本节首先介绍如何用状态空间平均法分析 DCM 变换器，并归纳出分析步骤，其次为 DCM 模式下的 DC-DC 变换器建立直流等效电路与交流小信号等效电路，并以理想 Buck 变换器为例，说明建立 DCM 解析模型与等效电路模型的具体过程。

2.1.1 用状态空间平均法为 DCM 变换器建模[1]

仍然遵循分析 CCM 变换器的基本思路对 DCM 变换器进行分析，且应考虑到两种工作模式的不同之处。

1. 求平均变量

对于 CCM 变换器，需要首先分析变换器在一个开关周期内的三种工作状态，并列写每种工作状态下的状态方程与输出方程；对应于 DCM 变换器，则需要首先分析变换器在一个开关周期内的三种工作状态，并列写三种工作状态下的状态方程与输出方程。方程形式如下：

工作状态 1　$0 < t < d_1 T_s$ 阶段，有源开关器件导通，二极管截止

$$\begin{cases}\dot{\boldsymbol{x}}(t)=\boldsymbol{A}_1\boldsymbol{x}(t)+\boldsymbol{B}_1\boldsymbol{u}(t)\\ \boldsymbol{y}(t)=\boldsymbol{C}_1\boldsymbol{x}(t)+\boldsymbol{E}_1\boldsymbol{u}(t)\end{cases} \tag{2-6}$$

工作状态 2　$d_1 T_s < t < (d_1+d_2)T_s$ 阶段，有源开关器件截止，二极管导通

$$\begin{cases}\dot{\boldsymbol{x}}(t)=\boldsymbol{A}_2\boldsymbol{x}(t)+\boldsymbol{B}_2\boldsymbol{u}(t)\\ \boldsymbol{y}(t)=\boldsymbol{C}_2\boldsymbol{x}(t)+\boldsymbol{E}_2\boldsymbol{u}(t)\end{cases} \tag{2-7}$$

工作状态 3　$(d_1+d_2)T_s < t < T_s$ 阶段，有源开关器件与二极管同时截止

$$\begin{cases}\dot{\boldsymbol{x}}(t)=\boldsymbol{A}_3\boldsymbol{x}(t)+\boldsymbol{B}_3\boldsymbol{u}(t)\\ \boldsymbol{y}(t)=\boldsymbol{C}_3\boldsymbol{x}(t)+\boldsymbol{E}_3\boldsymbol{u}(t)\end{cases} \tag{2-8}$$

为了求状态变量与输出变量的平均变量，当变换器满足低频假设与小纹波假设时，可近似认为状态变量与输入变量在一个开关周期内基本维持恒定，可用它们的平均值近似代替瞬时值，而不会引起较大的误差。则式(2-6)～式(2-8)可近似表达为

$$\begin{cases}\dot{\boldsymbol{x}}(t)\approx\boldsymbol{A}_1\langle\boldsymbol{x}(t)\rangle_{T_s}+\boldsymbol{B}_1\langle\boldsymbol{u}(t)\rangle_{T_s}\\ \boldsymbol{y}(t)\approx\boldsymbol{C}_1\langle\boldsymbol{x}(t)\rangle_{T_s}+\boldsymbol{E}_1\langle\boldsymbol{u}(t)\rangle_{T_s}\end{cases}\quad 0<t<d_1T_s \tag{2-9}$$

$$\begin{cases}\dot{\boldsymbol{x}}(t)\approx\boldsymbol{A}_2\langle\boldsymbol{x}(t)\rangle_{T_s}+\boldsymbol{B}_2\langle\boldsymbol{u}(t)\rangle_{T_s}\\ \boldsymbol{y}(t)\approx\boldsymbol{C}_2\langle\boldsymbol{x}(t)\rangle_{T_s}+\boldsymbol{E}_2\langle\boldsymbol{u}(t)\rangle_{T_s}\end{cases}\quad d_1T_s<t<(d_1+d_2)T_s \tag{2-10}$$

$$\begin{cases}\dot{\boldsymbol{x}}(t)\approx\boldsymbol{A}_3\langle\boldsymbol{x}(t)\rangle_{T_s}+\boldsymbol{B}_3\langle\boldsymbol{u}(t)\rangle_{T_s}\\ \boldsymbol{y}(t)\approx\boldsymbol{C}_3\langle\boldsymbol{x}(t)\rangle_{T_s}+\boldsymbol{E}_3\langle\boldsymbol{u}(t)\rangle_{T_s}\end{cases}\quad (d_1+d_2)T_s<t<T_s \tag{2-11}$$

式(2-9)～式(2-11)中各平均变量向量的定义同第 1 章。

可以求得 $\dfrac{\mathrm{d}\langle\boldsymbol{x}(t)\rangle_{T_s}}{\mathrm{d}t}$ 与 $\langle\boldsymbol{y}(t)\rangle_{T_s}$ 分别为

$$\begin{aligned}
\frac{\mathrm{d}\langle\boldsymbol{x}(t)\rangle_{T_s}}{\mathrm{d}t}&=\frac{1}{T_s}\int_t^{t+T_s}\dot{\boldsymbol{x}}(\tau)\mathrm{d}\tau\\
&\approx\frac{1}{T_s}\Big[\int_t^{t+d_1T_s}\Big(\boldsymbol{A}_1\langle\boldsymbol{x}(\tau)\rangle_{T_s}+\boldsymbol{B}_1\langle\boldsymbol{u}(\tau)\rangle_{T_s}\Big)\mathrm{d}\tau+\int_{t+d_1T_s}^{t+(d_1+d_2)T_s}\Big(\boldsymbol{A}_2\langle\boldsymbol{x}(\tau)\rangle_{T_s}+\boldsymbol{B}_2\langle\boldsymbol{u}(\tau)\rangle_{T_s}\Big)\mathrm{d}\tau+\\
&\quad\int_{t+(d_1+d_2)T_s}^{t+T_s}\Big(\boldsymbol{A}_3\langle\boldsymbol{x}(\tau)\rangle_{T_s}+\boldsymbol{B}_3\langle\boldsymbol{u}(\tau)\rangle_{T_s}\Big)\mathrm{d}\tau\Big]\\
&\approx\frac{1}{T_s}\Big[\Big(\boldsymbol{A}_1\langle\boldsymbol{x}(t)\rangle_{T_s}+\boldsymbol{B}_1\langle\boldsymbol{u}(t)\rangle_{T_s}\Big)d_1T_s+\Big(\boldsymbol{A}_2\langle\boldsymbol{x}(t)\rangle_{T_s}+\boldsymbol{B}_2\langle\boldsymbol{u}(t)\rangle_{T_s}\Big)d_2T_s+\\
&\quad\Big(\boldsymbol{A}_3\langle\boldsymbol{x}(t)\rangle_{T_s}+\boldsymbol{B}_3\langle\boldsymbol{u}(t)\rangle_{T_s}\Big)(1-d_1-d_2)T_s\Big]\\
&=\big[d_1\boldsymbol{A}_1+d_2\boldsymbol{A}_2+(1-d_1-d_2)\boldsymbol{A}_3\big]\langle\boldsymbol{x}(t)\rangle_{T_s}+\big[d_1\boldsymbol{B}_1+d_2\boldsymbol{B}_2+(1-d_1-d_2)\boldsymbol{B}_3\big]\langle\boldsymbol{u}(t)\rangle_{T_s}
\end{aligned} \tag{2-12}$$

$$
\begin{aligned}
\langle \boldsymbol{y}(t)\rangle_{T_s} &= \frac{1}{T_s}\int_t^{t+T_s} \boldsymbol{y}(\tau)\mathrm{d}\tau \\
&\approx \frac{1}{T_s}\Bigg[\int_t^{t+d_1T_s}\left(\boldsymbol{C}_1\langle \boldsymbol{x}(\tau)\rangle_{T_s}+\boldsymbol{E}_1\langle \boldsymbol{u}(\tau)\rangle_{T_s}\right)\mathrm{d}\tau+\int_{t+d_1T_s}^{t+(d_1+d_2)T_s}\left(\boldsymbol{C}_2\langle \boldsymbol{x}(\tau)\rangle_{T_s}+\boldsymbol{E}_2\langle \boldsymbol{u}(\tau)\rangle_{T_s}\right)\mathrm{d}\tau+ \\
&\quad \int_{t+(d_1+d_2)T_s}^{t+T_s}\left(\boldsymbol{C}_3\langle \boldsymbol{x}(\tau)\rangle_{T_s}+\boldsymbol{E}_3\langle \boldsymbol{u}(\tau)\rangle_{T_s}\right)\mathrm{d}\tau\Bigg] \\
&\approx \frac{1}{T_s}\Big[\left(\boldsymbol{C}_1\langle \boldsymbol{x}(t)\rangle_{T_s}+\boldsymbol{E}_1\langle \boldsymbol{u}(t)\rangle_{T_s}\right)d_1T_s+\left(\boldsymbol{C}_2\langle \boldsymbol{x}(t)\rangle_{T_s}+\boldsymbol{E}_2\langle \boldsymbol{u}(t)\rangle_{T_s}\right)d_2T_s+ \\
&\quad \left(\boldsymbol{C}_3\langle \boldsymbol{x}(t)\rangle_{T_s}+\boldsymbol{E}_3\langle \boldsymbol{u}(t)\rangle_{T_s}\right)(1-d_1-d_2)T_s\Big] \\
&= [d_1\boldsymbol{C}_1+d_2\boldsymbol{C}_2+(1-d_1-d_2)\boldsymbol{C}_3]\langle \boldsymbol{x}(t)\rangle_{T_s}+[d_1\boldsymbol{E}_1+d_2\boldsymbol{E}_2+(1-d_1-d_2)\boldsymbol{E}_3]\langle \boldsymbol{u}(t)\rangle_{T_s}
\end{aligned}
\tag{2-13}
$$

为了便于表达，定义

$$d_3 = 1 - d_1 - d_2 \tag{2-14}$$

则式(2-12)和式(2-13)可整理为

$$\langle \dot{\boldsymbol{x}}(t)\rangle_{T_s} = (d_1\boldsymbol{A}_1+d_2\boldsymbol{A}_2+d_3\boldsymbol{A}_3)\langle \boldsymbol{x}(t)\rangle_{T_s}+(d_1\boldsymbol{B}_1+d_2\boldsymbol{B}_2+d_3\boldsymbol{B}_3)\langle \boldsymbol{u}(t)\rangle_{T_s} \tag{2-15}$$

$$\langle \boldsymbol{y}(t)\rangle_{T_s} = (d_1\boldsymbol{C}_1+d_2\boldsymbol{C}_2+d_3\boldsymbol{C}_3)\langle \boldsymbol{x}(t)\rangle_{T_s}+(d_1\boldsymbol{E}_1+d_2\boldsymbol{E}_2+d_3\boldsymbol{E}_3)\langle \boldsymbol{u}(t)\rangle_{T_s} \tag{2-16}$$

式(2-15)及式(2-16)即为DCM模式下变换器的平均变量状态方程与输出方程，但两式中$d_2(t)$与$d_3(t)$为未知量，若已知$d_2(t)$，根据式(2-14)可得到$d_3(t)$。为了确定$d_2(t)$，需要补充有关断续量电感电流的辅助条件。

首先分析电感电流的平均变量。必须注意，在用状态空间平均法分析DCM变换器的过程中，断续量电感电流的平均值是指其在瞬时值不为零的时间内，即(0，$(d_1+d_2)T_s$)期间内的平均值[1]。参考图2-1，根据低频假设与小纹波假设，可近似认为电感电压在(0，d_1T_s)与(d_1T_s，$(d_1+d_2)T_s$)时间段内分别维持恒定，用V_{L,d_1T_s}与V_{L,d_2T_s}表示，则电感电流在(0，d_1T_s)与(d_1T_s，$(d_1+d_2)T_s$)阶段内分别按斜率为$\frac{V_{L,d_1T_s}}{L}$与$\frac{V_{L,d_2T_s}}{L}$的线性规律变化，可将电感电流的平均值表达为

$$\langle i(t)\rangle_{T_s} = \frac{1}{(d_1+d_2)T_s}\int_t^{t+(d_1+d_2)T_s} i(\tau)\mathrm{d}\tau = \frac{1}{(d_1+d_2)T_s}\left[\frac{1}{2}(d_1+d_2)T_s\frac{V_{L,d_1T_s}}{L}d_1T_s\right] = \frac{1}{2L}V_{L,d_1T_s}d_1T_s \tag{2-17}$$

通过分析变换器在开关周期第一阶段的工作状态，总可以将V_{L,d_1T_s}表达为输入电压平均值$\langle v_g(t)\rangle_{T_s}$与输出电压平均值$\langle v(t)\rangle_{T_s}$的函数，即

$$V_{L,d_1T_s} = f\left(\langle v_g(t)\rangle_{T_s}, \langle v(t)\rangle_{T_s}\right) \tag{2-18}$$

对于DC-DC变换器，f为$\langle v_g(t)\rangle_{T_s}$与$\langle v(t)\rangle_{T_s}$的线性函数。将式(2-8)代入式(2-17)，得到电感电流的平均变量为

$$\langle i(t)\rangle_{T_s} = \frac{d_1T_s}{2L}f\left(\langle v_g(t)\rangle_{T_s}, \langle v(t)\rangle_{T_s}\right) = g\left(d_1, \langle v_g(t)\rangle_{T_s}, \langle v(t)\rangle_{T_s}\right) \tag{2-19}$$

式(2-19)与式(2-5)即是在状态空间平均法中为确定 $d_2(t)$ 而增加的辅助分析条件。

状态方程式(2-15)、式(2-16)与式(2-19)、式(2-5)共同组成了分析 DCM 变换器的平均变量方程组。

2. 分离扰动

将式(2-15)、式(2-16)与式(2-19)、式(2-5)中的平均变量分解为相应的直流分量与交流小信号分量之和，对于平均变量向量 $\langle \boldsymbol{x}(t)\rangle_{T_s}$、$\langle \boldsymbol{u}(t)\rangle_{T_s}$ 与 $\langle \boldsymbol{y}(t)\rangle_{T_s}$，分解方法同第 1 章，参见式(1-67)；对于控制变量 $d_1(t)$ 与未知量 $d_2(t)$、 $d_3(t)$，分别分解为

$$\begin{cases} d_1(t) = D_1 + \hat{d}_1(t) \\ d_2(t) = D_2 + \hat{d}_2(t) \\ d_3(t) = D_3 + \hat{d}_3(t) = 1 - d_1(t) - d_2(t) = (1 - D_1 - D_2) - \left[\hat{d}_1(t) + \hat{d}_2(t)\right] \end{cases} \tag{2-20}$$

$d_3(t)$ 的直流分量与交流分量分别满足

$$D_3 = 1 - D_1 - D_2 \tag{2-21}$$

$$\hat{d}_3(t) = -\left[\hat{d}_1(t) + \hat{d}_2(t)\right] \tag{2-22}$$

式(2-20)～式(2-22)中 D_2 与 $\hat{d}_2(t)$ 为待求未知变量。

对平均变量方程组中的每个方程(即式(2-15)、式(2-16)与式(2-19)、式(2-5))均需进行分离扰动，并对分离扰动后的结果进行整理，合并同类项，从中分别得到直流方程与交流小信号方程。

首先处理式(2-15)和式(2-16)的平均变量状态方程与输出方程。将方程中的各变量分离扰动后可得到

$$\begin{aligned} \frac{\mathrm{d}\langle \boldsymbol{x}(t)\rangle_{T_s}}{\mathrm{d}t} &= \frac{\mathrm{d}\boldsymbol{X}}{\mathrm{d}t} + \frac{\mathrm{d}\hat{\boldsymbol{x}}(t)}{\mathrm{d}t} \\ &= \left[(D_1 + \hat{d}_1)\boldsymbol{A}_1 + (D_2 + \hat{d}_2)\boldsymbol{A}_2 + (D_3 + \hat{d}_3)\boldsymbol{A}_3\right]\left(\boldsymbol{X} + \hat{\boldsymbol{x}}(t)\right) + \\ &\quad \left[(D_1 + \hat{d}_1)\boldsymbol{B}_1 + (D_2 + \hat{d}_2)\boldsymbol{B}_2 + (D_3 + \hat{d}_3)\boldsymbol{B}_3\right]\left(\boldsymbol{U} + \hat{\boldsymbol{u}}(t)\right) \end{aligned} \tag{2-23}$$

$$\begin{aligned} \langle \boldsymbol{y}(t)\rangle_{T_s} = \boldsymbol{Y} + \hat{\boldsymbol{y}}(t) &= \left[(D_1 + \hat{d}_1)\boldsymbol{C}_1 + (D_2 + \hat{d}_2)\boldsymbol{C}_2 + (D_3 + \hat{d}_3)\boldsymbol{C}_3\right]\left(\boldsymbol{X} + \hat{\boldsymbol{x}}(t)\right) + \\ &\quad \left[(D_1 + \hat{d}_1)\boldsymbol{E}_1 + (D_2 + \hat{d}_2)\boldsymbol{E}_2 + (D_3 + \hat{d}_3)\boldsymbol{E}_3\right]\left(\boldsymbol{U} + \hat{\boldsymbol{u}}(t)\right) \end{aligned} \tag{2-24}$$

式(2-23)和式(2-24)中等号两边对应的直流分量相等，并考虑到 $\dfrac{\mathrm{d}\boldsymbol{X}}{\mathrm{d}t} = 0$，可以分别得到

$$\frac{\mathrm{d}\boldsymbol{X}}{\mathrm{d}t} = (D_1\boldsymbol{A}_1 + D_2\boldsymbol{A}_2 + D_3\boldsymbol{A}_3)\boldsymbol{X} + (D_1\boldsymbol{B}_1 + D_2\boldsymbol{B}_2 + D_3\boldsymbol{B}_3)\boldsymbol{U} = 0 \tag{2-25}$$

$$\boldsymbol{Y} = (D_1\boldsymbol{C}_1 + D_2\boldsymbol{C}_2 + D_3\boldsymbol{C}_3)\boldsymbol{X} + (D_1\boldsymbol{E}_1 + D_2\boldsymbol{E}_2 + D_3\boldsymbol{E}_3)\boldsymbol{U} \tag{2-26}$$

若令矩阵

$$\begin{cases} \boldsymbol{A} = D_1\boldsymbol{A}_1 + D_2\boldsymbol{A}_2 + D_3\boldsymbol{A}_3 \\ \boldsymbol{B} = D_1\boldsymbol{B}_1 + D_2\boldsymbol{B}_2 + D_3\boldsymbol{B}_3 \\ \boldsymbol{C} = D_1\boldsymbol{C}_1 + D_2\boldsymbol{C}_2 + D_3\boldsymbol{C}_3 \\ \boldsymbol{D} = D_1\boldsymbol{E}_1 + D_2\boldsymbol{E}_2 + D_3\boldsymbol{E}_3 \end{cases} \tag{2-27}$$

则式(2-25)和式(2-26)可简记为

$$\boldsymbol{AX}+\boldsymbol{BU}=0 \tag{2-28}$$

$$\boldsymbol{Y}=\boldsymbol{CX}+\boldsymbol{DU} \tag{2-29}$$

式(2-23)和式(2-24)中等号两边对应的交流分量也必然相等，并将式(2-22)代入式(2-23)与式(2-24)中，消去$\hat{d}_3(t)$，可得

$$\begin{aligned}\frac{\mathrm{d}\hat{\boldsymbol{x}}(t)}{\mathrm{d}t}=&(D_1\boldsymbol{A}_1+D_2\boldsymbol{A}_2+D_3\boldsymbol{A}_3)\hat{\boldsymbol{x}}(t)+(D_1\boldsymbol{B}_1+D_2\boldsymbol{B}_2+D_3\boldsymbol{B}_3)\hat{\boldsymbol{u}}(t)+\\&[(\boldsymbol{A}_1-\boldsymbol{A}_3)\boldsymbol{X}+(\boldsymbol{B}_1-\boldsymbol{B}_3)\boldsymbol{U}]\hat{d}_1+[(\boldsymbol{A}_2-\boldsymbol{A}_3)\boldsymbol{X}+(\boldsymbol{B}_2-\boldsymbol{B}_3)\boldsymbol{U}]\hat{d}_2+\\&(\boldsymbol{A}_1-\boldsymbol{A}_3)\hat{d}_1\hat{\boldsymbol{x}}(t)+(\boldsymbol{A}_2-\boldsymbol{A}_3)\hat{d}_2\hat{\boldsymbol{x}}(t)+(\boldsymbol{B}_1-\boldsymbol{B}_3)\hat{d}_1\hat{\boldsymbol{u}}(t)+(\boldsymbol{B}_2-\boldsymbol{B}_3)\hat{d}_2\hat{\boldsymbol{u}}(t)\end{aligned} \tag{2-30}$$

$$\begin{aligned}\hat{\boldsymbol{y}}(t)=&(D_1\boldsymbol{C}_1+D_2\boldsymbol{C}_2+D_3\boldsymbol{C}_3)\hat{\boldsymbol{x}}(t)+(D_1\boldsymbol{E}_1+D_2\boldsymbol{E}_2+D_3\boldsymbol{E}_3)\hat{\boldsymbol{u}}(t)+\\&[(\boldsymbol{C}_1-\boldsymbol{C}_3)\boldsymbol{X}+(\boldsymbol{E}_1-\boldsymbol{E}_3)\boldsymbol{U}]\hat{d}_1+[(\boldsymbol{C}_2-\boldsymbol{C}_3)\boldsymbol{X}+(\boldsymbol{E}_2-\boldsymbol{E}_3)\boldsymbol{U}]\hat{d}_2+\\&(\boldsymbol{C}_1-\boldsymbol{C}_3)\hat{d}_1\hat{\boldsymbol{x}}(t)+(\boldsymbol{C}_2-\boldsymbol{C}_3)\hat{d}_2\hat{\boldsymbol{x}}(t)+(\boldsymbol{E}_1-\boldsymbol{E}_3)\hat{d}_1\hat{\boldsymbol{u}}(t)+(\boldsymbol{E}_2-\boldsymbol{E}_3)\hat{d}_2\hat{\boldsymbol{u}}(t)\end{aligned} \tag{2-31}$$

式(2-30)和式(2-31)为非线性的交流小信号状态方程与输出方程。

接下来处理式(2-19)所示的辅助分析条件。为了便于将结果中的直流项、一阶交流项与高阶交流项分离开来，采取对$\langle i(t)\rangle_{T_s}$作泰勒级数展开的方法分离变量，可得

$$\begin{aligned}\langle i(t)\rangle_{T_s}&=I+\hat{i}(t)=g\left(d_1,\langle v_g(t)\rangle_{T_s},\langle v(t)\rangle_{T_s}\right)=g(D_1+\hat{d}_1(t),\ V_g+\hat{v}_g(t),\ V+\hat{v}(t))\\&=\underbrace{g\left(D_1,\ V_g,\ V\right)}_{\text{直流项}}+\underbrace{\hat{d}_1\frac{\partial g\left(d_1,\ V_g,\ V\right)}{\partial d_1}+\hat{v}_g(t)\frac{\partial g\left(D_1,\langle v_g(t)\rangle_{T_s},\ V\right)}{\partial\langle v_g(t)\rangle_{T_s}}+\hat{v}(t)\frac{\partial g\left(D_1,\ V_g,\langle v(t)\rangle_{T_s}\right)}{\partial\langle v(t)\rangle_{T_s}}}_{\text{一阶交流项}}+\\&\quad\text{高阶非线性交流项}\end{aligned} \tag{2-32}$$

式(2-32)中直流分量对应相等时可得

$$I=g(D_1,V_g,V)=\frac{D_1T_s}{2L}f(V_g,V) \tag{2-33}$$

其中函数$g(D_1,V_g,V)$和$f(V_g,V)$是令原函数中所有自变量的交流小信号分量都等于零后得到的。

式(2-32)中交流分量对应相等时，可得

$$\begin{aligned}\hat{i}(t)=&\hat{d}_1\frac{\partial g\left(d_1,\ V_g,\ V\right)}{\partial d_1}+\hat{v}_g(t)\frac{\partial g\left(D_1,\langle v_g(t)\rangle_{T_s},\ V\right)}{\partial\langle v_g(t)\rangle_{T_s}}+\hat{v}(t)\frac{\partial g\left(D_1,\ V_g,\langle v(t)\rangle_{T_s}\right)}{\partial\langle v(t)\rangle_{T_s}}+\\&\text{高阶非线性交流项}\end{aligned} \tag{2-34}$$

最后对式(2-5)所示的辅助分析条件进行分离扰动，可得

$$\frac{\mathrm{d}\langle i(t)\rangle_{T_s}}{\mathrm{d}t}=\frac{\mathrm{d}I}{\mathrm{d}t}+\frac{\mathrm{d}\hat{i}(t)}{\mathrm{d}t}=0 \tag{2-35}$$

式(2-25)中的直流项$\frac{\mathrm{d}I}{\mathrm{d}t}$必然为零，由于电感电流一般都作为状态变量，因此$\frac{\mathrm{d}I}{\mathrm{d}t}=0$的辅助条

件已经包含在式(2-28)中，可以不必单独列出。从式(2-35)中得到交流小信号的辅助分析条件

$$\frac{\mathrm{d}\hat{i}(t)}{\mathrm{d}t}=0 \tag{2-36}$$

以上分析所得的式(2-28)、式(2-29)和式(2-33)组成了变换器在DCM模式下的直流分量方程组，求解方程组可以得到变换器的直流工作点和稳态时的D_2值。

以上分析所得的式(2-30)、式(2-31)和式(2-34)、式(2-36)组成了变换器在DCM模式下的交流分量方程组，但方程组中除式(2-36)外均为非线性方程，还需将各非线性方程线性化。

3. 线性化

对式(2-30)、式(2-31)和式(2-34)作线性化处理。当变换器满足小信号假设时，只需将式(2-30)与式(2-31)中的小信号乘积项略去即可得到变换器在DCM模式下的线性交流小信号状态方程与输出方程，且不会引入较大的误差，则线性小信号状态方程与输出方程为

$$\dot{\hat{\boldsymbol{x}}}(t)=\boldsymbol{A}\hat{\boldsymbol{x}}(t)+\boldsymbol{B}\hat{\boldsymbol{u}}(t)+\left[(\boldsymbol{A}_1-\boldsymbol{A}_3)\boldsymbol{X}+(\boldsymbol{B}_1-\boldsymbol{B}_3)\boldsymbol{U}\right]\hat{d}_1+\left[(\boldsymbol{A}_2-\boldsymbol{A}_3)\boldsymbol{X}+(\boldsymbol{B}_2-\boldsymbol{B}_3)\boldsymbol{U}\right]\hat{d}_2 \tag{2-37}$$

$$\hat{\boldsymbol{y}}(t)=\boldsymbol{C}\hat{\boldsymbol{x}}(t)+\boldsymbol{E}\hat{\boldsymbol{u}}(t)+\left[(\boldsymbol{C}_1-\boldsymbol{C}_3)\boldsymbol{X}+(\boldsymbol{E}_1-\boldsymbol{E}_3)\boldsymbol{U}\right]\hat{d}_1+\left[(\boldsymbol{C}_2-\boldsymbol{C}_3)\boldsymbol{X}+(\boldsymbol{E}_2-\boldsymbol{E}_3)\boldsymbol{U}\right]\hat{d}_2 \tag{2-38}$$

对于式(2-34)，其中的一阶交流项为线性项，当变换器满足小信号假设时，可以忽略式中的高阶非线性交流项，得到线性化的电感电流小信号方程为

$$\hat{i}(t)=\hat{d}_1\frac{\partial g(d_1,V_{\mathrm{g}},V)}{\partial d_1}+\hat{v}_{\mathrm{g}}(t)\frac{\partial g\left(D_1,\left\langle v_{\mathrm{g}}(t)\right\rangle_{T_{\mathrm{s}}},V\right)}{\partial\left\langle v_{\mathrm{g}}(t)\right\rangle_{T_{\mathrm{s}}}}+\hat{v}(t)\frac{\partial g\left(D_1,V_{\mathrm{g}},\left\langle v(t)\right\rangle_{T_{\mathrm{s}}}\right)}{\partial\left\langle v(t)\right\rangle_{T_{\mathrm{s}}}} \tag{2-39}$$

式(2-36)～式(2-39)组成了变换器在DCM模式下的线性交流分量方程组，根据式(2-36)～式(2-39)可以建立变换器的DCM小信号等效电路并分析变换器的DCM低频动态特性。

以上是用状态空间平均法分析DCM直流变换器的基本过程，与分析CCM直流变换器的过程十分类似，只需在分析过程中注意变换器的三种工作状态并添加由电感电流提供的辅助条件即可。为了方便应用，将以上分析过程归纳为如下几个步骤。

2.1.2 用状态空间平均法为DCM变换器建模的基本步骤

1. 列写三阶段状态方程和电感电流平均变量方程

对DCM模式下DC-DC变换器的三个工作阶段分别列写状态方程与输出方程为

$$\begin{cases}\dot{\boldsymbol{x}}(t)=\boldsymbol{A}_1\boldsymbol{x}(t)+\boldsymbol{B}_1\boldsymbol{u}(t)\\ \boldsymbol{y}(t)=\boldsymbol{C}_1\boldsymbol{x}(t)+\boldsymbol{E}_1\boldsymbol{u}(t)\end{cases}\quad 0<t<d_1T_{\mathrm{s}} \tag{2-40}$$

$$\begin{cases}\dot{\boldsymbol{x}}(t)=\boldsymbol{A}_2\boldsymbol{x}(t)+\boldsymbol{B}_2\boldsymbol{u}(t)\\ \boldsymbol{y}(t)=\boldsymbol{C}_2\boldsymbol{x}(t)+\boldsymbol{E}_2\boldsymbol{u}(t)\end{cases}\quad d_1T_{\mathrm{s}}<t<(d_1+d_2)T_{\mathrm{s}} \tag{2-41}$$

$$\begin{cases}\dot{\boldsymbol{x}}(t)=\boldsymbol{A}_3\boldsymbol{x}(t)+\boldsymbol{B}_3\boldsymbol{u}(t)\\ \boldsymbol{y}(t)=\boldsymbol{C}_3\boldsymbol{x}(t)+\boldsymbol{E}_3\boldsymbol{u}(t)\end{cases}\quad (d_1+d_2)T_{\mathrm{s}}<t<T_{\mathrm{s}} \tag{2-42}$$

通常选取独立的电感电流与电容电压作为状态变量，选取其他感兴趣的变量作为输出变量。若要继续为变换器建立DCM模式下的等效电路，建议输出变量中应包括输入电流$i_{\mathrm{g}}(t)$。

列写电感电流平均变量方程为

$$\langle i(t)\rangle_{T_s}=\frac{d_1T_s}{2L}f\left(\langle v_g(t)\rangle_{T_s},\langle v(t)\rangle_{T_s}\right)=g\left(d_1,\langle v_g(t)\rangle_{T_s},\langle v(t)\rangle_{T_s}\right) \tag{2-43}$$

式中，函数 $f\left(\langle v_g(t)\rangle_{T_s},\langle v(t)\rangle_{T_s}\right)$ 为用 $\langle v_g(t)\rangle_{T_s}$ 与 $\langle v(t)\rangle_{T_s}$ 表达的 $(0,\ d_1T_s)$ 时间段内的电感电压，即图 2-1 中所示的 V_{L,d_1T_s}，f 一般为 $\langle v_g(t)\rangle_{T_s}$ 与 $\langle v(t)\rangle_{T_s}$ 的线性函数。

2. 静态工作点和 D_2

列写变换器的稳态方程组为

$$\begin{cases}\boldsymbol{AX}+\boldsymbol{BU}=0\\ \boldsymbol{Y}=\boldsymbol{CX}+\boldsymbol{EU}\end{cases} \tag{2-44}$$

$$I=\frac{D_1T_s}{2L}f(V_g,\ V)=g(D_1,\ V_g,\ V)$$

$$\begin{cases}\boldsymbol{A}=D_1\boldsymbol{A}_1+D_2\boldsymbol{A}_2+D_3\boldsymbol{A}_3\\ \boldsymbol{B}=D_1\boldsymbol{B}_1+D_2\boldsymbol{B}_2+D_3\boldsymbol{B}_3\\ \boldsymbol{C}=D_1\boldsymbol{C}_1+D_2\boldsymbol{C}_2+D_3\boldsymbol{C}_3\\ \boldsymbol{E}=D_1\boldsymbol{E}_1+D_2\boldsymbol{E}_2+D_3\boldsymbol{E}_3\end{cases} \tag{2-45}$$

$$D_3=1-D_1-D_2 \tag{2-46}$$

从式(2-44)可以解得状态变量的直流分量 $\boldsymbol{X}$ 和输出变量的直流分量 $\boldsymbol{Y}$ 以及 $d_2(t)$ 的稳态值 D_2。

3. 列写交流小信号方程

列写交流小信号的状态方程与输出方程为

$$\dot{\hat{\boldsymbol{x}}}(t)=\boldsymbol{A}\hat{\boldsymbol{x}}(t)+\boldsymbol{B}\hat{\boldsymbol{u}}(t)+\left[(\boldsymbol{A}_1-\boldsymbol{A}_3)\boldsymbol{X}+(\boldsymbol{B}_1-\boldsymbol{B}_3)\boldsymbol{U}\right]\hat{d}_1+\left[(\boldsymbol{A}_2-\boldsymbol{A}_3)\boldsymbol{X}+(\boldsymbol{B}_2-\boldsymbol{B}_3)\boldsymbol{U}\right]\hat{d}_2 \tag{2-47}$$

$$\hat{\boldsymbol{y}}(t)=\boldsymbol{C}\hat{\boldsymbol{x}}(t)+\boldsymbol{E}\hat{\boldsymbol{u}}(t)+\left[(\boldsymbol{C}_1-\boldsymbol{C}_3)\boldsymbol{X}+(\boldsymbol{E}_1-\boldsymbol{E}_3)\boldsymbol{U}\right]\hat{d}_1+\left[(\boldsymbol{C}_2-\boldsymbol{C}_3)\boldsymbol{X}+(\boldsymbol{E}_2-\boldsymbol{E}_3)\boldsymbol{U}\right]\hat{d}_2 \tag{2-48}$$

由电感电流提供的辅助方程为

$$\frac{\mathrm{d}\hat{i}(t)}{\mathrm{d}t}=0 \tag{2-49}$$

$$\hat{i}(t)=\frac{\partial g}{\partial d_1}\hat{d}_1(t)+\frac{\partial g}{\partial\langle v_g(t)\rangle_{T_s}}\hat{v}_g(t)+\frac{\partial g}{\partial\langle v(t)\rangle_{T_s}}\hat{v}(t) \tag{2-50}$$

联立式(2-47)～式(2-50)可以建立变换器的 DCM 小信号等效电路并分析变换器的 DCM 低频动态特性。

2.1.5 节将以理想 Buck 变换器为例，说明如何具体应用以上建模步骤。

2.1.3 DCM 变换器的等效电路

在利用状态空间平均法为 DCM 变换器建立解析模型的基础上，还可以继续建立等效电路模型。但 DCM 等效电路模型不同于 CCM 标准型电路(参见图 1-17)，无法在同一电路结构中同时为直流和交流小信号两种状态建模，只能分别建立直流等效电路和交流等效电路。

统一结构的 DCM 直流等效电路如图 2-2a 所示[1]，图中的理想变压器可以变换直流，变压器的电压比 M 为理想变换器的电压比，即

$$M=\frac{V}{V_{\mathrm{g}}} \tag{2-51}$$

在 DCM 模式下，M 不仅是控制变量 D_1 的函数，同时与负载 R 及电感 L、开关周期 T_{s} 有关。

统一结构的 DCM 交流小信号等效电路如图 2-2b 所示[1,5]，之所以如此设计等效电路的结构，是由于输入电流 $\hat{i}_{\mathrm{g}}(t)$ 易于表达为 $\hat{v}(t)$、$\hat{v}_{\mathrm{g}}(t)$ 与 $\hat{d}_1(t)$ 的函数，线性化后可表达为

$$\hat{i}_{\mathrm{g}}(t)=-g_1\hat{v}(t)+\frac{1}{r_1}\hat{v}_{\mathrm{g}}(t)+j_1\hat{d}_1(t) \tag{2-52}$$

根据式(2-52)即可建立输入侧等效电路。

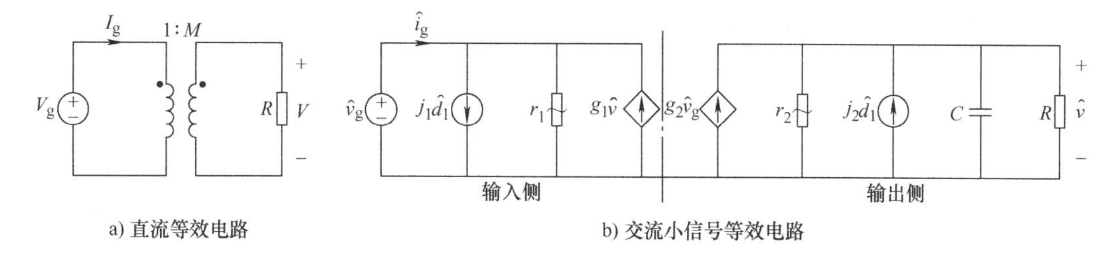

a) 直流等效电路　　b) 交流小信号等效电路

图 2-2　DCM 模式下理想变换器直流与交流小信号等效电路

对于输出电压 $\hat{v}(t)$，分析过程中易于将其一阶变量 $\dot{\hat{v}}(t)$ 也表达为 $\hat{v}(t)$、$\hat{v}_{\mathrm{g}}(t)$ 与 $\hat{d}_1(t)$ 的函数，用电容 C 乘 $\dot{\hat{v}}(t)$ 使其具有物理意义，并对函数作线性化处理后可整理为

$$C\frac{\mathrm{d}\hat{v}(t)}{\mathrm{d}t}=-\left(\frac{1}{r_2}+\frac{1}{R}\right)\hat{v}(t)+g_2\hat{v}_{\mathrm{g}}(t)+j_2\hat{d}_1(t) \tag{2-53}$$

根据式(2-53)即可建立输出侧的等效电路。

利用图 2-2b 可以分析 DCM 变换器的低频动态特性。

2.1.4　DCM 变换器交流小信号特性

根据图 2-2b 可以分析 DCM 变换器的交流小信号动态特性。

(1) 输出 $\hat{v}(s)$ 对输入 $\hat{v}_{\mathrm{g}}(s)$ 的传递函数 $G_{\mathrm{vg}}(s)$　当 $\hat{d}_1(s)=0$ 时，根据输出侧电路可得

$$\hat{v}(s)=g_2\hat{v}_{\mathrm{g}}(s)\left(r_2//\frac{1}{sC}//R\right) \tag{2-54}$$

则有

$$G_{\mathrm{vg}}(s)=\left.\frac{\hat{v}(s)}{\hat{v}_{\mathrm{g}}(s)}\right|_{\hat{d}_1(s)=0}=g_2\left(r_2//\frac{1}{sC}//R\right)=\frac{g_2}{\dfrac{1}{r_2}+sC+\dfrac{1}{R}} \tag{2-55}$$

(2) 输出 $\hat{v}(s)$ 对控制变量 $\hat{d}_1(s)$ 的传递函数 $G_{\mathrm{vd}}(s)$　当 $\hat{v}_{\mathrm{g}}(s)=0$ 时，根据输出侧电路可得

$$\hat{v}(s)=j_2\hat{d}_1(s)\left(r_2//\frac{1}{sC}//R\right) \tag{2-56}$$

则有

$$G_{\mathrm{vd}}(s)=\left.\frac{\hat{v}(s)}{\hat{d}_1(s)}\right|_{\hat{v}_{\mathrm{g}}(s)=0}=j_2\left(r_2//\frac{1}{sC}//R\right)=\frac{j_2}{\dfrac{1}{r_2}+sC+\dfrac{1}{R}} \tag{2-57}$$

(3) 开环输入阻抗 $Z(s)$ 令 $\hat{d}_1(s)=0$，根据输入侧电路有

$$\hat{i}_{\mathrm{g}}(s)=\frac{\hat{v}_{\mathrm{g}}(s)}{r_1}-g_1\hat{v}(s) \tag{2-58}$$

将式(2-54)代入式(2-58)，整理后得

$$Z(s)=\left.\frac{\hat{v}_{\mathrm{g}}(s)}{\hat{i}_{\mathrm{g}}(s)}\right|_{\hat{d}_1(s)=0}=\frac{1}{\dfrac{1}{r_1}-g_1g_2\left(r_2//\dfrac{1}{sC}//R\right)} \tag{2-59}$$

(4) 开环输出阻抗 $Z_{\mathrm{out}}(s)$ 求开环输出阻抗的电路如图 2-3 所示，则有

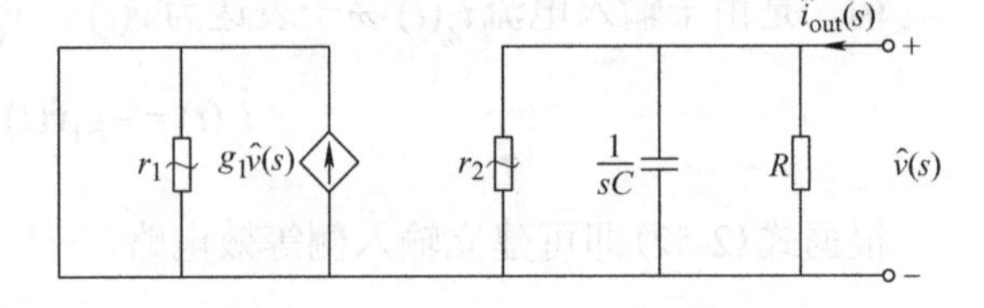

图 2-3　求开环输出阻抗的电路

$$Z_{\mathrm{out}}(s)=\left.\frac{\hat{v}(s)}{\hat{i}_{\mathrm{out}}(s)}\right|_{\hat{v}_{\mathrm{g}}(s)=0,\ \hat{d}_1(s)=0}=r_2//\frac{1}{sC}//R=\frac{1}{\dfrac{1}{r_2}+sC+\dfrac{1}{R}} \tag{2-60}$$

2.1.5　DCM 理想 Buck 变换器的分析

理想 Buck 变换器如图 2-4 所示。首先按照 2.1.2 节归纳的三个步骤用状态空间平均法分析 DCM 模式下的理想 Buck 变换器。

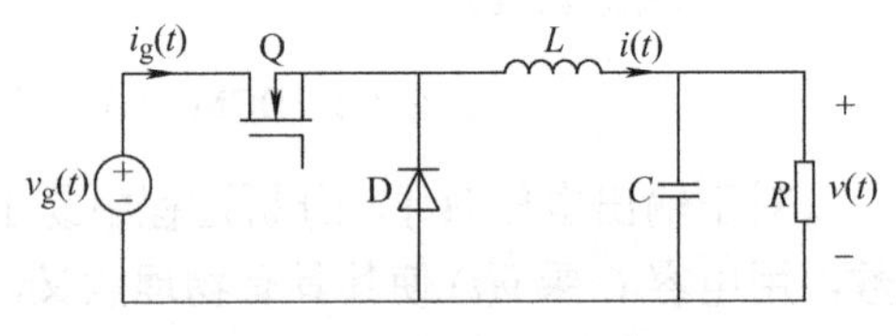

图 2-4　理想 Buck 变换器

1. 列写三阶段状态方程和电感电流平均变量方程

选取电感电流 $i(t)$ 和输出电压 $v(t)$ 作为状态变量，选取输入电流 $i_{\mathrm{g}}(t)$ 作为输出变量。DCM 模式下理想 Buck 变换器的三种工作状态如图 2-5 所示。

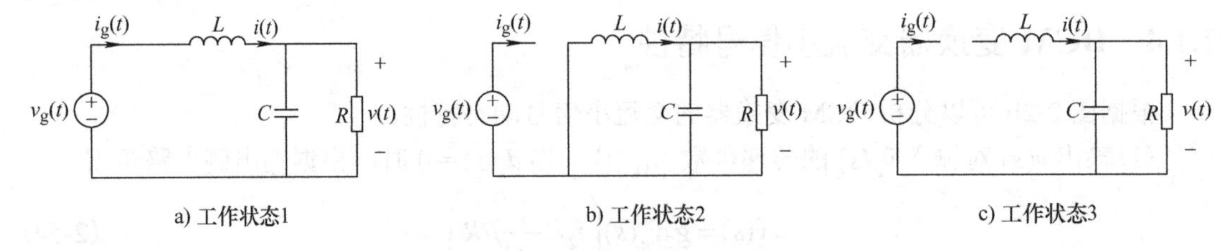

图 2-5　理想 Buck 变换器 DCM 模式下三种工作状态

工作状态 1　开关器件 Q 导通，二极管 D 截止，电路如图 2-5a 所示，变换器的状态方程与输出方程为

$$\begin{cases}\begin{bmatrix}\dot{i}(t)\\ \dot{v}(t)\end{bmatrix}=\begin{bmatrix}0 & -\dfrac{1}{L}\\ \dfrac{1}{C} & -\dfrac{1}{RC}\end{bmatrix}\begin{bmatrix}i(t)\\ v(t)\end{bmatrix}+\begin{bmatrix}\dfrac{1}{L}\\ 0\end{bmatrix}v_{\mathrm{g}}(t)\\ i_{\mathrm{g}}(t)=[1\quad 0]\begin{bmatrix}i(t)\\ v(t)\end{bmatrix}+0\times v_{\mathrm{g}}(t)\end{cases} \tag{2-61}$$

则 $\boldsymbol{A}_1=\begin{bmatrix}0 & -\frac{1}{L}\\ \frac{1}{C} & -\frac{1}{RC}\end{bmatrix}$，$\boldsymbol{B}_1=\begin{bmatrix}\frac{1}{L}\\ 0\end{bmatrix}$，$\boldsymbol{C}_1=\begin{bmatrix}1 & 0\end{bmatrix}$，$\boldsymbol{E}_1=[0]$。

工作状态 2 开关器件 Q 截止，二极管 D 导通，电路如图 2-5b 所示，变换器的状态方程与输出方程为

$$\begin{cases}\begin{bmatrix}\dot{i}(t)\\ \dot{v}(t)\end{bmatrix}=\begin{bmatrix}0 & -\frac{1}{L}\\ \frac{1}{C} & -\frac{1}{RC}\end{bmatrix}\begin{bmatrix}i(t)\\ v(t)\end{bmatrix}+\begin{bmatrix}0\\ 0\end{bmatrix}v_{\mathrm{g}}(t)\\ i_{\mathrm{g}}(t)=\begin{bmatrix}0 & 0\end{bmatrix}\begin{bmatrix}i(t)\\ v(t)\end{bmatrix}+0\times v_{\mathrm{g}}(t)\end{cases} \tag{2-62}$$

则 $\boldsymbol{A}_2=\begin{bmatrix}0 & -\frac{1}{L}\\ \frac{1}{C} & -\frac{1}{RC}\end{bmatrix}$，$\boldsymbol{B}_2=\begin{bmatrix}0\\ 0\end{bmatrix}$，$\boldsymbol{C}_2=\begin{bmatrix}0 & 0\end{bmatrix}$，$\boldsymbol{E}_2=[0]$。

工作状态 3 开关器件 Q 与二极管 D 都截止，电路如图 2-5c 所示，变换器的状态方程与输出方程为

$$\begin{cases}\begin{bmatrix}\dot{i}(t)\\ \dot{v}(t)\end{bmatrix}=\begin{bmatrix}0 & 0\\ 0 & -\frac{1}{RC}\end{bmatrix}\begin{bmatrix}i(t)\\ v(t)\end{bmatrix}+\begin{bmatrix}0\\ 0\end{bmatrix}v_{\mathrm{g}}(t)\\ i_{\mathrm{g}}(t)=\begin{bmatrix}0 & 0\end{bmatrix}\begin{bmatrix}i(t)\\ v(t)\end{bmatrix}+0\times v_{\mathrm{g}}(t)\end{cases} \tag{2-63}$$

则 $\boldsymbol{A}_3=\begin{bmatrix}0 & 0\\ 0 & -\frac{1}{RC}\end{bmatrix}$，$\boldsymbol{B}_3=\begin{bmatrix}0\\ 0\end{bmatrix}$，$\boldsymbol{C}_3=\begin{bmatrix}0 & 0\end{bmatrix}$，$\boldsymbol{E}_3=[0]$。

列写形如式(2-43)的电感电流平均变量方程，根据图 2-5a 用 $\langle v_{\mathrm{g}}(t)\rangle_{T_{\mathrm{s}}}$ 与 $\langle v(t)\rangle_{T_{\mathrm{s}}}$ 表达的(0，d_1T_{s})时间段内的电感电压为

$$V_{\mathrm{L},d_1T_{\mathrm{s}}}=f\left(\langle v_{\mathrm{g}}(t)\rangle_{T_{\mathrm{s}}},\langle v(t)\rangle_{T_{\mathrm{s}}}\right)=\langle v_{\mathrm{g}}(t)\rangle_{T_{\mathrm{s}}}-\langle v(t)\rangle_{T_{\mathrm{s}}} \tag{2-64}$$

则

$$\langle i(t)\rangle_{T_{\mathrm{s}}}=\frac{d_1T_{\mathrm{s}}}{2L}f\left(\langle v_{\mathrm{g}}(t)\rangle_{T_{\mathrm{s}}},\langle v(t)\rangle_{T_{\mathrm{s}}}\right)=\frac{d_1T_{\mathrm{s}}}{2L}\left(\langle v_{\mathrm{g}}(t)\rangle_{T_{\mathrm{s}}}-\langle v(t)\rangle_{T_{\mathrm{s}}}\right) \tag{2-65}$$

注意式(2-65)为电感电流在(0，(d_1+d_2)T_{s})时间段内的平均值。

2. 求静态工作点和 D_2

根据分阶段列写的状态方程与输出方程可得

$$
\begin{cases}
\boldsymbol{A}=D_1\boldsymbol{A}_1+D_2\boldsymbol{A}_2+D_3\boldsymbol{A}_3=\begin{bmatrix} 0 & -\dfrac{D_1+D_2}{L} \\ \dfrac{D_1+D_2}{C} & -\dfrac{1}{RC} \end{bmatrix} \\
\boldsymbol{B}=D_1\boldsymbol{B}_1+D_2\boldsymbol{B}_2+D_3\boldsymbol{B}_3=\begin{bmatrix} \dfrac{D_1}{L} \\ 0 \end{bmatrix} \\
\boldsymbol{C}=D_1\boldsymbol{C}_1+D_2\boldsymbol{C}_2+D_3\boldsymbol{C}_3=[D_1 \quad 0] \\
\boldsymbol{E}=D_1\boldsymbol{E}_1+D_2\boldsymbol{E}_2+D_3\boldsymbol{E}_3=[0]
\end{cases} \tag{2-66}
$$

式中，D_3定义见式(2-21)。

根据式(2-44)可得变换器的稳态方程组为

$$
\begin{bmatrix} 0 & -\dfrac{D_1+D_2}{L} \\ \dfrac{D_1+D_2}{C} & -\dfrac{1}{RC} \end{bmatrix}\begin{bmatrix} I \\ V \end{bmatrix}+\begin{bmatrix} \dfrac{D_1}{L} \\ 0 \end{bmatrix}V_{\mathrm{g}}=0 \tag{2-67}
$$

$$
I_{\mathrm{g}}=\begin{bmatrix} D_1 & 0 \end{bmatrix}\begin{bmatrix} I \\ V \end{bmatrix}+0\times V_{\mathrm{g}} \tag{2-68}
$$

$$
I=\frac{D_1T_{\mathrm{s}}}{2L}(V_{\mathrm{g}}-V) \tag{2-69}
$$

由式(2-67)可得

$$
-(D_1+D_2)V+D_1V_{\mathrm{g}}=0 \tag{2-70}
$$

$$
(D_1+D_2)I-\frac{V}{R}=0 \tag{2-71}
$$

根据式(2-70)可得到用D_1和D_2表示的电压比M为

$$
M=\frac{V}{V_{\mathrm{g}}}=\frac{D_1}{D_1+D_2} \tag{2-72}
$$

联立式(2-68)～式(2-71)可解得未知量D_2、I、I_{g}和电压比M。首先联立式(2-69)与式(2-71)，并将根据式(2-70)得到的$V=\dfrac{D_1}{D_1+D_2}V_{\mathrm{g}}$代入，可解得

$$
D_2=\frac{K}{D_1}\frac{2}{1+\sqrt{1+\dfrac{4K}{D_1^2}}} \tag{2-73}
$$

$$
K=\frac{2L}{RT_{\mathrm{s}}} \tag{2-74}
$$

式中，K是DCM变换器的一个重要参数。

将D_2代入式(2-72)得

$$
M=\frac{2}{1+\sqrt{1+\dfrac{4K}{D_1^2}}} \tag{2-75}
$$

将 D_2 代入式(2-71)得

$$I=\frac{V}{(D_1+D_2)R}=\frac{V}{D_1R}\frac{2}{1+\sqrt{1+\frac{4K}{D_1^2}}} \tag{2-76}$$

将式(2-76)代入式(2-68)得

$$I_g=D_1I=\frac{D_1V}{(D_1+D_2)R}=\frac{V}{R}M=\frac{V}{R}\frac{2}{1+\sqrt{1+\frac{4K}{D_1^2}}} \tag{2-77}$$

当然，也可以将 I 与 I_g 表达为 V_g 的函数，只需将 $V=MV_g$ 代入式(2-76)和式(2-77)即可。

当变换器运行在闭环情况时，对于一个给定的变换器，M、K 和 V 已知，因此将 D_1、D_2 和 I 表达为 M、K 和 V 的函数更便于确定系统的控制策略。此时 D_1、D_2 和 I 的表达式如下：

从式(2-75)解得

$$D_1=\sqrt{\frac{KM^2}{1-M}} \tag{2-78}$$

将式(2-78)代入式(2-73)，得

$$D_2=\sqrt{K(1-M)} \tag{2-79}$$

将式(2-78)代入式(2-76)，得

$$I=\frac{V}{R}\sqrt{\frac{1-M}{K}} \tag{2-80}$$

注意式(2-69)、式(2-76)与式(2-80)所描述的是(0，$(d_1+d_2)T_s$)时间段内电感电流的直流分量。

3. 列写交流小信号方程

根据式(2-47)和式(2-48)列写理想 Buck 变换器的小信号状态方程与输出方程为

$$\begin{aligned}\begin{bmatrix}\dot{\hat{i}}(t)\\ \dot{\hat{v}}(t)\end{bmatrix}=&\begin{bmatrix}0 & -\frac{D_1+D_2}{L}\\ \frac{D_1+D_2}{C} & -\frac{1}{RC}\end{bmatrix}\begin{bmatrix}\hat{i}(t)\\ \hat{v}(t)\end{bmatrix}+\begin{bmatrix}\frac{D_1}{L}\\ 0\end{bmatrix}\hat{v}_g(t)+\\ &\left(\begin{bmatrix}0 & -\frac{1}{L}\\ \frac{1}{C} & 0\end{bmatrix}\begin{bmatrix}I\\ V\end{bmatrix}+\begin{bmatrix}\frac{1}{L}\\ 0\end{bmatrix}V_g\right)\hat{d}_1(t)+\begin{bmatrix}0 & -\frac{1}{L}\\ \frac{1}{C} & 0\end{bmatrix}\begin{bmatrix}I\\ V\end{bmatrix}\hat{d}_2(t)\end{aligned} \tag{2-81}$$

$$\hat{i}_g(t)=[D_1\quad 0]\begin{bmatrix}\hat{i}(t)\\ \hat{v}(t)\end{bmatrix}+[1\quad 0]\begin{bmatrix}I\\ V\end{bmatrix}\hat{d}_1(t) \tag{2-82}$$

根据式(2-49)和式(2-50)，式(2-50)中的函数 g 由式(2-65)确定，得到由电感电流提供的辅助方程为

$$\frac{\mathrm{d}\hat{i}(t)}{\mathrm{d}t}=0 \tag{2-83}$$

$$\hat{i}(t)=-\frac{D_1T_s}{2L}\hat{v}(t)+\frac{D_1T_s}{2L}\hat{v}_g(t)+\frac{T_s}{2L}(V_g-V)\hat{d}_1(t) \tag{2-84}$$

式(2-81)～式(2-84)为理想Buck变换器的交流小信号方程组，注意$\hat{i}(t)$是(0，$(d_1+d_2)T_s$)时间段内电感电流的交流分量。联立式(2-81)～式(2-84)可以求得各小信号变量。通常将$\hat{i}_g(t)$与$C\frac{d\hat{v}(t)}{dt}$表达为$\hat{v}(t)$、$\hat{v}_g(t)$与$\hat{d}_1(t)$的函数，以便于建立变换器的DCM小信号等效电路并分析变换器的DCM低频动态特性。为此，首先将$\hat{i}_g(t)$与$C\frac{d\hat{v}(t)}{dt}$从式(2-82)与式(2-81)中整理出来，得

$$\hat{i}_g(t)=D_1\hat{i}(t)+I\hat{d}_1(t) \tag{2-85}$$

$$C\frac{d\hat{v}(t)}{dt}=(D_1+D_2)\hat{i}(t)-\frac{1}{R}\hat{v}(t)+I\hat{d}_1(t)+I\hat{d}_2(t) \tag{2-86}$$

在式(2-85)和式(2-86)中，$\hat{i}(t)$已由式(2-84)给出，且具有由式(2-83)规定的特性，$\hat{d}_2(t)$则与变换器的运行工况和$\hat{d}_1(t)$相关，因此应从以上两式中消去$\hat{i}(t)$与$\hat{d}_2(t)$。

在式(2-84)中$\hat{i}(t)$已表达为$\hat{v}(t)$、$\hat{v}_g(t)$与$\hat{d}_1(t)$的函数，利用式(2-69)，可将式(2-84)进一步整理为

$$\hat{i}(t)=-\frac{I}{V_g-V}\hat{v}(t)+\frac{I}{V_g-V}\hat{v}_g(t)+\frac{I}{D_1}\hat{d}_1(t) \tag{2-87}$$

还需将$\hat{d}_2(t)$也表达为$\hat{v}(t)$、$\hat{v}_g(t)$与$\hat{d}_1(t)$的函数，为此根据式(2-81)与式(2-83)可得

$$\dot{\hat{i}}(t)=-\frac{D_1+D_2}{L}\hat{v}(t)+\frac{D_1}{L}\hat{v}_g(t)+\left(-\frac{V}{L}+\frac{V_g}{L}\right)\hat{d}_1(t)-\frac{V}{L}\hat{d}_2(t)=0 \tag{2-88}$$

解得$\hat{d}_2(t)$为

$$\hat{d}_2(t)=\frac{1}{V}\left[-(D_1+D_2)\hat{v}(t)+D_1\hat{v}_g(t)+(V_g-V)\hat{d}_1(t)\right] \tag{2-89}$$

将式(2-87)与式(2-89)分别代入式(2-85)与式(2-86)，得

$$\hat{i}_g(t)=D_1\left[\frac{I}{V_g-V}\left(\hat{v}_g(t)-\hat{v}(t)\right)+\frac{I}{D_1}\hat{d}_1(t)\right]+I\hat{d}_1(t)=-\frac{D_1I}{V_g-V}\hat{v}(t)+\frac{D_1I}{V_g-V}\hat{v}_g(t)+2I\hat{d}_1(t) \tag{2-90}$$

$$\begin{aligned}C\frac{d\hat{v}(t)}{dt}&=(D_1+D_2)\left[\frac{I}{V_g-V}\left(\hat{v}_g(t)-\hat{v}(t)\right)+\frac{I}{D_1}\hat{d}_1(t)\right]-\frac{1}{R}\hat{v}(t)+I\hat{d}_1(t)+\\&\quad\frac{I}{V}\left[-(D_1+D_2)\hat{v}(t)+D_1\hat{v}_g(t)+(V_g-V)\hat{d}_1(t)\right]\\&=-\left[\frac{1}{R}+\frac{(D_1+D_2)IV_g}{V(V_g-V)}\right]\hat{v}(t)+\left(\frac{D_1+D_2}{V_g-V}+\frac{D_1}{V}\right)I\hat{v}_g(t)+\left(\frac{D_1+D_2}{D_1}+\frac{V_g}{V}\right)I\hat{d}_1(t)\end{aligned} \tag{2-91}$$

根据式(2-90)和式(2-91)即可建立理想Buck变换器的交流小信号等效电路，但通常将式中的各项系数表达为M、K、R和V的函数，以方便闭环系统的控制。为此将$\hat{i}(t)$、$\hat{d}_2(t)$、$\hat{i}_g(t)$与$C\frac{d\hat{v}(t)}{dt}$式中的D_1、D_2和I分别用式(2-78)～式(2-80)替换，将V_g用$\frac{V}{M}$替换，式(2-87)与

式(2-89)～式(2-91)重新表达为

$$\hat{i}(t)=-\frac{M}{R}\sqrt{\frac{1}{K(1-M)}}\hat{v}(t)+\frac{M}{R}\sqrt{\frac{1}{K(1-M)}}\hat{v}_{\mathrm{g}}(t)+\frac{V(1-M)}{KRM}\hat{d}_1(t) \tag{2-92}$$

$$\hat{d}_2(t)=-\frac{1}{V}\sqrt{\frac{K}{1-M}}\hat{v}(t)+\frac{M}{V}\sqrt{\frac{K}{1-M}}\hat{v}_{\mathrm{g}}(t)+\frac{1-M}{M}\hat{d}_1(t) \tag{2-93}$$

$$\hat{i}_{\mathrm{g}}(t)=-\frac{M^2}{R(1-M)}\hat{v}(t)+\frac{M^2}{R(1-M)}\hat{v}_{\mathrm{g}}(t)+\frac{2V}{R}\sqrt{\frac{1-M}{K}}\hat{d}_1(t) \tag{2-94}$$

$$C\frac{\mathrm{d}\hat{v}(t)}{\mathrm{d}t}=-\left[\frac{1}{R}+\frac{1}{R(1-M)}\right]\hat{v}(t)+\frac{M(2-M)}{R(1-M)}\hat{v}_{\mathrm{g}}(t)+\frac{2V}{MR}\sqrt{\frac{1-M}{K}}\hat{d}_1(t) \tag{2-95}$$

至此，根据状态空间平均法分析的结果，可以为理想 Buck 变换器建立 DCM 直流等效电路与交流等效电路。DCM 直流等效电路的结构如图 2-2a 所示，图中理想变压器的电压比 M 由式(2-75)确定。DCM 交流等效电路的结构如图 2-2b 所示，将式(2-94)与式(2-52)相对照，可以得到输入侧各器件的系数为

$$g_1=\frac{M^2}{R(1-M)} \tag{2-96}$$

$$r_1=\frac{R(1-M)}{M^2} \tag{2-97}$$

$$j_1=\frac{2V}{R}\sqrt{\frac{1-M}{K}} \tag{2-98}$$

将式(2-95)与式(2-53)相对照，可以得到输出侧各器件的系数为

$$r_2=R(1-M) \tag{2-99}$$

$$g_2=\frac{M(2-M)}{R(1-M)} \tag{2-100}$$

$$j_2=\frac{2V}{MR}\sqrt{\frac{1-M}{K}} \tag{2-101}$$

根据 Buck 变换器的 DCM 交流小信号等效电路可以继续分析 Buck 变换器的 DCM 交流小信号动态特性。利用求得的各项等效电路参数，可以得到如下交流特性参数：

(1) 输出 $\hat{v}(s)$ 对输入 $\hat{v}_{\mathrm{g}}(s)$ 的传递函数 $G_{\mathrm{vg}}(s)$

$$G_{\mathrm{vg}}(s)=\left.\frac{\hat{v}(s)}{\hat{v}_{\mathrm{g}}(s)}\right|_{\hat{d}_1(s)=0}=\frac{g_2}{\frac{1}{r_2}+sC+\frac{1}{R}}=\frac{M}{1+s\frac{(1-M)RC}{2-M}} \tag{2-102}$$

(2) 输出 $\hat{v}(s)$ 对控制变量 $\hat{d}(s)$ 的传递函数 $G_{\mathrm{vd}}(s)$

$$G_{\mathrm{vd}}(s)=\left.\frac{\hat{v}(s)}{\hat{d}_1(s)}\right|_{\hat{v}_{\mathrm{g}}(s)=0}=\frac{j_2}{\frac{1}{r_2}+sC+\frac{1}{R}}=\frac{2(1-M)}{M(2-M)}\sqrt{\frac{1-M}{K}}V\frac{1}{1+s\frac{(1-M)RC}{2-M}} \tag{2-103}$$

(3) 开环输入阻抗 $Z(s)$

$$Z(s)=\left.\frac{\hat{v}_g(s)}{\hat{i}_g(s)}\right|_{\hat{d}_1(s)=0}=\frac{1}{\dfrac{1}{r_1}-g_1g_2\left(r_2//\dfrac{1}{sC}//R\right)}=\frac{R}{M^2}\frac{1+sRC\dfrac{1-M}{2-M}}{1+sRC\dfrac{1}{2-M}} \tag{2-104}$$

(4) 开环输出阻抗 $Z_{out}(s)$

$$Z_{out}(s)=\left.\frac{\hat{v}(s)}{\hat{i}_{out}(s)}\right|_{\hat{v}_g(s)=0,\ \hat{d}_1(s)=0}=\frac{1}{\dfrac{1}{r_2}+sC+\dfrac{1}{R}}=\frac{\dfrac{1-M}{2-M}R}{1+\dfrac{sRC(1-M)}{2-M}} \tag{2-105}$$

以上即是用状态空间平均法分析 DCM 理想 Buck 变换器的具体过程。利用这一套分析方法还可以为 DCM 理想 Boost、Buck-boost、Cuk 等变换器建模并分析其特性。表 2-1～表 2-4 给出了各项分析结果[1]，供读者参考。

表 2-1　直流参数(用 D_1、D_2 表示)

变换器	M	电感电流 I	输入电流 I_g
Buck	$\dfrac{D_1}{D_1+D_2}$	$\dfrac{D_1T_s(V_g-V)}{2L}$	$\dfrac{D_1V}{(D_1+D_2)R}$
Boost	$\dfrac{D_1+D_2}{D_2}$	$\dfrac{D_1T_sV_g}{2L}$	$\dfrac{(D_1+D_2)V}{D_2R}$
Buck-boost	$-\dfrac{D_1}{D_2}$	$\dfrac{D_1T_sV_g}{2L}$	$-\dfrac{D_1V}{D_2R}$

注：电感电流 I 的表达式由电感电流辅助分析条件 $\langle i(t)\rangle_{T_s}=g\left(d_1,\langle v_g(t)\rangle_{T_s},\langle v(t)\rangle_{T_s}\right)$ 确定，令函数 g 中的所有自变量等于对应的直流量即可。应注意 I 代表的是(0，$(d_1+d_2)T_s$)时间段内电感电流的直流分量。

表 2-2　开环与闭环直流参数

变换器	开环情况(用 D_1、K、V、R 表示)		闭环情况(用 M、K、V、R 表示)	
	$M(D_1, K)$	$D_2(D_1, K)$	$D_1(M, K)$	$D_2(M, K)$
Buck	$\dfrac{2}{1+\sqrt{1+\dfrac{4K}{D_1^2}}}$	$\dfrac{K}{D_1}\dfrac{2}{1+\sqrt{1+\dfrac{4K}{D_1^2}}}$	$\sqrt{\dfrac{KM^2}{1-M}}$	$\sqrt{K(1-M)}$
Boost	$\dfrac{1+\sqrt{1+\dfrac{4D_1^2}{K}}}{2}$	$\dfrac{K}{D_1}\dfrac{1+\sqrt{1+\dfrac{4D_1^2}{K}}}{2}$	$\sqrt{KM(M-1)}$	$\sqrt{\dfrac{KM}{M-1}}$
Buck-boost	$-\dfrac{D_1}{\sqrt{K}}$	$\sqrt{K}$	$-M\sqrt{K}$	$\sqrt{K}$

表 2-3　闭环交流小信号等效电路参数

变换器	j_1	r_1	g_1	j_2	r_2	g_2
Buck	$\dfrac{2V}{R}\sqrt{\dfrac{1-M}{K}}$	$\dfrac{R(1-M)}{M^2}$	$\dfrac{M^2}{R(1-M)}$	$\dfrac{2V}{MR}\sqrt{\dfrac{1-M}{K}}$	$(1-M)R$	$\dfrac{M(2-M)}{R(1-M)}$
Boost	$\dfrac{2V}{R}\sqrt{\dfrac{M}{K(M-1)}}$	$\dfrac{R(M-1)}{M^3}$	$\dfrac{M}{R(M-1)}$	$\dfrac{2V}{R}\sqrt{\dfrac{1}{KM(M-1)}}$	$\dfrac{M-1}{M}R$	$\dfrac{M(2M-1)}{R(M-1)}$
Buck-boost	$-\dfrac{2V}{R\sqrt{K}}$	$\dfrac{R}{M^2}$	0	$-\dfrac{2V}{MR\sqrt{K}}$	R	$\dfrac{2M}{R}$

表 2-4 交流小信号传递函数

变换器	G_{g0}	G_{d0}	ω_p
Buck	M	$\frac{2V(1-M)}{M(2-M)}\sqrt{\frac{1-M}{K}}$	$\frac{2-M}{(1-M)RC}$
Boost	M	$\frac{2V}{2M-1}\sqrt{\frac{M-1}{KM}}$	$\frac{2M-1}{(M-1)RC}$
Buck-boost	M	$-\frac{V}{M}\sqrt{\frac{1}{K}}$	$\frac{2}{RC}$

将传递函数 $G_{vg}(s)$ 与 $G_{vd}(s)$ 表示为

$$G_{vg}(s)=\left.\frac{\hat{v}(s)}{\hat{v}_g(s)}\right|_{\hat{d}_1(s)=0}=\frac{G_{g0}}{1+\frac{s}{\omega_p}}, \quad G_{vd}(s)=\left.\frac{\hat{v}(s)}{\hat{d}_1(s)}\right|_{\hat{v}_g(s)=0}=\frac{G_{d0}}{1+\frac{s}{\omega_p}}$$

式中的参数如表 2-4 所示。

2.2 开关器件平均模型法在 DCM 变换器中的应用

1.4 节已经介绍了如何应用开关器件平均模型法分析 CCM 变换器，本节介绍如何应用这一方法分析DCM变换器。应用开关器件平均模型法分析DCM变换器的主要思路与分析CCM变换器基本相同，但需要根据 DCM 变换器所独有的一些特点对方法作适当的调整，主要包括以下两方面：

1) 由于 DCM 模式下每个开关周期内变换器都有三种工作状态，因此求开关器件的平均变量时必须同时考虑变量的三种工作状态。

2) 由于电感电流处于断续工作状态，给电感元件带来了新特性，使电感元件的模型发生改变。已知电感电流在每个周期的起始时刻和终止时刻都为零，根据伏秒平衡原理，电感在一个开关周期内的电压平均值必然为零。为了在等效电路中表征这一特性，采用一端电压始终为零的电流源作为电感模型[1]，如图 2-6 所示。另外，为了确定变换器第二种工作状态的持续时间 $d_2(t)$，还需要利用电感的伏秒平衡特性建立辅助方程。

下面以图 2-7 所示的理想 Boost 变换器为例，说明如何应用开关器件平均模型法分析 DCM 变换器。

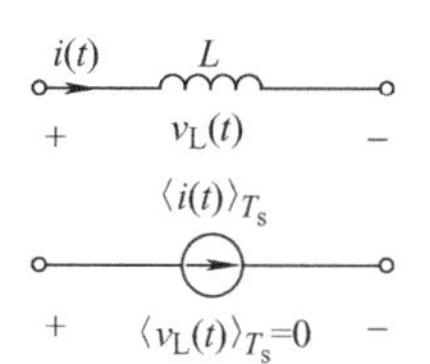

图 2-6 DCM 模式下电感元件模型

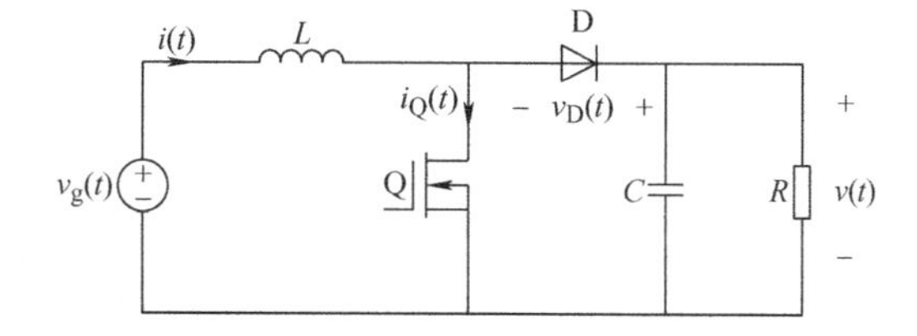

图 2-7 理想 Boost 变换器电路

理想 Boost 变换器中包含两个开关器件 Q 与 D，采用与 1.4 节相同的处理方法，即用受控电流源代替有源开关器件 Q，用受控电压源代替无源开关器件 D，并用图 2-6 所示的电流源代替电感元件 L。因此需要求解 Q 的电流 $i_Q(t)$、D1 的端电压 $v_D(t)$ 以及电感电流 $i(t)$ 的平均变量。

(1)分析理想 Boost 变换器在 DCM 模式下的三种工作状态　电感电压 $v_L(t)$ 的波形如图 2-8 所示，当变换器满足低频假设与小纹波假设时，在每一工作阶段内可近似认为电感电压不变，则电感电流按分段线性规律变化。根据电感电压可以确定电感电流的波形，如图 2-8 所示。

根据电感电流波形求得 $i(t)$ 在一个开关周期内的平均变量为

$$
\begin{aligned}
\langle i(t)\rangle_{T_s} &= \frac{1}{T_s}\int_t^{t+T_s} i(\tau)\mathrm{d}\tau = \frac{1}{T_s}\frac{1}{2}(d_1+d_2)T_s\frac{\langle v_g(t)\rangle_{T_s}}{L}d_1T_s \\
&= \frac{d_1(d_1+d_2)T_s}{2L}\langle v_g(t)\rangle_{T_s}
\end{aligned}
\tag{2-106}
$$

$i_Q(t)$ 在 $(0,\ d_1T_s)$ 阶段等于 $i(t)$，其他时刻则为零，如图 2-8 所示，其平均变量为

$$
\begin{aligned}
\langle i_Q(t)\rangle_{T_s} &= \frac{1}{T_s}\int_t^{t+T_s} i_Q(\tau)\mathrm{d}\tau = \frac{1}{T_s}\frac{1}{2}d_1T_s\frac{\langle v_g(t)\rangle_{T_s}}{L}d_1T_s \\
&= \frac{d_1^2T_s}{2L}\langle v_g(t)\rangle_{T_s}
\end{aligned}
\tag{2-107}
$$

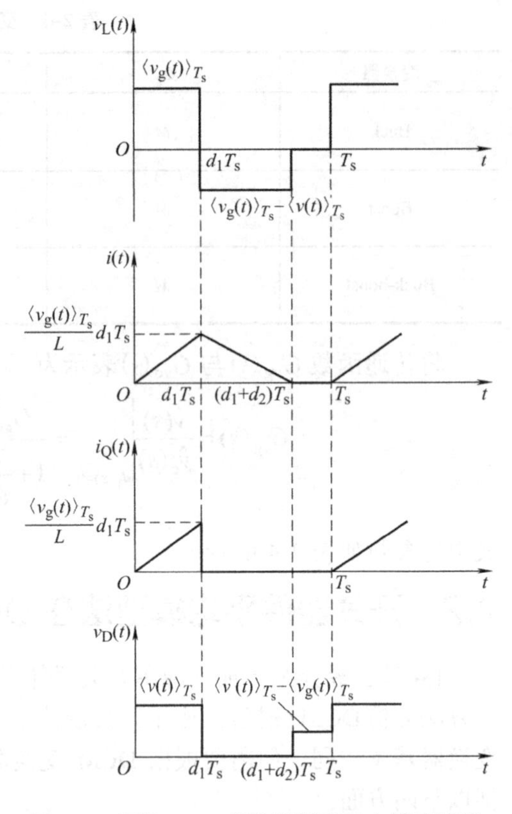

图 2-8　理想 Boost 变换器断续导电模式波形

根据图 2-8 还可以确定 $v_D(t)$ 的平均变量为

$$
\begin{aligned}
\langle v_D(t)\rangle_{T_s} &= d_1\langle v(t)\rangle_{T_s} + (1-d_1-d_2)\left(\langle v(t)\rangle_{T_s} - \langle v_g(t)\rangle_{T_s}\right) \\
&= (1-d_2)\langle v(t)\rangle_{T_s} - (1-d_1-d_2)\langle v_g(t)\rangle_{T_s}
\end{aligned}
\tag{2-108}
$$

在式 (2-106) 与式 (2-108) 中，$d_2(t)$ 为未知量，为了消去 $d_2(t)$ 需要由电感提供辅助条件。根据电感的伏秒平衡原理，在一个开关周期内，电感电压满足如下关系：

$$
\langle v_L(t)\rangle_{T_s} = \langle v_g(t)\rangle_{T_s}d_1 + \left(\langle v_g(t)\rangle_{T_s} - \langle v(t)\rangle_{T_s}\right)d_2 = 0 \tag{2-109}
$$

得到 $d_2(t)$ 的表达式为

$$
d_2 = -\frac{\langle v_g(t)\rangle_{T_s}}{\langle v_g(t)\rangle_{T_s} - \langle v(t)\rangle_{T_s}}d_1 \tag{2-110}
$$

将式 (2-110) 代入式 (2-106) 与式 (2-108)，消去 $d_2(t)$ 后有

$$
\langle i(t)\rangle_{T_s} = \frac{d_1^2T_s}{2L}\langle v_g(t)\rangle_{T_s}\left(1-\frac{\langle v_g(t)\rangle_{T_s}}{\langle v_g(t)\rangle_{T_s} - \langle v(t)\rangle_{T_s}}\right) = -\frac{d_1^2T_s}{2L}\frac{\langle v_g(t)\rangle_{T_s}\langle v(t)\rangle_{T_s}}{\langle v_g(t)\rangle_{T_s} - \langle v(t)\rangle_{T_s}} \tag{2-111}
$$

$$\left\langle v_{\mathrm{D}}(t)\right\rangle_{T_{\mathrm{s}}}=\left(1+\frac{\left\langle v_{\mathrm{g}}(t)\right\rangle_{T_{\mathrm{s}}}}{\left\langle v_{\mathrm{g}}(t)\right\rangle_{T_{\mathrm{s}}}-\left\langle v(t)\right\rangle_{T_{\mathrm{s}}}}d_1\right)\left\langle v(t)\right\rangle_{T_{\mathrm{s}}}-\left(1-d_1+\frac{\left\langle v_{\mathrm{g}}(t)\right\rangle_{T_{\mathrm{s}}}}{\left\langle v_{\mathrm{g}}(t)\right\rangle_{T_{\mathrm{s}}}-\left\langle v(t)\right\rangle_{T_{\mathrm{s}}}}d_1\right)\left\langle v_{\mathrm{g}}(t)\right\rangle_{T_{\mathrm{s}}} \tag{2-112}$$
$$=\left\langle v(t)\right\rangle_{T_{\mathrm{s}}}-\left\langle v_{\mathrm{g}}(t)\right\rangle_{T_{\mathrm{s}}}$$

式(2-107)、式(2-111)及式(2-112)给出了所求变量平均值的表达式，在图 2-7 中分别用平均电流为$\left\langle i_{\mathrm{Q}}(t)\right\rangle_{T_{\mathrm{s}}}$的受控电流源代替 Q，用平均电压为$\left\langle v_{\mathrm{D}}(t)\right\rangle_{T_{\mathrm{s}}}$的受控电压源代替 D，用端电压为零、电流值为$\left\langle i(t)\right\rangle_{T_{\mathrm{s}}}$的电流源代替电感 L，得到如图 2-9 所示的理想 Boost 变换器 DCM 平均变量等效电路，即大信号模型。

在此基础上可以进一步得到直流等效电路与交流小信号等效电路，并分析变换器的直流特性与交流特性。

(2)在图 2-9 中令各平均变量都等于其对应的直流分量，并使电容开路　得到图 2-10 所示的理想 Boost 变换器 DCM 直流等效电路。根据式(2-107)、式(2-111)及式(2-112)可以确定图 2-10 中受控源与电流源的参数，在各式中令各平均变量都等于相应的直流量，可得

$$I_{\mathrm{Q}}=\frac{D_1^2T_{\mathrm{s}}}{2L}V_{\mathrm{g}} \tag{2-113}$$

$$I=-\frac{D_1^2T_{\mathrm{s}}}{2L}\frac{V_{\mathrm{g}}V}{V_{\mathrm{g}}-V} \tag{2-114}$$

$$V_{\mathrm{D1}}=V-V_{\mathrm{g}} \tag{2-115}$$

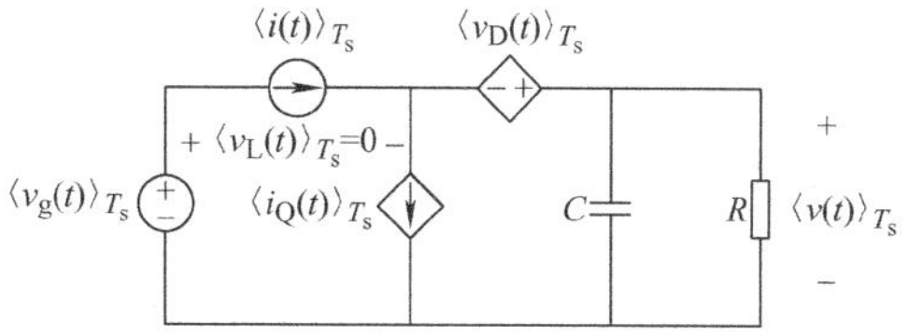

图 2-9　理想 Boost 变换器 DCM 开关器件平均变量等效电路

分析 Boost 变换器的直流等效电路，可得到 Boost 变换器的直流特性。为此列写图 2-10 中等效电路的节点电流方程为

$$\frac{V}{R}=I-I_{\mathrm{Q}}=-\frac{D_1^2T_{\mathrm{s}}}{2L}\frac{V_{\mathrm{g}}V}{V_{\mathrm{g}}-V}-\frac{D_1^2T_{\mathrm{s}}}{2L}V_{\mathrm{g}} \tag{2-116}$$

从式(2-116)可以解得电压比 M 为

$$M=\frac{V}{V_{\mathrm{g}}}=\frac{1+\sqrt{1+\dfrac{4D_1^2}{K}}}{2} \tag{2-117}$$

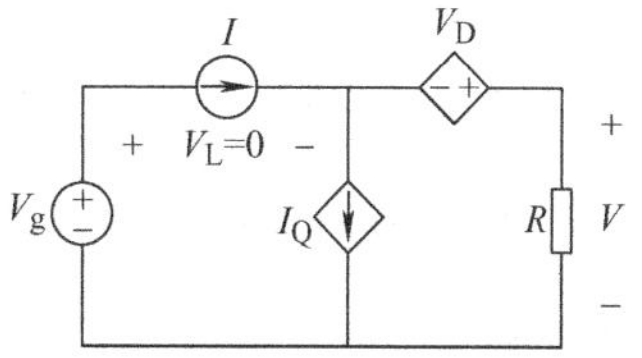

其中参数 K 的定义同式(2-74)，即

$$K=\frac{2L}{RT_{\mathrm{s}}} \tag{2-118}$$

图 2-10　理想 Boost 变换器 DCM 直流等效电路

根据式(2-114)和式(2-116)，可得 $I=\dfrac{V}{R}+\dfrac{D_1^2T_{\mathrm{s}}}{2L}V_{\mathrm{g}}$，再利用式(2-117)和式(2-118)可得

$$I=\frac{V}{R}\frac{1+\sqrt{1+\dfrac{4D_1^2}{K}}}{2} \tag{2-119}$$

令式(2-110)中各变量等于对应的直流分量，还可得到稳态时 D_2 与 D_1 的关系为

$$D_2 = -\frac{V_g}{V_g - V} D_1 = -\frac{1}{1-M} D_1 \tag{2-120}$$

将式(2-117)代入式(2-120)可得

$$D_2 = \frac{K \dfrac{1+\sqrt{1+\dfrac{4D_1^2}{K}}}{2}}{D_1} \tag{2-121}$$

为方便闭环系统的分析，将 D_1、D_2 和 I 表达为 M、K 和 V 的函数，根据式(2-117)、式(2-120)和式(2-119)可得

$$D_1 = \sqrt{KM(M-1)} \tag{2-122}$$

$$D_2 = \sqrt{\frac{KM}{M-1}} \tag{2-123}$$

$$I = M\frac{V}{R} \tag{2-124}$$

以上参数与表 2-2 所给出的数据相同。

根据图 2-9 还可得到理想 Boost 变换器的交流小信号等效电路。对图 2-9 中的各平均变量分离扰动，根据式(2-111)对 $\langle i(t)\rangle_{T_s}$ 分离扰动有

$$I + \hat{i}(t) = -\frac{T_s}{2L}\left(D_1 + \hat{d}_1(t)\right)^2 \frac{\left(V_g + \hat{v}_g(t)\right)\left(V + \hat{v}(t)\right)}{\left(V_g + \hat{v}_g(t)\right) - \left(V + \hat{v}(t)\right)} \tag{2-125}$$

等式两边同乘以 $2L[(V_g + \hat{v}_g(t)) - (V + \hat{v}(t))]$，整理后得

$$\begin{aligned} &2LI(V - V_g) + 2L(V - V_g)\hat{i}(t) + 2LI(\hat{v}(t) - \hat{v}_g(t)) + \text{高阶微小量1} \\ &= D_1^2 T_s V_g V + 2D_1 T_s V_g V \hat{d}_1(t) + D_1^2 T_s V_g \hat{v}(t) + D_1^2 T_s V \hat{v}_g(t) + \text{高阶微小量2} \end{aligned} \tag{2-126}$$

可以验证式(2-126)中的直流量对应相等。消去直流量，忽略高阶微小量，并将式(2-124)代入式(2-126)以消去电感电流直流量 I，可以得到用 $\hat{v}(t)$、$\hat{v}_g(t)$、$\hat{d}_1(t)$ 表示的 $\hat{i}(t)$ 为

$$\hat{i}(t) = \frac{D_1 T_s}{2L(V - V_g)}\left[-\frac{D_1 V_g^2}{V - V_g}\hat{v}(t) + \frac{D_1 V^2}{V - V_g}\hat{v}_g(t) + 2VV_g\hat{d}_1(t)\right] \tag{2-127}$$

根据式(2-107)与式(2-112)，对 $\langle i_Q(t)\rangle_{T_s}$ 和 $\langle v_D(t)\rangle_{T_s}$ 分离扰动，得到线性化后的 $\hat{i}_Q(t)$ 和 $\hat{v}_D(t)$ 分别为

$$\hat{i}_Q(t) = \frac{T_s}{2L}\left[D_1^2 \hat{v}_g(t) + 2D_1 V_g \hat{d}_1(t)\right] \tag{2-128}$$

$$\hat{v}_D(t) = \hat{v}(t) - \hat{v}_g(t) \tag{2-129}$$

根据式(2-110)对 $d_2(t)$ 分离扰动，并利用式(2-120)将 D_2 表达为 $-\dfrac{V_g}{V_g - V}D_1$，得到线性化的 $\hat{d}_2(t)$ 为

$$\hat{d}_2(t) = \frac{1}{(V - V_g)^2}\left[-D_1 V_g \hat{v}(t) + D_1 V \hat{v}_g(t) + (V - V_g)V_g \hat{d}_1(t)\right] \tag{2-130}$$

由图 2-9 得到理想 Boost 变换器 DCM 交流小信号等效电路如图 2-11 所示，图中各器件的参数分别由式(2-127)～式(2-129)确定。

当然也可以将各器件参数和 $\hat{d}_2(t)$ 表达为闭环形式，将式(2-122)和 $V_g=\dfrac{V}{M}$ 代入式(2-127)～式(2-130)，得

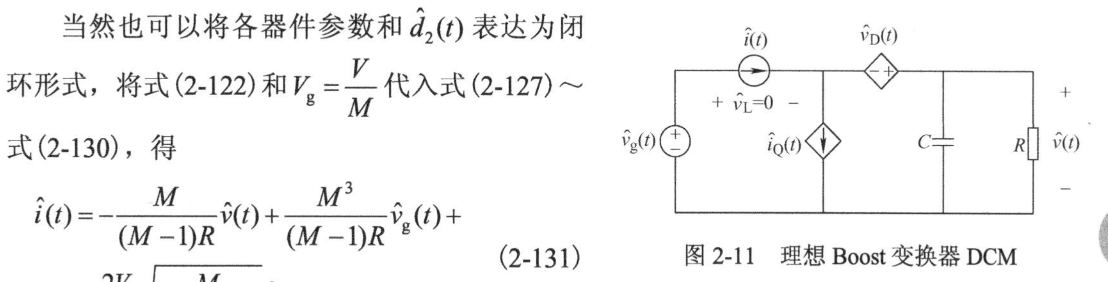

图 2-11　理想 Boost 变换器 DCM 交流小信号等效电路

$$\hat{i}(t)=-\frac{M}{(M-1)R}\hat{v}(t)+\frac{M^3}{(M-1)R}\hat{v}_g(t)+\frac{2V}{R}\sqrt{\frac{M}{K(M-1)}}\hat{d}_1(t) \tag{2-131}$$

$$\hat{i}_Q(t)=\frac{M(M-1)}{R}\hat{v}_g(t)+\frac{2V}{R}\sqrt{\frac{M-1}{KM}}\hat{d}_1(t) \tag{2-132}$$

$$\hat{v}_D(t)=\hat{v}(t)-\hat{v}_g(t) \tag{2-133}$$

$$\hat{d}_2(t)=\frac{1}{M-1}\left[-\frac{M}{V}\sqrt{\frac{KM}{M-1}}\hat{v}(t)+\frac{M^2}{V}\sqrt{\frac{KM}{M-1}}\hat{v}_g(t)+\hat{d}_1(t)\right] \tag{2-134}$$

利用图 2-11 可以分析理想 Boost 变换器的交流小信号特性。

(1) 传递函数 $G_{vg}(s)$ 和 $G_{vd}(s)$　根据图 2-11 可以列写 s 域方程为

$$\hat{v}(s)=\left[\hat{i}(s)-\hat{i}_Q(s)\right]\left(\frac{1}{sC}//R\right) \tag{2-135}$$

将式(2-131)、式(2-132)(转化为 s 域形式)代入式(2-135)，解得 $\hat{v}(s)$ 为

$$\hat{v}(s)=\frac{M}{1+sRC\dfrac{M-1}{2M-1}}\hat{v}_g(s)+\frac{\dfrac{2V}{2M-1}\sqrt{\dfrac{M-1}{KM}}}{1+sRC\dfrac{M-1}{2M-1}}\hat{d}_1(s) \tag{2-136}$$

则有

$$G_{vg}(s)=\left.\frac{\hat{v}(s)}{\hat{v}_g(s)}\right|_{\hat{d}_1(s)=0}=\frac{M}{1+sRC\dfrac{M-1}{2M-1}} \tag{2-137}$$

$$G_{vd}(s)=\left.\frac{\hat{v}(s)}{\hat{d}_1(s)}\right|_{\hat{v}_g(s)=0}=\frac{\dfrac{2V}{2M-1}\sqrt{\dfrac{M-1}{KM}}}{1+sRC\dfrac{M-1}{2M-1}} \tag{2-138}$$

所得结果与表 2-4 相同。

(2) 开环输入阻抗 $Z(s)$　将式(2-131)转化为 s 域形式，并令 $\hat{d}_1(s)=0$，再将式(2-136)代入，可以得到开环输入阻抗 $Z(s)$ 为

$$Z(s)=\left.\frac{\hat{v}_g(s)}{\hat{i}(s)}\right|_{\hat{d}_1(s)=0}=\frac{R}{M^2}\frac{1+sRC\dfrac{M-1}{2M-1}}{1+sRC\dfrac{M}{2M-1}} \tag{2-139}$$

(3) 开环输出阻抗 $Z_{out}(s)$　在图 2-11 中，令各器件参数中的 $\hat{v}_g(t)=0$，$\hat{d}_1(t)=0$，得到求开环输出阻抗的电路如图 2-12 所示。

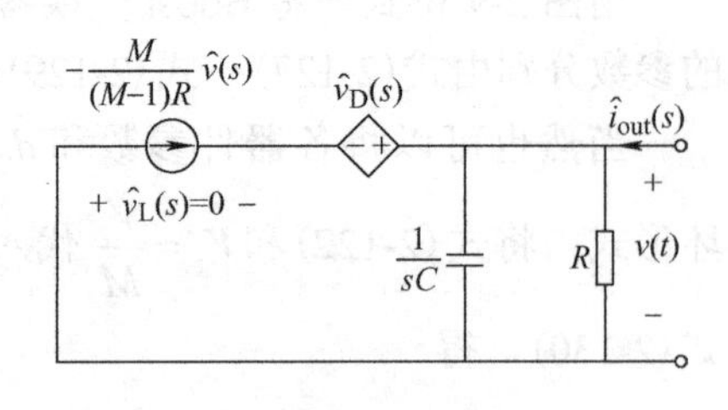

图 2-12　求开环输出阻抗的电路

电流源与受控电压源串联支路的等效电阻 R' 为

$$R'=\frac{\hat{v}(s)}{\frac{M}{(M-1)R}\hat{v}(s)}=\frac{(M-1)R}{M} \tag{2-140}$$

则开环输出阻抗 $Z_{out}(s)$ 为

$$Z_{out}(s)=\left.\frac{\hat{v}(s)}{\hat{i}_{out}(s)}\right|_{\hat{v}_g(s)=0,\ \hat{d}_1(s)=0}=R'//\frac{1}{sC}//R=\frac{1}{\frac{M}{(M-1)R}+sC+\frac{1}{R}}=\frac{\frac{M-1}{2M-1}R}{1+sRC\frac{M-1}{2M-1}} \tag{2-141}$$

2.3　开关网络平均模型法在 DCM 变换器中的应用[2]

在 1.4.3 节研究了开关网络平均模型法在 CCM 变换器中的应用，本节将讨论如何在 DCM 变换器中应用这种方法。由于 DC-DC 变换器在 DCM 工作模式下的特殊性，使开关网络呈现出与 CCM 模式非常不同的特性，即无损性。本节将引入一种新的电路模型——无损电阻模型为 DCM 开关网络建模，并利用无损电阻模型为变换器建立平均变量等效电路（即大信号模型）、直流等效电路和交流小信号等效电路。

与本章已经介绍的前两种方法相似，在用开关网络法建模的过程中仍需要利用电感电流断续的特性，包括已多次用到的伏秒平衡特性，以及电感电压在一个开关周期内平均值为零的特点（参见式 (2-3)）。

2.3.1　一般开关网络的 DCM 平均变量等效电路——无损电阻模型

首先研究如何为图 2-13 所示的理想 Buck-boost 变换器中的一般开关网络建立 DCM 平均变量等效电路。图 2-13 中电感电流、电感电压波形及一般开关网络各端口变量的波形如图 2-14 所示。当变换器满足低频假设与小纹波假设时，可以认为输入电压与输出电压的平均值 $\langle v_g(t)\rangle_{T_s}$ 和 $\langle v(t)\rangle_{T_s}$ 在一个开关周期内近似恒定，并利用这两个平均值表示其他变量。

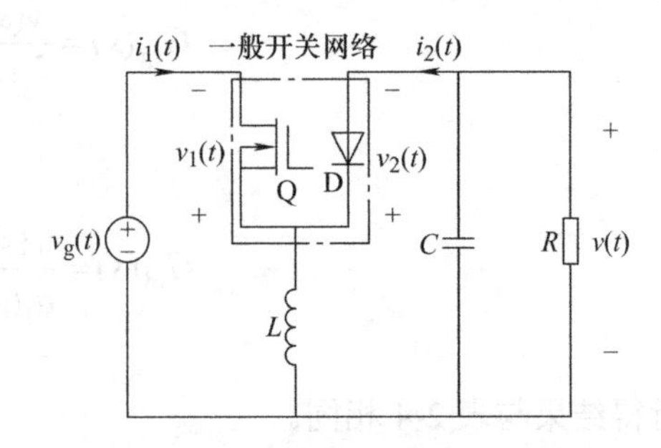

图 2-13　理想 Buck-boost 变换器及一般开关网络

根据图 2-14 可以求得电感电流的峰值和各端口变量的平均值，电感电流的峰值 i_{pk} 为

$$i_{pk}=\frac{\langle v_g(t)\rangle_{T_s}}{L}d_1T_s \tag{2-142}$$

各端口变量的平均值为

$$\langle v_1(t)\rangle_{T_s}=d_2\left(\langle v_g(t)\rangle_{T_s}-\langle v(t)\rangle_{T_s}\right)+(1-d_1-d_2)\langle v_g(t)\rangle_{T_s}=(1-d_1)\langle v_g(t)\rangle_{T_s}-d_2\langle v(t)\rangle_{T_s} \tag{2-143}$$

$$\langle v_2(t)\rangle_{T_s}=d_1\left(\langle v_g(t)\rangle_{T_s}-\langle v(t)\rangle_{T_s}\right)-(1-d_1-d_2)\langle v(t)\rangle_{T_s}=d_1\langle v_g(t)\rangle_{T_s}-(1-d_2)\langle v(t)\rangle_{T_s} \tag{2-144}$$

$$\langle i_1(t)\rangle_{T_s}=\frac{1}{T_s}\frac{1}{2}d_1T_si_{pk}=\frac{d_1^{\ 2}T_s}{2L}\langle v_g(t)\rangle_{T_s} \tag{2-145}$$

$$\langle i_2(t)\rangle_{T_s}=\frac{1}{T_s}\frac{1}{2}d_2T_si_{pk}=\frac{d_1d_2T_s}{2L}\langle v_g(t)\rangle_{T_s} \tag{2-146}$$

式(2-143)～式(2-146)中含有未知变量 $d_2(t)$，为了消去 $d_2(t)$，需要利用电感的伏秒平衡特性。根据图2-14中的电感电压波形可得

$$d_1\langle v_g(t)\rangle_{T_s}+d_2\langle v(t)\rangle_{T_s}=0 \tag{2-147}$$

则

$$d_2=-\frac{\langle v_g(t)\rangle_{T_s}}{\langle v(t)\rangle_{T_s}}d_1 \tag{2-148}$$

将式(2-149)代入式(2-143)～式(2-152)，得

$$\langle v_1(t)\rangle_{T_s}=\langle v_g(t)\rangle_{T_s} \tag{2-149}$$

$$\langle v_2(t)\rangle_{T_s}=-\langle v(t)\rangle_{T_s} \tag{2-150}$$

$$\langle i_1(t)\rangle_{T_s}=\frac{d_1^{\ 2}T_s}{2L}\langle v_g(t)\rangle_{T_s}=\frac{d_1^{\ 2}T_s}{2L}\langle v_1(t)\rangle_{T_s} \tag{2-151}$$

$$\langle i_2(t)\rangle_{T_s}=-\frac{d_1^{\ 2}T_s}{2L}\frac{\langle v_g(t)\rangle_{T_s}^2}{\langle v(t)\rangle_{T_s}}=\frac{d_1^{\ 2}T_s}{2L}\frac{\langle v_1(t)\rangle_{T_s}^2}{\langle v_2(t)\rangle_{T_s}} \tag{2-152}$$

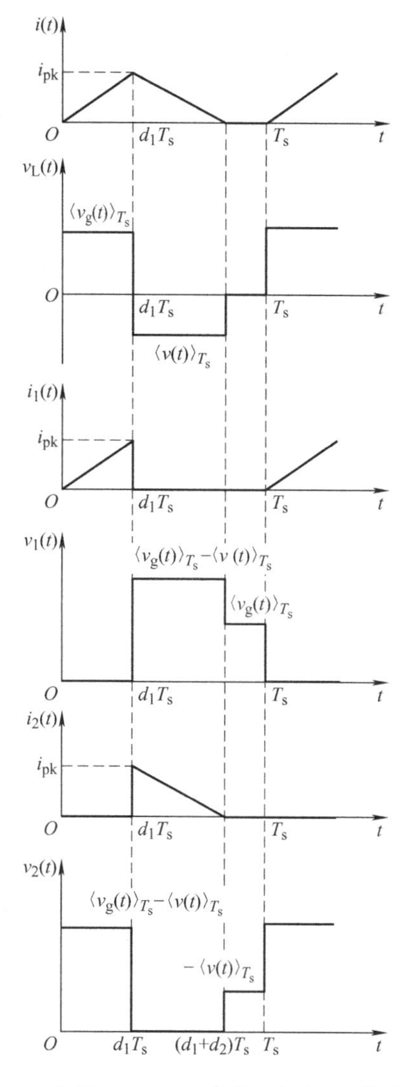

图2-14 理想Buck-boost变换器断续导电模式波形

分析式(2-149)～式(2-152)可知，在四个端口变量中，选择 $\langle v_1(t)\rangle_{T_s}$ 和 $\langle v_2(t)\rangle_{T_s}$ 作为独立变量，选择 $\langle i_1(t)\rangle_{T_s}$ 和 $\langle i_2(t)\rangle_{T_s}$ 作为非独立变量是合理的，则非独立变量可以用独立变量加以表示，如式(2-151)及式(2-152)所示。根据式(2-151及式(2-152)即可建立一般开关网络的平均变量等效电路。

首先分析式(2-151)，该式表明网络输入端口(即有源开关器件)的电流与电压成正比，因此可以用电阻模型模拟输入端口的特性为

$$\langle i_1(t)\rangle_{T_s}=\frac{\langle v_1(t)\rangle_{T_s}}{R_e(d_1)} \tag{2-153}$$

$$R_e(d_1)=\frac{2L}{d_1^{\ 2}T_s}=\frac{R}{d_1^{\ 2}}K \tag{2-154}$$

式中，$R_e(d_1)$ 为等效电阻。

等效电路如图2-15所示。由图2-14的电感电流波形可知，电感电流的峰值 i_{pk} 正比于 $\langle v_g(t)\rangle_{T_s}$，而 $\langle i_1(t)\rangle_{T_s}$ 又正比于 i_{pk}，则 $\langle i_1(t)\rangle_{T_s}$ 必然正比于 $\langle v_g(t)\rangle_{T_s}$，即 $\langle i_1(t)\rangle_{T_s}$ 正比于 $\langle v_1(t)\rangle_{T_s}$。

但 $R_e(d_1)$ 只是为建模而引入的等效电阻，在实际的理想开关网络中，网络内部并无器件消耗能量，在网络的输入端由 $R_e(d_1)$ 消耗（或吸收）的能量，只能传输到开关网络的输出端。

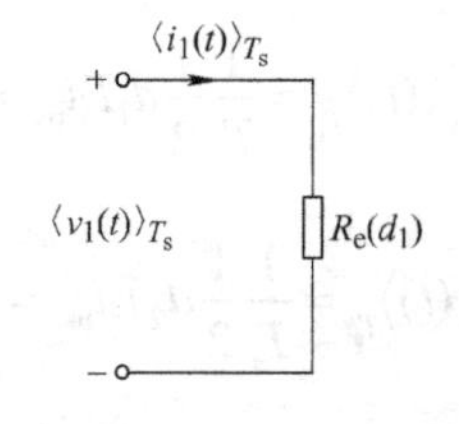

图 2-15　一般开关网络输入端口平均变量等效电路

再分析式(2-152)，该等式可变形为

$$\langle i_2(t)\rangle_{T_s}\langle v_2(t)\rangle_{T_s}=\frac{\langle v_1(t)\rangle_{T_s}^2}{R_e(d_1)}=\langle p(t)\rangle_{T_s} \tag{2-155}$$

可见，一般开关网络从输出端口发出的功率恰好等于从输入端口吸收的功率，用 $\langle p(t)\rangle_{T_s}$ 表示，称 $\langle p(t)\rangle_{T_s}$ 为一般开关网络的平均功率。$\langle p(t)\rangle_{T_s}$ 实际为开关网络传递能量的功率，网络本身并不消耗功率，即 DCM 模式下的开关网络具有无损性。

开关网络这种传递功率而不消耗功率的特性也可以从电感储能的角度加以解释。在一个开关周期内，在 $(0, d_1T_s)$ 时间段内电感 L 从电源吸收能量，储能从零上升到 $\frac{1}{2}Li_{pk}^2$；在 $(d_1T_s, (d_1+d_2)T_s)$ 时间段内将已存储的全部能量释放给负载，储能从 $\frac{1}{2}Li_{pk}^2$ 下降到零；在 $((d_1+d_2)T_s, T_s)$ 时间段内电感断流，储能维持为零。则一个开关周期内电感传递 $\frac{1}{2}Li_{pk}^2$ 的能量，电感传递能量的平均功率为

$$\frac{1}{T_s}\left(\frac{1}{2}Li_{pk}^2\right)=\frac{d_1^2T_s}{2L}\langle v_g(t)\rangle_{T_s}^2=\frac{\langle v_1(t)\rangle_{T_s}^2}{R_e(d_1)}=\langle p(t)\rangle_{T_s} \tag{2-156}$$

可见 $\langle p(t)\rangle_{T_s}$ 也是电感传递能量的平均功率。

式(2-155)表明一般开关网络的输出端口（二极管器件）表现出受控功率源的特性，端口发出的功率不受负载变化的影响，只由输入端吸收的功率（或 $R_e(d_1)$ 消耗的功率）决定。用图 2-16a 所示的器件符号表示受控功率源，该器件的伏安特性如图 2-16b 所示，则一般开关网络输出端口的等效电路如图 2-16c 所示。

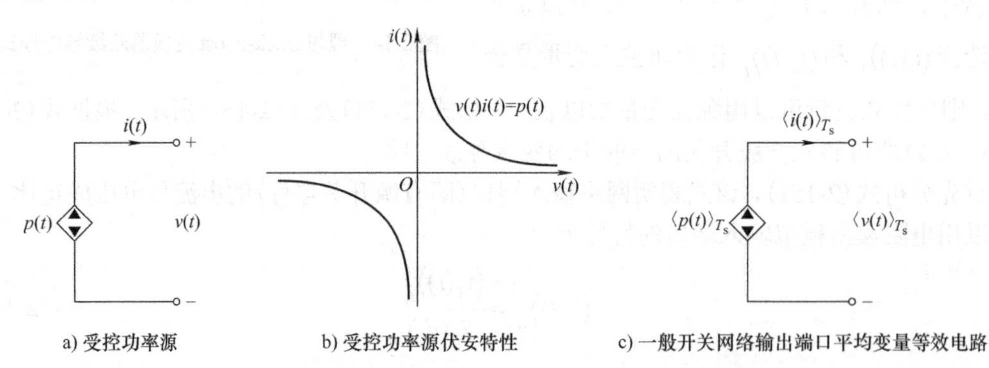

图 2-16　受控功率源特性和一般开关网络平均变量等效电路

将一般开关网络的输入和输出特性结合起来，建立一般开关网络 DCM 平均变量等效电路如图 2-17 所示。由于图中电阻 $R_e(d_1)$ 并不消耗能量，该电阻从输入端吸收的能量全部传递给受控功率源 $\langle p(t)\rangle_{T_s}$，受控功率源发出的功率受 $R_e(d_1)$ 吸收功率的控制，因此称该等效电路为无损电阻模型。

用图 2-17 替换图 2-13 理想 Buck-Boost 变换器中的一般开关网络，得到理想 Buck-Boost 变换器 DCM 模式平均变量等效电路如图 2-18 所示，电路中的变量均表示为平均值形式。

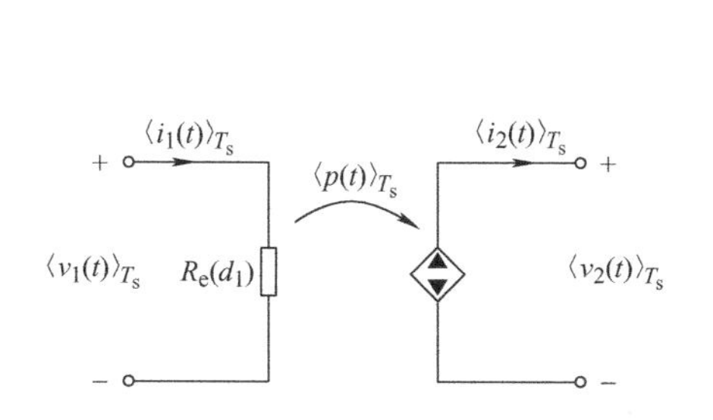

图 2-17 一般开关网络平均变量等效电路——无损电阻模型

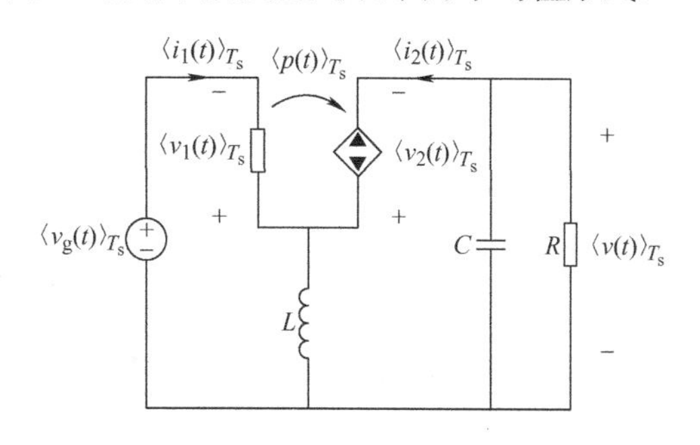

图 2-18 理想 Buck-Boost 变换器 DCM 平均变量等效电路

应该指出，无损电阻模型并不仅仅是 Buck-Boost 变换器中的一般开关网络的等效电路，可以验证，其他类型的 DC-DC 变换器，如 Buck、Boost、Cuk、SEPIC 等，若为其中的一般开关网络建立解析模型，其结果均与式(2-153)和式(2-155)相同[⊖]，则其等效电路模型亦为无损电阻模型。也就是说，无损电阻模型对理想 DC-DC 变换器具有普遍适用性，任何类型的 DC-DC 变换器均可利用无损电阻模型建立平均变量等效电路，并进而获得直流等效电路与交流小信号等效电路，这是开关网络平均模型法的优点之一。

综上所述，用无损电阻模型为 DC-DC 变换器建立平均变量等效电路的一般方法如下：在原电路中将有源开关器件用等效电阻 $R_e(d_1)$ 代换，将二极管用受控功率源代换，且受控功率源发出的平均功率等于 $R_e(d_1)$ 吸收的平均功率 $\langle p(t)\rangle_{T_s}$；原变换器的其余部分保持不变，并将原变换器中的变量用其相应的平均变量代替。以理想 Buck 变换器和理想 Boost 变换器为例，利用无损电阻模型建立的平均变量等效电路如图 2-19 所示。

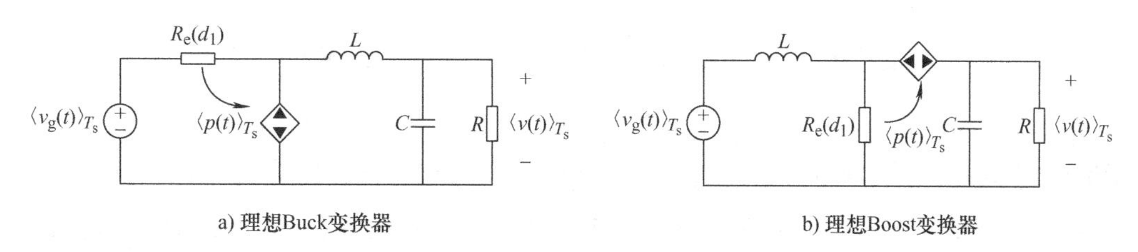

图 2-19 利用无损电阻模型建立的平均变量等效电路

2.3.2 利用无损电阻模型为变换器建立直流等效电路

对于一个变换器，若已经利用无损电阻模型得到变换器的平均变量等效电路，可以继续推导其直流等效电路与交流小信号等效电路。以图 2-18 所示的理想 Buck-boost 变换器平均变量等效电路为例，令电路中各平均变量都等于其对应的直流量，令 $d_1=D_1$，且使电感短路，电容开路，得到直流等效电路如图 2-20 所示。

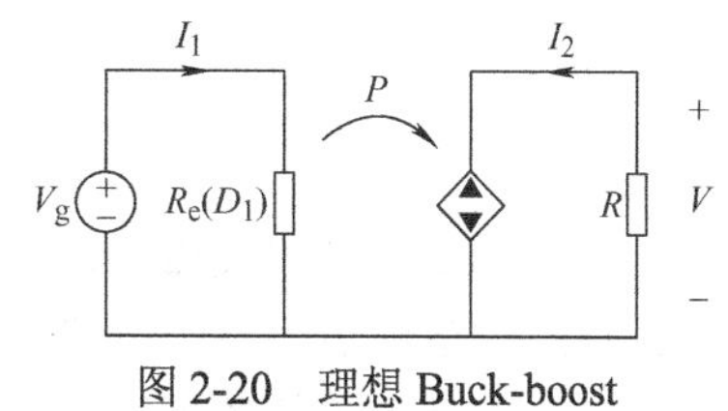

图 2-20 理想 Buck-boost 变换器直流等效电路

⊖ 对于 Cuk 和 SEPIC 变换器，式(2-154)中 $L=L_1 // L_2$。

含有无损电阻模型的电路常可利用功率守恒来求解，即电源发出的功率等于负载消耗的功率。对于图 2-20 所示电路，电压源 V_g 发出的功率为

$$P_g = \frac{V_g^2}{R_e(D_1)} \tag{2-157}$$

负载 R 消耗的功率为

$$P_R = \frac{V^2}{R} \tag{2-158}$$

令 $P_g = P_R$，得到变换器的电压比 M 为

$$M = \frac{V}{V_g} = -\sqrt{\frac{R}{R_e}} = -\frac{D_1}{\sqrt{K}} \tag{2-159}$$

式(2-159)的结果中利用了式(2-154)，并令 $d_1 = D_1$。这一结果与表 2-2 中的结果相同。

根据图 2-19 也可以得到理想 Buck 变换器和理想 Boost 变换器的直流等效电路，并求得变换器的电压比，分析过程比较简单，在此略去。表 2-5 列出了利用无损电阻模型得到的五种理想 DC-DC 变换器 DCM 模式下的稳态电压比[5]，供读者参考。

表 2-5　理想 DC-DC 变换器 DCM 模式下电压比(用 R_e 表示)

变换器	Buck	Boost	Buck-boost	Cuk	SEPIC
$M(R_e,\ R)$	$\dfrac{2}{1+\sqrt{1+4R_e/R}}$	$\dfrac{1+\sqrt{1+4R/R_e}}{2}$	$-\sqrt{\dfrac{R}{R_e}}$	$-\sqrt{\dfrac{R}{R_e}}$	$\sqrt{\dfrac{R}{R_e}}$

注：对 Buck、Boost 与 Buck-boost 变换器，$R_e = \dfrac{2L}{D_1^2 T_s}$，也可表示为 $R_e = \dfrac{RK}{D_1^2}$；对于 Cuk 与 SEPIC 变换器，$R_e = \dfrac{2(L_1//L_2)}{D_1^2 T_s}$，若仍表示为 $R_e = \dfrac{RK}{D_1^2}$，则 $K = \dfrac{2(L_1//L_2)}{RT_s}$。

2.3.3　利用无损电阻模型为变换器建立交流小信号等效电路

为了建立无损电阻模型的交流小信号等效电路，需要对图 2-17 中的各平均变量分离扰动并作线性化处理。对于独立变量 $\langle v_1(t)\rangle_{T_s}$ 和 $\langle v_2(t)\rangle_{T_s}$，可以直接分解为 $V_1 + \hat{v}_1(t)$ 和 $V_2 + \hat{v}_2(t)$。对于非独立变量 $\langle i_1(t)\rangle_{T_s}$ 与 $\langle i_2(t)\rangle_{T_s}$，式(2-151)和式(2-152)表明 $\langle i_1(t)\rangle_{T_s}$ 与 $\langle i_2(t)\rangle_{T_s}$ 是 $d_1(t)$、$\langle v_1(t)\rangle_{T_s}$ 和 $\langle v_2(t)\rangle_{T_s}$ 的函数，则 $\hat{i}_1(t)$ 与 $\hat{i}_2(t)$ 必然是 $\hat{d}_1(t)$、$\hat{v}_1(t)$ 与 $\hat{v}_2(t)$ 的函数，线性化后可表示为

$$\hat{i}_1(t) = j_1\hat{d}_1(t) + \frac{1}{r_1}\hat{v}_1(t) - g_1\hat{v}_2(t) \tag{2-160}$$

$$\hat{i}_2(t) = j_2\hat{d}_1(t) - \frac{1}{r_2}\hat{v}_2(t) + g_2\hat{v}_1(t) \tag{2-161}$$

根据式(2-160)和式(2-161)可以建立如图 2-21 所示结构的等效电路，并根据式(2-151)、式(2-152)确定图 2-21 中各器件的参数。

对式(2-151)中的各平均变量分离扰动，可得

$$I_1 + \hat{i}_1(t) = \frac{T_s}{2L}[D_1 + \hat{d}_1(t)]^2[V_1 + \hat{v}_1(t)] \tag{2-162}$$

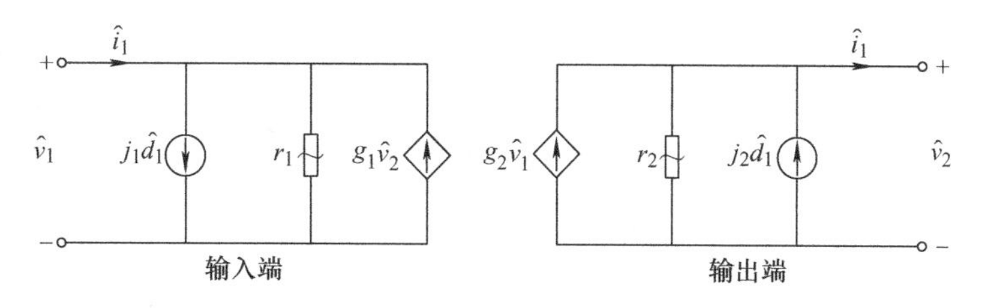

图 2-21　一般开关网络交流小信号等效电路

等式两边的直流量对应相等，再消去高阶的交流量乘积项使其线性化，得

$$\hat{i}_1(t)=\frac{T_s}{2L}[2D_1V_1\hat{d}_1(t)+D_1^2\hat{v}_1(t)]=\frac{2V_1}{D_1R_e(D_1)}\hat{d}_1(t)+\frac{1}{R_e(D_1)}\hat{v}_1(t) \tag{2-163}$$

对应式(2-160)，可以确定图 2-21 等效电路输入端各器件系数为

$$\begin{cases} j_1=\dfrac{2V_1}{D_1R_e(D_1)} \\ r_1=R_e(D_1) \\ g_1=0 \end{cases} \tag{2-164}$$

对式(2-152)中的平均变量分离扰动，得

$$[I_2+\hat{i}_2(t)][V_2+\hat{v}_2(t)]=\frac{T_s}{2L}[D_1+\hat{d}_1(t)]^2[V_1+\hat{v}_1(t)]^2 \tag{2-165}$$

等式两边对应减去直流量，消去高阶交流量，整理后得

$$\hat{i}_2(t)=\frac{1}{V_2}\left[\frac{T_s}{2L}2D_1V_1^2\hat{d}_1(t)-I_2\hat{v}_2(t)+\frac{T_s}{2L}2D_1^2V_1\hat{v}_1(t)\right] \tag{2-166}$$

式(2-166)中需要消去非独立变量的直流量 I_2，为此利用式(2-152)可得 $\langle i_2(t)\rangle_{T_s}$ 的直流分量 I_2 为

$$I_2=\frac{D_1^2T_s}{2L}\frac{V_1^2}{V_2}=\frac{V_1^2}{R_e(D_1)V_2} \tag{2-167}$$

代入式(2-166)，可得

$$\hat{i}_2(t)=\frac{2V_1^2}{D_1V_2R_e(D_1)}\hat{d}_1(t)-\frac{V_1^2}{V_2^2R_e(D_1)}\hat{v}_2(t)+\frac{2V_1}{V_2R_e(D_1)}\hat{v}_1(t) \tag{2-168}$$

对应式(2-161)可以确定图 2-21 等效电路输出端各器件系数为

$$\begin{cases} j_2=\dfrac{2V_1^2}{D_1V_2R_e(D_1)} \\ r_2=\dfrac{V_2^2}{V_1^2}R_e(D_1) \\ g_2=\dfrac{2V_1}{V_2R_e(D_1)} \end{cases} \tag{2-169}$$

用已确定参数的图 2-21 替换图 2-13 理想 Buck-boost 变换器中的一般开关网络，得到理想 Buck-boost 变换器 DCM 模式交流小信号等效电路如图 2-22 所示，图中各电路变量均表示为对应的交流小信号分量。

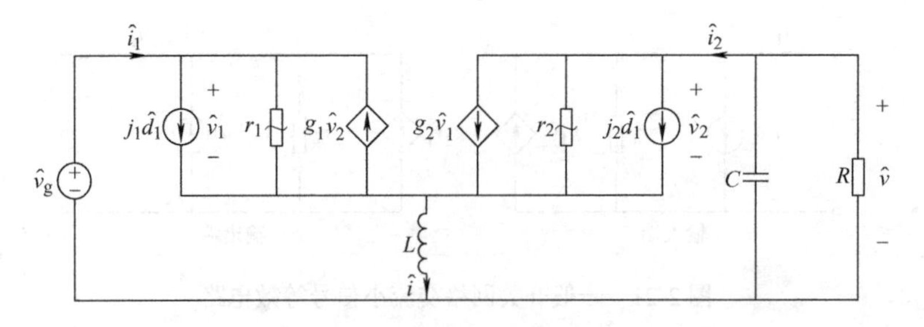

图 2-22 理想 Buck-boost 变换器 DCM 交流小信号等效电路

对于理想 Buck-boost 变换器，根据式(2-149)和式(2-150)，可知$\langle v_1(t)\rangle_{T_s}$和$\langle v_2(t)\rangle_{T_s}$的直流分量$V_1=V_g$，$V_2=-V$，利用 Buck-boost 变换器的电压比$M=\dfrac{V}{V_g}$，可将$V_2$表达为

$$V_2=-V=-MV_g=-MV_1 \tag{2-170}$$

代入式(2-169)，可以将图 2-22 输出端各器件的系数简化为

$$\begin{cases} j_2=-\dfrac{2V_1}{D_1MR_e(D_1)} \\ r_2=M^2R_e(D_1) \\ g_2=-\dfrac{2}{MR_e(D_1)} \end{cases} \tag{2-171}$$

理想 Buck-boost 变换器中电感电流$\hat{i}(t)$为

$$\hat{i}(t)=\hat{i}_1(t)+\hat{i}_2(t)=(j_1+j_2)\hat{d}_1(t)+\left(\frac{1}{r_1}+g_2\right)\hat{v}_1(t)-\left(g_1+\frac{1}{r_2}\right)\hat{v}_2(t) \tag{2-172}$$

根据前面的分析可知，变换器工作于 DCM 模式时，由于电感电流断续，电感电压平均值$\langle v_L(t)\rangle_{T_s}=0$，相应有$\hat{v}_L(t)=0$，则在图 2-22 的等效电路中可以将电感短路，等效电路得到进一步简化，如图 2-23 所示。

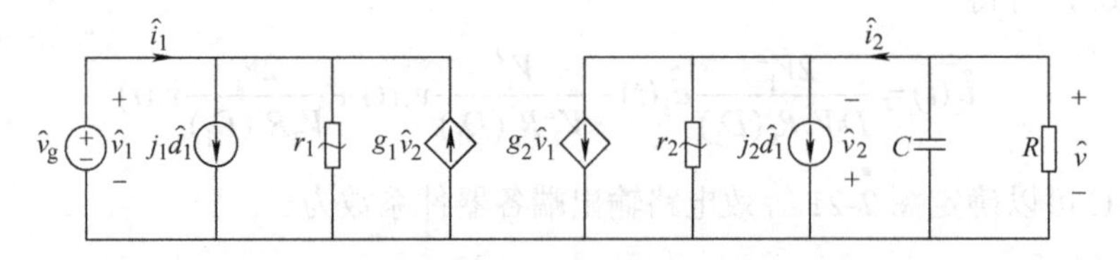

图 2-23 简化的理想 Buck-boost 变换器 DCM 交流小信号等效电路

图 2-23 与 2.1 节中图 2-2b 所示的统一结构的交流小信号等效电路几乎相同，只是输出端的受控电流源$g_2\hat{v}_1$和独立电流源$j_2\hat{d}_1$的电流方向不同。考虑这一因素后，可以验证式(2-164)和式(2-171)与表 2-3 中的数据是一致的。通过不同的方法得到了相同的等效电路，这也说明了开关网络平均模型法与状态空间平均模型法实质上是等效的。

可以利用图 2-23 所示等效电路推导 Buck-boost 变换器的交流小信号特性，其过程与 2.1.4 节类似，不再重复，结果参见表 2-4。

对于其他类型的变换器，同样可以利用图 2-21 所示的一般开关网络交流小信号等效电路建立变换器的交流小信号等效电路。但对于某些类型的变换器，如 Buck、Boost 变换器，利用一般开关网络得到的等效电路结构较为复杂，不便于变换器特性的分析，此时可以采用另一种更为简便的方式，即直接利用 Buck 型开关网络与 Boost 型开关网络建模。

2.3.4 Buck 型开关网络与 Boost 型开关网络的 DCM 等效电路

1.4 节曾经介绍过 Buck 型开关网络与 Boost 型开关网络，以不同于一般开关网络的另一种方式分离 Buck 变换器和 Boost 变换器中的开关器件，如图 2-24 所示。通过分析发现，这两种开关网络在 DCM 模式下同样具有无损性，本节前半部分介绍的建立无损电阻模型的方法也同样适用于这两种开关网络，通过类似的分析过程同样可以得到利用等效电阻 $R_e(d_1)$ 和受控功率源构建的平均变量等效电路，如图 2-25 所示，具体分析过程略。与无损电阻模型类似，在这两种开关网络的平均变量等效电路中仍然是用 $R_e(d_1)$ 代替了有源开关器件，用受控功率源代替了二极管。若将图 2-25 中的开关网络平均变量等效电路分别替换回对应的变换器，则可以得到变换器的平均变量等效电路，结果同图 2-19。

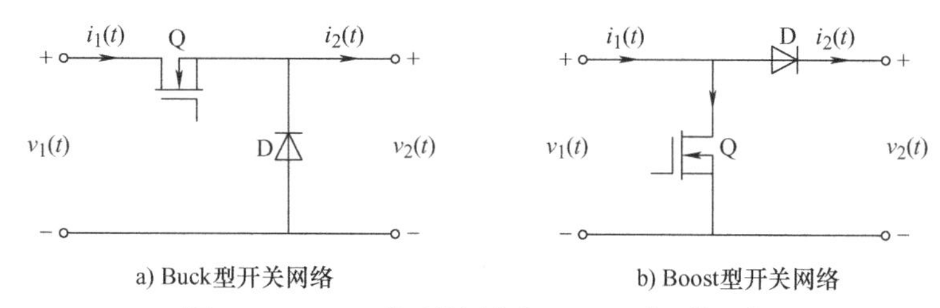

图 2-24　Buck 型开关网络与 Boost 型开关网络

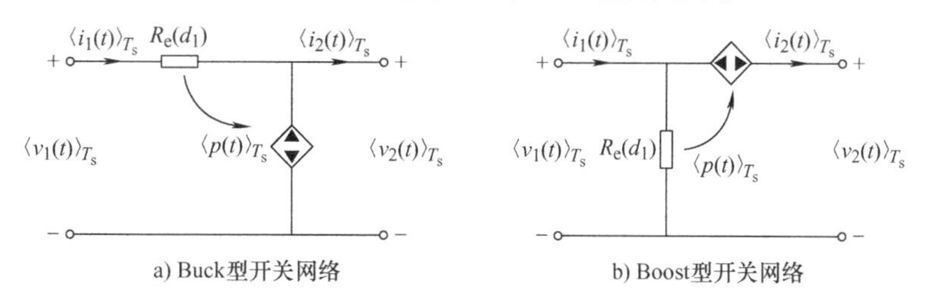

图 2-25　Buck 型与 Boost 型开关网络 DCM 平均变量等效电路

Buck 型开关网络与 Boost 型开关网络的交流小信号等效电路可以采用与一般开关网络交流小信号等效电路相同的电路结构，即图 2-21，用类似的方法可以确定图中各器件的参数。表 2-6 列出了三种开关网络采用图 2-21 所示结构等效电路时各自的器件参数[5]。

表 2-6　三种开关网络 DCM 交流小信号等效电路参数

网络类型	j_1	r_1	g_1	j_2	r_2	g_2
一般开关网络	$\dfrac{2V_1}{D_1R_e}$	R_e	0	$\dfrac{2V_1}{D_1M_PR_e}$	$M_P^2R_e$	$\dfrac{2}{M_PR_e}$
Buck 型开关网络	$\dfrac{2(1-M_P)V_1}{D_1R_e}$	R_e	$\dfrac{1}{R_e}$	$\dfrac{2(1-M_P)V_1}{D_1M_PR_e}$	$M_P^2R_e$	$\dfrac{2-M_P}{M_PR_e}$
Boost 型开关网络	$\dfrac{2M_PV_1}{D_1(M_P-1)R_e}$	$\dfrac{(M_P-1)^2}{M_P^2}R_e$	$\dfrac{1}{(M_P-1)^2R_e}$	$\dfrac{2V_1}{D_1(M_P-1)R_e}$	$(M_P-1)^2R_e$	$\dfrac{2M_P-1}{(M_P-1)^2R_e}$

注： M_P 为开关网络端口电压之比，即 $M_P=\dfrac{V_2}{V_1}$。对于 Buck、Boost 与 SEPIC 变换器，M_P 即为变换器的电压比 M；对于 Buck-boost 与 Cuk 变换器，M_P 为变换器电压比 M 的负值。

将 Buck 型开关网络和 Boost 型开关网络的交流小信号等效电路分别替换到 Buck 变换器与 Boost 变换器中，得到理想 Buck 变换器与 Boost 变换器的交流小信号等效电路，如图 2-26 所示。

再利用 DCM 模式时 $\hat{v}_L(t)=0$ 的辅助条件将电感短路，则图 2-26 中的等效电路可以进一步简化，得到如图 2-27 所示的统一形式的交流小信号等效电路。图 2-23 所示的 Buck-Boost 变换器的 DCM 等效电路在适当处理器件参数后，也可以统一到图 2-27 所示的结构中来。显然，图 2-27 与图 2-2b 所示的统一结构的交流小信号等效电路完全相同，而且可以验证，根据图 2-27 中电流源的电流方向适当处理表 2-6 中的参数后，可以得到与表 2-3 中的参数一致的结果。利用无损电阻网络分析 DCM 模式下的理想变换器最终得到了和状态空间平均法相同的结果。

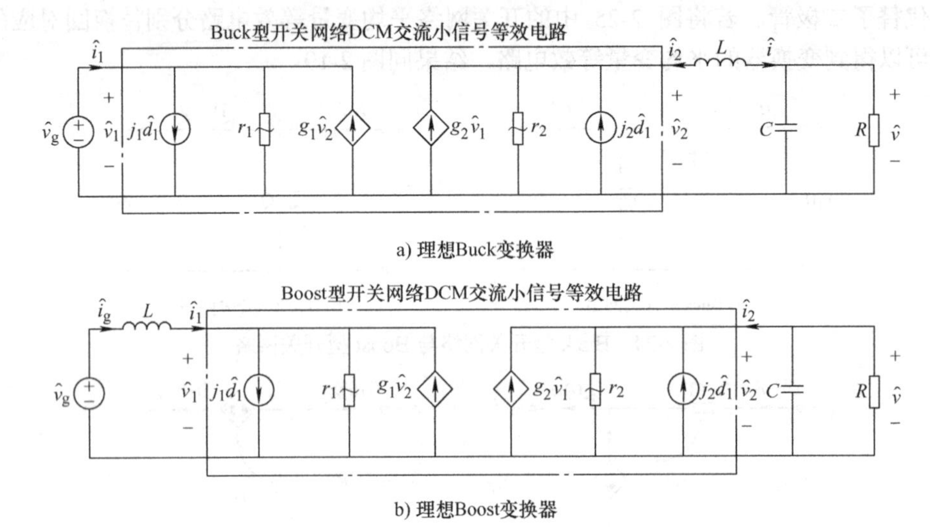

图 2-26　理想 Buck 变换器和理想 Boost 变换器 DCM 交流小信号等效电路

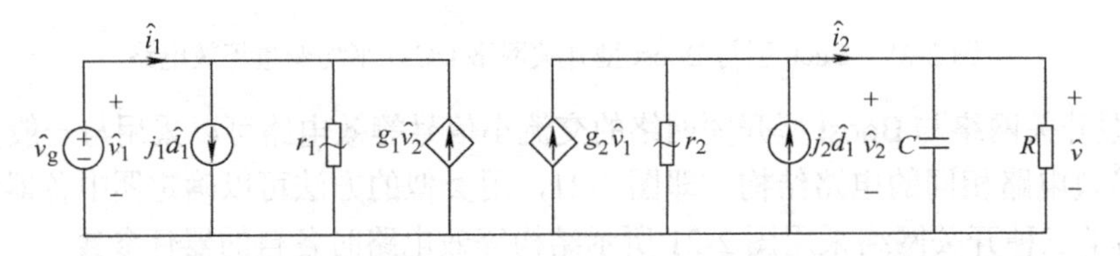

图 2-27　统一结构的理想 DC-DC 变换器 DCM 交流小信号等效电路

第 3 章　开关调节系统的基础知识

3.1　开关调节系统简介

开关调节系统中包含主电路(开关变换器)和控制电路，两种电路相互配合，共同工作，构成了完整的开关调节系统，如图 3-1 所示。主电路即开关变换器是由开关网络和 LC 低通滤波网络组成；控制电路包括输出量采样网络、误差放大器、补偿器、脉冲宽度调制器以及功率开关管驱动器。通常误差放大器、补偿器用一个集成运放及其外围的阻容元件实现，因此称之为控制器或补偿网络。图 3-1a 给出了 Buck 变换器系统结构示意图，其中，虚线框内是主电路，v_g、v 和 i_{load} 分别表示输入电压、输出电压和输出电流；$H(s)$ 和 $G(s)$ 分别表示采样网络和控制器(补偿网络)的传输函数；Hv、v_{ref}、v_e、v_c 和 d 分别表示采样网络的输出、参考信号、误差信号、控制器的输出信号和脉冲宽度调制器的输出信号——占空比。图 3-1b 给出了系统框图，其中，开关变换器的电气性能用函数 $v(t)=f(v_g, i_{load}, d)$ 表示。

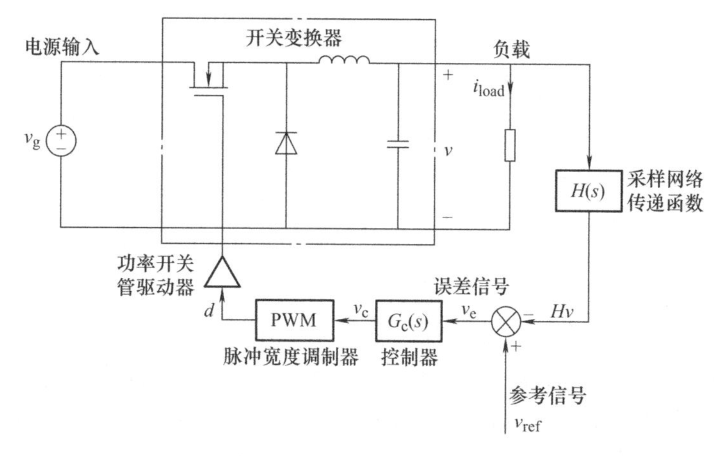

a) 系统结构示意图

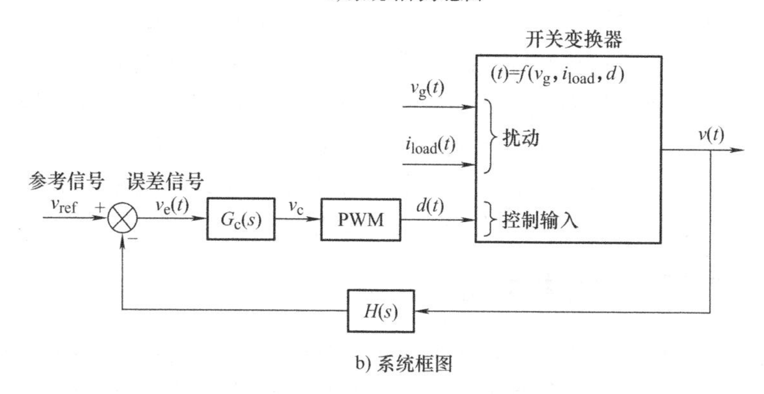

b) 系统框图

图 3-1　具有反馈环的 Buck 变换器

3.1.1 开关调压系统的特点

开关变换器的作用是能量传递与控制，直流电压的变换包括幅值变换和极性变换。开关变换器中包含有较大时间惯性的储能元件，如滤波电容和储能电感，因此主电路的惯性时间远远大于控制电路的惯性时间。控制电路主要由电压采样网络 $H(s)$、控制器 $G_c(s)$ 和脉冲宽度调制器以及功率开关管的驱动电路等部分组成。在控制电路中储能元件主要是电容、集成电路中结电容和寄生电容。这些储能元件的主要作用是进行信号处理与控制，其容量都很小，因此控制电路的惯性时间很小。基于前两章介绍有关开关变换器建模的理论和方法，主电路的动态特性可用交流小信号等效模型描述。因此，一个开关调压系统的动态行为可以用描述主电路的交流小信号等效模型和控制电路组成一个闭环控制系统。如果用一组线性微分方程表征这个系统，这组线性微分方程则是一个刚性(stiff)方程，求解刚性方程是比较复杂的，一种有效数值算法是吉尔(Gear)算法[6]。

开关调节系统的主要特点[1]：

(1)主电路的时间常数远远大于控制电路的时间常数　从数学的角度看开关调节系统，它是一个病态系统，即描述系统方程的各个特征根的实部相差甚大。在数学上，系统的病态性质用条件数 cond 表示，其定义为

$$\mathrm{cond}=\frac{|\mathrm{Re}\,\lambda_{\max}|}{|\mathrm{Re}\,\lambda_{\min}|} \tag{3-1}$$

式中，λ 为系统的特征根；$\mathrm{Re}\,\lambda_{\max}$ 和 $\mathrm{Re}\,\lambda_{\min}$ 分别表示系统的所有特征根实部的最大值和最小值。

一般说来，条件数大于 100 时，系统是病态的。以一个单端反激开关调压系统为例，已知其闭环特征根的分布：-1.25×10^8，$(-8.702\pm j3.7066)\times10^4$，$-9.3358$，$-902.83$。由式(3-1)计算出该系统的条件数为 $\mathrm{cond}=1.25\times10^8/9.3358=1.3389\times10^7$。可见这个系统是严重病态系统。因此，开关调节系统的病态性质使得用严格的数学分析得到其解析表达式是很困难的，即使对于一个特定的系统，要得到其数字仿真解亦不容易。

(2)开关调节系统是一个高阶非线性的系统　在开关变换器中，功率开关管时而工作于导通状态，时而工作于截止状态，因此主电路在时间上是分段线性时变网络。控制电路的输出量占空比 d 有上限和下限值：$d_{\min}\leqslant d(t)\leqslant d_{\max}$，一旦达到 $d_{\min}$ 或 $d_{\max}$，$d(t)$ 将保持不变。如果开关变换器工作在 CCM 模式，其输出量占空比的传输函数是一个二阶系统；在控制电路中，如果采用 PI 调节器，控制电路为一个一阶系统；如果采用 PID 调节器，控制电路为一个二阶系统。因此，主电路与控制电路组成的开关调节系统是一个高阶非线性的系统。

(3)开关调节系统是离散系统　因为控制电路中有一个脉宽调制器，它是一种模数变换器，将连续变化的误差信号调制成一个脉冲序列，通过驱动电路控制功率开关管的通与断。

总之，开关调节系统是一个高阶、离散、非线性、时变的病态控制系统。因此，需要用特殊的方法和技术指标来研究和度量这种控制系统。

3.1.2 开关调节系统的分析方法

由于开关调节系统是一个高阶、离散、非线性、时变的病态控制系统，欲建立这个系统的精确数学模型，从理论上得到瞬态响应的精确解析表达式是很困难的。近 30 年来，国内外学者为求解这个系统做了大量的研究并取得了许多有实际工程意义的结果。其主要

研究思路是：根据系统主电路在一个开关周期内分成几个分段线性网络的特点，建立分段线性状态方程，在此基础上，以系统的实际工作为依据，对系统进行适当的简化，得到能满足工程要求的近似解。下面简要介绍两类典型的分析方法。

(1)状态空间平均法　对于主电路，使用第1、2章介绍的开关变换器建模理论和方法，即用平均的方法将分段线性状态方程变换为一个非线性的方程。对于控制电路中的脉宽调制器和控制器，根据其传输特性曲线，建立控制电路分段方程及其边界条件。以描述主电路电气特性的状态平均方程和控制电路的分段方程及其边界条件为基础，采用数值分析的方法对一个特定的系统进行分析。在第7章，将介绍一种以开关网络平均法(第1章和第2章已详细介绍了开关网络平均建模法)为基础，利用通用的电路分析软件OrCAD/PSpice程序分析开关调节系统的分析方法。

(2)离散时域法　对于主电路将分段线性状态方程在各个时间段内转化为状态转移方程，然后考虑各段转换的边界条件，建立非线性差分方程。对于控制电路的处理方法与状态空间平均法类似。

在上述两类方法中，描述主电路的方程都是非线性方程，一般说来，非线性方程很难得到其通解。因此，要直接依赖上述方法得到时域响应是比较困难的。在上述两类方法基础上，又可分成以下几种方法：

1)大信号分析法。考虑系统的非线性特性，用求解非线性系统的方法分析，如相平面法、数字仿真法等。

2)小信号分析法。假设扰动信号很小，并且扰动信号的频率比开关频率小得多，在直流工作点(平衡点)附近线性化，将非线性方程近似为线性方程。于是可以应用经典控制理论中分析线性系统的基本方法，如拉普拉斯变换或Z变换，根轨迹法或伯德图等在频域内分析和设计系统，分析出系统在平衡点附近有小信号扰动时的近似瞬态特性及系统的稳定性等。

在前面两章中已推导了开关变换器的模型，它是线性时不变电路，用它描述小信号扰动下开关变换器在稳定工作点附近的动态性能。由于所研究的开关变换系统是一个稳定的系统，即使是一个不稳定系统，可以通过增加补偿网络使其转化为稳定系统。所以，进入系统的低频交流扰动量在稳定系统传输过程总会变为一个小信号。因此，研究开关变换系统的交流低频小信号的动态性能是十分重要的。

3.1.3　开关调节系统的瞬态特性

分析一个开关调节系统的主要目的是要检验或判断系统的瞬态特性是否满足标准[如国际电工(IEC)标准、国家标准、行业标准等]，是否与负载要求相匹配。例如高压气体放电灯采用电子镇流系统，如果电子镇流系统与灯的启动特性不匹配，要么使灯启动困难，要么影响灯的使用寿命。对研究人员而言，如果一个开关调节系统不能满足客户要求，就需要根据分析和测试结果提出定性和定量的改进方案，不断改进设计直到满足要求为止。最常见的开关调节系统是开关调压系统。系统的性能指标是衡量其性能的技术参数。在研究一个开关调压系统时，主要依据国际电工(IEC)标准关于直流电源瞬态特性的规定。本节将扼要介绍IEC标准对开关调压系统(直流稳压电源)主要瞬态特性名词的规定，以此说明研究开关调节系统瞬态特性的重要性。

通常，阶跃输入对系统是最严峻的工作状态，如果系统在阶跃输入作用下的动态性能可以满足要求，那么系统在其他形式的函数作用下，其动态性能也会令人满意。图3-2是直流调压系统的阶跃响应瞬态特性。为了简化分析，图中忽略了输出电压的高频纹波。图中的曲线表示：任一影响量(或控制量)在 $t=0$ 时刻发生阶跃变化时，输出电压 V_o 由初值 V_{o1} 变化到新的稳态值 V_{o2} 的过程。在这里，影响量通常指系统外部可能影响系统特性的物理量，如开关变换器的直流输入电压、负载电流、环境温度以及其他量。控制量则指开关调压系统的参考(给定)电压。图中的“Δ”表示输出电压的允差带宽；瞬态响应时间用总恢复时间 t_d+t_v 表示，其中，t_d 为延迟时间，t_v 为恢复时间；表示系统瞬态响应振荡性质的参数有下冲、上冲和负上冲，分别如图 3-2 中 A、B、C 所示。

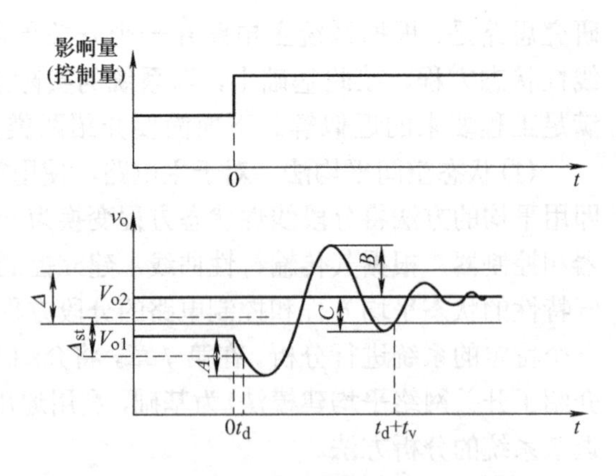

图 3-2 直流调压系统的阶跃响应特性

3.1.4 开关调压系统控制器的设计方法

一个开关调压系统的主要设计步骤如下：

1) 确定技术指标和设计要求。

2) 主电路的设计。根据技术指标和设计要求选择主电路拓扑结构并设计其参数。例如设计一个降压型 DC-DC 变换器，需选用 Buck 变换器。根据输入电压、输出电压和输出电流等技术要求选择功率开关管；根据输出电压的高频纹波数值设计 LC 低通滤波器的参数、选择磁芯的种类等。在此基础上，进行仿真分析，检验或判断主电路的设计是否满足要求。有关主电路的设计不是本书讨论的内容。

3) 用第 1 章或第 2 章介绍的方法对主电路建立小信号交流模型。利用小信号交流模型分析主电路的典型电气特性，如开环频率特性、音频信号衰减率、输出阻抗和输入阻抗等。

4) 在掌握了主电路的典型电气特性后，根据开关调压系统的静态和动态技术指标设计控制器，这是本书的主要研究内容。

设计控制器的主要思路如下：

1) 将时域内的技术指标转化为相应的频域参数。对于开关调压系统，由于在时域内可以使用较为通用的测量仪器进行测量，测量方法相对简单，而且测量结果直观易懂，所以开关调节系统的技术要求大部分是通过时域技术指标体现的；然而，目前较为流行的设计方法是以频域参数为设计依据，在频域内设计其控制器。因此，需要将时域内的技术指标转化为相应的频域参数。

2) 在频域内分析主电路的典型传递函数，并画出对数频率特性曲线。

3) 根据主电路的典型传递函数和频域参数，设计能够与主电路相匹配且满足技术要求的控制器。

综上所述，开关调节系统是一种特殊的自动控制系统。在第 4 章，将介绍电压控制模式开关调节系统的控制器设计；在第 5 章将介绍平均电流控制模式开关调节系统的控制器设计；在第 6 章将介绍峰值电流控制模式开关调节系统的控制器设计。为了便于读者更好地理解控制器原理和掌握控制器的设计方法，本章将介绍与开关调节系统的控制器设计有关的自动控制理论基础知识。在 3.2 节介绍时域技术指标、频域技术指标及时域与频域性能指标的对应关系；3.3 节介绍开关变换器传递函数分析；3.4 节介绍开关调节系统的瞬态分析；3.5 节介绍开关调节系统频域分析与设计；3.6 节介绍开关调节系统频率特性测量技术。

3.2 时域性能指标和频域性能指标

开关调节系统的分析与设计方法主要有时域法和频域法两种。设计的主要任务是设计开关调节系统中的电压、电流控制器(或称补偿网络)，包括选择电路结构和计算器件参数。

开关调节系统的时域分析法是基于第 1、2 章所介绍的开关变换器的数学模型，在时域内直接应用平均空间状态方程，得到其时域解析解。时域分析法主要分析内容包括稳态分析、小信号瞬态分析和大信号分析，具有直观、准确、能够提供系统时域响应全部的信息，且分析的结果可以直接与开关调节系统的时域技术指标相对照，便于校验系统是否满足要求。但是，必须指出，除简单的一、二阶系统外，想要精确地求出系统动态性能指标的解析式很困难，因为求解高阶开关变换器的时域解是很困难的，故时域法只适用于分析低阶开关变换器。

用时域法设计控制器(补偿网络)参数的步骤：

1) 设计者根据自己的经验，选择合理的控制器并给定参数的初值，作为初步设计。当初步设计完成以后，在其输出端加阶跃负载或在输入端加阶跃输入。

2) 测量开关调节系统的瞬态响应。

3) 若瞬态响应不满足规定要求和标准，则改变控制器(补偿网络)参数，重复步骤 1)，直到满意为止。

由此可见，时域设计法是一种试探法，工程设计不太方便。因此，开关调节系统的小信号分析与设计传统上都采用频域法[7]。

频域法是研究自动控制系统的一种广泛应用的工程方法，利用这种方法在分析和设计系统时，不必求解系统的微分方程，只需根据系统的频率特性，间接揭示系统的动态特性和稳态特性，简单而迅速地判断某些环节或参数对系统的动态特性和稳态特性的影响，并能指明改进系统的方向。频率特性也可由实验方法获得。开关调节系统频域法是基于开关变换器的复频域模型，在复频域内进行交流小信号分析与设计。在复频域内，对开关调节系统进行设计是比较方便的。尽管对于高阶系统，频域法不能给出严格定量的瞬态响应，但可以通过频域指标与时域指标之间的关系间接的给出频域指标。

基于上述分析，本节的主要内容是时域指标、频域指标以及二者之间的对应关系。

3.2.1 时域性能指标

为了评价控制系统性能的优劣，一般可根据系统的单位阶跃响应曲线，采用某些数值型的特征参量描述系统的动态性能，这些特征参量就称为时域性能指标。下面结合在图 3-3 所示的线性时不变系统的单位阶跃响应曲线定义时域性能指标。时域性能指标可分为静态性能指标和动态性能指标，其中静态性能指标主要是指静态误差 e_{ss}；动态性能指标又可分为跟随性能指标和稳定性能指标，跟随性能指标主要有延迟时间、上升时间、峰值时间、调节时间、超调量等。

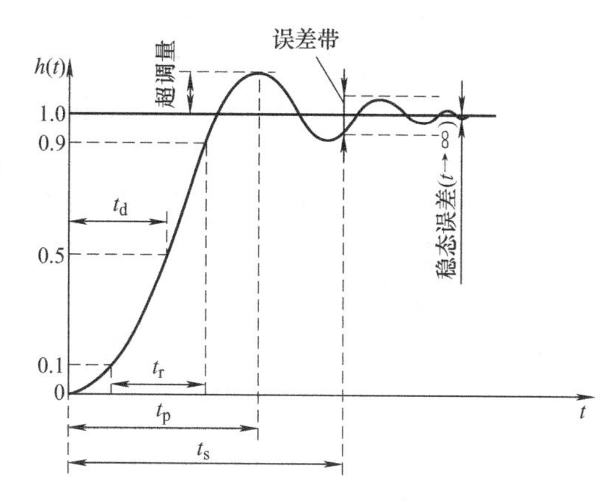

图 3-3 单位阶跃响应

（1）稳态误差 e_{ss} 系统控制精度的度量。它是指系统在典型信号 $v_{ref}(t)$（例如阶跃输入）作用下，当时间 t 趋于无穷大时，系统实际输出值与期望值之差。利用终值定理，即有

$$e_{ss}=\lim_{t\to\infty}e(t)=\lim_{s\to0}sE(s)=\lim_{s\to0}\frac{sV_{ref}(s)}{1+T(s)} \tag{3-2}$$

式中，$e(t)$ 是系统实际输出值与期望值之差；$E(s)$、$V_{ref}(s)$ 分别是 $e(t)$ 和 $v_{ref}(t)$ 的象函数；$T(s)$ 是线性时不变系统的环路增益或开环传递函数。

通常使用单位阶跃信号作为系统的输入信号。在单位阶跃信号的作用下，0 型系统的稳态误差为 $1/[1+T(0)]$，Ⅰ型或高于Ⅰ型系统的稳态误差为零[8]。

（2）延迟时间 t_d 指从单位阶跃信号变化开始（$t=0$），到输出响应从初值第一次到达稳态值（$h(\infty)$）的一半所需时间。在开关调节系统（开关电源）中，延迟时间 t_d 具有特殊的定义，如图 3-2 所示。延迟时间 t_d 是指从影响量（控制量）阶跃变化开始（$t=0$）到输出电压从初始值 V_{o1} 向上（或向下）偏离瞬态起始值允差带的时间。起始值允差带是在图 3-2 中用虚线表示的[1]。

（3）上升时间 t_r 指输出响应从稳态值的 10%到 90%所需时间。有时为了计算方便，定义上升时间 t_r 从单位阶跃信号变化开始（$t=0$）到输出响应从其初值第一次到达稳态值 $h(\infty)$ 所需时间。

（4）峰值时间 t_p 指从单位阶跃信号变化开始（$t=0$）到输出响应到达第一个峰值所需时间。

（5）调节时间 t_s 指输出响应到达并保持在稳态值的±5%或±2%误差范围内所需的最少时间。

（6）超调量 $\sigma\%$ 指输出响应的最大偏离量和稳态值差值与稳态值之比的百分数，即

$$\sigma\%=\frac{h(t_p)-h(\infty)}{h(\infty)}\times100\% \tag{3-3}$$

式中，$h(t_p)$ 为 $t=t_p$ 时的 h 值；$h(\infty)$ 为 $h(t)$ 的稳态值。

如图 3-2 所示，在开关调节器（开关电源）中，表示系统瞬态响应振荡性质的参数有下冲、上冲和负上冲，分别用 A、B、C 表示。下冲 A 是指瞬态过渡过程中，输出电压初始变化方向与稳态值变化方向（从 V_{o1} 变化到 V_{o2}）相反，并超出起始值允差带的最大瞬时偏移量。上冲 B 是指瞬态过渡过程中，输出电压变化方向与稳态值变化方向相同，并超出稳定值允差带 Δ 的瞬态偏移量；上冲幅值表示最大上冲峰值与允差带中心值之差的绝对值。负上冲 C 是继上冲以后瞬态特性的反向最大偏移量[1]。

上述六个动态性能指标基本上能表征开关调节系统动态特征。其中稳态误差 e_{ss} 是系统的稳态性能指标，其余五个指标为描述系统过渡过程的跟随性能指标。

在控制系统中，突然施加一个能使输出量降低的阶跃扰动量 F 以后，例如在开关调节器（开关电源）中突然加重负载，输出量由降低到恢复至其稳态值的过渡过程是系统典型的抗扰过程，如图 3-4 所示。常用动态跌落和恢复时间两个抗扰性能技术指标来衡量[9]。

（7）动态跌落 ΔV 在系统稳态工作时，突然施加一个标准规定的扰动 F 后，所导致的输出量跌落的最大值 ΔV 定义为动态跌落，其定义式为

$$\Delta V=\frac{A}{V_{o1}}\times100\% \tag{3-4}$$

式中，V_{o1} 和 A 分别表示原稳态值和下冲值。

输出量在动态跌落后逐渐恢复达到新的稳态值为 V_{o2}。

(8) 恢复时间 t_v　在自动控制系统中，恢复时间 t_v 定义从阶跃扰动作用开始，到输出量到达并保持在新稳态值的±5%或±2%误差范围内允差带Δ所需的最少时间。如图 3-2 所示，在开关调节系统中，恢复时间 t_v 定义从 $t = t_d$ 时刻开始，到输出量到达并保持在新稳态值的±5%或±2%误差范围内允差带Δ所需的最少时间。开关调节系统中，通常取最大值 t_{vmax}<50ms 或由型号产品标准规定；通信用开关电源中取 $t_v = 200$ms。

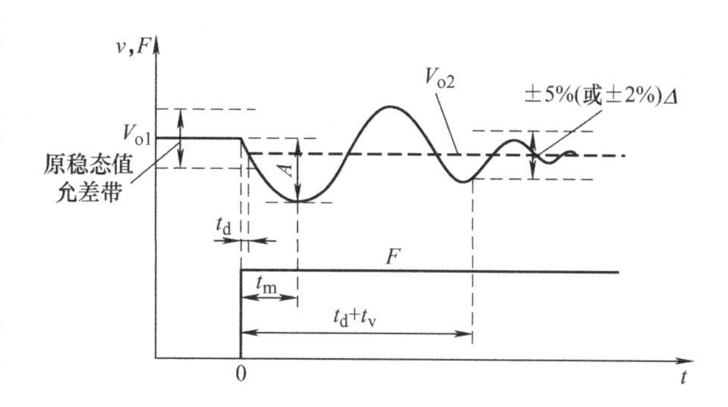

图 3-4　突加扰动的动态过程和抗扰性能指标

3.2.2　频域性能指标

频域性能指标包括：穿越频率 ω_c、相位裕量φ_m、增益裕量 K_g、谐振频率 ω_r、幅频特性谐振峰值 M_r、闭环频率响应的带宽等。

1. 开环频域性能指标

下面结合图 3-5 所示一个典型系统开环传递函数的对数幅频特性（开环对数幅频特性）和相频特性（开环对数相频特性）介绍其开环频域性能指标。

(1) 穿越频率 (f_c) ω_c　开环对数幅频特性等于 0dB 时所对应的频率值，称为开环穿越频率或截止频率 ω_c。它表征系统响应的快速性能，其值越大，系统的快速性能越好。为了使阶跃响应不产生超调（对于二阶系统，$\zeta^2 > 0.5$），穿越频率 ω_c 应位于斜率为−20dB/dec 的线段。如果中频段的斜率为−20dB/dec，则系统必然稳定[8]。

(2) 相位裕量φ_m　φ_m 定义为$\omega = \omega_c$ 时开环对数频率特性相频特性曲线的相位值$\varphi(\omega_c)$与−180°之差，即

$$\varphi_m(\omega_c) = \varphi(\omega_c) + 180° \tag{3-5}$$

$\varphi_m(\omega_c)$的物理意义：为了保持系统稳定，系统开环频率特性在$\omega = \omega_c$时所允许增加的最大相位滞后量。如果$\varphi_m(\omega_c) > 0$，则系统稳定；如果$\varphi_m(\omega_c) = 0$，则系统临界稳定；如果$\varphi_m(\omega_c) < 0$，则系统不稳定。对于一个自动控制系统，通常工程领域认为$\varphi_m(\omega_c) = 45°$，表示系统具有足够的相位裕度。有资料介绍，对于一个二阶系统，取$\varphi_m(\omega_c) > 45°$。相位裕量$\varphi_m(\omega_c)$与超调量 σ%之间的关系如下：相位裕量越大，系统的超调量越小[8]。

(3) 增益裕量 K_g　指相位角$\omega_g = 180°$ 时所对应的幅值倒数的分贝数，即

$$K_g = 20\lg\frac{1}{|T(j\omega_g)|} = -20\lg|T(j\omega_g)|(\text{dB}) \tag{3-6}$$

K_g 的物理意义：为了保持系统稳定，系统开环增益所允许增加的最大分贝数。如果 $K_g > 0$，则系统稳定；如果 $K_g = 0$，则系统临界稳定；如果 $K_g < 0$，则系统不稳定。对于一个自动控制系统，通常工程领域认为 $K_g \geqslant 10$dB，则系统具有足够的幅值裕度。

在工程设计时保留适当的相位裕量和增益裕量，是为了保证实际系统各器件参数发生小范围变化后系统仍是稳定的。

(4) 中频宽度 h　开环对数幅频特性以斜率为-20dB/dec 过横轴的线段在ω轴上所占的宽度称为中频宽度(或称中频带宽)，如图 3-5 所示，即

$$h=\frac{\omega_1}{\omega_2} \tag{3-7}$$

中频带宽反映了系统的稳定程度，h 越大，系统的相位裕量越大。为了得到较好的瞬态响应性能指标，中频宽度应该大于规定的数值。中频宽度越大，阶跃响应曲线越接近指数曲线。如果一个系统的阶跃响应曲线越接近指数曲线，则穿越频率 ω_c 和指数曲线的时间常数成反比[8]。但是，中频带宽 h 越大，高频噪声越大[10]。

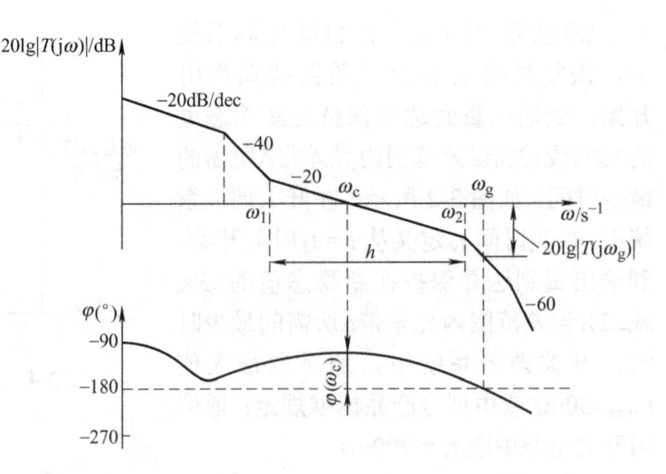

图 3-5　ω_c、φ_m、K_g 和 h 在伯德图上的表示

由于在开关调节器中，有一类开环传递函数 $T(s)$ 是 I 型系统或经过处理后可以等效为 I 型系统，所以下面以一个典型 I 型系统为例，介绍闭环频域性能指标及其与开环频域性能指标、系统参数之间的关系。

设典型 I 型系统的开环传递函数 $T(s)$ 为

$$T(s)=\frac{K}{s^{\upsilon}\left(1+\dfrac{s}{\omega_1}\right)} \tag{3-8}$$

式中，$\omega_1(=1/T)$ 为系统的极点角频率，T 为系统的惯性时间常数；K 为系统的开环直流增益。因为系统为 I 型系统，所以，$\upsilon=1$。

对于单位反馈系统，由典型 I 型系统的开环传递函数可以求出闭环传递函数$\phi(s)$为

$$\phi(s)=\frac{T(s)}{1+T(s)}=\frac{\omega_n^2}{s^2+2\zeta\omega_n s+\omega_n^2} \tag{3-9}$$

式中，ω_n 为无阻尼时自然振荡角频率，或称为固有角频率；ζ 为阻尼比，或称为衰减系数。

由式(3-9)可知，典型 I 型系统是个二阶系统。在经典自动控制理论中，基于系统的闭环传递函数，已经得到了二阶系统的动态性能指标与参数之间的准确解析解。闭环传递函数的频率特性($\zeta>1$)如图 3-6 所示。下面结合图 3-6 介绍闭环频域性能指标以及其与开环频域性能指标、系统参数之间的关系[9]。

2. 闭环频域性能指标

用开环对数频率特性分析和设计控制系统是一种很方便的方法。但是，用开环对数频率特性的相位裕量和幅值裕量作为分析和设计控制系统的根据，只是一种近似的方法[11]。在进一步分析和设计控制系统时，常要用到闭环传递函数的频率特性。用闭环传递函数的频率特性评价系统的性能时，通常使用以下技术指标。

(1) 零频幅值 $M(0)$　闭环传递函数在频率为零(或低频)时所对应的幅值定义为零频幅值 $M(0)$。这个指标反映系统的稳态控制精度。

当系统为 0 型(即不含积分环节)系统时，在式(3-8)中，$\upsilon=0$，则由式(3-9)可得到

$$M(0)=\left|\phi(\mathrm{j}\omega)\right|=\frac{K}{1+K}<1$$

当系统为Ⅰ型系统或Ⅱ型系统时，即含有一个积分环节或含有两个积分环节，在式(3-8)中，$\upsilon=1$ 或 2，$M(0)=1$。反之，若 $M(0)<1$，则系统为 0 型系统。系统单位阶跃响应的稳态误差 $e_{ss}\neq 0$；若 $M(0)=1$，则系统为Ⅰ型或Ⅱ型系统。系统单位阶跃响应的稳态误差 $e_{ss}=0$。

(2) 谐振峰值 M_r　闭环幅频特性的最大值定义为谐振峰值 M_r。对于一个二阶系统，谐振峰值 M_r 为

$$M_r=\frac{1}{2\zeta\sqrt{1-\zeta^2}} \qquad 0<\zeta<\sqrt{2}/2$$

上式说明，当阻尼比ζ增大时，谐振峰值 M_r 随之减小。

假定谐振峰值 M_r 发生在穿越频率 ω_c 附近，M_r 谐振峰值与相位裕量 φ_m 之间存在着如下近似关系：

$$M_r\approx\frac{1}{\sin\varphi_m} \tag{3-10}$$

式(3-10)说明，谐振峰值 M_r 与相位裕量 φ_m 的正弦值存在着近似反比的关系。即相位裕量 φ_m 增大时，谐振峰值 M_r 相应减小。在设计系统时，由于相位裕量 φ_m 较为容易地通过开环传递函数求得，可以用式(3-10)近似估算谐振峰值 M_r 的值。这个公式的使用条件是 $\varphi_m<45°$。如果 $\varphi_m>45°$ 将产生较大的误差[11]。

(3) 谐振角频率 ω_r　谐振峰值 M_r 所对应的角频率定义为谐振角频率 ω_r。对于一个二阶系统，谐振角频率 ω_r 与调节时间 t_s 的近似关系为

$$t_s\approx\frac{3}{\zeta\omega_n}=\frac{3\sqrt{1-2\zeta^2}}{\zeta\omega_r} \tag{3-11}$$

式(3-11)表明，在给定ζ的条件下谐振角频率 ω_r 越高，调节时间 t_s 越短。因此谐振角频率 ω_r 反映了系统暂态响应的速度。

常用谐振峰值 M_r 和谐振角频率 ω_r 作为分析和设计闭环控制系统的依据。

(4) 闭环频率响应的频带宽度 ω_b　闭环频率特性幅值，由其初始值——零频幅值 $M(0)$ 减小到 $0.707M(0)$ 时所对应的角频率，称为闭环截止角频率 ω_b。从 0 频至 ω_b 称为频带宽度，见图 3-6。它反映了系统的响应速度。闭环截止角频率 ω_b 越大，系统的调节时间越短[12]。

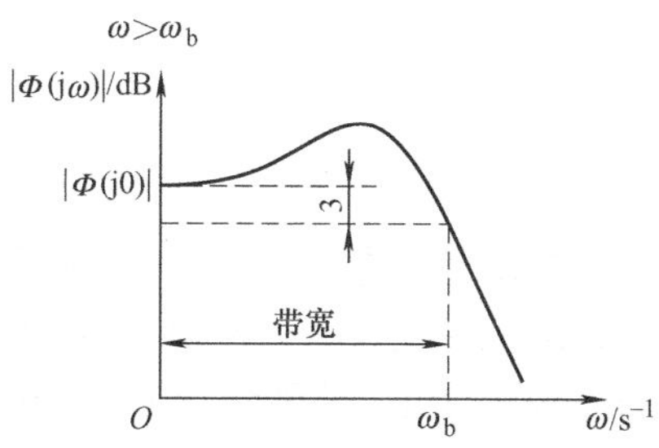

图 3-6　闭环系统的带宽角频率和带宽

3.2.3　频域性能指标与时域性能指标的关系

评价控制系统动态特性优劣的最直观、最主要的是时域指标中的超调量和过渡过程时间。在用开环频率特性来分析或综合控制系统的动态特性时，有必要了解两种指标间的关系。对于二阶系统，φ_m 与 $\sigma\%$ 和 ω_c 与 t_s 之间有确定的对应关系。对于高阶系统，两者之间也有一定的近似关系。

对于二阶系统有

$$\varphi_{\mathrm{m}}=\arctan\frac{2\zeta}{\sqrt{-2\zeta^2+\sqrt{4\zeta^4+1}}},\quad \sigma\%=\mathrm{e}^{-\zeta\pi/\sqrt{1-\zeta^2}}\times 100\% \tag{3-12}$$

高阶系统的频率特性和系统动态过程的性能指标间没有准确的关系式，但通过对大量的系统研究，有关文献给出了如下性能指标的估算公式[11]：

$$\begin{cases}\delta\%=0.16+0.4\left(\dfrac{1}{\sin\varphi_{\mathrm{m}}}-1\right)\times 100\% \qquad 35^\circ\leqslant\varphi_{\mathrm{m}}\leqslant 90^\circ\\ t_{\mathrm{s}}=\dfrac{K\pi}{\omega_{\mathrm{c}}}\end{cases} \tag{3-13}$$

式中，$K=2+1.5\left(\dfrac{1}{\sin\varphi_{\mathrm{m}}}-1\right)+2.5\left(\dfrac{1}{\sin\varphi_{\mathrm{m}}}-1\right)^2$。

3.3 开关变换器传递函数分析

3.3.1 基本 CCM 变换器的传递函数

前面章节已分别对 Buck、Boost 和 Buck-boost 变换器的传递函数进行了讨论，推导出了相应的特征参数(如ω_0、Q、G_{d0}、ω_{z})表达式。三种基本变换器的传递函数均可用标准形式表示，其中输入—输出传递函数的标准形式为

$$G_{\mathrm{vg}}(s)=G_{\mathrm{g0}}\frac{1}{1+\dfrac{s}{Q\omega_0}+\left(\dfrac{s}{\omega_0}\right)^2} \tag{3-14}$$

控制—输出传递函数的标准形式为

$$G_{\mathrm{vd}}(s)=G_{\mathrm{d0}}\frac{1-\dfrac{s}{\omega_{\mathrm{z}}}}{1+\dfrac{s}{Q\omega_0}+\left(\dfrac{s}{\omega_0}\right)^2} \tag{3-15}$$

从推导出的结果看，三种变换器的输入—输出传递函数都具有双极点，没有零点。Boost 和 Buck-boost 变换器的控制—输出传递函数包含双极点和一个右半平面零点，但 Buck 变换器的控制—输出传递函数只包含双极点，没有零点。三种基本变换器的特征参数如表 3-1 所示，它们的输入—输出传递函数和控制—输出传递函数如表 3-2 所示。

表 3-1　小信号 CCM 基本 DC-DC 变换器传递函数特征参数

变换器	G_{g0}	G_{d0}	ω_0	Q	ω_{z}
Buck	D	$\dfrac{V}{D}$	$\dfrac{1}{\sqrt{LC}}$	$R\sqrt{\dfrac{C}{L}}$	∞
Boost	$\dfrac{1}{D'}$	$\dfrac{V}{D'}$	$\dfrac{D'}{\sqrt{LC}}$	$D'R\sqrt{\dfrac{C}{L}}$	$\dfrac{D'^2R}{L}$

（续）

变换器	G_{g0}	G_{d0}	ω_0	Q	ω_z
Buck-boost	$-\dfrac{D}{D'}$	$\dfrac{V}{DD'}$	$\dfrac{D'}{\sqrt{LC}}$	$D'R\sqrt{\dfrac{C}{L}}$	$\dfrac{D'^2R}{DL}$

注：表中所列出的特征参数也适用于带有隔离变压器的 Buck、Boost 和 Buck-boost 变换器，只要将隔离变压器的电压比考虑进去，表中的特征参数公式就可直接引用了。

表 3-2　小信号 CCM 基本 DC-DC 变换器传递函数

变换器	$G_{vg}(s)=\left.\dfrac{\hat{v}(s)}{\hat{v}_g(s)}\right\vert_{\hat{d}=0}$	$G_{vd}(s)=\left.\dfrac{\hat{v}(s)}{\hat{d}(s)}\right\vert_{\hat{v}_g(s)=0}$
Buck	$\left.\dfrac{\hat{v}(s)}{\hat{v}_g(s)}\right\vert_{\hat{d}=0}=D\dfrac{1}{1+\dfrac{L}{R}s+LCs^2}$	$\left.\dfrac{\hat{v}(s)}{\hat{d}(s)}\right\vert_{\hat{v}(s)=0}=\dfrac{V}{D}\dfrac{1}{1+\dfrac{L}{R}s+LCs^2}$
Boost	$\left.\dfrac{\hat{v}(s)}{\hat{v}_g(s)}\right\vert_{\hat{d}=0}=\dfrac{1}{D'}\dfrac{1}{1+\dfrac{L}{D'^2R}s+\dfrac{LC}{D'^2}s^2}$	$\left.\dfrac{\hat{v}(s)}{\hat{d}(s)}\right\vert_{\hat{v}_g(s)=0}=\dfrac{V}{D'}\dfrac{1-\dfrac{LI}{D'V}s}{1+\dfrac{L}{D'^2R}s+\dfrac{LC}{D'^2}s^2}$
Buck-boost	$\left.\dfrac{\hat{v}(s)}{\hat{v}_g(s)}\right\vert_{\hat{d}=0}=-\dfrac{D}{D'}\dfrac{1}{1+\dfrac{L}{D'^2R}s+\dfrac{LC}{D'^2}s^2}$	$\left.\dfrac{\hat{v}(s)}{\hat{d}(s)}\right\vert_{\hat{v}_g(s)=0}=\dfrac{V}{DD'}\dfrac{1-\dfrac{LI}{D'(V_g-V)}s}{1+\dfrac{L}{D'^2R}s+\dfrac{LC}{D'^2}s^2}$

3.3.2　Buck-boost 变换器传递函数举例

为了介绍绘制幅频特性(即伯德图)的方法，同时介绍右半平面零点对频率特性的影响，下面举例说明。

例 3-1　已知变换器各元件值：$D=0.6$，$R=10\Omega$，$V_g=30\text{V}$，$L=160\mu\text{H}$，$C=160\mu\text{F}$。求 Buck-boost 变换器传递函数特征参数，并画出相应的伯德图。

解：步骤 1　求直流增益。已知 $D=0.6$，$D'=1-D=0.4$，可得

$$|G_{g0}|=\frac{D}{D'}=1.5\text{，}\quad |G_{g0}|_{\text{dB}}=20\lg|G_{g0}|\approx 3.5\text{dB}$$

$$|G_{d0}|=\frac{|V_g|}{D'^2}=187.5\text{V}\text{，}\quad |G_{d0}|_{\text{dB}}=20\lg|G_{d0}|\approx 45.5\text{dBV}$$

步骤 2　求转折频率为

$$f_0=\frac{\omega_0}{2\pi}=\frac{D'}{2\pi\sqrt{LC}}\approx 400\text{Hz}$$

步骤 3　求品质因数为

$$Q=D'R\sqrt{\frac{C}{L}}=4\text{，}\quad Q_{\text{dB}}=20\lg Q\approx 12\text{dB}$$

步骤 4　求右半平面零点转折频率为

$$f_z=\frac{\omega_z}{2\pi}=\frac{D'^2R}{2\pi DL}\approx 2.65\text{kHz}$$

步骤 5　绘制伯德图。

(1) 绘制输入—输出传递函数 $G_{vg}(s)$ 的幅频和相频特性

在 400Hz 处传递函数有谐振极点，此处的品质因数为 12dB，直流增益为 3.5dB。所以幅频特性在低频段 $f \ll f_0$ 时，幅值$|G| \to 1.5$，$|G_{vg}(j\omega)|_{dB}$ 是一条 3.5dB 直线；在高频段 $f \gg f_0$ 时，$|G_{vg}(j\omega)|_{dB}$ 是一条斜率为-40dB/dec 的直线。两渐进线在 $f=f_0=400Hz$ 处相交，交点处的品质因数 $Q_{dB}=12dB$。对应的相频特性在低频段相位趋近 0°；在高频段相位趋近-180°；在转折频率 $f=f_0$ 处的相位是-90°。

当 $Q>0.5$，式(3-14)和式(3-15)所表示的二阶系统有一对共扼极点，因此在 f_0 点附近出现了谐振，使得幅频特性的峰值和相频特性的斜率是 Q 的数值函数，不能用常规的方法绘制幅频和相频特性，附录 B 给出了绘制方法。对于相频特性的中频段渐进线的选择应为

$$f_a = 10^{-\frac{1}{2Q}} f_0 = 10^{-\frac{1}{2\times4}} \times 400Hz = 300Hz$$

$$f_b = 10^{\frac{1}{2Q}} f_0 = 10^{\frac{1}{2\times4}} \times 400Hz = 533Hz$$

输入—输出传递函数 $G_{vg}(s)$ 的幅频和相频特性如图 3-7 所示。

(2) 绘制控制—输出传递函数 $G_{vd}(s)$ 的幅频和相频特性

传递函数在 400Hz 处有谐振极点，此处的品质因数为 12dB，直流增益为 45.5dB，且在 2.65kHz 处包含一个右半平面零点。所以，幅频特性在 $f \ll f_0$ 时，幅值$|G| \to 187.5V$，$|G_{vd}(j\omega)|_{dB}$ 是一条 45.5dBV 直线；在 $f_0<f<f_z$ 时，$|G_{vd}(j\omega)|_{dB}$ 是一条斜率为-40dB/dec 的直线，两渐进线在 $f=f_0=400Hz$ 处相交，交点处的品质因数 $Q_{dB}=12dB$；由于右半平面零点的存在，在 $f \gg f_z$ 时，$|G_{vd}(j\omega)|_{dB}$ 是一条斜率为-20dB/dec 的直线。对应的相频特性在不考虑右半平面零点时与输入—输出的相频特性相同。单考虑右半平面零点的相频特性，其中频段渐进线的角频率为 $f_z/10=265Hz$，$10f_z=26.5kHz$。

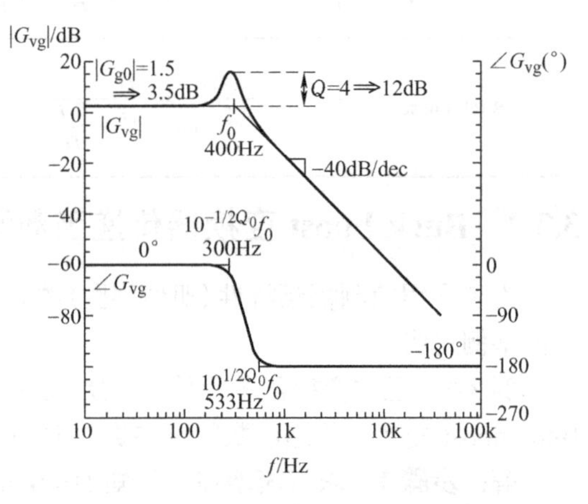

图 3-7 Buck-boosk 变换器等效模型的输入—输出传递函数 $G_{vg}(s)$ 伯德图

因此，控制—输出传递函数的相频特性应是上述两条特性的叠加，即在低频段，相位趋近 0°；在高频段相位趋近-270°；在转折频率 $f=f_0$ 处相位是-180°。控制—输出传递函数 $G_{vd}(s)$ 的幅频和相频特性如图 3-8 所示。

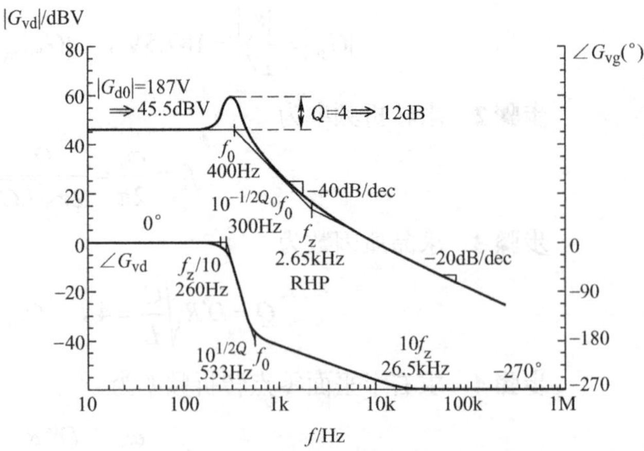

图 3-8 Buck-boosk 变换器等效模型的控制—输出传递函数 $G_{vd}(s)$ 伯德图

由于 Buck-boosk 变换器的传递函数 $G_{vd}(s)$ 存在着一个右半平面零点 f_z，由图 3-8 可见，使其伯德图的相频特性附加一个 90° 的相位移。在传递函数

中，一个右半平面零点对幅频特性产生的影响与左半平面零点相同，但对相频特性的影响却等价于一个左半平面极点。

3.3.3　右半平面零点的物理意义

在对基本变换器的传递函数的分析中发现，Boost、Buck-boost 的控制—输出传递函数都包含一个右半平面的零点，这里进一步对右半平面零点进行分析，探讨具有右半平面零点的物理意义。

右半平面零点的标准形式为

$$G(s)=1-\frac{s}{\omega_0} \tag{3-16}$$

图 3-9 所示为具有右半平面零点的框图。在低频段，$\omega/\omega_z\ll1$，s/ω_z 项可忽略，存在 $u_{out}\approx u_{in}$；在高频段，$\omega/\omega_z\gg1$，s/ω_z 项比 1 大得多，因此有 $u_{out}\approx-(s/\omega_z)u_{in}$，这里负号表示在高频时引起相位反相，即预示了瞬态响应初值的变化方向与终值的方向相反。

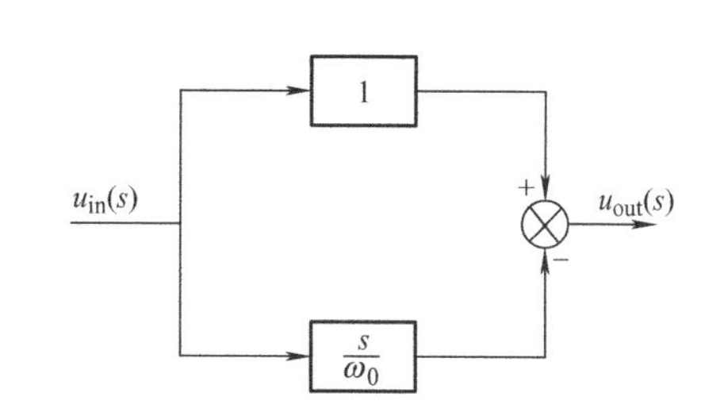

图 3-9　具有右半平面零点的传递函数框图

图 3-10 给出了 CCM 型 Boost、Buck-boost 变换器的工作状态，它们的控制—输出传递函数都具有右半平面零点。下面结合图 3-10 所示工作状态举例说明右半平面零点在瞬态响应过程中的作用。

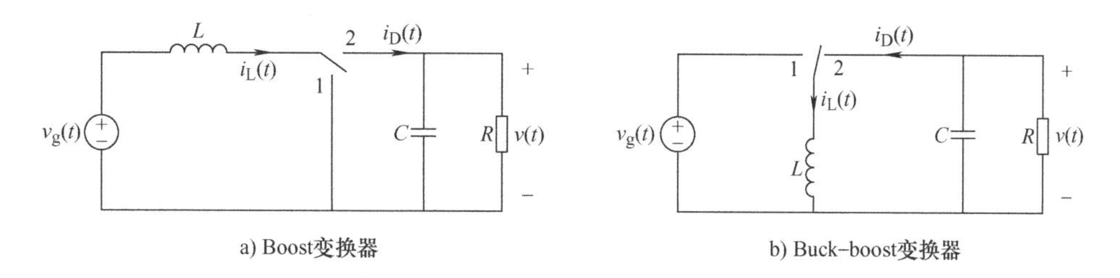

图 3-10　CCM 控制—输出传递函数具有右半平面零点的两种基本变换器等效电路

设变换器最初运行在稳定状态，占空比 $d=0.4$，$d'=1-d=0.6$，电感电流为 $i_L(t)$，二极管电流为 $i_D(t)$，输出电压为 $v(t)$，波形如图 3-11 在 $d=0.4$ 的情况所示。这时二极管平均电流为

$$\langle i_D\rangle_{T_s}=d'\langle i_L\rangle_{T_s} \tag{3-17}$$

当占空比 d 由 0.4 跃变为 0.6 后，电感电流 $i_L(t)$、二极管电流 $i_D(t)$ 和输出电压 $v(t)$ 的变化规律如图 3-11 所示。由图可见，在过渡过程的初始阶段，输出电压有一个下冲，这个现象与直观认识是不一样的。在稳态分析时，对于 CCM 型 Boost 和 Buck-boost 变换器，提高占空比意味着变换器的输出能量增加，输出电压也应随之增加。下面从能量变换的角度解释在过渡过程的初始阶段，输出电压出现下冲的原理。

在 $t=t_1$ 时刻，占空比由 0.4 突增到 0.6，d'由 0.6 降低到 0.4，由于电感电流不能跃变，式(3-17)表明，二极管平均电流因此也降低，即变换器的输出能量开始减少，输出电容开始放电，所以输出电压值的绝对值在变换过程的最初阶段呈现减小的趋势。随着时间的增加，电感电流缓慢地增加，二极管的平均电流最终超出了原先 $d=0.4$ 所对应的平衡值，而输出电压则最终提高到 $d=0.6$ 所对应的新的平衡值。

下面通过一个仿真结果说明输出电压的变化规律。已知变换器各元件值：$D=0.6$，$R=10\Omega$，$V_g=30V$，$L=160\mu H$，$C=160\mu F$，由 3.3.2 节中介绍的方法计算出二阶系统的参数如下：

直流增益　$|G_{d0}|=187.5V$

转折频率　$f_0=400Hz$

品质因数　$Q=4$

右半平面零点转折频率　$f_z=2.65kHz$

占空比 d 由 0.4 跃变到 0.6 的阶跃响应为 $\dfrac{\Delta d}{s}=\dfrac{0.2}{s}$。

输出电压增量的表达式为

$$\Delta v(s)=G_{vd}(s)\frac{\Delta d}{s}=G_{d0}\frac{1-\dfrac{s}{\omega_z}}{1+\dfrac{s}{Q\omega_0}+\left(\dfrac{s}{\omega_0}\right)^2}\frac{\Delta d}{s} \tag{3-18}$$

用式(3-18)通过拉普拉斯反变换求出其瞬态表达式并绘制输出电压过渡过程的变化规律，如图 3-12 所示。由图可见：①不同的 Q 值，输出电压的变化规律有些差别；②右半平面零点的存在，往往会引起带宽的振荡。用这一观点也可以解释具有反馈控制的 CCM 型 Boost、Buck-boost 开关变换器过程的开关调节系统在负载跃变或输入电压瞬间趋于振荡的原因。

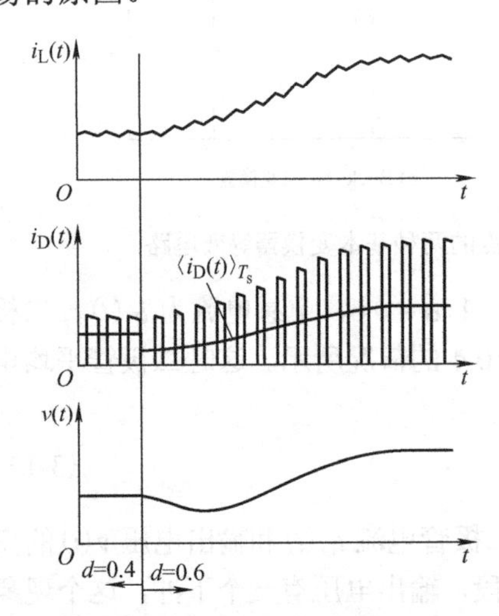

图 3-11　对应图 3-10 变换器的 $i_L(t)$、$i_D(t)$、$v(t)$阶跃(占空比)响应波形

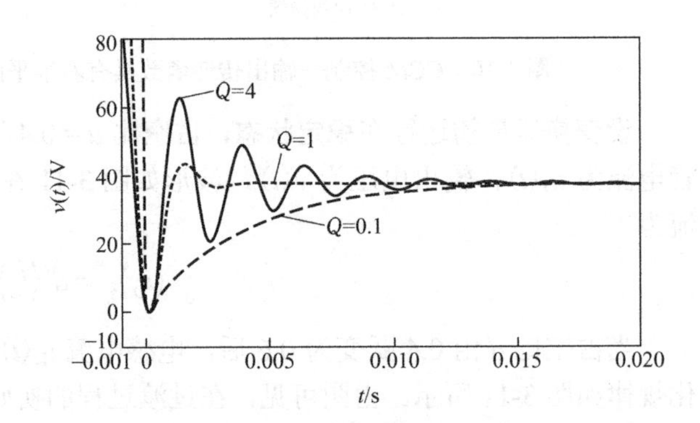

图 3-12　占空比 d 跃变($\Delta d=0.2$)时输出电压的变化规律($Q=0.1$，1，4)

3.3.4 闭环系统的传递函数

由图 3-1b 可以得到电压型开关调节器的系统框图如图 3-13 所示。

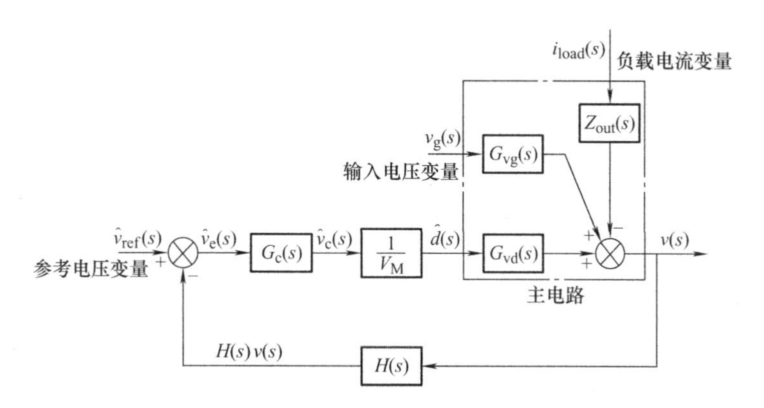

图 3-13 电压型开关调节器的系统框图

$\hat{v}_{ref}(s)$—参考电压象函数 $G_c(s)$—电压控制器的传递函数 $\hat{v}_e(s)$—误差量象函数 $\hat{v}_c(s)$—电压控制器的输出量象函数 $1/V_M=(G_M(s))$—PWM的传递函数 V_M—PWM中锯齿波的幅值 $\hat{d}(s)$—占空比象函数 $\hat{v}(s)$—输出电压象函数 $\hat{v}_g(s)$—输入电压象函数 $G_{vd}(s)$—控制-输出传递函数 $\hat{i}_{load}(s)$—负载电流象函数 $G_{vg}(s)$—输入-输出传递函数 $Z_{out}(s)$—开环输出阻抗 $H(s)(=K)$—电压采样网络的传递函数

为了便于分析，假定：①占空比在稳态值附近进行小范围波动；②主电路近似为一个线性系统；③控制器工作在线性区。

当输入直流电压恒定，即 $\hat{v}_g(s)=0$，且负载为恒定负载时，参考电压是一个幅值为ΔV_{ref}的阶跃信号。其等价的实际情况为：①主电路已经开启，突然开启控制电路；②参考电压由 V_{ref1} 跃变为 V_{ref2}，输出电压由 V_{ref1} 对应的第一个稳态值 V_{o1} 变为由 V_{ref2} 对应的第二个稳态值 V_{o2} 的过渡过程。

在图 3-13 中，令 $\hat{v}_g(s)=0$，$\hat{i}_{load}(s)=0$，可以得到参考量突加阶跃时系统框图如图 3-14 所示，传递函数的表达式为

$$\frac{\hat{v}(s)}{\hat{v}_{ref}(s)}=\frac{T(s)}{1+T(s)} \tag{3-19}$$

式(3-19)中，开环传递函数 $T(s)$ 为

$$T(s)=G_c(s)G_M(s)G_{vd}(s)H(s) \tag{3-20}$$

在图 3-13 中，令 $\hat{v}_{ref}(s)=0$，$\hat{i}_{load}(s)=0$，可以得到输入量突加一个阶跃时系统的框图，如图 3-15 所示。输入音频信号衰减率的表达式为

$$A(s)=\frac{V_o(s)}{V_g(s)}=\frac{G_{vd}(s)}{1+T(s)} \tag{3-21}$$

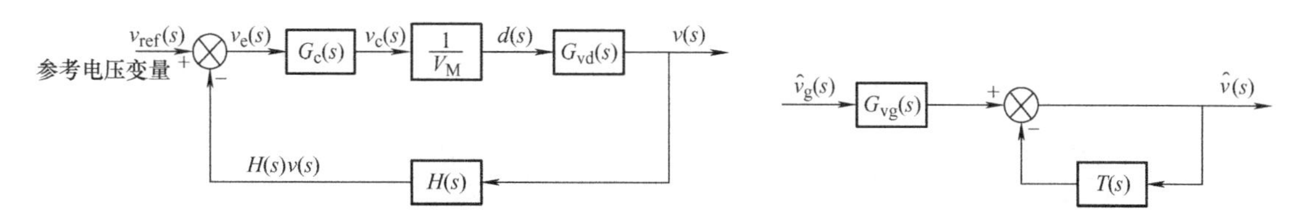

图 3-14 参考量突加阶跃时的系统框图　　图 3-15 输入量突加阶跃时的系统框图

在图 3-13 中，令 $\hat{v}_{ref}(s)=0$，$\hat{v}_g(s)=0$，可以得到负载突加一个阶跃时系统的框图，如图 3-16 所示。输出阻抗的表达式为

$$Z(s)=\frac{\hat{v}(s)}{\hat{i}_{\mathrm{load}}(s)}=\frac{Z_{\mathrm{out}}(s)}{1+T(s)} \tag{3-22}$$

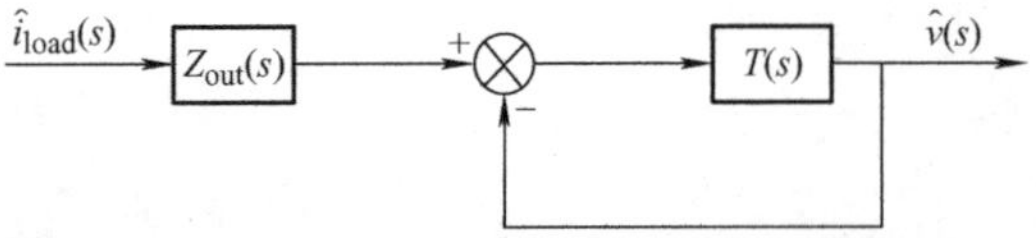

图 3-16　负载突加阶跃时系统的框图

用式(3-19)～式(3-22)可以分析突加一个跃变时，系统的动态响应。必须指出：①在实际系统中，由于参考电压突加阶跃后的相当一段时间内，控制器的输出可能处于饱和状态。这与前面分析中假定控制器工作在线性区是不一致的；②在整个调节过程中，占空比可能由最大值变为最小值，然后回到稳态，这与前面分析中假定占空比在稳态范围内进行小范围波动的假定是不一致的；③由于占空比大范围变化，在整个调节过程中，主电路为一个时变电路，这与前面假定主电路为线性电路不一致。这样，由上面数学模型分析的结果会有一定误差。一般而言，超调要小于理论值，调节时间也会少一些。

3.4　开关调节系统的瞬态分析

开关调节系统在工作时常遇到几种大幅度的扰动，例如起动过程、电网电压的突升或突降以及突加负载或突卸负载等工况。这时系统在大信号扰动下工作，小信号分析方法不再适用。因此，本节主要介绍在开关调节系统遇到大幅度的扰动后系统瞬态响应的特点、对系统构成的潜在危害以及设计控制电路时应注意的问题。开关调节系统是一个典型的能量变换与控制系统，大幅度的扰动意味着系统应具备处理能量的突增或突减，处理不当会给系统带来很大的危害。但能量的突增或突减又是系统经常会遇到的工况，因此，在评价开关调节系统的性能指标中均含有一些特定的指标。

3.4.1　开关变换器的起动过程

首先，以 Buck 型开关变换器为例，研究开关变换器最简单的工作情况——系统的开环运行。系统的开环运行是指控制器输出的占空比 D 在整个起动过程中为一个常数，开关变换器中各储能元件的初始值为零，并且令开关变换器的输入电压 $v_{\mathrm{g}}(t)=V_{\mathrm{g}}\times 1(t)$，$1(t)$ 为单位阶跃函数。在上述假设下，根据图 1-15 给出的 CCM 型 Buck 变换器的等效电路，结合表 1-1 中等效电路的参数，可得求解开环起动过程的等效电路如图 3-17 所示。

设电路中储能元件的初始值为零，输入 $V_{\mathrm{g}}(s)=V_{\mathrm{g}}/s$ 为阶跃函数，则输出电压和电感电流的表达式为

$$\begin{cases} v(s)=\dfrac{D\omega_{\mathrm{n}}^2}{s^2+2\zeta\omega_{\mathrm{n}}s+\omega_{\mathrm{n}}^{\ 2}}\dfrac{V_{\mathrm{g}}}{s} \\ i(s)=\dfrac{aD}{R}\dfrac{(1+RCs)\omega_{\mathrm{n}}^2}{s^2+2\zeta\omega_{\mathrm{n}}s+\omega_{\mathrm{n}}^2}\dfrac{V_{\mathrm{g}}}{s} \end{cases} \tag{3-23}$$

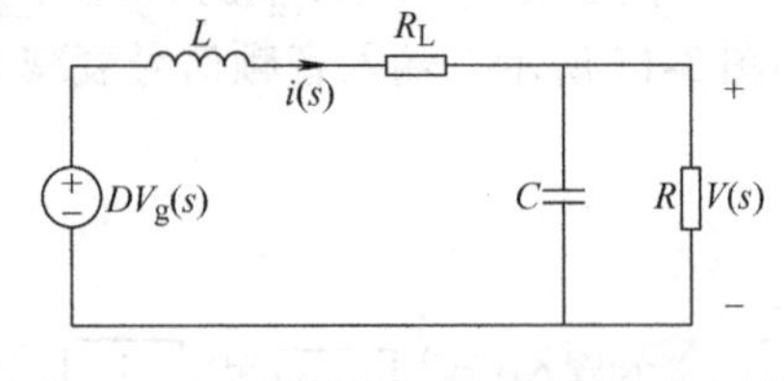

图 3-17　求解开环起动过程的等效电路

式中，$\omega_{\mathrm{n}}=\sqrt{\dfrac{R+R_{\mathrm{L}}}{RLC}}$；$\zeta=\dfrac{L+RR_{\mathrm{L}}C}{2}\sqrt{\dfrac{1}{RLC(R+R_{\mathrm{L}})}}$；$a=\dfrac{R}{R+R_{\mathrm{L}}}$。

当 $0<\zeta<1$ 时，输出电压和电感电流的瞬态表达式为

$$v(t)=\frac{DV_{\mathrm{g}}R}{R+R_{\mathrm{L}}}\left[1-\frac{1}{\sqrt{1-\zeta^2}}\mathrm{e}^{-\zeta\omega_{\mathrm{n}}t}\sin(\omega t+\beta)\right] \tag{3-24}$$

$$i(t)=\frac{DV_{\mathrm{g}}}{\omega L}\mathrm{e}^{-\zeta\omega_{\mathrm{n}}t}\sin\omega t+\frac{DV_{\mathrm{g}}}{R+R_{\mathrm{L}}}\left[1-\frac{1}{\sqrt{1-\zeta^2}}\mathrm{e}^{-\zeta\omega_{\mathrm{n}}t}\sin(\omega t+\beta)\right] \tag{3-25}$$

式中，$\omega=\sqrt{1-\zeta^2}\omega_{\mathrm{n}}$；$\beta=\arctan\dfrac{\sqrt{1-\zeta^2}}{\zeta}$。

若取 $L=0.25\mathrm{mH}$，$R_{\mathrm{L}}=0.27\Omega$，$C=1000\mu\mathrm{F}$，$R=2.5\ \Omega$，$D=0.46$，$V=5\mathrm{V}$，$V_{\mathrm{g}}=12\mathrm{V}$，则计算出$\omega_{\mathrm{n}}=2.1\times10^3\mathrm{rad/s}$，$\zeta=0.352$，$\omega=\sqrt{1-\zeta^2}\omega_{\mathrm{n}}=1.97\times10^3\mathrm{rad/s}$，$\beta=\arctan\dfrac{\sqrt{1-\zeta^2}}{\zeta}=69.4°$，按照式(3-24)和式(3-25)画出 Buck 变换器的瞬态响应曲线如图 3-18 所示。

基于式(3-23)和式(3-24)，可以得到 Buck 开关变换器的一些主要时域指标：

(1) 上升时间 t_{r}

$$t_{\mathrm{r}}=\frac{\pi-\arccos\zeta}{\omega_{\mathrm{n}}\sqrt{1-\zeta^2}} \tag{3-26}$$

在本例中，$\zeta=0.352$，上升时间为

$$t_{\mathrm{r}}=\frac{\pi-\arccos\zeta}{\omega_{\mathrm{n}}\sqrt{1-\zeta^2}}=9.821\times10^{-4}\mathrm{s}$$

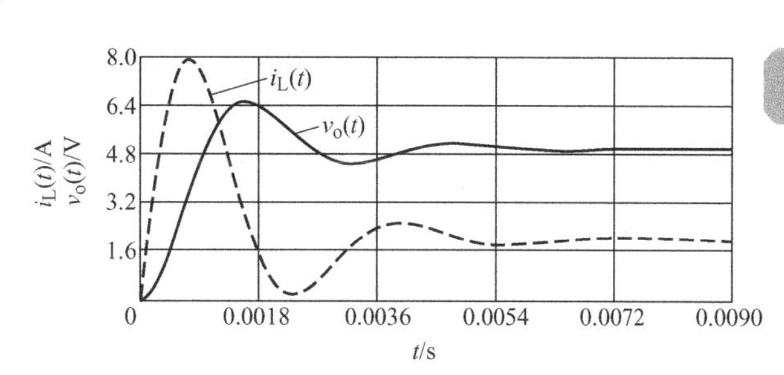

图 3-18　Buck 变换器起动过程瞬态响应曲线(计算值)

(2) 调节时间 t_{s}

$$t_{\mathrm{s}}=\begin{cases}\dfrac{4}{\zeta\omega_{\mathrm{n}}}=\dfrac{8RLC}{RR_{\mathrm{L}}C+L} & \text{(2\%误差带)}\\[2ex] \dfrac{3}{\zeta\omega_{\mathrm{n}}}=\dfrac{6RLC}{RR_{\mathrm{L}}C+L} & \text{(5\%误差带)}\end{cases} \tag{3-27}$$

在本例中，调节时间为

$$t_{\mathrm{s}}=\begin{cases}\dfrac{4}{\zeta\omega_{\mathrm{n}}}=\dfrac{8RLC}{RR_{\mathrm{L}}C+L}=5.405\times10^{-3}(\mathrm{s}) & \text{(2\%误差带)}\\[2ex] \dfrac{3}{\zeta\omega_{\mathrm{n}}}=\dfrac{6RLC}{RR_{\mathrm{L}}C+L}=4.054\times10^{-3}(\mathrm{s}) & \text{(5\%误差带)}\end{cases}$$

当忽略电感 L 的等效损耗电阻 R_{L} 时，调节时间近似为

$$t_{\mathrm{s}}=\begin{cases}\dfrac{4}{\zeta\omega_{\mathrm{n}}}\approx 8RC & \text{(2\%误差带)}\\[2ex] \dfrac{3}{\zeta\omega_{\mathrm{n}}}\approx 6RC & \text{(5\%误差带)}\end{cases}$$

上式表明，时间常数$\tau(=RC)$越大，调节时间越长。

(3) 超调$\sigma\%$为

$$\sigma\%=\mathrm{e}^{-\frac{\zeta\pi}{\sqrt{1-\zeta^2}}}\times100\% \tag{3-28}$$

当$\zeta=1$，$\sigma\%=0$；$\zeta=0.707$，$\sigma\%=4.3\%$；$\zeta=0.5$，$\sigma\%=16.3\%$。可见，随着ζ减小，超

调量$\sigma\%$是增加的。在本例中，$\zeta=0.352$，$\sigma\%=30.7\%$。

(4) 上冲电压ΔV　最大上冲电压ΔV是指输出电压偏离其稳态值的最大值。

设输出电压偏离稳态值达到最大值所用的时间为t_m，将式(3-24)对t求导，当$t=t_m$时，满足$\left.\dfrac{dv(t)}{dt}\right|_{t=t_m}=0$，得

$$-\zeta\omega_n e^{-\zeta\omega_n t_m}\sin\left(\omega t_m+\arctan\frac{\sqrt{1-\zeta^2}}{\zeta}\right)+\omega e^{-\zeta\omega_n t_m}\cos\left(\omega t_m+\arctan\frac{\sqrt{1-\zeta^2}}{\zeta}\right)=0$$

化简上式后得

$$\tan\left(\omega t_m+\arctan\frac{\sqrt{1-\zeta^2}}{\zeta}\right)=\frac{\sqrt{1-\zeta^2}}{\zeta}$$

显然存在$\omega t_m=k\pi\,(k=0,\ 1,\ 2,\ 3,\ \cdots)$。

由于t_m是输出电压第一次达到峰值时刻，故$k=1$。当$\omega t_m=\pi$时，输出电压达到最大值，所以有

$$t_m=\frac{\pi}{\omega}=\frac{\pi}{\omega_n\sqrt{1-\zeta^2}}=1.598\times10^{-3}\text{s}$$

上冲电压为

$$\Delta V=v(t_m)-\frac{DV_gR}{R+R_L}=\frac{DV_gR}{R+R_L}e^{-\zeta\frac{\omega_n\pi}{\omega}}=1.532\text{V}$$

因此，稳态输出电压$V=5$V，最大峰值电压为$V_{max}=V+\Delta V=6.532$V。

由上面分析可得到如下结论：

1) 在一般控制系统中，$\zeta=0.707$。但在这个例子中，$\zeta=0.352$。在开环调节系统中，L、C的选取主要是满足系统的纹波和CCM模式下电感的损耗等要求。

2) 电压太高，过冲电压是30.7%的稳态值，但一般要求过冲电压小于10%的稳态值，显然不符合要求，形成这个问题的主要原因是主电路和控制电路的工作时序。现在的工作时序是控制电路已正常工作，且输出为稳态的占空比，然后开启主电路，其结果使得过冲太高。正常的工作时序应是主电路先于控制电路开启，且控制电路中含有一个软起动电路，使得开关调节系统在满足调节时间要求的条件下，占空比由0逐渐增大，然后进入稳态。因此增加软起动和保证主电路先于控制电路开启，可以减少输出过冲，确保系统安全起动。

3) 电感电流的峰值过高。由式(3-25)和图3-18可知，电感电流的峰值太高。过高的峰值有可能使得电感的铁心处于饱和状态，从而导致烧坏主电路。所以在电路中增加限流保护十分必要。增加电流反馈环也是降低电感峰值电流的一种有效的方法。

上述分析方法的局限性：

1) 没有考虑主电路的开关非线性。在利用状态空间平均法求取图3-17所示的等效电路过程中，忽略了两个微变量相乘项，使得描述主电路的动态方程由非线性微分方程简化为线性微分方程。

2) 没有考虑控制电路中脉冲宽度调制器的非线性特性。在实际电路中，由于脉冲宽度调制器的非线性特性，占空比d总是有上限D_{max}和下限D_{min}的约束条件。

3）没有考虑到调压系统的时变性。因为在整个起动过程中，占空比的一般变化规律是：由于输出电压的初值是从零开始的，占空比先达到最大值 D_{max}，然后随着输出电压的增加而减小；当输出电压出现过冲现象时，占空比达到最小值 D_{min}，然后随着输出电压的减小而增加。因此在整个起动过程中，占空比是随着输出电压做振荡变化。

总之，上述分析方法是小信号分析。

3.4.2 开关调节系统过冲幅度的实验

在开关调节系统的技术条件中，大多数电气技术指标是衡量系统在大信号扰动下工作性能的。例如 GB/T 14714—2008《微小型计算机系统设备用开关电源通用规范》给出如下指标：

（1）负载稳定度 S_i　固定输入电压，改变负载电流变化范围为 20%～100%或 100%～20%，在系统达到稳态后，测量其输出电压的波动量ΔU 与标称值 U，负载稳定度计算为

$$S_{\mathrm{i}}=\left|\frac{\Delta U}{U}\right| \tag{3-29}$$

（2）电压稳定度 S_v　在负载电流为标称值时，将输入电压由标称值分别调节到标称值的 115%和标称值 85%，在系统达到稳态后，测量输出电压的波动量ΔU 和标称值 U，电压稳定度计算为

$$S_{\mathrm{v}}=\left|\frac{\Delta U}{U}\right| \tag{3-30}$$

描述超调的技术指标有过冲幅值和暂态恢复时间。过冲幅值和暂态恢复时间又分为输入电压阶跃时过冲幅度和暂态恢复时间以及负载过冲幅度和暂态恢复时间。下面通过实验结果说明闭环调压系统的起动过程。

试验条件为 CCM 工作的 Buck 变换器，占空比的约束条件为 $D_{min}=0$，$D_{max}=0.8$，采用线性反馈，反馈系数 $k=2$；电感的损耗等效电阻 R_L＝0.27Ω，$R=2.5\ \Omega$，$V=5$V，$V_g=12$V，$L=0.25$mH，$C=1000\mu$F。

闭环系统起动过程中电感电流和输出电压的瞬态响应曲线如图 3-19 所示。

由图 3-19 可知，采用电压反馈和线性控制时，闭环的 Buck 型开关调节系统在起动过程中，电感电流的峰值达到 13.5A，是标称值的 6.75 倍。输出电压上冲幅值为 6.6V，超过额定值 32%。

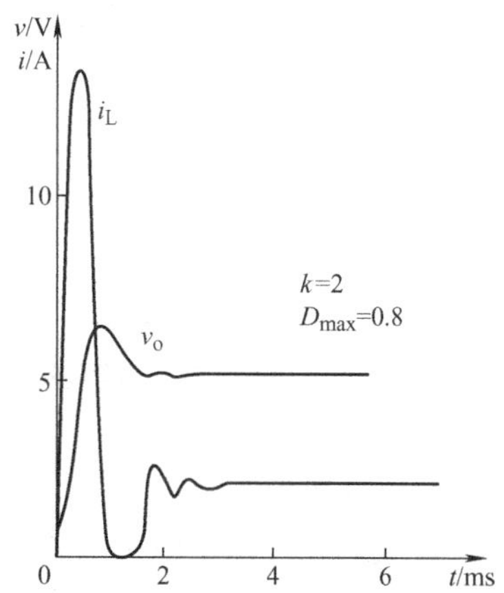

图 3-19　闭环系统起动特性

对照图 3-18 和图 3-19 可以得到如下结论：

1）电感电流和输出电压的变化规律相同，因此，用图 3-17 所示的线性电路可以近似地估算在起动过程中变换器各量的变化规律，但在定量分析结果中存在着较大的误差。

2）通常输出电压的实测值小于计算值，这是因为采用了电压反馈，当输出电压超过额定值后，由于脉宽调制器的非线性特性会使占空比在一段时间内保持最小值 D_{min}，从而限制了输出电压的上冲幅值。

3）电感电流的实测值远大于计算值。在这个电路中，电感电流超前输出电压，在输出电压到达稳态值之前，电感电流单调上升且已超过了额定值。因为当输出电压远小于额定值时，

脉宽调制器的非线性特性会使占空比在起动的初始时间内保持最大值D_{max}，系统处于失控状态。又因为D_{max}大于其稳态值D，所以会使电感电流产生过大上冲幅值。如果采用电流反馈，则会限制电感电流的幅值。

3.4.3 负载电流大幅度变化的实验

对于同一个Buck型开关调节系统，保持输入电压恒定，使得负载电阻由R_1突变为R_2，输出电压和电感电流都会有一个大幅度的变化。用这个实验模拟开关调节系统的加载和卸载时变换器的工作过程。

实验1 输出电流的初值$I_{o1}=6.5A$，突然卸去部分负载(即负载电阻由R_1突变为R_2，且$R_2>R_1$)，使输出电流为$I_{o2}=0.5A$，输出电压产生一个上冲幅值ΔV，如图3-20所示。

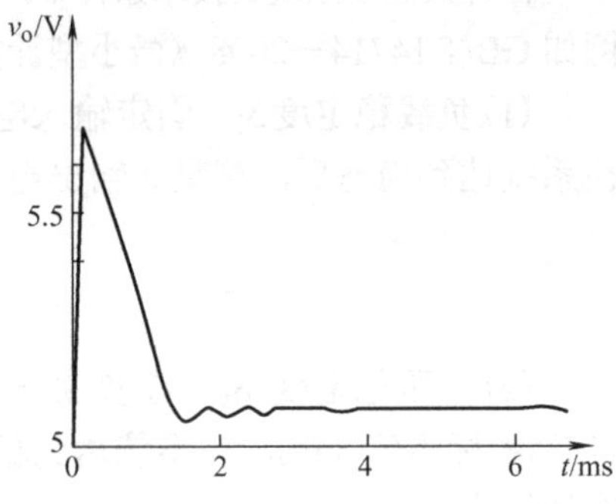

图3-20 $I_{o1}=6.5A$，$I_{o2}=0.5A$

卸载之前，电感上的能量为$\frac{1}{2}LI_{o1}^2$，卸载完成后，电感上的能量为$\frac{1}{2}LI_{o2}^2$，其能量差为$\frac{1}{2}L(I_{o1}^2-I_{o2}^2)$。这些能量只能向输出电容释放，所以输出电压会产生一个上冲值，其幅值为5.7V，超调量为14%。

卸载瞬间，电感向电容释放能量，电容的电压随之上升，反馈系统使得占空比变小。为了便于分析，假定在整个过渡过程中，脉冲宽度调节器输出的占空比保持最小值D_{min}，且系统从输入电源吸收能量恰好等于负载消耗的能量；同时当输出电压达到峰值($V_1+\Delta V$)时，电感电流等于I_{o2}。因此，在过渡过程中，电感失去的能量等于电容增加的能量，存在方程

$$\frac{1}{2}L(I_{o1}^2-I_{o2}^2)=\frac{1}{2}C(V_2^2-V_1^2) \tag{3-31}$$

设$I_{o1}=I_{o2}+\Delta I$，$V_2=V_1+\Delta V$，ΔI是电流的增量，ΔV是电容电压的增量，解得

$$\Delta V=\sqrt{\frac{L}{C}[(\Delta I)^2+2I_{o2}\Delta I]-2V_1\Delta V} \tag{3-32}$$

由上式可知，增大电容的容量或减少电感的数值有利于减少上冲幅值。

实验2 输出电流的初值$I_{o1}=0.5A$，突然增加负载使输出电流为$I_{o2}=6.5A$，输出电压产生一个下冲幅值，如图3-21所示。

加载瞬间，由于电感上的电流不能跃变，所以系统提供的能量小于负载所需的能量，不足部分由输出电容提供，因此会产生一个幅值为0.78V的下冲，超调量为15.6%。加载后，输出电压立即开始降低，且控制电路使得脉冲宽度输出为最大值D_{max}，系统以最大输出能力向负载提供能量(这时电感电流会有一个很大的过冲值)。但由于系统的速度限制，输出电压仍有一个下冲。因此，减少下冲幅值与控制电路无关，而必须减少主电路的阻尼系数，以便提高系统的响应速度。

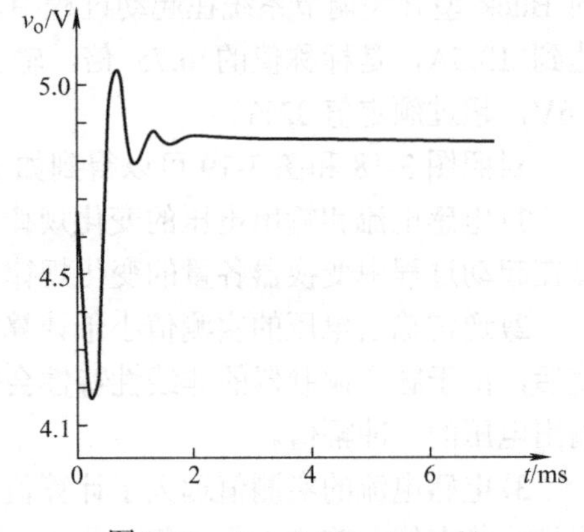

图3-21 $I_{o1}=0.5A$，$\Delta i_o=6A$

总之，由于主电路的开关非线性、控制电路中脉冲宽度调制器的非线性特性以及调压系统的时变性，当开关调节系统在大信号扰动下工作时，小信号分析方法不再适用。因此，基于小信号分析方法所得的结果与大信号扰动下系统的响应不一致，可能出现以下两种情况：

1) 用小信号分析方法分析或设计的某个开关调节系统是稳定的，但在大信号扰动下，系统可能变为一个不稳定的系统，即用基于小信号分析方法所得的结果不能用来预测大信号扰动下系统的实际性能。要预测大信号扰动下系统的实际性能，必须采用大信号分析方法。第 1 章中介绍的开关网络平均法给出的等效电路是大信号模型，用它可以分析和仿真大信号扰动下系统的实际性能。

2) 大信号扰动下，系统中开关器件所承受的开关应力是其稳态值的数倍，电感电流和电容电压的峰值可能远大于其稳态值。因此，实际设计时必须留有足够的裕量且需采用必要措施限制其峰值。

3.4.4 开关调节系统大信号瞬态特性的定性分析

为了使开关调节系统在大信号扰动下能够可靠的工作，深入研究大信号瞬态特性是十分重要的。但准确地分析开关调节系统大信号瞬态特性需要直接求解非线性—时变—离散微分方程组，因此较为困难且十分复杂，其分析方法已经超出了本书的研究范围。下面从电路分析的角度，将对两种典型开关调节系统的大信号瞬态特性进行定性分析，得出一些十分重要的结论，并在此基础上，介绍电路设计应注意的事项。

1. Buck 变换器的大信号瞬态特性

当 Buck 变换器处于满功率工作时负载突然开路，存储在滤波电感中的能量将向输出电容充电，使得输出电压骤然上升，很有可能使其接近输入电压或超过输入电压，使后级电路因过压而损坏。需要采取如下措施：①在 Buck 变换器的输出端与输入端接一个能量回馈二极管，使电感中的能量返回输入电压源，将输出电压的最大电压应力限制在输入电压的水平；②增加输出过电压保护电路以及假负载，当过电压保护电路动作时，强迫开关管截止，停止传输能量，假负载将保证电路正常工作，使输出电压维持其额定值。

当输出端突然短路时，由于输出电压等于零，使得脉冲宽度调制器的输出为最大值占空比 D_{max}，电感电流单调上升，其上升速度与电感量、开关频率及输入电压等有关。如果不加以限制，电感的铁心有可能达到饱和使主电路烧毁。所以增加过电流保护电路是必须的。如果电感电流超过额定值的 1.2～1.5 倍，保护电路开始动作，强迫开关管截止，停止传输能量。

起动过程中，需要有软起动措施，使占空比 d 缓慢增加，限制输出电压的上升速度。在零初态起动过程中，由于输入滤波电容需要较大的充电电流，会在输入端产生一个较大的浪涌电流，浪涌电流的峰值与输入回路的等效电阻和滤波电容的容量大小有关。最严重的工况是：当开关变换器起动瞬间，交流输入电源电压正好处在波峰，输入滤波电容的初值为零，负载为满载且输出滤波电路中的储能元件的初态亦为零，此时起动开关调节系统，会在输入端产生数倍额定值的浪涌电流。其危害可能是烧坏输入熔丝或给电网造成巨大的电磁干扰，影响周围电气设备的正常工作。对于大功率开关调节系统，建议：①给主电路增加起动限流电路，减少由输入滤波电容产生的浪涌电流。②给控制电路增加一个软起动电路，使得开关调节系统在满足调节时间要求的条件下，占空比由 0 逐渐增大，然后进入稳态，减少由于开关调节系统起动对主电路和电网产生的不良影响。③使用合理起动时序，即主电路先于控制电路开起。在主电路的输入滤波电容的电压到达额定值后，开起控制电路，控制电路在其软起动电路的作用下，占空比逐渐增大，然后进入稳态。④轻载起动。当系统在轻载起动并已达到稳态后，再加重负载，可以减少起动浪涌电流，保证系统的安全运行。

停机过程中，建议：①关断的时序为主电路先于控制电路，使主电路中所有的储能在控制电路关断前全部被负载消耗。②在控制电路中增加软关断电路，使占空比和输出电压缓慢下降。

2. Boost 变换器的大信号瞬态特性

在大信号扰动下，Boost 变换器工作情况与 Buck 变换器有所不同，下面简要分析如下：

1) 输出端短路时，假定控制电路中含有电流保护电路，保护电路使晶体管处于完全截止状态，输入电源通过电感、二极管形成回路。回路中等效电阻甚小，不能限制电流上升。因此建议在电源端与变换器之间增加一个电子开关，以便在输出短路时及时切断输入电流，达到保护电路的目的。

2) 输出端开路时，电容储存的能量上升，输出电压也随之升高。过高的输出电压可能损坏 Boost 变换器和后级电路，因此 Boost 变换器不能空载运行。建议：①增加过电压保护电路且在电源端与变换器之间增加一个电子开关，以便在输出开路时及时切断输入电源。②增加假负载。假负载将保证电路正常工作，使输出电压维持其额定值。

3) 起动过程中，即使在开机瞬间控制电路使得开关管处于截止状态，输入回路也会产生较大的浪涌电流，其数值的大小与输入电感及输出 RC 并联电路的参数有关。浪涌电流的最大值为额定值的若干倍。过大的浪涌电流有可能损坏滤波元件或电源，尤其是当浪涌电流大到一定程度会使电感饱和而引起严重的后果。因此限制浪涌电流幅值是十分必要的。另外，有些设计者为了加速电路的起动过程，在起动时令占空比先达到其最大值 D_{max}，然后再随输出电压的增加而减小。这种设计思路有不足之处，如果 D_{max} 取得太大，因二极管的导通时间太短而影响储存在电感上的能量不能及时地传输到输出端，导致了输出电压反而建立不起来。还有可能出现因电感上的能量积累致使电感饱和。建议采用与 Buck 变换器相类似的措施处理 Boost 变换器起动过程中存在的问题。

由以上定性分析可见，Buck 变换器的优点之一是在起动、关机及输出端出现故障条件下，输出电压和电流容易控制。

3.5 典型开关调节系统的频域分析与设计

一个开关调节系统是由主电路、电压采样网络、电流采样网络、控制器（或称为补偿网络）以及脉冲宽度调制器等环节组成。在交流小信号分析时，可以认为是一个线性系统。一般来说，开关调节系统是一个高阶系统。对于这类高阶系统，以穿越 0dB 线的线段为分界，可以将这类系统的频率特性曲线分为高、中、低三个频段。低频段决定了系统的稳态性能，中频段决定了系统的动态性能，高频段决定了系统的抗高频干扰能力。由于国标和 IEC 标准中针对开关调节系统所规定的性能指标主要是测试系统的动态和稳态性能，因此，研究系统的动态性能和稳态性能是设计者必须熟悉的一项工作内容。本书所介绍的思路是：根据主电路的传递函数，选择一个合适的控制器（或称补偿网络），使其开环传递函数转化为一个典型系统。利用典型系统已有的知识，分析与设计开关调节系统。本节试图用典型系统的理论和方法研究开关调节系统，其中 3.5.1 节中将 DCM 型 Buck 开关调节系统转化为典型的 I 型系统；

3.5.2 节介绍典型 I 型系统的性能指标和参数之间的关系，给出 I 型系统的设计方法；3.5.3 节为典型 I 型系统的抗扰性能分析，并给出了一些仿真结果；3.5.4 节介绍 CCM 型 Buck 开关调节系统的开环传递函数的近似处理，在中频段，将 CCM 型 Buck 开关调节系统简化为一个典型Ⅱ型系统，并介绍Ⅱ型系统的设计方法；3.5.5 节介绍典型Ⅱ型系统跟随性能指标和参数的关系；3.5.6 节介绍典型的Ⅱ型系统的抗扰动性能分析。

3.5.1　DCM 型 Buck 开关调节系统的开环传递函数

DCM 型 Buck 开关调节系统指工作在 DCM 模式 Buck 变换器及其控制器组成的系统。由第 2 章可知，DCM 模式的 Buck 变换器的传递函数为

$$G_{vd}(s)=\frac{G_{d0}}{1+\frac{s}{\omega_p}} \tag{3-33}$$

式中，G_{d0} 和 ω_p 均可以由第 2 章的有关公式计算或查表获得。

设补偿网络为一个积分环节，传递函数为

$$G_c(s)=\frac{K_1}{s} \tag{3-34}$$

设 PWM 的传递函数为 $G_M(=1/V_m)$，电压采样网络的传递函数 $H(s)=K_2$，开环传递函数为

$$T(s)=G_c(s)G_M(s)G_{vd}(s)H(s)=\frac{K_1}{s}\frac{1}{V_m}\frac{G_{d0}}{1+\frac{s}{\omega_p}}K_2=\frac{K}{s\left(1+\frac{s}{\omega_p}\right)} \tag{3-35}$$

式中，$K=\frac{K_1K_2G_{d0}}{V_m}$。

由式(3-35)可知，采用积分环节作为补偿网络时，DCM 型 Buck 开关调节系统为一个典型 I 型系统，其开环传递函数的对数频率特性如图 3-22 所示。

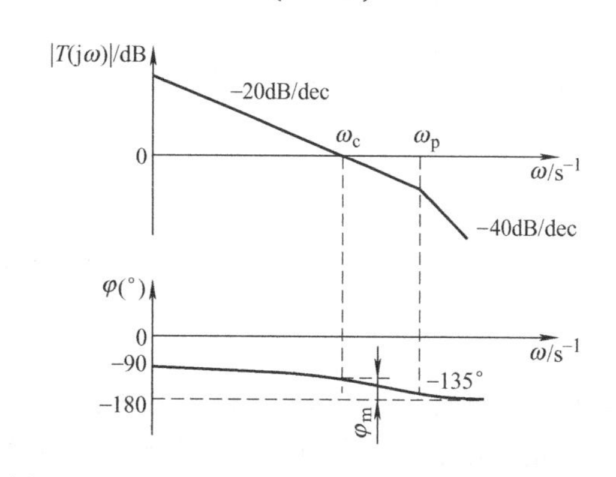

图 3-22　典型 I 型系统开环传递函数对数频率特性

典型 I 型系统有如下特点：结构简单，对数幅频特性的中频段以−20dB/dec 的斜率穿越 0dB 线，为了保证系统稳定且有足够的稳定裕量，应有

$$\omega_c<\omega_p \tag{3-36}$$

相位裕量 φ_m 为

$$\varphi_m=180°-90°-\arctan\frac{\omega_c}{\omega_p}=90°-\arctan\frac{\omega_c}{\omega_p}>45° \tag{3-37}$$

3.5.2　典型 I 型系统跟随性能指标和参数的关系

1. 开环传递函数和闭环传递函数

典型 I 型系统的开环传递函数见式(3-35)，它包含了开环增益和系统的转折频率 ω_p。由

表 2-4 可知

$$\omega_p = \frac{2-M}{(1-M)RC} \tag{3-38}$$

而开关变换器负载不是固定的。当负载变化时，ω_p 也随之变化，其变化规律如图 3-23 所示。当 $R = R_{max}$，ω_p 为 ω_{pmin}；当 $R = R_{min}$，ω_p 为 ω_{pmax}。当 $\omega_p = \omega_{pmin}$，中频段的宽度最窄，所以定义 $R = R_{min}$ 所对应的工况为最坏工况。在研究 DCM 型 Buck 开关调节系统电路时，取最坏工况作为研究对象。在下面讨论中，ω_p 是指 ω_{pmin}，但仍简记为 ω_p，主要是为书写方便。因此，ω_p 是固定的，但开环增益 K 是一个待定参数，设计时需要根据性能指标选择参数 K 的数值。

图 3-24 给出了不同 K 值时，典型 I 型系统的开环传递函数的幅频特性，图中箭头方向表示 K 值增大时幅频特性变化方向。当 $\omega_c < \omega_p$ 时，开环传递函数穿越 0dB 的斜率为−20dB/dec，系统有较好的稳定性。

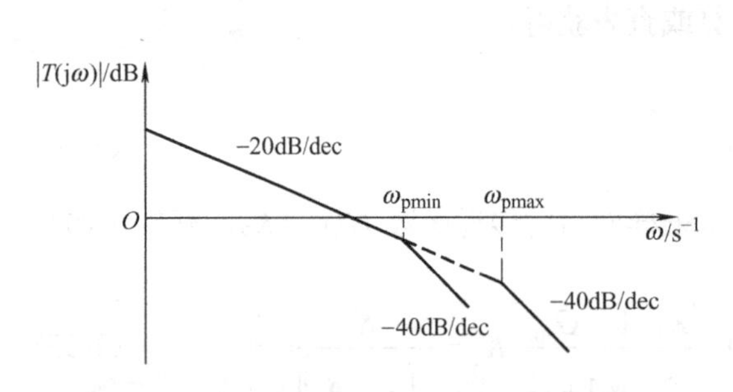

图 3-23 负载电阻不同时，典型 I 型系统的开环传递函数幅频特性

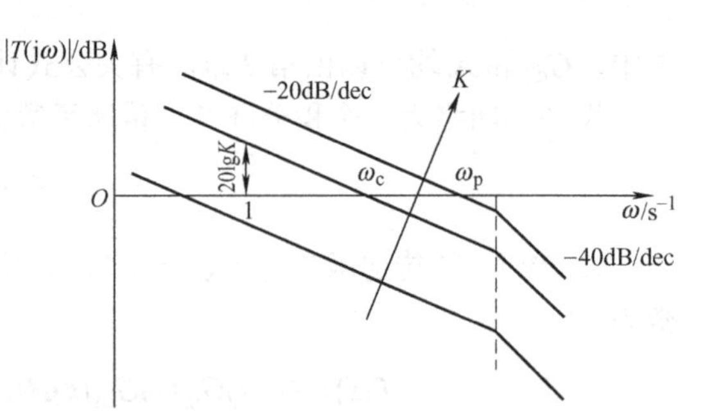

图 3-24 K 值不同典型 I 型系统开环传递函数的幅频特性

根据式(3-35)及 $\omega_c < \omega_p$，在 $\omega = \omega_c$ 处开环传递函数变为

$$\begin{aligned} 20\lg|T(j\omega_c)| &= 20\lg K - 20\lg\omega_c - 20\lg\sqrt{1+\left(\frac{\omega_c}{\omega_p}\right)^2} \\ &\approx 20\lg K - 20\lg\omega_c = 0 \end{aligned}$$

$$K = \omega_c \tag{3-39}$$

式(3-39)表明，K 值越大，截止频率 ω_c 越大，系统的响应越快，但由式(3-37)可知，ω_c 越大，相位裕量减小，这说明系统的调节速度与稳定性之间存在着矛盾，设计者需要折衷处理。

为了讨论典型 I 型系统性能指标与参数之间的关系，下面研究适用于开关调节系统的几种闭环传递函数。

稳态误差的闭环传递函数为

$$E(s) = \frac{V_{ref}(s)}{1+T(s)} = \frac{s(s+\omega_p)V_{ref}(s)}{s^2+\omega_p s+K\omega_p} \tag{3-40}$$

式中，$E(s)$ 为误差信号的象函数，$V_{ref}(s)$ 为参考电压的象函数，$T(s)$ 为典型 I 型系统的传递函数。

参考量作为输入时，系统的闭环传递函数为

$$\frac{V(s)}{V_{ref}(s)} = \frac{T(s)/H(s)}{1+T(s)} = \frac{(K/K_2)\omega_p}{s^2+\omega_p s+K\omega_p} \tag{3-41}$$

式中，$V(s)$为输出电压的象函数；$V_{ref}(s)$为参考输入象函数；$H(s)$为电压采样网络的传递函数，$H(s)=K_2$。

2. 典型Ⅰ型系统跟随性能指标与参数的关系

(1)稳态误差 e_{ss}　在阶跃输入作用下，根据式(3-40)，系统的稳态误差 e_{ss} 为

$$e_{ss}=\lim_{t\to\infty}e(t)=\lim_{s\to 0}sE(s)=\lim_{s\to 0}s\frac{s(s+\omega_p)}{s^2+\omega_p s+K\omega_p}\frac{V_{ref}}{s}=0$$

上式表明，典型Ⅰ型系统的稳态误差等于零。

(2)动态跟随性能指标　为了利用3.4节的结论，将式(3-41)化为标准二阶系统

$$V(s)=\frac{1}{K_2}\frac{\omega_n^2}{s^2+2\zeta\omega_n s+\omega_n^2}\frac{V_{ref}}{s} \tag{3-42}$$

式中，$\omega_n=\sqrt{K\omega_p}$；$\zeta=\frac{1}{2}\sqrt{\frac{\omega_p}{K}}$；$\zeta\omega_n=\frac{\omega_p}{2}$。

根据二阶系统的性质可知，当$\zeta<1$时，系统动态响应为欠阻尼振荡；当$\zeta>1$时，系统为过阻尼单调上升；当$\zeta=1$，系统为临界阻尼。为确保系统动态响应速度，一般使系统工作在欠阻尼振荡状态，即$0<\zeta<1$。在典型Ⅰ型系统中，根据式(3-36)和式(3-39)，$K<\omega_p$，所以，$\zeta>0.5$。因此，在典型Ⅰ型系统中ζ满足

$$0.5<\zeta<1 \tag{3-43}$$

由于式(3-42)与式(3-23)相类似，所以在欠阻尼状态，式(3-42)的瞬时表达式与式(3-24)类似。因此，上升时间t_r、调节时间t_s、超调量σ%和上冲电压可以由类似于3.4节的有关公式计算得出，这里不再赘述。

频域指标ω_c、φ_m与ζ的关系为

穿越频率
$$\omega_c=\omega_n\sqrt{\sqrt{4\zeta^4+1}-2\zeta^2} \tag{3-44}$$

相位裕量
$$\varphi_m=\arctan\frac{2\zeta}{\sqrt{\sqrt{4\zeta^4+1}-2\zeta^2}} \tag{3-45}$$

当$0.5<\zeta<1$、$V_{ref}/K_2=1$时，表3-3给出了典型Ⅰ型系统各项动态跟随性能指标、频域指标与K/ω_r的关系。

表3-3　典型Ⅰ型系统动态跟随性能指标和频域指标与参数的关系

参数关系 K/ω_p	0.25	0.39	0.50	0.69	1.0
阻尼比ζ	1.0	0.8	0.707	0.6	0.5
超调量σ	0%	1.5%	4.3%	9.5%	16.3%
上升时间 t_r	∞	$6.6/\omega_p$	$4.7/\omega_p$	$3.3/\omega_p$	$2.4/\omega_p$
峰值时间 t_p	∞	$8.3/\omega_p$	$6.2/\omega_p$	$4.7/\omega_p$	$3.6/\omega_p$
相位裕量φ_m	76.3°	69.9°	65.5°	59.2°	51.8°
截止频率 ω_c	$0.243\omega_p$	$0.367\omega_p$	$0.455\omega_p$	$0.596\omega_p$	$0.786\omega_p$

由表3-3中的数据可知，对于给定DCM型Buck变换器，当ω_p给定时，随着K增加，

系统的响应速度增加，但稳定性变差。对于典型Ⅰ型系统折衷的选择是$\zeta=0.707$，$K=0.5\omega_p$，此时略有超调量$\sigma=4.3\%$，$\varphi_m=65.5°$，$\omega_c=0.455\omega_p$，$t_r=4.7/\omega_p$，各种参数比较合理。

3.5.3 典型Ⅰ型系统抗扰动性能指标分析

1. 输入电压阶跃时过冲幅度和暂态恢复时间

GB/T 14714—2008《微小型计算机系统设备用开关电源通用规范》中规定，在输出电压、负载电流均为额定值时，输入电压由额定值分别跃变到 110%和 85%，分别测量输出电压的过冲幅度和暂态恢复时间。

根据表 2-4 可得，DCM 型 Buck 变换器输入到输出的传递函数为

$$G_{vg}(s)=\frac{V}{V_g}=\frac{M}{1+s/\omega_p}$$

设$A(s)$表示音频衰减率，当输入电压有一个幅值为ΔV_g的跃变时，即$\Delta\hat{V}_g=\frac{\Delta V_g}{s}$，系统的动态过程可用函数描述，即

$$\Delta\hat{V}(s)=A(s)\Delta\hat{V}_g(s)=\frac{G_{vg}(s)}{1+T(s)}\frac{\Delta V_g}{s}=\frac{M\omega_p\Delta V_g}{s^2+\omega_p s+K\omega_p} \tag{3-46}$$

式中，$\Delta\hat{V}(s)$表示在扰动量作用下输出电压变化量ΔV的象函数；ω_p和$G_{vg}(s)$中均含有稳态电压比M。为了简化问题，M定义为

$$M=\frac{V}{V_g+\Delta V_g}$$

式中，V为额定输出电压，并假定在扰动量作用前后两个稳态中，输出电压保持不变；V_g为输入电压的额定值。

对式(3-46)进行拉普拉斯反变换可得到$\Delta\hat{V}(s)$的瞬时表达式。从$\Delta v(t)$的瞬时表达式中，可以求出输出电压的过冲幅度和暂态恢复时间。

2. 负载阶跃时过冲幅度和恢复时间

在 GB/T 14714—2008 中规定，当输入电压、输出电压均为额定值时，负载电流从 50%阶跃到 100%，再从 100%阶跃到 50%，分别测量输出电压的过冲幅度和暂态恢复时间。

根据式(2-105)DCM 型 Buck 变换器的开环输出阻抗$Z_{out}(s)$为

$$Z_{out}(s)=\frac{\frac{1-M}{2-M}R}{1+\frac{s}{\omega_p}}$$

当负载电流有一个幅值为Δi的跃变，即$\Delta\hat{i}(s)=\frac{\Delta i}{s}$时，系统的动态过程可描述为

$$\Delta\hat{V}(s)=Z(s)\Delta\hat{i}(s)=\frac{Z_{out}(s)}{1+T(s)}\frac{\Delta i}{s}=\frac{\left(\frac{1-M}{2-M}R\right)\omega_p\Delta i}{s^2+\omega_p s+K\omega_p} \tag{3-47}$$

为了简化问题，式中 R 为改变负载电流后的负载。由上式可求得 $\Delta\hat{V}(s)$ 的瞬时表达式。从 $\Delta v(t)$ 的瞬时表达式中，可以求出输出电压的过冲幅度和暂态恢复时间。

3.5.4 CCM 型 Buck 开关调节系统的传递函数及近似方法

CCM 型 Buck 开关调节系统是指工作在 CCM 模式的 Buck 变换器及其控制器组成的系统。由第 1 章的内容可知，CCM 型 Buck 变换器的传递函数为

$$G_{\mathrm{vd}}(s)=\frac{K_1\left(1+\dfrac{s}{\omega_{\mathrm{z0}}}\right)}{1+\dfrac{2\zeta s}{\omega_{\mathrm{p0}}}+\dfrac{s^2}{\omega_{\mathrm{p0}}^2}} \tag{3-48}$$

式中，K_1 为比例系数，由第 1 章的表 1-2 可以查得，ω_{p0} 为自由谐振频率；ζ为阻尼系数；ω_{z0} 为由输出电容的 ESR 电阻引起的高频零点。通常，$\omega_{\mathrm{z0}}>\omega_{\mathrm{p0}}$。

设补偿网络为一个单极点、单零点的 PI 调节器，如图 3-25 所示。

补偿网络传递函数为

$$G_{\mathrm{c}}(s)=\frac{K_2\left(1+\dfrac{s}{\omega_{\mathrm{z1}}}\right)}{s\left(1+\dfrac{s}{\omega_{\mathrm{p1}}}\right)} \tag{3-49}$$

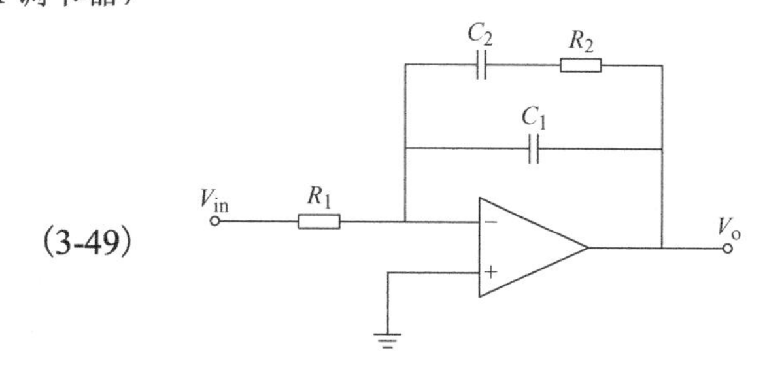

图 3-25　单极点、单零点的 PI 调节器

式中，K_2 为直流增益；ω_{z1} 和 ω_{p1} 为 PI 调节器的零极点。通常取 $\omega_{\mathrm{p1}}>\omega_{\mathrm{z1}}$。

CCM 型 Buck 开关调节系统的开环传递函数为

$$T(s)=G_{\mathrm{c}}(s)G_{\mathrm{M}}(s)G_{\mathrm{vd}}(s)H(s)=\frac{K_2\left(1+\dfrac{s}{\omega_{\mathrm{z1}}}\right)}{s\left(1+\dfrac{s}{\omega_{\mathrm{p1}}}\right)}\frac{1}{V_{\mathrm{m}}}\frac{K_1\left(1+\dfrac{s}{\omega_{\mathrm{z0}}}\right)}{1+\dfrac{2\zeta s}{\omega_{\mathrm{p0}}}+\dfrac{s^2}{\omega_{\mathrm{p0}}^2}}K_3 \tag{3-50}$$

式中，$1/V_{\mathrm{m}}$ 是 PWM 的传递函数；$H(s)$ 是电压采样网络的传递函数，$H(s)=K_3$。

在设计补偿网络时，通常取 $\omega_{\mathrm{z1}}\approx\omega_{\mathrm{p0}}<\omega_{\mathrm{z0}}<\omega_{\mathrm{c}}$，$\omega_{\mathrm{c}}$ 为幅值特性穿越频率，$\omega_{\mathrm{p1}}>\omega_{\mathrm{c}}$。绘制开环传递函数的对数幅频特性如图 3-26 所示。

在式 (3-50) 中，中频段的定义为下限频率 ω_{L} 的范围：$\omega_{\mathrm{p0}}<\omega_{\mathrm{L}}<\omega_{\mathrm{z0}}$，上限频率 ω_{H} 的范围：$\omega_{\mathrm{H}}<\omega_{\mathrm{p1}}$。

在中频段，开环传递函数可以近似表达为

$$T(s)\approx\frac{K\left(1+\dfrac{s}{\omega_{\mathrm{z0}}}\right)}{s^2\left(1+\dfrac{s}{\omega_{\mathrm{p0}}}\right)} \tag{3-51}$$

式中，$K=\dfrac{K_1K_2K_3\omega_{\mathrm{p0}}^2}{V_{\mathrm{m}}\omega_{\mathrm{z1}}}$。

由式(3-51)可知，在讨论开关调节系统的动态特性时，可用一个典型Ⅱ型系统近似CCM型Buck调压系统的特性。

为了简化分析，下面做一些符号处理：令$\omega_{z0}=\omega_1=1/\tau$，$\omega_{p1}=\omega_2=1/T$，式(3-51)变为

$$T(s)\approx\frac{K(1+\tau s)}{s^2(1+Ts)} \tag{3-52}$$

在式(3-52)中，$\tau(\omega_{z0})$是CCM型Buck变换器固有的参数，由输出电容及其ESR电阻决定；待设计的参数为K和T。

假设$\omega=1$处，开环传递函数幅频特性的斜率为-40dB/dec，由图3-26c可以求出

$$\begin{aligned}20\lg K&=40\left(\lg\omega_1-\lg 1\right)+20\left(\lg\omega_c-\lg\omega_1\right)\\&=20\lg\omega_c\omega_1\end{aligned}$$

$$K=\omega_c\omega_1 \tag{3-53}$$

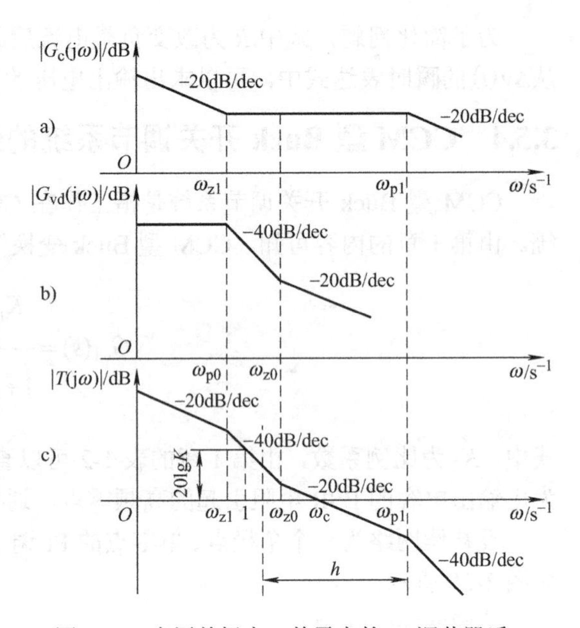

图3-26　应用单极点、单零点的PI调节器后，CCM型Buck变换器的开环传递函数幅频特性

在图3-26c中，h是中频宽度，其定义为

$$h=\omega_2/\omega_1 \tag{3-54}$$

由于中频段的位置、宽窄决定了控制系统的动态性能，因此h是一个很重要的参数。在典型Ⅱ型系统中，对于一个给定的CCM型Buck开关变换器，ω_1(或τ)是固定的，改变ω_2就等于改变中频宽度h；当ω_2确定后，可以通过改变K的值使幅频特性的幅值上下平移，从而改变穿越频率ω_c。因此在设计补偿网络时选择h和ω_c等于选择了K和ω_2的值。

在工程设计过程中，如果要任意选择h和ω_c使系统的各项性能指标均较为合理是比较困难的工作。但是以使动态特性合理为标准找到两个参数之间的某种关系式，在这个关系式的约束下，选择其中一个参数，则另一个参数也随之确定，那么两参数设计就变成单参数设计。

当相位裕量φ_m在30°～45°范围内，对于典型Ⅰ、Ⅱ型系统，闭环频率特性的谐振峰值M_r[11]近似估计为

$$M_r\approx\frac{1}{\sin\varphi_m} \tag{3-55}$$

如果想得到最大的相位裕量φ_m，则对应的谐振峰值M_r为最小。

基于闭环幅频特性的谐振峰值M_r最小准则，文献[9]找到了h和ω_c两参数之间的一个最佳配合。这里所说的最佳是以相位裕量最大为标准获取的。应用谐振峰值M_r最小准则，得到

$$\omega_2=\frac{2h}{h+1}\omega_c \tag{3-56}$$

穿越频率

$$\omega_c=\frac{(h+1)\omega_1}{2} \tag{3-57}$$

最小闭环幅频特性谐振峰值为

$$M_{r\min}=\frac{h+1}{h-1} \tag{3-58}$$

确定 K 和 ω_2 的设计程序如下：

步骤 1 选择相位裕量 φ_m 的范围，一般取 $\varphi_m = 30°\sim60°$，应用式(3-55)求出最小谐振峰值 M_{rmin}。

在设计系统中，建议取 $M_{rmin}\approx1.2\sim1.5$ 之间，系统的动态性能较好，即系统有较好的阻尼，$\varphi_m = 42°\sim56°$，$\sigma\% = 24\%\sim36\%$；当 $M_{rmin}\approx1\sim1.2$ 时控制系统有良好的阻尼特性；当 $M_{rmin}\approx1.7\sim1.8$ 时，系统的振荡趋势将剧烈增大，很少采用[9,11]。

步骤 2 根据已选定的 M_{rmin} 应用式(3-58)得

$$h = \frac{M_{rmin}+1}{M_{rmin}-1} \tag{3-59}$$

由式(3-58)可知，当 h 增加，M_{rmin} 增加，相位裕量减小，超调量增加。有些资料介绍，在开关调节系统设计中，为了降低开关频率造成的高频干扰，选择 ω_2 等于开关频率，并建议 $h\geqslant10$，此时 $h = 10\omega_2/\omega_1$ 均由系统的固有特性决定，系统有两个待定参数 K、ω_2，退化后只有一个参数。这种处理方法过于简单。

步骤 3 根据已选定的 h 值，应用式(3-57)确定穿越频率为

$$\omega_c = \frac{h+1}{2}\omega_1$$

在开关调节系统设计时，有些资料介绍令 $\omega_c = \left(\frac{1}{4}\sim\frac{1}{5}\right)2\pi f_s$（$f_s$ 为开关频率）。另外一些资料则建议 $\omega_c = \left(\frac{1}{20}\sim\frac{1}{10}\right)2\pi f_s$，这些均为经验数据，仍需进一步证明其合理性。

步骤 4 确定 K 和 ω_2。根据 h 的定义，得

$$\omega_2 = h\omega_1 \tag{3-60}$$

根据式(3-53)得

$$K = \omega_c\omega_1 = \frac{h+1}{2}\omega_1^2 = \frac{h+1}{2\tau^2} \tag{3-61}$$

上述设计程序表明，只有给定相位裕量，依据 M_r 最小准则，才能设计出合理的控制系统。

3.5.5 典型Ⅱ型系统跟随性能指标和参数的关系

1. 稳态误差 e_{ss}

对于一个 CCM 型 Buck 开关调节系统，在研究动态特性时，用式(3-51)去近似式(3-50)，相当于把图 3-27 中幅频特性 a 近似地看成幅频特性 b，这种近似处理对系统的动态性能影响不大，但在低频段影响甚大。由于稳态特性主要取决于低频段，从稳态性能看，相当于把原来的Ⅰ型系统近似为Ⅱ型系统，人为地把系统的类型提升了一级，所以这

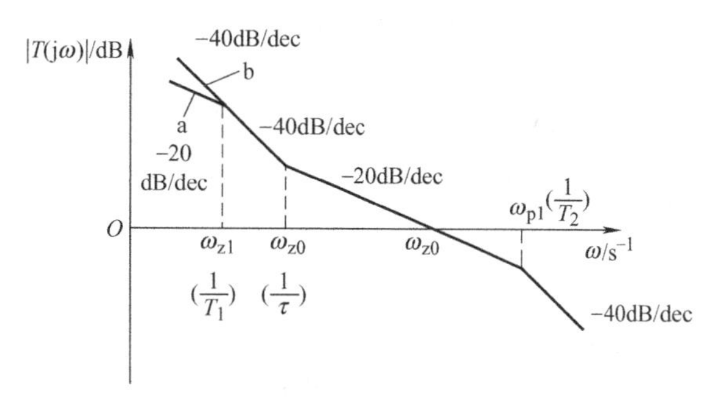

图 3-27 低频段大惯性环节近似处理对频率特性的影响

种近似不适于研究稳态性能。因此，当研究稳态误差时，仍需用式(3-50)作为开环传递函数。在低频段，系统为Ⅰ型系统，其稳态误差为零。

2. 动态跟随性能指标

按照 M_r 最小准则设计调节器参数 K 和 ω_2，应用式(3-60)和式(3-61)，将这两个式子的设计值代入式(3-52)，得到典型Ⅱ型系统的开环传递函数。为了书写方便，用"＝"代替式(3-52)的"≈"，则

$$T(s)=\frac{K(1+s\tau)}{s^2(1+sT)}=\frac{h+1}{2\tau^2}\frac{1+s\tau}{s^2\left(1+s\dfrac{\tau}{h}\right)} \tag{3-62}$$

闭环传递函数为

$$\frac{\hat{v}(s)}{\hat{v}_{\mathrm{ref}}(s)}=\frac{\dfrac{T(s)}{H(s)}}{1+T(s)}=\frac{(h+1)(1+s\tau)}{2\tau^2K_3\left[\dfrac{2\tau^3}{h}s^3+2\tau^2s^2+(h+1)\tau s+(h+1)\right]} \tag{3-63}$$

式中有两个参数 h 和 τ，对于给定的 CCM 型 Buck 开关调节系统而言，τ 是固定值，改变 h 可以改变系统的动态性能。

当 $\hat{v}_{\mathrm{ref}}(s)$ 为一单位阶跃函数，即 $\hat{v}_{\mathrm{ref}}(s)=\dfrac{1}{s}$ 时，则输出电压 $\hat{v}(s)$ 为

$$\hat{v}(s)=\frac{h+1}{2\tau^2K_3}\frac{1+s\tau}{2\dfrac{\tau^3}{h}s^3+2\tau^2s^2+(h+1)\tau s+(h+1)}\frac{1}{s} \tag{3-64}$$

式(3-64)中含 τ 参量，不能找到关于 Buck 开关调节系统的通解。利用拉普拉斯变换的尺寸变换性质，$f(t)$ 的象函数为 $F(s)$，则 $f(at)$ 的象函数为 $\dfrac{1}{a}F\left(\dfrac{s}{a}\right)$。令 $a=\dfrac{1}{\tau}$，则式(3-64)可以改写为

$$\hat{v}(\tau s)=\frac{1}{2(\tau s)K_3}\frac{1+\tau s}{2\dfrac{(\tau s)^3}{h(h+1)}+2\dfrac{(\tau s)^2}{h+1}+\tau s+1} \tag{3-65}$$

由式(3-65)可求出单位阶跃响应函数 $\hat{v}\left(\dfrac{t}{\tau}\right)$，从而求出各动态指标。在这种情况下，$\tau$ 变为时间基准。上式的解留给读者自己求得。

在开关调节系统设计中，通常 $h>10$，式(3-63)中分母可以略去 3 次项。求解分母的特征多项式，得

$$(h+1)^2\tau^2-4\times2\tau^2(h+1)=[(h+1)-8]\tau^2(h+1)=(h-7)\tau^2(h+1)$$

当 $h<7$ 时，为一个 2 阶振荡环节。

下面给出高阶系统频域指标和时域指标近似经验公式[11]为

超调量 $\qquad \sigma\%=[0.16+0.4(M_r-1)]\% \qquad 1\leqslant M_r\leqslant1.8 \qquad$ (3-66)

调节时间
$$t_{\mathrm{s}}=\frac{K\pi}{\omega_{\mathrm{c}}} \qquad 1 \leqslant M_{\mathrm{r}} \leqslant 1.8 \tag{3-67}$$

式中，$K=2+1.5(M_{\mathrm{r}}-1)+2.5(M_{\mathrm{r}}-1)^2$。

式(3-66)和式(3-67)表明，当谐振峰值 M_{r} 增加时，超调量和调节时间增加，对系统不利。所以选择 M_{r} 最小准则设计系统是合理的[9]。一般来讲，典型Ⅱ型系统的超调量比典型Ⅰ型系统大，而快速性要好于Ⅰ型系统。

3.5.6 典型Ⅱ型系统抗扰动分析

1. 输入电压跃变时系统的抗扰动性能指标

根据式(1-152)，输出 $\hat{v}(s)$ 对输入 $\hat{v}_{\mathrm{g}}(s)$ 的传递函数为
$$G_{\mathrm{vg}}(s)=\frac{D}{LCs^2+\frac{L}{R}s+1}=\frac{D}{\left(\frac{s}{\omega_{\mathrm{p0}}}\right)^2+\frac{2\zeta}{\omega_{\mathrm{p0}}}s+1}$$

在中频段，$\omega >> \omega_{\mathrm{p0}}$，所以 $G_{\mathrm{vg}}(s)$ 中频段的近似表达式为
$$G_{\mathrm{vg}}(s)=\frac{D\omega_{\mathrm{p0}}^2}{s^2} \tag{3-68}$$

设 $A(s)$ 表示音频衰减率，当输入电压有一个幅值为ΔV_{g}的跃变时，系统的动态响应为
$$\Delta\hat{v}(s)=A(s)\Delta\hat{v}_{\mathrm{g}}(s)=\frac{G_{\mathrm{vg}}(s)}{1+T(s)}\frac{\Delta V_{\mathrm{g}}}{s}=\frac{\frac{D\omega_{\mathrm{p0}}^2}{s^2}}{1+T(s)}\frac{\Delta V_{\mathrm{g}}}{s} \tag{3-69}$$

将式(3-62)代入式(3-69)得
$$\begin{aligned}\Delta\hat{v}(s)&=\frac{\frac{D\omega_{\mathrm{p0}}^2}{s^2}}{1+\frac{h+1}{2\tau^2}\frac{1+s\tau}{s^2\left(1+\frac{\tau}{h}s\right)}}=\frac{2\tau^2 D\omega_{\mathrm{p0}}^2\left(1+\frac{\tau}{h}s\right)}{\frac{2\tau^3}{h}s^3+2\tau^2 s^2+(h+1)\tau s+(h+1)}\frac{\Delta V_{\mathrm{g}}}{s}\\&=\frac{2\tau^2 D\omega_{\mathrm{p0}}^2\left(1+\frac{\tau}{h}s\right)}{(h+1)\left[\frac{2\tau^3}{h(h+1)}s^3+\frac{2\tau^2}{h+1}s^2+\tau s+1\right]}\frac{\Delta V_{\mathrm{g}}}{s}\end{aligned} \tag{3-70}$$

求解式(3-70)可以得到$\Delta\hat{v}(t)$的瞬态表达式，并求出相应的时域指标。需要说明，在求解式(3-68)时，没有考虑输出电容 ESR 电阻的影响，所以会有一些误差。

2. 负载跃变时系统的扰动分析

对于 CCM 型 Buck 变换器，如果不考虑输出电容 ESR 电阻的影响，式(1-155)给出了开环输出阻抗的表达式为
$$Z_{\mathrm{out}}=\frac{Ls}{\frac{s^2}{\omega_{\mathrm{p0}}^2}+\frac{2\zeta}{\omega_{\mathrm{p0}}}s+1}$$

式中，L 为滤波电感。

中频段存在$\omega >> \omega_{p0}$，所以中频段的 Z_{out} 近似式为

$$Z_{out}(s)=\frac{L\omega_{p0}^2}{s} \tag{3-71}$$

当给负载加一个幅值为Δi的跃变时，即$\Delta\hat{i}(s)=\dfrac{\Delta i(s)}{s}$，系统的动态性能可描述为

$$\Delta\hat{v}(s)=\frac{2\tau^2L\omega_{p0}^2\left(1+\dfrac{\tau}{h}s\right)s}{(h+1)\left[\dfrac{2\tau^3}{h(h+1)}s^3+\dfrac{2\tau^2}{h+1}s^2+\tau s+1\right]}\frac{\Delta i(s)}{s} \tag{3-72}$$

需要指出，式(3-70)和式(3-72)与式(3-65)一样，只能近似地描述系统的动态特性，而不能用来描述系统的稳态特性。

文献[9]对于一个典型Ⅱ型系统进行了抗扰性能分析，得出了一些有用的结论。现简述如下：①减小 h 值，下冲幅值减小，恢复时间变短，有利于提高抗扰性能，但振荡次数增加，这说明稳定性与快速性之间存在着矛盾；②综合看Ⅱ型系统的跟随和抗扰性能指标，$h=5$ 是一种较好的选择；③典型Ⅰ型系统具有良好的跟踪特性，超调量小，但抗扰性能稍差一些；④典型Ⅱ型系统超调量相对较大，抗扰性能却比较好。

3.6 开关调节系统频率特性的测量

开关调节系统是一个时变系统，当静态稳定工作点合适且扰动信号为小幅度低频信号时，在稳态工作点附近进行线性化处理后，系统变为一个近似时不变系统。因此，可以用频率特性研究其动态行为。在分析和设计开关调节系统时，测量开关变换器和开关调节系统的频率特性是一个必要的环节。通过测量可验证系统的建模和设计的准确性，也可通过测量某个元件的阻抗，建立描述该元件电气特性的电路模型。在测量系统的频率响应时，通常使用网络分析仪或频率响应分析仪测量交流小信号幅值和相位。这里主要介绍网络分析仪的基本功能和一些测量方法[5]。网络分析仪的基本输入、输出端口、面板上的显示器和旋钮如图 3-28 所示。

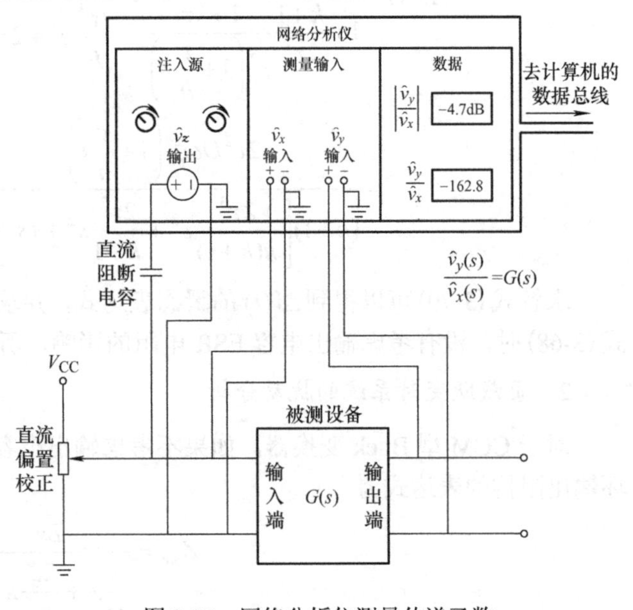

图 3-28　网络分析仪测量传递函数

从图 3-28 可见，网络分析仪能提供一幅值和频率可调的正弦输出电压$\hat{v}_z$，它可以接至被测系统的输入和输出端口。一般网络分析仪有两个(或更多)输入端，这些$\hat{v}_z$、$\hat{v}_x$和$\hat{v}_y$的返回端在内部均接地，即输入、输出端口是非隔离的。网络分析仪具有窄频带跟踪功能，即测量端$\hat{v}_x$和$\hat{v}_y$能够自动的跟踪正弦输入

信号 $\hat{v}_z$ 的频率，并显示 $\hat{v}_y / \hat{v}_x$ 的幅值与相位。也就是说，显示器显示的幅值与相位是在正弦输入信号 $\hat{v}_z$ 作用下被测系统的频率响应。对于开关调节系统的交流小信号测量，测试仪必须具有这种窄带跟踪特性，否则高频开关纹波和噪声会干扰被测信号，造成测量不准确，甚至无法测量。现代网络分析仪能自动扫描信号源 $\hat{v}_z$ 的频率，测出传递函数 $\hat{v}_y / \hat{v}_x$ 的幅频和相频特性。

3.6.1 传递函数和阻抗的测量

1. 传递函数的测量

图 3-28 是测试放大器传递函数的接线图，从图中可见，分压网络接于电压源 V_{CC} 和地之间，调节它使放大器获得合适的静态工作点；信号源 $\hat{v}_z$ 经隔直电容接到放大器的输入端，隔直电容的作用是防止直流偏置电压对信号源的影响。网络分析仪的 $\hat{v}_x$ 和 $\hat{v}_y$ 分别与放大器的输入和输出端口连接，因此放大器的传递函数为

$$\frac{\hat{v}_y}{\hat{v}_x} = G(s) \tag{3-73}$$

需要指出，隔直电容、分压网络以及信号源 $\hat{v}_z$ 的大小对测量传递函数无影响。当然，放大器要能够工作在近似线性区域，否则会引起非线性失真。

如果被测设备是一个开关调节系统，并固定直流输入电压 V_g、负载 R 且假定图 3-28 中所示的直流电压源 V_{CC} 和分压网络组成的电路为被测开关调节系统提供了参考电压 V_{ref}，则上述测量方法可以用来测量开关调节系统的传递函数。

测量 1　测量参考电压—输出电压的开环传递函数

如果被测设备是一个开关调节系统，则用图 3-28 所示的接线图可以测量参考电压—输出电压的开环传递函数。

测量 2　测量参考电压—输出电压的闭环传递函数

在测量 1 的基础上，如果直流电压 V_{CC} 是开关调节系统输出端的直流电压，则可以测量参考电压—输出电压的闭环传递函数。

需要指出，由于开关调节系统的主电路的输入和输出端可能是电气隔离的，控制电路与主电路也是电气隔离的，但是网络分析仪的信号源、输入和输出端是共地的，所以测量时要注意电气隔离问题。

测量 3　测量开环的音频衰减率

如果直流电压源 V_{CC} 是一个外加的直流电压源，将网络分析仪的信号源 $\hat{v}_z$ 经过一个电气隔离装置接到开关调节系统的输入端，网络分析仪的 $\hat{v}_x$ 和 $\hat{v}_y$ 分别经过电气隔离装置与被测开关调节系统的输入和输出端口连接，则可以测量出开环音频衰减率。

测量 4　测量闭环的音频衰减率

在测量 3 的基础上，如果直流电压源 V_{CC} 是被测开关调节系统输出端的直流电压，则可以测量出闭环音频衰减率。

2. 阻抗的测量

在静态工作点合理的基础上，放大器交流输出阻抗的定义为

$$Z(s) = \left.\frac{\hat{v}(s)}{\hat{i}(s)}\right|_{放大器交流输入=0} \tag{3-74}$$

令放大器的交流输入等于零，通过测量由输出电流—电压的传递函数测得输出阻抗，测量接线图如图 3-29 所示。

通过调节分压器的可调端使放大器具有合理的静态工作点，信号源 $\hat{v}_z$ 经过隔直电容接至放大器的输出端，在信号源 $\hat{v}_z$ 作用下，阻抗 Z_s 中流过的电流为 $\hat{i}_{out}$，这个电流流入放大器的输出端，在放大器中产生一个电压 $\hat{v}_y$，因此放大器的输出阻抗为

$$Z_{out}(s)=\left.\frac{\hat{v}_y(s)}{\hat{i}_{out}(s)}\right|_{\text{放大器交流输入}=0} \tag{3-75}$$

用电流互感器能测量电流 $\hat{i}_{out}$，这个电流在电流互感器中产生一个与之成比例的电压，这个电压又被连接到网络分析仪的输入端 $\hat{v}_x$。电压互感器用于测量放大器的输出电压 $\hat{v}_y$，这样网络分析仪显示传递函数 $\hat{v}_y/\hat{v}_x$ 就是放大器的输出阻抗 Z_{out}。

需要指出：Z_s 的值、信号源 $\hat{v}_z$ 的大小对测量输出阻抗 Z_{out} 无影响。当然，放大器要能够工作在近似线性区域，否则会引起非线性失真。应该注意到，这里所讲的输出阻抗与电子学所定义的输出阻抗的概念是不同的。在电子学中，测量输出阻抗时，必须令负载开路，而式 (3-74) 所定义的输出阻抗是带载的输出阻抗。在开关调节系统的交流小信号分析与设计时，用式 (3-74) 定义的输出阻抗研究当负载跃变瞬间输出电压的瞬态和稳态变化规律。

如果被测设备是一个开关调节系统，并固定直流输入电压 V_g、负载 R 且假定图 3-29 中所示的直流电压源 V_{CC} 和分压网络组成的电路为被测开关调节系统提供了参考电压 V_{ref}，则上述测量方法可以用来测量开关调节系统的输出阻抗。如果直流电压 V_{CC} 是开关调节系统输出端的直流电压，按照图 3-29 接线可以测量出闭环输出阻抗；如果直流电压 V_{CC} 是一个外加的直流源，则可以测量出开环输出阻抗。

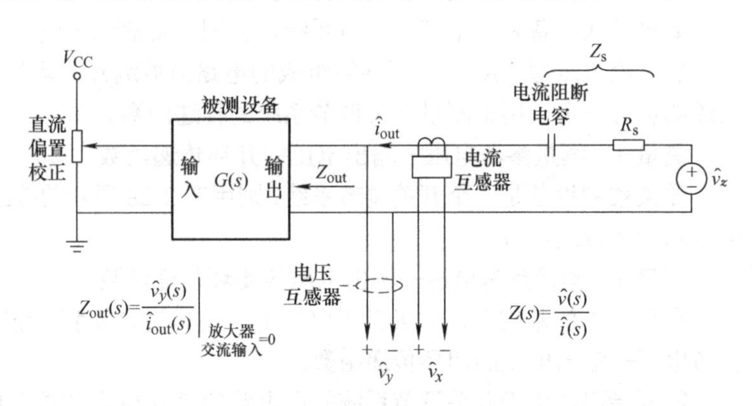

图 3-29 输出阻抗测量电路

3.6.2 小阻抗值的测量技术

由于开关调节系统是一个能量变换器，一般来说，输出阻抗在数值上非常小。如果仍采用图 3-29 的接线方式，则因地线上等效阻抗的影响会影响测量精度。其原因如下：如图 3-30 所示，由于信号源 $\hat{v}_z$ 的地线与输入端 $\hat{v}_y$ 的地线共同接地，从图中可见，从被测系统返回的 $\hat{i}_{out}$ 电流经过两个通路返回到信号源：其中 $k\hat{i}_{out}$ 经地线阻抗 Z_{rz} 直接返回到信号源；另外 $(k-1)\ \hat{i}_{out}$ 经电压互感器（等效阻抗 Z_p）直接返回到输入端，再经网络分析仪的内部接地连线返回到信号源。Z_{rz} 是从被测系统到信号源之间地线上的等效阻抗；Z_p 是电压互感器的接触和接线等效阻抗总和。因此，在 Z_p 上产生的压降为 $(1-k)\hat{i}_{out}Z_p$，影响了测量精度。如果网络分析仪的内部地线的阻抗可忽略，则网络分析仪显示的阻抗是

$$Z+(1-k)Z_p=Z+Z_p//Z_{rz} \tag{3-76}$$

式中，Z 为被测系统的输出阻抗。

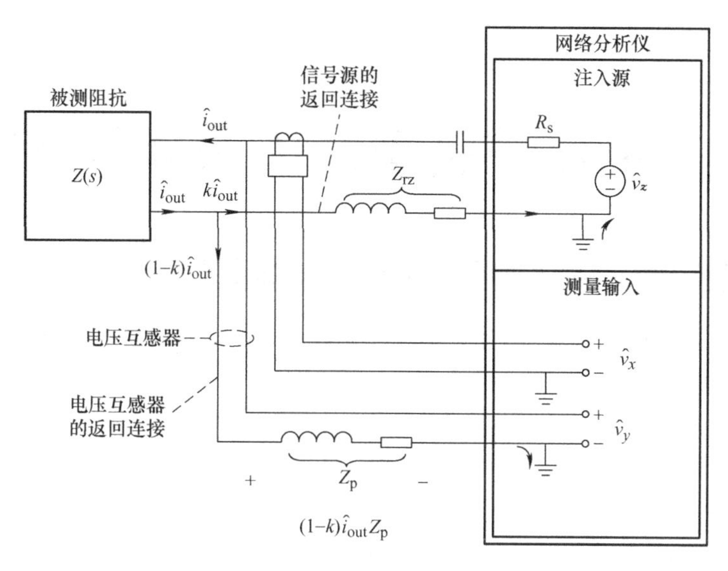

图 3-30　测量小阻抗不准的原因分析示意图

由此可见，为了获得精确的输出阻抗测量值，Z 必须满足

$$|Z| >> |(Z_p // Z_{rz})| \tag{3-77}$$

但是，在开关调节系统中$|Z|$的数值经常为几十或几百毫欧，同时由于开关调节系统具有较大的体积，一般需要长达 1～3m 的测量线，即$|(Z_p//Z_{rz})|$具有较大的数值，因此，无法满足上式而达到精确测量。

为了获得小阻抗的精确测量值，可采用图 3-31 所示的测量电路。在隔直电容与信号源之间插入一个隔离变压器后，电压互感器与信号源不再有电气上的直接并联，使信号源电流 $\hat{i}_{out}$ 完全通过变压器返回到信号源。这种接线方法的附加好处是可以通过改变变压器的匝数比 n，实现信号源阻抗与被测阻抗更好的匹配。采用这种测量方法，变压器的阻抗、隔直电容的阻抗、互感器的阻抗以及信号地线阻抗都对测量无影响。用这种测量方法，再小的阻抗都能测量。

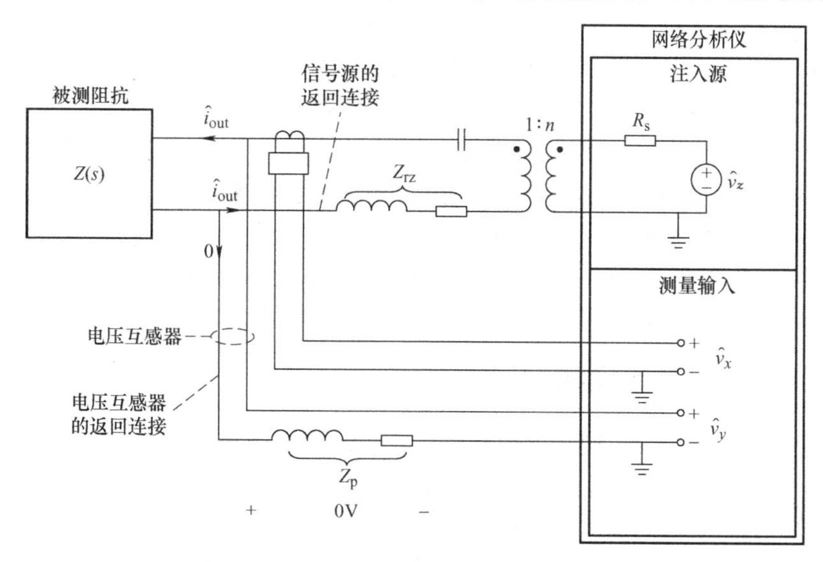

图 3-31　小阻抗测量电路

第 4 章　电压控制型开关调节系统的设计

4.1　电压控制型开关调节系统中的基本问题

电压控制型开关调节系统如图 4-1 所示。它是一个单环自动调节系统，这种控制方式简单、稳定、易于设计，也可以保证很好的稳压精度[10]。

如图 4-1 所示，主电路由功率开关器件和低通滤波网络组成，在控制电路作用下它将输入直流电压源(V_g)的能量转换成负载所需的直流输出电压(V)。以 Buck 变换器为例，简述其工作过程：当控制电路输出一个高电平后，功率开关导通，主电路向输入电源汲取能量；反之，功率开关断开，停止向输入电源汲取能量。控制电路由控制器、PWM 比较器、时钟电路和触发器组成。其中，控制器是由电压采样网络和补偿网络组成，输出电压经过电压采样网络得到 Hv，与参考电压 v_{ref} 比较后产生误差信号 v_e 作为补偿网络的输入。补偿网络作用有两个：①对这个误差信号进行反相放大(即当输出电压高于其额定值时，补偿网络的输出电压降低，反之输出电压升高)，为 PWM 比较器提供一个控制信号 $v_c(t)$；②对系统进行适当的幅度和相位补偿，满足系统的稳态和动态性能指标。时钟电路产生两路输出信号，一路为窄脉冲输出，为触发器提供一个置位信号，使触发器输出高电平；另一路为三角波输出，为 PWM 提供一个比较信号。当时钟电路的三角波输出电压大于控制信号时，PWM 比较器输出一个高电平，为触发器提供了置零信号，触发器输出低电平，主电路中的功率开关停止工作。因此，触发器输出的高电平脉冲信号为一个占空比受输出电压控制的开关函数 $q(t)$。整个系统的调节原理是：在某个瞬间，当输出电压高于其额定值时，补偿网络输出的控制信号 $v_c(t)$ 降低，触发器输出高电平的脉冲宽度变窄，减少主电路从输入电源汲取能量的时间，使得输出电压的平均值维持不变。

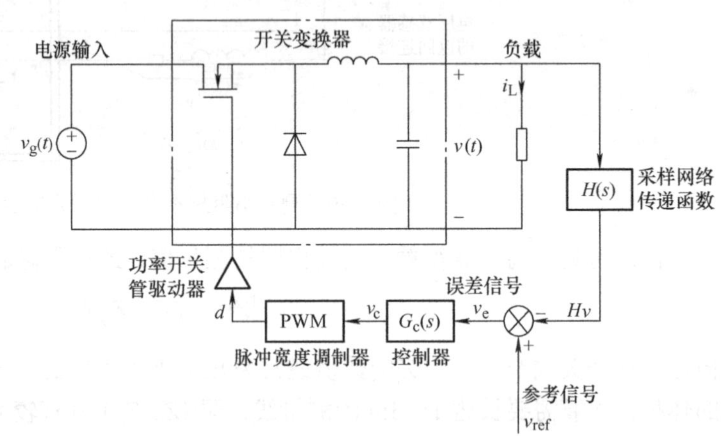

图 4-1　具有反馈环的 Buck 变换器系统结构示意图

4.1.1　脉宽调制器的数学模型[34]

在图 4-2 中，$u_c(t)$表示占空比的控制信号，$u_R(t)$是锯齿波信号，周期为 T，即开关频率的周期，峰峰值为 V_m。设 $u_c(t)$在一个周期 T 内变化很小，则当 $t\in[nT,(n+1)T]$时，$u_c(t)=u_c(nT)$。这种处理的实际意义相当于用一个单位冲击序列在 $t=nT(n=0, 1, 2\cdots)$时，对 $u_c(t)$信号进行采样和保持。所以，在图 4-2b 中，用一个采样开关δ_T和零阶保持器 $G_{ho}(s)$表示这个过程。

锯齿波 $u_R(t)$ 的一般表达式为

$$u_R(t) = \frac{V_m}{T}(t - nT) \qquad t \in [nT,(n+1)T] \tag{4-1}$$

在 PWM 中，当 $t = T_{on}+nT$ 时，$u_R(t) = u_c(nT)$，令 $d(nT) = T_{on}/T$，则有

$$d(nT) = u_c(nT) / V_m \tag{4-2}$$

式中，V_m 为 $u_R(t)$ 信号的最大幅值。

对式(4-2)两边取 Z 变换得

$$D(z) = U_c(z) / V_m \tag{4-3}$$

式(4-3)是 PWM 的离散数学模型。

上述处理过程可用图 4-2 说明。图 4-2a 是一般的 PWM；图 4-2b 表示对 $u_c(t)$ 信号采样保持后再与 $u_R(t)$ 进行比较；图 4-2c 是 PWM 的时域数学模型；图 4-2d 是 PWM 的离散数学模型；图 4-2e 是 PWM 的连续数学模型。图 4-2a、b、c 中各点的时域波形如图 4-3 所示。

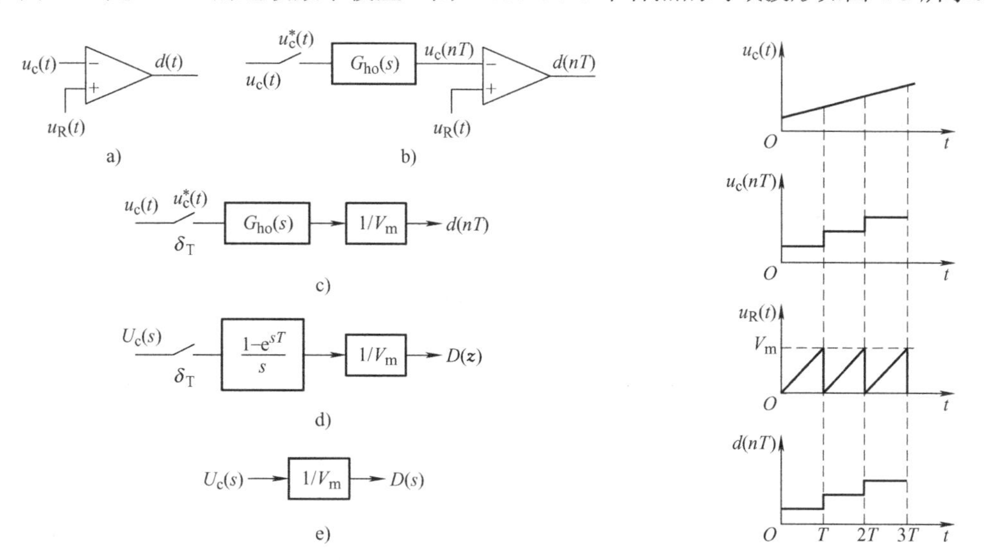

图 4-2　PWM 的数学模型示意图　　　　图 4-3　图 4-2 各主要点时域波形

如果对式(4-2)进行如下处理，令 $nT \to t$，则式(4-2)变为连续的函数，并取拉普拉斯变换得

$$D(s) = U_c(s) / V_m$$

PWM 的传递函数为

$$G_M = \frac{1}{V_m} \tag{4-4}$$

式(4-4)为 PWM 的交流小信号数学模型。

4.1.2　开关变换器的传递函数及其分类

如前所述，在复频域里可以比较方便地设计开关调节系统的控制器。因此本章介绍采用频域法设计控制器。由图 4-1 很容易得到图 4-4 所示的框图，即电压控制型开关调节系统的频域模型。

实际上，图 4-4 与图 3-14 完全相同，因此图中符号以及定义也相同，为了方便叙述，将图中符号的定义重写如下：$\hat{v}_{\text{ref}}(s)$ 为参考电压象函数；$G_{\text{c}}(s)$ 为电压控制器的传递函数；$\hat{v}_{\text{e}}(s)$ 为误差量象函数；$V_{\text{c}}(s)$ 为电压控制器的输出量象函数；$\hat{d}(s)$ 为占空比象函数；$G_{\text{m}}(s)\,(=1/V_{\text{m}})$ 为 PWM 的传递函数；$\hat{v}(s)$ 为输出电压象函数；V_{m} 为 PWM 中锯齿波的幅值；$G_{\text{vd}}(s)$ 为控制-输出的传递函数；$H(s)\,(=K)$ 为电压采样网络的传递函数。

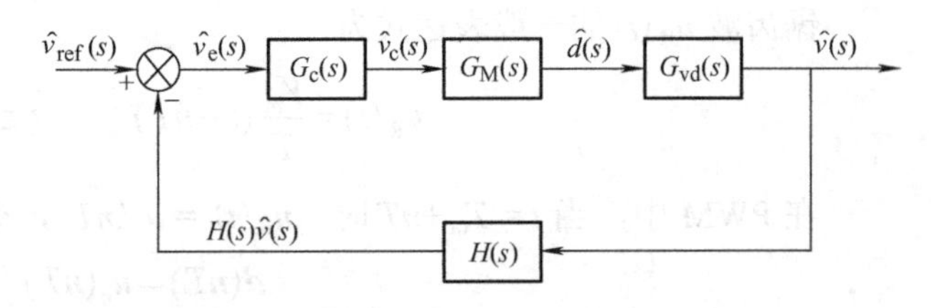

图 4-4　电压控制型的开关调节系统的框图

在开始设计控制器之前，设计者首先要建立控制对象的数学模型，并对控制对象的特性有较为深刻的认识，在此基础上根据控制对象的特点选择合适的控制器，设计合理的电路参数。因此，设计者要全面地了解开关调节系统中各个环节对整个系统的影响。本小节首先研究各种主要开关变换器传递函数的特点及分类，把注意力集中在常用的开关变换器上。从工作模式角度来看，开关变换器可分为 CCM 和 DCM 两种；从开关变换器的控制-输出量传递函数来看，开关变换器可分为单极点型、双极点型和含有右半平面零点型；从控制模式来看，开关调节系统又分为电压控制型和电流控制型。

1. CCM 型开关变换器的传递函数

在第 1 章中，利用状态空间法已推出 CCM 型基本 DC-DC 变换器的统一稳态和低频小信号等效电路模型，如图 4-5 所示。

在图 4-5 中 $M(D)$ 是理想变压器的电压比；$e(s)\hat{d}(s)$ 和 $j(s)\hat{d}(s)$ 分别是由占空比控制的受控电压源和受控电流源；$H_{\text{e}}(s)$ 是二阶低通滤波器的传递函数。

基于图 4-5 所示的等效电路，式(3-15)给出了 CCM 型变换器控制-输出传递函数的标准形式为

$$G_{\text{vd}}(s)=G_{\text{d0}}\frac{1-\dfrac{s}{\omega_{\text{z}}}}{1+\dfrac{s}{Q\omega_0}+\left(\dfrac{s}{\omega_0}\right)^2} \tag{4-5a}$$

$$\omega_{\text{p0}}=\frac{1}{\sqrt{L_{\text{e}}C}} \tag{4-5b}$$

$$Q=R\sqrt{\frac{C}{L_{\text{e}}}} \tag{4-5c}$$

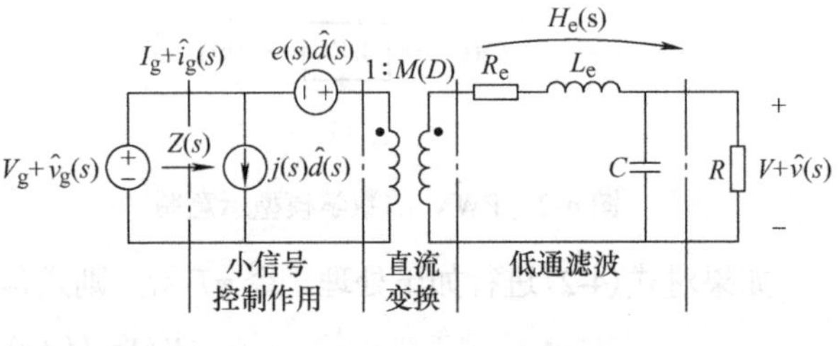

图 4-5　CCM 型 DC-DC 变换器的统一稳态和低频小信号等效电路模型

对于 Boost 类变换器，包括 Boost、Buck-boost、Cuk 等变换器，在式(4-5)所表示的传递函数中，ω_{z0} 为一个有限值，含有一个右半平面的零点，因此，称之为**含有右半平面零点的传递函数**。在 3.3.3 节中，已讨论了右半平面零点的物理意义以及对传递函数性能的影响。式(4-5)所表示的系统是一个非最小相位系统。给非最小相位系统设计控制器是比较麻烦的，而且系统的动态响应也不理想。在开关调节系统中，为了克服其缺点，引入了电流反馈。在第 5 章和第 6 章中将讨论电流控制。引入电流反馈后，主电路和电流反馈环组成了一个新的功率级，这个功率级是一个单极点的传递函数。因此，本书不再讨论含有右半平面零点的传递函数及其控制器的设计。

在三种基本的 CCM 变换器中，Buck 变换器最常用。在 CCM 型 Buck 变换器的传递函数中，$\omega_{z0}\to\infty$，即没有右半平面的零点，且 $\omega_{p0}=1/\sqrt{LC}$，$Q=R\sqrt{C/L}$，$G_{d0}=V_g$，其中，L、C 是 Buck 变换器输出滤波器的电感和电容，R 是负载电阻。因此，可以得到 CCM 型 Buck 变换器控制—输出量传递函数(简称 CCM 型 Buck 变换器传递函数)为

$$G_{vd}(s)=\frac{V_g}{1+\dfrac{s}{Q\omega_{p0}}+\left(\dfrac{s}{\omega_{p0}}\right)^2} \tag{4-6}$$

1) 当 $Q>1$ 时，式(4-6)中含有双重极点，所以称 CCM 型 Buck 变换器的传递函数为**双重极点型传递函数**。

2) 图 4-6 给出了不同 Q 值时 CCM 型 Buck 变换器的幅频和相频特性曲线。由图可见：在最轻负载时，Q 值最大，$|G_{vd}(j\omega)|$的谐振峰值最大；又因为 $G_{d0}=V_g$，所以输入电压增加，直流增益随之增加。因此，在最高输入电压和最轻负载时，$G_{vd}(s)$放大倍数最大。同时在 f_{p0} 附近，相位变化最剧烈，对设计控制器带来了一定的难度。因此定义最高输入电压和最轻负载为 CCM 型 Buck 变换器的传递函数的最坏情况。

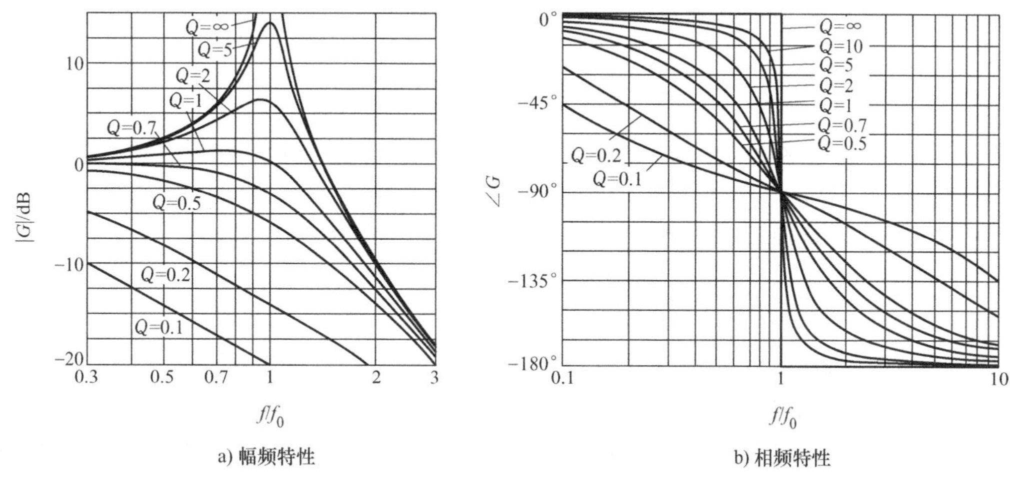

图 4-6　不同 Q 值时 CCM 型 Buck 变换器的幅频和相频特性曲线

在表 1-4 中给出了 CCM 型正激式变换器的典型等效电路参数，把表 1-4 中的参数应用图 4-5 电路，可以得到 CCM 正激式变换器的控制—输出传递函数为

$$G_{vd}(s)=\frac{V_g}{1+\dfrac{s}{Q\omega_{p0}}+\left(\dfrac{s}{\omega_{p0}}\right)^2}\frac{N_{sec}}{N_{pri}} \tag{4-7}$$

式中，N_{pri} 和 N_{sec} 表示高频变压器的一次侧和二次侧匝数。当 $N_{pri}=N_{sec}=1$ 时，式(4-7)变为式(4-6)。显然 Buck 变换器是正激变换器的一种特例。因此，正激变换器的传递函数也是一种**双重极点型传递函数**。

2. DCM 型开关变换器的传递函数

在第 2 章中，利用状态空间法已推出 DCM 型基本 DC-DC 变换器的统一低频小信号等效电路模型，如图 4-7 所示。对于基本的变换器，表 2-1～表 2-3 给出了图中各参数的计算公式。

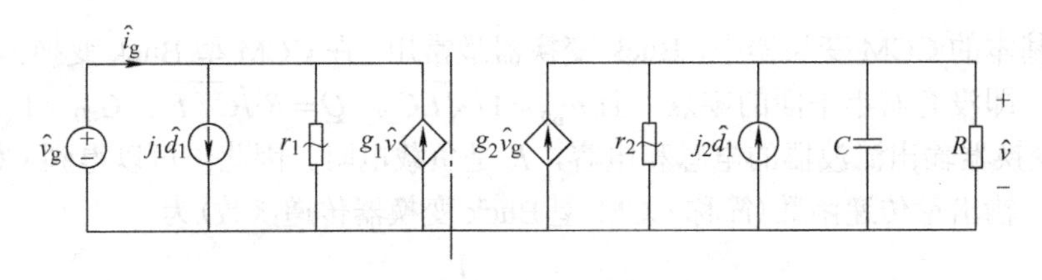

图 4-7　DCM 模式下理想变换器直流与交流小信号等效电路

基于图 4-7 所示的等效电路，表 2-2 给出的 DCM 型变换器控制—输出传递函数的标准形式为

$$G_{vd}(s)=\frac{G_{d0}}{1+\dfrac{s}{\omega_p}} \tag{4-8}$$

通常，DCM 变换器应用于小功率等级的能量变换，单端反激式变换器是一个典型的应用实例。单端反激式变换器隶属于 Boost 类变换器。下面以 Buck-boost 变换器为例介绍这类变换器的主要特点。

DCM 型 Buck-boost 变换器传递函数的直流增益公式为

$$G_{do}=\frac{V}{M\sqrt{K}}=\frac{V_g}{\sqrt{K}}\quad, K=\frac{2L}{RT_s} \tag{4-9}$$

式中，L 为电感的电感量；T_s 为开关频率的周期；$M(=V/V_g)$为稳态电压比，当输入电压增加时，M减小。

DCM 型 Buck-boost 变换器传递函数的极点角频率公式为

$$\omega_p=\frac{2}{RC} \tag{4-10}$$

式中，R 为负载电阻；C 为输出电容。

下面讨论 DCM 型 Buck 变换器传递函数：

1) 在 DCM 型变换器控制—输出传递函数中，含有一个极点，如式(4-8)所示，所以称 DCM 型变换器控制—输出传递函数为**单极点型传递函数**。

2) 由式(4-10)可见，极点角频率由输出电容和负载电阻组成的时间常数确定。当负载电阻增加时，极点角频率随之降低。由式(4-9)可见，当输入电压增加，直流增益随之增加。因此，单极点型传递函数的最坏情况出现在最轻负载和最高输入电压工况。

4.1.3　控制对象与电压控制器

为了便于设计，将补偿网络和电压采样网络合并，并称之为电压控制器，把电压控制器之外的环节称为控制对象，如图 4-8 所示。

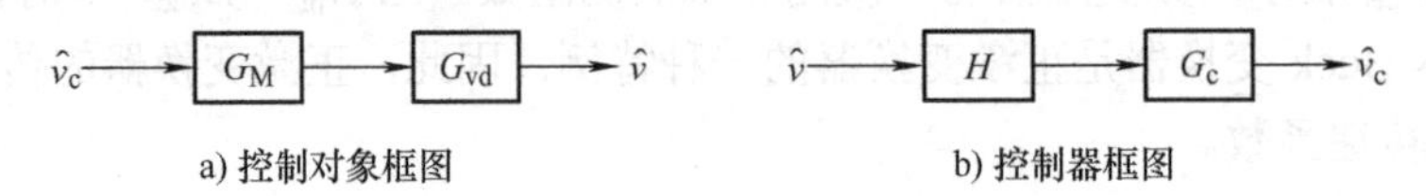

图 4-8　控制对象与控制器框图

控制对象的传递函数为

$$G_{vdm}=\frac{\hat{v}}{\hat{v}_c}=G_M G_{vd} \tag{4-11}$$

由于 $G_M=1/V_M$ 为常数，所以控制对象与控制—输出传递函数具有类似的表达式，只是差了一个系数而已。

控制器的框图如图 4-8b 所示，其传递函数为

$$G_{CH}=\frac{\hat{v}_c}{\hat{v}}=HG_c \tag{4-12}$$

由于 H 为常数，所以控制器的传递函数与补偿网络的传递函数具有类似的表达式。

又由于输出滤波电容 C 存在串联等效电阻，简写为 ESR，用 R_c 表示，会在控制—输出传递函数上附加一个高频零点，这个高频零点会影响开关调节系统的稳定性。ESR 的零点频率为

$$f_{z0}=\frac{1}{2\pi R_c C} \tag{4-13}$$

通常输出滤波电容的零点频率范围为，电解电容 1～5kHz；钽电容 10～25kHz。

从中可见，选择不同类型的输出滤波电容会改变控制—输出传递特性，会对电路的稳定性产生不利的影响。

1) 定义由双重极点型传递函数和 PWM 组成的控制对象为**双重极点型控制对象**，在考虑 ESR 零点影响时，其传递函数为

$$G_{vdm}(s)=\frac{A_{DC}\left(1+\dfrac{s}{\omega_{z0}}\right)}{1+\dfrac{s}{Q\omega_{p0}}+\left(\dfrac{s}{\omega_{p0}}\right)^2} \tag{4-14a}$$

直流增益为

$$A_{DC}=\frac{V_g}{V_m}\frac{N_{sec}}{N_{pri}} \tag{4-14b}$$

ESR 零点角频率为

$$\omega_{z0}=2\pi f_{z0}=1/(R_c C) \tag{4-14c}$$

极点角频率为

$$\omega_{p0}=\frac{1}{\sqrt{LC}} \tag{4-14d}$$

品质因数为

$$Q=R\sqrt{\frac{C}{L}} \tag{4-14e}$$

图 4-9 给出了双重极点型控制对象的典型频率特性。由图可见，①在最轻负载时，Q 值最大，$|G_{vdm}(j\omega)|$的谐振峰值最大。由于谐振峰值影响，开环传递函数在 f_{p0} 点很容易出现幅值裕度不满足要求的现象，设计时应特别注意这一问题；②在幅频特性的低频段，曲线平坦。欲消除闭环系统的稳态误差，控制器至少应含有一个积分环节；③在高频段，幅频特性以 −20dB/dec 的斜率下降，为了抑制高频干扰，控制器中必须增加一个高频极点。

2) 定义由单极点型传递函数和 PWM 组成的控制对象为**单极点型控制对象**，在考虑 ESR 零点影响时，其传递函数为

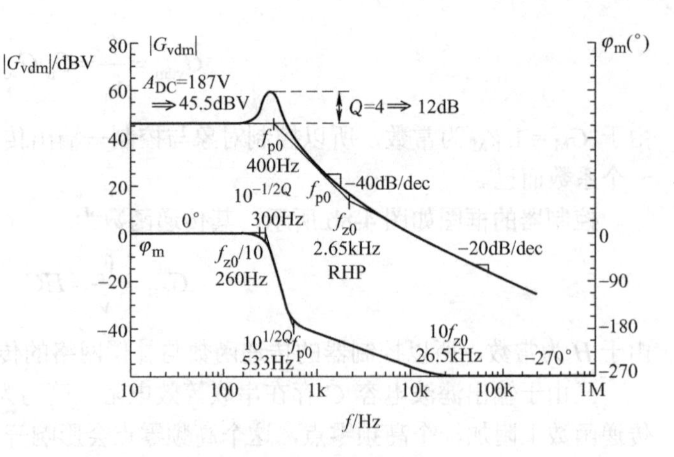

图 4-9 双重极点型控制对象的典型幅频特性和相频特性

$$G_{\rm vdm}(s)=\frac{A_{\rm DC}\left(1+\dfrac{s}{\omega_{\rm z0}}\right)}{1+\dfrac{s}{\omega_{\rm p0}}}\tag{4-15a}$$

直流增益为

$$A_{\rm DC}=G_{\rm d0}/V_{\rm m}\tag{4-15b}$$

3) DCM 反激式变换器是另一种常用的电路，如图 4-10 所示。文献[3]给出了其控制对象的近似传递函数表达式为

$$G_{\rm vdm}(s)=\frac{A_{\rm DC}\left(1+\dfrac{s}{\omega_{\rm z0}}\right)}{1+\dfrac{s}{\omega_{\rm p0}}}\frac{N_{\rm sec}}{N_{\rm pri}}\tag{4-16a}$$

直流增益为

$$A_{\rm DC}=\frac{(V_{\rm g}-V)^2}{V_{\rm g}\Delta V_{\rm e}}\frac{N_{\rm sec}}{N_{\rm pri}}\tag{4-16b}$$

极点角频率为

$$\omega_{\rm p0}=\frac{1}{RC}\tag{4-16c}$$

式中，$\Delta V_{\rm e}$的含义：在电压型控制中，$\Delta V_{\rm e}$代表振荡器输出电压的峰峰值；而在电流型控制中，$\Delta V_{\rm e}$代表高频变压器一次侧电流在电流采样电阻上产生的电压。

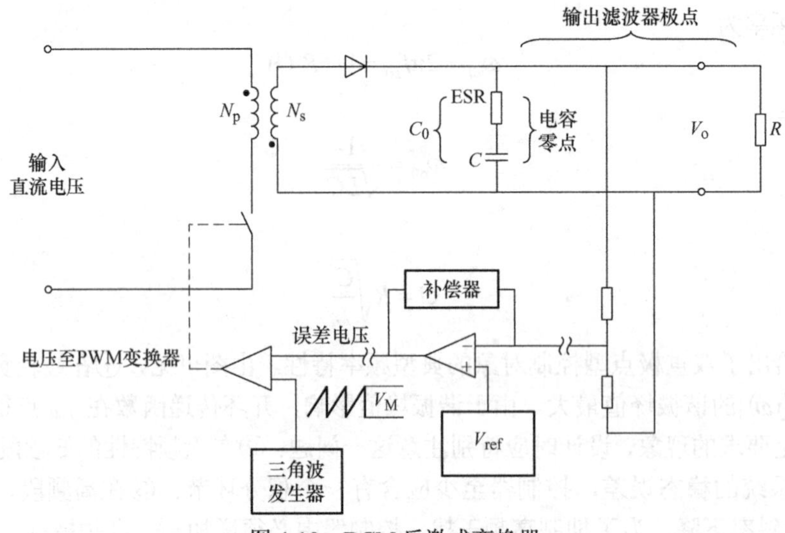

图 4-10 DCM 反激式变换器

图4-11给出了单极点型控制对象的典型幅频特性和相频特性。由图4-11和式(4-16)可见：①极点角频率由输出电容和负载电阻组成的时间常数确定，当负载电阻增加时，极点角频率的位置降低；当输入电压增加，直流增益随之增加，因此，单极点型传递函数的最坏情况出现在最轻负载和最高输入电压工况；②在幅频特性的低频段，曲线平坦，欲消除闭环系统的稳态误差，控制器至少应含有一个积分环节；③在高频段，幅频特性曲线平坦。为了抑制高频干扰，控制器中必须增加两个高频极点。

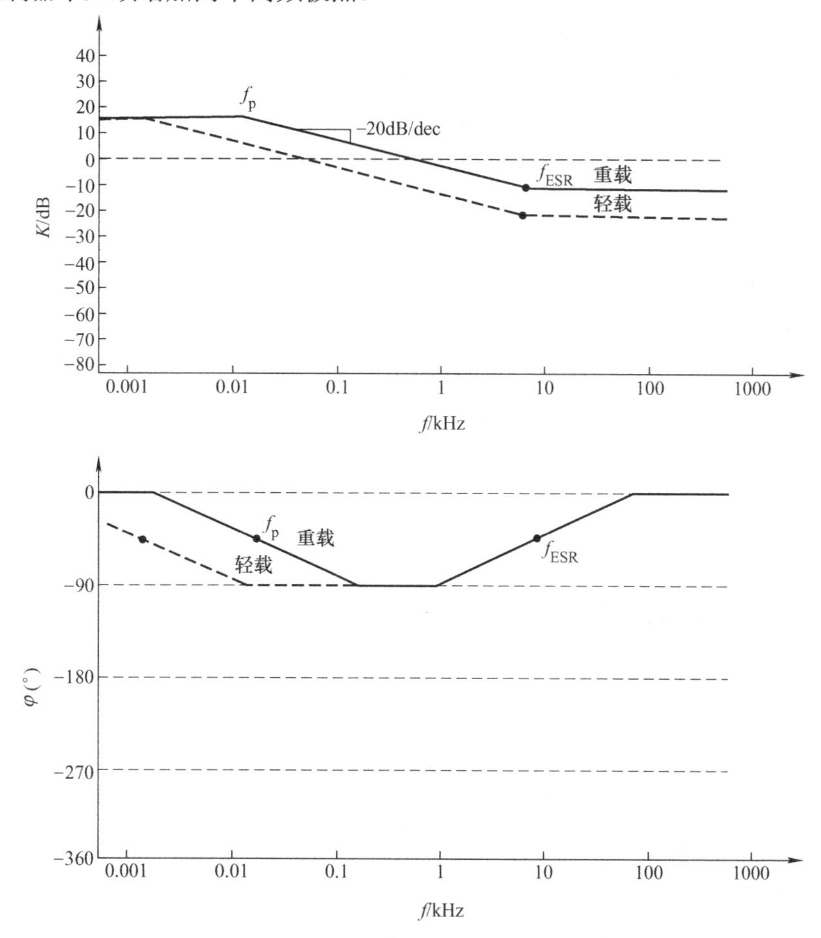

图4-11　单极点型控制对象的典型幅频特性和相频特性

4.2　电压控制型开关调节系统的设计

在 4.1 节中介绍了开关调节系统常见的控制对象，包括单极点型控制对象、双重极点型控制对象等。为了使某个控制对象的输出电压保持恒定，需要引入一个负反馈环。粗略地讲，只要使用一个高增益的反相放大器，就可以达到使控制对象输出电压稳定的目的。但就一个实际系统而言，对于负载的突变、输入电压的突升或突降，高频干扰等不同工况，需要系统能够稳、准、快地做出合适的调节，这样就使问题变得复杂了。例如，已知主电路的时间常数较大、响应速度相对缓慢，如果控制的响应速度也较慢，使得整个系统对外界变量的响应变得很迟缓；相反，如果加快控制器的响应速度，则又会使系统出现振荡。所以，开关调节系统设计要同时解决稳、准、快、抑制干扰等方面相互矛盾的稳态和动态要求，这就需要一定的技巧，设计出合理的控制器，用控制器来改造控制对象的特性。

常用的控制器有比例积分(PI)、比例微分(PD)、比例—积分—微分(PID)等三种类型。由于PD控制器可以提供超前的相位，对于提高系统的相位裕量、减少调节时间等十分有利，但不利于改善系统的控制精度；使用PI控制器能够保证系统的控制精度，但会引起相位滞后，是以牺牲系统的快速性为代价来提高系统的稳定性；用PID控制器兼有二者的优点，可以全面提高系统的控制性能，但实现与调试要复杂一些。对于开关调节系统，主要以满足动态稳定性和稳态精度为主，对快速性要求不太严格，所以采用PI控制器就可以满足要求；但是对于为高速CPU供电的系统，则快速性是主要技术指标。

4.2.1 理想开环传递函数的幅频特性

在设计控制器时，主要是用伯德图表示控制对象、控制器以及开环传递函数的频率特性。系统的开环传递函数的伯德图能够确切地给出系统的稳定性、稳定裕度，而且还能大致衡量闭环系统动态和稳态特性。在定性分析闭环系统性能时，通常将伯德图分成低、中、高三个频段，频段的划分是大致的，不同文献划分的方法不同，这并不会影响定性分析的结果。图4-12给出了理想开环传递函数的频率特性。

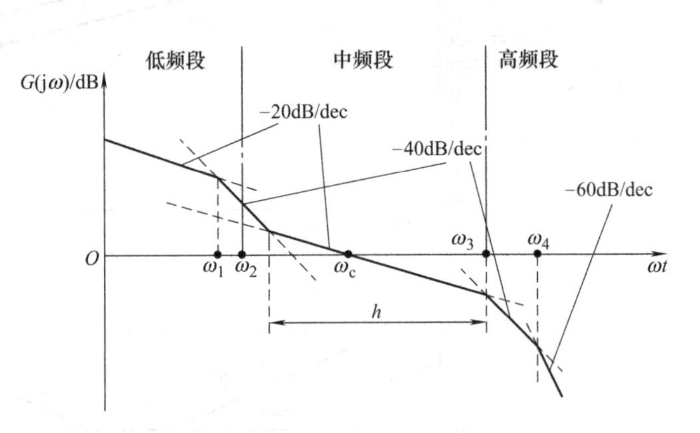

图4-12 理想开环传递函数的频率特性

1. 低频段

开环传递函数频率特性低频段的形状直接反映系统包含积分环节的个数和直流增益的大小，因此它主要影响系统的稳态性能。对于开关调节系统，理想的低频特性是直流增益无限大、以−20dB/dec的斜率下降。符合理想条件时，系统的稳态误差等于零。

2. 中频段

中频段大致是指幅频特性以−20dB/dec斜率下降并穿越0dB线的频段。中频段的宽度h与系统的动态稳定性密切相关。宽度h越大，相位裕量φ_m越大。穿越频率ω_c与系统的上升时间t_r、调节时间t_s以及超调量σ等动态性能指标密切相关。穿越频率ω_c越大，系统的响应速度越快但超调量σ也越大。另外，对于开关调节系统，过高的穿越频率ω_c可能导致高频开关频率及其谐波和寄生振荡引起的高频分量得不到有效抑制，系统仍然不能稳定工作。因此，在理想的中频特性中，需要附加一个以−40dB/dec斜率下降的频段，达到降低中频增益以限制过高的穿越频率ω_c，如图4-12所示。由于这个附加频段位于中频的起始阶段，必然引起一定附加相位滞后。因此，附加频段的宽度不能太大，否则会影响系统的稳定性。

3. 高频段

一般来说，高频段距穿越频率ω_c较远，开环传递函数对数幅频特性$|T(\mathrm{j}\omega)| \ll 1$，故对系统的动态性能影响不大，但它反映了系统对高频干扰信号的抑制能力。高频段幅频特性衰减

越快，系统的抗干扰能力越强。对于开关调节系统，理想高频特性应以-40dB/dec斜率下降，如图4-12所示。如果高频段的幅频特性斜率的绝对值增加，意味着控制器的结构复杂，给设计和调试带来不必要的麻烦。

4.2.2 开关调节系统和控制器的频域设计

开关调节系统频域设计的主要思路是：把系统的性能指标和技术要求转化为开环传递函数的伯德图；根据开环传递函数的伯德图和控制对象的伯德图绘制补偿网络(控制器)的伯德图；基于补偿网络的伯德图，选择合适的补偿网络并进行参数设计。

开关调节系统频域设计的一般步骤如下：

(1)确定系统的控制方法　应根据系统的性能指标和技术要求确定开关调节系统的控制方法，常见的控制方法有电压控制、电流控制、单环控制、双环控制等。

(2)绘制开环传递函数的伯德图　根据系统对稳态、动态和抑制高频干扰等方面的要求，大致绘制出希望的开环传递函数的伯德图。绘制时注意对幅频特性三个频段的要求。开关调节系统的稳态性能主要取决于开环传递函数伯德图的低频段，理想的低频特性是直流增益无限大、以-20dB/dec的斜率下降，符合理想条件时，系统的稳态误差等于零；开关调节系统的动态性能主要取决于开环传递函数伯德图的中频段，中频段大致是指幅频特性以-20dB/dec斜率下降并穿越0dB线的频段，希望有适当大的中频带宽h和合适的穿越频率ω_c。一般说来，中频段处理的问题是动态稳定性和快速性之间的矛盾、快速性与系统过冲量之间的矛盾等。总之，中频段的设计就是协调这些矛盾、折衷处理各方面的要求，达到有条件的最佳；开关调节系统抑制高频干扰的能力主要取决于开环传递函数伯德图的高频段，在高频段，理想幅频特性应以-40dB/dec斜率下降，斜率的减小会对系统产生不利的影响。

(3)绘制控制对象的伯德图　根据主电路的交流低频小信号等效电路和负载电阻，确定控制对象的直流增益、ESR的零点频率、极点频率等参数，写出控制对象的传递函数。再根据控制对象的传递函数，绘制控制对象的伯德图。对于双环控制的控制对象，要先设计好电流控制环，然后再进行电压控制环的设计。因此在设计电压控制环时，控制对象是由主电路和电流控制环组成一个新的控制对象。

(4)确定补偿网络的伯德图　将开环传递函数的伯德图与控制对象的伯德图相减，可得到补偿网络的伯德图，根据补偿网络的伯德图确定元器件参数。

(5)电压采样网络的设计　在实际应用中，根据输出的路数，开关调节系统可分为单路输出和多路输出；根据输入端和输出端是否电气隔离，又分为电气隔离型和无隔离型。不同类型的开关调节系统，其电压采样网络的拓扑结构和设计方法也不同。但常用的基本采样网络主要有三种：无隔离型电压采样网络、多路输出的电压采样网络和隔离型电压采样网络。

补偿网络的任务是配合控制对象完成某个特定任务或技术要求。因此，在设计开关调节系统过程中，控制对象是主角，补偿网络是配角。设计补偿网络的实质是为控制对象寻找合适的配角。对于设计者而言，必须熟悉：①控制对象的性能；②性能指标与开环传递函数伯德图之间的定性关系，能够将系统的性能指标和技术要求转化为开环传递函数的伯德图；③常用补偿网络的电路结构和频率特性(在4.3和4.4节中将介绍四种常用的补偿网络)；④常用补偿网络与控制对象的匹配技术(不同的控制对象需要不同的补偿网络；同一个控制对象，技术要求不同，需要的补偿网络也不同；同一个控制对象、同一个补偿网络，电路的参数不同，系统的性能也不同)。所以对于初学者，设计补偿网络仍是一个较为复杂的问题。所幸的是，经过 30 多年的努力，学者们已研究出许多有用的成果，可供大家借鉴。文献[13]总结了已有的成果，给出两个快速设计表。表 4-1 给出了四种常用补偿网络的基本特性，包括单极点补偿网络、具有带宽增益限制的单极点补偿网络、单极点-单零点补偿网络和双极点-双零点补偿网络，表 4-2 给出了常见控制对象和常用补偿网络的匹配表，根据控制对象可以很容易地找到较为合适的补偿网络。

表 4-1　常用补偿网络相应的特性

补偿器类型	稳态性能	暂态性能	抑制高频干扰能力
单极点	好	差	中
具有增益限制的单极点	中	好	中
单极点-单零点	好	好	中
双极点-双零点	好	好	好

表 4-2　控制对象与补偿网络的匹配表

电源类型	单极点	具有增益限制的单极点	单极点-单零点	双极点-双零点
单极点型控制对象	×			×
双重极点型控制对象		×	×	

4.2.3　设计举例

例 4-1　原始系统的频率特性。（这里原始系统是指采用单位增益的反相放大器作为补偿网络的系统）。

已知某 Buck 变换器及其各元件参数值如图 4-13 所示。系统的输入电压 $v_g(t)$ 的额定值为 28V，参考电压 $v_{ref}=5V$，该系统能为一个 5A 的负载提供 15V 直流电压，负载为 3Ω的电阻，开关频率 $f_s=100kHz$。加在 PWM 的锯齿波信号峰峰值为 $V_m=4V$，电路工作在 CCM 模式。试设计反馈系统，使其能够满足稳态和动态要求。

步骤 1　设计电压采样网络。在设计开关调节系统时，为消除稳态误差，在低频段，尤其在直流频率点，开环传递函数的幅值远远大于 1，即在直流频率点系统为深度负反馈系统。对于深度负反馈系统，参考电压与输出电压之比等于电压采样网络的传递函数，即

$$H=\frac{v_{ref}}{v}=\frac{V_{ref}}{V}=\frac{5}{15}=\frac{1}{3} \tag{4-17}$$

在深度负反馈条件下计算采样网络传递函数的有关知识，将在 4.5 节中详细研究，并给出相应的计算公式。

步骤 2　绘制控制对象的伯德图。CCM 型 Buck 变换器交流小信号模型如图 4-13b 所示。假定忽略电容等效串联电阻（ESR）的影响，式（4-6）给出了 CCM 型 Buck 变换器的传递函数，即

$$G_{vd}(s)=\frac{V_g}{1+\dfrac{s}{Q\omega_{p0}}+\left(\dfrac{s}{\omega_{p0}}\right)^2} \tag{4-18}$$

式（4-18）中具有双重极点，对应的控制对象是双重极点型控制对象。

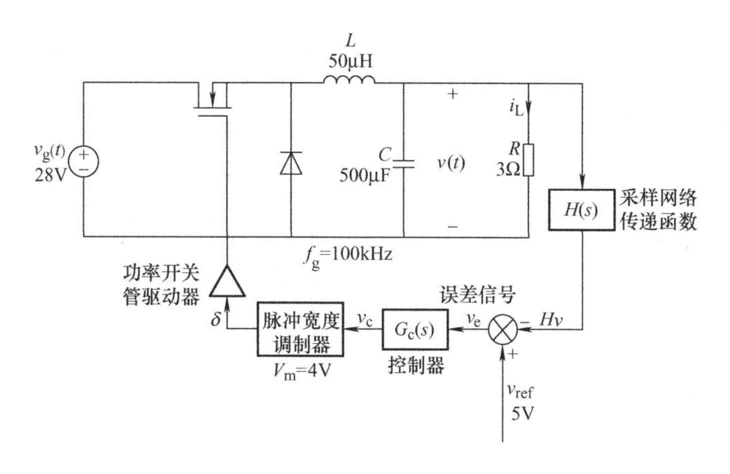

a) Buck变换器电路

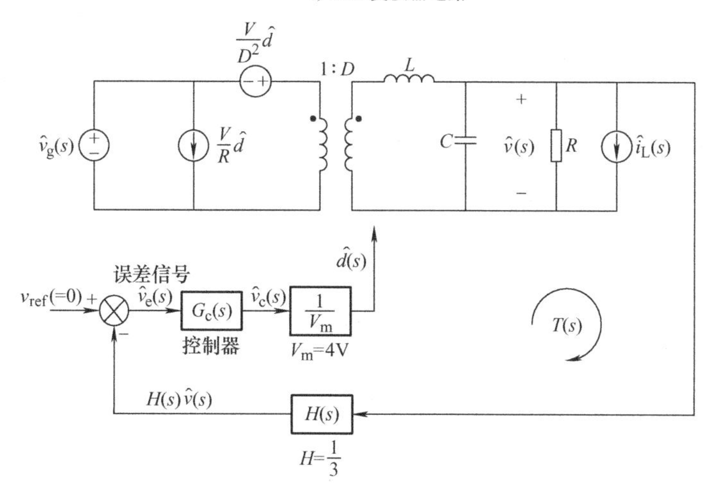

b) 系统交流小信号模型

图 4-13　设计举例

交流小信号模型中电路参数的计算值如下：

占空比
$$D=\frac{V}{V_g}=0.536$$

直流增益
$$G_{d0}=\frac{V}{D}=V_g=28\text{V}\,,\quad \left|G_{d0}\right|_{dB}=20\lg G_{d0}=29\text{dBV}$$

双重极点频率
$$f_{p0}=\frac{\omega_{p0}}{2\pi}=\frac{1}{2\pi\sqrt{LC}}=\frac{1}{2\pi\sqrt{50\times10^{-6}\times500\times10^{-6}}}\text{Hz}=1\text{kHz}$$

品质因数
$$Q_0=R\sqrt{\frac{C}{L}}=9.5\,,\quad \left|Q_0\right|_{dB}=20\lg Q_0=19.5\text{dB}$$

在具有双重极点的传递函数中，频率特性在极点频率附近变化非常剧烈，不能按常规的方法绘制其伯德图。其中相频特性变化非常剧烈段的起始频率 f_a 和终止频率 f_b，由下面公式确定：

$$f_a=10^{-1/(2Q_0)}f_{p0}=10^{-1/(2\times9.5)}\times1000\text{Hz}=886\text{Hz}\approx900\text{Hz}$$

$$f_b = 10^{1/(2Q_0)} f_{p0} = 10^{1/(2\times 9.5)} \times 1000\text{Hz} = 1129\text{Hz} \approx 1100\text{Hz}$$

根据上述计算结果可绘制出控制—输出传递函数的幅频和相频特性，如图 4-14 所示。

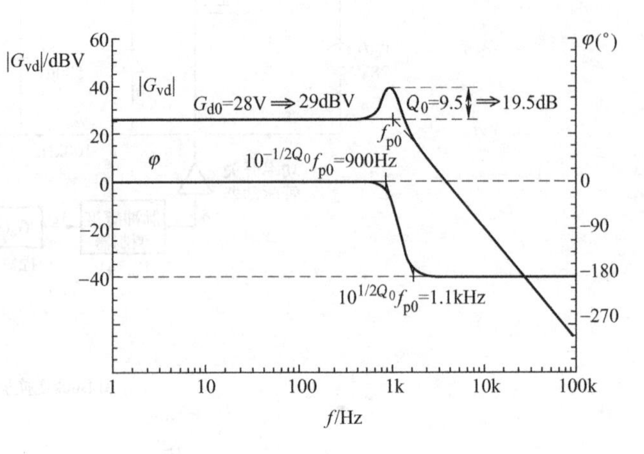

图 4-14　例 4-1 中 Buck 变换器控制—输出传递函数的伯德图

步骤 3　绘制系统开环传递函数 $T(s)$ 的伯德图。图 4-13b 给出了系统框图。由图可得开环传递函数为

$$T(s) = G_c(s)\left(\frac{1}{V_m}\right)G_{vd}(s)H(s)$$
$$= \frac{G_c(s)H(s)}{V_m}\frac{V}{D}\frac{1}{1+\frac{s}{Q_0\omega_{p0}}+\left(\frac{s}{\omega_{p0}}\right)^2} \tag{4-19}$$

如果采用单位增益的反相放大器作为补偿网络，即 $G_c(s) = -1$。反相放大器引起了一个 $-180°$ 固定的相移。这样就构成了一个原始系统，其开环传递函数为

$$T(s) = T_{u0}\frac{1}{1+\frac{s}{Q_0\omega_{p0}}+\left(\frac{s}{\omega_{p0}}\right)^2} \tag{4-20}$$

直流增益为 $T_{u0} = HV_g\frac{1}{V_m} = \frac{1}{3}\times 28\times\frac{1}{4} \approx 2.33$，用分贝表示为 $|T_{u0}|_{dB} = 20\lg T_{u0} = 7.4\text{dB}$，根据上述计算结果可绘制开环传递函数的幅频和相频特性，如图 4-15 所示。

由图4-15可见，穿越频率 f_c =1.827kHz，相位裕量 $\varphi_m = 4.76° < 5°$。从表面上看，系统是稳定的。但是如果系统中的参数稍有变化，系统可能会变得不稳定；直流增益 T_{u0} = 2.33，系统的稳态误差为 $1/(1+T_{u0})$ = 30%，在工程上这个稳态误差是不能接受的；此外穿越频率太低，系统的响应速度很慢。总之，只使用一个高增益的反相放大器作为控制器，不能使控制对象达到稳、准、快的要求。

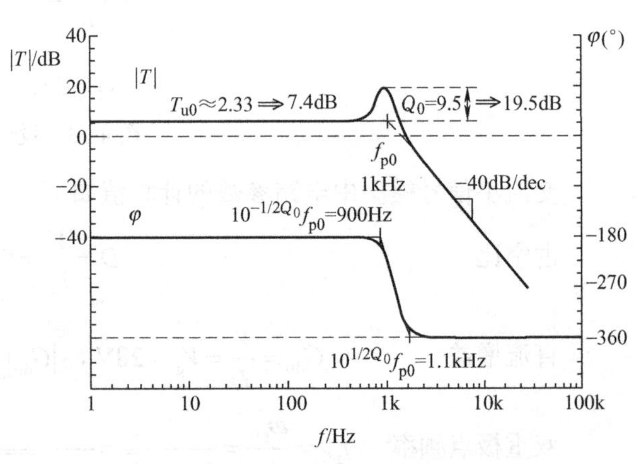

图 4-15　原始系统开环传递函数的伯德图

例 4-2　对于图 4-13 所示 CCM 型 Buck 变换器，试设计一个合理的补偿网络使系统能够稳定工作。

步骤 1　选择补偿网络。例 4-1 存在的主要问题是系统相位裕量太低、穿越频率太低。改进的思路是在远低于穿越频率处，给补偿网络增加一个零点 f_z，开环传递函数就会产生足够的超前相移，保证系统有足够的相位裕量。然而，增加零点后又会带来新的问题：①高频段增益下降，斜率由原来的−40dB/dec 变为−20dB/dec；②有可能使相位裕量达到 90°，过大

的相位裕量，会对其他动态性能不利。为了解决上述问题，还需要在大于零点频率附近增加一个极点。为此，采用如图 4-16 所示的 PD 补偿网络。

PD 补偿网络的传递函数为

$$G_{c}(s)=G_{c0}\frac{\left(1+\frac{s}{\omega_{z}}\right)}{\left(1+\frac{s}{\omega_{p}}\right)}\qquad \omega_{z}<\omega_{c}<\omega_{p} \tag{4-21}$$

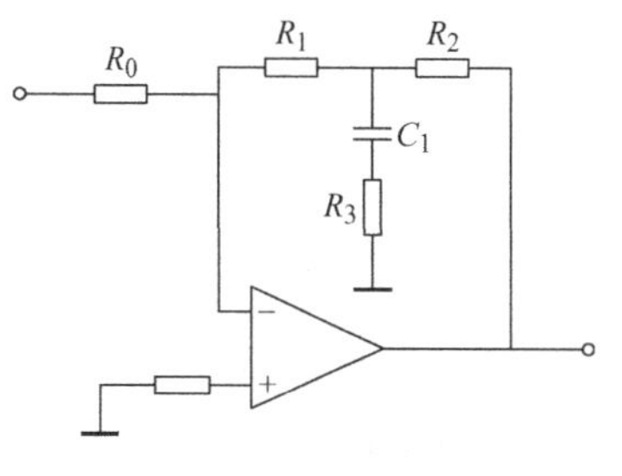

图 4-16 PD 补偿网络

式中，$G_{c0}=-\frac{R_{1}+R_{2}}{R_{0}}$，$\omega_{p}=\frac{1}{R_{3}C_{1}}$，$\omega_{z}=\frac{1}{(R_{1}//R_{2}+R_{3})C_{1}}$。

步骤 2 确定补偿网络的参数。为了提高穿越频率，设加入补偿网络后开环传递函数的穿越频率 f_c 是开关频率 f_s 的 1/20，即

$$f_{c}=f_{s}/20=100\text{kHz}/20=5\text{kHz}$$

由式(4-20)和图 4-15 可见，原始系统在 5kHz 处的幅频特性上的幅值为

$$T_{u0}\left(\frac{f_{p0}}{f_{c}}\right)^{2}=2.33\times\left(\frac{1}{5}\right)^{2}\approx 0.093$$

上面设计结果：$f_c=5\text{kHz}$，在穿越频率处，$T(\mathrm{j}\omega_c)=0.093$。设相位裕量$\varphi_m=52°$。PD 补偿网络的零、极点频率计算公式为[5]

$$\begin{cases}f_{z}=f_{c}\sqrt{\frac{1-\sin\varphi_{m}}{1+\sin\varphi_{m}}}=5\text{kHz}\times\sqrt{\frac{1-\sin52^{\circ}}{1+\sin52^{\circ}}}=1.7\text{kHz}\\ f_{p}=f_{c}\sqrt{\frac{1+\sin\varphi_{m}}{1-\sin\varphi_{m}}}=5\text{kHz}\times\sqrt{\frac{1+\sin52^{\circ}}{1-\sin52^{\circ}}}=14.5\text{kHz}\end{cases} \tag{4-22}$$

PD 补偿网络直流增益为[5]

$$G_{c0}=\left(\frac{f_{c}}{f_{p0}}\right)^{2}\frac{1}{T_{u0}}\sqrt{\frac{f_{z}}{f_{p}}}=\left(\frac{5}{1}\right)^{2}\times\frac{1}{2.33}\times\sqrt{\frac{1.7}{14.5}}=3.7 \tag{4-23}$$

根据上面计算数据，可绘出 PD 补偿网络传递函数 G_c 的伯德图，如图 4-17 所示。

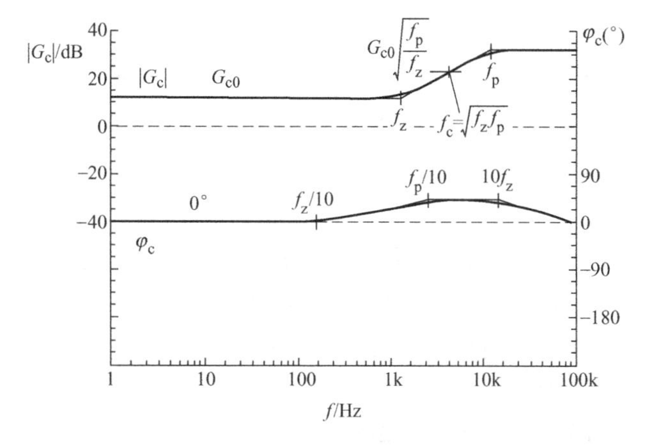

图 4-17 超前补偿网络传递函数 G_c 的伯德图

开环传递函数为

$$T(s)=T_{u0}G_{c0}\frac{\left(1+\frac{s}{\omega_z}\right)}{\left(1+\frac{s}{\omega_p}\right)\left[1+\frac{s}{Q_0\omega_{p0}}+\left(\frac{s}{\omega_p}\right)^2\right]} \tag{4-24}$$

因此，$T_0=T_{u0}G_{c0}=2.33\times3.7\approx8.6$，用分贝表示为$|T_0|_{dB}=20\lg(T_{u0}G_{c0})=18.7dB$。

根据上面计算数据可绘出加补偿网络后开环传递函数T的伯德图如图4-18所示。利用MATHCAD软件可以仿真出加PD补偿网络后开环传递函数T的伯德图如图4-19所示，用MATHCAD软件计算出：$f_c=5150.2Hz$，$\varphi_m=53.4°$。

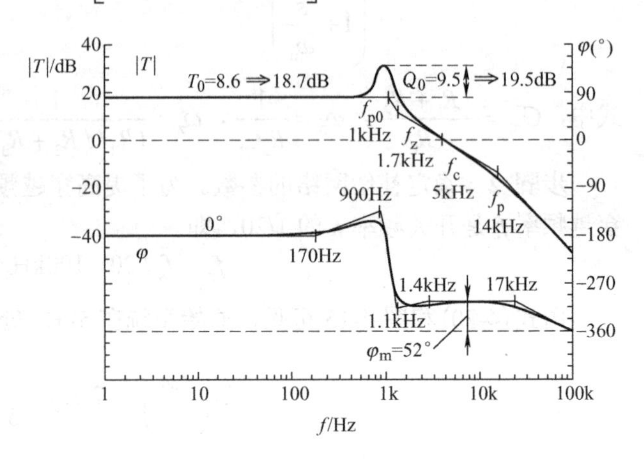

图4-18　开环传递函数$T(s)$的伯德图(PD补偿网络)

步骤3　设计结果分析。从图4-18中可见，在1.4～17kHz范围内，开环传递函数$T(s)$的相位裕量$\varphi_m=52°$，因此当元件值稍有变化，穿越频率会稍稍偏离5kHz，对相位裕量的影响较小。由于在0～1kHz范围内，幅频特性曲线是平坦的，因此，系统稳态误差大。

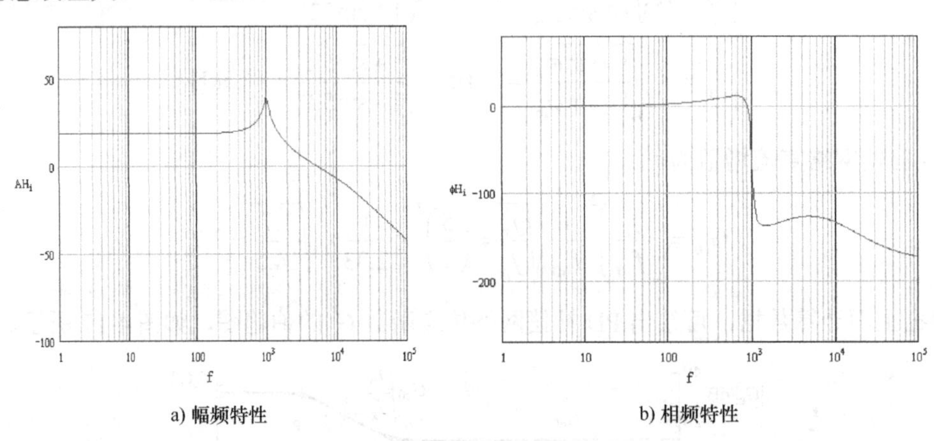

a) 幅频特性　　b) 相频特性

图4-19　开环传递函数$T(s)$的仿真结果(PD补偿网络)

例4-3　对于图4-13所示CCM型Buck变换器，试减小稳态误差。

如果用PD补偿网络作为控制器，设计出的系统存在稳态误差大等缺点。为了克服这些缺点，可以通过加入倒置零点，如PID补偿网络。为此，采用如图4-20所示的PID补偿网络。

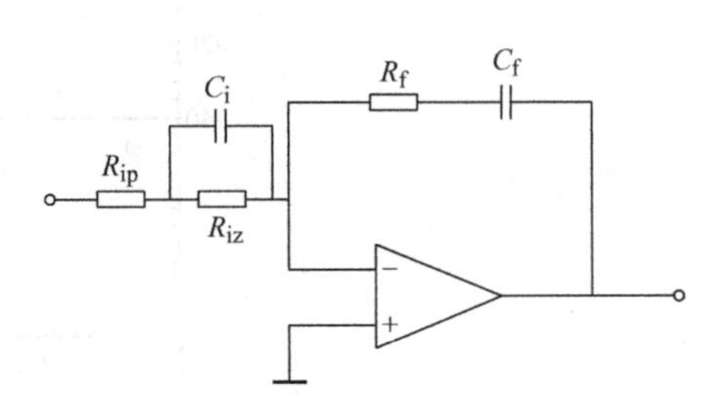

图4-20　PID补偿网络

根据上面电路，写出补偿网络的传递函数为

$$G_c(s)=G_{cm}\frac{\left(1+\frac{s}{\omega_z}\right)\left(1+\frac{\omega_L}{s}\right)}{\left(1+\frac{s}{\omega_p}\right)} \tag{4-25}$$

式中，$G_{cm}=-\frac{R_f}{R_{iz}+R_{ip}}$，$\omega_z=\frac{1}{R_{iz}C_i}$，$\omega_L=\frac{1}{R_fC_f}$，$\omega_p=\frac{R_{iz}+R_{ip}}{R_{iz}R_{ip}C_i}$。这个传递函数的伯德图如图 4-21 所示。

在这里，引入倒置零点的目的是改善开环传递函数的低频特性。但是又不希望因增加了倒置零点而改变开环传递函数的中、高频段特性。假设选择倒置零点的频率为穿越频率的 1/10，则有

$$f_L=\frac{f_c}{10}=\frac{5\text{kHz}}{10}=500\text{Hz} \tag{4-26}$$

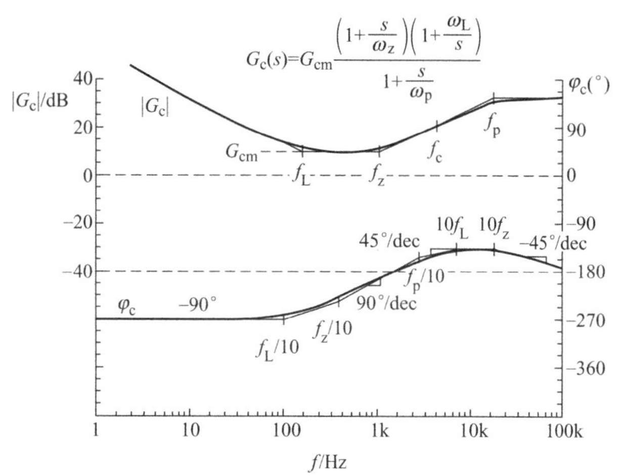

图 4-21　PID 补偿网络传递函数的伯德图

那么，在比 f_L 大的频率段，增加了倒置零点未改变开环传递函数的特性，穿越频率仍然是 5kHz。所以，增加的倒置零点未给相位裕量造成影响。换句话说，如果 $G_{cm}=G_{c0}$，在比 f_L 大的频率段，式(4-25)与式(4-21)是相等的。因此，可以使用式(4-22)来设计补偿网络的零点和极点频率，用式(4-23)来设计补偿网络的直流增益。

用 PID 补偿网络作为控制器后，开环传递函数为

$$T(s)=T_{u0}G_{c0}\frac{\left(1+\frac{s}{\omega_z}\right)\left(1+\frac{\omega_L}{s}\right)}{\left(1+\frac{s}{\omega_p}\right)\left[1+\frac{s}{Q_0\omega_{p0}}+\left(\frac{s}{\omega_{p0}}\right)^2\right]} \tag{4-27}$$

根据上面传递函数，绘出的开环传递函数伯德图如图 4-22 所示。其仿真结果图 4-23 所示。从图中可见，在倒置零点频率 500Hz 之前，开环传递函数近似为

$$T(s)=T_{u0}G_{c0}\frac{\left(1+\frac{s}{\omega_z}\right)\left(1+\frac{\omega_L}{s}\right)}{\left(1+\frac{s}{\omega_p}\right)\left[1+\frac{s}{Q_0\omega_{p0}}+\left(\frac{s}{\omega_{p0}}\right)^2\right]} \tag{4-28}$$

$$\approx T_{u0}G_{c0}\frac{\omega_L}{s}$$

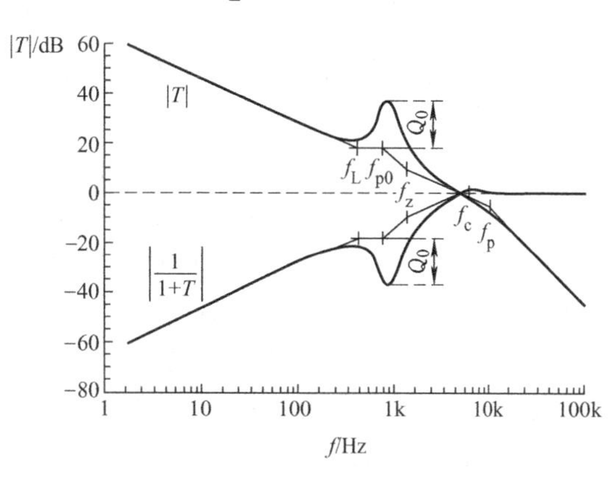

图 4-22　带有 PID 补偿网络的|T|和|1/(1+T)|的伯德图

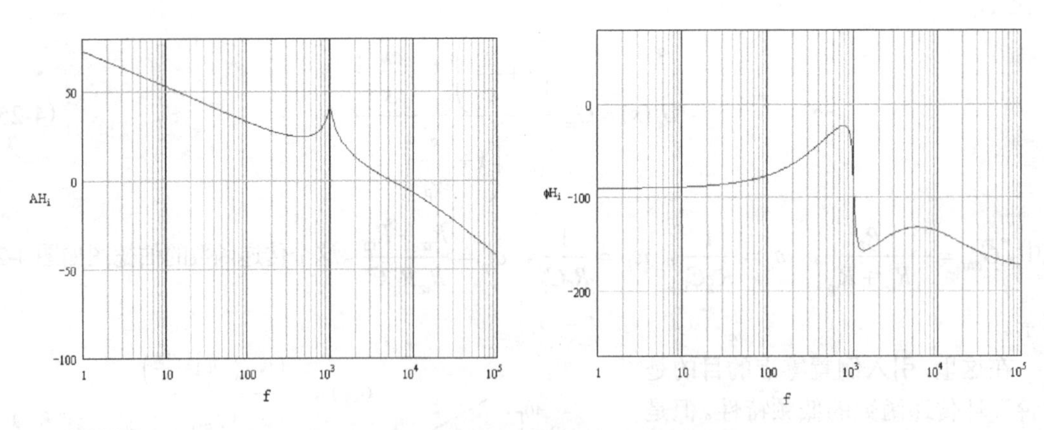

图 4-23　带有 PID 补偿网络的||*T*||的伯德图

从式(4-28)可见，系统的频率特性的低频段，相当于一个积分环节，因此，系统的稳态误差等于零，达到了设计要求。

因为倒置零点频率为 500Hz，在 100Hz 处，开环传递函数的幅值为

$$T(\mathrm{j}2\times100\pi)\approx5T_{\mathrm{u0}}G_{\mathrm{c0}}=5\times2.33\times3.7\approx43.1>>1$$

则有

$$\frac{1}{1+T}\approx\frac{1}{T}$$

从而可知，采用 PID 补偿网络后，1V/100Hz 的扰动在输出端就变成了

$$\left.\frac{\hat{v}(s)}{\hat{v}_{\mathrm{g}}(s)}\right|_{\hat{d}(s)=0}\approx\frac{G_{\mathrm{g0}}}{1+T}=\frac{D}{1+T}$$

$$\hat{v}(s)=\frac{D}{1+T}\hat{v}_{\mathrm{g}}(s)\approx\frac{D}{T}\hat{v}_{\mathrm{g}}(s)=\frac{0.536}{43.1}\times1\mathrm{V}\approx0.012\mathrm{V}=12\mathrm{mV}$$

即传输到输出端的扰动量变成 12mV，它占输入电压的(0.012/1)×100% = 1.2%。

加了 PID 补偿网络后由仿真结果可见，f_{c} = 5270Hz，相位裕量φ_{m} = 53.34°。在图 4-22 中，高频段$f>f_{\mathrm{p}}$，曲线以−40dB/dec 的斜率下降，能够有效地抑制高频干扰。

4.2.4　开环传递函数频率特性的仿真

在 1.3.2 节中，介绍了开关网络平均模型法，这种方法是将变换器中的所有开关器件作为一个整体，将其视为一个二端口网络，然后为这个二端口网络建立由受控源构成的等效电路。在表 1-3 中给出了 Buck 变换器的开关网络平均模型。在第 7 章将介绍开关网络平均模型的 OrCAD/Pspice 建模，如图 4-24a 中所示的 U2 器件，代替图 4-13 中的开关器件，用图 4-20 PID 补偿网络代替图 4-13 中的控制器，图中的限幅电路是模拟集成运放的饱和与截止工作状态，V6 是交流小信号扰动源。

用图 4-24a 所示电路仿真系统的开环传递函数，仿真结果如图 4-24b、c 所示。将图 4-24b、c 与图 4-23 对照可见，用 OrCAD/Pspice 软件对实际电路进行仿真可以得到开环传递函数的频率特性且可以验证系统的设计结果。有关用 OrCAD/Pspice 软件分析开关调节系统的内容，将在第 7 章中详细介绍。

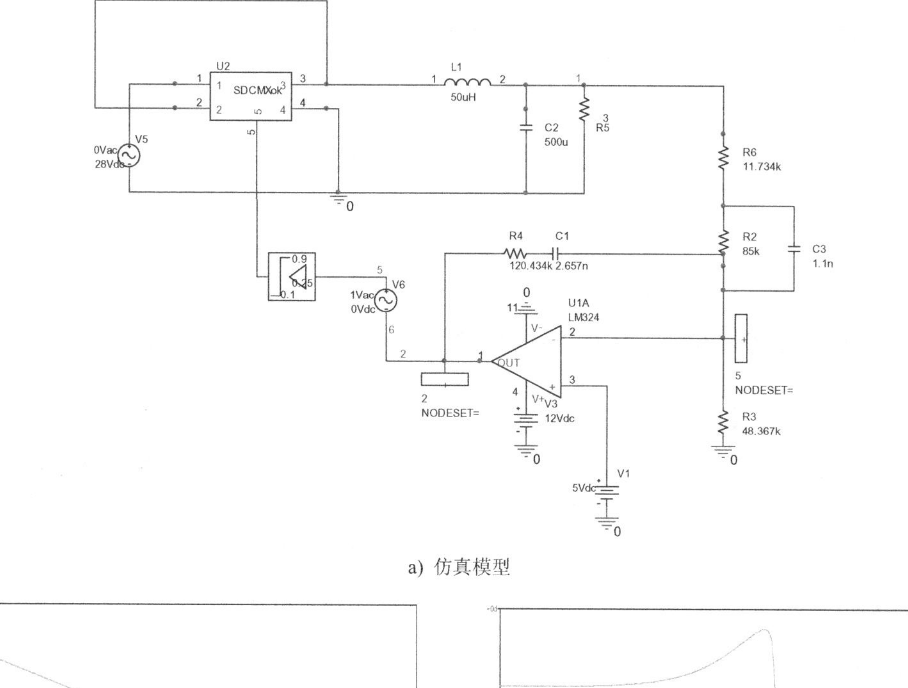

a) 仿真模型

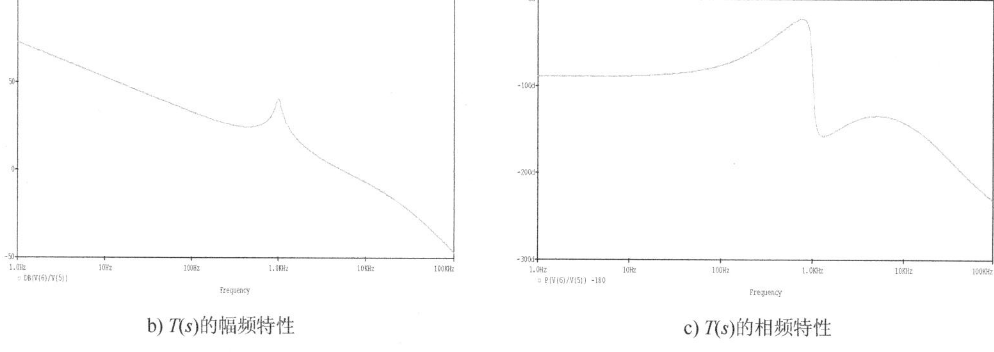

b) $T(s)$的幅频特性　　c) $T(s)$的相频特性

图 4-24　用 OrCAD/PSpice 软件仿真曲线

4.3　单极点型控制对象的电压控制器

在工程实际中常常要求针对给定的控制对象及所要达到的性能指标，设计和选择控制器的结构与参数，这类问题属于系统的综合与校正。

电压控制器是由运算放大器组成，又称误差放大器，有时也称补偿网络或校正网络，在系统中是利用它的输入或反馈网络来改变运算放大器相应的阻抗参数，校正系统的动态指标。

一般在主电路设计好以后，控制器的作用就是在适当的频率处提供超前或滞后相位，以补偿主电路多余的滞后或超前相位，并且使系统的开环频率特性在较高频率处穿越 0dB 线，从而获得较宽的频带，使系统快速响应。

在这一节将研究适合于单极点控制对象的两种典型控制器，即具有带宽增益限制的单极点补偿网络和单极点—单零点补偿网络。

4.3.1　具有带宽增益限制的单极点补偿网络

具有带宽增益限制的单极点补偿网络的电路图如图 4-25 所示。根据电路图可以写出补偿网络的传递函数及相关公式。

传递函数 $G_c(s)=-\dfrac{K}{1+\dfrac{s}{\omega_p}}$ (4-29)

极点角频率公式 $\omega_p=\dfrac{1}{R_2C}$ (4-30)

直流增益 $K=\dfrac{R_2}{R_1}$ (4-31)

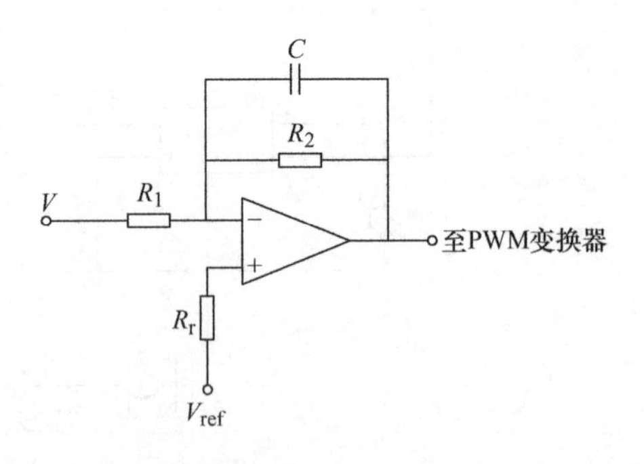

图 4-25 具有带宽增益限制的单极点补偿网络

基于式(4-29)，可以绘制出具有带宽增益限制单极点补偿网络的对数频率特性曲线，如图4-26所示。由图可见，①直流增益等于两个电阻的比值，因此直流增益受到一定的限制；②因上限转折频率为ω_p，故其频带宽度受到限制(此电路中电阻 R_1 是由参考电压和输出电压等因素确定的，因此要通过改变 R_2 调整直流增益或频带宽度就受到限制)，即增益宽度是一个常数；③在中频段，$\varphi=-(180°\sim270°)$，所以控制对象传递函数引起的相移不宜太大，因此这种补偿网络较为合适的控制对象为单极点的传递函数，包括电流型控制的正激变换器、电压或电流型控制的反激变换器。

例 4-4 用具有带宽增益限制的单极点补偿网络为单极点型控制对象设计控制器。

步骤 1 绘制三条对数频率特性曲线。根据控制对象的传递函数，绘制控制对象的对数频率特性曲线；根据补偿网络的传递函数，大致绘制单极点补偿网络的对数频率特性曲线；根据期望的开环传递函数，绘制开环传递函数的对数频率特性曲线。三条对数频率特性曲线如图 4-27 所示。

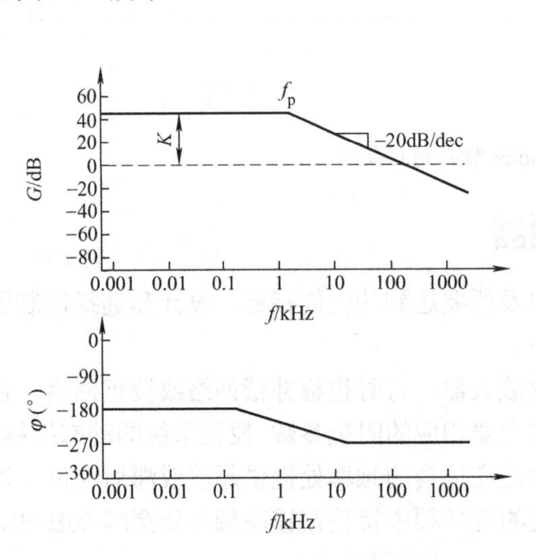

图 4-26 具有带宽增益限制的单极点补偿网络的对数频率特性

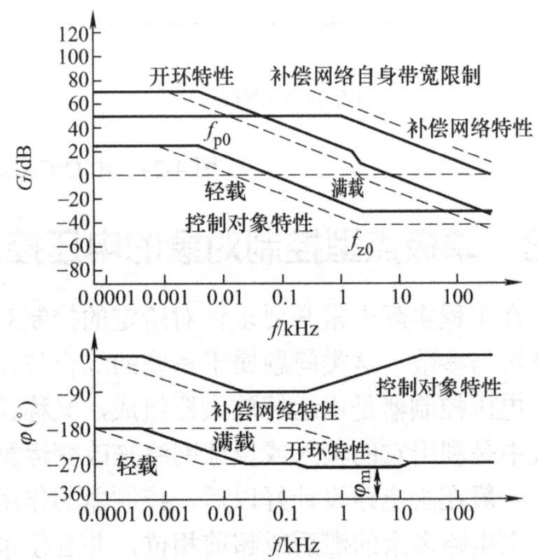

图 4-27 用具有带宽增益限制单极点补偿网络为单极点型控制对象设计控制器

步骤 2 计算穿越频率ω_c。如果开环传递函数的穿越频率太高，高频开关频率及其谐波和寄生振荡引起的高频分量得不到有效的抑制，系统不能稳定工作。因此，一般将穿越频率ω_c设置在开关频率ω_s的$\dfrac{1}{5}$处，即

$$\omega_c \leqslant \frac{\omega_s}{5} \tag{4-32}$$

也有资料建议，$\omega_c = \left(\frac{1}{10} \sim \frac{1}{6}\right)\omega_s$，或$\omega_c = \frac{\omega_s}{20}$或$\omega_c = \frac{\omega_s}{4}$。这些建议均为经验公式，尚需进行严格的数学证明。

步骤 3 确定补偿网络的极点频率ω_p。在考虑 ESR 零点影响时，式(4-15a)给出了**单极点型控制对象**的传递函数，即

$$G_{vdm}(s) = \frac{A_{DC}\left(1+\frac{s}{\omega_{z0}}\right)}{1+\frac{s}{\omega_{p0}}} \tag{4-33}$$

开环传递函数为

$$T(s) = G_c(s)G_{vdm}(s) = \frac{K}{1+\frac{s}{\omega_p}} \frac{A_{DC}\left(1+\frac{s}{\omega_{z0}}\right)}{1+\frac{s}{\omega_{p0}}}$$

如果用补偿网络的极点ω_p来抵消输出电容 ESR 引起的零点ω_{z0}，即

$$\omega_p = \omega_{z0} \tag{4-34}$$

则开环传递函数为

$$T(s) = \frac{A_{DC}K}{1+\frac{s}{\omega_{p0}}} \tag{4-35}$$

由式(4-35)可见，开环传递函数为一阶系统，因此系统一定是稳定的。

步骤 4 确定补偿网络的直流增益 K。在ω_c处，开环传递函数的幅频特性为 0dB，即$20\lg|T(j\omega_c)| = 0$。由图 4-27 可见，$\omega_c >> \omega_{p0}$，根据式(4-35)可得

$$K = \frac{\omega_c}{A_{DC}\omega_{p0}} \tag{4-36}$$

步骤 5 补偿网络的参数设计。根据式(4-31)和式(4-36)，可得到

$$R_2 = KR_1 = \frac{\omega_c R_1}{A_{DC}\omega_{p0}} \tag{4-37}$$

再根据式(4-30)和式(4-34)，可得到

$$C = \frac{1}{KR_1\omega_{z0}} \tag{4-38}$$

步骤 6 系统性能的定性分析。由式(4-35)给出的开环传递函数可知，这是一个 0 型系统，其稳态误差为

$$e_{ss}(\infty) = \frac{1}{1+T(0)} = \frac{1}{1+KA_{DC}} \tag{4-39}$$

显然，$K(=R_1/R_2)$越大，误差越小，为了减少稳态误差，K 的取值应尽可能的大，这就应尽可能使补偿网络中的运放工作在高增益、宽带宽，因此对运放提出较高的要求，即要求使用高增益带宽积的运放。如果所使用的芯片不能满足要求，解决方案有两个：其一降低穿越频率；其二选用具有高增益带宽积的运放。

由图 4-27 和开环传递函数可见，在高频段，系统以-20dB/dec 的斜率下降，因此这个系统的另一个缺点是对高频干扰没有足够的抑制能力。当然，与用单极点补偿网络作为控制器(在下一节中介绍)相比，这个开环传递函数的幅频特性穿越频率大于控制对象的极点频率，因此整个系统的响应速度变快。

4.3.2 单极点-单零点补偿网络

用具有带宽增益限制单极点补偿网络作为控制器时，系统为 0 型系统，所以存在着稳态误差。用单极点-单零点补偿网络作为单极点型控制对象的控制器可以克服上述缺点。单极点-单零点补偿网络如图 4-28 所示。

根据图 4-28，可写出传递函数为

$$G_c(s)=-\frac{K\left(1+\frac{s}{\omega_z}\right)}{s\left(1+\frac{s}{\omega_p}\right)}\qquad \omega_z<\omega_p \tag{4-40}$$

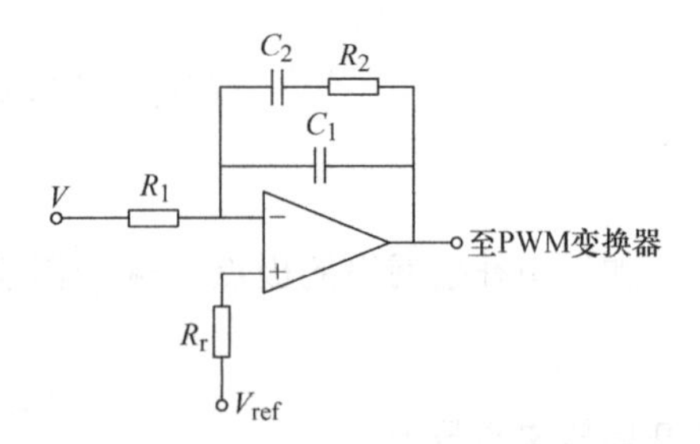

图 4-28 单极点-单零点补偿网络($C_2>>C_1$)

C_1为极点电容，C_2为零点电容

式中，直流增益为

$$K=\frac{1}{R_1(C_1+C_2)}\approx\frac{1}{R_1C_2} \tag{4-41}$$

零点角频率为

$$\omega_z=\frac{1}{R_2C_2} \tag{4-42}$$

极点角频率为

$$\omega_p=\frac{C_1+C_2}{R_2C_1C_2}\approx\frac{1}{R_2C_1} \tag{4-43}$$

基于式(4-40)，可以绘制出单极点-单零点补偿网络的对数频率特性曲线，如图 4-29 所示，由图可见，这种补偿网络的设计思想如下：

1) 在直流处提供了一个极点。因此补偿后，就低频特性而言，是一个 I 型系统，其稳态误差等于零。所以这种补偿网络第一特点是直流增益高、稳态误差等于零。

2) 在控制对象传递函数的最低极点或以下引入一个零点，补偿由这个最低极点引起的相位滞后。也可以理解为这个零点是为了抵消补偿网络本身的积分环节引起的相位滞后，所以能够使补偿网络在这一频段内(大于零点频率)变为一个反相器，即使得相位增加了 90°。所以在中频段，对数幅频特性曲线是平坦的，相位滞后 180°。在设计时，如果将控制对象的最大相位滞后频段设置在中频段，则可以实现扩展频带。其中频段的增益为

$$K_1\approx\frac{R_2}{R_1} \tag{4-44}$$

3）补偿器的最后一个极点的设置应根据控制对象的特性而定；如果控制对象为单极点型变换器，最后一个极点用来抵消 ESR 电阻引起的零点；如果 ESR 电阻引起的零点可忽略，例如，平均电流控制型 CCM 的电流控制环，则最后一个极点设置在开关频率或稍低于开关频率，以增加高频分量的衰减量。

例 4-5 用单极点—单零点补偿网络为单极点型控制对象设计控制器。

步骤 1 绘制三条对数频率特性曲线。绘制三条对数频率特性曲线的方法同上节所述，三条对数频率特性曲线如图 4-30 所示。

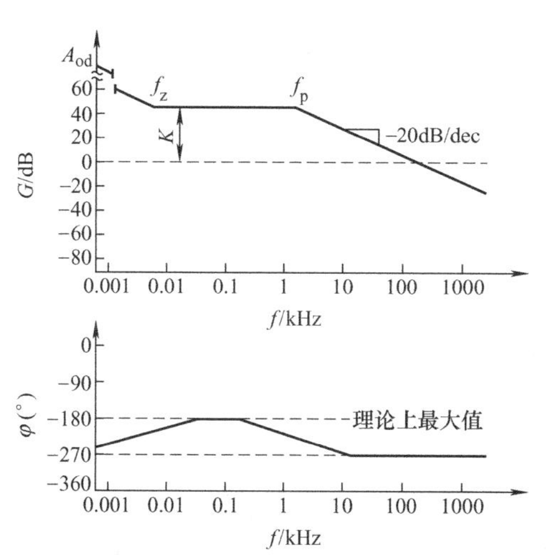

图 4-29 单极点—单零点补偿网络的对数频率特性

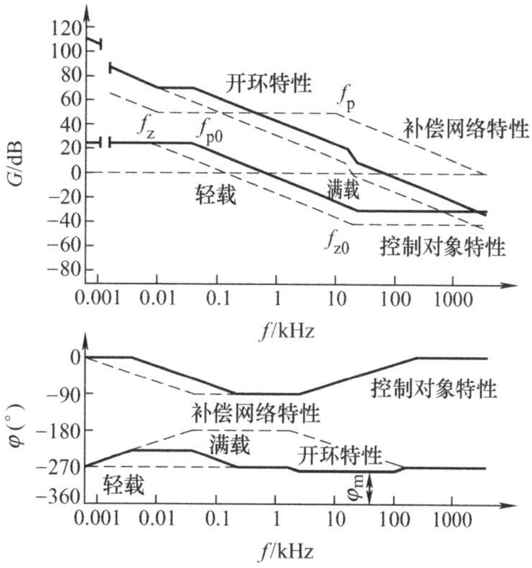

图 4-30 用单极点-单零点补偿网络为单极点型控制对象设计控制器

步骤 2 计算穿越频率ω_c。方法与 4.3.1 节中的步骤 2 相同。

步骤 3 确定补偿网络的零点角频率ω_z和极点角频率ω_p。根据式（4-33）和式（4-40），写出开环传递函数为

$$T(s)=G_c(s)G_{vdm}(s)=\frac{K\left(1+\dfrac{s}{\omega_z}\right)}{s\left(1+\dfrac{s}{\omega_p}\right)}\frac{A_{DC}\left(1+\dfrac{s}{\omega_{z0}}\right)}{\left(1+\dfrac{s}{\omega_{p0}}\right)} \tag{4-45}$$

由图 4-30 可见，①若控制对象传递函数的对数相频特性是以 0°为基准，在中频段有一个曲线平坦区域，最大相位滞后−90°；②若补偿网络传递函数的对数相频特性是以−270°为基准，在中频段有一个曲线平坦区域，最大相位超前 90°；如果控制对象传递函数的中频段与补偿网络传递函数的中频段完全一致，则补偿网络传递函数的超前相位恰好与控制对象传递函数的滞后相位相抵消；③由于电压型控制反激变换器、电流型控制反激与正激变换器极点频率的大小随负载变化而改变，负载最轻时，极点频率最低，所以补偿网络的零点要设置控制对象的最低频率$f_{p0\min}$处；④由于输出电容的 ESR 的分散性，补偿网络的高频极点f_p要设置在由输出电容 ESR 引起的最小零点频率$f_{z0\min}$处。

基于上述讨论，可以得到如下确定补偿网络零、极点频率的公式：

$$f_z=f_{p0\min}\ (\text{最轻负载}) \tag{4-46}$$

$$f_{\mathrm{p}} = f_{\mathrm{z0min}}\text{（最大 ESR）} \tag{4-47}$$

如果将上面两个公式代入式(4-45)，开环传递函数可改写为

$$T(s) \approx \frac{A_{\mathrm{DC}}K}{s} \tag{4-48}$$

式(4-48)变为一个积分环节。

步骤 4 确定补偿网络的中频段增益 K。在ω_{c}处，开环传递函数的幅频特性为 0dB，即 $20\lg|T(\mathrm{j}\omega_{\mathrm{c}})| = 0$。由图 4-30 可见，$\omega_{\mathrm{p}} > \omega_{\mathrm{c}} > \omega_{\mathrm{p0}}$，即$\omega_{\mathrm{c}}$处在补偿网络传递函数的中频段，根据式(4-44)和式(4-35)可得

$$K = \frac{\omega_{\mathrm{c}}}{A_{\mathrm{DC}}\omega_{\mathrm{p0}}} \tag{4-49}$$

步骤 5 补偿网络的参数设计。各参数计算式为

$$R_2 = KR_1 = \frac{\omega_{\mathrm{c}}R_1}{A_{\mathrm{DC}}\omega_{\mathrm{p0}}} \tag{4-50}$$

$$C_1 = \frac{1}{KR_1\omega_{\mathrm{z0min}}} \tag{4-51}$$

$$C_2 = \frac{1}{KR_1\omega_{\mathrm{p0min}}} \tag{4-52}$$

步骤 6 系统性能的定性分析。由式(4-48)给出的开环传递函数可知，在低频段，这是一阶系统，稳态误差等于零。由图 4-30 和开环传递函数可见，在高频段，系统以-20dB/dec的斜率下降，因此这个系统的缺点是对高频干扰没有足够的抑制能力。

4.4 双重极点型控制对象的电压控制器

4.4.1 单极点补偿网络

单极点补偿网络的电路图如图 4-31 所示。这种补偿网络具有结构简单、所需元器件最少，无稳态误差等优点，但带宽窄，暂态响应速度慢。

单极点补偿网络的传递函数为

$$G_{\mathrm{c}}(s) = -\frac{\omega_{\mathrm{p}}}{s} \tag{4-53}$$

式中，极点角频率公式为

$$\omega_{\mathrm{p}} = \frac{1}{RC} \tag{4-54}$$

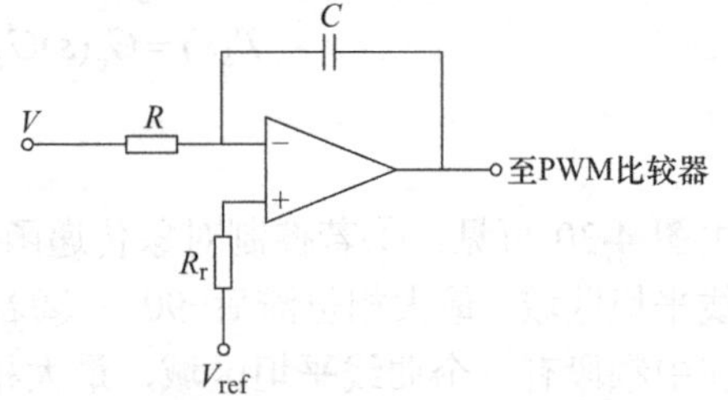

图 4-31 单极点补偿网络的电路图

基于式(4-53)，可以绘制出单极点补偿网络的对数频率特性曲线，如图 4-32 所示。由图可见，①直流增益等于集成运放的差模放大倍数 A_{od}，通常为 80～120dB；②下降的斜率为-20dB/dec，相位滞后角$\varphi = -270°$。如果选择相位裕量$\varphi_{\mathrm{m}} = 30°～45°$，则控制对象传递函数引起的相移滞后为-45°～-60°。因此，单极点补偿网络只适用于其开环传递函数在穿越频率之前具有很小相位滞后的控制对象，如双重极点控制对象。

例 4-6 用单极点补偿网络为双重极点型控制对象设计控制器。

步骤 1 绘制三条对数频率特性曲线。根据输出滤波器的电路参数和负载电阻，用式(4-14)确定控制对象的直流增益 A_{DC}、ESR 的零点频率 f_{z0}、品质因数 Q 和双重极点频率 f_{p0}，写出控制对象的传递函数，绘制控制对象的对数频率特性曲线；大致绘制单极点补偿网络的对数频率特性曲线；绘制开环传递函数的对数频率特性曲线。三条对数频率特性曲线如图 4-33 所示。这一幅图是频域设计的基础。

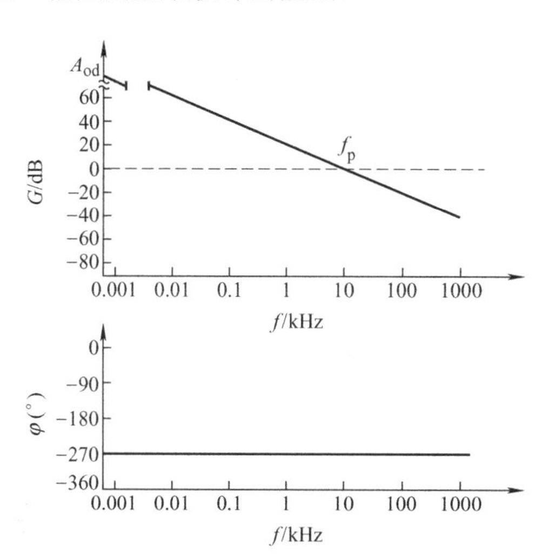

图 4-32 单极点补偿网络的频率特性曲线

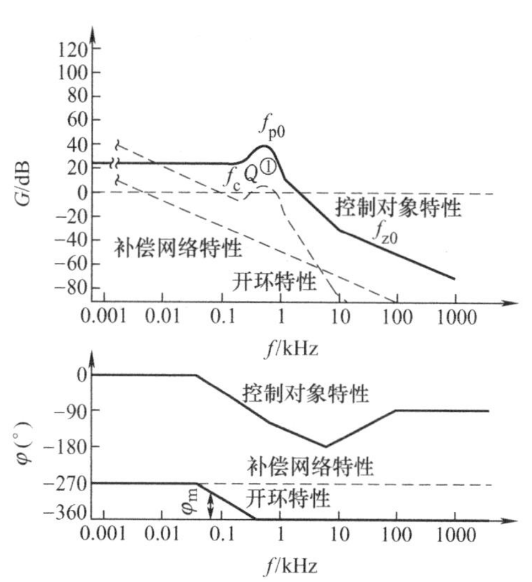

图 4-33 用单极点补偿网络为双重极点控制对象设计控制器

①表示由于 Q 值的影响可能使系统出现振荡的区域

步骤 2 根据相位裕量确定开环传递函数的穿越频率 ω_c，一般取 $\varphi_m = 45°$。

双重极点型控制对象的相频特性表达式为

$$\varphi = -\arctan\left[\frac{\frac{1}{Q}\left(\frac{\omega}{\omega_{p0}}\right)}{1-\left(\frac{\omega}{\omega_{p0}}\right)^2}\right] \tag{4-55}$$

对应的相频特性如图 4-34 所示，在低频段相位趋近 0°；在高频段相位趋近−180°；在转折频率 $f=f_{p0}$ 处的相位是−90°。图 4-34 描述了随 Q 值增加，相频特性形状在 0°和−180°之间的变化情况。

双重极点型控制对象对数相频特性的渐进线如图 4-35 所示，在低频段，$f \leqslant f_a$，$\varphi=0°$；在高频段，$f \geqslant f_b$，$\varphi=180°$。因此，f_a、f_b 是中频段的起始频率和终止频率，由下面公式确定：

$$f_a = 10^{-\frac{1}{2Q}} f_{p0} \tag{4-56}$$

$$f_b = 10^{\frac{1}{2Q}} f_{p0} \tag{4-57}$$

由于 $\dfrac{f_b}{f_a}=10^Q$，$\lg\dfrac{f_b}{f_a}=Q$，所以，中频段的斜率为−(180Q°)/dec。

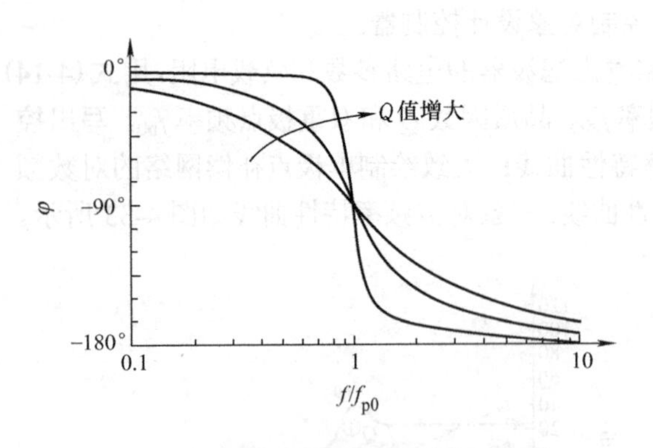

图 4-34　双重极点型控制对象的相频特性随 Q 值变换的规律

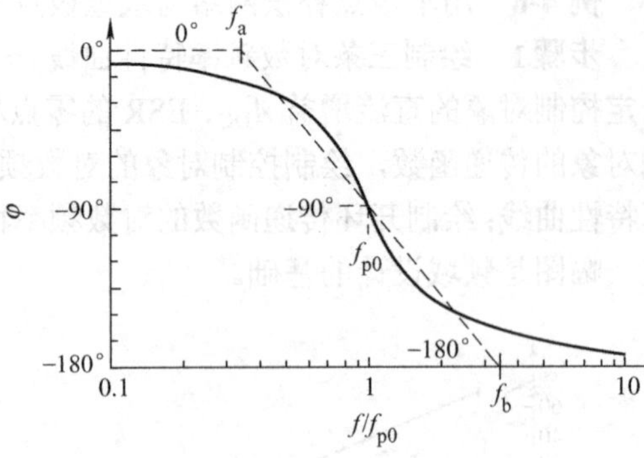

图 4-35　双重极点型控制对象对数相频特性的渐进线

在 $f_a \leqslant f \leqslant f_b$ 时，若不考虑 Q 值的影响，有如下近似公式：

$$\varphi = -2\arctan(f / f_{p0}) \tag{4-58}$$

在考虑 Q 值的影响时，只能利用式(4-55)求解 φ。

因为 $f = f_c$ 时，$\varphi_m = 45°$，$\varphi = -45°$，所以计算穿越频率的公式为

$$f_c = \frac{\sqrt{1+4Q^2}-1}{2Q} f_{p0} \tag{4-59}$$

$$f_c \approx \left(1 - \frac{1}{2Q}\right) f_{p0} \qquad Q \geqslant 2.5 \tag{4-60}$$

式(4-60)表明，$f_c < f_{p0}$，且当 Q 值较小时，穿越频率很小，系统的响应速度很慢；当 Q 值较大时，穿越频率接近输出滤波器的自由谐振频率。

步骤 3　确定补偿网络在穿越频率 ω_c 处的增益。因为 $f_c < f_{p0}$，所以在 ω_c 处，控制对象的幅频特性处在曲线平坦频段，其增益为直流增益 A_{DC}。在穿越频率 ω_c 处，开环传递函数的增益等于零，即

$$20\lg A_{DC} + 20\lg\left|G_c\left(j\omega_c\right)\right| = 0$$

将式(4-53)和式(4-54)代入上式，得

$$C = \frac{A_{DC}}{\omega_c R} \tag{4-61}$$

可用式(4-61)设计补偿网络的参数。

补偿网络和控制对象组成了系统的开环传递函数，其频率特性如图 4-33 所示。在低频段和中频段，开环传递函数的幅频特性大致以−20dB/dec 的斜率下降，所以系统的稳态误差等于零且系统稳定；在高频段，开环传递函数的幅频特性以大于或等于−40dB/dec 的斜率下降，所以具有很好的抑制高频的能力。需要指出，在 f_{p0} 附近，开环传递函数的幅频特性有一个尖峰，尖峰的高度与 Q 值成正比。图 4-33 中①表示由于 Q 值的影响可能使系统出现振荡的区域。由式(4-60)可知，当 Q 值增加，穿越频率随之增加，系统的响应速度变快，但是系统的稳定性下降。因此，用单极点补偿网络作为控制器无法协调响应速度和稳定性之间的矛盾。

4.4.2 双极点-双零点补偿网络

双极点-双零点补偿网络的电路图如图 4-36 所示。根据电路图可以写出传递函数及有关公式为

传递函数
$$G_c(s)=\frac{K\left(1+\frac{s}{\omega_{z1}}\right)\left(1+\frac{s}{\omega_{z2}}\right)}{s\left(1+\frac{s}{\omega_{p1}}\right)\left(1+\frac{s}{\omega_{p2}}\right)},\quad \omega_{z1}>\omega_{z2}>\omega_{p1}>\omega_{p2} \tag{4-62}$$

直流增益
$$K=\frac{1}{R_1(C_1+C_2)}\approx\frac{1}{R_1C_2} \tag{4-63}$$

第一零点角频率
$$\omega_{z1}=\frac{1}{R_2C_2} \tag{4-64}$$

第二零点角频率
$$\omega_{z2}=\frac{1}{(R_1+R_3)C_3}\approx\frac{1}{R_1C_3} \tag{4-65}$$

第一极点角频率
$$\omega_{p1}=\frac{1}{R_3C_3} \tag{4-66}$$

第二极点角频率
$$\omega_{p2}=\frac{C_1+C_2}{R_2C_1C_2}\approx\frac{1}{R_2C_1} \tag{4-67}$$

基于式(4-62)，可以绘制出双极点-双零点补偿网络的对数频率特性曲线，如图 4-37 所示。由图可见，双极点—双零点补偿网络的幅频特性具有两个平坦段。

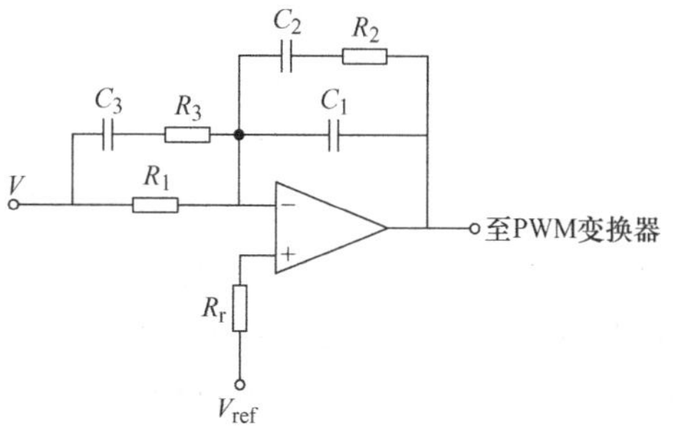

图 4-36 双极点-双零点补偿网络($C_2>>C_1$，$R_1>>R_3$)

C_1—第二极点电容 C_2—第一零点电容

C_3—第一极点电容或第二零点电容

在第一个曲线平坦频段，$f_{z1}<f<f_{z2}$，传递函数近似表达式为

$$G_c(s)\approx\frac{K\left(1+\frac{s}{\omega_{z1}}\right)}{s}$$

幅度的近似表达式为

$$A_1=\left|G_c(j\omega)\right|\approx\frac{K}{\omega_{z1}}=\frac{R_2C_2}{R_1(C_1+C_2)}\approx\frac{R_2}{R_1} \tag{4-68a}$$

用分贝表示为
$$G_1=20\lg A_1 \tag{4-68b}$$

在补偿网络中，当 $f_{z1}<f<f_{z2}$ 时，相当于 C_1、C_3 开路，C_2 短路，所以 $C_2>>C_1$ 且 $C_2>>C_3$，即 C_2 的容值最大。

第二个曲线平坦段 $f_{p1}<f<f_{p2}$，近似表达式为

$$G_c(s)=\frac{Ks}{\omega_{z1}\omega_{z2}\left(1+\frac{s}{\omega_{p1}}\right)} \tag{4-69a}$$

因为 $C_2 >> C_1$，且 $R_1 >> R_3$，幅度的近似表达式为

$$A_2 = \left|G_c(j\omega)\right| \approx \frac{K\omega_{p1}}{\omega_{z1}\omega_{z2}} = \frac{R_2C_2C_3(R_1+R_3)}{R_1(C_1+C_2)R_3C_3} \approx \frac{R_2}{R_3} \tag{4-69b}$$

补偿网络在 $f_{p1}<f<f_{p2}$ 频段，相当于 C_1 开路，C_2、C_3 短路，用分贝表示为

$$G_2 = 20\lg A_2 \tag{4-69c}$$

两个平坦段之间幅频特性的近似公式为

$$\left|G_c(j\omega)\right| = G_2 + \lg\frac{f}{f_{p1}} \qquad f_{z2}<f<f_{p1} \tag{4-69d}$$

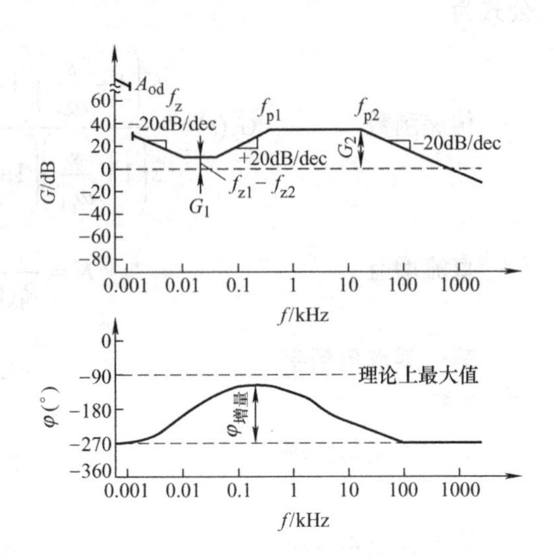

图 4-37　双极点-双零点补偿网络的对数频率特性曲线

综上所述，并结合双极点-双零点补偿网络相频特性曲线的特点，介绍这种补偿网络的设计思路。

1) 这种补偿网络在直流处提供了一个极点，因此，稳态误差等于零。这一特点与单极点-单零点补偿网络是相同的。

2) 由于补偿网络存在两个零点，若其相频对数特性曲线是以-270° 为基准，在理论上补偿网络能够提供最大的超前相位角可达到 180°。假定将补偿网络的这两个零点设置在控制对象传递函数的最低极点或以下，可以补偿由最低极点引起的相位滞后。因为双重极点型控制对象，可以产生的最大相位滞后为 180°。因此，这种补偿网络可以作为双重极点型控制对象的控制器，包括电压控制的正激变换器、变频控制、电压型控制的准谐振正激变换器等控制对象。

3) 补偿网络的第一极点 ω_{p1} 是用来抵消输出电容 ESR 引起零点的；第二极点 ω_{p2} 用来保证开环传递函数有一个较好的相位裕量和增益裕量，同时在高频段，幅频特性的下降斜率为-40ddB/dec，对高频干扰有良好的抑制作用。因此，与单极点-单零点补偿网络相比，双极点-双零点补偿网络具有更好的抑制高频干扰的能力。

例 4-7　用双极点-双零点补偿网络为双重极点型控制对象设计控制器。

步骤 1　绘制三条对数频率特性曲线，方法同例 4-1，三条对数频率特性曲线如图 4-38 所示。

步骤 2　计算穿越频率 ω_c，方法与前面所介绍的步骤 2 相同。

步骤 3　确定补偿网络的零点角频率 ω_{z1}、ω_{z2} 和极点角频率 ω_{p1}、ω_{p2}。在考虑 ESR 零点影响时，式 (4-14a) 给出了双重极点型控制对象的传递函数，即

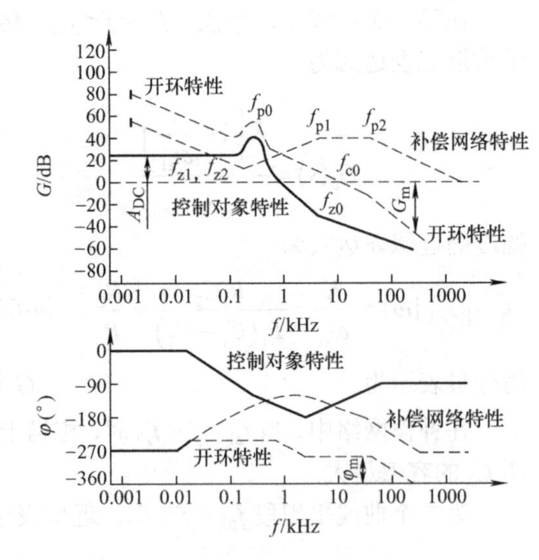

图 4-38　用双极点-双零点补偿网络为双重极点型控制对象设计控制器

$$G_{\mathrm{vdm}}(s)=\frac{A_{\mathrm{DC}}\left(1+\dfrac{s}{\omega_{\mathrm{z0}}}\right)}{1+\dfrac{s}{Q\omega_{\mathrm{p0}}}+\left(\dfrac{s}{\omega_{\mathrm{p0}}}\right)^2}$$

根据上面公式和式(4-62)，得到开环传递函数为

$$T(s)=G_{\mathrm{c}}(s)G_{\mathrm{dvm}}(s)=\frac{K\left(1+\dfrac{s}{\omega_{\mathrm{z1}}}\right)\left(1+\dfrac{s}{\omega_{\mathrm{z2}}}\right)}{s\left(1+\dfrac{s}{\omega_{\mathrm{p1}}}\right)\left(1+\dfrac{s}{\omega_{\mathrm{p2}}}\right)}\frac{A_{\mathrm{DC}}\left(1+\dfrac{s}{\omega_{\mathrm{z0}}}\right)}{1+\dfrac{s}{Q\omega_{\mathrm{p0}}}+\left(\dfrac{s}{\omega_{\mathrm{p0}}}\right)^2} \tag{4-70}$$

用补偿网络的一对零点ω_{z1}、ω_{z2}来抵消控制对象中的双重极点引起的相位滞后。通过这一对零点的补偿后，在高于双重极点频率的频段，开环传递函数的幅频特性是以斜率为-20dB/dec 下降。如果令两个零点放在一起，文献[13]给出了确定两个零点(f_{z1}和f_{z2})的公式为

$$f_{\mathrm{z1}}=f_{\mathrm{z2}}=\frac{1}{2}f_{\mathrm{p0}} \tag{4-71}$$

而文献[10]给出的公式为

$$f_{\mathrm{z1}}=f_{\mathrm{z2}}=f_{\mathrm{p0}} \tag{4-72}$$

由于控制对象为双重极点的传递函数，双重极点型控制对象对数相频特性的渐进线如图 4-35 所示。

下面讨论确定零点更为合理的方法。当$f=f_{\mathrm{a}}$，控制对象的相位滞后角$\varphi\approx0°$，当$f\geqslant f_{\mathrm{b}}$，控制对象的相位滞后角$\varphi=-180°$。其中$f_{\mathrm{a}}$和$f_{\mathrm{b}}$是$Q$的函数，分别由式(4-56)和式(4-57)给定。因为补偿网络为非双重零点的双零点传递函数，如果令$f_{\mathrm{z1}}=f_{\mathrm{z2}}$，则当$f=0.1f_{\mathrm{z1}}$时，补偿网络的相位滞后角$\varphi\approx-270°$，当$f=10f_{\mathrm{z1}}$时，补偿网络的相位滞后角$\varphi\approx-90°$。如果要求开环传递函数的相位滞后角$\varphi\geqslant-270°$，则$10f_{\mathrm{z1}}\leqslant f_{\mathrm{b}}$，即

$$f_{\mathrm{z1}}=f_{\mathrm{z2}}\leqslant10^{-\frac{1}{2Q}}f_{\mathrm{p0}} \tag{4-73}$$

用f_{p1}抵消 ESR 零点出现的最低频率，则有

$$f_{\mathrm{p1}}=f_{\mathrm{z0}} \tag{4-74}$$

将f_{p2}设置在稍高于穿越频率处(不同的文献给出了不同的计算公式)，文献[13]给出的公式为

$$f_{\mathrm{p2}}\geqslant1.5f_{\mathrm{c}} \tag{4-75}$$

而文献[10]给出的公式为

$$f_{\mathrm{p2}}=(5\sim10)f_{\mathrm{c}} \tag{4-76}$$

采用时应根据系统的动态响应最佳为设计标准。例如，由第 3 章介绍的内容可知，如果系统为一个典型II型系统，中频段的宽度$h=5$时，系统的动态响应最佳。

步骤 4 确定补偿网络幅频特性曲线平坦段的增益A_1和A_2。由图 4-38 可见，在穿越频

率所在的中频段，开环传递函数的对数幅频特性以−20dB/dec 的斜率下降，下面讨论在ω_c附近控制对象和补偿网络对数幅频特性的特点及有关公式。

对于控制对象，当$f>f_{z0}$时，对数幅频特性是以−20dB/dec 的斜率下降，当$\omega=\omega_c$时，对数幅频特性的表达式近似为

$$B=20\lg\left|G_{\mathrm{vdm}}(\mathrm{j}\omega)\right|=20\lg\left|A_{\mathrm{DC}}\right|+20\lg\frac{f_c}{f_{z0}}-40\lg\frac{f_c}{f_{p0}}=20\lg\left|A_{\mathrm{DC}}\right|-20\lg\frac{f_c f_{z0}}{f_{p0}^2} \tag{4-77}$$

假定$f_{p0}\approx f_{z0}$，有如下近似公式：

$$B\approx 20\lg\left|A_{\mathrm{DC}}\right|-20\lg\frac{f_c}{f_{p0}} \tag{4-78}$$

对于补偿网络，当$f_{p1}<f<f_{p2}$，对数幅频特性处于第二个平坦段，其幅值用A_2表示，分贝用G_2表示，$G_2=20\lg A_2$。所以，当$\omega=\omega_c$时，补偿网络对数幅频特性为一个常数G_2(dB)。

在穿越频率处，开环传递函数对数幅频特性为 0dB，所以有

$$G_2=-B=20\lg\frac{f_c}{f_{p0}}-20\lg\left|A_{\mathrm{DC}}\right| \tag{4-79}$$

$$A_2=10^{\frac{G_2}{20}} \quad 或 \quad A_2=\frac{f_c}{f_{p0}A_{\mathrm{DC}}} \tag{4-80}$$

精确的计算公式应为

$$A_2=\frac{f_c f_{z0}}{f_{p0}^2 A_{\mathrm{DC}}} \tag{4-81}$$

在图 4-37 中，两个平坦频段之间的对数幅频特性以+20dB/dec 的斜率上升，由式(4-69d)，G_1、G_2应满足如下关系：

$$G_1=G_2-20\lg\frac{f_{p1}}{f_{z2}} \tag{4-82}$$

$$A_1=10^{\frac{G_1}{20}} \tag{4-83}$$

精确的计算公式应为

$$A_1=\frac{f_c f_{z0}}{A_{\mathrm{DC}} f_{p0}^2}\frac{f_{z1}}{f_{p1}}=\frac{f_c f_{z1}}{A_{\mathrm{DC}} f_{p0}^2} \tag{4-84}$$

步骤 5 补偿网络的参数设计。根据式(4-68a)有

$$R_2=A_1 R_1 \tag{4-85}$$

根据式(4-69b)有

$$R_3=\frac{R_2}{A_2}=\frac{A_1 R_1}{A_2} \tag{4-86}$$

根据式(4-75)，为了简化计算取近似，使$f_{p2}=f_c$，当$C_2>>C_1$时，根据式(4-67)，得第二极点电容的计算公式为

$$C_1=\frac{1}{2\pi f_c A_1 R_1} \tag{4-87}$$

根据式(4-64)及式(4-71)，得第一零点电容计算公式为

$$C_2 = \frac{1}{\pi f_{p0} R_2} \tag{4-88}$$

根据式(4-65)及式(4-71)，得第一极点电容或第二零点电容计算公式为

$$C_3 = \frac{1}{\pi f_{p0} R_1} \tag{4-89}$$

4.4.3 系统的稳态和动态分析模型

式(4-70)给出了系统的开环传递函数为

$$T(s) = G_c(s) G_{dvm}(s) = \frac{K\left(1+\dfrac{s}{\omega_{z1}}\right)\left(1+\dfrac{s}{\omega_{z2}}\right)}{s\left(1+\dfrac{s}{\omega_{p1}}\right)\left(1+\dfrac{s}{\omega_{p2}}\right)} \frac{A_{DC}\left(1+\dfrac{s}{\omega_{z0}}\right)}{1+\dfrac{s}{Q\omega_{p0}}+\left(\dfrac{s}{\omega_{p0}}\right)^2}$$

当$\omega < \omega_{z1} < \omega_{p0}$时，开环传递函数的近似表达式为

$$T(s) \approx \frac{K_1}{s}$$

式中，K_1为比例常数。

因此在低频段，开环传递函数近似为一个积分环节。可以证明，该系统阶跃响应的稳态误差为零，这是一个无误差系统。

双重极点型控制对象的传递函数为

$$G_{dvm}(s) = \frac{A_{DC}\left(1+\dfrac{s}{\omega_{z0}}\right)}{1+\dfrac{s}{Q\omega_{p0}}+\left(\dfrac{s}{\omega_{p0}}\right)^2}$$

当$\omega > \omega_{p0}$时有

$$1 + j\frac{\omega}{Q\omega_{p0}} - \left(\frac{\omega}{\omega_{p0}}\right)^2 \approx j\frac{\omega}{Q\omega_{p0}}\left(1 + j\frac{Q\omega}{\omega_{p0}}\right)$$

所以控制对象在$\omega > \omega_{p0}$时，可以近似表达为

$$G_{dvm}(s) = \frac{A_{DC} Q\omega_{p0}\left(1+\dfrac{s}{\omega_{z0}}\right)}{s\left(1+\dfrac{Qs}{\omega_{p0}}\right)^2}$$

取$\omega_{z0} = \omega_{p1}$、$\omega_{p0} = Q\omega_{z1}$、$\omega_{p2} = 1/T_{p2}$、$\omega_{z2} = 1/T_{z2}$，则开环传递函数为

$$T(s) = \frac{A_{DC} Q\omega_{p0} K(1+T_{z2}s)}{s^2(1+T_{p2}s)} \tag{4-90}$$

可见，$T(s)$为一个典型Ⅱ型系统，可以用有关典型Ⅱ型系统的理论和方法研究这个系统的动态特性，所以称式(4-90)为动态分析模型。

在高频段，$\omega > \omega_{p2}$，开环传递函数可近似为

$$T_H(s)=\frac{K_2}{s^2} \tag{4-91}$$

式中，$K_2=\dfrac{KA_{DC}Q\omega_{p0}\omega_{p2}}{\omega_{z2}}$。

因此，在高频段，系统是一个二阶系统，对高频噪声有良好的抑制作用。

4.5 电压采样网络的设计

电压控制型的开关调节系统框图如图4-39所示。

根据图4-39可以写出系统的闭环传递函数为

$$\frac{\hat{v}}{\hat{v}_{ref}}=\frac{G_c(s)G_M(s)G_{vd}(s)}{1+G_c(s)G_M(s)G_{vd}(s)H(s)} \tag{4-92}$$

设计开关调节系统时，为消除稳态误差，在低频段，尤其在直流频率点，开环增益$|1+G_c(0)G_M(0)G_{vd}(0)H(0)|\geqslant 1$，即在直流频率点，系统为深度负反馈系统。闭环传递函数可近似地改写为

$$\frac{\hat{v}}{\hat{v}_{ref}}\approx\frac{1}{H(0)} \tag{4-93}$$

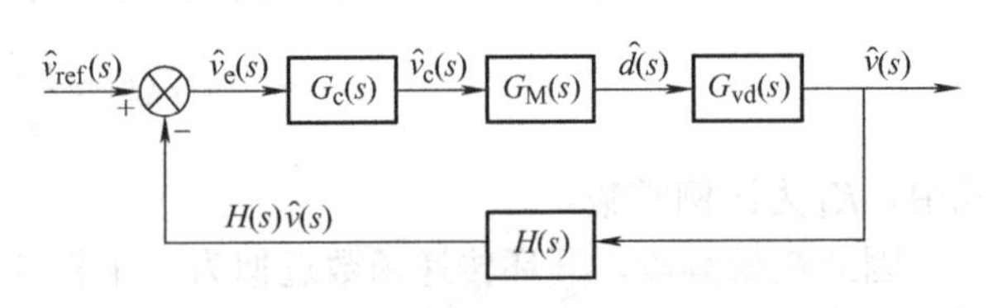

图4-39 电压控制型的开关调节系统的框图

式(4-93)表明，在稳态时，当参考电压V_{ref}给定，输出电压V仅取决于电压采样网络的传递函数。即在稳态时，输出电压的大小只与参考电压和采样网络有关，而与补偿网络、主电路等无关。因此，应在稳态条件下设计电压采样网络(此时采样网络中的电容相当于开路，电感相当于短路)。

下面分别介绍常用的开关调节系统中主要存在的无隔离型电压采样网络、多路输出的电压采样网络和隔离型电压采样网络等三种基本采样网络及其应用。

4.5.1 无隔离型电压采样网络

开关调节系统是一个通过控制电路(弱信号)调节主电路(功率信号)的能量转换系统，在这个系统中，高压、大电流的功率信号与低压、小电流的弱信号共存于一个系统，为了使控制电路能够安全工作，一般需要将功率信号与弱信号进行电气隔离。但是，如果系统中最高电压不超过42.5V[13]，则可采用功率信号与控制信号共地的方法，即称无隔离型。在这里无隔离电压采样网络泛指控制电路与其输出端无电气隔离的开关调节系统。最基本的采样网络为单输出、无隔离的电压采样网络，如图4-40所示。

图4-40中V_{out}表示直流输出电压，V_{ref}是控制IC提供的参考电压，V_{ss}是控制IC的参考点，GND是主电路输出电压的参考点。R_1和R_2组成的分压网络为电压采样网络。

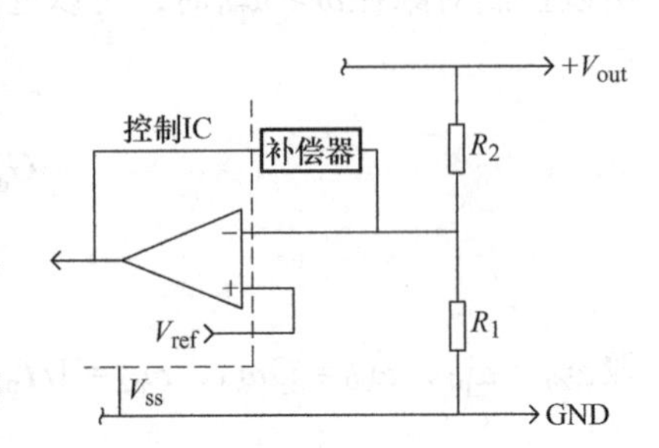

图4-40 无隔离型电压采样网络

由图 4-40 可得，电压采样网络的传递函数为

$$H(s)=\frac{R_1}{R_1+R_2} \tag{4-94}$$

通常 R_2 是补偿网络的一部分，所以 R_2 应该有一个比较合理的取值范围，一般取 R_2=1.5～15kΩ。一般而言，R_1 和 R_2 串联等效电阻也是开关调节系统的负载，为了保证采样值不受负载 R 的影响，通常需要 $R \ll (R_1+R_2)$，即电压采样网络中流过直流电流远小于负载电流。一般取流过 R_1 的电流为 1mA，定义这个电流为检测电流，用 I_t 表示。

R_1 和 R_2 分别可由下式确定：

$$R_1=\frac{V_{ref}}{I_t} \tag{4-95}$$

$$R_2=\frac{V_{out}-V_{ref}}{I_t} \tag{4-96}$$

输出电压的精度由如下三个因素决定：①电阻的精度，通常 R_1 和 R_2 应选用精密电阻；②参考电压的精度，有些控制 IC 中提供了精密的参考电压，而有些芯片需要通过内部提供的电源和分压网络组成参考电压，在这种情况下，分压电阻也要选用精密电阻。也可以采用 TL431 提供的精密参考电压；③运放的失调电压、失调电流等也是影响输出电压精度的主要因素，因此运放要选用高精度宽频带的精密运放。另外由于输出电压具有一定的共模电压，因此应选用高共模抑制比的运放，为满足上述条件最好选用仪用放大器。

4.5.2 多路输出的电压采样网络

开关电源是开关调节系统的一个典型实例。一个开关电源往往具有多路输出。例如微机用的开关电源，其输出电压有+3.3V、+5V、+12V 和－12V，即待控制量有四个，而控制芯片只提供一个控制端，如何用一个控制端同时控制多个输出电压是开关电源必须解决的问题。

在开关电源中，为了实现多路输出，其高频变压器的结构是一次绕组为一个绕组，每路输出一般都对应一个二次绕组。一次绕组和二次绕组之间、二次绕组之间均是紧密耦合的。当一个二次绕组的输出电压因其负载变动造成波动时，二次绕组之间的紧密耦合，也会使其他输出端的电压受到影响。如对某路输出电压进行采样、反馈，使这路输出电压保持稳定，当参与反馈的这路输出电压的负载发生由半负载变到全负载(即加重负载)，反馈会使主电路再次达到稳态时，占空比稍有增加，其余各路输出电压也会有一定幅度的增加；反之，当参与反馈的输出端的负载减轻，其余各路输出电压也会有一定幅度的下降。同时，其余各路负载改变时，并不能通过变压器耦合到被检测端，因而不能得到很好的调节。我们希望系统应该具有良好的交叉调节性能，即任一路负载发生变化时，系统都能对其良好地调节，保证每路输出都能达到要求。下面介绍三种能提高交叉调节性能的方法。

方法 1：对于正激类变换器，输出滤波器采用耦合电感，例如微机电源中+5V 和+12V 的两路输出。其输出滤波器绕制在同一个磁心上。这种方法的优点是节约空间，提高交叉调整能力，而且每组输出的纹波较为理想。

方法 2：高频变压器的各二次绕组紧密耦合。

方法 3：采用多路输出检测技术，即对每路具有相同极性的输出均进行检测，并根据要求精度按比例参与反馈。

下面通过一个实例说明如何改进交叉调节性能。一个反激变换器有三路输出，分别为+5V、+12V 和-12V，如果只对+5V 进行采样和控制，当+5V 输出端的负载由半载变为满载时，在达到稳态后，+5V 输出端的电压基本保持不变，+12V 输出端的电压输出升高到+13.5V，-12V 输出端的电压变到-14.5V。这一实验表明变压器的交叉调整能力很差。如果采用多路输出检测技术，即对同极性的+5V 和+12V 端同时进行检测并参与反馈，重复上述试验，在达到稳态后，检测的结果为+12V 变到+12.5V，-12V 变到-12.75V，所以采用多路检测技术可以有效地改善交叉调整率。

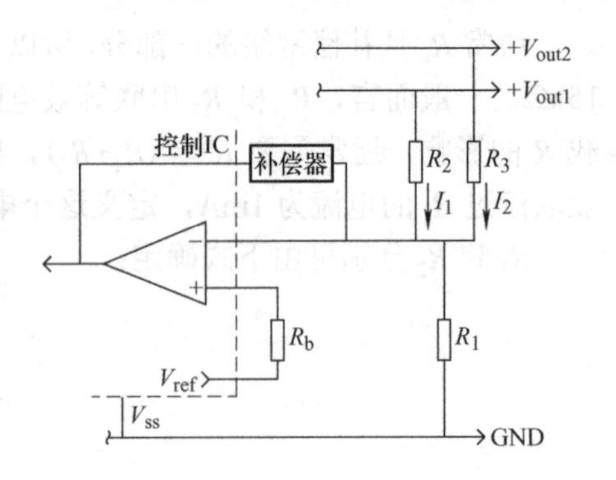

图 4-41　多路输出的电压采样网络

多路输出电压采样网络的参考结构如图 4-41 所示，图中 R_1 为基准电阻，R_2 和 R_3 分别为 V_{out1} 和 V_{out2} 的采样电阻，I_1 和 I_2 分别为 V_{out1} 和 V_{out2} 的采样电流，流过 R_1 的电流为检测电流 I_{R_1} 。反馈电压 V_f 是电压采样网络的中点电位。

在稳态时，$V_f \approx V_{ref}$ ，$I_{R_1} = I_1 + I_2$ ，$V_f = V_{ref} = I_{R_1}R_1 = I_1R_1 + I_2R_1$ ，$I_{R_1} = V_{ref}/R_1$ 。

上面诸式表明，如果 $I_1 > I_2$，则 V_{out1} 在反馈电压 V_f 中占主要部分。在稳态时，V_{out1} 的误差小于 V_{out2} 的误差。在设计多路输出电压采样网络时，要对检测电流进行合理地分配。分配原则是：要求稳态误差小的输出端应分得较大的检测电流。

仍以上述多路输出反激变换器为例。+5V 为 CPU 供电，±12 V 给运放供电。因此，+5V 输出端要求的精度要高一些。假定 V_{out1} = +5V，占检测电流的 70%，V_{out2} = +12V，占检测量的 30%，则 R_2 和 R_3 由下面的式子确定：

$$R_2 = \frac{V_{out1} - V_{ref}}{0.7I_{R_1}} \tag{4-97}$$

$$R_3 = \frac{V_{out2} - V_{ref}}{0.3I_{R_1}} \tag{4-98}$$

需要指出：在这个例子中，由于-12V 输出电压的极性与其他两路输出(+5V 和+12V)不同，需要采用另外方法进行稳压。

4.5.3　隔离型电压采样网络

对于一个隔离型单路输出的开关变换器，一般存在三类电位参考点。第一类参考点是主电路中变压器一次绕组所在电路部分的公共参考地；第二类参考点是主电路中变压器二次绕组所在电路的公共参考地；第三类参考点是控制电路的公共参考地。由于主电路功能是传输和处理能量，所以这部分电路中会有高压和大电流功率信号；而控制电路的功能是处理微弱信号，所以控制芯片的耐压一般不超过 30V。这样，控制电路与主电路不能存在直接的电气连接，即不能共地，但同时控制电路又要完成对主电路输出信号的采样、处理以及调节其输出能量等功能，所以在开关调节系统中，主电路和控制电路不能直接共地，但必须提供信号通路，因此需要电气隔离。控制电路的输入与主电路输出端的隔离是反馈隔离，控制电路输出与主电路的隔离是驱动隔离。这里主要研究工作反馈隔离。

电气隔离有两种方法，即光电隔离和电磁隔离。由于 DC-DC 变换器的输出电压为直流电压，因此很少采用电磁隔离，经常使用光电隔离。光电隔离一般采用光电耦合器件，如图 4-42 所示。

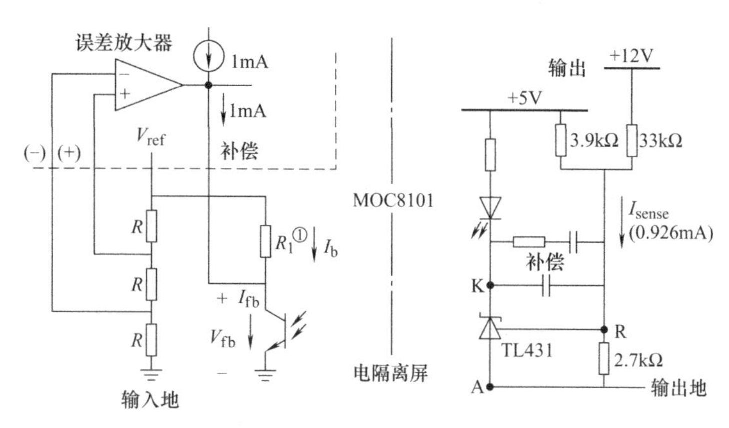

图 4-42　隔离型电压采样网络实例 1

图 4-42 中，MOC8101 是一个光电耦合器件。光电耦合器件由两部分组成，一次侧是光电二极管，其作用是将电信号转换成光信号，光电二极管的导通电压为 1～1.5V，本书取典型值 1.4V；二次侧是光敏晶体管，接收来自光电二极管发出的光，产生一个电信号。描述光电耦合器件电流传输能力的参数是电流传输比 $CTR = \Delta I_{out}/\Delta I_{in}$，其中$\Delta I_{out}$是光敏晶体管的集电极电流，$\Delta I_{in}$是光电二极管的电流。CTR 值要比$\beta$ 值小得多，一般为 0.1～1.5。CTR 随温度变化会产生温漂，并且随工作频率变化而变化。光电耦合器件的上升时间和下降时间的典型值分别为 1μs 和 8μs。因此光电耦合器件只适合传输低频信号，而且在传输过程中会产生较大的误差。如果使用光电耦合器件传输开关调节系统的输出电压，为了消除光电耦合器件的传输误差，应将误差放大器放在光电耦合器件输入侧。误差放大器可以检测到由光电耦合器件传输误差引起开关调节系统输出端的偏差，并及时调整。隔离型电压采样网络如图 4-42 所示。

由于光电耦合器件是靠光传输信号的，其输入和输出侧是电气隔离的，所以可以认为在输入和输出侧之间存在着一个电隔离屏蔽层。电隔离屏蔽层将图 4-42 所示电路分为两个部分。左半部分是控制芯片的误差放大器及其外围电路，包括光电耦合器件的光敏晶体管；右半部分是由误差放大器 TL431 以及光耦器件的发光二极管及其外围电路组成控制器，其中+5V 和+12V 分别表示两路直流输出。控制芯片内部误差放大器的结构是放大器的输出级，是一个集电极负载为 1mA（对于 UC3842/3/4/5，Unitrode1993～1994 手册中给出的这个数值是 0.5mA）电流源的共射极放大器。在左半边电路中，控制芯片内部的参考电压源 $V_{ref} = 5V$。通过三个电阻 R 组成的分压网络为其误差放大器提供两路输入信号，保证同相端电位远高于反相端的电位。因为内部误差放大器工作在开环状态，因此放大器输出级中的晶体管停止工作。这时 1mA 的电流源通过补偿引脚流向外围电路。在这种情况下光敏晶体管的集电极输出就完全取代了控制芯片内部的误差放大器。需要指出，如果控制芯片内部的误差放大器的输出级为互补对称电路，这种处理方法不再适用。应该将内部误差放大器接成一个电压跟随器，如图 4-43 所示。

右半边电路的核心器件是精密电压调节器 TL431。TL431 是一个三端封装的器件，内部含有温度补偿的电压参考源（$V_{ref} = 2.5V$）和放大器。A 端为阳极，K 为阴极，R 端为调节端。

工作原理是：当 R 端电压升高时，K 端的电位下降，流过发光二极管的电流增益，光敏二极管的电流随之增加，集电极的电位降低，占空比减少。TL431 的几个极限参数为：$V_{KA} < 37V$，$I_K = 1 \sim 100mA$。

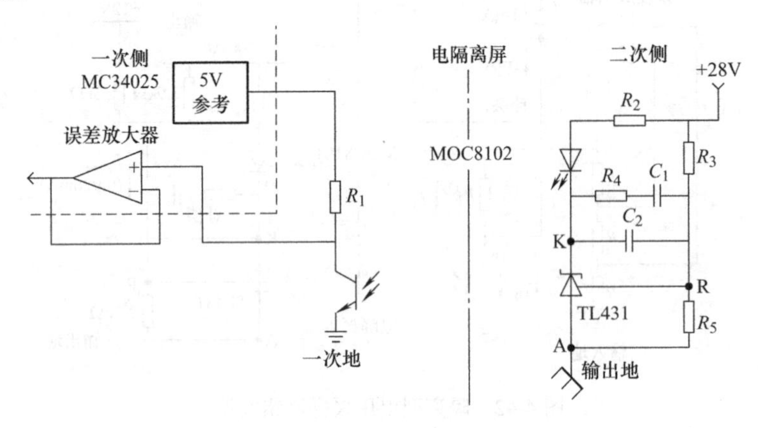

图 4-43　隔离型电压采样网络实例 2

下面设计两个偏置电阻 R_1 和 R_2。

当光敏晶体管集电极电位 $V_{fb} = 4.5V$ 时，控制芯片输出最大的占空比。当光敏晶体管达到饱和电压 $V_{CES} = 0.3V$ 时，控制芯片输出最小占空比。

控制芯片输出最大占空比时，$V_{fb} = 4.5V$，流过光电耦合器件的电流达到最小 I_{fbmin}。为了确保 TL431 能够正常工作，I_K 应大于其最小工作电流 1mA，取 $I_K = 1.2mA$，假定光电耦合器件的电流传输比 CTR = 1.3，则

$$I_{fbmin} = I_K \times CTR = 1.2mA \times 1.3 = 1.56mA$$

$$R_1 = \frac{V_{ref} - V_{fb}}{I_{fbmin} - I_k} = \frac{(5-4.5)V}{(1.56-1)mA} \approx 893\Omega$$

为了留出安全裕量，取 $R_1 = 820\Omega$。

控制芯片输出最小占空比时，$V_{fb} = 0.3V$，这时光敏晶体管的集电极电流达到最大，则

$$I_{fbmax} = \frac{V_{ref} - V_{fb}}{R_1} = \frac{(5-0.3)V}{820\Omega} \approx 5.73mA$$

由于 TL431 中含有放大器，其内部参考电压为 2.5V，且这个放大器是单电源供电，所以输出端 K 点的静态电位等于内部参考电压，即为 2.5V，发光二极管的导通电压应小于 1.5V，这里取 1.4V。$R_2 = \dfrac{5-(1.4+2.5)}{\dfrac{I_{fbmax}}{CTR}} = \dfrac{1.1V}{\dfrac{5.73}{1.3}mA} \approx 249.6\Omega$，取 $R_2 = 200\Omega$。

当 TL431 输出级 K 点电位达到最小值时，$V_{KA} = 0.3V$，这时有

$$I_{Kmax} = \frac{5-(1.4+0.3)}{R_2} = \frac{3.3V}{200\Omega} = 16.5mA$$

可见，I_{Kmax} 远小于 TL431 的最大极限电流 100mA，所以 TL431 可以安全工作。

图 4-28 中单极点-单零点补偿网络的设计已在前面介绍过。下面研究含有隔离型电压采样网络电压控制器的小信号分析模型。设下述各函数代表的意义：$\hat{v}_K(s)$ 为 TL431 集电极小

信号交流电位象函数；$\hat{v}(s)$ 为主电路输出端交流小信号象函数；$G_{c1}(s)$ 为 TL431 及外围器件组成电路的传递函数；$\hat{i}_K(s)$ 为流过发光二极管交流小信号电流的象函数；$\hat{i}_{R1}(s)$ 为光敏晶体管负载电阻 R_1 上交流小信号电流的象函数；$\hat{v}_{fb}(s)$ 为光敏晶体管集电极电位交流小信号的象函数；$G_{c2}(s)$ 为光电耦合器件的小信号传递函数；其中，TL431 及外围器件组成电路的传递函数为

$$G_{c1}(s)=\frac{\hat{v}_K(s)}{\hat{v}(s)} \tag{4-99}$$

光电耦合器件的小信号传递函数为

$$G_{c2}(s)=\frac{\hat{v}_{fb}(s)}{\hat{v}_K(s)}=\frac{\hat{i}_{R1}(s)R_1}{\hat{i}_K(s)R_2}=\frac{R_1}{R_2}\text{CTR} \tag{4-100}$$

电压控制器的传递函数为

$$G_c(s)=G_{c1}(s)G_{c2}(s)=G_{c1}(s)\cdot\frac{R_1}{R_2}\cdot\text{CTR}>G_{c1}(s) \tag{4-101}$$

式(4-101)为含有隔离型电压采样网络电压控制器的小信号分析模型。如果在设计时，只考虑 $G_{c1}(s)$ 而忽略 $G_{c2}(s)$，会给设计带来一定的误差，使系统的稳定性和暂态响应均受到一定的影响。

另外，如果控制芯片中内部误差放大器的输出级为互补对称电路，如 MC34025 控制芯片，在进行隔离反馈设计时，其内部的误差放大器只能接成电压跟随器，如图 4-43 所示，图中仍用 TL431 作为外部误差放大器。

假定光耦器件的 CTR＝1，光敏晶体管的饱和电流 $I_{CS}=6\text{mA}$，饱和电压 $V_{CES}=0.3\text{V}$，则光敏晶体管的集电极偏置电阻为

$$R_1=\frac{V_{ref}-V_{CES}}{I_{CS}}$$

式中，V_{ref} 是控制芯片提供的参考电压，一般为 5V。

发光二极管的偏置电阻为

$$R_2=\frac{V_{out}-(V_{KA}+V_D)}{I_{CS}}$$

式中，V_{out} 是受控的输出电压；V_{KA} 是 TL431 的 K 与 A 端的静态电压，一般取 $V_{KA}=2.5\text{V}$，V_D 是光耦器件中发光二极管的导通电压，一般取 $V_D=1.4\text{V}$。

4.6 开关电源的设计实例[13]

例 4-8　10W 降压 Buck 变换器。电路如图 4-44 所示，已知：输入电压 $V_g=10\sim14\text{V}$，输出电压 $V=5\text{V}$，输出最大电流 $I_{omax}=2\text{A}$，滤波电感 $L=100\mu\text{H}$，滤波电容 $C=660\mu\text{F}$。$C=C_8//C_9=330+330=660\mu\text{F}$，电容的 ESR 为 $R_e=120\text{m}\Omega$，控制芯片为 UC3573，内部误差放大器提供的参考电压 $V_{ref}=1.5\text{V}$，工作频率为 $f_s=100\text{kHz}$。PWM 输出的峰值 $V_m=3\text{V}$。

步骤 1　确定控制对象的传递函数 $G_{vdm}(s)$。

双重极点的频率　$$f_{p0}=\frac{1}{2\pi\sqrt{LC}}=620\text{Hz}$$

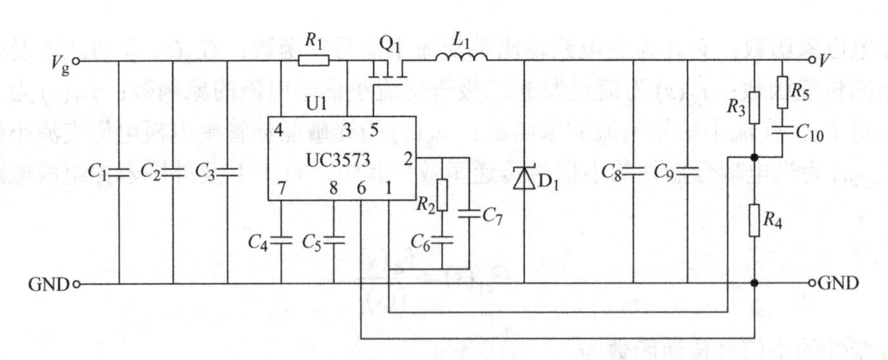

图 4-44　例 4-8 10W 降压 Buck 变换器

ESR 零点频率　$$f_{z0}=\frac{1}{2\pi(R_e/1)C}=4.02\text{kHz}$$

负载电阻 R　$$R=\frac{V}{I_{omax}}=2.5\Omega$$

品质因数　$$Q=R\sqrt{\frac{C}{L}}=6.423$$

最大直流增益　$$A_{DC}=\frac{V_{gmax}}{V_m}=4.67,\quad G_{DC}=20\lg A_{DC}=13.4\text{dB}$$

最坏情况控制电路的传递函数为

$$G_{vdm}=\frac{4.67\left(1+j\dfrac{f}{4.02\times10^3}\right)}{1+j\dfrac{f}{6.423\times620}+\left(j\dfrac{f}{620}\right)^2}$$

步骤 2　选择控制器

为了获得最好的稳态响应和动态响应，选用双极点-双零点补偿网络作为控制器。

步骤 3　设计控制器。穿越频率不能高于 20%的开关频率，即要求开关频率小于 20kHz，取 $f_c=15$kHz。暂态响应时间小于 200μs。

为了抵消控制对象传递函数中双重极点的作用，设置控制器的两个零点均为

$$f_{z1}=f_{z2}=\frac{1}{2}f_{p0}=310\text{Hz}$$

第一个极点 f_{p1} 用来抵消输出电容 ESR 引起的零点 f_{z0}，则有

$$f_{p1}=f_{z0}=4.02\text{kHz}$$

第二个极点 f_{p2} 用来增加高频衰减率，其值为

$$f_{p2}=1.5f_c=22.5\text{kHz}$$

在穿越频率处，控制器对数幅频特性的幅值 $|G_2|$ 为

$$|G_2|=20\lg\frac{f_c}{f_{p0}}-20\lg|A_{DC}|=14.3\text{dB},\quad A_2=10^{\frac{G_2}{20}}\approx5.2$$

在 f_{z1} 处，控制器对数幅频特性的幅值 $|G_1|$

$$|G_1| = G_2 - 20\lg\frac{f_{p1}}{f_{z2}} = -8\text{dB}\text{，}\quad A_1 = 10^{\frac{G_1}{20}} \approx 0.4$$

控制器中的参数设计如下：

首先设计电压采样网络。电压采样网络是 R_3 和 R_4 组成的分压网络。取分压网络流过的稳态电流为 1mA，且芯片的参考电压 $V_{ref} = 1.5\text{V}$，所以下端电阻 $R_4 = \dfrac{1.5\text{V}}{1\text{mA}} = 1.5\text{k}\Omega$ 。输出电压 $V = 5\text{V}$，上端电阻 $R_3 = \dfrac{(5-1.5)\text{V}}{1\text{mA}} = 3.5\text{k}\Omega$ 。

第二极点电容为 $C_7 = \dfrac{1}{2\pi f_c A_1 R_3} = 7.58\times10^{-9}\text{F}$，取 $C_7 = 8.2\text{nF}$。

$$R_2 = A_1 R_3 = 1.4\text{k}\Omega\text{，取 }1.5\text{k}\Omega\text{。}$$

第一零点电容为 $C_6 = \dfrac{1}{2\pi f_{z1} R_2} = 0.34\mu\text{F}$，取 $0.33\mu\text{F}$。

$$R_5 = R_2 / A_2 = 0.288\text{k}\Omega\text{，取 }270\Omega\text{。}$$

第二零点电容为 $C_{10} = \dfrac{1}{2\pi f_{p1} R_5} = 0.1467\mu\text{F}$，取 $C_{10} = 0.15\mu\text{F}$。

根据上述设计结果，可以写出控制对象的传递函数、补偿网络的传递函数和开环传递函数。根据控制对象的传递函数，绘制出控制对象的对数频率特性曲线；根据双极点-双零点补偿网络的传递函数，绘制出补偿网络的对数频率特性曲线；根据开环传递函数，绘制开环传递函数的对数频率特性曲线。三条对数频率特性曲线如图 4-45 所示。由图可见，系统的相位裕量大于 90°，系统是稳定的。

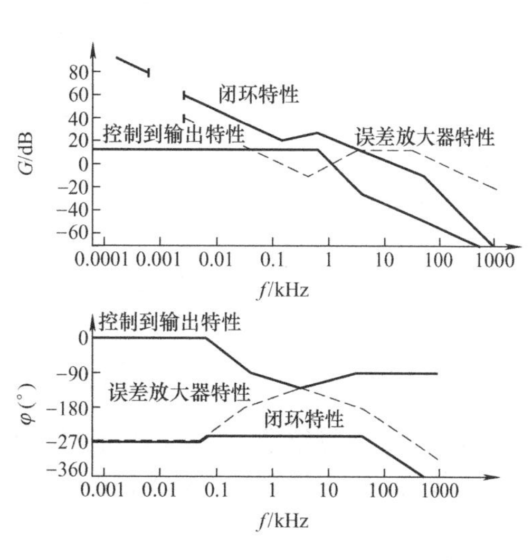

图 4-45　例 4-8 的伯德图

例 4-9　28W PWM 反激式变换器。图 4-46 给出了为一台过程控制装置供电的直流电源。由+24V 直流电源提供直流输入电压。

已知输入电压额定值为 24VDC，变化范围（18～36）VDC，输出电压为四路输出 $V_{out1} = 5\text{VDC}$，最大电流 2A，最小电流 0.5A，$V_{out2} = 12\text{VDC}$，电流为 0.5A；$V_{out3} = -12\text{VDC}$，电流为 0.5A；$V_{out4} = +24\text{VDC}$，电流为 0.25A，控制芯片为 UC3845P，其内部参考电压 $V_{ref} = 2.5\text{V}$，PWM 输出的峰值 $V_m = 3\text{V}$，工作频率 $f_s = 40\text{kHz}$，V_{out1} 的输出电容 C_{13}～C_{15} 的总和为 440μF。

步骤 1　由于这个变换器是带有峰值电流控制的反激变换器，属于单极点型控制对象。首先确定控制对象的传递函数 $G_{vdm}(s)$。在各路输出中，$V_{out1} = 5\text{V}$ 输出端的功率最大，应占检测电流的主要部分，所以看成主要的输出。对于+5V 输出端，变压器一次侧和二次侧的匝数分别为 $N_{pri} = 17$ 匝，$N_{sec} = 5$ 匝。

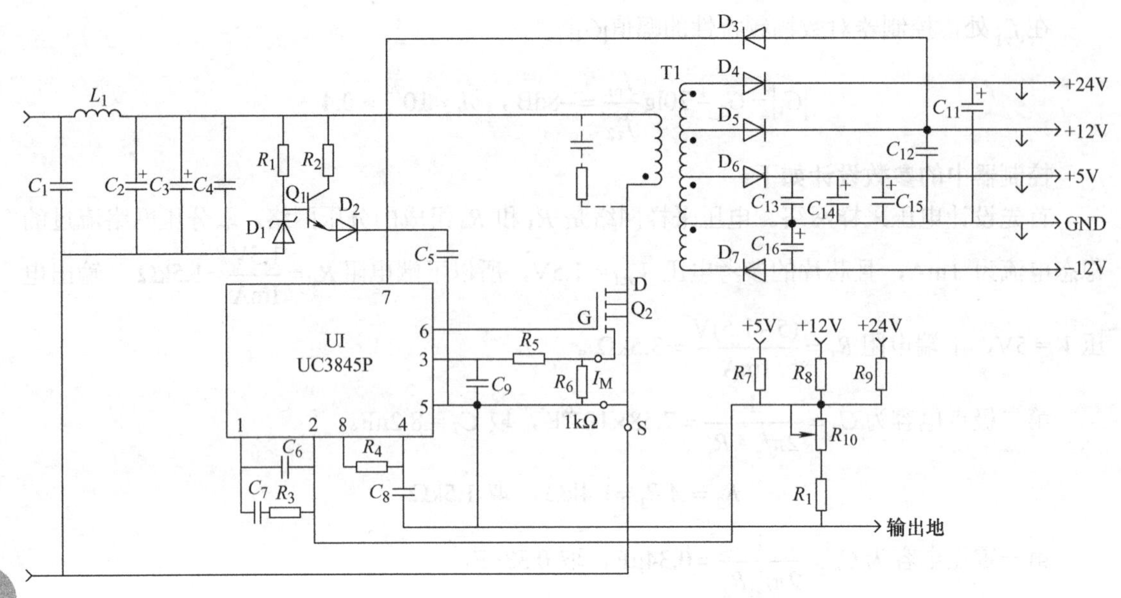

图 4-46　28W 峰值电流控制型反激式 DC-DC 变换器电路

根据式(4-16b)，求最大直流增益 A_{DC} 为

$$A_{DC}=\frac{(V_{gmax}-V_{out1})^2}{V_{gmax}\times\Delta V_C}\frac{N_{sec}}{N_{pri}}=\frac{(36-5)^2}{36\times2.5}\times\frac{5}{17}\approx3.14\text{，}\quad G_{DC}=20\lg|A_{DC}|\approx9.94\text{dB}$$

负载为

$$R=\frac{5}{0.5\sim2}\Omega=10\sim2.5\Omega$$

计算极点频率：

$$f_{p0(hi)}=\frac{1}{2\pi R_{min}C}=\frac{1}{2\pi\times2.5\times440\mu F}\approx144.7\text{Hz}$$

$$f_{p0(low)}=\frac{1}{2\pi R_{max}C}=\frac{1}{2\pi\times10\times440\mu F}\approx36.2\text{Hz}$$

根据上述计算结果，绘制出控制对象的传递函数频率特性如图 4-47 所示。

步骤 2　选择控制器。对单极点型控制对象，选用单极点-单零点补偿网络，如图 4-48 所示。

步骤 3　控制器的设计。

计算穿越频率

$$f_c\leqslant\frac{f_s}{5}=\frac{40}{5}\text{kHz}=8\text{kHz}$$

根据式(4-49)，计算补偿网络幅频特性曲线平坦段的增益为

$$K=\frac{f_c}{f_{p0(hi)}A_{DC}}=\frac{8}{0.144\times3.14}\approx17.7$$

将补偿网络的零点设置在控制对象的最低极点位置，根据式(4-46)，可得

$$f_z=f_{p0min}=36.2\text{Hz}$$

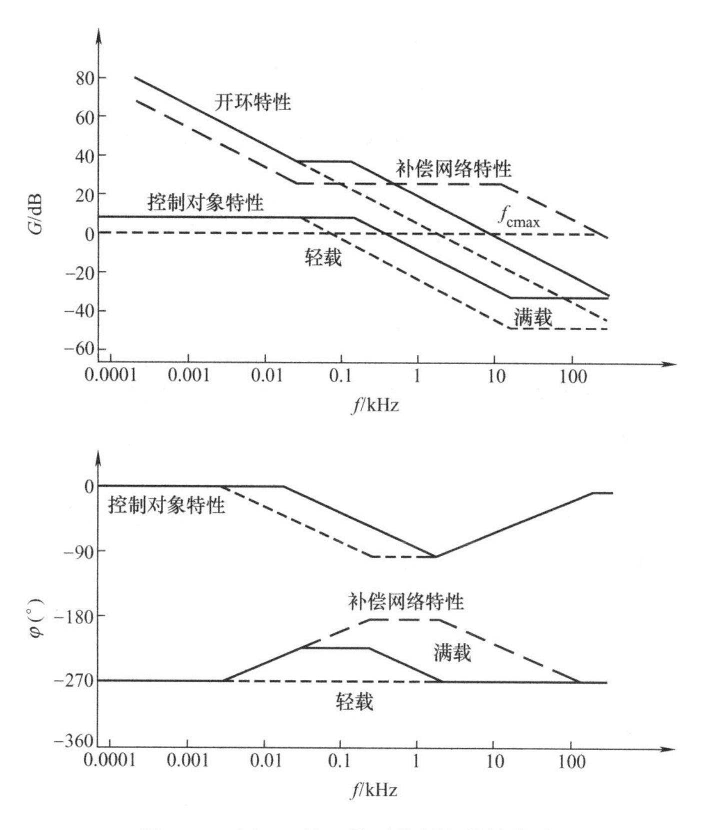

图 4-47　例 4-9 的三种对数频率特性曲线

将补偿网络的极点设置在输出电容 ESR 引起的零点频率。假设 $f_{z0}=20\text{kHz}$，则有

$$f_p = f_{z0} = 20\text{kHz}$$

根据上面计算的参数，可以画出控制器的频率特性如图 4-47 所示。

下面计算控制器参数：

在多路输出开关变换器中，为了提高交叉调整性能，对正极性的各输出端电压进行检测，被检测的输出端有 $V_{out1}=5\text{VDC}$、$V_{out2}=+12\text{VDC}$ 和 $V_{out4}=+24\text{VDC}$。

首先选择检测电流，$I_t=1\text{mA}$。确定电压采样网络的下端电阻 $R_{10}+R_{11}$，即

$$R_{10}+R_{11}=\frac{V_{ref}}{I_t}=\frac{2.5}{1\times10^{-3}}\Omega=2.5\text{k}\Omega\text{，取 }2.7\text{k}\Omega$$

为了使输出电压可以适当调整，R_{10} 采用 1kΩ的电位器，并使调整端处于中点，即 $R_{10}=500\Omega$，$R_{11}=2.2\text{k}\Omega$。

实际的检测电流为　$$I_t=\frac{V_{ref}}{R_{10}+R_{11}}=\frac{2.5}{2.7}\text{mA}\approx0.93\text{mA}$$

检测电流的分配比例：+5V，70%；+12V，20%；+24V，10%

+5V 端的采样电阻为　$$R_7=\frac{5-2.5}{0.7\times0.93\times10^{-3}}\Omega\approx3840\Omega\text{，取 }3.9\text{k}\Omega$$

+12V 的采样电阻为　$$R_8=\frac{12-2.5}{0.2\times0.93\times10^{-3}}\Omega\approx51075\Omega\text{，取 }51\text{ k}\Omega$$

+24V 的采样电阻为 $R_9=\dfrac{24-2.5}{0.1\times0.93\times10^{-3}}\Omega\approx231.2\text{k}\Omega$，取 240kΩ

$$R_3=KR_7=17.7\times3.9\text{k}\Omega\approx69\text{k}\Omega\text{，取}R_3=68\text{k}\Omega$$

零点电容为 $C_7=\dfrac{1}{2\pi f_z R_3}=\dfrac{1}{2\pi\times36.2\times68\times10^3}\text{F}\approx0.064\mu\text{F}$，取 0.068μF

极点电容为 $C_6=\dfrac{1}{2\pi f_p R_3}=\dfrac{1}{2\pi\times20\times10^3\times68\times10^3}\text{F}\approx117\text{pF}$，取 120pF

例 4-10　65W 通用交流输入，多路输出反激式变换器。电路如图 4-48 所示。输入电压 AC90～240V，50/60Hz，输出 $V_{out1}=+5\text{V}$，额定电流 1A，最小电流 0.75A；$V_{out2}=+12\text{V}$，额定电流 1A，最小电流 0.1A；$V_{out3}=-12\text{V}$，额定电流 1A，最小电流 0.1A；$V_{out4}=+24\text{V}$，额定电流 1.5A，最小电流 0.25A。输出精度 V_{out1}、V_{out2} 和 V_{out3} 最大误差为±5%，V_{out4} 最大误差为±10%。$N_{pri}=67$ 匝，$N_{sec1}=3$ 匝，$N_{sec2}=N_{sec3}=7$ 匝，$N_{sec4}=14$ 匝。V_{out1} 端的输出电容 $C=300\mu\text{F}$，V_{out4} 端的输出电容 $C=141\mu\text{F}$。在电流采样电阻(0.249Ω)上，最大的峰值电压 $\Delta V=1\text{V}$。

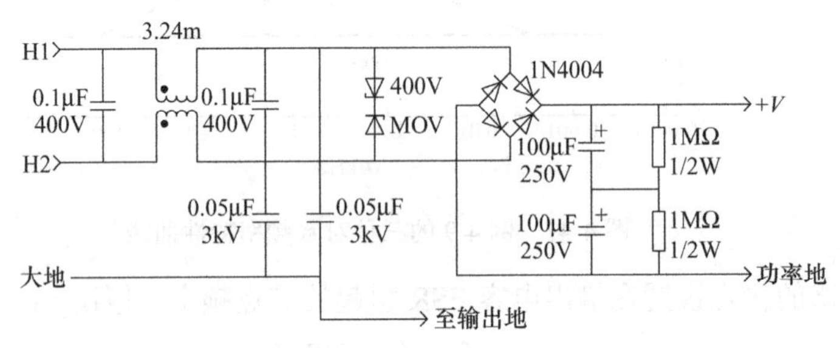

a) 交流输入部分

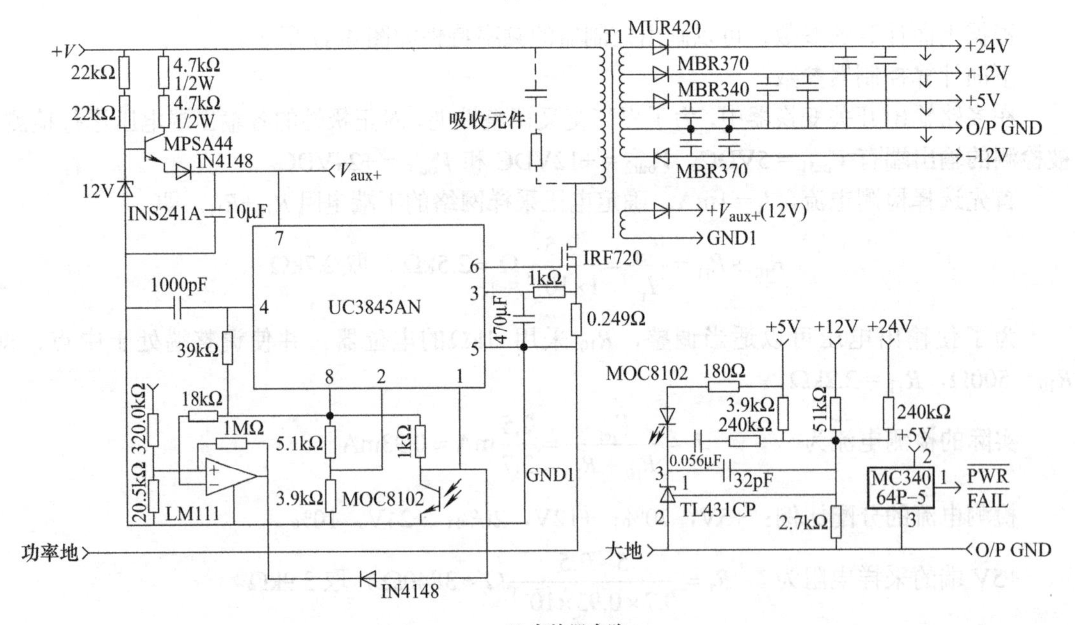

b) 变换器电路

图 4-48　例 4-10 65W 离线反激式变换器

步骤 1 隔离反馈电压采样网络的设计。由于输入为 240V 交流电，所以需要采用隔离反馈。控制芯片采用 UC3845AN，其内部电压误差放大器的输出级是带有恒流源负载的共射级电路，采用隔离反馈时，可以旁路其内部误差放大器。隔离反馈的电路如图 4-49 所示。

对内部误差放大器的处理，可用两个电阻和内部基准电压 V_{ref}(5 V)组成一个分压网络，为内部误差放大器的反相输入端提供一个小于 2V 的输入电位，使放大器输出级的晶体管停止工作，即旁路内部误差放大器。光电耦合器件采用 MOC8101，取 CTR=1，$I_{fbmax}=6mA$，略去光敏晶体管的饱和电压。

光敏晶体管的偏置电阻为

$$R_1=\frac{V_{ref}}{I_{fbmax}-1mA}=\frac{5V}{5mA}=1k\Omega$$

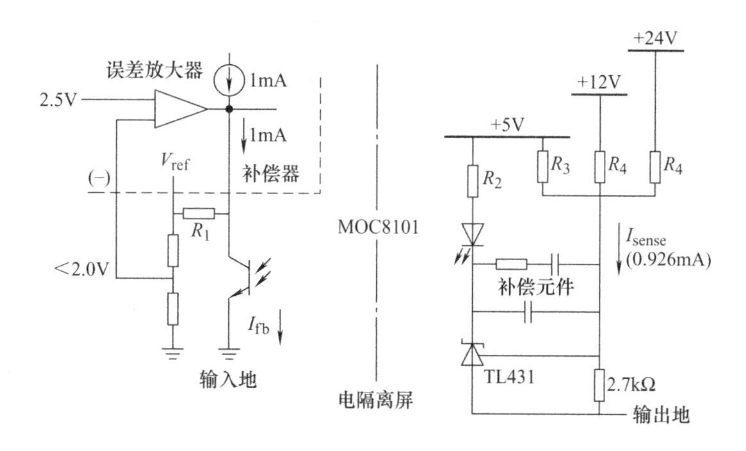

图 4-49 隔离型电压采样网络

发光二极管的偏置电阻为

$$R_2=\frac{V_{ref}}{I_{fbmax}}=\frac{5.0V-(2.5+1.4)V}{6mA}\approx 183\Omega，取 180\Omega$$

取检测电流为 1mA，基准电阻为

$$R_3=\frac{2.5V}{1.0mA}=2.5k\Omega，取 2.7k\Omega$$

实际检测电流为

$$I_t=\frac{2.5V}{R_3}\approx 0.926mA$$

下面计算每个正极性输出端占检测电流的分配比例，以满足要求。+5V 给微处理器和 HCOM 逻辑电路供电，其误差要严格控制在 0.25V 以内。±12V 是给运放和 RS232 驱动供电，这部分电路对电源的变化不太敏感。+24V 输出端需要将误差控制在±2V 以内。所以各部分电流的分配比例为：+5V 占 70%；+12V 占 20%；+24V 占 10%。

+5V 的采样电阻为

$$R_4=\frac{(5-2.5)V}{0.7\times 0.926mA}\approx 3856\Omega，取 3.9k\Omega$$

同理+12V 的采样电阻为 $R_5 = 51296\text{k}\Omega$，取 51kΩ；+24V 的采样电阻为 $R_6 = 232\text{k}\Omega$，取 240kΩ。

步骤 2 确定控制对象的传递函数。V_{out1} 输出端的最低极点频率为

$$f_{\text{p0}} = \frac{1}{2\pi \times \dfrac{5}{0.75} \times 300\mu\text{F}} \approx 79.6\text{Hz}$$

由于+5V 占反馈电压的比例最大，但它的功率只占到总输出功率 $\left(\dfrac{5}{65}\right)\% \approx 7.7\%$，所以还要计算输出功率最大的输出端对应的最低极点频率，并根据这个极点来设计补偿网络。

V_{out4} 输出端的最低极点频率为

$$f_{\text{p0}} = \frac{1}{2\pi \times \dfrac{24}{0.25} \times 141\mu\text{F}} \approx 11.8\text{Hz}$$

这个频率较低，因此补偿网络的零点频率也较低。这种情况下，低频段太窄，不利于降低输入纹波。

系统的直流增益为

$$A_{\text{DC}} = \frac{(340-5)^2 \times 3}{340 \times 1 \times 67} \approx 14.78$$

步骤 3 由于控制对象为峰值电流控制的反激变换器，属于单极点型控制对象，选用单极点-单零点补偿网络作为控制器，其设计方法与前相同，这里不再赘述。

第 5 章　平均电流控制型开关调节系统

5.1　双环控制的开关调节系统

5.1.1　双环开关调节系统的组成

在第 4 章介绍的电压型控制开关调压系统中，控制量是输出电压经过电压采样网络后得到的电压信号作为反馈信号，实现闭环控制的。系统中只有反馈电压环，称为单环控制系统。单环系统的特点是结构简单、设计方便，但是当系统受到某种扰动作用时，例如，输入电压波动、元件参数变化和负载突然加载或卸载，系统中的各电气变量均会发生变化，而这些变化只有等到输出电压发生变化以后，电压控制环才起调节作用。因此，在瞬态过程中，单环系统的输出电压可能会产生较大幅度的波动，甚至造成系统出现不稳定现象。

以图 5-1 所示的电压控制型单端反激式变换器为例，说明单环控制存在的问题。当功率开关管导通时，开关变换器的输入端和输出端是解耦的。控制量的大小是由输出电压 V_o 决定的。在开关导通期间，输入电压不会影响控制量的大小。如果在开关导通期间内，输入电压有一个波动，但因为开关的导通时间是由输出电压决定的，导通时间不会因为输入电压波动而改变，所以变压器一次侧的储能将随着输入电压的波动而变化。在开关截止期间，输入电压的波动传输到输出端影响控制量，反馈电路才能反映出输入电压的波动，等到下一周期开关再次导通时，输入电压的变化才影响变压器一次侧的储能。因此控制和调节作用延迟了，这就使系统很难得到满意的动态性能。如果开关调节系统能够从主电路获取更多的反馈信息，例如再引入一个电流反馈实现双环控制，则可以避免上述问题，得到比单环控制更好的动态性能。

一般说来，对于常用的几种 DC-DC 变换器，除 Cuk、Sepic 和 Zeta 电路外，开关变换器的小信号交流等效电路为二阶电路，有两个状态变量，如电感电流和电容电压。根据最优控制理论，实现全状态反馈的系统是最优控制系统，可以实现动态响应的误差平方积分(Integral Square Error，ISE)指标最小。因此，在开关调节系统中取输出电压和电感电流两种反馈信号实现双环控制是符合最优控制规律的[1]。

双环开关调节系统的原理框图如图 5-2 所示。图中 I/V 表示电流采样器，将主电路的电感电流 i_L、或开关管的电流或整流二极管的电流变换为电压信号 v_{Rs}；VA 是电压控制器，将输出电压 V 与参考电压 V_{ref} 相比较产生误差电压信号 v_{CP}，为电流控制环提供一个控制信号；CA 是电流控制器，将电流采样器的输出电压 v_{Rs} 与参考电压 v_{CP} 相比较产生控制电压 v_{CA} 并作用于开关控制器，将模拟量调制为脉冲量 $d(t)$。电流控制环是由部分开关变换器、电流采样器 I/V、电流控制器和开关控制器等组成。电流控制环可等效成一个新的功率级，称为等效功率级。等效功率级和电压控制器组成了电压控制环。电流控制环是内环，实现电流自动调节；电压控制环是外环，实现电压自动调节。

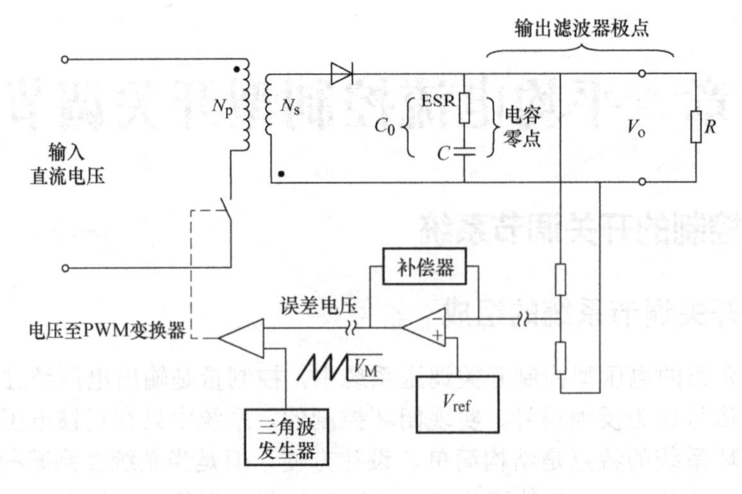

图 5-1　电压控制型单端反激式变换器

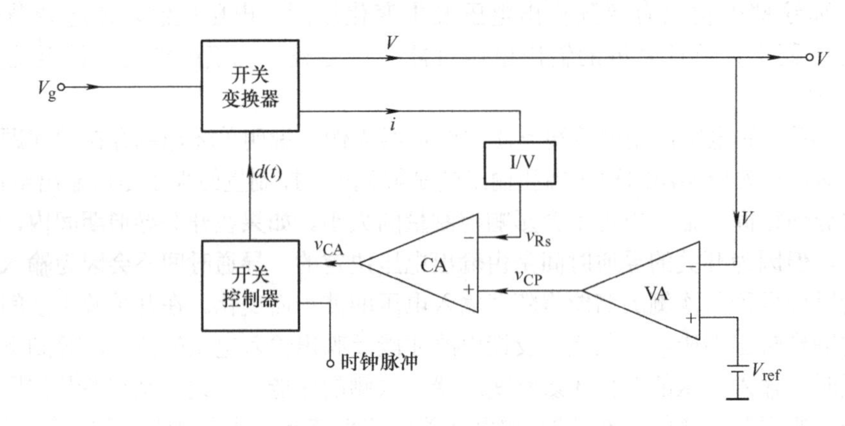

图 5-2　双环开关调节系统原理框图

5.1.2　电流控制方法的基本原理

常用采样信号有电流平均值和电流峰值两类。对应的控制技术有平均电流控制技术和峰值电流控制技术，峰值电流控制又称为电流程序控制模式(Current Programmed Control Model，CPM)。本章主要介绍平均电流控制技术，第 6 章将重点介绍峰值电流控制技术。

1. 峰值电流的控制方法

峰值电流控制的反激式双环控制系统如图 5-3 所示。在图中，与功率开关管串联的电流互感器(其匝比为 1∶n)将开关管的电流 i_T 变换为电流采样电阻 R_s 两端的脉冲电压 v_{Rs}，作为电流控制器 CA 的输入信号，与电压控制器 VA 的输出电压 v_{CP} 进行比较并产生误差输出 v_{CA}，通过控制器变成脉冲 $d(t)$。峰值电流控制的波形如图 5-4 所示。在一个控制周期的初始点，控制器开始输出高电平，使得功率开关管开始导通，输入电压加在变压器的一次侧，使通过开关管的电流线性增长，此时，与电流互感器相连的二极管导通，采样电阻两端的电压 v_{Rs} 也随之增加，当 v_{Rs} 与 v_{CP} 相等时，功率开关管截止。

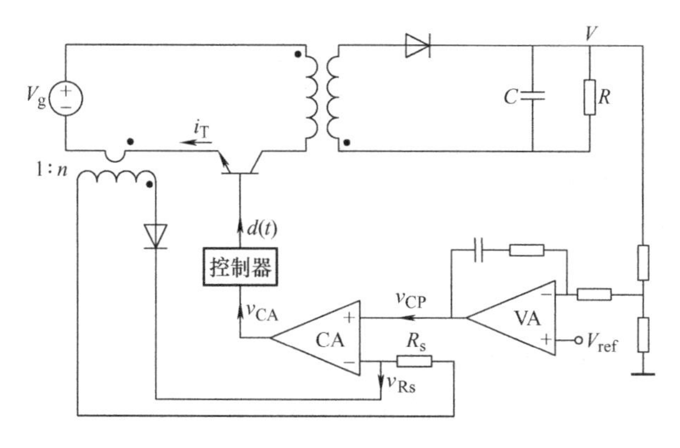

图 5-3 峰值电流控制型双环系统

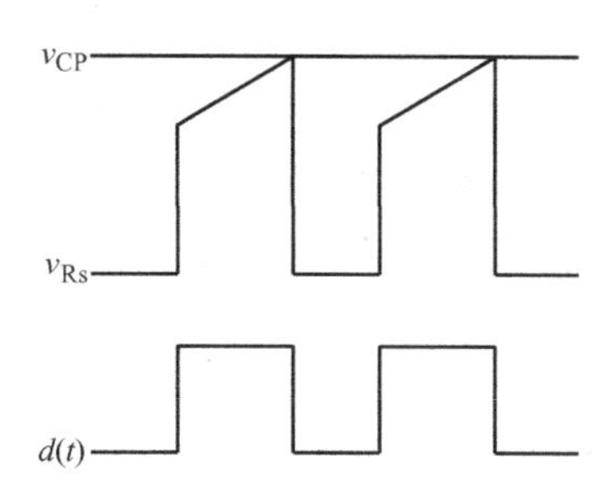

图 5-4 峰值电流控制的波形

2. 平均值电流控制方法

图 5-5 是平均电流控制的 Buck 型双环开关调节系统。在平均电流控制中，通常选取电感的电流作为反馈信号。由于电感电流中含有较大的直流分量，所以一般不使用电流互感器，通常采用直接串联电阻或霍尔电流传感器。用直接串联电阻进行电流采样具有如下特点：简单、可靠、不失真且响应速度快，但是损耗大、不隔离，所以只适用于小电流并无需隔离的电路。在大电流和需要隔离的场合，应采用霍尔电流传感器。但是，常用霍尔电流传感器的响应速度较慢，适用于开关频率在 100kHz 以下的工作场合。

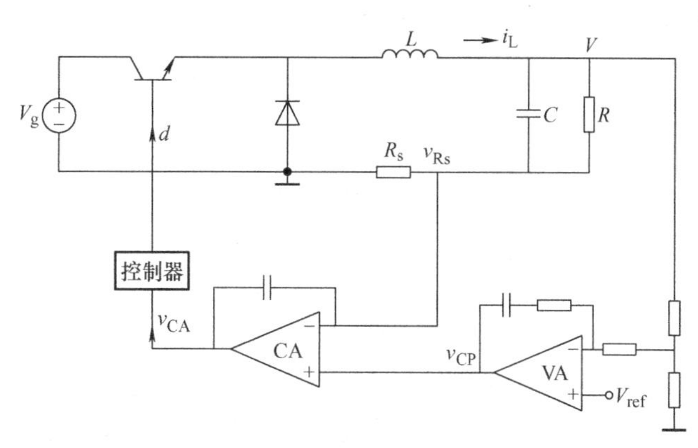

图 5-5 平均电流控制的 Buck 型双环开关调压系统

在图 5-5 中，采样电阻 R_s 两端的电压直接反映了电感电流的大小。当电流控制环的开环传递函数的直流增益非常大时，输出电流的数值约为

$$i_L = \frac{v_{CP}}{R_s} \tag{5-1}$$

式中，v_{CP} 是电压控制器的输出电压。

当 v_{CP} 恒定时，输出电流也是恒定的。因此，电流控制环是一个稳流环节。

5.1.3 电流控制的特点

采用电流控制可以实现自动稳流。在高压气体放电灯用电子镇流器中，由于灯具有负增量阻抗，必须采用电流控制来限制灯的电流。对于一般的开关调节系统，引入电流反馈可以提高系统的稳态和动态性能。采用电流控制具有如下优点：

(1) 改善开关调节系统的瞬态特性　在含有电流控制的开关调节系统中，无论是输入电压波动还是负载的突增或突减——任何一种扰动，都会立即引起电感电流或功率开关管电流的变化，通过电流传感器使得电流反馈信号发生变化而迫使控制系统立即做出反应并开始调节。不会像电压控制型单环调压系统那样要等到输出电压发生变化才起控制、调节作用。所以，双环控制系统的动态响应速度快、调节性能好，过冲电压幅值小。

(2) 限制功率开关管的最大电流值　在双环系统中，由电压控制器的输出信号 v_{CP} 提供最大电流的限制信号，限制功率开关管的最大电流或平均电流，能实现过电流保护。

(3) 多个变换器并联运行时，改善均流效果　多个开关变换器并联运行时，要实现每个变换器均匀地输出电流，应采用双环控制技术。这种双环控制系统的结构是，只有一个总的电压控制器，它为每个电流控制器提供相同参考信号 v_{CP}；每个开关变换器有独立的电流控制环。因此，每个变换器的输出电流均受 v_{CP} 信号控制，从而能实现几台开关变换器之间的负荷自动分配。

(4) 改善整个系统的音频衰减率　电流反馈有利于提高整个系统的音频衰减率，扩展系统输入电压的范围。同时，允许输入电压有较大的交流成分，能减少输入滤波电容的容量，提高系统的可靠性。

(5) 改善开关调节系统的稳定性　在双环控制系统中，电流控制环的控制对象为一阶积分或近似一阶积分环节，所以电流环具有很好的稳定性；由电流控制环等效的新功率级是电压控制环的控制对象，这是一个单极点型控制对象。因此，电压控制环的相位裕量大、能改善系统的稳定性。

5.1.4　双环开关调节系统的等效分析方法

在双环控制系统中，电流内环控制确定了系统对输入电压的响应，电压外环控制确定了系统对负载电流的响应。尤其当两个控制环路的穿越频率接近时，两个控制环相互影响[17]。另外，由于电流反馈信号既有直流分量也有交流分量，系统中占空比 d 的产生是由于直流和交流信号的共同作用，再加上系统固有的非线性，使双环开关调节系统的分析或设计变得较为复杂。

下面介绍双环开关调节系统的等效分析方法。这一方法的基本思想是将电流环用等效的功率级代替(称为新功率级)，将新功率级认为是电压控制环的控制对象，构成一个单环系统。

在图 5-6 所示的双环调压系统原理框图中，虚线框内为开关变换器和电流控制器等组成的电流控制内环，可等效为一个新功率级，由电压控制器的输出电压 v_{CP} 控制。新的功率级和电压补偿网络等组成了一个单环控制系统，如图 5-7 所示。对于原功率级的传递函数，输出变量为电感的电流或开关管上的电流，输入量为占空比。如果输出变量为电感电流，则对应着平均电流控制模式，在 5.2 节中将介绍这种传递函数的求取方法；如果输出变量为开关管上的电流，则对应着峰值电流控制模式，将在第 6 章中介绍其传递函数的求取方法。在 5.3 节中介绍采用平均电流控制模式时的新功率级传递函数的求取方法；在第 6 章中介绍峰值电流控制模式的新功率级的传递函数的求取方法。因此，双环系统设计与单环系统设计一样，是根据控制对象的类型选出合理的补偿网络。

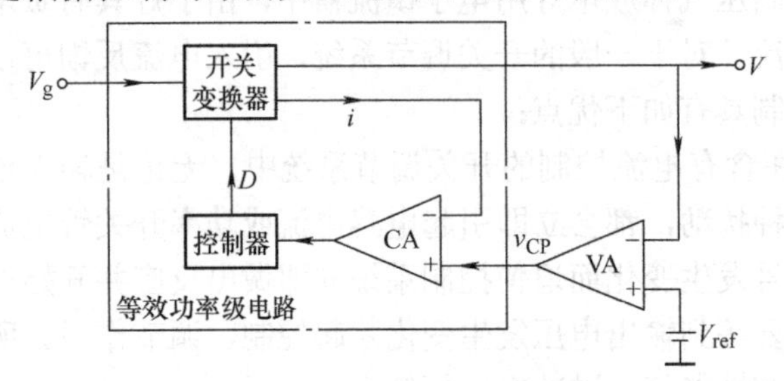

图 5-6　双环系统的等效功率级电路

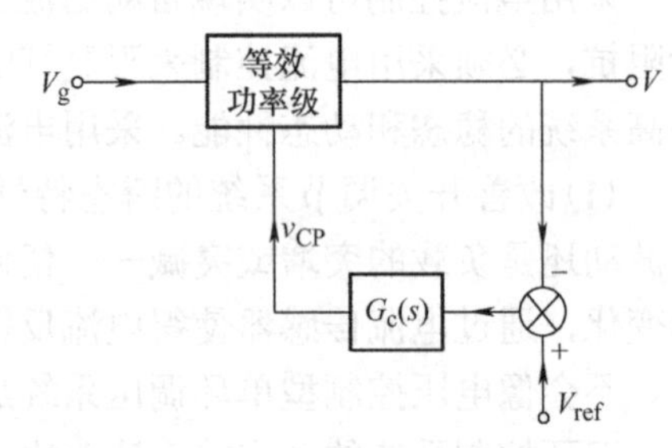

图 5-7　等效的单环系统

5.1.5 平均电流控制模式的原理及其存在的问题[17]

平均电流控制模式的原理电路如图 5-8 所示。电感电流通过采样电阻变为电压反馈信号。电压控制器的输出信号与反馈信号的直流成分相比较，决定了电流补偿网络输出电压的直流成分，即静态工作点。反馈信号的交流成分经电流控制器放大后与 PWM 比较器的另一个输入信号(锯齿波 v_R)相比较产生占空比的增量。

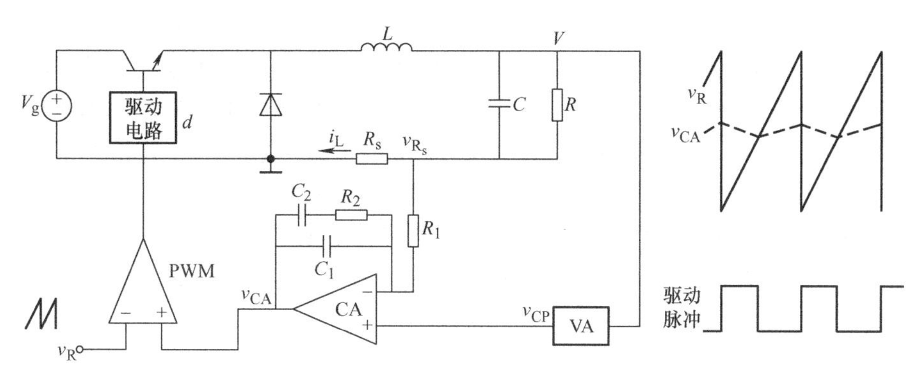

图 5-8 平均电流控制模式的原理电路

PWM 比较器的两个输入信号如图 5-9 所示。在图中，电感电流的交流成分与电流补偿网络输出电压的交流成分是反相的。当功率开关管关断时，电感的电流是下降的，而电流补偿网络的输出电压却是增加的；当功率开关管导通时，电感的电流是上升的，电流补偿网络输出电压是下降的。当 $V_{CA}=V_R$ 时，功率开关管关断。在图 5-9 中，如果增加电流补偿网络的增益，会出现下面两种情况：①电流补偿网络输出电压 V_{CA} 的最大值将超过锯齿波的峰值 V_R(在 PWM 控制芯片 IC 中，锯齿波的峰值 V_R 是其内部误差放大器的最大输出电压值)，则放大器进入饱和工作状态，最大输出电压被箝位。由于内部误差放大器和外围电路组成了一个积分器，所以就出现了阻塞现象，发生阻塞现象后，即使输入信号消失，误差放大器的输出电压也保持其最大值；②即使没有出现阻塞现象，在功率开关管关断期间，电流补偿网络输出电压的波形将不会与锯齿波相交，其结果会导致次谐波瞬态不稳定。

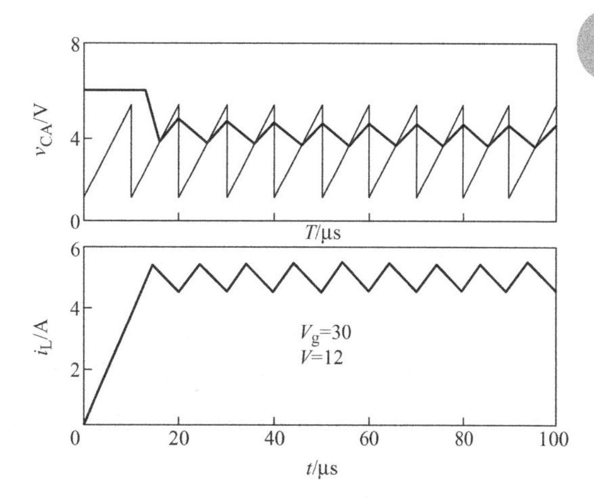

图 5-9 平均电流控制模式的关键波形

在平均电流控制模式中，为了避免上述问题发生，必须要求 PWM 比较器的两个输入信号的斜率满足：对于单极点系统，被放大的电感电流的下降斜率不能超过锯齿波的上升斜率，否则 PWM 比较器将不能正常工作。

上述标准也称为斜坡匹配标准。在平均电流控制模式中，斜坡匹配问题是一个大信号问题。所以在设计平均电流控制模式的电流环时，应采用大信号设计。在系统设计时，人们更多地注意系统的小信号稳定性问题，而忽略了大信号稳定性问题。严格地讲，电压控制型开关调节系统也有潜在的大信号不稳定问题，也有相应的斜波匹配问题[18]。

5.2 电流控制器的大信号设计

5.2.1 PWM 比较器两个输入信号的斜率匹配

如果 PWM 比较器两输入端波形的斜率不匹配，开关调节系统有可能出现次谐波振荡问题。在峰值电流控制模式中，采用斜波补偿以确保系统的稳定性。在平均电流控制模式中，也存在类似的次谐波振荡问题，但不必采用斜波补偿的方法来消除这种振荡，因为锯齿波本身提供了一个很好的补偿。但是对于平均电流控制模式，必须要求 PWM 比较器的两个输入信号的斜率满足如下标准：对于单极点系统，被放大的电感电流的下降斜率不能超过锯齿波的上升斜率，否则 PWM 比较器将不能正常工作。这个标准直接给出了电流补偿网络在开关频率处增益的上限值，并间接地给出了开环传递函数的穿越频率 f_c。

下面使用上述标准求取电流补偿网络在开关频率处的最大增益 G_{max}。

不同种类变换器其电感电流下降率的表达式也不同。三种基本变换器电感电流下降率的表达式如下所示：

Buck 变换器和 Buck-boost 变换器为
$$\frac{V}{L} \tag{5-2a}$$

Boost 变换器为
$$\frac{V-V_g}{L} \tag{5-2b}$$

对于 Boost-PFC 变换器，在最坏情况下，$V_g=0$，则电感电流的下降率为
$$\frac{V}{L} \tag{5-2c}$$

锯齿波的上升斜率为
$$\frac{V_M}{T_s}=V_M f_s$$

式中，V_g、V 分别是 Buck、Boost、Buck-boost 三种 DC-DC 变换器的直流输入电压和输出电压；L 是滤波电感；V_M 是锯齿波的峰峰值。

1）对于 Buck 和 Buck- boost 变换器，由式（5-2a）及上述标准可知
$$\frac{V}{L}R_s G_{max}=V_M f_s$$

2）对于 Boost 变换器，由式（5-2b）及上述标准可知
$$\frac{V-V_g}{L}R_s G_{max}=V_M f_s$$

3）Buck 和 Buck-boost 变换器电流补偿网络的最大增益为
$$G_{max}(f_s)=\frac{\hat{v}_{CA}}{\hat{v}_{Rs}}=\frac{V_M f_s L}{V R_s} \tag{5-3}$$

4）Boost 变换器电流补偿网络的最大增益为
$$G_{max}(f_s)=\frac{\hat{v}_{CA}}{\hat{v}_{Rs}}=\frac{V_M f_s L}{(V-V_g)R_s} \tag{5-4a}$$

5）Boost-PFC 变换器电流补偿网络的最大增益为

$$G_{\max}(f_s)=\frac{\hat{v}_{\mathrm{CA}}}{\hat{v}_{\mathrm{Rs}}}=\frac{V_{\mathrm{M}}f_sL}{VR_s} \tag{5-4b}$$

上面诸式表示从采样电阻上的电压到电流补偿网络输出电压的增益，即电流控制器的增益。

为了便于推导由电流补偿网络的输出到电流采样电阻 R_s 两端电压的小信号传递函数 $\hat{v}_{\mathrm{Rs}}/\hat{v}_{\mathrm{CA}}$，对于 CCM 型 DC-DC 变换器，假定：①输出电压的扰动量 $\hat{v}=0$，则电压控制器输出电压的扰动量 $\hat{v}_{\mathrm{CP}}=0$；②R_s 很小，$|\omega L|>>R_s$，所以 $\omega L_e+R_s\approx\omega L_e$。在上述假定条件下，由 1.2 节给出的统一小信号模型以及电流控制环可以得到等效电路，如图 5-10 所示。在图中，L_e 为等效电感，L_e、$e(s)$ 和 $M(D)$ 的计算公式可由表 1-1 中查得。

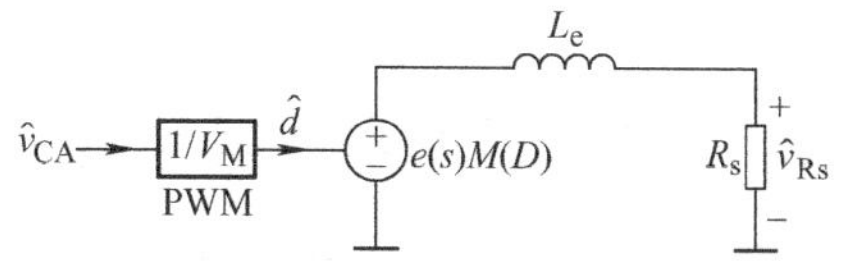

图 5-10　求取 $\hat{v}_{\mathrm{Rs}}/\hat{v}_{\mathrm{CA}}$ 的等效小信号模型

由图 5-10 可得

$$\frac{\hat{v}_{\mathrm{Rs}}}{\hat{v}_{\mathrm{CA}}}=\frac{1}{V_{\mathrm{M}}}e(s)M(D)\frac{R_s}{R_s+sL_e}\approx\frac{1}{V_{\mathrm{M}}}e(s)M(D)\frac{R_s}{sL_e} \tag{5-5}$$

对于 Buck 变换器，$L_e=L$，$M(D)=D$，$e(s)=V/D^2$，代入式(5-5)，得

$$A_{\mathrm{P}}(s)=\frac{\hat{v}_{\mathrm{Rs}}}{\hat{v}_{\mathrm{CA}}}=\frac{V_{\mathrm{gmax}}R_s}{sLV_{\mathrm{M}}} \tag{5-6}$$

式中，V_{gmax} 是变换器输入电压的最大值。

对于 Boost 变换器，将 $M(D)=1/D'$、$L_e=L/D'^2$ 和 $e(\mathrm{s})=V[1-sL/(D'^2R)]$ 代入式(5-5)可得

$$A_{\mathrm{P}}(s)=\frac{\hat{v}_{\mathrm{Rs}}}{\hat{v}_{\mathrm{CA}}}=\frac{VD'R_s}{sLV_{\mathrm{M}}}\left(1-\frac{sL}{RD'^2}\right) \tag{5-7}$$

式中，R 为负载电阻。

式(5-7)表明 Boost 电路的传递函数中含有一个右半平面的零点。为求取最坏情况，令 $\frac{sL}{RD'^2}\rightarrow 0$，同时令 $D'=1$，则式(5-7)变为

$$A_{\mathrm{P}}(s)=\frac{\hat{v}_{\mathrm{Rs}}}{\hat{v}_{\mathrm{CA}}}\approx\frac{VR_s}{sLV_{\mathrm{M}}} \tag{5-8}$$

式(5-6)和式(5-8)分别描述了以 Buck 和 Boost 变换器为控制对象的传递函数。由这两个控制对象可知，平均电流控制型开关调节系统，其电流控制环的控制对象是一个积分环节或近似积分环节，故称为积分型控制对象。这是一类特殊的控制对象，其特性与单极点控制对象类似。比较式(5-6)和式(5-8)可以发现，Boost 变换器新功率级的增益取决于输出电压，而 Buck 变换器取决于输入电压。

另外需要说明：对于 Buck-Boost 变换器，因为无法将其环路增益变为一个单极点系统，所以不能用这种方法设计电流控制环。在实际的应用中，几乎不取电感电流作为电流反馈信号，而是用功率管的电流或整流二极管的电流作为反馈信号[16]。

为了便于设计，引入第三个假设，电流控制器的幅频特性从穿越频率到开关频率保持为一个常数，且$|G|=|G_{\max}|$。对于 Buck 或 Boost 变换器，$|G_{\max}|$分别由式(5-3)或式(5-4)确定。

对于 Buck 变换器，由式(5-3)和式(5-6)可得到开环传递函数表达式为

$$T(s)=GA_{\mathrm{P}}(s)=G_{\max}\frac{\hat{v}_{\mathrm{Rs}}}{\hat{v}_{\mathrm{CA}}}=\frac{f_s}{sD} \tag{5-9}$$

令$|T(\mathrm{j}\omega_c)|=1$，则可求得穿越频率为

$$f_c=\frac{f_s}{2\pi D} \tag{5-10}$$

同理可求得带有电流环控制的 Boost-PFC 变换器开环传递的穿越频率为

$$f_c=\frac{f_s}{2\pi} \tag{5-11}$$

5.2.2 电流控制器及其设计

为了使补偿网络的输出反映出电感电流的平均值，需要对检测到的电流进行低通滤波，以消除电感电流的高频成分，使得调节系统的输出电流始终良好地跟踪其控制量的直流分量，因此要求补偿网络的低频增益为无限大。在 f_c～f_s 范围内(即中频段)，补偿网络的增益近似恒等于 G_{max}，相频特性有一个最大为 90° 的超前相移，确保了系统的稳定和动态响应。为了抑制开关频率及寄生参数等引起振荡的高频干扰，高频放大倍数应足够小。满足上述条件就是最佳补偿网络。

原则上讲，设计电流控制器与设计电压控制器的思路、原理、方法和步骤是一样的，所以第 4 章介绍的理论和方法均可以在这里使用。但应该注意到，电流环的控制对象是一个积分或近似积分环节——不隶属于第 4 章的任何一类控制对象，所以还需特殊处理。

在表 4-1 中给出了四种常用补偿网络的基本特性，包括单极点补偿网络、具有带宽增益限制的单极点补偿网络、单极点-单零点补偿网络和双极点-双零点补偿网络。对于积分型控制对象，在大信号设计时的主要要求：①电流补偿网络在 f_c～f_s 范围内，补偿网络的增益近似恒等于 G_{max}，即幅频特性在中频段具有一个平坦的特性；②在穿越频率处有足够的相位裕量。从以上两方面考虑，单极点-单零点补偿网络和具有带宽增益限制的单极点补偿网络作为电流控制器均是合理的。文献[17]选用 PI 补偿网络作为电流控制器。文献[16]选用单极点-单零点补偿网络作为电流控制器并给出了设计实例。下面介绍文献[16]有关内容。

单极点-单零点补偿网络如图 5-11 所示，由图可得

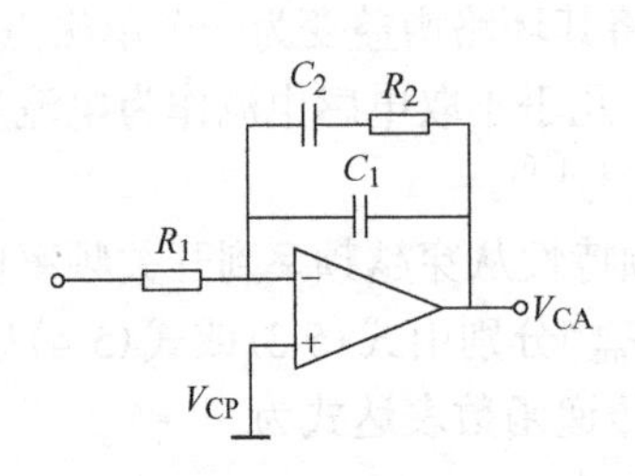

图 5-11 单极点-单零点补偿网络

C_1—极点电容 C_2—零点电容($C_2\gg C_1$)

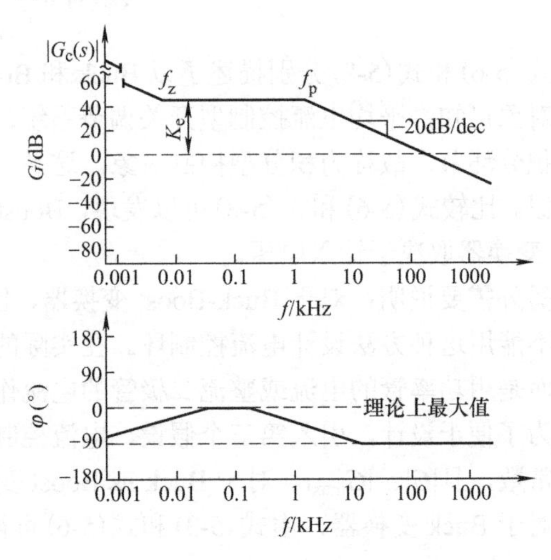

图 5-12 单极点-单零点补偿网络的频率特性

传递函数为

$$G_{c}(s)=K_{c}\frac{1+\frac{s}{\omega_{z}}}{\frac{s}{\omega_{z}}\left(1+\frac{s}{\omega_{p}}\right)} \tag{5-12}$$

中频段的增益为

$$K_{c}\approx\frac{R_{2}}{R_{1}} \tag{5-13}$$

基于式(5-12)，可以绘制出单极点-单零点补偿网络的频率特性曲线，如图 5-12 所示。由图可见，在 f_z～f_p 频段内，幅频特性是平坦的，相频特性提供了超前的相移。如果令穿越频率和开关频率均位于这个频段内，则这个补偿网络能够满足电流控制环的要求。

根据式(5-6)和式(5-12)可得 Buck 变换器电流控制环的开环传递函数为

$$T(j\omega)=K_{c}\frac{1+j\frac{\omega}{\omega_{z}}}{\frac{j\omega}{\omega_{z}}\left(1+j\frac{\omega}{\omega_{p}}\right)}\frac{V_{g}R_{s}}{j\omega LV_{M}}=-\frac{K_{c}V_{g}R_{s}}{LV_{M}}\frac{1+j\frac{\omega}{\omega_{z}}}{\frac{\omega^{2}}{\omega_{z}}\left(1+j\frac{\omega}{\omega_{p}}\right)} \tag{5-14}$$

根据式(5-8)和式(5-12)可得 Boost-PFC 变换器电流控制环的开环传递函数为

$$T(j\omega)=-\frac{K_{c}VR_{s}}{LV_{M}}\frac{1+j\frac{\omega}{\omega_{z}}}{\frac{\omega^{2}}{\omega_{z}}\left(1+j\frac{\omega}{\omega_{p}}\right)} \tag{5-15}$$

取穿越频率 f_c 大于补偿网络的零点频率，但小于其极点频率，则相位裕量为

$$\varphi_{m}=\arctan\frac{f_{c}}{f_{z}}-\arctan\frac{f_{c}}{f_{p}} \tag{5-16}$$

当 $f_p\geqslant 10f_c$，$f_c\leqslant 10f_z$ 时，相位裕量大于 45°，小于 90°；当 $\omega_p<10\omega_z$ 时，相位裕量小于 45°；中频宽度为 $h=\omega_p/\omega_z$，当 h 增加时，系统的响应速度加快，但不利于消除高频干扰。

5.2.3　系统的性能分析

下面以 Buck 变换器为例，分频段分析系统的特性。

1. 低频段分析

在低频段，$f=0$～f_z，$(\omega/\omega_z)<<1$，$(\omega/\omega_p)<<1$，式(5-14)可改写为

$$T(j\omega)=-\frac{K_{c}V_{g}R_{s}}{LV_{M}\omega^{2}}\omega_{z} \tag{5-17}$$

这样，在低频段开环传递函数等效为一个二阶积分环节。在直流频率点附近，系统的增益非常大，因此，系统的直流输出电流是由其控制信号及电流采样网络决定的，几乎与系统的主电路、电流补偿网络无关。所以，系统对其负载变化的稳态误差等于零。但是，由于具有一个固定 180°滞后相移，因此，系统在低频段是不稳定的。这是这个系统的一个缺点。改进的方法是：如果在低频段，系统的开环传递函数等效为一个一阶积分，则可以克服上述缺点。因此，就低频特性而言，我们认为针对积分型控制对象，最佳的电流控制器应是具有带宽增益限制的单极点补偿网络。

2. 中频段分析

中频段，若 $f=f_z\sim f_p$，f_z 是低频零点。设置 f_z 有两个目的：①增加穿越频率，即增加其频带宽度，以增大电流环的动态响应；②一般来说，穿越频率略大于零点频率，这样可以保证电流控制环在穿越频率处有大于 45° 的相位裕量。

若$(\omega/\omega_z)>>1$，$(\omega/\omega_p)<<1$，式(5-14)可改写为

$$T(\mathrm{j}\omega)=\frac{K_c V_g R_s}{\mathrm{j}\omega L V_M} \tag{5-18}$$

所以在中频段幅频特性的下降斜率为-20dB/dec。因此在中频段系统等效为一个单极点系统，其相位裕量应为 45°。正因为如此，补偿网络在中频需要一个平坦的幅频特性。

3. 高频段分析

在高频段，$f>f_p$，$(\omega/\omega_z)>>1$，$(\omega/\omega_p)<<1$，则式(5-14)变为

$$T(\mathrm{j}\omega)=-\frac{K_c V_g R_s \omega_p}{L V_M \omega^2} \tag{5-19}$$

可见在高频段幅频特性的下降斜率为-40dB/dec。高频极点的设置是为了抑制高频噪声。通常，将高频极点 f_p 设置在开关频率处或低于开关频率，其主要原因是：①减少主电路中开关信号高次谐波的影响；②一般来讲，在开关调节系统中，在主功率开关管的开启和关断时，由于寄生参数的影响，总伴随着一定的衰减振荡信号，这种信号的频率通常要比开关频率高得多。电流补偿网络应对这种高频干扰信号有足够的抑制作用，否则会造成主功率开关在一个工作周期内多次导通和关断，而导致系统的另一种不稳定，称为多个 D 的不稳定性。

5.2.4 电流补偿网络的工程设计方法和设计实例

将高频极点 f_p 设置在开关频率处 f_s，即 $f_p=f_s$，在 f_s 处，补偿网络的增益 $G_c=R_2/R_1=G_{max}$，由式(5-3)得

$$\frac{R_2}{R_1}=\frac{V_M L f_s}{V R_s} \tag{5-20}$$

为了保证有足够的相位裕量，文献[16]建议零点频率设置在一半的穿越频率处，穿越频率由式(5-10)给定，则

$$\frac{1}{2\pi R_2 C_2}=0.5 f_c \tag{5-21}$$

作者认为零点频率越低越好，当零点频率非常低时，单极点-单零点补偿网络就退化为具有带宽增益限制的单极点补偿网络。

由于 $f_p=f_s$，$C_2>>C_1$，则

$$\frac{1}{2\pi R_2 C_1}=f_s \tag{5-22}$$

为了使补偿网络的中频段有足够的宽度，以增加相位裕量，取

$$C_2=(10\sim 25)C_1 \tag{5-23}$$

求解式(5-20)～式(5-23)可以得到补偿网络的参数。

例 5-1 用单极点-单零点补偿网络为 Buck 电路设计电流控制环。

具体要求如下：开关频率 $f_s=100\text{kHz}$，输入电压 $V_g=(15\sim30)\text{VDC}$，输出电压 $V=12\text{VDC}$，输出电流 $I_0=5\text{A}$，电感 $L=60\mu\text{H}$，在输入为 30VDC 时，采样电阻 $R_s=0.1\Omega$。锯齿波的峰峰值 $V_M=5\text{V}$。

步骤 1 确定电流补偿网络在开关频率处的最大放大倍数。

$$G_{\max}(f_s)=\frac{\hat{v}_{CA}}{\hat{v}_{Rs}}=\frac{V_M f_s L}{VR_s}=\frac{5\times100\times10^3\times60\times10^{-6}}{12\times0.1}=25$$

步骤 2 根据式(5-20)，确定

$$\frac{R_2}{R_1}=\frac{V_M Lf_s}{VR_s}=25 \tag{5-24}$$

步骤 3 确定穿越频率f_c。当 $V_g=15\text{V}$ 时，$D=0.8$；当 $V_g=30\text{V}$ 时，$D=0.4$。应用式(5-10)可得：当 $V_g=15\text{V}$ 时，$f_c=20\text{kHz}$；当 $V_g=30\text{V}$ 时，$f_c=40\text{kHz}$。

步骤 4 确定低频零点频率 f_z。取 $f_z=\dfrac{f_c}{2}=10\text{kHz}$，这里 f_c 取其最小值。根据式(5-21)可得

$$\frac{1}{2\pi R_2C_2}=10\text{kHz} \tag{5-25}$$

步骤 5 高频极点频率$f_p=f_s=100\text{kHz}$。根据式(5-22)得

$$\frac{1}{2\pi R_2C_1}=100\text{kHz} \tag{5-26}$$

求解式(5-24)～式(5-26)，得 R_1、R_2、C_1、C_2。

补偿网络传递函数为

$$G_c(\text{j}f)=25\times\frac{1+\text{j}\dfrac{f}{10\times10^3}}{\text{j}\dfrac{f}{10\times10^3}\left(1+\text{j}\dfrac{f}{100\times10^3}\right)}$$

Buck 变换器开环传递函数为

$$T(\text{j}f)=-\frac{K_cV_gR_s}{2\pi LV_M}\frac{1+\text{j}\dfrac{f}{f_z}}{\dfrac{f^2}{f_z}\left(1+\text{j}\dfrac{f}{f_p}\right)}=-2\times10^4\times\frac{1+\text{j}\dfrac{f}{10\times10^3}}{\dfrac{f^2}{10\times10^3}\left(1+\text{j}\dfrac{f}{100\times10^3}\right)} \tag{5-27}$$

用 Mathcad 仿真上面公式，仿真结果如图 5-13 所示。由图 5-13a 幅频特性可知，穿越频率为 21kHz 左右；由图 5-13b 相频特性可知，相位裕量为 53°。当频率小于 1kHz，系统的相位滞后为 180°。如果采用具有带宽增益限制的单极点补偿网络作为电流控制器可以克服这一缺点。

例 5-2 用单极点-单零点补偿网络为 Boost-PFC 变换器设计电流控制环。

具体要求如下：开关频率 $f_s=100\text{kHz}$，输入电压 $V_g=(90\sim270)\text{VDC}$，输出电压 $V=380\text{VDC}$，$L=250\mu\text{H}$，$R_s=0.05\Omega$，$V_M=5\text{V}$。

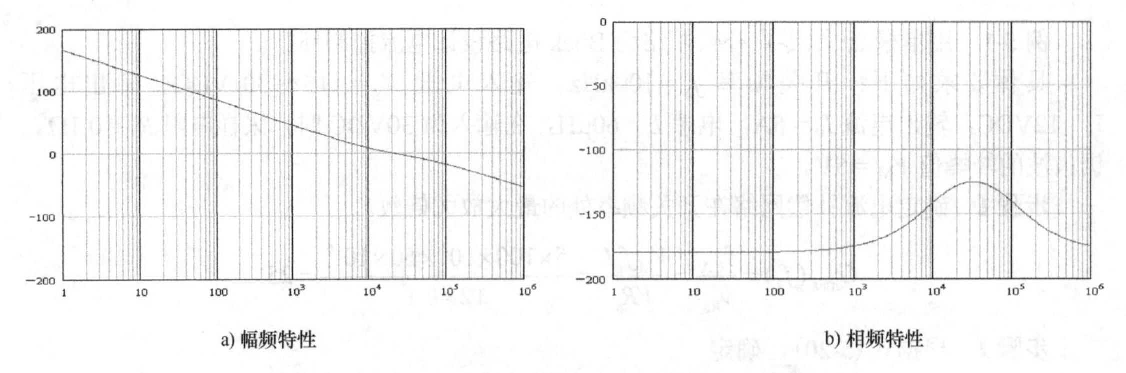

图 5-13　Buck 变换器电流控制开环传递函数的频率特性

步骤 1　确定电流补偿网络在开关频率处的最大放大倍数

$$G_{\max}(f_s)=\frac{\hat{v}_{CA}}{\hat{v}_{Rs}}=\frac{V_M f_s L}{VR_s}=\frac{5\times100\times10^3\times0.25\times10^{-3}}{380\times0.05}\approx6.58$$

步骤 2　根据式(5-20)，确定

$$K_c=\frac{R_2}{R_1}=\frac{V_M Lf_s}{VR_s}\approx6.58$$

步骤 3　应用式(5-11)，取 $f_c=\dfrac{f_s}{2\pi}\approx15.9\text{kHz}$

步骤 4　由于补偿网络在穿越频率处具有平坦的特性，提供了大于 45° 的相位裕量，所以将零点设置在 $\dfrac{f_c}{2}$ 处，即 $f_z=\dfrac{f_c}{2}\approx7.96\text{kHz}$，则有 $\dfrac{1}{2\pi R_2 C_2}\approx7.96\text{kHz}$。

步骤 5　由于 Boost 变换器含有一个右半平面零点，与 Buck 变换器相比，穿越频率要低一些，因此高频极点 f_p 也应随之减低，取高频极点 $f_p=50\text{kHz}$，有

$$\frac{1}{2\pi R_1 C_1}=50\text{kHz}$$

则补偿网络的传递函数为

$$G_c(\text{j}f)=\frac{6.58\left(1+\text{j}\dfrac{f}{7.96\times10^3}\right)}{\text{j}\dfrac{f}{7.96\times10^3}\left(1+\text{j}\dfrac{f}{50\times10^3}\right)}$$

Boost-PFC 变换器的开环传递函数为

$$T(\text{j}f)=-\frac{K_c VR_s}{2\pi LV_M}\times\frac{1+\text{j}\dfrac{f}{7.96\times10^3}}{\dfrac{f^2}{7.96\times10^3}\left(1+\text{j}\dfrac{f}{50\times10^3}\right)}=-15.92\times10^3\frac{1+\text{j}\dfrac{f}{7.96\times10^3}}{\dfrac{f^2}{7.96\times10^3}\left(1+\text{j}\dfrac{f}{50\times10^3}\right)}$$

用 Mathcad 仿真上面公式，仿真结果如图 5-14 所示。由图 5-14a 幅频特性可知，穿越频率为 16.6kHz 左右；由图 5-14b 相频特性可知，相位裕量为 45°。

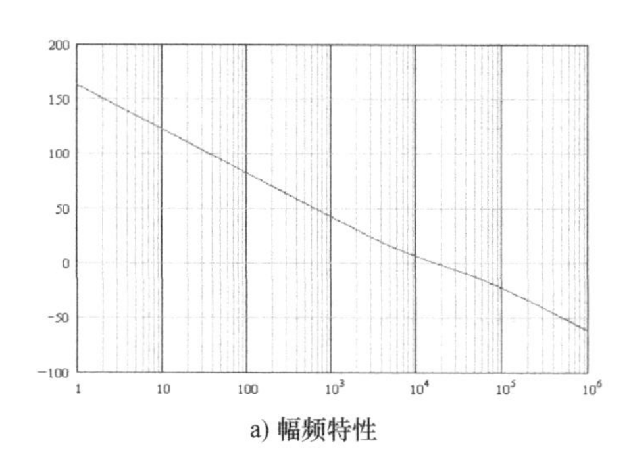

a) 幅频特性

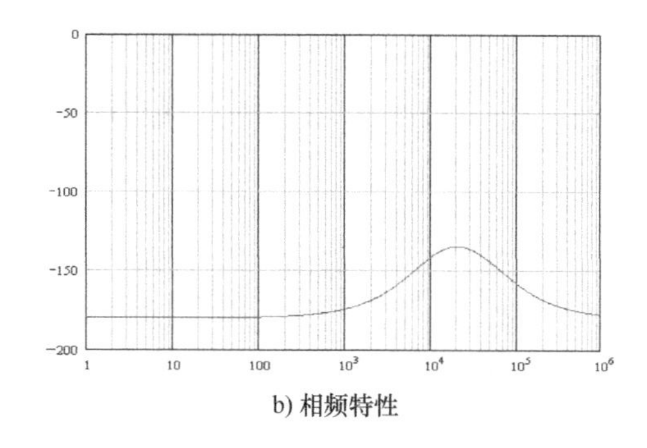

b) 相频特性

图 5-14　Boost-PFC 变换器电流控制开环传递函数的频率特性

5.3　等效功率级与电压控制器的设计

5.3.1　平均电流控制模式电流环的闭环分析

平均电流控制模式 Buck 型变换器的原理电路如图 5-15 所示。在图中，CA 及其外围器件组成了单极点-单零点电流控制器，VA 是电压控制器。在 5.2 节已经介绍了电流环的设计方法，这一节的主要任务是设计电压控制。

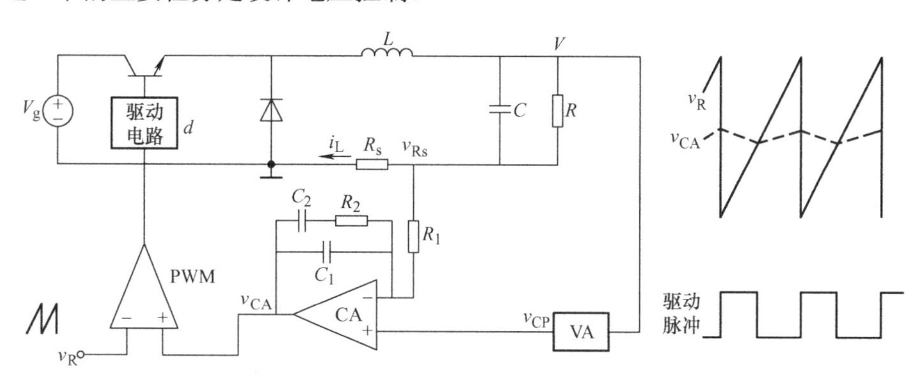

图 5-15　平均电流控制模式的原理电路

图 5-15 所示电路是一个双环控制的开关调节系统。在 5.1 节中已介绍了双环开关调节系统等效分析法的主要思路。下面通过一个具体实例介绍如何采用这一分析方法设计电压控制器。在设计电压控制器时整个电流控制环可视为控制对象的一个环节，所以求取电流控制环的闭环传递函数是一个关键问题。

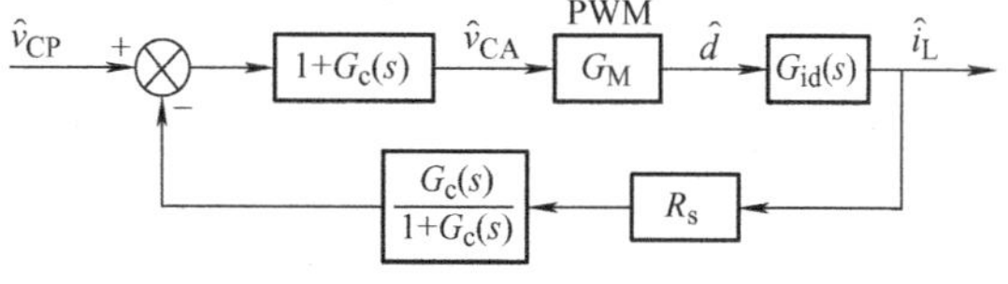

图 5-16　电流环闭环框图

电流环闭环框图如图 5-16 所示。下面对图中的符号进行必要的说明：在图 5-16 中，如果以 $\hat{i}_L R_s$ 为输入，以 $\hat{v}_{CA}$ 为输出，即 CA 是一个反相放大器，得到电流控制器的传递函数为 $G_c(s)=\hat{v}_{CA}/(\hat{i}_L R_s)$。但是如果以 $\hat{v}_{CP}$ 作为输入时，CA 变为一个同相放大器，传递函数为$[1+G_c(s)]$，所以图中增加一个环节 $G_c(s)/[1+G_c(s)]$。

如果采用单极点-单零点补偿网络为电流控制器，则传递函数为

$$G_{\mathrm{c}}(s)=\frac{\hat{v}_{\mathrm{CA}}}{\hat{i}_{\mathrm{L}}R_{\mathrm{s}}}=\frac{K_{\mathrm{c}}\left(1+\dfrac{s}{\omega_{\mathrm{z}}}\right)}{\dfrac{s}{\omega_{\mathrm{z}}}\left(1+\dfrac{s}{\omega_{\mathrm{p}}}\right)} \tag{5-28}$$

式中，$K_{\mathrm{c}}=\dfrac{R_2}{R_1}=G_{\max}=\dfrac{V_{\mathrm{M}}Lf_{\mathrm{s}}}{VR_{\mathrm{s}}}$；$\omega_{\mathrm{z}}$、$\omega_{\mathrm{p}}$分别是电流控制器的零、极点角频率。

PWM 调制器的传递函数为

$$G_{\mathrm{M}}=\frac{\hat{d}}{\hat{v}_{\mathrm{CA}}}=\frac{1}{V_{\mathrm{M}}}$$

设电流采样网络的传递函数为H_{c}。如果电流采样器为电阻R_{s}，则传递函数$H_{\mathrm{c}}=R_{\mathrm{s}}$。功率级的传递函数为

$$G_{\mathrm{id}}=\frac{\hat{i}_{\mathrm{L}}}{\hat{d}}$$

对于 Buck 变换器有

$$G_{\mathrm{id}}=\frac{\hat{i}_{\mathrm{L}}}{\hat{d}}=\frac{V_{\mathrm{g}}}{sL}$$

对于 Boost 变换器有

$$G_{\mathrm{id}}=\frac{\hat{i}_{\mathrm{L}}}{\hat{d}}=\frac{V}{sL}$$

如果采用单极点-单零点补偿网络作为电流控制器，电流环的开环传递函数为

$$T(\mathrm{j}f)=G_{\mathrm{c}}G_{\mathrm{M}}G_{\mathrm{id}}H_{\mathrm{c}}=\frac{V_{\mathrm{g}}f_{\mathrm{s}}}{\mathrm{j}2\pi fV}\frac{1+\mathrm{j}\dfrac{f}{f_{\mathrm{z}}}}{\mathrm{j}\dfrac{f}{f_{\mathrm{z}}}\left(1+\mathrm{j}\dfrac{f}{f_{\mathrm{p}}}\right)} \tag{5-29}$$

由图 5-15 可得，电流控制器输出电压的表达式为

$$\hat{v}_{\mathrm{CA}}=\left[1+G_{\mathrm{c}}(s)\right]\hat{v}_{\mathrm{CP}}-G_{\mathrm{c}}(s)\hat{i}_{\mathrm{L}}R_{\mathrm{s}} \tag{5-30}$$

式中，$\hat{v}_{\mathrm{CP}}$是电流控制器的参考电压（电压控制器的输出电压）；$\hat{v}_{\mathrm{CA}}$是电流控制器的输出电压；$\hat{i}_{\mathrm{L}}$是功率级的输出电流，其表达式为

$$\hat{i}_{\mathrm{L}}=G_{\mathrm{M}}G_{\mathrm{id}}(s)\hat{v}_{\mathrm{CA}} \tag{5-31}$$

将式(5-31)代入式(5-30)，得闭环传递函数为

$$A_{\mathrm{if}}(s)=\frac{\hat{i}_{\mathrm{L}}}{\hat{v}_{\mathrm{CP}}}=\frac{G_{\mathrm{M}}G_{\mathrm{id}}(s)[1+G_{\mathrm{c}}(s)]}{1+G_{\mathrm{M}}G_{\mathrm{id}}(s)G_{\mathrm{c}}(s)R_{\mathrm{s}}}=\frac{G_{\mathrm{M}}G_{\mathrm{id}}(s)[1+G_{\mathrm{c}}(s)]}{1+T(s)} \tag{5-32}$$

如果采用单极点-单零点补偿网络作为电流控制器，电流采样器为电阻R_{s}，将式(5-28)和式(5-29)及其他相应的公式代入式(5-32)，得到电流控制环的闭环传递函数。这是一个高阶系统，因此给分析和设计带来了许多困难，需要进行必要的近似处理，以简化分析和设计。

5.3.2 闭环传递函数的简化模型

简化闭环传递函数的主要方法有两个：①分频段地分析开环传递函数，给出其近似表达式；②当电流控制环设计完成后，可以写出其传递函数具体表达式。采用 Mathcad 或 Matlab 等数学仿真软件得到这个具体函数的仿真结果，再用一个简单的函数逼近其仿真结果。

在 5.2.3 节的系统性能分析时指出，如果采用单极点-单零点补偿网络作为电流控制器，在低频段，平均电流控制模式 Buck 型变换器的开环传递函数有较大的幅值。由式(5-28)可知，在低频段，电流控制器的传递函数也有较大的幅值。因此，假定$|T|>>10$，$|G_c(s)|>>10$，则式(5-32)可简化为如下模型Ⅰ。

模型Ⅰ：

$$A_{if}=\frac{\hat{i}_L}{\hat{v}_{CP}}\approx\frac{1}{R_s} \tag{5-33}$$

当$f<<f_c$时，上述模型是有效的。上述模型表明，在采用平均电流控制模式的变换器中，低频时，电感电流$\hat{i}_L$具有跟踪控制电压$\hat{v}_{CP}$的能力，即系统的低频输出电流是由其控制电压$\hat{v}_{CP}$和电流采样网络决定的，几乎与系统的主电路、电流补偿网络无关。模型Ⅰ的缺点是忽略闭环传递函数的高频特性。

模型Ⅱ：双极点模型

如果采用单极点-单零点补偿网络作为电流控制器，电流采样网络为电阻 R_s，可以用下面双极点模型近似逼近A_{if}，即

$$A_{if}(s)\approx\frac{1}{R_s}\frac{1}{1+\zeta\left(\frac{s}{\omega_p/2}\right)+\left(\frac{s}{\omega_p/2}\right)^2} \tag{5-34}$$

式中，ω_p为电流控制环的极点角频率；$\zeta=1\sim1.5$。

例 5-3 利用模型Ⅱ分析例 5-1 的设计结果。

例 5-1 中，已经得到电流控制器的传递函数和电流环开环传递函数的表达式。其中补偿网络传递函数为

$$G_c(jf)=25\times\frac{1+j\frac{f}{10\times10^3}}{j\frac{f}{10\times10^3}\left(1+j\frac{f}{100\times10^3}\right)} \tag{5-35}$$

开环传递函数为

$$T(jf)=-\frac{K_cV_gR_s}{2\pi LV_M}\frac{1+j\frac{f}{f_z}}{\frac{f^2}{f_z}\left(1+j\frac{f}{f_p}\right)}=-2\times10^4\times\frac{1+j\frac{f}{10\times10^3}}{\frac{f^2}{10\times10^3}\left(1+j\frac{f}{100\times10^3}\right)} \tag{5-36}$$

$$G_{id}(jf)=\frac{V_g}{2\pi fL}=\frac{30}{2\pi\times60\times10^{-6}f}=\frac{0.25\times10^6}{\pi f} \tag{5-37}$$

$$G_M=\frac{1}{V_M}=\frac{1}{5}=0.2 \tag{5-38}$$

将式(5-35)～式(5-38)代入式(5-32)中，得到电流环的闭环传递函数的数学表达式，用Mathcad 进行仿真得到分析结果；同时，采用式(5-34)表示的双极点模型，取$\zeta=1$，$f_\mathrm{p}=100\mathrm{kHz}$，用 Mathcad 进行仿真。两个仿真结果如图 5-17 所示，在图 5-17 所示的仿真曲线中，①为电流控制器的频率特性；②为开环传递函数的频率特性；③为直接使用闭环公式所得的闭环频率特性；④为采用近似模型后获得的闭环频率特性。

分析两个仿真结果可知：

1) 曲线③、④十分接近，所以采用式(5-34)作为闭环的模型是合理的。

2) 在 $f<f_\mathrm{c}/10\,(f_\mathrm{c}=10\mathrm{kHz})$时，电感电流具有极好的跟踪控制电压的功能，所以模型 I 较好地表征了闭环传递函数的低频特性。

3) 在整个有效频率范围内，采用模型 II 可以较好地逼近 A_if，其幅频特性和相频特性的最大误差分别发生在$f_\mathrm{p}/5$ 和$f_\mathrm{p}/25$ 附近，最大幅频误差为 7.4%，相位误差为 2.3%。

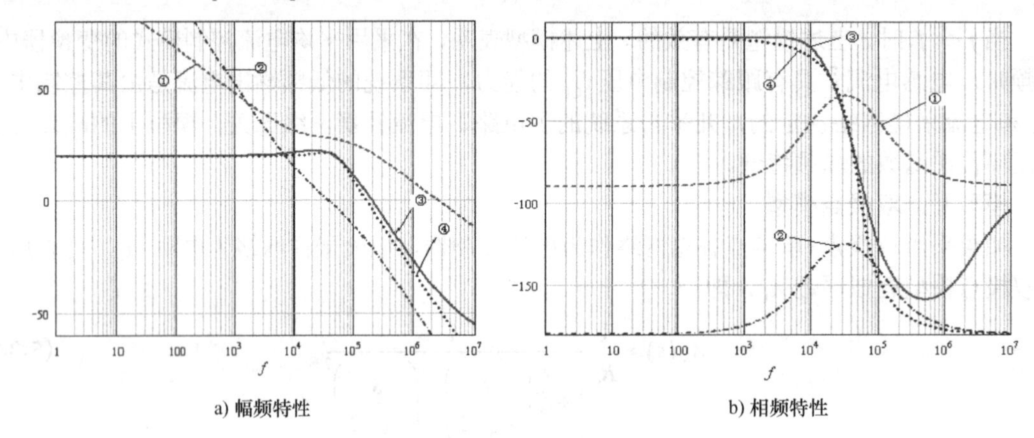

a) 幅频特性　　b) 相频特性

图 5-17　闭环仿真结果

5.3.3　功率级的等效模型

等效功率级是由电流控制环及其负载组成，其框图如图 5-18 所示。等效功率级输入信号是电压控制器的输出电压 $\hat{v}_\mathrm{CP}$，其输出信号为开关变换器的输出电压 $\hat{v}$ 。

在图 5-18 中，电流控制环的负载 $Z(s)$是由输出电容和负载组成的网络，如图 5-19 所示，R_c是输出滤波电容的 ESR，C 为输出滤波电容，R 为负载。

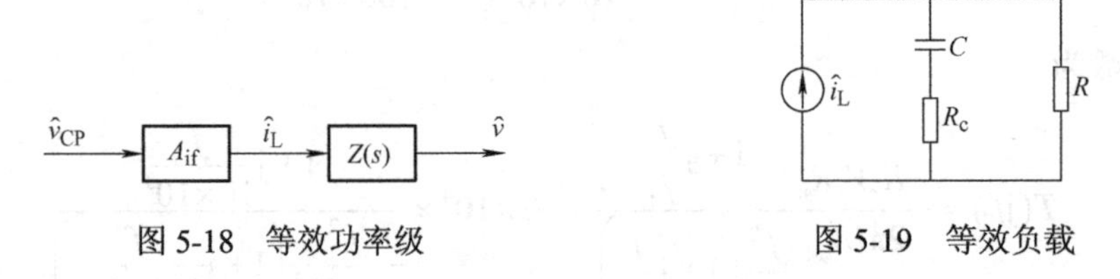

图 5-18　等效功率级　　图 5-19　等效负载

$Z(s)$的表达式为

$$Z(s)=\frac{R\left(1+\dfrac{s}{\omega_\mathrm{z}}\right)}{1+\dfrac{s}{\omega_\mathrm{p}}} \tag{5-39}$$

式中，$\omega_z=\dfrac{1}{R_c C}$，$\omega_p=\dfrac{1}{(R+R_c)C}$。

采用电流控制闭环传递函数的模型Ⅰ并结合 $Z(s)$ 的表达式，可得到等效功率级的简化模型 $A_{P1}(s)$ 为

$$A_{P1}(s)=A_{if}Z(s)=\frac{R}{R_s}\frac{1+\dfrac{s}{\omega_z}}{1+\dfrac{s}{\omega_p}} \tag{5-40}$$

式(5-40)表明，采用电流控制环后，电流环与原功率级组成等效功率级为一阶系统。而没有电流控制环时，功率级为二阶系统。采用电流控制环后，等效功率级降为一阶系统的原因是，电感电流不再是独立变量而受 $\hat{v}_{CP}$ 控制。

若采用模型Ⅱ可得到等效功率级的精确模型 $A_{P2}(s)$ 为

$$A_{P2}(s)=\frac{R}{R_s}\frac{1+\dfrac{s}{\omega_{z1}}}{\left(1+\dfrac{s}{\omega_{p1}}\right)\left[1+\zeta\left(\dfrac{s}{\omega_{p2}}\right)+\left(\dfrac{s}{\omega_{p2}}\right)^2\right]} \tag{5-41}$$

式中，$\omega_{p1}\left(=\dfrac{1}{(R+R_c)C}\right)$、$\omega_{z1}\left(=\dfrac{1}{R_c C}\right)$、$\omega_{p2}$ 分别是电流控制环的极、零点。

式(5-41)表明，等效功率级是一个三阶系统。

图5-20给出了等效单环电压控制系统的原理框图，在图中，H 为电压采样网络的传递函数；$G_V(s)$ 为电压控制器(或电压补偿网络)的传递函数；$A_P(s)$ 是等效功率级的传递函数。现在用这个等效系统来分析和设计电压控制环。

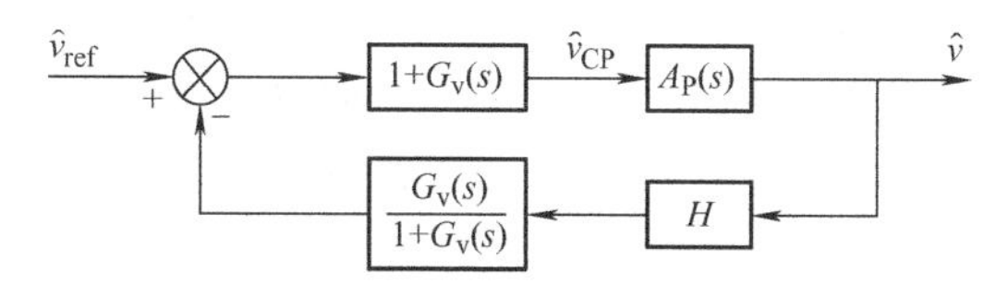

图5-20　等效单环电压控制系统原理图

电压环的开环传递函数为

$$T(s)=HG_V(s)A_P(s) \tag{5-42}$$

式(5-42)是设计电压控制器的基础。

等效功率级也是电压控制环的控制对象。因此，简化模型和精确模型是描述控制对象的传递函数。采用简化模型时，控制对象是单极点型传递函数(在第4章中已详细讨论了其电压控制器的设计方法)；采用精确模型时，控制对象是一个三阶系统。在前几章中从未研究过，下面通过一个设计实例介绍其电压控制器的设计方法。

例5-4　以例5-1的设计结果为基础，为平均电流控制模式的Buck变换器设计一个电压控制器。已知：电流采样电阻 $R_s=0.1\Omega$，开关频率 $f_s=100\text{kHz}$，输出电容 $C=220\mu\text{F}$，ESR电阻 $R_c=0.15\Omega$，负载电阻 $R=10\Omega$，其余电路参数见例5-1。

步骤 1 计算电流控制环的负载阻抗

$$f_z=\frac{1}{2\pi R_c C}\approx 4.8\times10^3\text{Hz}，\quad f_p=\frac{1}{2\pi(R_c+R)C}\approx 71.3\text{Hz}$$

$$Z(jf)=\frac{R\left(1+j\dfrac{f}{f_z}\right)}{1+j\dfrac{f}{f_p}}=10\frac{1+j\dfrac{f}{4.8\times10^3}}{1+j\dfrac{f}{71.3}}$$

步骤 2 确定等效功率级的传递函数 A_P。在例 5-1 中已经完成了用单极点-单零点补偿网络作为电流控制器为 Buck 变换器设计电流控制环的工作。在例 5-3 中已经证明，取$\zeta=1$，$f_p=50\text{kHz}$，双极点模型可以较好地表征平均电流控制模式 Buck 变换器电流控制环的特性，所以应该采用精确模型表示其等效功率级的特性。

等效功率级的传递函数为

$$A_{P2}(jf)=\frac{R}{R_s}\frac{1+j\dfrac{f}{f_{z0}}}{\left(1+j\dfrac{f}{f_{p01}}\right)\left[1+j\dfrac{f}{f_{p02}}+\left(j\dfrac{f}{f_{p02}}\right)^2\right]}=100\frac{1+j\dfrac{f}{f_{z0}}}{\left(1+j\dfrac{f}{f_{p01}}\right)\left[1+j\dfrac{f}{f_{p02}}+\left(j\dfrac{f}{f_{p02}}\right)^2\right]}$$

为了与补偿网络传递函数中的零点频率和极点频率有所区别，在等效功率级传递函数的零点频率和极点频率中增加了一个下标“0”。ESR 零点频率 $f_{z01}=4.8\text{kHz}$，负载电阻极点频率 $f_{p01}=71.3\text{Hz}$，电流环的极点频率 $f_{p02}=50\text{kHz}$。

等效功率级的幅频特性如图 5-21 所示。在低频段，增益为 40dB，存在稳态误差。在高频段，幅频特性以-40dB/dec 的斜率下降，对高频干扰有较好的抑制能力。穿越频率 f_c 略大于电流控制环的极点频率，具有很宽的频带，所以动态响应快。

步骤 3 确定电压补偿网络。因为等效功率级具有 3 个极点和一个零点，需增加两个零点抑制相应的极点，用图 5-22 所示的双极点-双零点补偿网络作为设计的电压控制器。

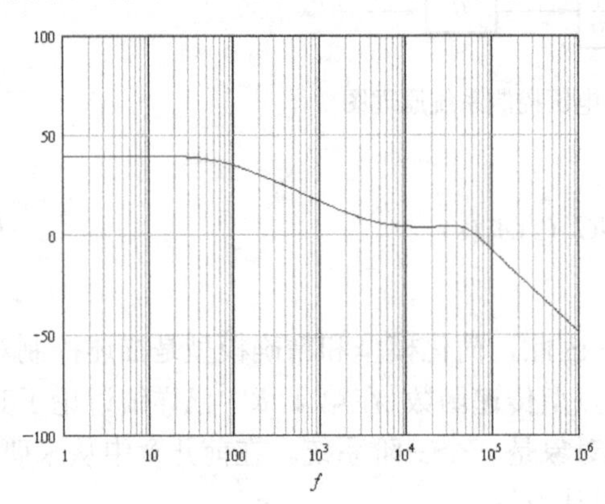

图 5-21 等效功率级的幅频特性

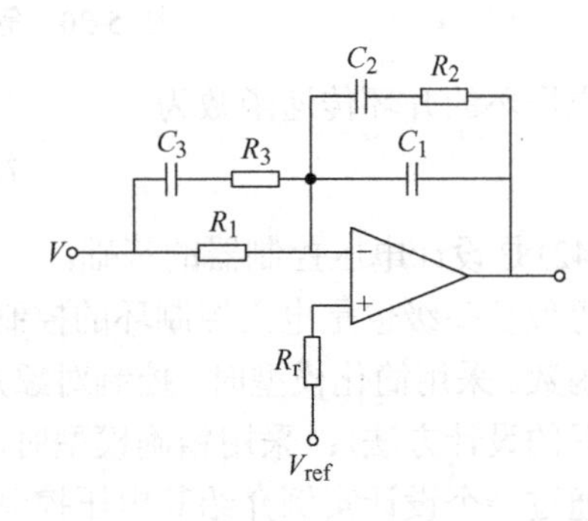

图 5-22 双极点-双零点补偿网络

C_1—第二极点电容 C_2—第一零点电容

C_3—第一极点电容或第二零点电容($C_2\gg C_1$，$R_1\gg R_3$)

补偿网络的传递函数为

$$G_V(s)=\frac{K\left(1+\frac{s}{\omega_{z1}}\right)\left(1+\frac{s}{\omega_{z2}}\right)}{\left(\frac{s}{\omega_{z1}}\right)\left(1+\frac{s}{\omega_{p1}}\right)\left(1+\frac{s}{\omega_{p2}}\right)}$$

步骤 4　电压补偿网络的设计。

1) 令第一个极点 f_{p1} 抵消等效功率的 ESR 零点，$f_{p1}=f_{z0}$。

2) 设置第一个零点 f_{z1} 位于负载的极点附近，$f_{z1}=f_{p01}$。

在上述两个条件下的开环传递函数为

$$T(jf)=HG_VA_P=\frac{KHR\left(1+j\frac{f}{f_{z2}}\right)}{R_s\left(j\frac{f}{f_{p01}}\right)\left(1+j\frac{f}{f_{p2}}\right)\left[1+\left(j\frac{f}{f_{p02}}\right)+\left(j\frac{f}{f_{p02}}\right)^2\right]}$$

3) 令第二个零点 f_{z2} 抵消电流环的一个极点 f_{p02}，$f_{z2}=f_{p02}=f_s/2$。

4) 为了减少第二个极点的影响，令 f_{p2} 位于开关频率附近，$f_{p2}=f_s$。这样还可以增加高频段的衰减率。

相位裕量为

$$\varphi_m(f)\approx180^\circ-\left[90^\circ+\arctan\left(\frac{f}{f_{p02}}\right)+\arctan\left(\frac{f}{f_s}\right)\right]=90^\circ-\arctan\left(\frac{f}{0.5f_s}\right)-\arctan\left(\frac{f}{f_s}\right)$$

分别取穿越频率 $f_c=f_s/10$、$f_s/6$、$f_s/4$ 时，对应的相位裕量分别是 73°、62° 和 49°，所以，穿越频率越低，相位裕量越大。

当 $f=f_c<f_{p02}$，$|T(j\omega_c)|=1$，则补偿网络的增益 $K=\frac{R_sf_c}{RHf_{p01}}$

在以上设计的基础上，开环传递函数为

$$T(jf)=\frac{KHR\left(1+j\frac{f}{f_s/2}\right)}{R_s\left(j\frac{f}{f_{p01}}\right)\left(1+j\frac{f}{f_s}\right)\left[1+\left(j\frac{f}{f_s/2}\right)+\left(j\frac{f}{f_s/2}\right)^2\right]}$$

如果取 $H=2.5/12\approx0.208$，$f=f_c=f_s/4=25\text{kHz}$，计算出补偿网络的增益 $K=16.8$，$f_{p01}=71.3\text{Hz}$，$f_s=100\text{kHz}$。将这些数据及相应的其他数据代入开环传递函数，得

$$T(jf)=350\frac{\left(1+j\frac{f}{f_s/2}\right)}{\left(j\frac{f}{f_{p01}}\right)\left(1+j\frac{f}{f_s}\right)\left[1+\left(j\frac{f}{f_s/2}\right)+\left(j\frac{f}{f_s/2}\right)^2\right]}$$

用 Mathcad 对上式进行数值仿真，仿真结果如图 5-23 所示。由图可见：

1) 在低频段，幅频特性的下降斜率为-20dB/dec，系统的静态误差等于零。

2) 在中频段，幅频特性的下降斜率为-20dB/dec，系统有足够的相频裕度，所以电压控制环一定是稳定的。

3) 在高频段，幅频特性的下降斜率为大于或等于-40dB/dec，系统具有较强的抗干扰能力。

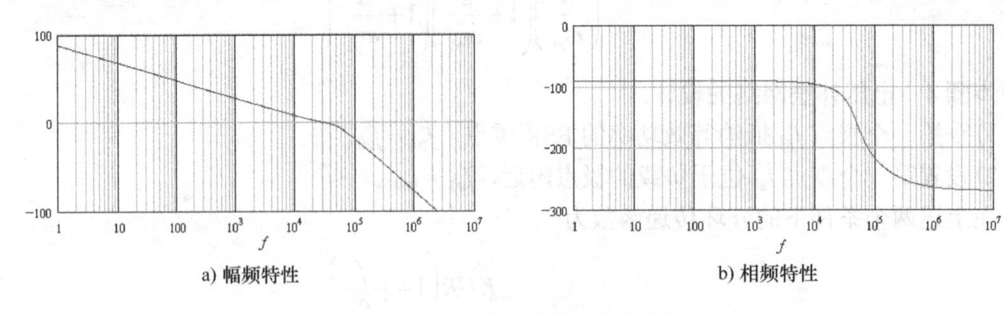

图 5-23　开环传递函数的仿真结果

5.4　双环系统控制 Buck 变换器的分析与研究

图 5-24 给出了一个实际的双环系统 Buck 变换器的原理电路。主电路的已知条件：$f_s = 25\text{kHz}$，输入电压 $V_g = (400\sim600)\text{VDC}$，额定值为 515VDC，输出电压 $V = (175\sim330)\text{VDC}$ 连续可调，滤波电感 $L = 220\mu\text{H}$，滤波电容 $C = 220\mu\text{F}$，滤波电容 C 的 ESR 电阻 $R_c = 0.15\Omega$，电流采样电阻 $R_s = 0.1\Omega$，锯齿波的峰峰值 $V_M = 3.5\text{V}$，负载 $R = 10\Omega$。

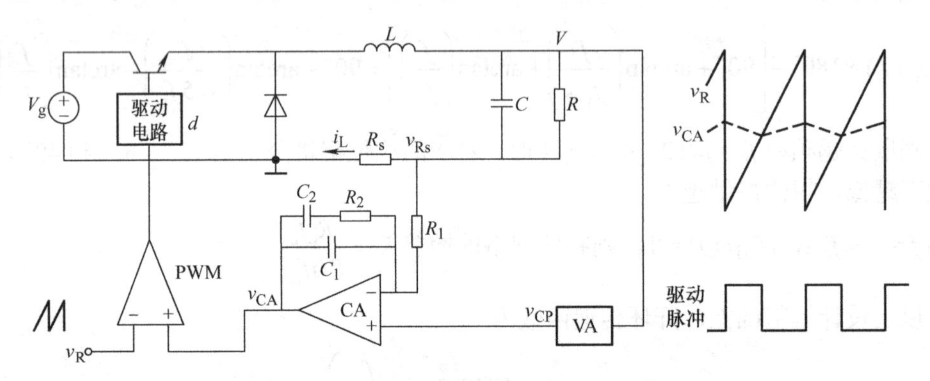

图 5-24　一个实际的双环系统 Buck 变换器的原理电路

5.4.1　电流环的开环传递函数及其分析

电流控制器为单极点-单零点补偿网络。其中 $C_1 = 100\text{pF}$，$C_2 = 22\text{nF}$，$R_2 = 5\text{k}\Omega$，$R_1 = 5\text{k}\Omega$，零点频率为

$$f_z = \frac{1}{2\pi R_2 C_2} = \frac{1}{2\pi\times5\times10^3\times22\times10^{-9}}\text{Hz}\approx1.45\text{kHz}$$

因为 $\dfrac{C_2}{C_1} = \dfrac{22\text{nF}}{100\text{pF}} = 220$，则极点频率为

$$f_p \approx \frac{1}{2\pi R_2 C_1} = \frac{1}{2\pi\times5\times10^3\times0.1\times10^{-9}}\text{Hz}\approx318\text{kHz}$$

中频放大倍数为

$$K_c = \frac{R_2}{R_1} = 1$$

补偿网络的传递函数为

$$G_c(jf) = \frac{1 + j\dfrac{f}{f_z}}{j\dfrac{f}{f_z}\left(1 + j\dfrac{f}{f_p}\right)} = \frac{1 + j\dfrac{f}{1.45\times10^3}}{j\dfrac{f}{1.45\times10^3}\left(1 + j\dfrac{f}{318\times10^3}\right)}$$

由上述分析可见：①选择$f_p>f_s$，加宽了电流控制器的中频段频带，增加系统的响应速度。但在本设计中，$f_p = 12.72f_s$，f_p的值偏大，这样不利于抑制高频干扰。在前面的设计中，通常令 $f_p = f_s$ 或 $f_p < f_s$，所以这个设计不完全合理，建议修改，令 $f_p \approx f_s$，具体建议 $C_1 < 1.5\text{nF}$；②中频放大倍数$K_c = 1$，中频放大倍数的取值与穿越频率直接相关。K_c偏小意味着穿越频率小。

在计算开关频率f_s处的最大增益时，输出电压取其最小值，$V = 175\text{VDC}$，则有

$$G_{max}(f_s) = \frac{V_M f_s L}{V R_s} = \frac{3.5\times25\times10^3\times0.22\times10^{-3}}{175\times0.1} = 1.1$$

在开关频率f_s处，电流控制器的实际增益$|G_c|\approx1$，小于允许的最大增益，所以设计合理。

从电流控制器的输出$\hat{v}_{CA}$到采样电阻R_s两端电压(即PWM调制器及功率级)——控制对象的传递函数为

$$G_{ic}(jf) = \frac{V_g R_s}{j\omega L V_M} = \frac{600\times0.1}{j2\pi f\times0.22\times10^{-3}\times3.5} = \frac{12.4\times10^3}{jf}$$

电流控制环路的开环传递函数为

$$T(jf) = G_c(jf)G_{ic}(jf) = \frac{1 + j\dfrac{f}{f_z}}{j\dfrac{f}{f_z}\left(1 + j\dfrac{f}{f_p}\right)}\frac{V_g R_s}{j2\pi f L V_M} = \frac{1 + j\dfrac{f}{1.45\times10^3}}{j\dfrac{f}{1.45\times10^3}\left(1 + j\dfrac{f}{318\times10^3}\right)}\frac{12.4\times10^3}{jf}$$

在穿越频率f_c处，$|T(jf_c)| = 1$，求得$f_c = 12.4\text{kHz}$。

根据前面介绍的理论设计方法，穿越频率为

$$f_c = \frac{f_s}{2\pi D_{min}}, \quad D_{min} = \frac{V_{min}}{V_{gmax}} \approx 0.29$$

式中，V_{min}是输出电压的最小值；V_{gmax}是输入电压的最大值。可以求得$f_{cmax} = 6.8\text{kHz}$。

由此可见，这个设计的穿越频率f_c(12.4kHz)大于理论值(6.8kHz)。

讨论f_z的选择：

在f_c处相位裕量表达式为

$$\varphi_m(f_c) = \arctan\left(\frac{f_c}{f_z}\right) - \arctan\left(\frac{f_c}{f_p}\right)$$

当$f_p>10f_c$时，若 $f_c = f_z$，则$\varphi_m = 45°$；若 $f_c = 2f_z$，则$\varphi_m = 63.4°$。在 Buck 变换器中，f_c

是输入电压 V_g 的函数（$f_c=\dfrac{V_g f_s}{2\pi V}$），当 V_g 增加时，f_c 也相应增加。要确保系统稳定工作，应选择 V_g 的最大值，求解 f_c 的数值。

在设计中，$f_c=12.4\text{kHz}$，$f_z=1.45\text{kHz}$，$f_p=318\text{kHz}$，相位裕量为

$$\varphi_m=83.33°-2.23°=81.1°。$$

如果取其理论值，$f_c=6.8\text{kHz}$，相位裕量 $\varphi_m=76.7°$。

相对而言，穿越频率的理论值更为合理。

5.4.2 电流环闭环特性分析

电流控制的闭环传递函数为

$$A_{if}(s)=\frac{\hat{i}_L}{\hat{v}_{CP}}=\frac{[1+G_c(s)]\dfrac{G_{id}(s)}{V_M}}{1+T(s)}$$

将上面一些相应的公式代入上式后，得到闭环传递函数的具体数学表达式为

$$A_{if}(jf)=\frac{\dfrac{12.4\times10^4}{jf}\left[1+\dfrac{1+j\dfrac{f}{1.45\times10^3}}{j\dfrac{f}{1.45\times10^3}\left(1+j\dfrac{f}{318\times10^3}\right)}\right]}{1+\dfrac{12.4\times10^3}{jf}\dfrac{1+j\dfrac{f}{1.45\times10^3}}{j\dfrac{f}{1.45\times10^3}\left(1+j\dfrac{f}{318\times10^3}\right)}}$$

用 Matlab 程序求解上面 $A_{if}(jf)$ 方程，得到零、极点表达式为

$$A_{if}(jf)=\frac{10\left(1+j\dfrac{f}{f_{z1}}\right)\left(1+j\dfrac{f}{f_{z2}}\right)}{\left(1+j\dfrac{f}{f_{p1}}\right)\left(1+j\dfrac{f}{f_{p2}}\right)\left(1+j\dfrac{f}{f_{p3}}\right)}$$

式中，$f_{z1}=725\text{Hz}$，$f_{z2}=635\text{kHz}$，$f_{p1}=1.67\text{kHz}$，$f_{p2}=11.19\text{kHz}$，$f_{p3}=305\text{kHz}$。

因为 $f_{z2}(=635\text{kHz})$ 和 $f_{p3}(=305\text{kHz})$ 远大于开关频率，应略去其影响，因此系统变为一个二阶系统，其表达式为

$$A_{if}(jf)\approx\frac{10\left(1+j\dfrac{f}{f_{z1}}\right)}{\left(1+j\dfrac{f}{f_{p1}}\right)\left(1+j\dfrac{f}{f_{p2}}\right)}$$

电流环负载阻抗 $Z(s)$ 的表达式为

$$Z(jf)=\frac{R\left(1+j\dfrac{f}{f_z}\right)}{1+j\dfrac{f}{f_p}}$$

式中，$f_z=\dfrac{1}{2\pi R_c C}=4.8\text{kHz}$，$f_p=\dfrac{1}{2\pi(R+R_c)C}=71.3\text{Hz}$。

等效功率级的传递函数为

$$A_P(jf)=A_{if}(jf)Z(jf)=\frac{100\left(1+j\dfrac{f}{725}\right)\left(1+j\dfrac{f}{4.8\times10^3}\right)}{\left(1+j\dfrac{f}{71.3}\right)\left(1+j\dfrac{f}{1.67\times10^3}\right)\left(1+j\dfrac{f}{11.19\times10^3}\right)}$$

5.4.3 电压控制环的分析

电压控制器为单极点-单零点的补偿网络。其中 $C_3=100\text{pF}$，$C_4=2\mu\text{F}$，$R_4=20\text{k}\Omega$，$R_3=10\text{k}\Omega$。

$$f_p=\frac{1}{2\pi R_4 C_3}=79.6\text{kHz}，\quad f_z\approx\frac{1}{2\pi R_4 C_4}=3.9\text{Hz}，\quad K_c=\frac{R_4}{R_3}=2$$

电压控制器的传递函数为

$$G_V(jf)=K_c\frac{1+j\dfrac{f}{f_z}}{j\dfrac{f}{f_z}\left(1+j\dfrac{f}{f_p}\right)}=2\frac{1+j\dfrac{f}{3.9}}{j\dfrac{f}{3.9}\left(1+j\dfrac{f}{79.6\times10^3}\right)}$$

电压采样网络的传递函数为

$$H=1/90$$

电压控制环的开环传递函数为

$$T(jf)=A_P(jf)HG_V(jf)$$

$$=\frac{2.22\left(1+j\dfrac{f}{3.9}\right)\left(1+j\dfrac{f}{725}\right)\left(1+j\dfrac{f}{4.8\times10^3}\right)}{j\dfrac{f}{3.9}\left(1+j\dfrac{f}{71.3}\right)\left(1+j\dfrac{f}{1.67\times10^3}\right)\left(1+j\dfrac{f}{11.19\times10^3}\right)\left(1+j\dfrac{f}{79.6\times10^3}\right)}$$

由上面公式可以近似估算穿越频率 $f_c=144\text{Hz}$，相位裕量$\varphi_m>90°$。因此电压控制环存在的主要问题是穿越频率太低，相位裕量太大。系统的动态响应较为迟缓。

用 Mathcad 仿真电压控制环的开环传递函数，得到其频率特性如图 5-25 所示。

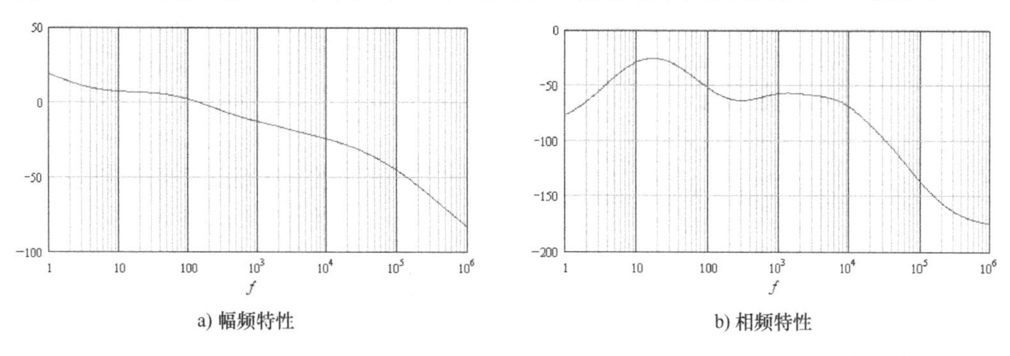

图 5-25　电压控制环开环传递函数的频率特性

第 6 章　峰值电流控制型开关调节系统的建模与设计

在第 5 章介绍了平均电流控制型开关调节系统。本章将介绍峰值电流控制模式的开关变换器的建模与设计。

峰值电流控制模式是指用电压控制器的输出信号 $i_c(t)$ 或 $v_{CP}(=i_cR_s)$ 作为控制量，用流过开关管的电流峰值 $i_s(t)$ 作为反馈量，与功率级组成电流内环的一种控制模式。其作用是使得开关管的电流峰值 $i_s(t)$ 跟随控制量 $i_c(t)$ 变化。在峰值电流控制模式中，占空比 $d(t)$ 受多个变量——控制量、变换器中的电感电流、输入电压以及输出电压等诸多量的控制。因此，与平均电流控制模式相比，峰值电流控制模式更为复杂。文献[5]定义峰值控制模式的开关变换器为电流编程控制模式（Current Program Mode，CPM）。本书沿用这个名词及简写符号 CPM。

图 6-1 给出了一个简单的峰值电流控制的原理框图。主电路为 Buck 变换器，控制量 $i_c(t)$ 和开关管电流 $i_s(t)$ 的波形以及相互关系如图 6-2 所示。在图 6-1 中，窄脉冲时钟信号与 RS 触发器的 S 端相连。当时钟脉冲到来时，使得触发器置“1”，通过驱动电路，令开关管导通。因此，时钟脉冲作为一个开关周期的时间起点。当开关管导通后，续流二极管 D_1 关断。在此期间，开关管的电流 $i_s(t)$ 等于电感电流 $i_L(t)$。在开关管导通期间，电感电流以斜率 $m_1(=di_L/dt=(V_g-V)/L)$ 上升，它由电感 L、输入电压 V_g 和输出电压 V 共同确定。在多输出开关变换器中，$i_s(t)$ 可以是多个电感上的电流值之和。当 $i_s(t)=i_c(t)$ 时，模拟比较器输出为 1，

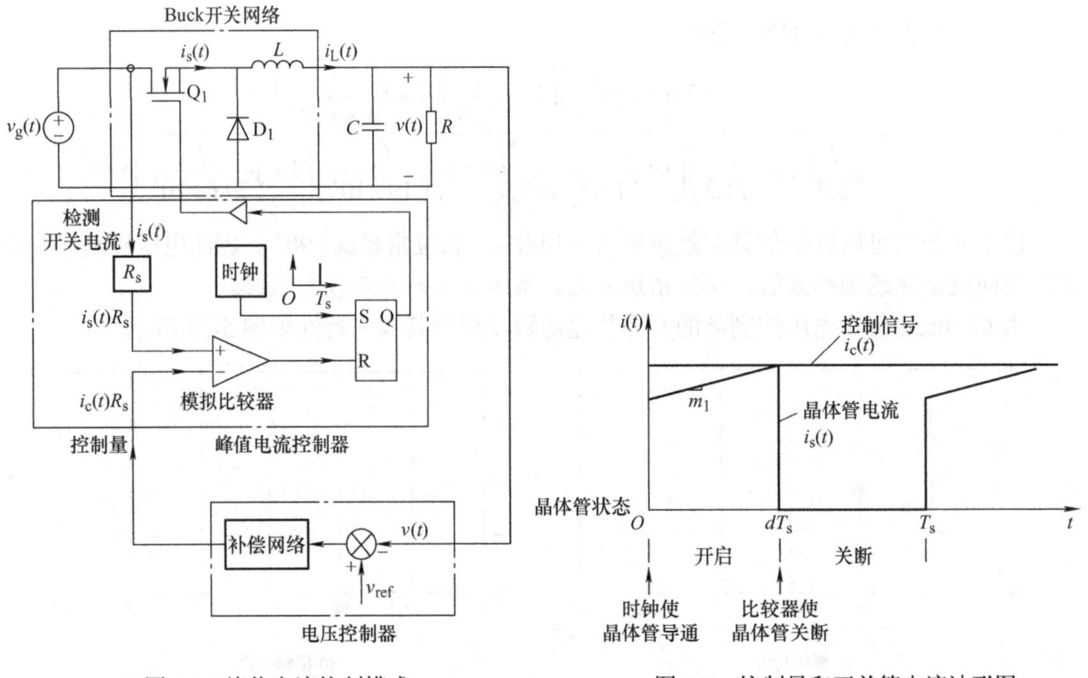

图 6-1　峰值电流控制模式

图 6-2　控制量和开关管电流波形图

令 RS 触发器置“0”，通过驱动电路关断开关管，续流二极管 D_1 导通，电感电流开始下降。上述内容为电流环的工作原理。

图 6-1 中的电压控制环由比较器和补偿网络组成，用于调节输出电压。工作原理如下：输出电压与参数电压 V_{ref} 相比较，产生一个误差信号，作为补偿网络的输入信号。补偿网络的输出 $i_c(t)R_s$ 作为电流环的控制信号。为了设计合理的反馈系统，需要建立小信号线性模型，描述控制信号及输入电压 $v_g(t)$ 变化时对输出电压的影响。

峰值电流控制模式的主要优点是具有良好的动态特性。引入电流控制后，新功率级的传递函数为 $\dfrac{\hat{v}(s)}{\hat{i}_c(s)}$，原功率级传递函数为 $\dfrac{\hat{v}(s)}{\hat{d}(s)}$。新功率级的传递函数比原功率级的传递函数少了一个低频极点。事实上，由于电流反馈的作用，另一个极点被移动到开关频率附近，所以在补偿网络中，无需增加超前补偿网络就可以获得宽带输出控制，使得系统具有良好的动态特性。同时，由于采用了开关管的峰值电流作为反馈量，在故障状态下，可以避免系统过电流。

峰值电流控制模式的另一个优点是减小或消除桥式变换器和推挽变换器中变压器的偏置(或饱和)问题。在上述两种电路中，很小的正负方向电压伏秒面积不平衡会导致变压器产生一个直流分量。如果直流分量伏秒面积足够大，变压器将会饱和。由于直流分量会影响开关管的电流，峰值电流控制模式会通过改变占空比而实现变压器的正负电压伏秒平衡。通常在桥式变换器中，为了消除偏置现象，给变压器串联一个交流电容，但这个交流电容会使系统的稳定性变差。

峰值电流控制模式的缺点是 $i_c(t)$ 和 $i_s(t)$ 的抗干扰能力差。在实际应用中，为了消除开关过程产生的尖峰干扰，要对开关管的电流进行必要的滤波处理。另外，人工斜坡补偿技术也是消除噪声干扰的有效手段。

6.1 次谐波振荡及其消除技术

开关变换器引入峰值电流控制模式后会出现一种不稳定现象，称为次谐波振荡。当占空比 $D>0.5$ 时，如果不采取适当的措施，图 6-1 所示电路会出现次谐波振荡。次谐波振荡的现象是：当占空比 $D>0.5$ 时，如果在第 n 周期的起始点，电感电流有一个扰动量，$\hat{i}_L(n)>0$，在这个周期结束后，这个扰动量被放大为 $\alpha\hat{i}_L(n)$，$\alpha>0$，且$|\alpha|>1$；在第$(n+1)$周期开始，扰动量为 $\hat{i}_L(n+1)=\alpha\hat{i}_L(n)$，$\hat{i}_L(n)$ 与 $\hat{i}_L(n+1)$ 反号，且 $\left|\hat{i}_L(n+1)\right|>\left|\hat{i}_L(n)\right|$。在第$(n+1)$个周期结束时，扰动量变为 $\alpha^2\hat{i}_L(n)>0$。扰动量的变化频率为开关频率的一半，因此称为次谐波振荡。同时应注意扰动量是不断增加的，所以系统是不稳定的。

6.1.1 次谐波振荡及电流环的稳定性

下面用一阶离散时间分析方法叙述次谐波振荡的形成过程以及消除次谐波振荡的技术——增加人工斜坡补偿。

为了便于讨论，假定电流内环的控制量 i_c 不受次谐波振荡的影响，即 i_c 为一个常数，事实上次谐波振荡必然引起功率级输出电压的次谐波振荡，文献[19]对这个问题进行了深入的讨论。有兴趣的读者可以阅读。

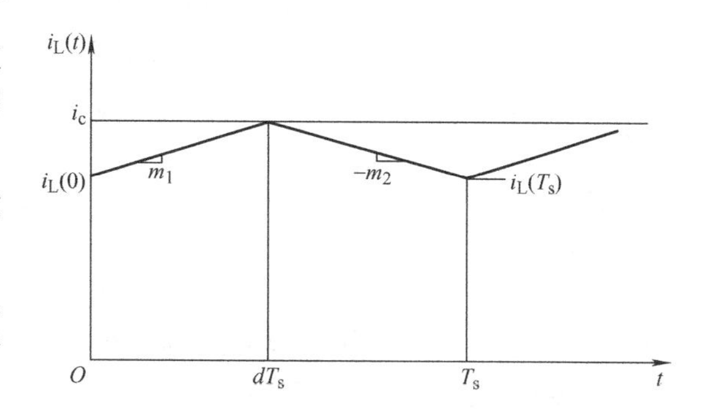

图 6-3　电感电流和控制量波形关系图

电感电流的波形及其斜率如图 6-3 所

示。m_1表示电感电流增加的斜率，$-m_2$表示电感电流减少的斜率。对于三种基本 DC-DC 变换器，m_1和m_2的计算式为

Buck 变换器：
$$m_1=\frac{V_g-V}{L},\quad -m_2=\frac{V}{L} \tag{6-1a}$$

Boost 变换器：
$$m_1=\frac{V_g}{L},\quad -m_2=\frac{V-V_g}{L} \tag{6-1b}$$

Buck-boost 变换器：
$$m_1=\frac{V_g}{L},\quad -m_2=\frac{V}{L} \tag{6-1c}$$

当$t=dT_s$时，电感电流为

$$i_L(dT_s)=i_c=i_L(0)+m_1dT_s \tag{6-2}$$

当$t=T_s$时，电感电流为

$$i_L(T_s)=i_L(0)+m_1dT_s-m_2d'T_s \tag{6-3}$$

稳态时，$i_L(T_s)=i_L(0)$，令$m_1=M_1$，$m_2=M_2$，由式(6-3)可得

$$\frac{M_2}{M_1}=\frac{d}{d'} \tag{6-4}$$

所以系统是稳定的。事实上，式(6-4)为稳态时电感的伏秒平衡的另一种表达式。扰动前后电感电流的波形如图 6-4 所示。

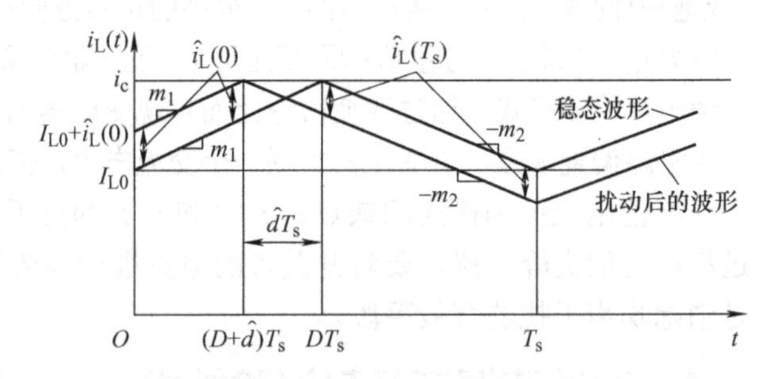

图 6-4　扰动前后电感电流波形图

在图 6-4 中，I_{L0}是$i_L(0)$的稳态值，$\hat{i}_L(0)$是扰动量。$i_L(0)$的表达式为

$$i_L(0)=I_{L0}+\hat{i}_L(0) \tag{6-5}$$

$$\left|\hat{i}_L(0)\right| \ll \left|I_{L0}\right| \tag{6-6}$$

为了便于分析，引入第二个假设：加入微小扰动后，变换器能工作在稳态的附近，且m_1和m_2保持不变。在图 6-4 中$\hat{i}_L(0)>0$，因为假定i_c和m_1保持不变，所以$\hat{d}T_s<0$。在一个周期结束时，$\hat{i}_L(T_s)$为负值，用$\hat{i}_L(T_s)$替代$\hat{i}_L(0)$作为初值，可以得到下一个周期的分析结果，$\hat{d}T_s>0$且$\hat{i}_L(2T_s)>0$。因此，$\hat{i}_L$和$\hat{d}$的振荡频率是一半的开关频率，即次谐波振荡。

由上面分析结果，可得出递推公式为

$$\hat{i}_L(nT_s)=(-\alpha)^n\hat{i}_L(0) \tag{6-7}$$

式中，$\alpha=\dfrac{D}{D'}$；$\hat{i}_L(nT_s)$是第n个周期的扰动量。

评判电流内环稳定性的标准是：随着n增加，扰动量最终下降为零，即扰动被电流环抑制或消除。

把上述评判标准应用到式(6-7)中，可得到结论：当$D<0.5$时，$\alpha<1$，电流内环是稳定的；当$D=0.5$时，$\alpha=1$，电流内环处于临界稳定；当$D>0.5$时，$\alpha>1$，电流内环是不稳定的。

例 6-1　已知 CPM 型 Boost 电路，$V_g=20\text{V}$，$V=50\text{V}$，电路工作在 CCM 模式，分析系统的稳定性。

$\frac{1}{D'}=\frac{V}{V_g}=2.5$，$D'=0.4$，$D=1-D'=0.6>0.5$，$\alpha=\frac{D}{D'}=1.5>1$，系统是不稳定的。

图 6-5 给出扰动前后电感电流的波形。用式(6-7)求得多周期的扰动量，如表 6-1 所列。

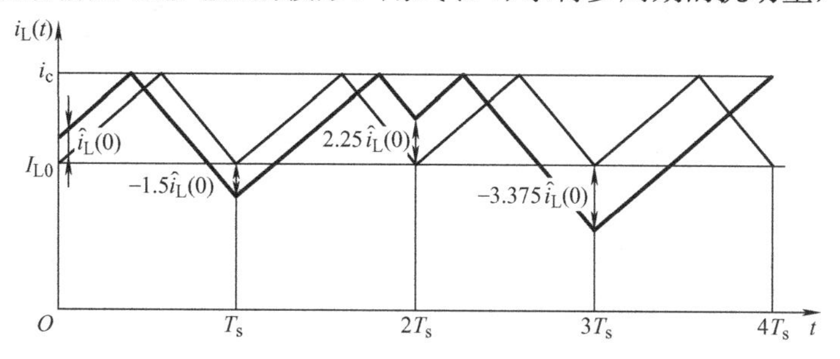

图 6-5　$D>0.5$ 时电感电流波形图

表 6-1　扰动量的周期变化

n	0	1	2	3
$\hat{i}_L(nT_s)$	$\hat{i}_L(0)$	$-1.5\hat{i}_L(0)$	$2.25\hat{i}_L(0)$	$-3.375\hat{i}_L(0)$

由图 6-5 和表 6-1 可知，随着 n 增加，扰动量被放大，所以系统是不稳定的。

例 6-2　已知 $V=30$VDC，其余条件同例 6-1，分析电流环的稳定性。

$D=\frac{1}{3}<0.5$，$\alpha=0.5<1$，电流环是稳定的。图 6-6 给出扰动前后电感电流的波形。当 n 增加时，扰动量被缩小，最终变为零，因此系统是稳定的。

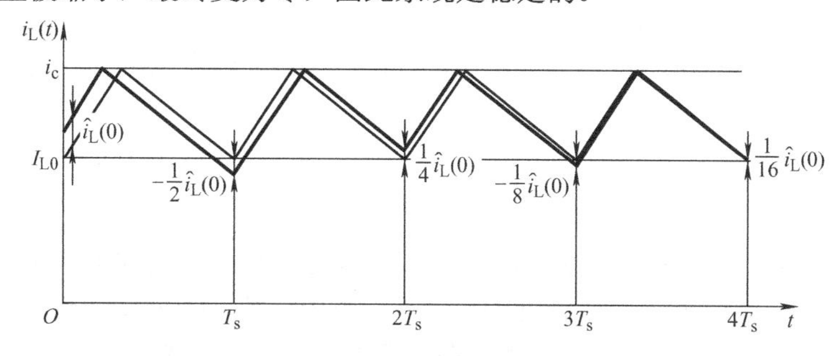

图 6-6　$D<0.5$ 时电感电流波形图

6.1.2　消除次斜波振荡的技术——人工斜坡补偿

引入峰值电流控制模式后，当 $D>0.5$ 时，电流环会出现次谐波振荡。次谐波振荡与电路拓扑无关，同时也不能通过电压环的设计来消除。消除次谐波振荡的技术是增加人工斜坡补偿，即给控制量 i_c 增加一个负斜率的斜坡，如图 6-7 所示。增加人工斜坡补偿的目的是减少电流环在 $\frac{1}{2}$ 开关频率处的增益。在图 6-7 中，$i_a(t)$ 表示人工斜坡补偿函数。增加人工斜率补偿后，电感电流的波形如图 6-8 所示。新的控制量为$[i_c-i_a(t)]$，其斜率为$-m_a$。因此在开关管关断时，i_L 应满足

$$i_a(dT_s)+i_L(dT_s)=i_c \tag{6-8}$$

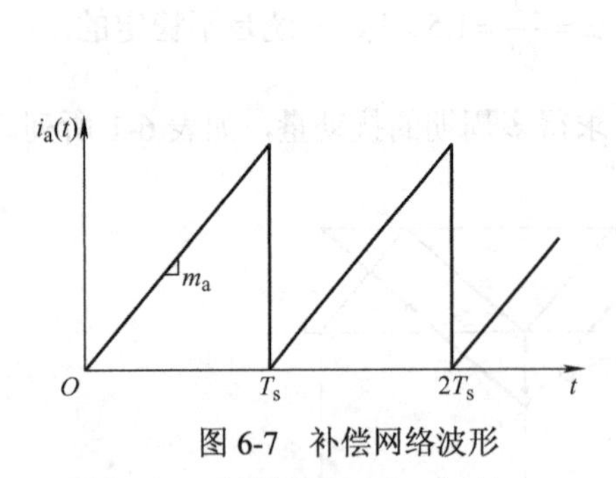

图 6-7　补偿网络波形

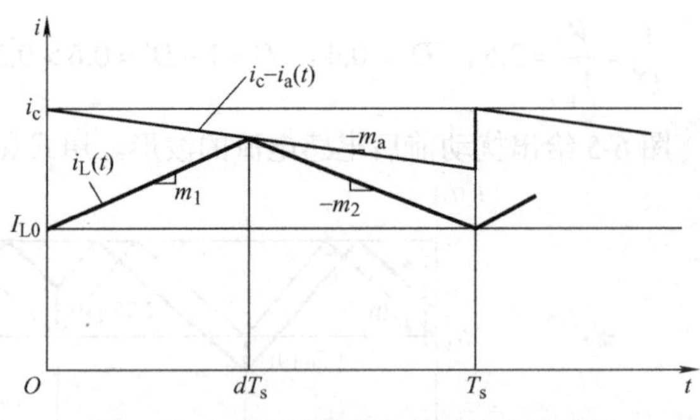

图 6-8　电感电流波形和补偿波形关系图

增加人工斜坡补偿后，新的 $m_1'=m_1+m_a$，新的 $m_2'=m_2-m_a$，所以，式(6-7)变为

$$\hat{i}_L(nT_s)=\alpha^n\hat{i}_L(0) \tag{6-9}$$

$$\alpha=-\frac{m_2-m_a}{m_1+m_a} \tag{6-10}$$

增加人工斜坡补偿给设计者提供了一个新的选择。通过设计合理的 m_a，可以使$|\alpha|<1$，即系统达到稳定。

在 DC-DC 变换器中，输出电压是固定不变的。对于 Buck 变换器和 Buck-Boost 变换器，m_2 是固定不变的，所以用 m_a 表达α更为合理。式(6-10)可改为

$$\alpha=-\frac{1-\dfrac{m_a}{m_2}}{\dfrac{D'}{D}+\dfrac{m_a}{m_2}} \tag{6-11}$$

取 $m_a=0.5m_2$，代入式(6-11)后可知，当 $D=1$ 时，$\alpha=-1$；当 $0<D<1$ 时，$|\alpha|<1$。因此 m_a 的最小值是 $m_a=0.5m_2$。在后面分析中可以得出，当 $m_a=0.5m_2$ 时，$\hat{v}_{vg}(=\hat{v}/\hat{v}_g)=0$，即可以消除输入电压波动对输出的影响。

另一种极限选择为

$$m_a=m_2 \tag{6-12}$$

代入式(6-10)后可知，对于所有的 D，$\alpha=0$。其结果是：对于任何的电流扰动，在一个周期内，扰动量被彻底消除。具有这种特性的系统被称为无差拍(Deadbeat Control)控制系统。

在上述分析过程中，假定 m_1、m_2 和 i_c 保持常数。事实上，扰动量对 m_1、m_2 和 i_c 是有一定的影响的。但在实际工程设计时，由上述方法得出的 m_a 可以满足工程需要。

峰值电流控制模式对噪声具有较高的灵敏度。当控制量 $i_c(t)$ 有一个扰动 $\hat{i}_c$ 时，会对系统产生较大的影响，图 6-9 给出扰动前后系统的工作状况。在图 6-9a 中，没有引入人工斜坡补

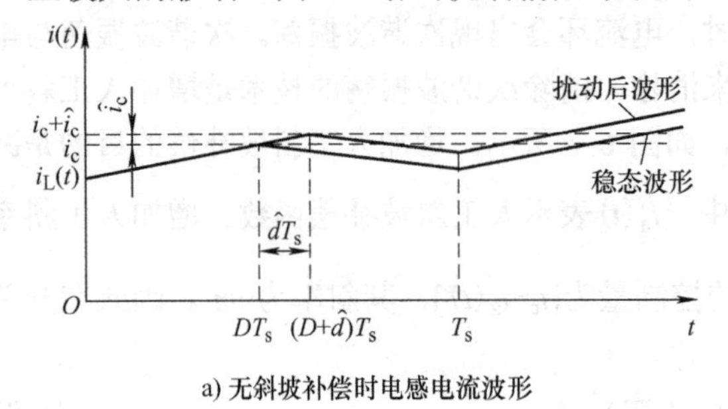

a) 无斜坡补偿时电感电流波形

b) 有人工斜坡补偿时电感电流波形

图 6-9　人工斜坡补偿对干扰的抑制能力

偿，当 $i_c(t)$ 有一个很小的扰动时，若电感电流的纹波很小，将引起占空比较大的波动。图 6-9b 中引入了人工斜坡补偿，减少了电流环的增益，因此与图 6-9a 相比，同样的扰动量而引起占空比的变化较小。所以人工斜坡补偿对抑制干扰是有帮助的。

6.2 斜坡补偿电路的设计及其典型应用

在峰值电流控制模式中，电流内环控制电感电流的峰值。然而，工作在 CCM 模式的 Buck 变换器，其输出电流等于电感电流的平均值。采用峰值电流控制模式的开关调节系统，这种控制模式会引起输出平均电流的误差。本节将讨论这种控制误差的形成、增加人工斜坡补偿技术减少控制误差的原理、斜坡补偿电路的设计及其典型应用。

6.2.1 斜坡补偿减少控制误差

首先，用图 6-10 说明峰值电流控制模式引起电感电流平均值的控制误差。在图 6-10 中，v_{CP} 是电流内环的控制量，$v_{CP}=i_cR_s$，R_s 为电流采样电阻。为了便于分析，假设 v_{CP} 为一个常量。当输入电压 V_g 处在最大值时，对应的占空比为 D_1，对应的电感电流的平均值为 I_1；当 V_g 处在最小值时，对应的占空比为 D_2，对应电感电流的平均值为 I_2。在图 6-10 中 $I_1 < I_2$，所以输出电流的平均值是受占空比控制的。当 V_g 增加，占空比减少，输出电流的平均值减少。因此，用峰值电流控制模式控制的输出平均电流会带来较大的控制误差。增加人工斜坡补偿可以减少这种控制误差。

在图 6-11 中，控制电压为 v_{CP}。如果电流采样电阻为 R_s，则控制电流为 v_{CP}/R_s。增加人工补偿后，i_c 的下降斜率为 m_a；无斜坡补偿时，i_c 保持固定为 I_{c0}。增加人工斜坡补偿后，控制电流 i_c 随时间增加而减小，其表达式为

$$i_c = I_{c0} - m_a t \quad 0 \leqslant t \leqslant T_s \tag{6-13}$$

当 $t = DT_s$ 时，电感电流为

$$i_L(DT_s) = I_{c0} - m_a DT_s \tag{6-14}$$

当 $t = T_s$ 时，电感电流为

$$i_L(T_s) = I_{c0} - m_a DT_s - m_2 D'T_s = i_L(0) \tag{6-15}$$

则平均电流为

$$I = i_L(0) + \frac{m_2 D'T_s}{2} = I_{c0} - m_a DT_s - \frac{m_2 D'T_s}{2} \tag{6-16}$$

取

$$m_a = 0.5 m_2 \tag{6-17}$$

平均电流为

$$I = I_{c0} - \frac{m_2}{2} T_s \tag{6-18}$$

式(6-18)表明，平均电流不受 V_g 和 D 的控制。从而可以证明，当 $m_a = 0.5m_2$ 时，可以消除输入电压波动对输出电流产生的影响。

在 6.1.2 小节中已经述及，当 $m_a = m_2$ 时，系统为无差拍控制系统。为了兼顾上述诸多方面的考虑，在工程设计中，取

$$m_a = 0.75 m_2 \tag{6-19}$$

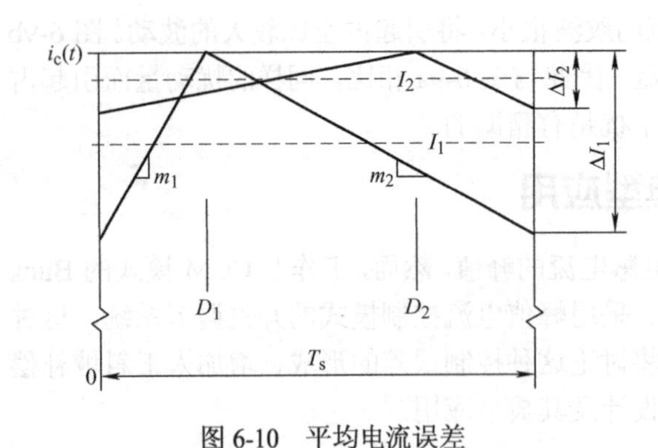

图 6-10　平均电流误差

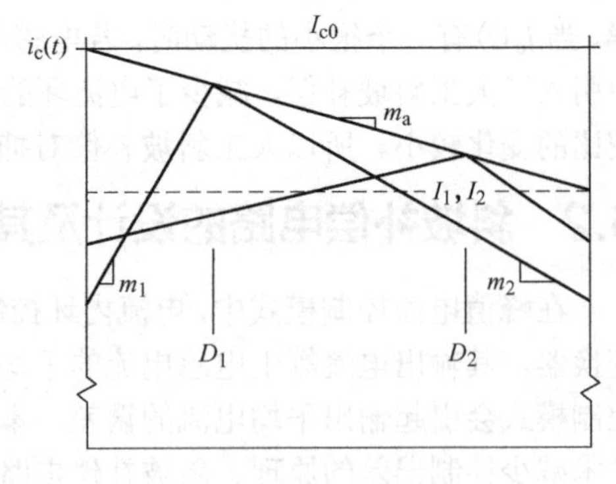

图 6-11　平均电流保持不变

6.2.2　人工斜坡补偿的电路实现

增加人工斜坡补偿后电流控制器的电路模型如图 6-12 所示。在峰值电流控制模式中，电流控制器与 PWM 调制器组合在一起形成特殊的电流控制器，即如图 6-12 所示峰值电流控制器。在图 6-12 中，$v_{CP}(=i_cR_s)$ 是控制信号，i_LR_s 为电感电流的检测信号，$r(t)$ 为人工斜坡补偿网络的输出信号。新的控制信号为

$$v'_{CP}=v_{CP}-r(t) \tag{6-20}$$

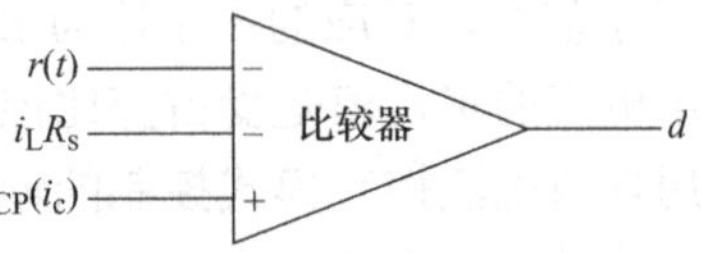

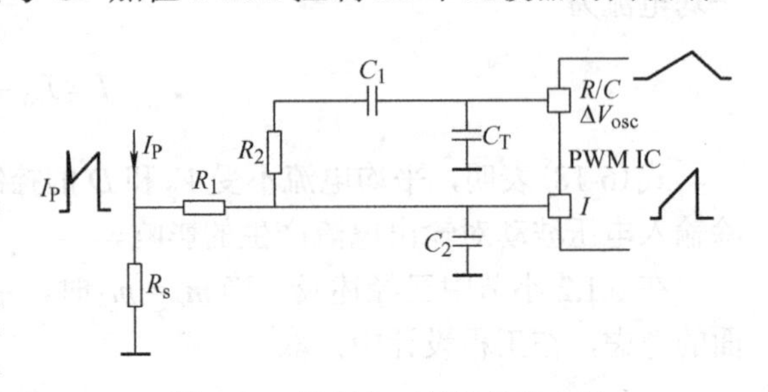

图 6-12　峰值电流控制器（峰值电流控制模式）

实现式(6-20)的方法是，控制信号与人工斜坡补偿信号在比较器的输入端进行相减。

另一种方法是，新的测量信号为

$$(i_LR_s)'=r(t)+i_LR_s \tag{6-21}$$

实现式(6-21)的方法是，令检测信号和人工斜坡补偿信号在比较器的反相端求和。

在 PWM 控制 IC(UC3842、3844、3851、3845A、3823、3825、3846、3847)中，通常定时电容 C_T 可以提供一个斜坡电压，用 C_T 上的电压信号作为斜坡补偿网络的输入信号。斜坡补偿网络可以用两个电阻组成的分压电路实现。

实现人工斜坡补偿的原理电路如图 6-13 所示。在图中，C_T 是 PWM 控制 IC 中振荡回路的外接定时电容，C_T 输出端是定时电容 C_T 上电压，其峰峰值用ΔV_{osc}表示；C_1 为交流耦合电容，R_1、R_2 为分压网络。在开关管开启过程中，由于寄生参数的作用，会在流过开关管的电流 I_P 上产生一个瞬间尖峰电流。R_1、C_2 组成了一个尖峰电流吸收器。PWM 控制 IC 中的 I 端等效为图 6-12 中的比较器的反相端。控制信号 CP 加在 PWM 控制 IC 中比较器的同相端，图 6-13 中未画出比较器。需要说明，在这一节中，流过开关管的电流用 I_P 表示，而不用 I_s 表示。这种表示方法是为了便于讨论带有隔离变压器的 DC-DC 变换器。在这种变换器中，开关管是放置在变压器的一次侧。

图 6-13　通用人工斜坡补偿电路

下面介绍图 6-13 电路的工作原理。用定时电容 C_T 上的峰峰值ΔV_{osc} 作为人工斜坡补偿网络的输入信号。交流耦合电容 C_1 将 C_T

上的交流信号传输到 R_1 和 R_2 组成的分压网络。在 IC 中的 I 端获得人工斜坡补偿信号，R_1、C_2 组成的尖峰电流吸收器可以使开关管上的电流 I_P 顺利传输到 IC 中的 I 端，同时滤除尖峰干扰信号。因此，斜坡补偿信号和电流检测信号在 IC 的 I 端求和，实现了斜坡补偿。

通常 $C_2 \leqslant 1000\text{pF}$，对于开关管的电流信号相当于开路，所以在设计斜坡补偿网络时，令 C_2 开路。交流耦合电容 C_1 的数值较大，略去 C_1 上的交流电压，所以在设计斜坡补偿网络时，令 C_1 短路。斜坡补偿网络的输入信号为 C_T 的峰峰值ΔV_{osc}。基于上述讨论，得到如图 6-14 所示的简化电路。

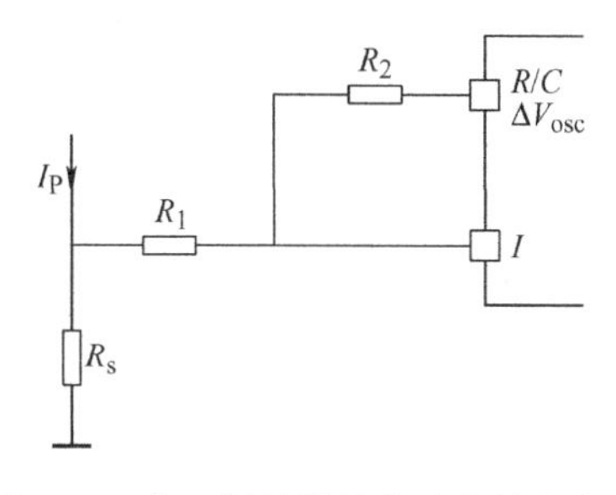

图 6-14　人工斜坡补偿电路的简化电路

6.2.3　斜坡补偿网络的设计方法

已知条件：开关周期 T_s，死区时间 T_d，振荡器输出锯齿波的峰峰值ΔV_{osc}，开关变换器输出电压 V，输出滤波电感 L，输出电感上的交流纹波ΔI，采样电阻 R_s，人工斜坡补偿信号的斜率 m_a，对于电气隔离的变换器，变压器的匝数比为 $N(=N_p/N_s)$，N_p、N_s 分别表示高频变压器的一次绕组和二次绕组的匝数。

设计步骤如下：

步骤 1　计算输出电感电流的下降斜率 m_{sec}

Buck 变换器：

$$m_{sec}=\frac{V}{L} \tag{6-22a}$$

Boost 变换器：

$$m_{sec}=\frac{V-V_g}{L} \tag{6-22b}$$

Buck-boost 变换器：

$$m_{sec}=\frac{V}{L} \tag{6-22c}$$

对于单端反激变换器，计算电感电流下降斜率的方法与 Buck 变换器和 Buck-boost 变换器相同，V 是指二次侧的输出电压，L 是指变压器二次侧的电感；对于正激变换器、半桥变换器、推挽变换器和全桥变换器，计算方法与 Buck 变换器相同，V 为输出电压，L 为输出滤波电感。

对于 Buck 类(包括正激、半桥、全桥和推挽)多路输出开关变换器，有

$$m_{sec1}=\frac{V_1}{L_1},\ m_{sec2}=\frac{V_2}{L_2}\cdots \tag{6-23}$$

式中，V_1、L_1 是第一路输出的电压和电感量；V_2、L_2 是第二路输出的电压和电感量。

对于 Boost 类(包括反激)多路输出开关变换器，基于式(6-22b)，采用类似式(6-23)的方法，分别计算其斜率，在计算 m_{sec1} 时，$V=V_1$、$L=L_1$，V_1 和 L_1 分别是第一路输出的电压和对应变压器相应二次侧的电感量。

步骤 2　计算变压器一次侧电流的等效下降斜率 m_p

$$m_p=\frac{m_{sec}}{N} \tag{6-24}$$

对于多路输出变换器，计算公式为

$$m_p = \frac{m_{sec}}{N_1} + \frac{m_{sec}}{N_2} + \cdots \tag{6-25}$$

式中，N_1、N_2分别为第一、第二路输出对应的变压器匝数比。

步骤 3 计算开关管导通期间采样电阻 R_s 两端电压的下降斜率 m_{R_s}。

$$m_{Rs} = m_p R_s \tag{6-26}$$

步骤 4 计算振荡器输出电压信号的上升斜率 m_{osc}。

$$m_{osc} = \frac{\Delta V_{osc}}{T_{on}} (V/s) \tag{6-27}$$

式中，$T_{on} = T_s - T_d$，T_d是死区时间。

步骤 5 计算 PWM 控制 IC 中 I 端的电压斜坡 m_I。

计算 I 节点斜坡叠加的电路如图 6-15 所示。m_{R_s} 是等效输入电流的下降率在 R_s 两端产生的斜率；m_{osc} 是振荡器输出电压的上升斜率。

当 m_{osc} 作用时，在 I 端产生的电压斜率为 m_a，则有

$$m_a = \frac{R_1}{R_1 + R_2} m_{osc} \tag{6-28}$$

当 m_{Rs} 作用时，在 I 端产生的电压斜率为 m_2，则有

$$m_2 = \frac{R_2}{R_1 + R_2} m_{Rs} \tag{6-29}$$

步骤 6 计算斜坡补偿 m_a。

取 $m_a = 0.75m_2$，即

$$R_1 m_{osc} = 0.75 m_{Rs} R_2$$

则有

$$R_2 = \frac{R_1 m_{osc}}{0.75 m_{Rs}} \tag{6-30}$$

在实际工程设计中，通常取 $R_1 = 1\text{k}\Omega$，选择合适的 C_2 组成尖峰吸收器，滤除开关管开启过程中产生的尖峰干扰，通常取 $C_2 = 1000\text{pF}$。

步骤 7 选择 R_2。

对 PWM 控制 IC 中的振荡器，R_2是其负载。为了减少 R_2 对振荡频率的影响，R_2 应尽可能的大一些。在上述设计过程中，假定 IC 中振荡器输出电阻为零。然而，在实际电路中，C_T 往往与定时电阻 R_T 相连，所以振荡器的输出电阻是不为零的。为了减少 R_2 对斜率补偿的影响，应使 $R_2 >> R_T$。减少定时电阻和补偿网络相互影响的有效手段是在振荡器输出与补偿网络输入之间增加一个阻抗变换器，即电压射极跟随器，图 6-16 为实用电路。在图中，2N2222 晶体管及其外围元件组成了电压射极跟随器，实现阻抗变换功能。

6.2.4 设计实例及其典型应用电路

已知条件：电路为半桥式，输出电压和电流分别为 5V 和 45A，开关频率 $f_s = 200\text{kHz}$，开关周期 $T_s = 5\mu\text{s}$，振荡器输出的死区时间 $T_d = 0.5\ \mu\text{s}$ ，$T_1 = T_s - T_d = 4.5\ \mu\text{s}$，变压器的匝数比 $N = N_p/N_s = 15/1$，电流采样电阻 $R_s = 0.25\Omega$，输出滤波电感的电感量 $L = 5.16\mu\text{H}$。

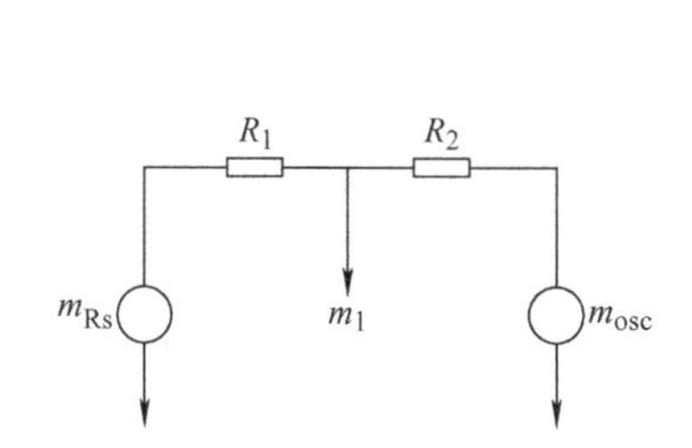

图 6-15　斜坡叠加

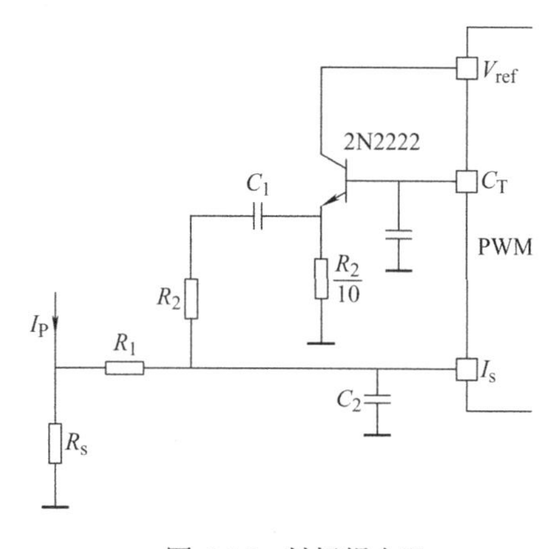

图 6-16　射极耦合器

步骤 1　计算 m_{sec}。

由于主电路为半桥电路，工作原理类似于 Buck 变换器。

$$m_{\text{sec}}=\frac{V}{L}=\frac{5\text{V}}{5.16\mu\text{H}}\approx 0.97\text{A}/\mu\text{s}$$

步骤 2　计算等效到变压器一次侧(功率开关管上的电流)的电流下降率。

$$m_{\text{p}}=\frac{m_{\text{sec}}}{N}\approx 0.065\text{A}/\mu\text{s}$$

步骤 3　采样电阻 R_{s} 两端电压的下降斜率。

采样电阻 R_{s} 两端电压的下降斜率为

$$m_{\text{Rs}}=m_{\text{p}}R_{\text{s}}\approx 0.016\text{V}/\mu\text{s}$$

步骤 4　振荡器输出电压的峰峰值电压 $\Delta V_{\text{osc}}=1.8\text{V}$(UC3842 的 $\Delta V_{\text{osc}}=1.8\text{V}$)，振荡器输出电压的上升斜率为

$$m_{\text{osc}}=\frac{\Delta V_{\text{osc}}}{T_{\text{on}}}=\frac{1.8\text{V}}{4.5\mu\text{s}}=0.4\text{V}/\mu\text{s}$$

取 $R_1=1\text{k}\Omega$，则有

$$R_2=\frac{R_1 m_{\text{osc}}}{0.75m_{\text{Rs}}}=\frac{1\times 10^3\times 0.4}{0.75\times 0.016}\Omega\approx 33\text{k}\Omega$$

在上述设计过程中，为了消除振荡器输出直流电压对补偿网络的影响，采用 RC 耦合方式。在实际电路中，也有采用直接耦合的电路。

UC1846 的斜坡补偿电路如图 6-17 所示。UC1846 提供了设计电流控制型变换器所需的各种必要功能。图 6-17 提供了两种补偿电路。在图 6-17a 中，补偿信号与电流采样信号直接在脚 4 求和。这种补偿方式给与脚 4 相连的内部电流限制电路带来一些误差。图 6-17b 给出了一种变通的方法，可以消除补偿网络带来的误差，其方法是输出电压采样信号 V_{s} 与补偿信号在电压误差放大器的反相端求和。这种电路工作的条件是：①误差放大器的增益是固定的，开关频率也是不变的；②在计算斜坡补偿时，应该考虑电流控制器和电压控制器增益的影响。这样 R_2 对 C_{T} 的负载效应也就计算在内。当然，必要时，可以采用图 6-17c 给出的电压射极跟随器电路，这种电路适用于低输入阻抗的斜坡补偿网络。

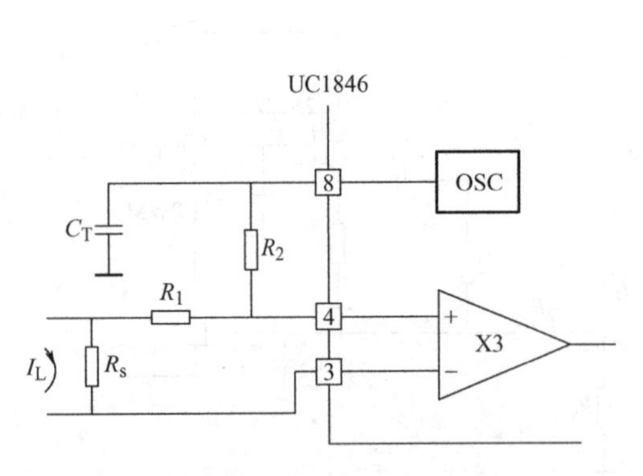

a) 补偿信号与电流采样信号直接在4脚求和图

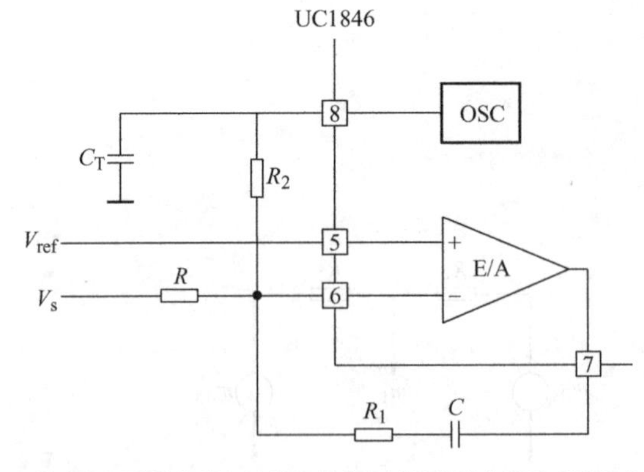

b) 输出电压采样信号与补偿信号在电压误差放大器的反相端求和图

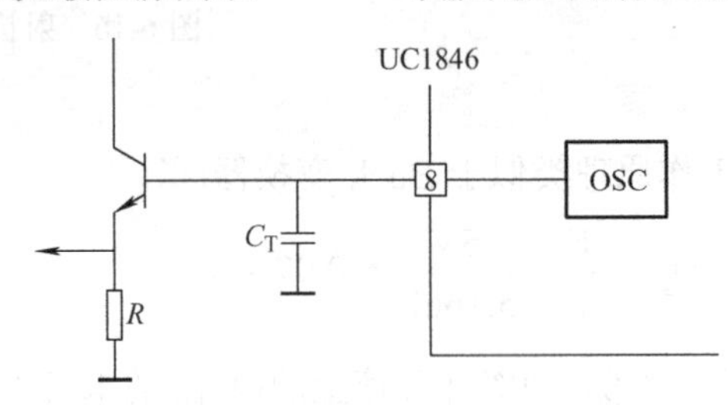

c) 电压射级跟随器电路

图 6-17　UC1846 的电流补偿方法图

另外，值得一提的是 UC3825 补偿网络的设计方法与上面介绍是一致的，文献[19]给出了设计实例。

6.3　电流控制环的一阶模型

在峰值电流控制的电流内环中，增加合理人工斜坡补偿后，电流环是稳定的。随后应进行的工作是建立包括电流环在内的新等效功率级的数学模型。在这个数学模型的基础上，设计合理的电压外环，以满足系统对抑制输入电压波动、瞬态响应、输出电阻等要求。图 6-18 给出了含有电流内环和电压外环的系统框图。

建立电流内环的交流小信号模型是设计电压外环的基础，在第 1 章中，应用平均状态法求出以占空比为控制量的小信号模型。CPM 型变换器建模的基本思路是：找出控制量 $i_c(t)$ 与占空比之间的数学关系，利用第 1 章的结论求解 CPM 型变换器的交流小信号模型。在 CPM 型变换器中，占空比不仅受 $i_c(t)$ 控制，还受变换器的电压和电流的控制，如图 6-18 所示。因此，CPM 型变换器是一个多输入单输出的控制系统。

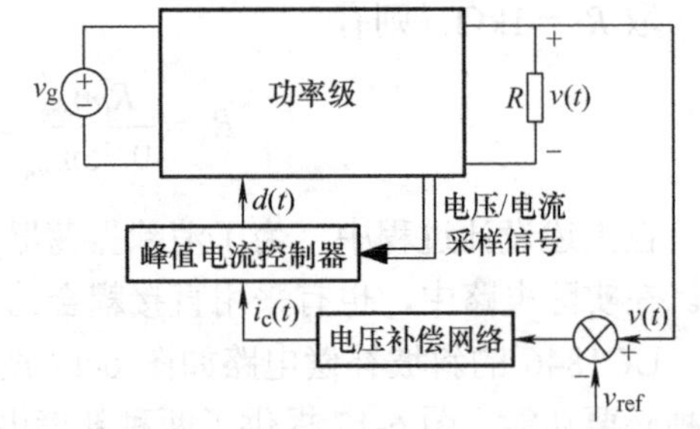

图 6-18　含有电流内环和电压外环的系统框图

为了获得一阶近似模型，假定电感电流的平均值 $\langle i_L(t)\rangle_{T_s}$ 等于控制量 $i_c(t)$。这个假定意味着忽略人工斜坡补偿和电感电流纹波的影响。在这个假定的基础上，电感电流不再是独立的状态变量。在小信号传递函数中，它也不再会产生一个极点，从而系统将简化为一阶系统。

6.3.1 一阶近似模型

在本小节中，将以图 6-19a 所示的 Buck-boost 变换器为例，介绍推导一阶近似模型的方法。电感电流的波形如图 6-19b 所示。

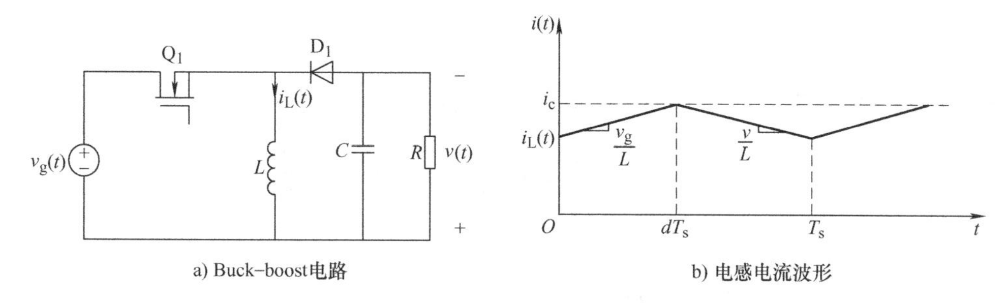

图 6-19　Buck-boost 变换器及其电感电流波形

对 Buck-boost 变换器，平均小信号系统模型如图 6-20 所示。基于这个数学模型，可得到微分方程组为

$$L\frac{\mathrm{d}\hat{i}_L(t)}{\mathrm{d}t}=D\hat{v}_g(t)+D'\hat{v}(t)+(V_g-V)\hat{d}(t) \tag{6-31a}$$

$$C\frac{\mathrm{d}\hat{v}(t)}{\mathrm{d}t}=-D'\hat{i}_L(t)-\frac{\hat{v}(t)}{R}+I_L\hat{d}(t) \tag{6-31b}$$

$$\hat{i}_g(t)=D\hat{i}_L(t)+I_L\hat{d}(t) \tag{6-31c}$$

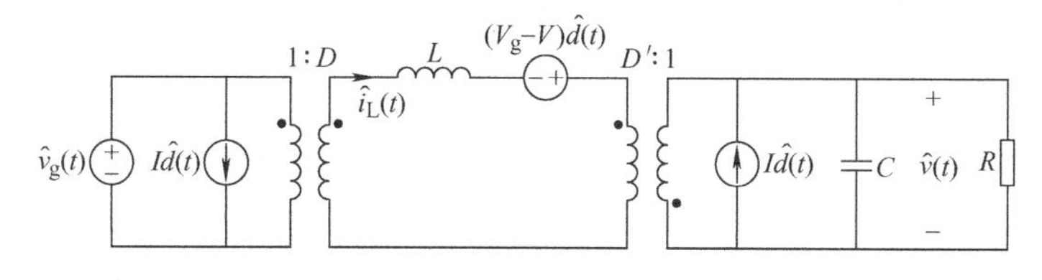

图 6-20　平均小信号系统模型

对式(6-31)取拉普拉斯变换可得

$$sL\hat{i}_L(s)=D\hat{v}_g(s)+D'\hat{v}(s)+(V_g-V)\hat{d}(s) \tag{6-32a}$$

$$sC\hat{v}(s)=-D'\hat{i}_L(s)-\frac{\hat{v}(s)}{R}+I_L\hat{d}(s) \tag{6-32b}$$

$$\hat{i}_g(s)=D\hat{i}_L(s)+I_L\hat{d}(s) \tag{6-32c}$$

假定 $\hat{i}_L(s)$ 等于控制量 $\hat{i}_c(s)$。这个假设成立的条件：①系统是稳定的；②略去人工斜坡补偿和电感纹波的影响。根据假设有

$$\hat{i}_L(s)=\hat{i}_c(s) \tag{6-33}$$

将式(6-33)代入式(6-32a)后，求出 $\hat{d}(s)$ 的表达式为

$$\hat{d}(s)=\frac{sL\hat{i}_c(s)-D\hat{v}_g(s)-D'\hat{v}(s)}{V_g-V} \tag{6-34}$$

由式(6-34)可知，$\hat{d}(s)$不仅受$\hat{i}_c(s)$控制，而且受输入电压和输出电压控制。

稳态时存在

$$\begin{cases} V=-\dfrac{D}{D'}V_g \\ I=-\dfrac{V}{D'R}=\dfrac{D}{D'^2R}V_g \end{cases} \tag{6-35}$$

利用稳态时的关系，并将式(6-34)代入式(6-32b)和式(6-32c)，可得到

$$sC\hat{v}(s)=\left(\frac{sLD}{D'R}-D'\right)\hat{i}_c(s)-\left(\frac{D}{R}+\frac{1}{R}\right)\hat{v}(s)-\frac{D^2}{D'R}\hat{v}_g(s) \tag{6-36}$$

$$\hat{i}_g(s)=\left(\frac{sLD}{D'R}+D\right)\hat{i}_c(s)-\frac{D}{R}\hat{v}(s)-\frac{D^2}{D'R}\hat{v}_g(s) \tag{6-37}$$

式(6-36)和式(6-37)是 CPM 型 Buck-boost 变换器的一阶近似电路模型，可构成小信号交流等效电路模型(如图 6-21 所示)，表征变换器输入和输出端口的动态特征。在式(6-36)中，$sC\hat{v}(s)$项是输出电容的电流；$\hat{i}_c(s)$项在图 6-21b 中对应一个独立的电流源。$\hat{v}_g$项对应于一个受控的电流源；$\hat{v}(s)/R$项对应着输出电阻上的电流；$\hat{v}(s)R/D$项对应着阻抗为R/D电阻上的电流。

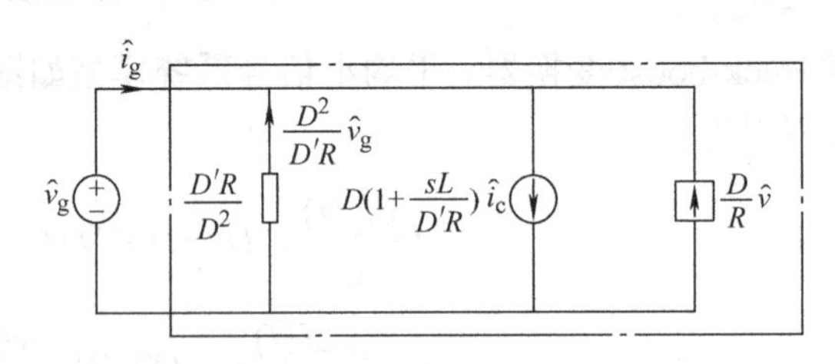

a) 输入端口

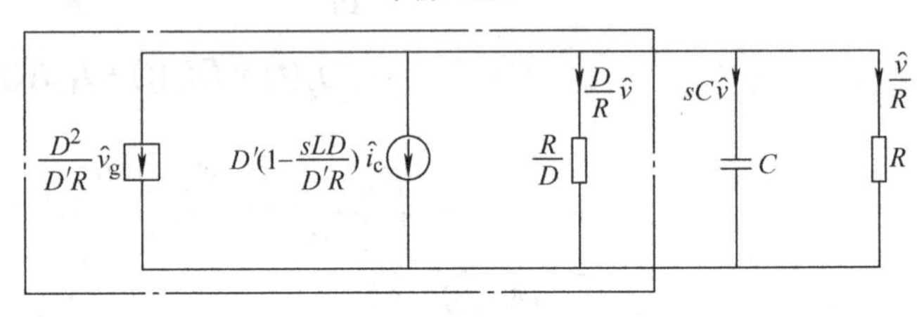

b) 输出端口

图 6-21　CCM 模式下的 CPM 型 Buck-boost 电路一阶小信号模型

基于式(6-37)构建图 6-21a 所示的输入端口电路。$\hat{v}_g$和$\hat{i}_g(s)$分别为输入端口的电压和电流。$\hat{i}_c(s)$项假定对应着一个独立的电流源；$\hat{v}(s)$项对应着一个电压控制的电流源。$[-\hat{v}_g D^2/(D'R)]$项是阻抗为$(-D'R/D^2)$的电阻效应。

将图 6-21a、b 组合成图 6-22 所示的双端口 CCM-CPM 型电路的通用模型，这个模型适用于研究 Buck、Boost 和 Buck-boost 变换器。表 6-2 列出通用模型中各参量的表达式。用图 6-22 所示通用模型可以求出电路的动态特性。

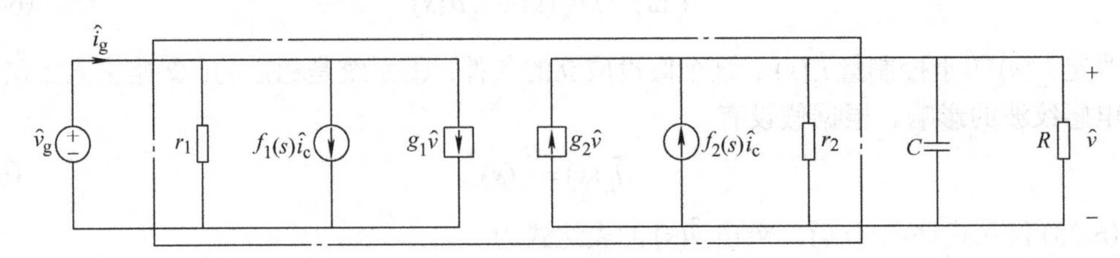

图 6-22　双端口 CCM-CPM 型电路的通用模型

表 6-2　一阶电路模型中各电路参数的计算公式

变 换 器	g_1	f_1	r_1	g_2	f_2	r_2
Buck	$\frac{D}{R}$	$D\left(1+\frac{sL}{R}\right)$	$-\frac{R}{D^2}$	0	1	∞
Boost	0	1	∞	$\frac{1}{D'R}$	$D'\left(1-\frac{sL}{D'^2R}\right)$	R
Buck-boost	$-\frac{D}{R}$	$D\left(1+\frac{sL}{D'R}\right)$	$-\frac{D'R}{D^2}$	$-\frac{D^2}{D'R}$	$-D'\left(1-\frac{sDL}{D'^2R}\right)$	$\frac{R}{D}$

6.3.2　平均开关模型

本小节以 Buck 变换器为例，用平均开关模型研究峰值电流控制模式的等效电路及其特性。用平均开关模型能更多地保留原电路信息。Buck 变换器如图 6-23 所示。

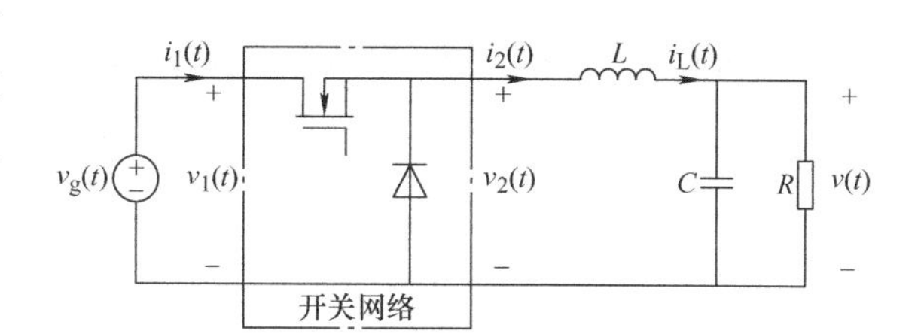

图 6-23　CCM-CPM 型 Buck 变换器

为了方便讨论，引入如下假设：

假设 1：电感电流的平均值近似等于控制电流，则有

$$\langle i_2(t)\rangle_{T_s}=\langle i_c(t)\rangle_{T_s} \tag{6-38}$$

假设 2：开关网络为一个无损网络，开关网络的平均输入功率等于平均输出功率，则有

$$\langle i_1(t)\rangle_{T_s}\langle v_1(t)\rangle_{T_s}=\langle i_c(t)\rangle_{T_s}\langle v_2(t)\rangle_{T_s}=\langle p(t)\rangle_{T_s} \tag{6-39}$$

现在基于式(6-39)进行小信号扰动分析，设

$$\begin{cases}\langle v_1(t)\rangle_{T_s}=V_1+\hat{v}_1(t)\\ \langle i_1(t)\rangle_{T_s}=I_1+\hat{i}_1(t)\\ \langle v_2(t)\rangle_{T_s}=V_2+\hat{v}_2(t)\\ \langle i_2(t)\rangle_{T_s}=I_2+\hat{i}_2(t)\\ \langle i_c(t)\rangle_{T_s}=I_c+\hat{i}_c(t)\end{cases} \tag{6-40}$$

将式(6-40)代入式(6-39)得

$$[V_1+\hat{v}_1(t)][I_1+\hat{i}_1(t)]=[V_2+\hat{v}_2(t)][I_c+\hat{i}_c(t)] \tag{6-41}$$

Buck 变换器的稳态解为

$$\begin{cases}V_1I_1=V_2I_c\\ I_1=DI_c\end{cases} \tag{6-42}$$

为了获得描述变换器动态行为的线性方程，引入假设 3。

假设 3：扰动信号比稳态量小得多，称为小信号假设，即

$$\begin{cases}\dfrac{\hat{v}_1(t)}{V_1} \ll 1 \\ \dfrac{\hat{i}_1(t)}{I_1} \ll 1 \\ \dfrac{\hat{v}_2(t)}{V_2} \ll 1 \\ \dfrac{\hat{i}_2(t)}{I_2} \ll 1 \\ \dfrac{\hat{i}_c}{I_c} \ll 1\end{cases} \tag{6-43}$$

基于式(6-43)，在求解式(6-41)的小信号解时，二阶扰动量略去不计，可得小信号模型为

$$V_1\hat{i}_1(t)+\hat{v}_1(t)I_1=I_c\hat{v}_2(t)+\hat{i}_c(t)V_2 \tag{6-44}$$

由式(6-44)可求得

$$\hat{i}_1(t)=\hat{i}_c(t)\frac{V_2}{V_1}+\hat{v}_2(t)\frac{I_c}{V_1}-\hat{v}_1(t)\frac{I_1}{V_1} \tag{6-45}$$

表征式(6-45)的电路如图6-24所示。开关网络的输出端用独立电流源$\hat{i}_c(t)$表示；在输入端口，式(6-45)右边每项对应着输入端口的一个电源或一个电阻。用这个电路求得动态特性有很多不便之处。例如，稳态量V_1、I_1、V_2、I_2必须已知，又如，输入端口与输出端口相互耦合。

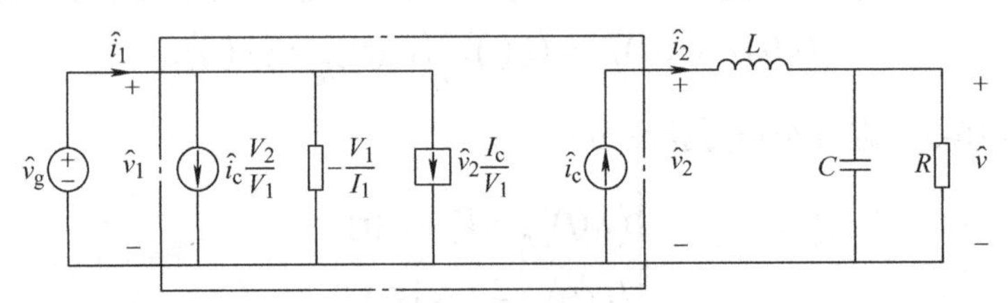

图6-24　CCM-CPM型Buck变换器的小信号模型

在稳态解中，$\dfrac{V_2}{V_1}=D$，$I_2=\dfrac{V_2}{R}$，$I_1=DI_2$，$I_2=I_c$，因此，取拉普拉斯变换后，式(6-45)可以改写为

$$\hat{i}_1(s)=D\hat{i}_c(s)+\frac{D}{R}\hat{v}_2(s)-\frac{D^2}{R}\hat{v}_1(s) \tag{6-46}$$

由图6-24的输出端口可求得

$$\hat{v}_2(s)=\hat{v}(s)+sL\hat{i}_c(s) \tag{6-47}$$

将式(6-47)代入式(6-46)，同时令$\hat{v}_g=\hat{v}_1$，可解得输入端口表达式为

$$\hat{i}_1(s)=D\left(1+s\frac{L}{R}\right)\hat{i}_c(s)+\frac{D}{R}\hat{v}(s)-\frac{D^2}{R}\hat{v}_g(s) \tag{6-48}$$

基于式(6-48)可得到CPM型Buck变换器的小信号模型，如图6-25所示。

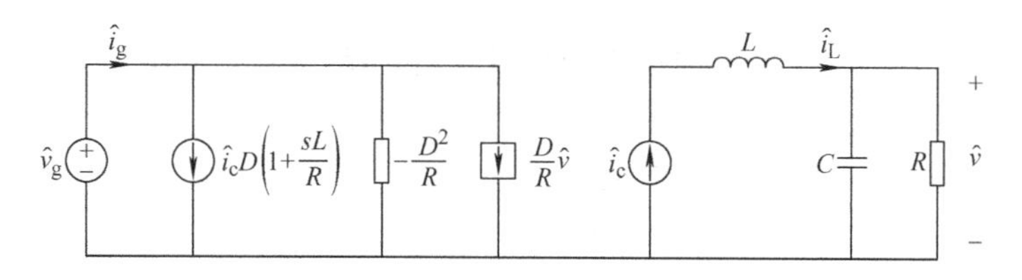

图 6-25　CPM 型 Buck 变换器的小信号简化模型

使用图 6-25 所示的 CPM 型 Buck 变换器的小信号模型，可以研究 Buck 变换器一些动态特性。首先，由于独立的电流源 $\hat{i}_c(t)$ 与电感串联，所以电感 L 对新功率级没有影响。等效功率的传递函数 $G_{vc}(s)$ 为

$$G_{vc}(s)=\left.\frac{\hat{v}(s)}{\hat{i}_c(s)}\right|_{\hat{v}(s)=0}=R//\frac{1}{sC} \tag{6-49}$$

由上面分析可知，峰值电流控制使得 Buck 变换器中开关网络的输出端口变为一个独立源，所以输入电压的扰动对输出电压没有影响，则有

$$G_{vg}(s)=\left.\frac{\hat{v}(s)}{\hat{v}_g(s)}\right|_{\hat{i}_c(s)=0}=0 \tag{6-50}$$

式(6-50)的物理含义：峰值电流控制是通过调整占空比，使得电感上的电流恒定而不受输入电压 v_g 波动的影响。

6.4　基于一阶模型设计电压控制器

峰值电流控制的小信号交流等效模型是设计电压控制器(外环)的基础。本节首先基于前一节给出的一阶模型分析等效功率级的传递函数。由于 Boost 类变换器的传递函数中含有一个右半平面的零点，所以是一个非最小相位系统。本节将介绍非最小相位系统的一些特性和设计方法。最后，通过几个实例介绍电压控制器(外环)的实用设计方法。

6.4.1　等效功率级的传递函数

我们将电流控制环及其负载组成的电路定义为等效功率级。在上一节中，图 6-22 给出了研究三种基本变换器的小信号模型，$G_{vc}(s)$ 为

$$G_{vc}(s)=\left.\frac{\hat{v}(s)}{\hat{i}_c(s)}\right|_{\hat{v}_g(s)=0}=f_2\left(R//\frac{1}{sC}//r_2\right) \tag{6-51}$$

表 6-2 给出了计算参数(f_2、r_2 等)的计算式。

通常电压控制器的输出为 $\hat{v}_{CP}$，$\hat{v}_{CP}=\hat{i}_c(s)R_s$，$R_s$ 为电流采样电阻。因此，等效功率级的传递函数定义为

$$A_p(s)=\left.\frac{\hat{v}(s)}{\hat{v}_{CP}}\right|_{\hat{v}_g(s)=0}=\frac{G_{vc}(s)}{R_s}=\frac{f_2\left(R//\dfrac{1}{sC}//r_2\right)}{R_s} \tag{6-52}$$

由表 6-2 可知，对于 Buck 变换器，$f_2=1$，$r_2=\infty$。

$$G_{vi}(s)=\left.\frac{\hat{i}_L(s)}{\hat{v}_{CP}}\right|_{\hat{v}_g(s)=0}=\frac{1}{R_s} \tag{6-53}$$

式(6-53)表明：$\hat{i}_L(s)R_s \approx \hat{v}_{CP}$，从反馈理论的角度去看，峰值电流控制器处于深度负反馈状态，即反馈系统的开环传递函数的幅值近似等于无限大。

对于带有变压器隔离的 Buck 类变换器，如图 6-26 所示，其 $G_{vi}(s)$ 为

$$G_{vi}(s)=\frac{N}{R_s M} \tag{6-54}$$

式中，$N(=N_p/N_s)$ 是变压器的匝数比；$M(=N_s/N_p)$ 是电流互感器的匝数比。

带有隔离变压器的 Buck 类变换器——正激变换器其等效功率级的传递函数为

$$A_p(s)=\frac{N}{R_s M}\left(R//\frac{1}{sC}\right) \tag{6-55}$$

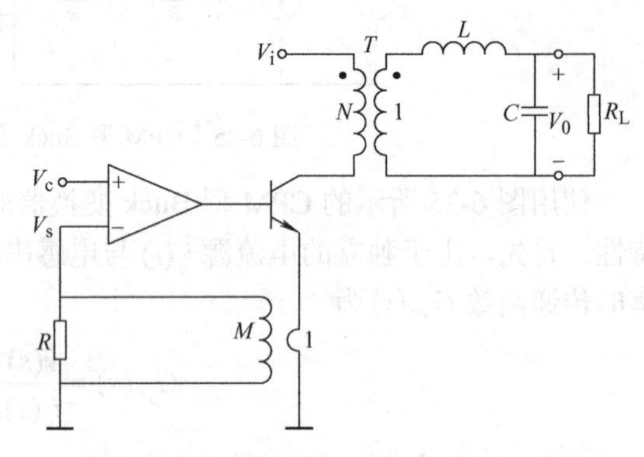

图 6-26　带有变压器隔离的 Buck 类变换器

显然，新的等效功率级只有一个极点，为一阶系统。应该指出上述模型中没有考虑输出电容 ESR 电阻的零点。

改写的式(6-52)和式(6-55)为零、极点形式的表达式如下：

对于 Buck 变换器

$$A_p(s)=\frac{R}{R_s}\frac{1}{1+\frac{s}{\omega_p}} \tag{6-56}$$

式中，$\omega_p=\frac{1}{RC}$。

对于带有隔离变压器的 Buck 类变换器

$$A_p(s)=\frac{RN}{R_s M}\frac{1}{1+\frac{s}{\omega_p}} \tag{6-57}$$

式中，R 为负载电阻；R_s 为电流采样电阻；$N(=N_p/N_s)$ 为变压器的匝数比；$M(=N_s/N_p)$ 为电流互感器的匝数比。

对于 Boost 变换器，由表 6-2 查得，$f_2=D'\left(1-\frac{sL}{D'^2R}\right)$，$r_2=R$，代入式(6-52)得到 Boost 变换器等效功率级的传递函数为

$$A_p(s)=\frac{D'\left(1-\frac{sL}{D'^2R}\right)}{R_s}\left(\frac{R}{2}//\frac{1}{sC}\right)=\frac{D'R}{2R_s}\frac{1-\frac{s}{\omega_z}}{1+\frac{s}{\omega_p}} \tag{6-58}$$

式中，$\omega_z=\frac{D'^2R}{L}$；$\omega_p=\frac{2}{RC}$。

对 Buck-boost 变换器，由表 6-2 查得，$f_2=-D'\left(1-\frac{sDL}{D'^2R}\right)$，$r_2=\frac{R}{D}$，代入式(6-52)得到 Buck-boost 变换器等效功率级的传递函数为

$$A_{\mathrm{p}}(s)=\frac{-D'R}{R_{\mathrm{s}}(1+D)}\frac{1-\frac{s}{\omega_{\mathrm{z}}}}{1+\frac{s}{\omega_{\mathrm{p}}}} \tag{6-59}$$

式中，$\omega_{\mathrm{z}}=\frac{D'^2R}{DL}$；$\omega_{\mathrm{p}}=\frac{1+D}{RC}$。

由式(6-58)和式(6-59)可知，传递函数有一个 RHP(右半平面)零点(ω_z)和一个 LHP(左半平面)极点($-\omega_p$)，属于一阶非最小相位系统。因此下一节将介绍有关非最小相位系统的基础知识。

6.4.2 非最小相位系统的设计

下面通过一个实际例子比较最小相位系统和非最小相位系统。

设最小相位系统传递函数 $G_1(s)$ 为

$$G_1(s)=\frac{1+T_{\mathrm{z}}s}{1+T_{\mathrm{p}}s} \tag{6-60}$$

非最小相位系统传递函数 $G_2(s)$ 为

$$G_2(s)=\frac{1-T_{\mathrm{z}}s}{1+T_{\mathrm{p}}s} \tag{6-61}$$

式中，$0<T_{\mathrm{z}}<T_{\mathrm{p}}$。$G_1(s)$ 和 $G_2(s)$ 的幅频特性相同，但相频特性不同。

$G_2(s)$ 的一个 RHP 零点与 $G_1(s)$ 的 LHP 零点成镜像。$\varphi_1(\omega)$ 和 $\varphi_2(\omega)$ 分别表示最小相位系统和非最小相位系统的相位特性，则有

$$\varphi_1=\arctan\frac{\omega(T_{\mathrm{z}}-T_{\mathrm{p}})}{1+\omega^2T_{\mathrm{z}}T_{\mathrm{p}}} \tag{6-62}$$

$$\varphi_2=\arctan\frac{\omega(T_{\mathrm{z}}+T_{\mathrm{p}})}{\omega^2T_{\mathrm{z}}T_{\mathrm{p}}-1} \tag{6-63}$$

式中，φ_1、φ_2 表示的相频特性如图 6-27 所示。由图 6-27 可知，$0<\omega<\infty$，$|\varphi_1|<|\varphi_2|$。

下面介绍含有非最小相位系统电压外环的设计方法[21]。

已知一个非最小相位系统的传递函数为 $A_{\mathrm{p}}(s)$，包含有一个 RHP 零点，即含有$(1-T_{\mathrm{z}}s)$的因子。设计一个传递函数为 $G_{\mathrm{v}}(s)$ 的电压控制器。

一个非最小相位系统的闭环控制框图如图 6-28 所示。图 6-28 中，$H(s)$是输出电压采样网络的传递函数。

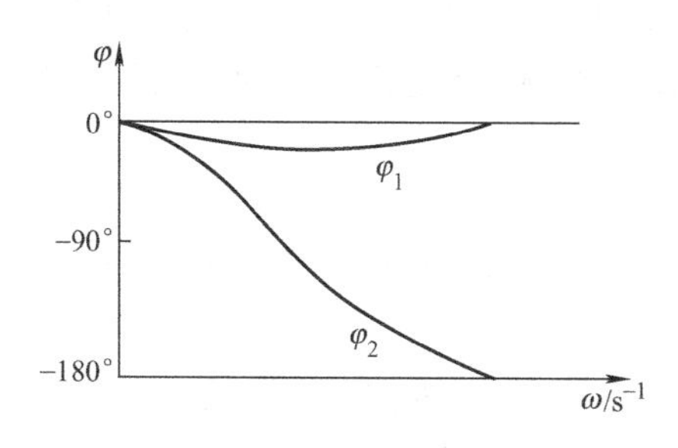

图 6-27　相频特性

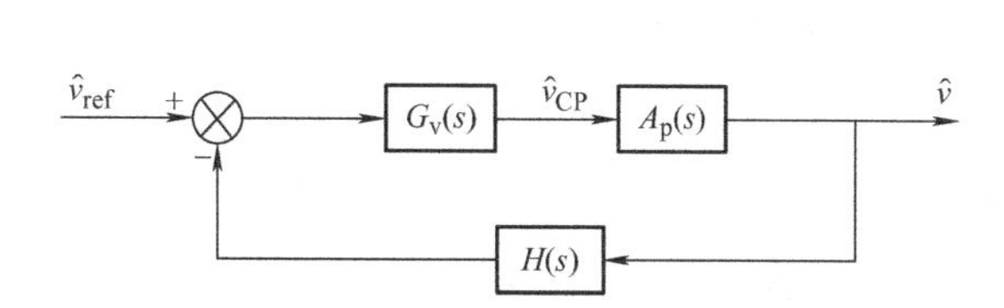

图 6-28　非最小相位系统的闭环控制框图

设计 $G_v(s)$ 的步骤如下：

步骤 1 如果 $A_p(s)$ 含有一个 RHP 的极点，则 $A_p(s)$ 是不稳定的。应该首先设计一个补偿网络，使内环系统能够稳定工作。

步骤 2 设计电压外环的控制器 $G_v(s)$。其方法是由低阶到高阶逐步试探。

$$G_v(s)=K \tag{6-64}$$

$$G_v(s)=\frac{K_v(1+T_{z1}s)}{1+T_{p1}s} \tag{6-65}$$

……

步骤 3 求出校正后系统的开环传递函数 $Q(s)$。校正后系统的开环传递函数 $Q(s)$ 为

$$Q(s)=G_v(s)A_p(s)H(s) \tag{6-66}$$

例如，对峰值电流控制的 Boost 类电路。为了分析方便，假设 $H(s)=1$。

已知

$$A_p(s)=K\frac{1-T_zs}{1+T_ps} \tag{6-67}$$

令

$$Q(s)=\frac{K_v(1-T_zs)}{s(1+T_ps)} \tag{6-68}$$

则有

$$G_v(s)=\frac{K_v}{sK} \tag{6-69}$$

或取

$$Q(s)=\frac{K_v(1-T_zs)}{s(1+T_1s)(1+T_2s)} \tag{6-70}$$

则

$$G_v(s)=\frac{K_v(1+T_ps)}{Ks(1+T_1s)(1+T_2s)} \tag{6-71}$$

由上面分析可知，校正后，系统开环传递函数中保留了 $A_p(s)$ 中的全部 RHP 零点。但控制器中不含有 RHP 的极点。

与第 4 章介绍的电压控制器设计要求相同，设计 $Q(s)$ 参数时，应该使得低频段满足高增益的要求，以减少静态误差；中频段应满足响应速度等要求；高频段满足抑制高频噪声的要求。

6.4.3 设计实例

例 6-3 为工作在连续导电模式的峰值电流控制(CCM-CPM)型 Buck 变换器设计一个电压控制器。

已知，$f_s=100\text{kHz}$，$V_g=15\sim30\text{V}$，$V=12\text{V}$，$R=10\Omega$，$C=220\mu\text{F}$，$R_s=0.1\Omega$，输出电容 C 的 ESR 电阻 $R_c=0.15\Omega$，$L=60\mu\text{H}$。

在考虑输出电容 C 的 ESR 后，系统增加了一个零点 f_z，等效功率级的传递函数为

$$A_p(jf)=\frac{\hat{v}}{\hat{v}_{CP}}=K_p\frac{1+j\dfrac{f}{f_z}}{1+j\dfrac{f}{f_p}}=100\times\frac{1+j\dfrac{f}{4.8\times10^3}}{1+j\dfrac{f}{71.3}}$$

式中，$K_p=\dfrac{R}{R_s}=100$，$f_z=\dfrac{1}{2\pi R_c C}=4.8\times10^3\text{Hz}$，$f_p=\dfrac{1}{2\pi(R_c+R)C}=71.3\text{Hz}$。

人工斜坡补偿的斜率　$m_a=0.75m_2=0.75\times\dfrac{12\text{V}}{60\times10^{-6}\text{H}}=0.15\text{A/μs}$

等效功率级是一个典型的单极点型控制对象，在第 4 章中已详细讨论了其电压控制器的设计方法。适用于单极点型控制对象的电压控制器有两种典型的控制器，即具有带宽增益限制的单极点补偿网络和单极点-单零点补偿网络。

本设计采用具有带宽增益限制的单极点补偿网络作为电压控制器，如图 4-25 所示。

电压控制器的传递函数 G_v 为

$$G_v(jf)=\frac{\hat{v}_{CP}}{\hat{v}}=\frac{K_v}{1+j\dfrac{f}{f_{p1}}}$$

式中，$f_{p1}=1/(2\pi R_2 C)$；$K_v=-R_2/R_1$。

电压控制环的开环传递函数为

$$T(jf)=A_pG_v=K_pK_v\frac{1+j\dfrac{f}{f_z}}{\left(1+j\dfrac{f}{f_p}\right)\left(1+j\dfrac{f}{f_{p1}}\right)}$$

令 $f_{p1}\approx f_z$，用 f_{p1} 极点抵消 ESR 电阻引起的零点，则开环传递函数变为

$$T(jf)=K_pK_v\frac{1}{1+j\dfrac{f}{f_p}}$$

取穿越频率 $f_c=f_s/4=25\text{kHz}$。因为 $f_c>>f_p$，所以在 f_c 处，$|T(jf_c)|\approx\left|\dfrac{K_pK_vf_p}{f_c}\right|=1$，则有

$$K_v=\frac{f_c}{f_pK_p}=3.5$$

开环传递函数的表达式为

$$T(jf)=350\frac{1}{1+j\dfrac{f}{71.3}}$$

用 Mathcad 对开环传递函数进行数值仿真，仿真结果如图 6-29 所示。由图可见，系统相当于一个一阶系统，所以电压控制环一定是稳定的。在直流点，增益为 350，所以稳态误差不等于零。在高频段，幅频特性的斜率为-20dB/dec，系统的抗干扰能力较差。

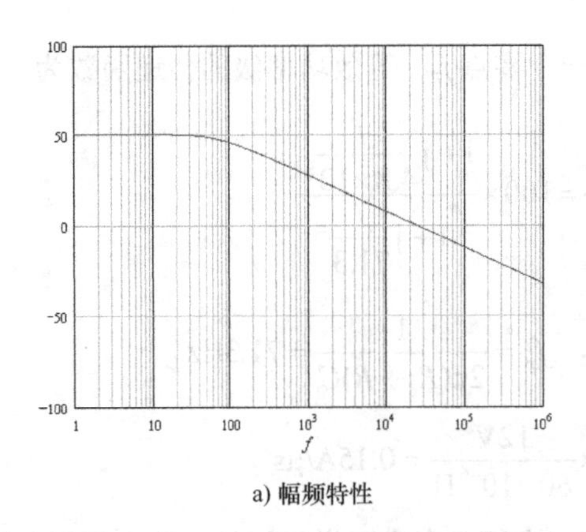

a) 幅频特性

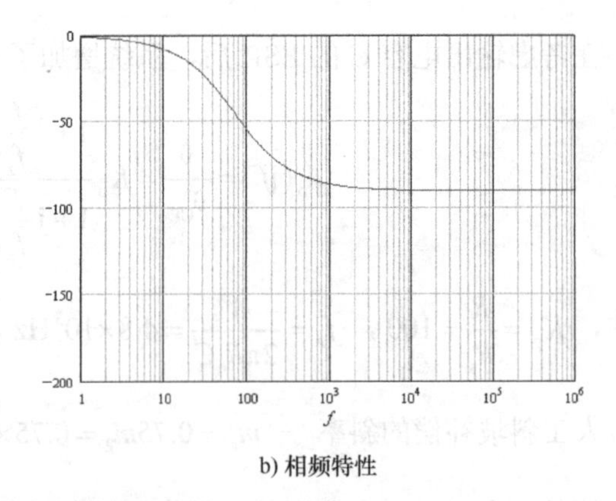

b) 相频特性

图 6-29　CCM-CPM 型 Buck 变换器电压控制环的开环频率特性

例 6-4　为 Boost 变换器设计电压控制器。已知条件，$L=390\mu H$，$C=24\mu F$，$R=75\Omega$，$f_s=75kHz$，$D=0.55$，$V=25V$，$R_s=0.1\Omega$，$D'=1-D=0.45$。

计算新功率级中的零、极点频率为

$$f_z=\frac{D'^2R}{2\pi L}=\frac{0.45^2\times 75}{2\pi\times 390\times 10^{-6}}\text{Hz}=6.2\text{kHz}$$

$$f_p=\frac{2}{2\pi RC}=\frac{1}{\pi\times 75\times 24\times 10^{-6}}\text{Hz}=177\text{Hz}$$

$$K_p=\frac{D'R}{R_s}=\frac{0.45\times 75}{0.1}=337.5$$

等效功率的传递函数为

$$A_p(\text{j}f)=K_p\frac{1-\text{j}\dfrac{f}{f_z}}{1+\text{j}\dfrac{f}{f_p}}=337.5\times\frac{1-\text{j}\dfrac{f}{6.2\times 10^3}}{1+\text{j}\dfrac{f}{177}}$$

因为 A_p 中含有一个 RHP 的零点，所以系统为非最小相位系统。在选择电压控制器时，具有双极点的补偿网络较为合理。用其中一个极点抵消 RHP 的零点，而用另一个极点抵消输出电容 ESR 电阻引起的零点。在小功率电源中，通常输出电容 C 很小，等效 ESR 电阻也很小，所以当 ESR 电阻引起的零点对应频率大于 $f_s/2$ 时，在设计电压环时，忽略这个零点的作用。

选择图 6-30 所示电路作为电压控制器。电容 C_p 和 R_p 提供了一个极点。这个极点的作用是令开环传递函数的幅频特性在 RHP 零点频率之前开始下降。

图 6-30 所示的电压控制器的传递函数为

$$G_v(\text{j}f)=\frac{K_v}{\left(1+\text{j}\dfrac{f}{f_{p1}}\right)\left(1+\text{j}\dfrac{f}{f_{p2}}\right)}$$

式中，$K_v=\dfrac{R_f}{R_1+R_p}$，$f_{p1}=\dfrac{1}{2\pi C_p(R_1//R_p)}$，$f_{p2}=\dfrac{1}{2\pi R_f C_f}$。

开环传递函数为

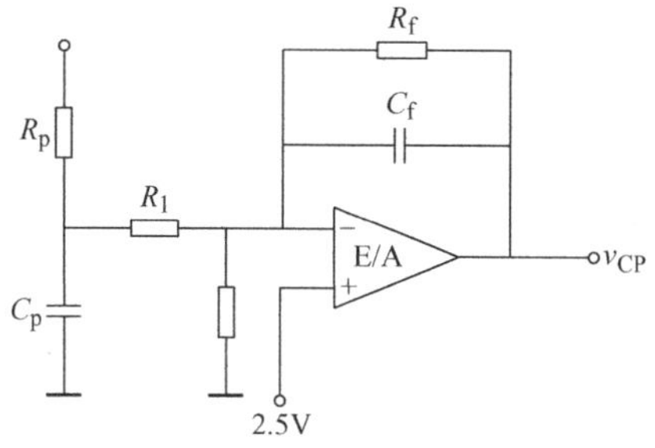

$$T(\mathrm{j}f)=A_{\mathrm{p}}(\mathrm{j}f)G_{\mathrm{v}}(\mathrm{j}f)=K_{\mathrm{p}}K_{\mathrm{v}}\frac{1-\mathrm{j}\dfrac{f}{f_{\mathrm{z}}}}{\left(1+\mathrm{j}\dfrac{f}{f_{\mathrm{p}}}\right)\left(1+\mathrm{j}\dfrac{f}{f_{\mathrm{p1}}}\right)\left(1+\mathrm{j}\dfrac{f}{f_{\mathrm{p2}}}\right)}$$

$$=K_{\mathrm{p}}K_{\mathrm{v}}\frac{1-\mathrm{j}\dfrac{f}{6.2\times10^{3}}}{\left(1+\mathrm{j}\dfrac{f}{177}\right)\left(1+\mathrm{j}\dfrac{f}{f_{\mathrm{p1}}}\right)\left(1+\mathrm{j}\dfrac{f}{f_{\mathrm{p2}}}\right)}$$

图 6-30　双极点的补偿网络

在开环传递函数中，取 $f_{\mathrm{p1}}=f_{\mathrm{z}}$，以抵消 RHP 零点的作用。$f_{\mathrm{p2}}$ 设置在开关频率附近。这样设置极点是基于如下考虑：①消除电压波形中的尖峰噪声；②减小这个极点在穿越频率处的相移；③减小输出电压高频纹波高次谐波产生的影响。

在非最小相位系统设计时，穿越频率 f_{c} 是根据相位裕量决定的。

环路增益的相位为

$$\varphi(f)=-\arctan\frac{f}{f_{\mathrm{p}}}-2\arctan\frac{f}{f_{\mathrm{z}}}-\arctan\frac{f}{f_{\mathrm{p2}}}$$

因为 $f_{\mathrm{c}}>>f_{\mathrm{p}}$，且 $f_{\mathrm{c}}<<f_{\mathrm{p2}}$，所以，改写相位表达式为

$$\varphi(f)=-90^{\circ}-2\arctan\frac{f}{f_{\mathrm{z}}}$$

相位裕量为

$$\varphi_{\mathrm{m}}=-180^{\circ}-\varphi=-90^{\circ}+2\arctan\frac{f}{f_{\mathrm{z}}}=45^{\circ}$$

则有

$$\arctan\frac{f_{\mathrm{c}}}{f_{\mathrm{z}}}=22.5^{\circ},\quad \frac{f_{\mathrm{c}}}{f_{\mathrm{z}}}\approx0.414,\quad f_{\mathrm{c}}=0.414f_{\mathrm{z}}$$

确定穿越频率为

$$f_{\mathrm{c}}=0.414f_{\mathrm{z}}=2.6\mathrm{kHz}$$

在设计中，开关频率 $f_{\mathrm{s}}=75\mathrm{kHz}$，$f_{\mathrm{c}}=2.6\mathrm{kHz}$，$f_{\mathrm{c}}\approx f_{\mathrm{s}}/29$。

所以 f_{c} 偏小，系统的动态响应缓慢。这是非最小相位系统固有的缺点。如何通过设计控制电路克服这一缺点是一个需要研究的问题。

当 $f=f_{\mathrm{c}}$ 时，$|T(\mathrm{j}f_{\mathrm{c}})|=1$，同时 $\dfrac{f_{\mathrm{c}}}{f_{\mathrm{p2}}}<<1$，$\dfrac{f_{\mathrm{c}}}{f_{\mathrm{p}}}>>1$，则有

$$K_{\mathrm{v}}=\frac{f_{\mathrm{c}}}{K_{\mathrm{p}}f_{\mathrm{p}}}=\frac{2.6\times10^{3}}{337.5\times177}\approx0.044$$

开环传递函数为

$$T(\mathrm{j}f)=A_{\mathrm{p}}(\mathrm{j}f)G_{\mathrm{v}}(\mathrm{j}f)=K_{\mathrm{p}}K_{\mathrm{v}}\frac{1-\mathrm{j}\dfrac{f}{f_{\mathrm{z}}}}{\left(1+\mathrm{j}\dfrac{f}{f_{\mathrm{p}}}\right)\left(1+\mathrm{j}\dfrac{f}{f_{\mathrm{p1}}}\right)\left(1+\mathrm{j}\dfrac{f}{f_{\mathrm{p2}}}\right)}$$

$$=14.85\frac{1-\mathrm{j}\dfrac{f}{6.2\times10^{3}}}{\left(1+\mathrm{j}\dfrac{f}{177}\right)\left(1+\mathrm{j}\dfrac{f}{6.2\times10^{3}}\right)\left(1+\mathrm{j}\dfrac{f}{75\times10^{3}}\right)}$$

用 Mathcad 对开环传递函数进行数值仿真，仿真结果如图 6-31 所示。由图可见，系统有一定的稳态误差，穿越频率低，动态响应慢。在高频段，幅频特性的斜率为-40dB/dec，系统具有较强的抗干扰能力。

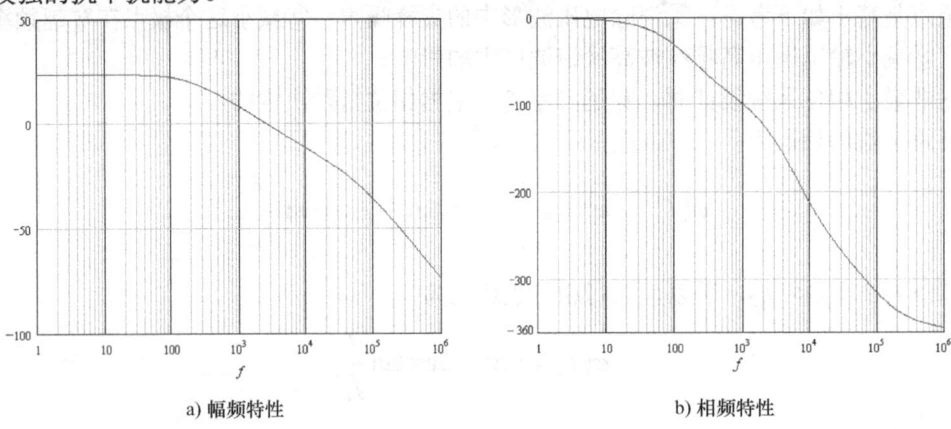

a) 幅频特性　　b) 相频特性

图 6-31　CCM-CPM 型 Boost 变换器开环频率特性

6.5 电流控制环的精确模型

在推导峰值电流控制环一阶模型时，引入的假设是：电感电流的平均值等于控制电流。一阶模型较好的表征了 CPM 型变换器的低频特征，但是不能描述 CPM 型变换器的某些特性。例如，用一阶模型分析 Buck 变换器输入电压波动对输出电压的影响时，其传递函数 $G_{\mathrm{vg}}(s)=0$。然而，实际情况是引入峰值电流控制后，可以减少输入电压波动对输出电压产生的影响，但不能完全消除其影响。为了更准确的描述 CPM 型开关变换器的动态特性，需要寻找更为精确的模型。

在这一节中，在推导电流控制环的精确模型过程时，需要考虑到电感电流纹波和人工斜坡补偿的影响。推导精确模型的主要思路是，基于电感电流平均值的方程，得到占空比与控制电流、输入电压、输出电压和人工斜坡补偿斜率的表达式，并将其应用于开关变换器的小信号交流等效模型，从而得到表征 CPM 型开关变换器的精确模型。

6.5.1 峰值电流控制器的精确模型

电感电流 $i_{\mathrm{L}}(t)$ 和控制电流 $i_{\mathrm{c}}(t)$ 以及人工斜坡补偿的波形如图 6-32 所示。

由图 6-32 可以得到如下结果：

1) 由于人工斜坡补偿的影响，在 $t=dT_{\mathrm{s}}$ 处，电感电流 $i_{\mathrm{L}}(t)$ 的峰值不等于 $i_{\mathrm{c}}(t)$，其差值等于 $m_{\mathrm{a}}dT_{\mathrm{s}}$。

2) 在动态条件下，$i_L(0) \neq i_L(T_s)$。

3) 在$[0, dT_s]$和$[dT_s, T_s]$两个区间内，$i_L(t)$的峰值不等于其平均值，其差值分别为$\dfrac{m_1 dT_s}{2}$和$\dfrac{m_2 d'T_s}{2}$。因此，电感电流纹波的平均值为$d\dfrac{m_1 dT_s}{2}+d'\dfrac{m_2 d'T_s}{2}$。

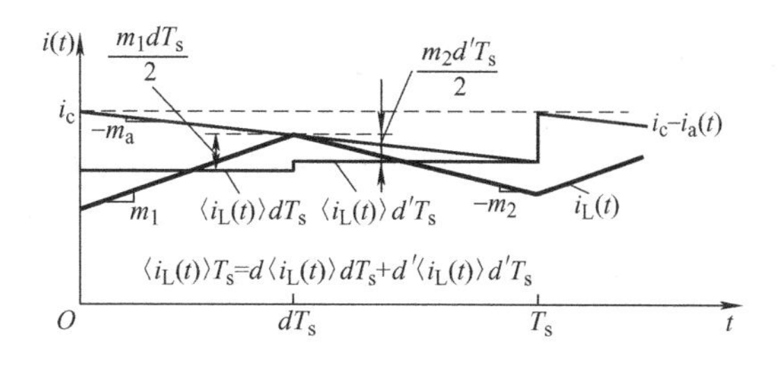

图 6-32　电感电流平均值与控制电流之间的关系

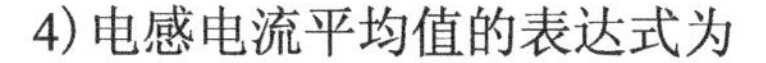

4) 电感电流平均值的表达式为

$$\langle i_L(t)\rangle_{T_s} = \langle i_c(t)\rangle_{T_s} - m_a dT_s - \frac{m_1 d^2 T_s}{2} - \frac{m_2 d'^2 T_s}{2} \tag{6-72}$$

式(6-72)精确地描述了$\langle i_L(t)\rangle_{T_s}$与$\langle i_c(t)\rangle_{T_s}$之间的关系。下面基于式(6-72)研究峰值电流控制模式的精确模型。

为了获得小信号交流模型，引入小信号扰动为

$$\begin{cases} \langle i_L(t)\rangle_{T_s} = I_L + \hat{i}_L(t) \\ \langle i_c(t)\rangle_{T_s} = I_c + \hat{i}_c(t) \\ d(t) = D + \hat{d}(t) \\ m_1 = M_1 + \hat{m}_1(t) \\ m_2 = M_2 + \hat{m}_2(t) \end{cases} \tag{6-73}$$

需要说明，由于电感电流上升和下降的斜率m_1和m_2受输入电压和输出电压控制，所以引入斜率扰动是合理的。

$\hat{m}_1$和$\hat{m}_2$的计算公式为

Buck 变换器：
$$\hat{m}_1 = \frac{\hat{v}_g - \hat{v}}{L},\quad \hat{m}_2 = \frac{\hat{v}}{L} \tag{6-74a}$$

Boost 变换器：
$$\hat{m}_1 = \frac{\hat{v}_g}{L},\quad \hat{m}_2 = \frac{\hat{v} - \hat{v}_g}{L} \tag{6-74b}$$

Buck-boost 电路：
$$\hat{m}_1 = \frac{\hat{v}_g}{L},\quad \hat{m}_2 = -\frac{\hat{v}}{L} \tag{6-74c}$$

由于m_a是由控制电路决定的，所以m_a的扰动量忽略不计，即$m_a = M_a$。将式(6-73)代入式(6-72)，并略去高阶微小量项，可得

$$\hat{i}_L(t) = \hat{i}_c(t) - (M_a T_s + D M_1 T_s - D' M_2 T_s)\hat{d}(t) - \frac{D^2 T_s}{2}\hat{m}_1(t) - \frac{D'^2 T_s}{2}\hat{m}_2(t) \tag{6-75}$$

在 Buck 变换器中，$M_1 = \dfrac{V_g - V}{L}$，$M_2 = \dfrac{V}{L}$，则

$$M_1 D = \frac{V_g - V}{L} D = \frac{V_g D D'}{L},\quad M_2 D' = \frac{V}{L} D' = \frac{V_g D D'}{L}$$

所以有

$$M_1 D = M_2 D'$$

同理可证明，在其余两种电路中，$M_1 D = M_2 D'$也成立。因此，式(6-75)可以进一步简化为

$$\hat{i}_L(t) = \hat{i}_c(t) - M_a T_s \hat{d}(t) - \frac{D^2 T_s}{2}\hat{m}_1(t) - \frac{D'^2 T_s}{2}\hat{m}_2(t) \tag{6-76}$$

由式(6-76)可求得$\hat{d}(t)$的表达式为

$$\hat{d}(t)=\frac{1}{M_a T_s}\left[\hat{i}_c(t)-\hat{i}_L(t)-\frac{D^2 T_s}{2}\hat{m}_1(t)-\frac{D'^2 T_s}{2}\hat{m}_2(t)\right] \tag{6-77}$$

根据$\hat{m}_1(t)$和$\hat{m}_2(t)$的定义式(6-74)，$\hat{m}_1(t)$和$\hat{m}_2(t)$是$\hat{v}_g$和$\hat{v}$的线性函数，改写式(6-77)得

$$\hat{d}(t)=F_m[\hat{i}_c(t)-\hat{i}_L(t)-F_g\hat{v}_g(t)-F_v\hat{v}(t)] \tag{6-78}$$

式中，$F_m=\dfrac{1}{M_a T_s}$；F_g和F_v分别表示输入和输出电压扰动量引起占空比变化的系数。

式(6-78)表明，占空比受控制量、电感电流、输入电压和输出电压等诸多变量的控制。

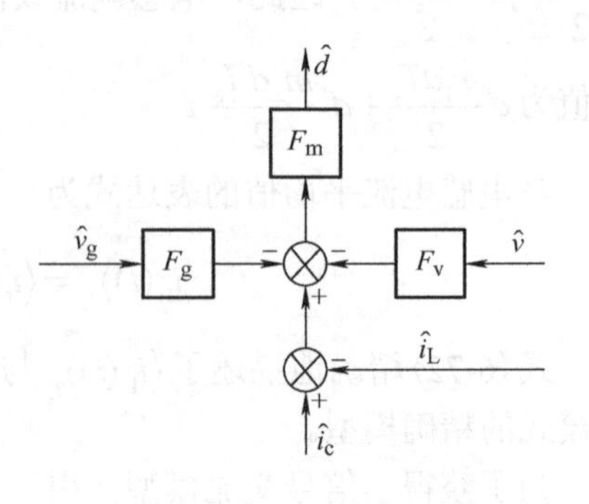

图 6-33　峰值电流控制器的原理框图

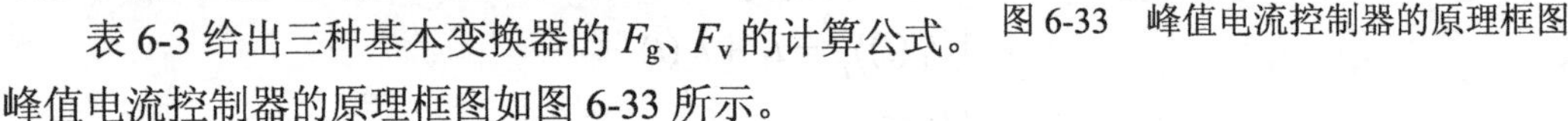

表 6-3 给出三种基本变换器的F_g、F_v的计算公式。峰值电流控制器的原理框图如图 6-33 所示。

表 6-3　三种基本变换器的控制系数 F_g 和 F_v

变换器	F_g	F_v
Buck	$\dfrac{D^2T_s}{2L}$	$\dfrac{(1-2D)T_s}{2L}$
Boost	$\dfrac{(2D-1)T_s}{2L}$	$\dfrac{D'^2T_s}{2L}$
Buck-boost	$\dfrac{D^2T_s}{2L}$	$-\dfrac{D'^2T_s}{2L}$

需要指出，在上面讨论中，$\hat{i}_L(t)$表示电感电流平均值的扰动量，而不是峰值的扰动量。因此，上述研究的主要贡献是将峰值电流控制模式转化为平均值控制模式。所以研究峰值电流控制开关变换器的动态行为时，也可以采用小信号交流平均模型。图 6-34 给出峰值电流控制的三种基本变换器的小信号交流模型。

6.5.2　等效功率级的传递函数

基于图 6-34，可以写出电感电流平均值扰动量$\hat{i}_L(t)$和输出电压扰动量$\hat{v}(t)$与$\hat{v}_g$和$\hat{d}(t)$之间的线性关系，用频域表达为

$$\hat{i}_L(s)=G_{id}(s)\hat{d}(s)+G_{ig}(s)\hat{v}_g(s) \tag{6-79}$$

$$\hat{v}(s)=G_{vd}(s)\hat{d}(s)+G_{vg}(s)\hat{v}_g(s) \tag{6-80}$$

式中，

$$\begin{cases} G_{id}(s)=\left.\dfrac{\hat{i}_L(s)}{\hat{d}(s)}\right|_{\hat{v}_g(s)=0} \\ G_{ig}(s)=\left.\dfrac{\hat{i}_L(s)}{\hat{v}_g(s)}\right|_{\hat{d}(s)=0} \\ G_{vd}(s)=\left.\dfrac{\hat{v}(s)}{\hat{d}(s)}\right|_{\hat{v}_g(s)=0} \\ G_{vg}(s)=\left.\dfrac{\hat{v}(s)}{\hat{v}_g(s)}\right|_{\hat{d}(s)=0} \end{cases} \tag{6-81}$$

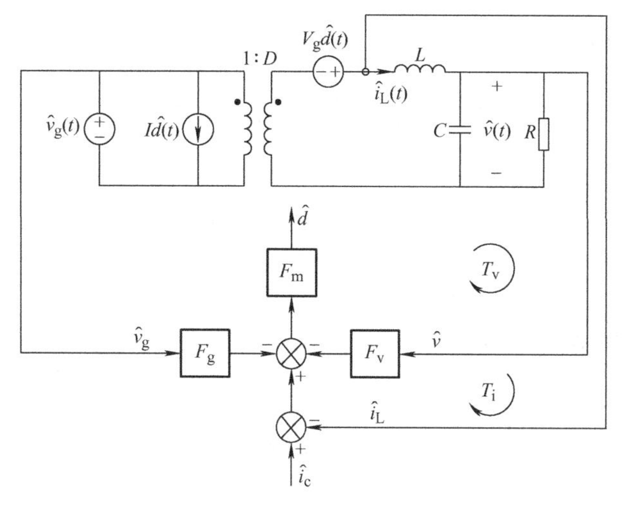

a) Buck变换器

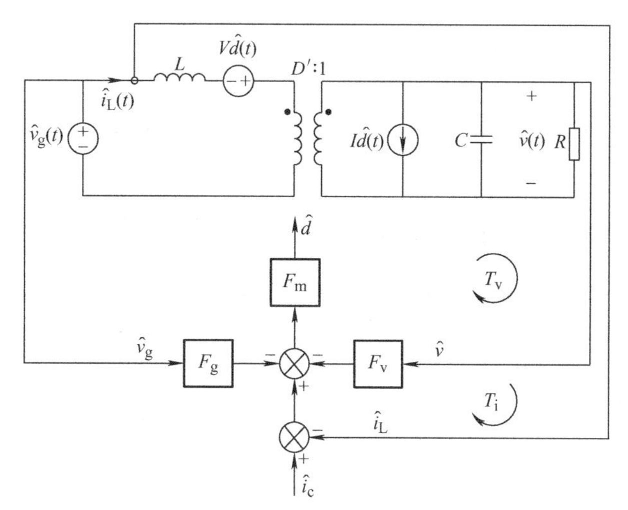

b) Boost变换器

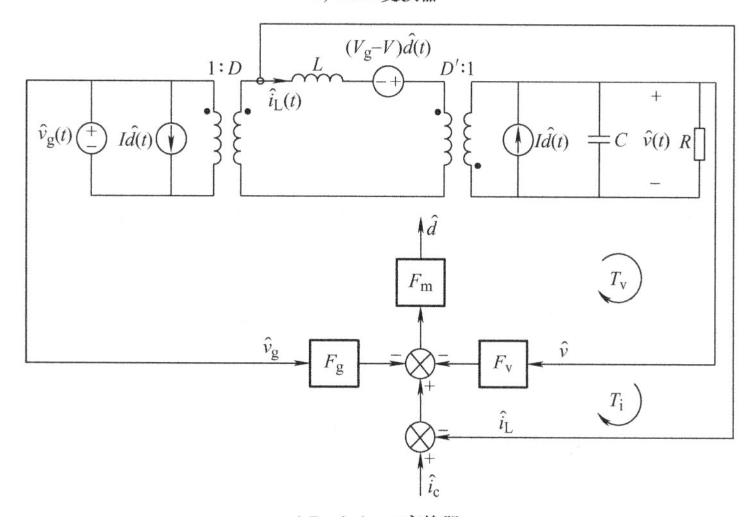

c) Buck-boost变换器

图 6-34　峰值电流控制的三种基本变换器的小信号交流模型

将式(6-79)代入式(6-78)的频域表达式，整理后可得

$$\hat{d}=\frac{F_{\mathrm{m}}}{1+F_{\mathrm{m}}G_{\mathrm{id}}}[\hat{i}_{\mathrm{c}}-(G_{\mathrm{ig}}+F_{\mathrm{g}})\hat{v}_{\mathrm{g}}-F_{\mathrm{v}}\hat{v}] \tag{6-82}$$

将式(6-82)代入式(6-80)得到

$$\hat{v}=\frac{F_{\mathrm{m}}G_{\mathrm{vd}}}{1+F_{\mathrm{m}}(G_{\mathrm{id}}+F_{\mathrm{v}}G_{\mathrm{vd}})}\hat{i}_{\mathrm{c}}+\frac{G_{\mathrm{vg}}-F_{\mathrm{m}}F_{\mathrm{g}}G_{\mathrm{vd}}+F_{\mathrm{m}}(G_{\mathrm{vg}}G_{\mathrm{id}}-G_{\mathrm{ig}}G_{\mathrm{vd}})}{1+F_{\mathrm{m}}(G_{\mathrm{id}}+F_{\mathrm{v}}G_{\mathrm{vd}})}\hat{v}_{\mathrm{g}} \tag{6-83}$$

等效功率级的传递函数 $A_{\mathrm{p}}(s)$ 为

$$A_{\mathrm{p}}(s)=G_{\mathrm{vc}}(s)=\left.\frac{\hat{v}(s)}{\hat{i}_{\mathrm{c}}(s)}\right|_{\hat{v}_{\mathrm{g}}(s)=0}=\frac{F_{\mathrm{m}}G_{\mathrm{vd}}}{1+F_{\mathrm{m}}(G_{\mathrm{id}}+F_{\mathrm{v}}G_{\mathrm{vd}})} \tag{6-84}$$

等效功率级的音频衰减率 $A(s)$ 为

$$A(s)=\frac{\hat{v}(s)}{\hat{v}_{\mathrm{g}}(s)}=\frac{G_{\mathrm{vg}}-F_{\mathrm{m}}F_{\mathrm{g}}G_{\mathrm{vd}}+F_{\mathrm{m}}(G_{\mathrm{vg}}G_{\mathrm{id}}-G_{\mathrm{ig}}G_{\mathrm{vd}})}{1+F_{\mathrm{m}}(G_{\mathrm{id}}+F_{\mathrm{v}}G_{\mathrm{vd}})} \tag{6-85}$$

对于单个电感的三种基本变换器，式(6-84)和式(6-85)给出计算传递函数的通用公式。

6.5.3 CCM-CPM 型 Buck 变换器的传递函数及其举例

在不考虑反馈作用时，应用图 6-34a 所给出的 Buck 变换器小信号交流等效电路，求出下面四个开环传递函数。

$$G_{\mathrm{vd}}(s)=\left.\frac{\hat{v}(s)}{\hat{d}(s)}\right|_{\hat{v}_{\mathrm{g}}(s)=0}=\frac{V}{D}H(s) \tag{6-86}$$

$$G_{\mathrm{vg}}(s)=\left.\frac{\hat{v}(s)}{\hat{v}_{\mathrm{g}}(s)}\right|_{\hat{d}(s)=0}=DH(s) \tag{6-87}$$

式中，$H(s)=\dfrac{1}{1+s\dfrac{L}{R}+s^2LC}$。

由于 $\hat{v}(s)=\hat{i}_{\mathrm{L}}(s)\left(R//\dfrac{1}{sC}\right)$，$\hat{i}_{\mathrm{L}}(s)=\dfrac{1+sRC}{R}\hat{v}(s)$，从而得到如下式子：

$$G_{\mathrm{id}}(s)=\left.\frac{\hat{i}_{\mathrm{L}}(s)}{\hat{d}(s)}\right|_{\hat{v}_{\mathrm{g}}(s)=0}=\frac{V}{DR}(1+sRC)H(s) \tag{6-88}$$

$$G_{\mathrm{ig}}(s)=\left.\frac{\hat{i}_{\mathrm{L}}(s)}{\hat{v}_{\mathrm{g}}(s)}\right|_{\hat{d}(s)=0}=\frac{D}{R}(1+sRC)H(s) \tag{6-89}$$

在考虑反馈时，可以通过式(6-85)求得闭环输入音频衰减率 $A(s)$。

当不考虑人工斜坡补偿网络时，$M_{\mathrm{a}}=0$，$F_{\mathrm{m}}\rightarrow\infty$；当不考虑电感电流纹波时，$F_{\mathrm{g}}\rightarrow 0$，

$F_v \to 0$，在这种条件下，可得到音频衰减率$A(s)$为

$$A(s) \approx \frac{G_{vg}G_{id} - G_{ig}G_{vd}}{G_{id}} = 0 \tag{6-90}$$

其中，$G_{vg}G_{id} = G_{ig}G_{vd}$。

这个结果与一阶模型所得的结果一致，因此，假定$\langle i_L(t) \rangle_{T_s} = \langle i_c(t) \rangle_{T_s}$等价于$F_m \to \infty$，$F_g \to 0$，$F_v \to 0$。

对于Buck变换器，$G_{vg}G_{id} = G_{ig}G_{vd}$，所以式(6-85)最后一项等于零。

从表6-3中查得F_g和F_v的表达式，$F_m = 1/(M_a T_s)$，并将计算结果代入式(6-85)，再将式(6-86)～式(6-89)代入式(8-90)整理后得

$$A(s) = \frac{G_{g0}}{1 + \dfrac{s}{Q_c \omega_c} + \left(\dfrac{s}{\omega_c}\right)^2} \tag{6-91}$$

$$G_{g0} = D \frac{1 - \dfrac{M_2}{2M_a}}{1 + \dfrac{F_m V}{DR} + \dfrac{F_m F_v V}{D}} \tag{6-92}$$

$$\omega_c = \frac{1}{\sqrt{LC}} \sqrt{1 + \frac{F_m V}{DR} + \frac{F_m F_v V}{D}} \tag{6-93}$$

$$Q_c = R\sqrt{\frac{C}{L}} \frac{\sqrt{1 + \dfrac{F_m V}{DR} + \dfrac{F_m F_v V}{D}}}{1 + \dfrac{RCF_m V}{DL}} \tag{6-94}$$

式(6-92)给出峰值电流反馈如何改变Buck变换器的直流增益。在占空比控制的电路中，直流增益为D。电流反馈有助于减少输入电压波动对输出电压的影响。其原因可以用图6-33或图6-34所示的框图进行解释。在这些图中，当$F_g \neq 0$时相当于引入了一个前馈环节。在式(6-85)中，G_{vg}项是输入电压波动通过功率级直接对输出产生的影响；$F_m F_g G_{vd}$是输入电压波动通过反馈网络对输出产生的影响。因此，当$M_a = 0.5M_2$时，$F_m F_g G_{vd} = G_{vg}$，可以消除输入电压波动对输出产生的影响。

同理可求得等效功率级的传递函数为

$$A_p(s) = \frac{G_{c0}}{1 + \dfrac{s}{Q_c \omega_c} + \left(\dfrac{s}{\omega_c}\right)^2} \tag{6-95}$$

$$G_{c0} = \frac{V}{D} \frac{F_m}{1 + \dfrac{F_m V}{DR} + \dfrac{F_m F_v V}{D}} \tag{6-96}$$

式中，Q_c和ω_c由式(6-93)和式(6-94)确定。

G_{c0}、ω_c 和 Q_c 表达式描述了电流反馈对功率级性能参数的影响。下面讨论电流反馈的影响程度。无电流反馈时，功率级静态放大倍数为 $G_0(=V/D)$。引入电流反馈后，通常 $\dfrac{F_m}{1+\dfrac{F_m V}{DR}+\dfrac{F_m F_v V}{D}}<1$，$G_{c0}<G_0$，因此电流反馈使得静态放大倍数减小。

无电流反馈时，功率级的谐振频率为 $\omega_0=\dfrac{1}{\sqrt{LC}}$。有电流反馈时，谐振频率为 ω_c。根据反馈理论，反馈的作用使得放大器上限频率增加，所以 $\omega_c>\omega_0$。

无电流反馈时，系统的品质因数 $Q_0=R\sqrt{\dfrac{C}{L}}$。引入电流反馈后，品质因数下降，所以 $Q_c<Q_0$。

下面用实例具体说明电流反馈对 Buck 变换器性能参数的影响。

例 6-5 已知条件：$V_g=12\text{V}$，$D=0.676$，$V=8.1\text{V}$，$R_s=1\Omega$，$f_s=200\text{kHz}$，$L=35\mu\text{H}$，$C=100\mu\text{F}$，$R=10\Omega$，$V_a=m_aT_s=0.6\text{V}$。

由表 6-3 查得 F_g 和 F_v 的公式，并代入数据计算得

$$F_g=\frac{D^2T_s}{2L}=\frac{0.676\times0.676}{2\times35\times10^{-6}\times200\times10^3}\approx0.033$$

$$F_v=\frac{(1-2D)T_s}{2L}=\frac{1-2\times0.676}{2\times35\times10^{-6}\times200\times10^3}\approx-0.025$$

$$F_m=\frac{1}{V_a}=\frac{1}{0.6}\approx1.67$$

令 $A=1+\dfrac{F_m V}{DR}+\dfrac{F_m F_v V}{D}=1+\dfrac{1.67\times8.1}{0.676\times10}-\dfrac{1.67\times0.025\times8.1}{0.676}\approx3$，则 $G_0=\dfrac{V}{D}=V_g=12$，$G_{c0}=\dfrac{G_0F_m}{A}=\dfrac{12\times1.67}{3}=6.68$，所以，$G_0>G_{c0}$。

$$f_0=\frac{1}{2\pi\sqrt{LC}}=\frac{1}{2\pi\sqrt{35\times10^{-6}\times100\times10^{-6}}}\text{Hz}\approx2.7\text{kHz}$$

$$f_c=f_0\sqrt{A}\approx4.7\text{kHz}$$

$$Q_0=R\sqrt{\frac{C}{L}}=10\sqrt{\frac{100\times10^{-6}}{35\times10^{-6}}}\approx16.9$$

$$Q_c=Q_0\frac{\sqrt{A}}{1+\dfrac{RCF_mV_g}{L}}=16.9\times\frac{\sqrt{3}}{1+\dfrac{10\times100\times10^{-6}\times1.67\times12}{35\times10^{-6}}}\approx0.05$$

$Q_c\ll1$，所以电流反馈使得新功率级变为一个低 Q 值的系统。参考文献[5]，对低 Q 值系统进行了详细论证，其结论如下：

结论 1 对于低 Q 值的二阶系统，当 $Q_c\leqslant0.5$ 时，传递函数的特征根有两个实根，ω_{p1} 和 ω_{p2}，且 $\omega_{p1}<\omega_{p2}$。定义 ω_{p1} 为低频极点频率，ω_{p2} 为高频极点频率。

$$\omega_{\mathrm{p1}}=\frac{\omega_{\mathrm{c}}}{Q_{\mathrm{c}}}\frac{1-\sqrt{1-4Q_{\mathrm{c}}^{2}}}{2} \tag{6-97}$$

$$\omega_{\mathrm{p2}}=\frac{\omega_{\mathrm{c}}}{Q_{\mathrm{c}}}\frac{1+\sqrt{1-4Q_{\mathrm{c}}^{2}}}{2} \tag{6-98}$$

结论 2　当 $Q_{\mathrm{c}}<<0.5$ 时，有

$$\omega_{\mathrm{p2}}\approx\frac{\omega_{\mathrm{c}}}{Q_{\mathrm{c}}}\approx\frac{F_{\mathrm{m}}V}{DL}=\frac{f_{\mathrm{s}}M_{2}}{DM_{\mathrm{a}}} \tag{6-99}$$

在本例中，$M_{2}=\dfrac{V}{L}=\dfrac{8.1\mathrm{V}}{35\times10^{-6}\mathrm{H}}\approx0.23\times10^{6}\,\mathrm{A/s}$

$$M_{\mathrm{a}}=V_{\mathrm{a}}f_{\mathrm{s}}=0.6\times0.2\times10^{6}\,\mathrm{A/s}=0.12\times10^{6}\,\mathrm{A/s}$$

$$D=0.676\text{，}\quad f_{\mathrm{p2}}=\frac{f_{\mathrm{s}}M_{2}}{2\pi DM_{\mathrm{a}}}=\frac{f_{s}\times0.23\times10^{6}}{2\times3.14\times0.676\times0.12\times10^{6}}=0.45f_{\mathrm{s}}$$

由上面分析可知，高频极点频率约等于开关频率的一半。另外必须指出：由于开关变换器和 PWM 调制器的采样作用，用平均模型不能描述变换器的高频性能(即有效频率范围不能大于一半开关频率)。

结论 3　当 $Q_{\mathrm{c}}<<0.5$ 时，低频极点的频率 ω_{1} 可用下面的式子估算：

$$\omega_{\mathrm{p1}}=\frac{\omega_{\mathrm{c}}}{Q_{\mathrm{c}}}\frac{1-\sqrt{1-4Q_{\mathrm{c}}^{2}}}{2}\approx\frac{2\omega_{\mathrm{c}}Q_{\mathrm{c}}}{1+\sqrt{1-4Q_{\mathrm{c}}^{2}}}\approx\omega_{\mathrm{c}}Q_{\mathrm{c}}=\frac{R}{L}\frac{1+\dfrac{F_{\mathrm{m}}V}{DR}+\dfrac{F_{\mathrm{m}}F_{\mathrm{v}}V}{D}}{1+\dfrac{RCF_{\mathrm{m}}V}{DL}} \tag{6-100}$$

当 $F_{\mathrm{m}}\to\infty$，$F_{\mathrm{v}}\to0$ 时，有

$$\omega_{\mathrm{p1}}\approx\frac{1}{RC} \tag{6-101}$$

这个结论与简化的一阶模型所得的结论相同。

等效功率级传递函数的近似表达式为

$$A_{\mathrm{p}}(\mathrm{j}\omega)=\frac{G_{\mathrm{c0}}}{\left(1+\mathrm{j}\dfrac{\omega}{\omega_{\mathrm{p1}}}\right)\left(1+\mathrm{j}\dfrac{\omega}{\omega_{\mathrm{p2}}}\right)} \tag{6-102}$$

由式(6-102)可知，电流反馈的作用是将一个极点移到一半开关频率附近。

本节介绍了峰值电流控制器的建模及其仿真。首先，基于精确模型建立了其相应的 PSpice 模型，使得可以用计算机通用电路分析软件仿真 CCM-CPM 型开关变换器的动态行为。本节给出了一个 CCM-CPM 型 Buck 变换器仿真实例，仿真的主要结果如图 6-35、图 6-36 和图 6-37 所示。下面根据这些仿真结果，说明电流控制对开关变换器的动态性能的影响。

在图 6-35 中，无电流反馈的情况下，控制量为占空比 $\hat{d}$，输出量为输出电压 $\hat{v}$，功率级的传递函数用 G_{vd} 表示；在峰值电流控制模式中，控制量为电压外环的输出电流 $\hat{i}_{\mathrm{c}}$(也可以是

输出电压)，输出量为输出电压 $\hat{v}$，等效功率级的传递函数用 G_{vc} 表示；图 6-35 是功率级传递函数的仿真结果，包括幅频特性和相频特性。G_{vd} 有两个谐振极点，即 G_{vd} 为一个二阶系统；在平均模型的有效频率范围内$(0\sim f_s/2)$，G_{vc} 基本上是一个单极点系统。因为第二个极点 f_{p2} 被移到了 f_s 附近，这个极点对系统设计不产生太大的影响。对于一个单极点型控制对象，在第 4 章已详细讨论了其控制器的设计方法。

图 6-36 给出了音频衰减率 $A(s)$ 的仿真结果。在仿真中，$D=0.676$。无电流反馈时，开环音频衰减率为 G_{vg}；图中所示为占空比控制，$d(t)$ 恒定；有电流反馈时，假定电压外环的输出量 $\hat{v}_c$，即电流内环的输入量 $\hat{v}_c$ 为常数，闭环音频衰减率为 $A(s)$，图中所示为电流控制模式，$v_c(t)$ 恒定。由图可见，①与 G_{vg} 相比，$A(s)$ 下降了很多，即电流反馈可大大降低输入电压波动对输出电压产生的影响。同时应注意到，$A(s)\neq 0$，这说明用一阶模型描述峰值电流控制模式开关变换器的动态行为是比较粗糙的，因此需要用精确模型来分析这种电路的动态行为；②G_{vg} 是一个双极点的二阶系统，而 $A(s)$ 在其有效频率范围内是一个近似的一阶系统。

图 6-37 给出了峰值电流反馈对输出阻抗的影响。在仿真的过程中，增加了一个 0.05Ω的电感等效电阻，负载电阻为 R。无电流反馈时，图中所示的占空比控制，$d(t)$ 恒定，在低频区域内，f 小于谐振频率(200Hz)，其输出阻抗主要是由电感决定的；在高频区域内，f 大于谐振频率，其输出阻抗主要是由输出电容决定。在仿真过程中，使用了精确模型。仿真结果表明，采用峰值电流控制后，低频输出阻抗近似等于输出电阻，而高频输出阻抗是由输出滤波电容决定的。仿真结果还表明，电流反馈使得低频输出电阻大大增加。

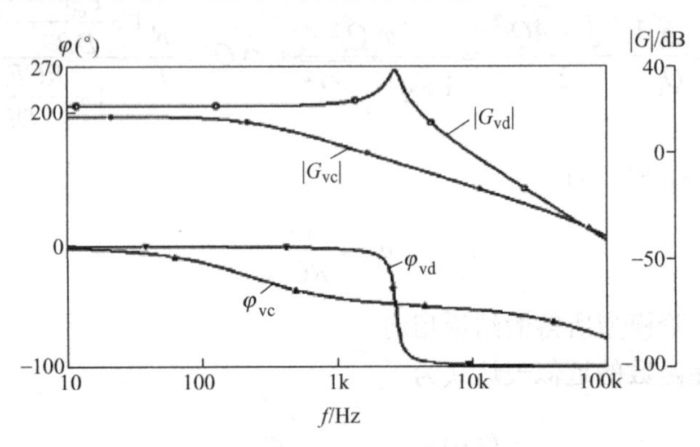

图 6-35　两种功率级传递函数的频率响应曲线

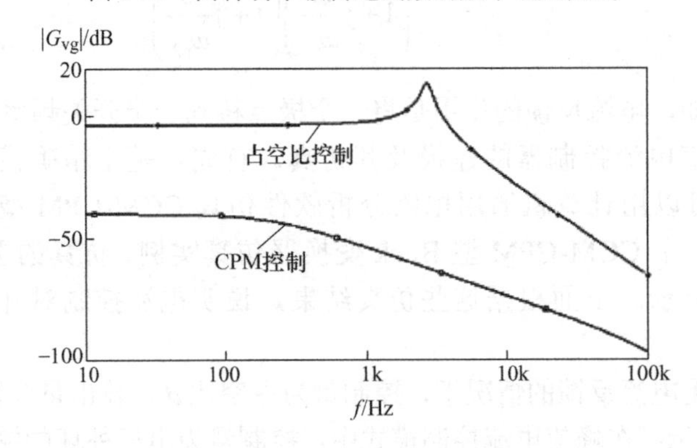

图 6-36　音频衰减率 $A(s)$ 的仿真结果

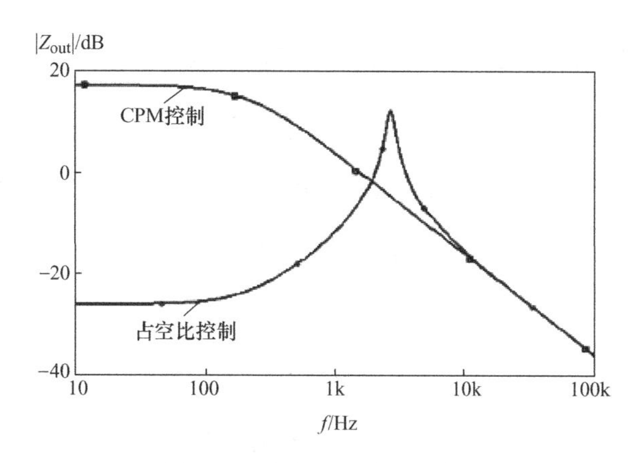

图 6-37　输出阻抗的仿真结果

6.6　三种基本变换器的传递函数及其框图分析法

6.6.1　三种基本变换器的传递函数

Buck、Boost 和 Buck-boost 变换器的各种传递函数如表 6-4、表 6-5 和表 6-6 所列，其中包括一阶模型和精确模型的传递函数。各传递函数的意义如下：

等效功率级的传递函数　$G_{vc}(s)=\left.\dfrac{\hat{v}(s)}{\hat{i}_c(s)}\right|_{\hat{v}_g(s)=0}$

音频衰减率的传递函数　$A(s)=\left.\dfrac{\hat{v}(s)}{\hat{v}_g(s)}\right|_{\hat{d}(s)=0}$

上述两个表达式为闭环传递函数。

占空比-输出电压的开环传递函数　$G_{vd}(s)=\left.\dfrac{\hat{v}(s)}{\hat{d}(s)}\right|_{\hat{v}_g(s)=0}$

输入电压-输出电压的开环传递函数　$G_{vg}(s)=\left.\dfrac{\hat{v}(s)}{\hat{v}_g(s)}\right|_{\hat{d}(s)=0}$

占空比-输出电流的开环传递函数　$G_{id}(s)=\left.\dfrac{\hat{i}_L(s)}{\hat{d}(s)}\right|_{\hat{v}_g(s)=0}$

输入电压-输出电流的开环传递函数　$G_{ig}(s)=\left.\dfrac{\hat{i}_L(s)}{\hat{v}_g(s)}\right|_{\hat{d}(s)=0}$

上述四个表达式为开环传递函数。

G_{c0} 是峰值电流控制模型开关变换器等效功率级传递函数的直流增益；G_{g0} 是闭环音频衰减率的直流增益；Q_c 是引入电流反馈低通滤波器的品质因数；ω_c 是引入电流反馈后等效的谐振频率。

一般而言，引入峰值电流反馈后，三种变换器等效功率级传递函数和音频衰减率为一个

含有两个极点的低 Q 值二阶系统，其传递函数的近似表达式为

$$A_{\mathrm{p}}(\mathrm{j}\omega)=\frac{G_{\mathrm{c0}}}{\left(1+\mathrm{j}\dfrac{\omega}{\omega_{\mathrm{p1}}}\right)\left(1+\mathrm{j}\dfrac{\omega}{\omega_{\mathrm{p2}}}\right)} \tag{6-103}$$

$$A(\mathrm{j}\omega)=\frac{G_{\mathrm{g0}}}{\left(1+\mathrm{j}\dfrac{\omega}{\omega_{\mathrm{p1}}}\right)\left(1+\mathrm{j}\dfrac{\omega}{\omega_{\mathrm{p2}}}\right)} \tag{6-104}$$

式中，$\omega_{\mathrm{p1}}\approx\omega_{\mathrm{c}}Q_{\mathrm{c}}$；$\omega_{\mathrm{p2}}\approx\omega_{\mathrm{c}}/Q_{\mathrm{c}}$。

表 6-4　CPM 型 Buck 变换器的传递函数

模　型	等效功率级传递函数	原功率级传递函数
一阶模型	$\dfrac{\hat{v}(s)}{\hat{i}_{\mathrm{c}}(s)}=\dfrac{R}{1+sRC}$，$\dfrac{\hat{v}(s)}{\hat{v}_{\mathrm{g}}(s)}=0$	$G_{\mathrm{vd}}(s)=\dfrac{V}{D}\dfrac{1}{\mathrm{den}(s)}$ $G_{\mathrm{id}}(s)=\dfrac{V}{DR}\dfrac{1+sRC}{\mathrm{den}(s)}$ $G_{\mathrm{vg}}(s)=D\dfrac{1}{\mathrm{den}(s)}$ $G_{\mathrm{ig}}(s)=\dfrac{D}{R}\dfrac{1+sRC}{\mathrm{den}(s)}$ $\mathrm{den}(s)=1+s\dfrac{L}{R}+s^2LC$
精确模型	$\dfrac{\hat{v}(s)}{\hat{i}_{\mathrm{c}}(s)}=G_{\mathrm{vc}}(s)=\dfrac{G_{\mathrm{c0}}}{1+\dfrac{s}{Q_{\mathrm{c}}\omega_{\mathrm{c}}}+\left(\dfrac{s}{\omega_{\mathrm{c}}}\right)^2}$，$G_{\mathrm{c0}}=\dfrac{V}{D}\dfrac{F_{\mathrm{m}}}{1+\dfrac{F_{\mathrm{m}}V}{DR}+\dfrac{F_{\mathrm{m}}F_{\mathrm{v}}V}{D}}$ $\omega_{\mathrm{c}}=\dfrac{1}{\sqrt{LC}}\sqrt{1+\dfrac{F_{\mathrm{m}}V}{DR}+\dfrac{F_{\mathrm{m}}F_{\mathrm{v}}V}{D}}$，$Q_{\mathrm{c}}=R\sqrt{\dfrac{C}{L}}\dfrac{\sqrt{1+\dfrac{F_{\mathrm{m}}V}{DR}+\dfrac{F_{\mathrm{m}}F_{\mathrm{v}}V}{D}}}{1+\dfrac{RCF_{\mathrm{m}}V}{DL}}$ $\dfrac{\hat{v}(s)}{\hat{v}_{\mathrm{g}}(s)}=\dfrac{G_{\mathrm{g0}}}{1+\dfrac{s}{Q_{\mathrm{c}}\omega_{\mathrm{c}}}+\left(\dfrac{s}{\omega_{\mathrm{c}}}\right)^2}$，$G_{\mathrm{g0}}=D\dfrac{1-\dfrac{F_{\mathrm{m}}F_{\mathrm{g}}V}{D^2}}{1+\dfrac{F_{\mathrm{m}}V}{DR}+\dfrac{F_{\mathrm{m}}F_{\mathrm{v}}V}{D}}$	

表 6-5　CPM 型 Boost 变换器的传递函数

模　型	等效功率级传递函数	原功率级传递函数
一阶模型	$\dfrac{\hat{v}(s)}{\hat{i}_{\mathrm{c}}(s)}=\dfrac{D'R}{2}\dfrac{1-s\dfrac{L}{D'^2R}}{1+s\dfrac{RC}{2}}$，$\dfrac{\hat{v}(s)}{\hat{v}_{\mathrm{g}}(s)}=\dfrac{1}{2D'}\dfrac{1}{\left(1+s\dfrac{RC}{2}\right)}$	$G_{\mathrm{vd}}(s)=\dfrac{V}{D'}\dfrac{1-s\dfrac{L}{D'^2R}}{\mathrm{den}(s)}$ $G_{\mathrm{id}}(s)=\dfrac{2V}{D'^2R}\dfrac{1+s\dfrac{RC}{2}}{\mathrm{den}(s)}$ $G_{\mathrm{vg}}(s)=\dfrac{1}{D'}\dfrac{1}{\mathrm{den}(s)}$ $G_{\mathrm{ig}}(s)=\dfrac{1}{D'^2R}\dfrac{1+sRC}{\mathrm{den}(s)}$ $\mathrm{den}(s)=1+s\dfrac{L}{D'^2R}+s^2\dfrac{LC}{D'^2}$
精确模型	$\dfrac{\hat{v}(s)}{\hat{i}_{\mathrm{c}}(s)}=G_{\mathrm{vc}}(s)=\dfrac{G_{\mathrm{c0}}\left(1-s\dfrac{L}{D'^2R}\right)}{1+\dfrac{s}{Q_{\mathrm{c}}\omega_{\mathrm{c}}}+\left(\dfrac{s}{\omega_{\mathrm{c}}}\right)^2}$，$G_{\mathrm{c0}}=\dfrac{V}{D'}\dfrac{F_{\mathrm{m}}}{1+\dfrac{2F_{\mathrm{m}}V}{D'^2R}+\dfrac{F_{\mathrm{m}}F_{\mathrm{v}}V}{D'}}$ $\omega_{\mathrm{c}}=\dfrac{D'}{\sqrt{LC}}\sqrt{1+\dfrac{2F_{\mathrm{m}}V}{D'^2R}+\dfrac{F_{\mathrm{m}}F_{\mathrm{v}}V}{D'}}$，$Q_{\mathrm{c}}=D'R\sqrt{\dfrac{C}{L}}\dfrac{\sqrt{1+\dfrac{2F_{\mathrm{m}}V}{D'^2R}+\dfrac{F_{\mathrm{m}}F_{\mathrm{v}}V}{D'}}}{1+\dfrac{RCF_{\mathrm{m}}V}{L}-\dfrac{F_{\mathrm{m}}F_{\mathrm{v}}V}{D'}}$ $\dfrac{\hat{v}(s)}{\hat{v}_{\mathrm{g}}(s)}=\dfrac{G_{\mathrm{g0}}\left(1+\dfrac{s}{\omega_{\mathrm{gz}}}\right)}{1+\dfrac{s}{Q_{\mathrm{c}}\omega_{\mathrm{c}}}+\left(\dfrac{s}{\omega_{\mathrm{c}}}\right)^2}$，$G_{\mathrm{g0}}=\dfrac{1}{D'}\dfrac{1-F_{\mathrm{m}}F_{\mathrm{g}}V+\dfrac{F_{\mathrm{m}}V}{D'^2R}}{1+\dfrac{2F_{\mathrm{m}}V}{D'^2R}+\dfrac{F_{\mathrm{m}}F_{\mathrm{v}}V}{D'}}$ $\omega_{\mathrm{gz}}=\dfrac{D'^3R}{L}\dfrac{1-F_{\mathrm{m}}F_{\mathrm{g}}V+\dfrac{F_{\mathrm{m}}V}{D'^2R}}{F_{\mathrm{m}}F_{\mathrm{g}}V}$	

表 6-6　CPM 型 Buck-boost 变换器的传递函数

模　型	等效功率级传递函数	原功率级传递函数
一阶模型	$\frac{\hat{v}(s)}{\hat{i}_c(s)}=-\frac{D'R}{1+D}\frac{1-s\frac{DL}{D'^2R}}{1+s\frac{RC}{1+D}}$，$\frac{\hat{v}(s)}{\hat{v}_g(s)}=-\frac{D^2}{1-D^2}\frac{1}{\left(1+s\frac{RC}{1+D}\right)}$	$G_{vd}(s)=-\frac{\lvert V\rvert}{DD'}\frac{1-s\frac{DL}{D'^2R}}{\mathrm{den}(s)}$ $G_{id}(s)=-\frac{\lvert V\rvert(1+D)}{DD'^2R}\frac{1+s\frac{RC}{1+D}}{\mathrm{den}(s)}$ $G_{vg}(s)=-\frac{D}{D'}\frac{1}{\mathrm{den}(s)}$ $G_{ig}(s)=\frac{D}{D'^2R}\frac{1+sRC}{\mathrm{den}(s)}$ $\mathrm{den}(s)=1+s\frac{L}{D'^2R}+s^2\frac{LC}{D'^2}$
精确模型	$\frac{\hat{v}(s)}{\hat{i}_c(s)}=G_{vc}(s)=\frac{G_{c0}\left(1-s\frac{DL}{D'^2R}\right)}{1+\frac{s}{Q_c\omega_c}+\left(\frac{s}{\omega_c}\right)^2}$，$G_{c0}=\frac{-\lvert V\rvert}{DD'}\frac{F_m}{1+\frac{F_m\lvert V\rvert(1+D)}{DD'^2R}-\frac{F_mF_v\lvert V\rvert}{DD'}}$ $\omega_c=\frac{D'}{\sqrt{LC}}\sqrt{1+\frac{F_m\lvert V\rvert(1+D)}{DD'^2R}-\frac{F_mF_v\lvert V\rvert}{DD'}}$ $Q_c=D'R\sqrt{\frac{C}{L}}\frac{\sqrt{1+\frac{F_m\lvert V\rvert(1+D)}{DD'^2R}-\frac{F_mF_v\lvert V\rvert}{DD'}}}{1+\frac{RCF_m\lvert V\rvert}{DL}+\frac{F_mF_v\lvert V\rvert}{D'}}$ $\frac{\hat{v}(s)}{\hat{v}_g(s)}=\frac{G_{g0}\left(1+\frac{s}{\omega_{gz}}\right)}{1+\frac{s}{Q_c\omega_c}+\left(\frac{s}{\omega_c}\right)^2}$，$G_{g0}=-\frac{D}{D'}\left(1+\frac{F_m\lvert V\rvert}{D'^2R}-\frac{F_mF_v\lvert V\rvert}{D^2}\right)$ $\omega_{gz}=\frac{DD'^2R}{\lvert V\rvert LF_mF_g}\left(1+\frac{F_m\lvert V\rvert}{D'^2R}-\frac{F_mF_g\lvert V\rvert}{D^2}\right)$	

6.6.2　CCM-CPM 型 Boost 变换器

在上一节里已经研究了 Buck 变换器，并得出了等效功率级传递函数的近似表达式，它是研究系统稳定性和设计电压控制器的基础。在这一节里，将研究 Boost 变换器。在下面的讨论中，假定人工斜坡补偿的斜率 $m_a=0.5m_2$。计算等效功率级中控制-输出的传递函数的框图如图 6-38 所示。在图 6-38 中，F_m 和 G_{id} 组成环路 1，F_m、F_v 和 G_{vd} 组成环路 2。

环路 1——电感电流环的直流增益为

$$F_mG_{id}=\frac{2F_mV}{D'^2R}=\frac{4Lf_s}{DD'^2R}=\frac{4Lf_sV^2}{\left(1-\frac{V_g}{V}\right)V_g{}^2R}=\frac{4Lf_sV}{(V-V_g)V_g{}^2}P_{out}$$

式中，P_{out} 是输出功率。电感电流环的直流增益式表明，当输出功率最大或输入电压最低时，电感电流环的影响最大。

环路 2——输出电压环的直流增益为

$$F_mF_vG_{vd}=\frac{F_mF_vV}{D'}=\frac{D'}{D}=\frac{V_g}{V-V_g}$$

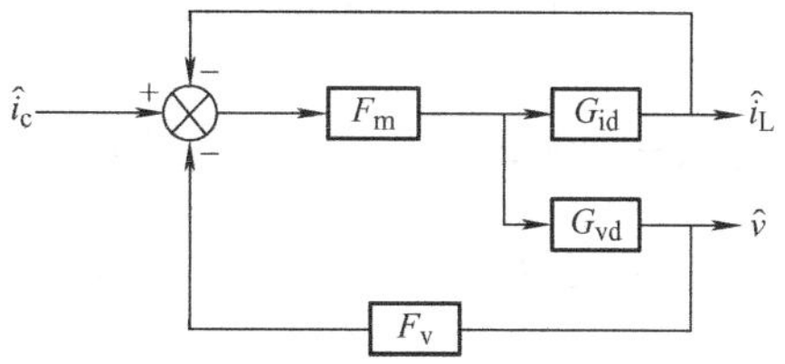

图 6-38　计算控制-输出传递函数的框图

输出电压环的直流增益式表明，输入电压最低时，输出电压环的影响最小；输入电压最高时，输出电压环的影响最大。因此，环路 1 和环路 2 的增益不可能同时达到最大。

直流反馈深度为

$$P=1+F_{\mathrm{m}}G_{\mathrm{id}}+F_{\mathrm{m}}F_{\mathrm{v}}G_{\mathrm{vd}}=1+\frac{4Lf_{\mathrm{s}}V}{(V-V_{\mathrm{g}})V_{\mathrm{g}}^{2}}P_{\mathrm{out}}+\frac{V_{\mathrm{g}}}{V-V_{\mathrm{g}}} \tag{6-105}$$

当 $F_{\mathrm{m}}G_{\mathrm{id}} >> F_{\mathrm{m}}F_{\mathrm{v}}G_{\mathrm{vd}}$ 时，说明环路 2 的影响可以忽略不计；当 $F_{\mathrm{m}}G_{\mathrm{id}} >> 1$ 时，说明系统为深度负反馈。若这两个条件同时满足，则 $\hat{i}_{\mathrm{c}} \approx \hat{i}_{\mathrm{L}}$。

当 $Q_{\mathrm{c}} << 0.5$ 时，$m_{\mathrm{a}}=0.5m_2$，且略去环路 2 的影响后系统仍为深度负反馈系统，则估算极点频率表达式为

$$\omega_{\mathrm{p1}} \approx Q_{\mathrm{c}}\omega_{\mathrm{c}} \approx \frac{2}{RC} \tag{6-106a}$$

$$\omega_{\mathrm{p2}} \approx \frac{\omega_{\mathrm{c}}}{Q_{\mathrm{c}}} \approx \frac{Vf_{\mathrm{s}}}{m_{\mathrm{a}}L}=\frac{2f_{\mathrm{s}}}{D} \tag{6-106b}$$

等效功率级的传递函数为

$$A_{\mathrm{p}}(s)=\frac{G_{\mathrm{c0}}\left(1-\dfrac{s}{\omega_{\mathrm{z}}}\right)}{\left(1+\dfrac{s}{\omega_{\mathrm{p1}}}\right)\left(1+\dfrac{s}{\omega_{\mathrm{p2}}}\right)} \tag{6-107}$$

$$G_{\mathrm{c0}}=\frac{V}{D'}\frac{F_{\mathrm{m}}}{P} \tag{6-108a}$$

当略去环路 2 的影响后系统仍为深度负反馈系统，则

$$G_{\mathrm{c0}}=\frac{D'R}{2} \tag{6-108b}$$

$$\omega_{\mathrm{z}}=\frac{D'^{2}R}{L} \tag{6-109}$$

当 $Q_{\mathrm{c}}<0.5$ 但比较接近 0.5 时，ω_{p1}、ω_{p2} 的估算公式为

$$\omega_{\mathrm{p1}}=\frac{\omega_{\mathrm{c}}}{Q_{\mathrm{c}}}\frac{1-\sqrt{1-4Q_{\mathrm{c}}^{2}}}{2} \tag{6-110}$$

$$\omega_{\mathrm{p2}}=\frac{\omega_{\mathrm{c}}}{Q_{\mathrm{c}}}\frac{1+\sqrt{1-4Q_{\mathrm{c}}^{2}}}{2} \tag{6-111}$$

下面通过一个实例分析研究 Boost 变换器的特性。已知条件：开关频率 $f_{\mathrm{s}}=100\mathrm{kHz}$，输入电压 $V_{\mathrm{g}}=270\mathrm{V}$，输出电压 $V=380\mathrm{VDC}$，电感 $L=250\mu\mathrm{H}$，输出电容 $C=1500\mu\mathrm{F}$，输出功率 $P_{\mathrm{out}}=1000\mathrm{W}$，电流采样电阻 $R_{\mathrm{s}}=0.05\Omega$。

占空比 D 的计算 $\quad D=1-D'=1-\dfrac{V_{\mathrm{g}}}{V}=1-0.71=0.29$

输出负载电阻 $\quad R=\dfrac{V^{2}}{P_{\mathrm{out}}}=144.4\Omega$

由表 6-3 查得 F_{v} 的表达式 $\quad F_{\mathrm{v}}=\dfrac{D'^{2}T_{\mathrm{s}}}{2L}\approx 0.01$

取 $m_a = 0.5m_2 = \frac{V - V_g}{2L}$， $F_m = \frac{1}{m_a T_s} = \frac{2Lf_s}{V - V_g} \approx 0.455$

计算反馈深度 $P = 1 + \frac{4Lf_s V}{(V - V_g)V_g^2} P_{out} + \frac{V_g}{V - V_g}$

$$= 1 + \frac{4 \times 0.25 \times 10^{-3} \times 100 \times 10^3 \times 380}{(380 - 270) \times 270^2} \times 1000 + \frac{270}{380 - 270} \approx 8.19$$

此系统不属于深度负反馈系统，一阶模型计算会带来较大误差。

计算 Q $\qquad Q = D'R\sqrt{\frac{C}{L}} = 0.71 \times 144.4 \times \sqrt{\frac{1.5}{0.25}} \approx 251$

$Q >> 1$，说明无反馈时，系统为一个高 Q 值系统，有两个共轭复根。

$$Q_c = Q\frac{\sqrt{P}}{1 + \frac{RCF_m V}{L} - \frac{F_m F_v V}{D'}} \approx 0.0048 << 0.5$$

说明电流反馈使系统变为一个低 Q 值系统。新功率级的两个极点频率分别为

$$f_{p1} = \frac{1}{\pi RC} = \frac{1}{3.14 \times 144.4 \times 1.5 \times 10^{-3}} \text{Hz} \approx 1.5\text{Hz}$$

$$f_{p2} = \frac{f_s}{\pi D} = \frac{100 \times 10^3}{\pi \times 0.29} \text{Hz} \approx 110\text{kHz}$$

直流增益 $\qquad G_{c0} = \frac{D'R}{2} = \frac{0.71 \times 144.4}{2} \approx 51$

RHP 零点频率 $\qquad f_z = \frac{D'^2 R}{2\pi L} = \frac{0.71^2 \times 144.4}{2 \times 3.14 \times 0.25 \times 10^{-3}} \text{Hz} \approx 46.3\text{kHz}$

新功率级的传递函数为

$$A_p(\text{j}f) = \frac{51\left(1 - \text{j}\frac{f}{f_z}\right)}{\left(1 + \text{j}\frac{f}{f_{p1}}\right)\left(1 + \text{j}\frac{f}{f_{p2}}\right)}$$

式中，$f_z = 46.3\text{kHz}$、$f_{p1} = 1.5\text{Hz}$、$f_{p2} = 110\text{kHz}$。

下面假设：①$m_a = 0.5m_2$；②$Q_c << 0.5$，讨论系统性质的变化：

当 $m_a = 0.5m_2$，$F_m = \frac{1}{m_a T_s} = \frac{2f_s}{m_2} = \frac{2Lf_s}{V - V_g}$，RHP 零点频率 $f_z = \frac{D'^2 R}{2\pi L} = \frac{V_g^2}{2\pi L P_{out}}$，当 V_g 减少或 P_{out} 增加时，f_z 达到最小，所以计算 f_z 的最坏情况的计算公式为

$$f_z = \frac{V_{gmin}^2}{2\pi L P_{outmax}} \tag{6-112}$$

由式(6-112)可知，在低输入电压、满载时，f_z 取得最小。

根据 $G_{c0} = \frac{D'R}{2}$ 可知，当 $D' = D'_{max}$，$R = R_{max}$ 时，G_{c0} 取得最大值。

当 V_g 和 R 改变时，最坏情况的计算公式为

$$A_p(jf)=\frac{G_{c0}\left(1-j\dfrac{f}{f_z}\right)}{\left(1+j\dfrac{f}{f_{p1}}\right)\left(1+j\dfrac{f}{f_{p2}}\right)} \tag{6-113}$$

$$f_z=\frac{V_{gmin}^{\ 2}}{2\pi LP_{outmax}} \tag{6-114}$$

$$G_{c0}=\frac{D'_{max}R_{max}}{2} \tag{6-115}$$

$$\begin{cases} f_{p1}=\dfrac{1}{\pi R_{min}C} \\ f_{p2}=\dfrac{f_s}{\pi D_{max}} \end{cases} \tag{6-116}$$

设计系统时，应该使用上述公式计算等效功率级的传递函数。

需指出的是，上述各参数均取在最坏情况下，而各种最坏情况实际是不可能同时出现的。但以上述公式为设计依据，可保证所设计的系统在任何情况下都能稳定。

6.6.3 CCM-CPM 型 Buck-boost 变换器

CCM-CPM 型 Buck-boost 变换器及其电压控制环的示意图如图 6-39 所示。$r(t)$ 是人工斜坡补偿函数，v_{CP} 是电流控制器的输出，C 是 PWM 调节器，EA 是电压控制器。

在下面的讨论中，假设人工斜坡补偿的斜率 $m_a=0.5m_2$。对于 Buck-boost 变换器，F_m 的计算公式为

$$F_m=\frac{2Lf_s}{V} \tag{6-117}$$

首先讨论直流反馈深度的估算公式。由表 6-6 可知，反馈深度 P 由三项组成：

$$\begin{aligned} P&=1+\frac{F_m|V|(1+D)}{DD'^2R}-\frac{F_mF_v|V|}{DD'} \\ &=1+F_mG_{id}+F_mF_vG_{vd} \end{aligned} \tag{6-118}$$

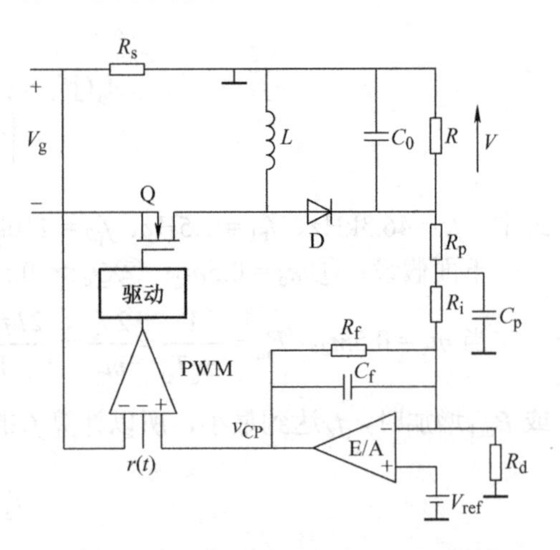

图 6-39　CCM-CPM 型 Buck-boost 变换器

计算等效功率级控制-输出传递函数的框图如图 6-38 所示。

环路 1——电感电流环的直流增益为

$$F_mG_{id}=\frac{2Lf_s}{R}\frac{1+D}{DD'^2} \tag{6-119}$$

当 $D=0.281$ 时，$\dfrac{1+D}{DD'^2}$ 取得最小值，其最小值为 8.818。当 $R=R_{max}$ 时，式(6-119)取得最小值，所以环路 1 增益最小值的计算公式为

$$(F_mG_{id})_{min}=\frac{17.6Lf_s}{R_{max}}$$

环路 2——输出电压环的直流增益为

$$F_{\mathrm{m}}F_{\mathrm{v}}G_{\mathrm{vd}}=\frac{D'}{D} \tag{6-120}$$

式(6-120)表明环路 2 的增益的含义是输出电压波动对输入电压的影响程度。由于功率级是单向传输信号的，所以环路 2 的增益通常是很小，与环路 1 增益相比，可以略去不计。

估算反馈深度的最小值公式为

$$P_{\min}=1+\frac{17.6Lf_{\mathrm{s}}}{R_{\max}}+\frac{D'}{D}=\frac{17.6Lf_{\mathrm{s}}}{R_{\max}}+\frac{1}{D_{\max}}$$

当 $P_{\min}\geqslant 11$ 时，工程上认为系统为深度负反馈，即 $\hat{i}_{\mathrm{c}}=\hat{i}_{\mathrm{L}}$，使用一阶模型来表示等效功率级的传递函数。当 $P_{\min}<11$ 时，认为系统为非深度负反馈，使用精确模型来表示等效功率级的传递函数。

Q_{c} 是一个重要的参数，当 $Q_{\mathrm{c}}<0.5$ 时，传递函数的特征根有两个实根，当 $Q_{\mathrm{c}}\ll 0.05$ 时，可以用近似公式估算极点。所以需要估算 Q_{c} 值的大小。由于 Q_{c} 为

$$Q_{\mathrm{c}}=D'R\sqrt{\frac{C}{L}}\frac{\sqrt{P}}{1+\dfrac{F_{\mathrm{m}}|V|RC}{DL}+\dfrac{F_{\mathrm{m}}F_{\mathrm{v}}|V|}{D'}}$$

式中，分母式子为 $1+\dfrac{F_{\mathrm{m}}|V|RC}{DL}+\dfrac{F_{\mathrm{m}}F_{\mathrm{v}}|V|}{D'}=1+\dfrac{2f_{\mathrm{s}}RC}{D}+D'$。通常 $\dfrac{2f_{\mathrm{s}}RC}{D}\gg 1$，所以 Q_{c} 的估算公式为

$$Q_{\mathrm{c}}\approx\frac{D'D\sqrt{P}}{2\sqrt{LC}f_{\mathrm{s}}}$$

当 $Q_{\mathrm{c}}\ll 0.05$ 时，$m_{\mathrm{a}}=0.5m_2$，且略去环路 2 的影响后系统仍为深度负反馈系统，估算极点频率的公式为

$$\begin{cases}\omega_{\mathrm{p1}}\approx\omega_{\mathrm{c}}Q_{\mathrm{c}}\approx\dfrac{1+D}{RC}\\[2ex]\omega_{\mathrm{p2}}\approx\dfrac{\omega_{\mathrm{c}}}{Q_{\mathrm{c}}}\approx\dfrac{2f_{\mathrm{s}}}{D}\end{cases}$$

最坏情况时的极点频率为

$$\begin{cases}\omega_{\mathrm{p1}}=\dfrac{1+D_{\max}}{R_{\min}C}\\[2ex]\omega_{\mathrm{p2}}=\dfrac{2f_{\mathrm{s}}}{D_{\max}}\end{cases}$$

如果略去环路 2 的影响后系统仍为深度负反馈系统，则直流增益估算公式为

$$G_{\mathrm{c0}}=-\frac{D'R}{1+D}$$

例如：输入电压 $V_{\mathrm{g}}=(90\sim 270)\mathrm{VDC}$，输出电压 $V=380\mathrm{VDC}$，开关频率 $f_{\mathrm{s}}=100\mathrm{kHz}$，电感 $L=250\mu\mathrm{H}$，输出电容 $C=1500\mu\mathrm{F}$，电流采样电阻 $R_{\mathrm{s}}=0.05\Omega$。

当 $V_{\mathrm{g}}=90\mathrm{V}$，$P_{\mathrm{out}}=1000\mathrm{W}$ 时，$G_{\mathrm{c0}}=-15.29$；当 $V_{\mathrm{g}}=90\mathrm{V}$，$P_{\mathrm{out}}=100\mathrm{W}$ 时，$G_{\mathrm{c0}}=-152.9$；当 $V_{\mathrm{g}}=270\mathrm{V}$，$P_{\mathrm{out}}=1000\mathrm{W}$ 时，$G_{\mathrm{c0}}=-37.9$；当 $V_{\mathrm{g}}=270\mathrm{V}$，$P_{\mathrm{out}}=100\mathrm{W}$ 时，$G_{\mathrm{c0}}=-379$。所

以，在高压、轻载时，$|G_{c0}|$达到最大值，表示为 G_{c0max}。

在最坏情况下，等效功率级的传递函数为

$$A_p(jf)=\frac{G_{c0max}\left(1-j\frac{f}{f_z}\right)}{\left(1+j\frac{f}{f_{p1}}\right)\left(1+j\frac{f}{f_{p2}}\right)}$$

式中，$f_{p1}=\frac{1+D_{max}}{2\pi R_{min}C}$；$f_{p2}=\frac{f_s}{\pi D_{max}}$；$f_z=\frac{(1-D_{min})^2R_{min}}{2\pi D_{max}L}$。

以上面诸式为基础，设计电压环，可使系统在各种工况时都能保证稳定工作。

例 6-6 已知条件：输入电压 $V_g=(90\sim270)$ VDC，输出电压 $V=300$VDC，电感 $L=250\mu$H，输出电容 $C=1500\mu$F，输出功率 $P_{out}=(100\sim1000)$ W，电流采样电阻 $R_s=0.025\Omega$，$f_s=100$kHz。

计算占空比 D

$$\frac{D}{D'}=\frac{V}{V_g}$$

当 $V_g=90$V 时，$D=0.769$，$D'=1-D=0.231$；当 $V_g=270$V 时，$D=0.526$，$D'=1-D=0.474$。所以，$D_{max}=0.769$，$D_{min}=0.526$。

计算输出电阻

$$R=\frac{V^2}{P_{out}}$$

当 $P_{out}=100$W 时，$R=900\Omega$；当 $P_{out}=1000$W 时，$R=90\Omega$，所以，$R_{max}=900\Omega$，$R_{min}=90\Omega$。

直流增益

$$G_{c0}=-\frac{D'R}{1+D}=-\frac{(1-D)R}{1+D}$$

最坏情况时为

$$G_{c0max}=-\frac{(1-D_{min})R_{max}}{1+D_{min}}=-279.6$$

最坏情况时，等效功率级的传递函数为

$$A_p(jf)=\frac{-279.6\left(1-j\frac{f}{24.5\times10^3}\right)}{\left(1+j\frac{f}{2.1}\right)\left(1+j\frac{f}{41.4\times10^3}\right)}$$

式中，$f_z=24.5$kHz，$f_{p1}=2.1$Hz，$f_{p2}=41.4$kHz。

若考虑输出电容 ESR 电阻 R_c，$R_c=0.15\Omega$，则新功率级的传递函数要附加一个零点 f_{z0}，$f_{z0}=\frac{1}{2\pi R_cC}=\frac{1}{2\pi\times0.15\times1.5\times10^{-3}}\text{Hz}\approx707.3\text{Hz}$。

如果考虑 $R_s=0.025\Omega$，且电压控制器的输出电压为 $\hat{v}_c$，$\hat{v}_c=\hat{i}_cR_s$，最坏情况时新功率级的传递函数为

$$A_p(jf)=\frac{G_{c0max}\left(1+j\frac{f}{f_{z0}}\right)\left(1-j\frac{f}{f_z}\right)}{R_s\left(1+j\frac{f}{f_{p1}}\right)\left(1+j\frac{f}{f_{p2}}\right)} \tag{6-121}$$

在设计电压控制器时，首先应该消去 G_{c0max} 中的负号。消除方法有三种：①在电压控制器与输出电压采样网络之间附加一个反相放大器，改变相位；②令电压反馈信号与电压控制器的同相端相连；③改变主电路的结构和参考点。总之，G_{c0max} 中的负号是可以消去的。所以在下面设计中，认为 G_{c0max} 是一个大于零的正数。本设计采用第三种方法，如图 6-39 所示。

式(6-121)表示的控制对象为含有一个 RHP 零点的双极点型控制对象，可以采用双极点的补偿网络(如图 6-30 所示)作为电压控制器。图 6-39 中的电压控制器正是双极点的补偿网络。

电压控制器的传递函数为

$$G_v(jf) = K_v \frac{1}{\left(1+j\frac{f}{f_{p3}}\right)\left(1+j\frac{f}{f_{p4}}\right)}$$

式中，$K_v = \frac{R_f}{R_1 + R_f}$；$f_{p3} = \frac{1}{2\pi C_p (R_1 // R_p)}$；$f_{p4} = \frac{1}{2\pi R_f C_f}$。

电压控制环的开环传递函数为

$$T(jf) = A_p(jf) G_v(jf) = \frac{K_v |G_{c0max}|}{R_s} \frac{\left(1+j\frac{f}{f_{z0}}\right)\left(1-j\frac{f}{f_z}\right)}{\left(1+j\frac{f}{f_{p1}}\right)\left(1+j\frac{f}{f_{p2}}\right)\left(1+j\frac{f}{f_{p3}}\right)\left(1+j\frac{f}{f_{p4}}\right)}$$

令 $f_{p3} = f_{z0}$，抵消 ESR 引起的零点，$f_{p4} = f_z$，抵消 RHP 零点的作用。

则电压控制环的开环传递函数可改写为

$$T(jf) = A_p(jf) G_v(jf) = \frac{K_v |G_{c0max}|}{R_s} \frac{\left(1-j\frac{f}{f_z}\right)}{\left(1+j\frac{f}{f_{p1}}\right)\left(1+j\frac{f}{f_{p2}}\right)\left(1+j\frac{f}{f_{p4}}\right)}$$

环路增益的相位 $\varphi(f) = -\arctan\frac{f}{f_{p1}} - 2\arctan\frac{f}{f_z} - \arctan\frac{f}{f_{p2}}$

为了简化分析，假设穿越频率满足的关系为

$$\begin{cases} f_c \ll f_{p2} \\ f_c \gg f_{p1} \end{cases}$$

则相位裕量为 $\varphi_m = 180^\circ - 90^\circ - 2\arctan\frac{f_c}{f_z} = 90^\circ - 2\arctan\frac{f_c}{f_z}$，若假设相位裕量为 45°，则可求得 $f_c = 0.414 f_z$。在本例中，$f_z = 24.5\text{kHz}$，但是 $f_{p2} = 41.4\text{kHz}$，不满足 $f_c \ll f_{p2}$，需要根据相位公式，重新计算相位裕量，$\varphi_m = 180^\circ - 90^\circ - 2\arctan\frac{f_c}{f_z} - \arctan\frac{f_c}{f_{p2}} < 40^\circ$。所以相位裕量偏小，适当地减少 f_c，使相位裕量满足要求，取 $f_c = 0.312 f_z = 7.6\text{kHz}$，得 $\varphi_m = 45^\circ$。

当 $f = f_c$ 时，$|T(jf_c)| = 1$，则有

$$\frac{K_v\left|G_{c0max}\right|}{R_s}\frac{1}{\sqrt{1+\left(\frac{f_c}{f_{p1}}\right)^2}\sqrt{1+\left(\frac{f_c}{f_{p2}}\right)^2}}=1$$

可得

$$K_v=\frac{R_s}{\left|G_{c0max}\right|}\sqrt{1+\left(\frac{f_c}{f_{p1}}\right)^2}\sqrt{1+\left(\frac{f_c}{f_{p2}}\right)^2}=0.329$$

电压控制器的传递函数为

$$G_v(jf)=\frac{0.329}{\left(1+j\frac{f}{707.3}\right)\left(1+j\frac{f}{24.5\times10^3}\right)}$$

最坏情况时，新功率级的传递函数为

$$A_p(jf)=\frac{279.6}{R_s}\frac{\left(1+j\frac{f}{707.3}\right)\left(1-j\frac{f}{24.5\times10^3}\right)}{\left(1+j\frac{f}{2.1}\right)\left(1+j\frac{f}{41.4\times10^3}\right)}$$

电压控制环的开环传递函数为

$$T(jf)=A_p(jf)G_v(jf)=3678\frac{\left(1-j\frac{f}{24.5\times10^3}\right)}{\left(1+j\frac{f}{2.1}\right)\left(1+j\frac{f}{24.5\times10^3}\right)\left(1+j\frac{f}{41.4\times10^3}\right)}$$

用 Mathcad 对上式进行数值仿真，得到电压控制环开环传递函数频率特性的仿真结果如图 6-40 所示。

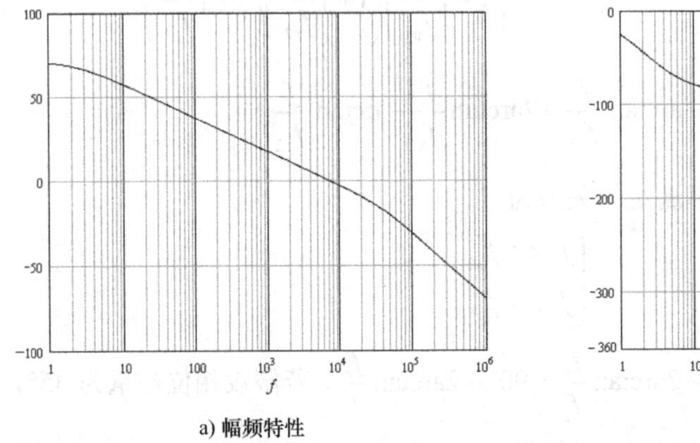

a) 幅频特性

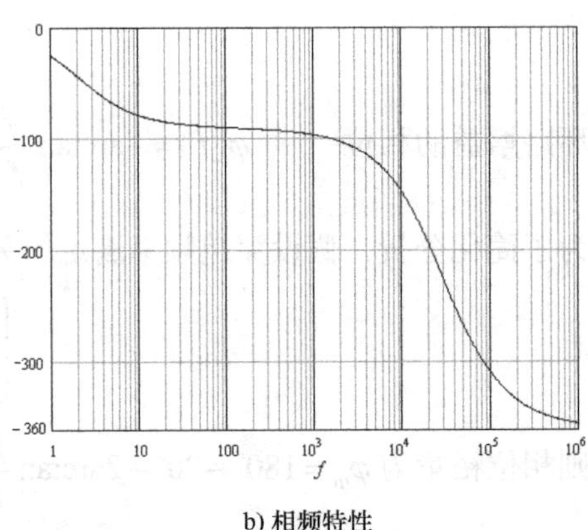

b) 相频特性

图 6-40　CCM-CPM 型 Buck-boost 变换器电压控制环的频率特性

第7章　开关调节系统的仿真技术

随着工业和技术的发展，对开关调节系统的要求不断提高，即需要功能更为复杂、控制精度更高、响应速度更快的系统。初学者往往感到难以应付这种复杂的系统，就是一个成熟的工程技术人员，仅以笔、纸和设计手册等原始设备为工具，采用传统的设计方法已很难设计出高质量的系统。功率集成技术的出现，更使设计者感到传统的设计方法已不能适应当前工业和技术进步。计算机辅助设计(Computer Aided Design，CAD)技术的发展大大促进了信息电子学的进步，尤其集成技术的发展基本是以电子线路 CAD 技术为基础。随着电力电子技术的迅速发展和广泛应用，利用计算机仿真与计算机辅助分析设计电力电子的方法和技术得到日益广泛的重视。浙江大学吴兆麟编著的《电力电子电路的计算机仿真技术》[24]、清华大学陈建业编著的《电力电子电路的计算机仿真技术》、重庆大学陆治国编著的《电源的计算机仿真技术》都非常具有参考价值。目前，能用于电力电子电路仿真的主要软件有 MATLAB、Saber、PSpice、SIMPLIS 和 POWER4-5-6 等。

由于开关调节系统是一个高阶-离散-非线性-时变的病态控制系统，因此需要用特殊的方法和技术来进行闭环仿真。基于开关网络的平均模型，本章将针对常见的开关变换器建立相应的 PSpice 动态模型，使用通用的仿真程序分析开关变换器的开环及闭环动态特性。因此，本章的内容涉及了开关变换器的 CCM 建模、CCM/DCM 组合建模、模型验证及应用和峰值电流控制器的建模等，以便使读者通过本章的学习能较好地分析、解决在实际应用中遇到的各种问题。本章内容可以较好地解决如下问题：①采用平均电路和平均开关模型，这种模型不仅可以加快仿真速度还可以使用同一个模型研究多种拓扑结构不同的变换器；② 采用限幅器，较好模拟了控制器的截止与饱和工作状态；③所使用的模型均为大信号模型，所以不仅可以研究系统的交流小信号行为，而且为研究系统大信号工作提供了工具。

7.1　电路平均和平均开关模型

7.1.1　开关网络的平均模型

在第 1 章和第 2 章中已经介绍了开关网络平均模型的推导方法。在这一小节里将简要地叙述有关内容，目的在于使读者更好地理解 PSpice 动态模型。虽然与第 1 章和第 2 章的相关内容有所重复，但研究问题的视角是不同的。

电路平均方法的基本思想是直接对变换器波形进行平均。在推导过程中，电路平均方法是以变换器波形为基础，而不是以方程式为基础，因此由电路平均方法得到的电路模型给出了更多物理上的含义。电路平均包括如下含义，其一是波形平均，其二是小信号的线性化，它也是对状态空间平均的一种等效。然而，在很多情况中，电路平均是很容易通过观察得到交流小信号模型。人们可以直接应用电路平均技术研究多种不同类型的变换器和开关器件，包括移相-控制的整流器、工作在断续导电模式的 PWM 变换器、电流编程控制的 PWM 变换器、准谐振变换器。而在另一些例子中，应用这种技术可能得到难以理解的、不便于分析的复杂模型。为了解决这个问题，应该将电路平均和状态空间平均相结合处理变换器。从时间顺序讲，电路平均法先于状态空间平均法。由于其普遍性，人们最近将电路平均应用于研究开关网络[5]。

电路平均法的关键步骤是用电压源和电流源取代开关变换器，将原来的时变电路拓扑变换成一个时不变电路拓扑结构。电压源和电流源的输出波形等同于开关变换器的原始信号波形。当相关电路的时不变电路构成后，对变换器信号波形在一个开关周期内进行平均消除了高频谐波的影响。对平均电路模型中的任何非线性器件进行小信号扰动并进行线性化处理后得到一个交流小信号模型。

为了便于叙述电路平均技术的基本思路，把一个开关变换器分为两个部分：开关网络和无源器件组成的时不变线性网络。图 7-1 给出了一个简单的例子。在这个例子中，变换器中仅含一个功率开关管和一个功率二极管，用一个二端口开关网络来描述其开关特性。在含有多个功率管或二极管的复杂系统中，比如在移相–全桥的变换器中，开关网络将是一个多端口网络。

平均开关模型的主要任务是为开关网络找出一个平均电路模型。将平均开关模型插入变换器电路中，而获得一个变换器的全平均电路模型。平均开关模型的一个突出优点是，可以使用同一个模型研究多个拓扑结构不同的变换器，而没必要对每一个变换器重新求解其平均电路模型。更进一步说，在许多情况下，平均开关模型简化了变换器的分析，且使人们更能直观地理解变换器的稳态和动态特性。

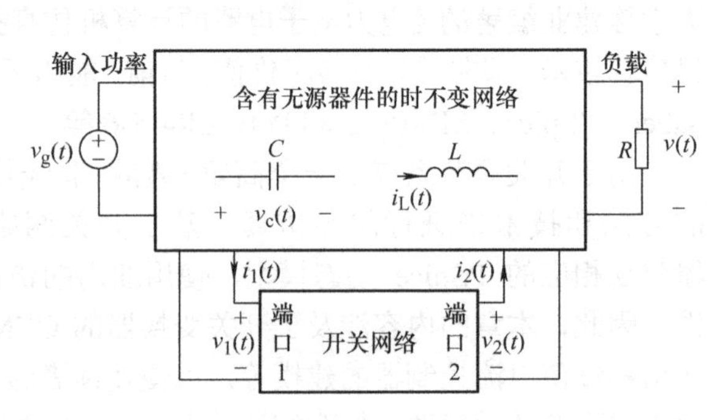

图 7-1 开关变换器能被视为一个开关网络和一个时不变网络的组合

下面以图 7-2a 所示的 CCM 型 SEPIC 变换器为例，阐述求解平均开关模型的方法。通常，形成开关网络的方法有很多种。一种简单而自然的方法如图 7-2b 和图 7-2c 所示。开关网络的端口变量为 $v_1(t)$、$i_1(t)$、$v_2(t)$ 和 $i_2(t)$。需要指出，开关网络中的功率器件之间没有电气联接，且对端口电压波形或电流波形并无特殊要求。

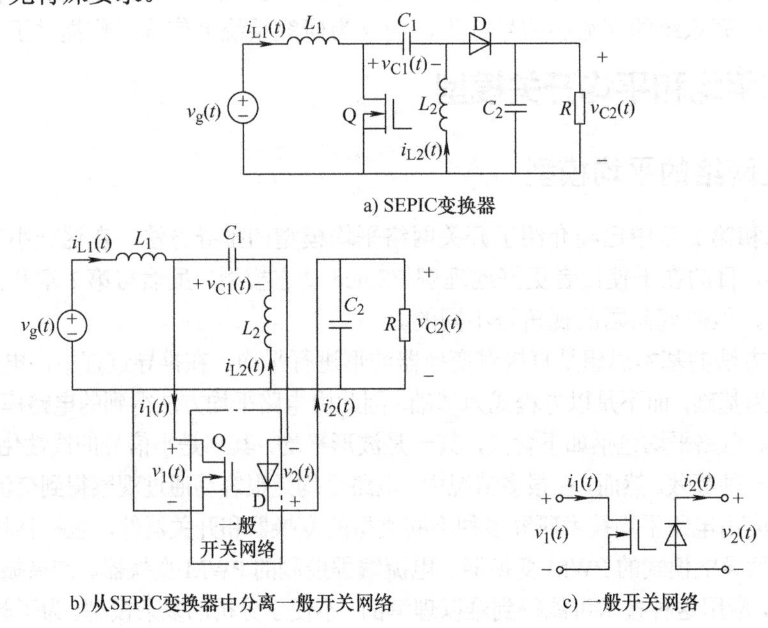

图 7-2 SEPIC 变换器示意图（图 7-1 的一种变形）

7.1.2 平均模型的推导

1. 求取一个时不变电路

电路平均技术的第一步是在保持拓扑不变的条件下用等效电压源或等效电流源取代开关网络。图 7-3a 给出了 SEPIC 变换器的开关网络。在这个二端口网络中，四个变量中只有两个独立变量——定义这两个独立变量为其输入变量，定义其余两个非独立变量为其输出变量。在 CCM 型 DC-DC 变换器中，选择一个端口电压和一个端口电流作为独立输入。在这里，选 $i_1(t)$ 和 $v_2(t)$ 作为开关网络的独立输入。此外，占空比 $d(t)$ 为独立输入控制量。

在图 7-3b 中，用独立电压源和电流源取代开关网络中两个独立输入 $v_2(t)$ 和 $i_1(t)$，用受控源表示非独立输出 $v_1(t)$ 和 $i_2(t)$。这种表示并没有改变端口的特性，即图 7-3b 中各端口的所有波形与图 7-3a 的波形是一致的，因此电路的电气特性是相等的。图 7-3a 所示开关网络的端口波形和图 7-3b 所示等效电路的端口波形如图 7-4 所示。需要说明的是，到目前为止，没有采用任何近似。

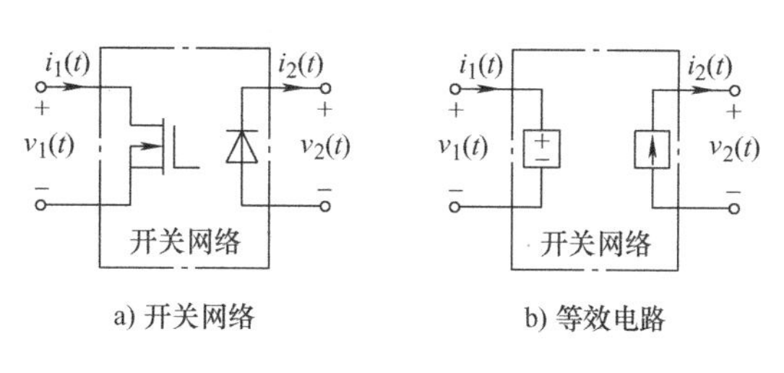

图 7-3 开关网络及其等效电路

2. 电路平均

用状态变量(电感的电流、电容的电压)和独立输入(例如输入电压、晶体管占空比)等表示开关网络端口波形的平均值，一个基本的假设是变换器网络的时间常数远大于开关周期 T_s。这个假设与要求状态变量的低纹波是一致的。所以，在一个开关周期内求取平均波形，所得的结果不会影响系统的响应。因此，当满足基本假设条件时，在一个开关周期 T_s 内求取平均值可得到一个较为准确的近似值。当忽略高频谐波时，可用平均模型描述系统的低频动态行为。

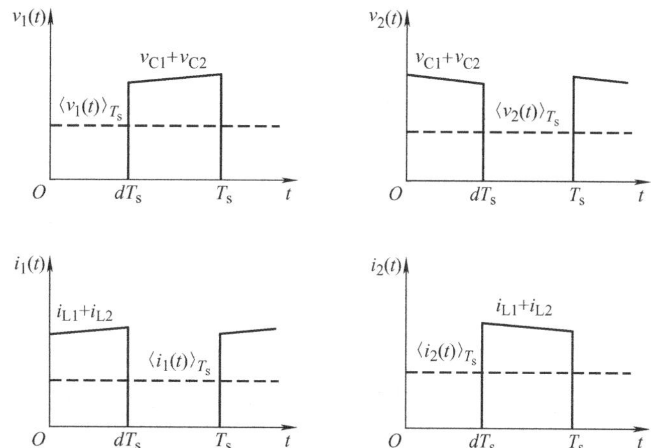

图 7-4 CCM SEPIC 变换器的端口波形

在(0，dT_s)区间，Q 导通，D 截止，等效电路如图 7-5 所示。

由图 7-5 可得开关网络端口各量为

$$v_1(t)=0 \tag{7-1}$$

$$v_2(t)=v_{C_1}(t)+v_{C_2}(t) \tag{7-2}$$

$$i_1(t)=i_{L_1}(t)+i_{L_2}(t) \tag{7-3}$$

$$i_2(t)=0 \tag{7-4}$$

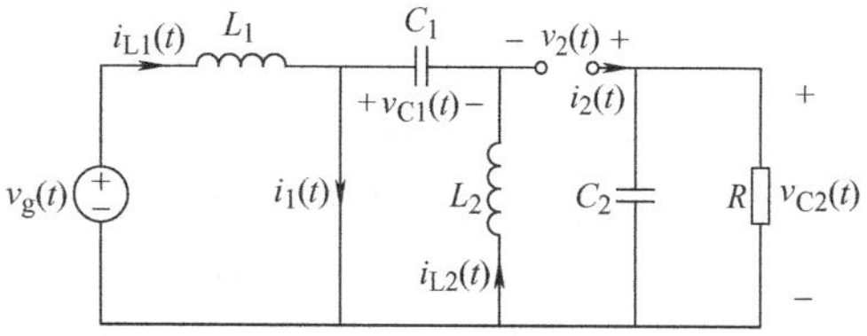

图 7-5 Q 导通期间 SEPIC 变换器的等效电路

在(dT_s，T_s)区间，Q 截止时，D 导通，等效电路如图 7-6 所示。

由图 7-6 可得开关网络端口各量为

$$v_1(t)=v_{C_1}(t)+v_{C_2}(t) \tag{7-5}$$

$$v_2(t)=0 \tag{7-6}$$

$$i_1(t)=0 \tag{7-7}$$

$$i_2(t)=i_{L_1}(t)+i_{L_2}(t) \tag{7-8}$$

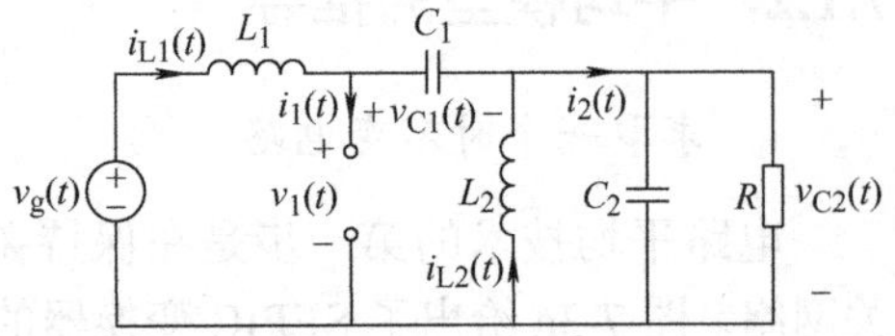

图 7-6 Q 截止期间 SEPIC 变换器的等效电路

在一个开关周期内，求取端口变量的平均值。根据图 7-3 和式(7-1)～式(7-8)得

$$\langle v_1(t)\rangle_{T_s}=d'(t)\left(\langle v_{C_1}(t)\rangle_{T_s}+\langle v_{C_2}(t)\rangle_{T_s}\right) \tag{7-9}$$

$$\langle i_1(t)\rangle_{T_s}=d(t)\left(\langle i_{L_1}(t)\rangle_{T_s}+\langle i_{L_2}(t)\rangle_{T_s}\right) \tag{7-10}$$

$$\langle v_2(t)\rangle_{T_s}=d(t)\left(\langle v_{C_1}(t)\rangle_{T_s}+\langle v_{C_2}(t)\rangle_{T_s}\right) \tag{7-11}$$

$$\langle i_2(t)\rangle_{T_s}=d'(t)\left(\langle i_{L_1}(t)\rangle_{T_s}+\langle i_{L_2}(t)\rangle_{T_s}\right) \tag{7-12}$$

如果选择 $\langle i_1(t)\rangle_{T_s}$ 和 $\langle v_2(t)\rangle_{T_s}$ 作为开关网络独立输入，那么平均开关网络的受控输出变量是 $\langle i_2(t)\rangle_{T_s}$ 和 $\langle v_1(t)\rangle_{T_s}$。下面的任务是用独立输入和输入控制 $d(t)$ 表示受控输出变量。为了使模型具有普遍意义，受控变量的表达式中不应含有状态变量。

将式(7-10)和式(7-11)写成

$$\langle i_{L_1}(t)\rangle_{T_s}+\langle i_{L_2}(t)\rangle_{T_s}=\frac{\langle i_1(t)\rangle_{T_s}}{d(t)} \tag{7-13}$$

$$\langle v_{C_1}(t)\rangle_{T_s}+\langle v_{C_2}(t)\rangle_{T_s}=\frac{\langle v_2(t)\rangle_{T_s}}{d(t)} \tag{7-14}$$

将式(7-13)和式(7-14)分别代入式(7-12)和式(7-9)可导出如下公式：

$$\langle v_1(t)\rangle_{T_s}=\frac{d'(t)}{d(t)}\langle v_2(t)\rangle_{T_s} \tag{7-15}$$

$$\langle i_2(t)\rangle_{T_s}=\frac{d'(t)}{d(t)}\langle i_1(t)\rangle_{T_s} \tag{7-16}$$

图 7-7 给出了开关网络的平均等效电路，受控源的表达式与式(7-15)和式(7-16)是一致的。平均等效电路模型与开关频率、高次谐波以及变换器的所有波形无关，仅仅剩下直流成分和低频交流成分。当扰动信号的频率远小于开关频率时，这个大信号、非线性、时不变模型是有效的。图 7-4 的平均波形仅仅是对开关网络进行了必要的说明，且变换器的其余部分保持不变。因此，在上述处理过程中，只是简单地用平均开关模型替代开关网络就能获得平均电路模型。故图 7-3a 所示的开关网络适用于任何含有双开关的变换器，如 Buck 变换器、

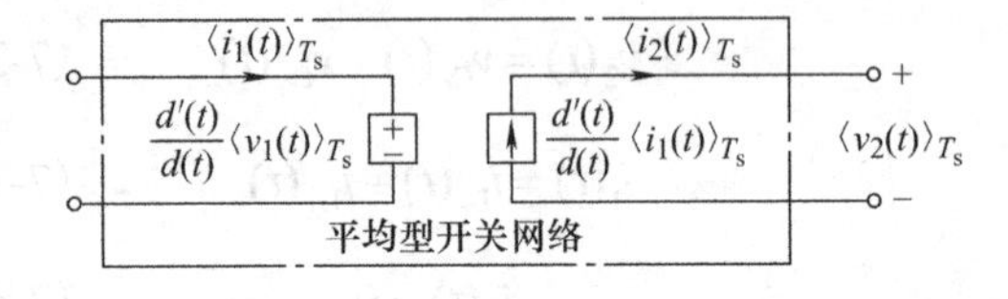

图 7-7 开关网络的平均等效电路

Buck-boost 变换器、SEPIC 变换器和 Cuk 变换器。对于任何工作在 CCM 模式的变换器(含有双开关的变换器)，可以使用同样的处理方法而得到同一个平均开关模型。总之，图 7-7 所示的模型是一个大信号平均开关模型，适用于所有的工作在 CCM 模式的双开关变换器。

7.1.3 连续导电模式的 PSpice 建模

在 OrCAD10.0/Capture 界面里建立的 CCM1 平均开关网络的 PSpice 子电路模型如图 7-8 所示，图 7-8a 为双开关网络、图 7-8b 为平均开关网络的子电路模型、图 7-8c 为子电路的 PSpice 网表联接。在 PSpice 网表联接中，Et 表示一个电压控制的电压源，控制量为 $\langle v_2(t)\rangle_{T_s}$，是节点 3、节点 4 之间的一个开关周期内的平均电压，Et 的受控量是节点 1、节点 2 之间的一个开关周期内的平均电压，占空比用节点 5 的平均电位表示，即 $d(t)=v(5)$，$d'(t)=1-d(t)=1-v(5)$。Et 这条语句对应的是式(7-15)。Gd 表示一个电流控制的电流源，控制量为 $\langle i_1(t)\rangle_{T_s}$，是由节点 1 流到节点 2 的一个开关周期内的平均电流，Gd 的受控量是由节点 4 流到节点 3 的一个开关周期内的平均电流。因此，Gd 这条语句与式(7-16)是等效的。

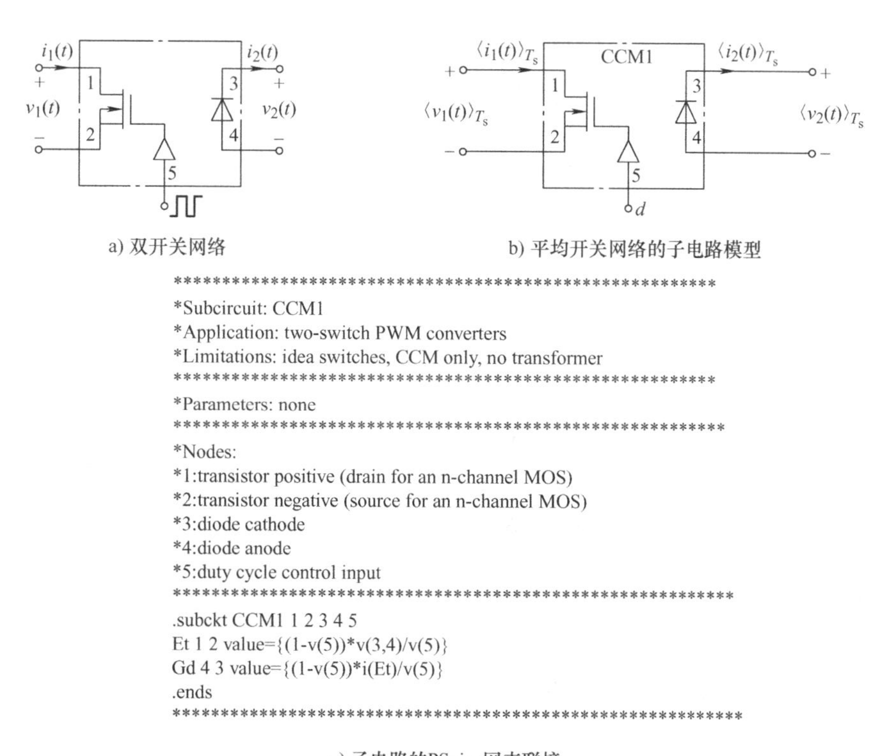

a) 双开关网络

b) 平均开关网络的子电路模型

```
*******************************************************
*Subcircuit: CCM1
*Application: two-switch PWM converters
*Limitations: idea switches, CCM only, no transformer
*******************************************************
*Parameters: none
********************************************************
*Nodes:
*1:transistor positive (drain for an n-channel MOS)
*2:transistor negative (source for an n-channel MOS)
*3:diode cathode
*4:diode anode
*5:duty cycle control input
*********************************************************
.subckt CCM1 1 2 3 4 5
Et 1 2 value={(1-v(5))*v(3,4)/v(5)}
Gd 4 3 value={(1-v(5))*i(Et)/v(5)}
.ends
**********************************************************
```

c) 子电路的PSpice网表联接

图 7-8 平均开关模型 CCM1

7.2 开关变换器开环特性的仿真

上一节建立了开关平均模型的 PSpice 子电路模型，并将其放置在用户元件库中，称为 CCM1 器件，使用者可以直接从元件库中调用开关平均模型。在这一节，直接调用用户元件库中开关平均模型的 PSpice 子电路模型，用 OrCAD 10.0 通用电路分析软件仿真开关变换器的开环特性，并将其结果与理论分析结果相对照，验证开关平均模型的正确性和实用性。

7.2.1 输入阻抗 Z_{io}

Buck 变换器如图 7-9a 所示。在 Capture 元件库里调出 CCM1 器件，搭建如图 7-9b 所示的仿真电路图。

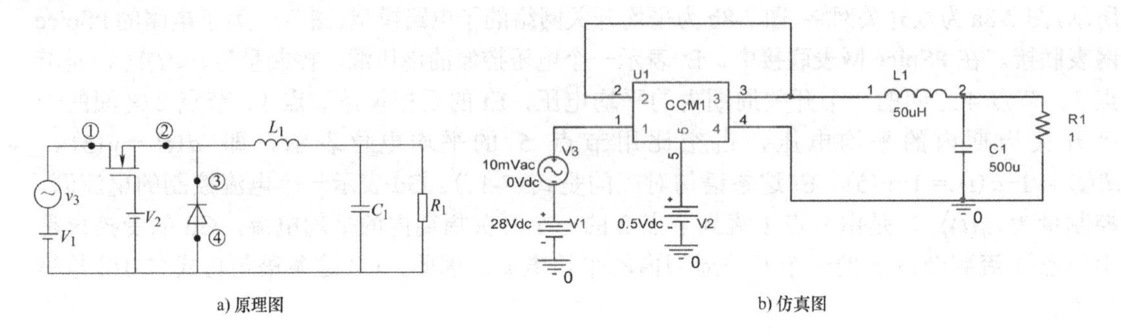

a) 原理图　　b) 仿真图

图 7-9　Buck 变换器输入阻抗的仿真电路

在图 7-9b 所示 Buck 变换器输入阻抗的仿真电路中，直流输入电压源 V1 上叠加了一个幅度为 10mV 的低频交流扰动电压源 V3。占空比由开关门极信号控制电源 V2 控制，其值等于 0.5。所以 V2 = 0.5V。

仿真输入阻抗所用的表达式为

$$Z_{io}=\frac{V(V3)}{I(V3)} \tag{7-17}$$

式中，I(V3) 是由流过电压源 V3 所决定的电流。因为从图上看，流过 V3 的电流中有两个分量：直流分量和交流分量，而这里应只取交流分量。

基于式(7-17)，得到输入阻抗的频率特性如图 7-10 所示。

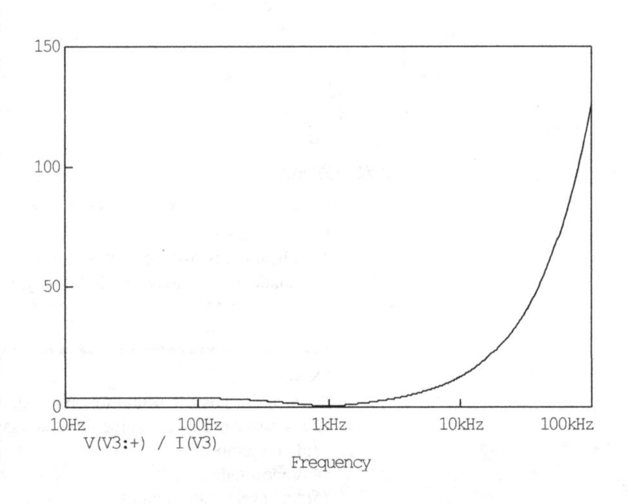

图 7-10　Buck 变换器输入阻抗的频率特性

从交流小信号等效模型可以得到输入阻抗的表达式为

$$Z_{io}(s)=\left.\frac{\hat{v}_g(s)}{\hat{i}_g(s)}\right|_{\hat{d}(s)=0}=\frac{R}{D^2}\frac{LCs^2+\dfrac{L}{R}s+1}{RCs+1} \tag{7-18}$$

为了验证仿真结果，基于式(7-18)，又利用 Mathcad 仿真，其结果与用 OrCAD10.0 仿真的结果完全一致，从而证明了开关平均模型是状态平均模型的一种。

7.2.2 输出阻抗 Z_{oo}

Buck 变换器输出阻抗 Z_{oo} 的仿真电路如图 7-11 所示。在 Buck 变换器的负载两端通过隔直电容 C2 增加了一个幅度为 10mV 的低频交流扰动电压源 V3。

仿真输出阻抗所用的表达式为

$$Z_{oo}=\frac{V(\mathrm{R1})}{I(\mathrm{V3})} \tag{7-19}$$

式中，I(V3)是流过电压源 V3 的电流。

基于式(7-19)，得到输出阻抗的频率特性如图 7-12 所示。

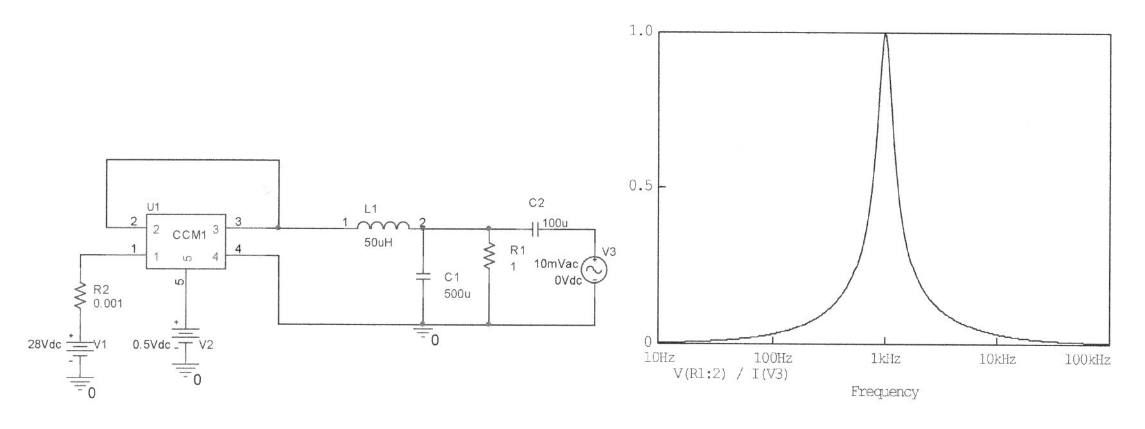

图 7-11　Buck 变换器输出阻抗的仿真电路　　图 7-12　Buck 变换器输出阻抗的频率特性

为了验证结果，利用 Mathcad 仿真从交流小信号等效模型中得到的输出阻抗表达式为

$$Z_{oo}(s)=\left.\frac{\hat{v}_o(s)}{\hat{i}_o(s)}\right|_{\hat{d}(s)=\hat{v}_g(s)=0}=\frac{Ls}{LCs^2+\frac{L}{R}s+1} \tag{7-20}$$

两个仿真结果完全一致。

7.2.3　控制-输出传递函数

控制-输出传递函数的仿真电路如图 7-13 所示，图中，在表示占空比的直流电压源 V2 上叠加了一个幅度为 10mV 的低频交流扰动电压源 V3。

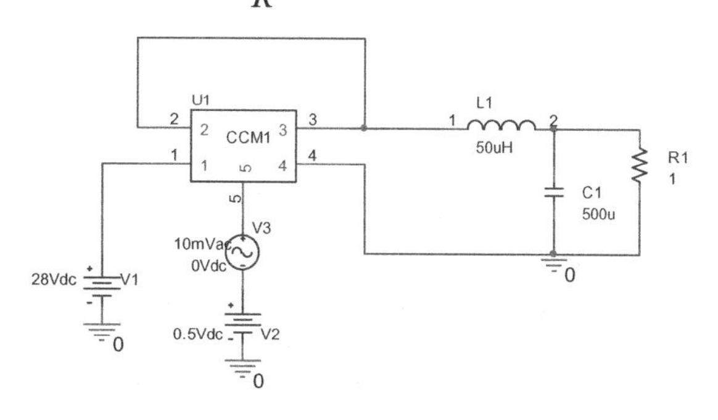

图 7-13　Buck 变换器控制-输出传递函数的仿真电路

仿真控制-输出传递函数所用的表达式为

$$\frac{\hat{v}_o}{\hat{d}}=\frac{V(\mathrm{R1})}{V(\mathrm{V3})} \tag{7-21}$$

基于式(7-21)，得到控制-输出传递函数的频率特性如图 7-14 所示。

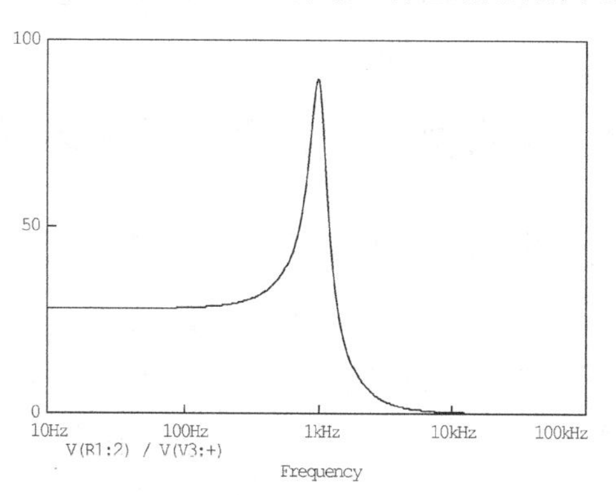

图 7-14　Buck 变换器控制-输出传递函数的频率特性

从交流小信号等效模型中得到控制-输出传递函数的表达式为

$$\left.\frac{\hat{v}_o(s)}{\hat{d}(s)}\right|_{\hat{v}_g(s)=0}=\frac{V}{D\left(LCs^2+\frac{L}{R}s+1\right)} \tag{7-22}$$

用 Mathcad 仿真式(7-22)，得到的仿真结果与图 7-14 所示曲线完全一致。

7.2.4 音频衰减率

Buck 变换器音频衰减率的仿真电路如图 7-15 所示。这个电路是在直流输入电压源 V1 上叠加了一个幅度为 10mV 的低频交流扰动电压源 V3。

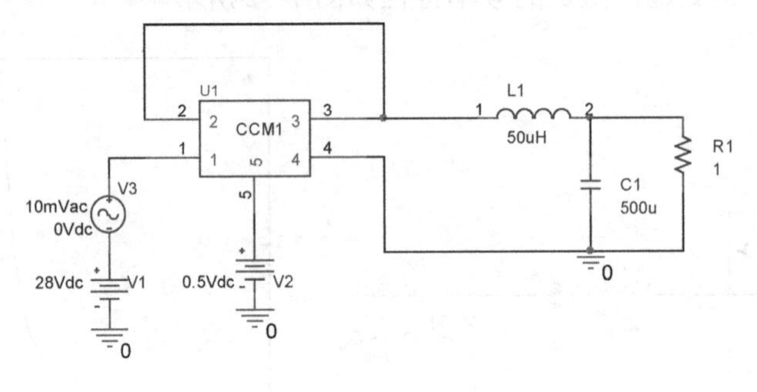

图 7-15 Buck 变换器音频衰减率的仿真电路

仿真音频衰减率所用的表达式为

$$\frac{\hat{v}_{\mathrm{o}}}{\hat{v}_{\mathrm{g}}}=\frac{V(\mathrm{R1})}{V(\mathrm{V3})} \tag{7-23}$$

基于式(7-23)，得到音频衰减率的仿真结果如图 7-16 所示。

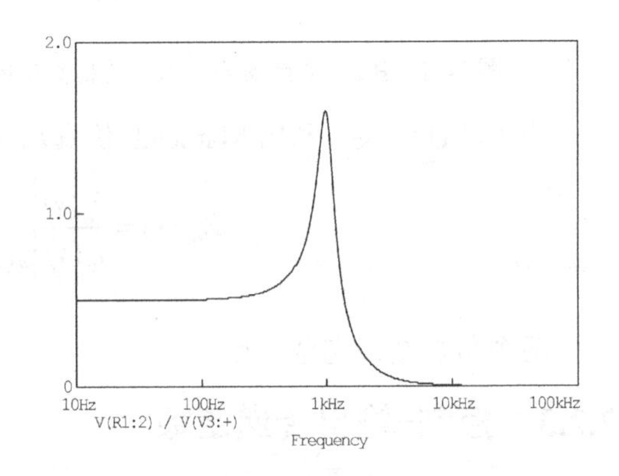

图 7-16 Buck 变换器音频衰减率的仿真结果

利用 Mathcad 仿真从交流小信号等效模型中得到的音频衰减率的表达式为

$$\left.\frac{\hat{v}_{\mathrm{o}}(s)}{\hat{v}_{\mathrm{g}}(s)}\right|_{\hat{d}(s)=0}=\frac{D}{LCs^2+\dfrac{L}{R}s+1} \tag{7-24}$$

可得到相同的仿真结果。

综上所述，利用上一节建立的开关平均模型的 PSpice 子电路模型 CCM1，仿真 Buck 变换器的输入阻抗 Z_{io}、输出阻抗 Z_{oo}、控制-输出传递函数 $\frac{\hat{v}_{\mathrm{o}}}{\hat{d}}$ 和音频衰减率 $\frac{\hat{v}_{\mathrm{o}}}{\hat{v}_{\mathrm{g}}}$，将仿真结果和小信号等效模型的结果相比较，发现两者误差很小。这就说明在 Capture 里建立的平均开关模型 CCM1 是正确的、可用的。

7.3 组合型 CCM/DCM 平均开关模型及 PSpice 建模

7.3.1 组合型 CCM/DCM 平均开关模型

对于工作在CCM模式的开关变换器，如果负载电流减少到足够小，变换器将工作在DCM模式。在有些情况，需要专门设计使得变换器工作在 DCM 模式。因此，研究一种组合型 CCM / DCM 平均开关模型是很有必要的。

图 7-17a 给出了通用的双开关网络。组合型 CCM / DCM 平均开关模型是个大信号平均

模型，可以工作在 CCM 模式或 DCM 模式。如果变换器工作在 CCM 模式，平均开关模型是一个变比为 $d':d$ 的理想直流变压器，其端口的特性方程为

$$\langle v_1(t)\rangle_{T_s}=\frac{d'(t)}{d(t)}\langle v_2(t)\rangle_{T_s} \tag{7-25}$$

$$\langle i_2(t)\rangle_{T_s}=\frac{d'(t)}{d(t)}\langle i_1(t)\rangle_{T_s} \tag{7-26}$$

当变换器工作在 DCM 模式时，平均开关模型是一个无损电阻模型。我们的目的是构造一个组合型 CCM / DCM 平均开关模型。这个模型可以根据所取工作模式简化为图 7-17b 或图 7-17c 所示的模型。图 7-17c 所示模型的端口特性方程为

$$\langle i_1(t)\rangle_{T_s}=\frac{\langle v_1(t)\rangle_{T_s}}{R_e} \tag{7-27}$$

$$\langle p(t)\rangle_{T_s}=\frac{\langle v_1(t)\rangle_{T_s}^{\ 2}}{R_e} \tag{7-28}$$

式中，$R_e=2L/(d^2T_s)$。

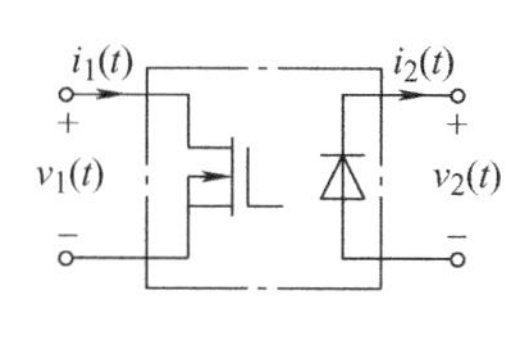

a) 通用双开关网络

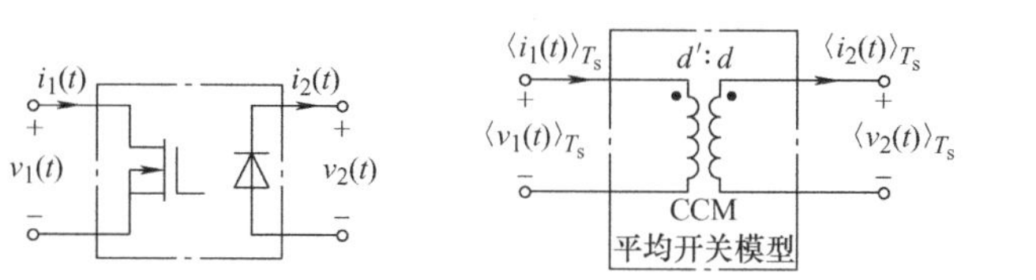

b) 工作在CCM模式的平均开关模型

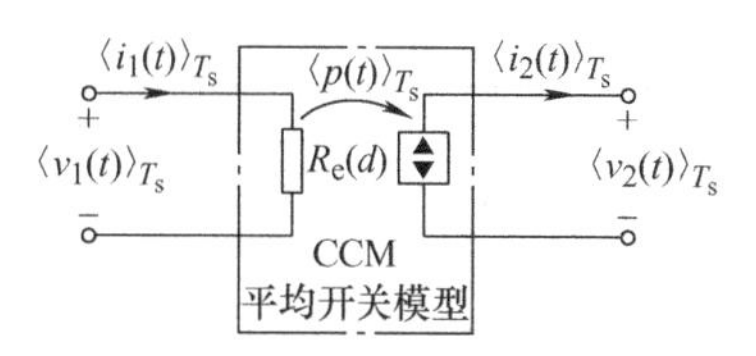

c) 工作在DCM模式的平均开关模型

图 7-17　平均开关模型

为了便于叙述，定义一个等效的变比$\mu(t)$。目的在于使这个平均开关模型在两种工作模式时有同样的形式，如图 7-18 所示。如果变换器工作在 CCM 模式，则开关网络的等效变比$\mu(t)$等于开关占空比 $d(t)$，即

$$\mu=d \tag{7-29}$$

如果变换器工作在 DCM 模式，则可以计算出开关网络的等效变比，使图 7-18 所示开关平均模型的端口特性与图 7-17c 表示的无损电阻模型相一致。对于图 7-18 和图 7-17c，当输入端口的特性相同时，有如下表达式：

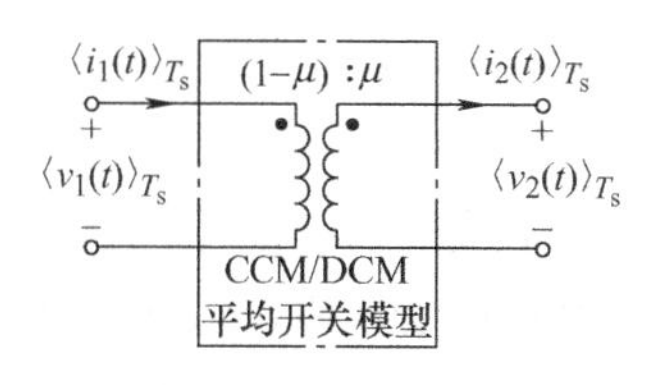

图 7-18　用开关变比μ表示的通用平均开关模型

$$\langle v_1(t)\rangle_{T_s}=\frac{1-\mu}{\mu}\langle v_2(t)\rangle_{T_s}=R_e\langle i_1(t)\rangle_{T_s} \tag{7-30}$$

求解式 (7-30) 可以得出μ值为

$$\mu=\frac{1}{1+\dfrac{R_e\langle i_1(t)\rangle_{T_s}}{\langle v_2(t)\rangle_{T_s}}} \tag{7-31}$$

开关网络的等效变比$\mu(t)$可以被认为是 CCM 开关网络占空比 $d(t)$ 的另一种表达式。

因此，CCM 变换器的模型不仅可以用在 DCM 工作模式，还可以用在其他工作模式，甚至可以用于其他结构的变换器，需要处理的只是用$\mu(t)$代替 $d(t)$。例如，如果 $M(d)$ 表示 CCM 的变比，则当μ是由式(7-31)所决定时，$M(\mu)$就是工作在 DCM 时的变比。开关网络在 DCM 的变比取决于平均端口电压、电流以及等效电阻 $R_e = 2L/(d^2T_s)$。如果变换器不接负载，输入端口电流的平均值$\langle i_1(t)\rangle_{T_s}$ 等于零，则 DCM 开关变换器的变比$\mu = 1$。其结果为，所获得的直流输出电压可能达到它的最大值 $V = V_gM(1)$。

构造组合型 CCM / DCM 平均开关模型是以图 7-18 所示的平均开关模型为基础的。在 CCM 工作模式，式(7-29)是有效的，在 DCM 时，式(7-31)是有效的。在 CCM 和 DCM 的临界点，两个表达式有同样的结果，即$\mu = d$。对于一个工作在 CCM 的变换器，如果负载电流进一步减少，变换器将工作在 DCM 模式，平均开关电流$\langle i_1(t)\rangle_{T_s}$下降，式(7-31)确定的开关网络的变比大于占空比 d。因此所得的结论是，等效变比可以当作判断工作模式的标准。考虑变换器工作在 CCM / DCM 时，式(7-29)和式(7-31)的最大值是变换器的实际变比。

7.3.2 组合模型的 PSpice 建模

用 PSpice 子电路实现组合型 CCM/DCM 平均开关模型的语句如表 7-1 所示。

表 7-1 组合型 CCM/DCM 模型的 PSpice 子电路

```
.subckt CCM-DCM  1  2  3  4  5  Params: L = 50u FS = 1E5
  Et  1  2 value = { (1-v(u)) *v(3,4)/v(u) }
  Gd  4  3 value = { (1-v(u)) *i(Et)/v(u) }
  Ga  0  a value = {MAX(i(Et),0) }
  Va  a  b
  Ra  b  0 1k
  Eu  u  0 table {MAX(v(5),1/(1+2*L*FS*i(Va)/(v(3,4)*v(5)*v(5))))}
+ = (0 0) (1 1)
.ends
```


该 PSpice 子电路的名称为 CCM-DCM，有 5 个端口。受控源 Et 或 Gd 表征了图 7-18 的端口 1 或端口 2 的平均特性。开关网络的比率μ等于子电路节点 u 的电位。受控源 Eu 能够找出由式(7-29)和式(7-31)两式得到的最大值。受控电流源 G_a、0 值电压源 V_a和电阻 R_a组成了辅助电路。这个辅助电路确保仿真出来的二极管或晶体管电流有正确的极性，$\langle i_1(t)\rangle_{T_s} \geqslant 0$，$\langle i_2(t)\rangle_{T_s} \geqslant 0$。这个子电路的参数与电感 L 和开关频率 f_s 有关。它们在子电路的默认值为 $L = 50\mu H$，$f_s = 100kHz$。

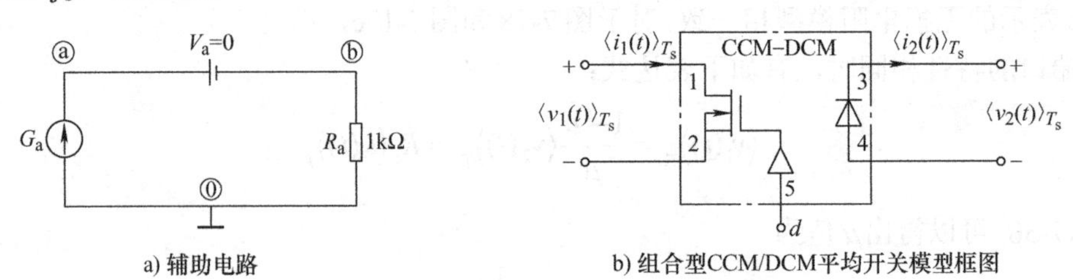

a) 辅助电路

b) 组合型CCM/DCM平均开关模型框图

图 7-19 组合型 CCM/DCM 平均开关模型

组合型 CCM/DCM 平均开关模型框图如图 7-19b 所示。它可以用来分析含有一个晶体管和一个开关二极管的 PWM 变换器的 DC、AC 特性及其瞬态响应。

7.4 组合型 CCM/DCM 模型的应用举例

图 7-19 给出了组合型 CCM/DCM 平均开关模型。这是一个大信号平均模型，可以工作在 CCM 模式或 DCM 模式。表 7-1 给出了它的 PSpice 子电路。可以将 PSpice 子电路建成一个用户模型库。利用这个用户模型库，能方便地对基本开关变换器进行小信号和大信号研究。也能分析开关调节系统的启动过程。利用这个用户模型库分析开关变换器的稳态特性时，会大大节约仿真时间。在一般情况下，利用这个用户模型库分析开关变换器的稳态特性时不会出现不收敛问题。但是，这个用户模型库只适合分析不含变压器的开关变换器。下面介绍几个分析实例，阐述这个用户模型库的实际使用方法和技巧。

7.4.1 SEPIC 变换器传输特性的仿真

SEPIC 变换器如图 7-20a 所示。用开关网络的平均开关模型替换 SEPIC 变换器中的开关管和二极管得到仿真用电路模型，如图 7-20b 所示。CCM/DCM 平均模型中的电感参数 $L = 83.3\mu H$，它等于 L_1 与 L_2 的并联，开关频率 $f_s = 100kHz$。电压源 V2 设置了占空比的稳态电压 0.4V，交流小信号扰动 $\hat{d}$ 的峰值为 1mV。在变换器控制-输出传递函数的仿真中，交流小信号扰动 $\hat{d}$ 的幅值应当远远小于静态时的占空比 D，即 $D \gg \hat{d}$，所以交流小信号的幅度远远小于其稳态值。因此，在进行 AC 扫描时，变换器工作于一个线性电路模型。例如，控制-输出的传递函数为 $G_{vd} = \hat{v}/\hat{d}$，其中 $\hat{v}$ 为图 7-20b 中的 $v(R_{load})$。可以将输入交流幅值设为 1mV，这样 G_{vd} 可以通过 $v(R_{load})/1mV$ 来直接测量。这种设置旨在通过仿真方便地得出小信号频率响应。AC 扫描的参数设置：扫描频率从最低值 10Hz 到最高频率 100kHz(等于开关频率)，每 10 倍频取 201 个频点。

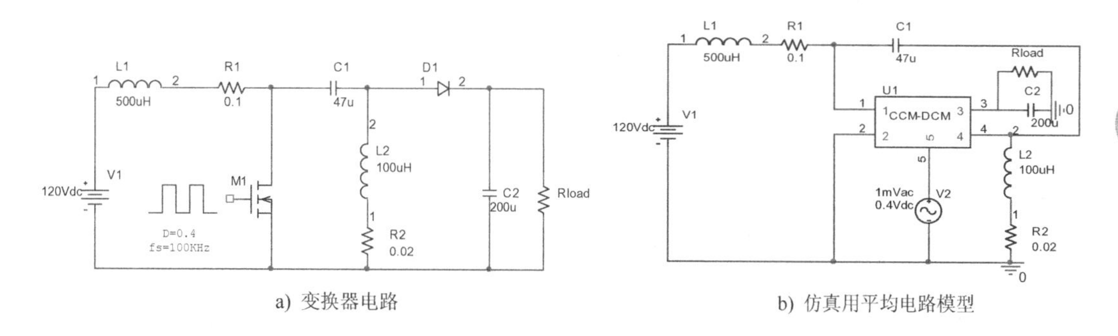

a) 变换器电路　　b) 仿真用平均电路模型

图 7-20　SEPIC 仿真实例

图 7-21 示出了在两种不同阻值的负载电阻条件下，通过 AC 扫描仿真得到的控制-输出传递函数幅值及相位的频率响应。其中负载电阻 $R = 40\Omega$ 时，变换器工作于 CCM 模式，而当 $R = 50\Omega$ 时，变换器工作于 DCM 模式。对于这两种工作模式，电路中的稳态电压和电流几乎相同。然而，两种工作模式下的频率响应却有着很大的差别。在 CCM 模式，传递函数是一个拥有两对高 Q 值共轭复极点和一对共轭复零点的 4 阶响应。另外，系统在接近 50kHz 频率处有一个右半平面零点。在 DCM 模式，则有一对共轭复极点和一对共轭复零点。复极点和复零点的频率值非常接近。一个高频极点和一个右半平面零点增加了在高频段的相位滞后。

如果一个变换器既可能工作在 CCM 又可能工作在 DCM 时，其闭环响应变化范围很大。因此在设计反馈控制器时，要根据最坏情况设计。

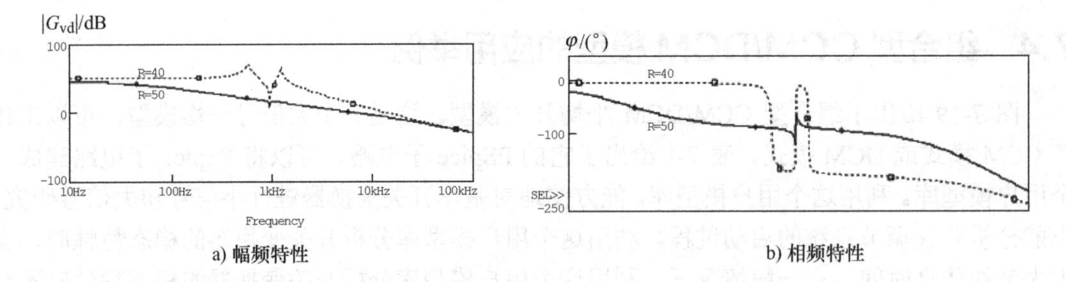

a) 幅频特性　　　　b) 相频特性

图 7-21　控制-输出传递函数幅值和相位的频率响应

$R=50\Omega$，工作在 DCM（实线）　$R=40\Omega$，工作在 CCM（虚线）

7.4.2　电压控制型 Buck 调节系统性能的仿真

电压控制型 Buck 调节系统的仿真电路如图 7-22 所示。Buck 变换器中的功率场效应晶体管和二极管组成了开关网络。在这个仿真电路中，用平均开关模型代替开关网络。PWM 调制器输出电压的峰峰值 $V_M=4\text{V}$。用一个增益为 0.25（= 1/4）、含有最大、最小值限制的行为电压源模型 Epwm 代替 PWM 调制器组成了其 PSpice 仿真模型。Epwm 输出电压的值为 0.25 倍的 PWM 输入电压 V_x，且将其最小值限制在 0.1V，最大值限制在 0.9V。PWM 调制器的输出为平均开关模型的输入信号——占空比。在以上限制条件下，开关的占空比可以取值的范围为

$$D_{\min} \leqslant d(t) \leqslant D_{\max} \tag{7-32}$$

式中，$D_{\min}=0.1$；$D_{\max}=0.9$。

在实际 PWM 集成电路中，通常占空比最大值的限制条件是 $D_{\max} \leqslant 1$。因此，上述 PSpice 仿真模型 Epwm 既可用于进行交流小信号分析，也可以进行稳态分析。同时，由于这个仿真模型含有限幅功能，因此用其进行大信号扰动分析也是可行的。

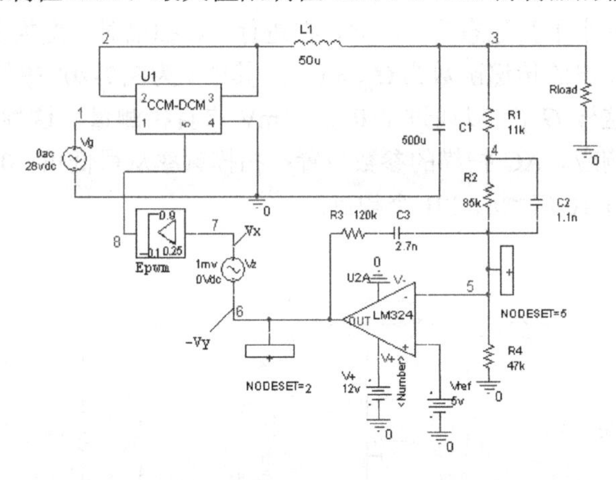

图 7-22　电压控制型 Buck 调节系统频率特性的仿真电路

运算放大器 LM324 及其外围电路组成了 PID 电压控制器，也称为电压补偿网络。静态时，系统的环路增益非常大，静态误差近似为 0。即，运算放大器反相端直流输入电压近似等于同相端的参考电压 v_{ref}，则有

$$v(5)=v_{\text{ref}} \tag{7-33}$$

在这个电路中，输出电压 $V=15\text{V}$，分压电阻网络 R_1、R_2、R_4 组成了电压采样网络。因此，直流输出电压由参考电压 v_{ref} 和电压采样网络确定，即有

$$\frac{R_4}{R_1+R_2+R_4}V=v_{\text{ref}}=5\text{V} \tag{7-34}$$

在计算开环传递函数时，令参考电压的扰动量 $\hat{v}_{\text{ref}}=0$。电压采样网络和电压控制器组成的传递函数为

$$H(s)G_c(s)=\frac{\hat{v}_y}{\hat{v}}=\frac{R_3+\dfrac{1}{sC_3}}{R_1+R_2//\dfrac{1}{sC_2}} \tag{7-35}$$

改写式(7-35)为零极点形式，则有

$$H(s)G_c(s)=G_{cm}H\frac{\left(1+\dfrac{s}{\omega_z}\right)\left(1+\dfrac{\omega_L}{s}\right)}{\left(1+\dfrac{s}{\omega_p}\right)} \tag{7-36}$$

式中，

$$G_{cm}H=\frac{R_3}{R_1+R_2} \tag{7-37}$$

$$f_z=\frac{\omega_z}{2\pi}=\frac{1}{2\pi R_2C_2} \tag{7-38}$$

$$f_L=\frac{\omega_L}{2\pi}=\frac{1}{2\pi R_3C_3} \tag{7-39}$$

$$f_p=\frac{\omega_p}{2\pi}=\frac{1}{2\pi(R_1//R_2)C_2} \tag{7-40}$$

现给定设计要求为：$G_{cm}H=1.23$，$f_z=1.7\text{kHz}$，$f_L=500\text{Hz}$，$f_p=14.5\text{kHz}$。

可以通过式(7-34)、式(7-38)和式(7-40)来选择电路参数值。首先，假设 C_2＝1.1nF，根据式(7-38)得到 $R_2=85\text{k}\Omega$；由式(7-40)得到 $R_1=11\text{k}\Omega$；再由式(7-34)得到 $R_4=47\text{k}\Omega$。参数选取完成后，就可以对如图 7-22 所示的电压控制型 Buck 调节系统进行仿真分析了。

现通过仿真来分析这个电路。要得到开环传递函数，需在电压控制器的输出端与 PWM 调制器的输入端之间插入一个交流小信号电压源 V_z。运算放大器的输出阻抗非常小，且 PWM 调制器的输入阻抗非常大，选择这个位置施加小信号交流扰动电压源不会影响系统的开环传递函数。令小信号交流扰动电压源的幅度为 1mV，远远小于电压控制器的静态输出电压。在静态工作点的基础上，进行小信号交流扰动，通过 AC 扫描分析，得到系统的开环传递函数为

$$T(s)=\frac{\hat{v}_y}{\hat{v}_x}=\frac{v(6)}{v(7)} \tag{7-41}$$

在进行 AC 扫描分析之前，仿真器需计算出直流静态工作点，在该静态工作点处对电路进行线性化处理，然后在指定的频率范围内进行 AC 分析，求取小信号频率响应。在求解静态工作点时，计算机要通过多次迭代对描述系统的非线性方程进行数值求解。在某些情况下，会出现不收敛问题且仿真出现异常中断，并给出错误信息。另外，对于直流环路增益很大的反馈系统，经常会出现不收敛现象。图 7-22 所示的电路正是这种直流环路增益很大的反馈系统，因此，若不进行事先处理，很可能出现不收敛现象而导致仿真失败。解决这个问题的一种较为有效的方法是，用 NODESET 器件把节点电压初值指定为近似值或期望值，从而为非线性方程的数值求解设定合理的初值，使得求解的结果限定在初值的某个邻域内。对于图 7-22 所示的电路，处理方法如下：①根据给定参考电压的数值，通过求解电压采样网络得知静态

输出电压接近 15V，运算放大器反相端输入的电位近似等于参考电压[$v(5)=5\text{V}$]，静态占空比近似为 $D=V/V_g=0.536$。因此，PWM 调制器的输出电压 $v(8)=0.536\text{V}$。在给定这些近似节点电压条件下，数值解收敛。在两种不同负载电阻值下，得到静态工作点如下计算结果：

$$R=3\Omega,\ v(3)=15.2\text{V},\ v(5)=5.0\text{V},\ v(7)=2.173\text{V},\ v(8)=0.543\text{V},\ D=0.543 \tag{7-42}$$

$$R=25\Omega,\ v(3)=15.2\text{V},\ v(5)=5.0\text{V},\ v(7)=2.033\text{V},\ v(8)=0.508\text{V},\ D=0.508 \tag{7-43}$$

当负载电阻 $R=3\Omega$ 时，变换器工作于 CCM 模式，所以 $D=V/V_g$；$R=25\Omega$ 时，较小的占空比就能得到相同的直流输出电压，这意味着变换器工作于 DCM 模式。

在式(7-42)和式(7-43)所给定的两组静态工作点的条件下，系统开环传递函数幅值及相位的频率响应如图 7-23 所示。

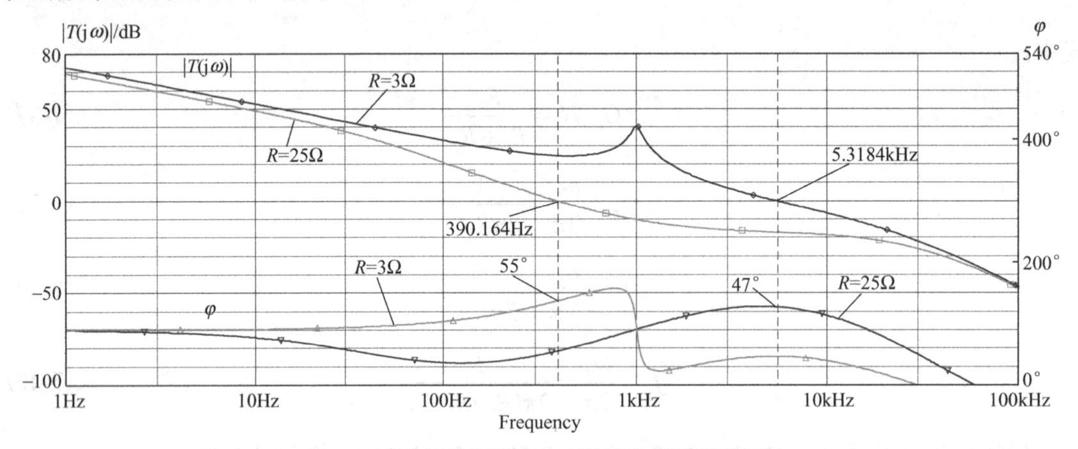

图 7-23　电压控制型 Buck 调节系统的频率特性

当 $R=3\Omega$ 时，截止频率 $f_c=5.3\text{kHz}$，相位裕量 $\varphi_m=47°$；当 $R=25\Omega$ 时，变换器工作于 DCM 模式，环路增益的频率响应与系统工作在 CCM 模式的频率响应差别较大，截止频率降到 $f_c=390\text{Hz}$，相位裕量增加到 $\varphi_m=55°$。

为了研究反馈对音频衰减率的影响，需要分别分析开环工作和闭环工作时的音频衰减率。通过比较两种不同工况时音频衰减率的幅频特性，说明反馈对音频衰减率的影响程度。在分析开环工作的音频衰减率时，需对图 7-22 所示电路进行拆环处理。在图 7-22 中，在节点 8 处断开反馈环并在该节点施加一个直流电压源，其电压值设为静态占空比 $D=0.543$，得到图 7-24 所示电路——分析开环工作的仿真电路。

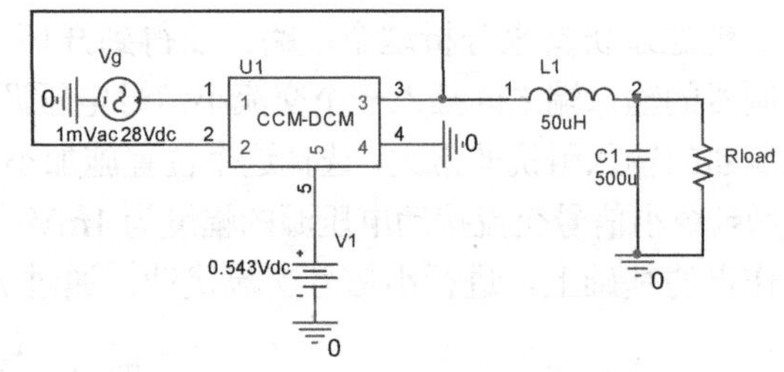

图 7-24　开环 Buck 变换器仿真电路图

当负载电阻 R 分别为 3Ω 和 25Ω 时，开环和闭环音频衰减率的幅频特性如图 7-25 所示。当 $R=3\Omega$ 时，电路工作在 CCM 模式，在 100Hz 频率处，开环和闭环音频衰减率的幅度分别为−5dB 和−38dB，当输入电压 V_g 产生 1V 的波动时，输出电压 v 分别产生 0.56V 和 12.6mV 的变化。这个结果表明，电压反馈能够有效地减少输入波动对输出产生的影响。当 $R=25\Omega$ 时，电路工作在 DCM 模式，闭环音频衰减率的幅度为−34dB，这意味着当输入电压 V_g 发生 1V 波动时，在 100Hz 频率处，输出电压 $v(t)$ 将产生 20mV 的变化。因此，在轻负载工作时反馈抑制电网电压波动的能力最差。

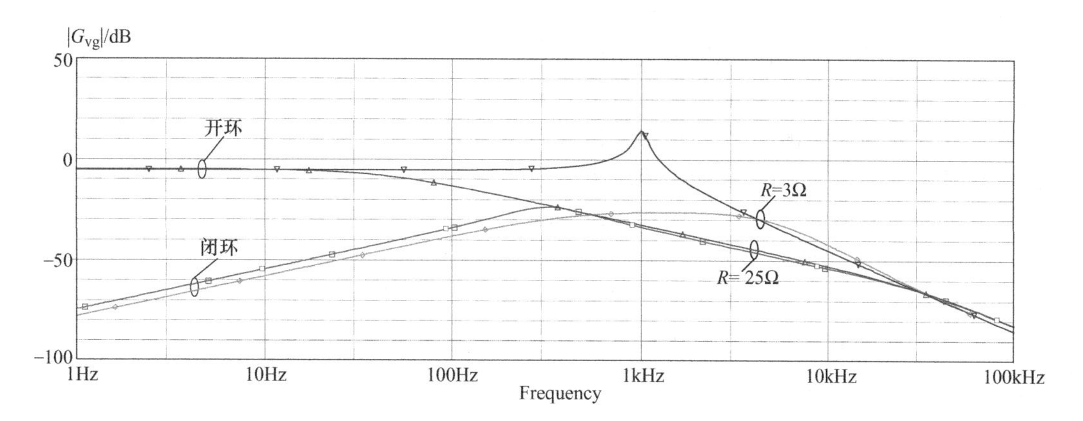

图 7-25　电压控制型 Buck 调节系统音频衰减率的频率响应

下面研究当负载突然加重或减轻时电路的瞬态响应。闭环仿真电路和开环仿真电路分别如图 7-26 和图 7-27 所示。在这两个电路中，开关器件 U3 和电阻 R5 是定时减载电路。在仿真时，将开关器件 U3 的闭合时刻 TCLOSE 设置为 0.1ms，闭合时间 TTRAN 设置为 0.1ms。即 U3 开关在 0.1ms 处闭合，合闸的时间为 0.1ms。

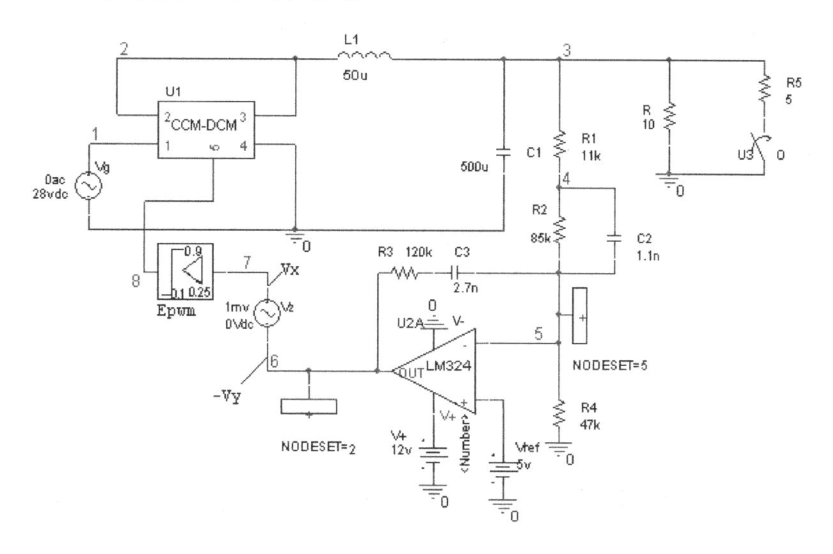

图 7-26　电压控制型 Buck 调节系统瞬态响应仿真电路

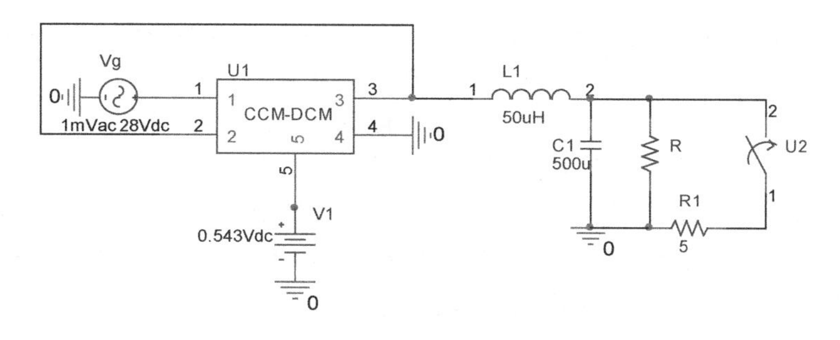

图 7-27　开环 Buck 变换器瞬态响应仿真电路

电路在开环和闭环时瞬态响应如图 7-28 所示。负载电流初值为 1.5A，在 0.1ms 处负载开始加重，在 0.2ms 处，负载电流增加到新的稳态值 4.5A。当变换器工作于开环方式，且占空比恒为 0.543 时，输出电压的瞬态响应是由变换器网络中 LPF 的时间常数决定的。在输出电压上可以观察到一个长时间的弱阻尼振荡。当加上反馈环时，电压控制器能动态地调节占空比来保持输出电压恒定。在开关闭合时刻，输出电压会出现一个幅度为 0.2V 负冲击，但经过一个短暂的、强阻尼振动后，输出电压很快又会恢复为正常值。

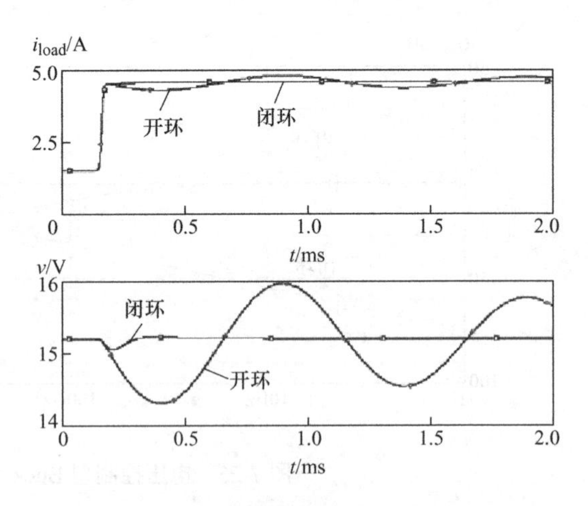

图 7-28　负载发生阶跃变化时，Buck 变换器开环与闭环瞬态响应的比较

7.4.3　DCM Boost-PFC 电路性能仿真

当 DCM Boost 变换器开关频率远远大于交流电网的频率时，这个电路可以实现 PFC 功能，减少在其输入端产生高次电流谐波的概率。当 DCM Boost 变换器在恒定的开关占空比下工作时，输入电流近似地跟随输入电压变化，使得输入电流的低频分量与输入电压是同频、同相的功率信号。对于 DCM Boost 变换器而言，低频的输入电阻 R_e 等于 $2L/[d^2(t)T_s]$。通过合理的设计，能够使该电路的输入电流满足 IEC 有关谐波的限制标准。在这一节，将以一个 DCM Boost-PFC 电路为例，通过仿真研究其性能。

DCM Boost-PFC 电路的仿真电路如图 7-29 所示。电网频率为 50Hz、电压的有效值为 120V，其峰值 $V_M = 170\text{V}$。变换器中的开关网络由 PSpice 子电路 CCM-DCM 代替。该电路设计要求：直流输出电压为 $V = 300\text{V}$，输出功率为 120W，开关频率为 $f_s = 100\text{kHz}$。选择电感 L 使变换器一直工作于 DCM。变换器工作于 DCM 的条件为

$$L < \frac{\left(1 - \frac{V_M}{V}\right) R_e}{2 f_s} \tag{7-44}$$

式中，R_e 为输入等效电阻；V_M 为交流电压源的峰值。

当忽略电流谐波以及损耗时，等效电阻 R_e 由输出电压和输出功率 P 确定，即

$$R_e = \frac{V_M^2}{2P} \tag{7-45}$$

给定 $V_M = 170\text{V}$，可以通过式(7-45)算出 R_e，再由式(7-44)得到 $L<260\mu\text{H}$。选择电感 $L = 200\mu\text{H}$。运放 LM324 及其外围电路组成了 PI 电压控制器。为了抑制直流输出电压上叠加 100Hz 的交流纹波，PI 电压控制器的上限截止频率较低。输出电压的采样信号与参考电压 v_{ref}(V4 电压源)相减形成了误差信号，该误差信号通过电压控制器被放大后得到其输出 v_c。同时，v_c 是脉宽调制器的输入信号。通过调节开关占空比 d，v_c 实现了对 PFC 电路的等效输入电阻 R_e 的调节。并且由此控制了电路的输入功率。由于 PI 电压控制器的静态增益近似为无限大，在稳态时，输入功率等于输出功率且直流输出电压由参考电压 v_{ref} 和分压电阻(R_1、R_2)网络确定，则有

$$V = \frac{R_1 + R_2}{R_1} v_{ref} = 300\text{V} \tag{7-46}$$

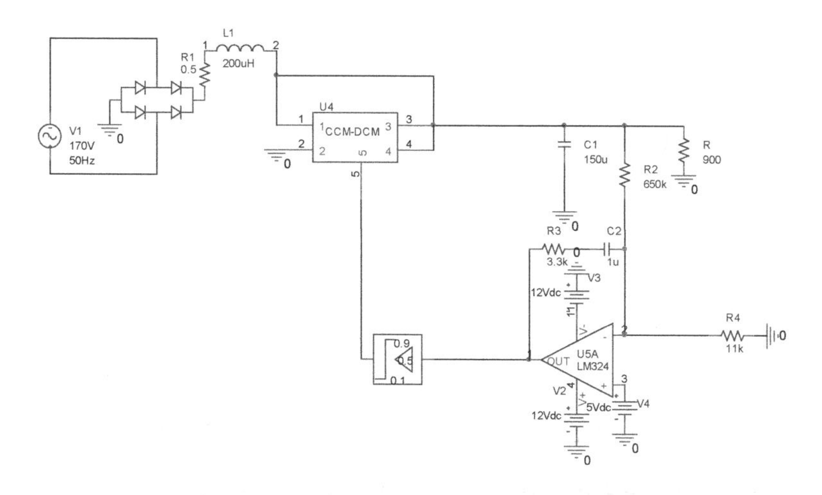

图 7-29　DCM Boost–PFC 电路平均电路模型

消除输入电流的谐波是 PFC 电路的主要任务之一。因此，需要对其输入电流进行谐波分析。具体方法如下：首先，要让电路进行较长时间的瞬态分析，使电路工作于稳态。然后在一个稳态(电网的)周期内对其输入电流进行傅里叶分析，得到各次谐波分量，将这些谐波分量与 IEC 标准相比较，决定 PFC 电路的输入电流是否合格。

当负载 $R=900\Omega$，输出功率为 100W，直流输出电压为 300 V 时，电路达到稳态后，PFC 电路的输出电压和输入电流如图 7-30 所示。在图 7-30 中，直流输出电压叠加了一个频率为 2 倍电网频率的交流纹波分量，其峰峰值大约为 8V；输入电流近似为一个正弦波，其失真可以忽略不计。输入电流的频谱如图 7-31 所示，其中最大的 3 次谐波分量为基波分量的 16.6%，总谐波失真度为 16.7%。

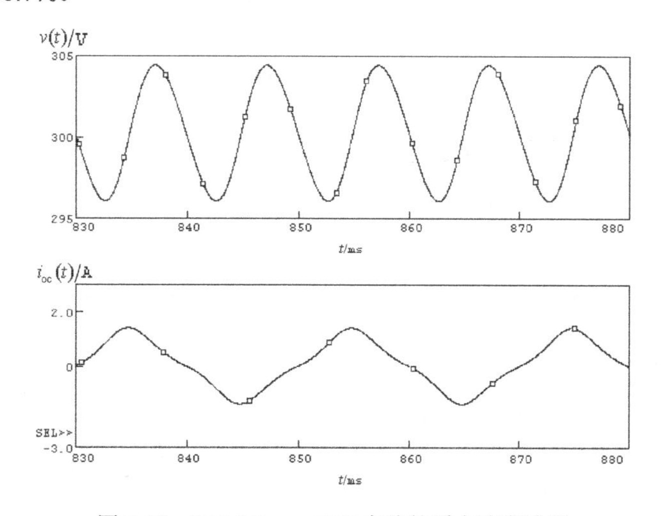

图 7-30　DCM Boost-PFC 电路的瞬态响应波形

由仿真还可以观察电路过载时的情况。当负载电阻为 $R=500\Omega$ 时，输出功率为 180W，这时候，电路处于过载运行。输入电流的稳态波形如图 7-32 所示。Boost 变换器在电网电压峰值附近工作于 CCM 模式，导致电流产生较大尖峰和很大的谐波失真。因此，对于只有电压控制型的 PFC 电路，如果希望输入电流近似为一个正弦波，其失真几乎可以忽略不计，则电路应总是工作在 DCM 模式。

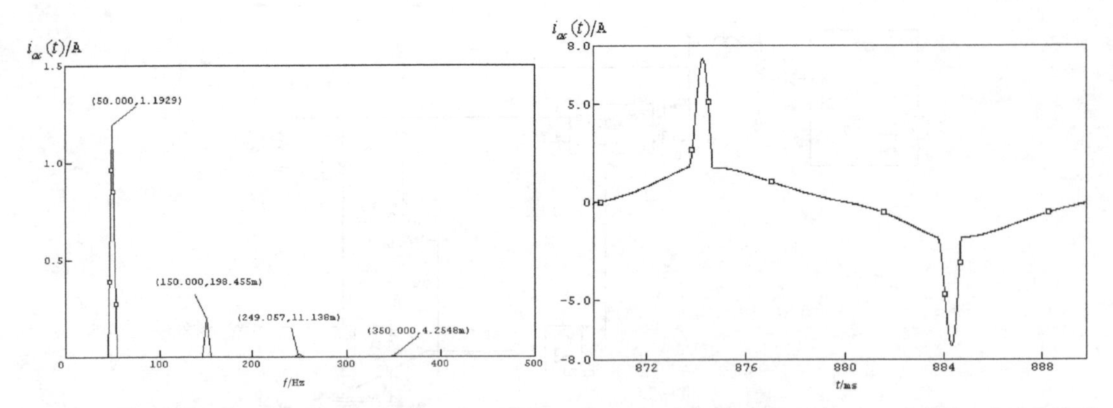

图 7-31　DCM Boost-PFC 电路的交流输入电流频谱　　图 7-32　过载时 DCM Boost-PFC 电路输入电流的波形

7.5　峰值电流控制器的 PSpice 建模及其仿真

对于峰值电流控制器，当功率开关管的峰值电流等于控制信号时，功率开关管关断。在这种控制方式中，不能直接控制功率开关管的占空比 $d(t)$。而功率开关管的占空比依赖于控制信号以及变换器的电压或电流。在这一节，将研究 CPM（峰值电流控制模式）型控制的大信号平均控制模型，目的在于用子电路描述它的 PSpice 模型。

7.5.1　峰值电流控制器的 PSpice 模型

图 7-33 给出了工作在 CCM 或 DCM 的 CPM 型变换器的典型电流、电压波形。信号 $i_c(t)$ 是 CPM 控制器信号，具有$-m_a$斜率的人工补偿斜坡附加在控制信号 $i_c(t)$ 上。$v_L(t)$、$i_L(t)$ 分别为电感的电压和电流。$\langle v_1(t)\rangle_{T_s}$、$\langle v_2(t)\rangle_{T_s}$ 分别为电感的电压在第一个区间 dT_s 和第二个区间 $(1-d)T_s$ 的平均值。

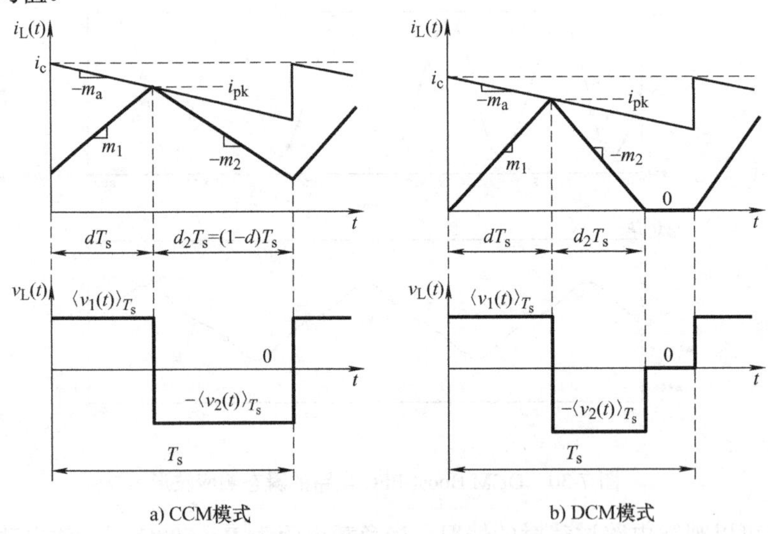

图 7-33　峰值电流控制模式的波形

在第一个区间，功率开关管是导通的，电感的电流以斜率 m_1 上升。m_1 由下式决定：

$$m_1=\frac{\langle v_1(t)\rangle_{T_s}}{L} \tag{7-47}$$

假设电压纹波非常小，所以加在电感两端的电压 $v_1(t)$ 近似等于平均值 $\langle v_1(t)\rangle_{T_s}$。当电感的电流等于峰值电流 i_{pk} 时，功率开关管关断。峰值电流 i_{pk} 的计算式为

$$i_{pk}=i_c-m_a dT_s \tag{7-48}$$

在第二个区间，功率开关管关断且续流二极管导通，电感上的电流将以 $-m_2$ 的斜率下降。由于假设电压的纹波非常小，斜率 m_2 的计算式为

$$m_2=\frac{\langle v_2(t)\rangle_{T_s}}{L} \tag{7-49}$$

CCM 中，第二个时间区间间隔持续到一个开关周期的结束，因此有

$$d_2=1-d \tag{7-50}$$

DCM 中，在一个开关周期结束以前电感上的电流已经变为零，第二个时间区间的长度计算式为

$$d_2=\frac{i_{pk}}{m_2 T_s} \tag{7-51}$$

如果变换器工作在 DCM，由式(7-51)计算出来的 d_2 小于 $1-d$。如果工作在 CCM，$1-d$ 小于由式(7-51)计算出来的 d_2。在 PSpice 模型中，用第二个区间长度判定变换器是工作在 DCM 还是 CCM。

通过计算面积的办法计算出电感电流的平均值。如果第二个区间的长度是选择式(7-50)和式(7-51)计算值的最小值，则下面表达式适合于 DCM 或 CCM 两种工况：

$$\langle i_L(t)\rangle_{T_s}=d\left(i_{pk}-\frac{m_1 dT_s}{2}\right)+d_2\left(i_{pk}-\frac{m_2 d_2 T_s}{2}\right) \tag{7-52}$$

基于式(7-47)～式(7-52)，平均 CPM 控制器的模型框图如图 7-34 所示。

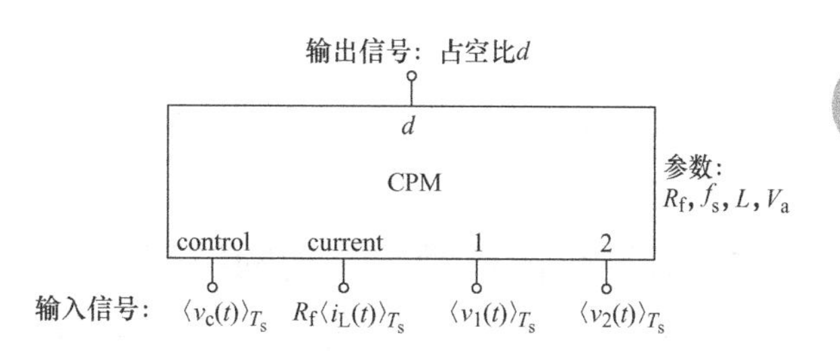

图 7-34 电流编程模式(CPM)的子电路

CPM 控制器的输入有四个输入信号和一个输出信号。$\langle v_c(t)\rangle_{T_s}=R_f\langle i_c(t)\rangle_{T_s}$ 是控制信号，$R_f\langle i_L(t)\rangle_{T_s}$ 是电感电流的采样信号，$\langle v_1(t)\rangle_{T_s}$ 和 $\langle v_2(t)\rangle_{T_s}$ 分别是两个时区电感上的电压，输出信号是功率开关的占空比 d。在平均 CPM 控制器的模型框图中，电路的参数是等效的采样电阻 R_f、电感量 L、开关频率 $f_s=1/T_s$ 以及人工斜坡补偿的幅度 V_a。人工斜坡补偿的幅度 V_a 为

$$V_a=m_a T_s \tag{7-53}$$

在实现子电路时，第二个时区的长度是选择式(7-50)和式(7-51)计算值的最小值，即

$$d_2=\min\left(1-d,\frac{i_{pk}}{m_2 T_s}\right) \tag{7-54}$$

将式(7-48)代入式(7-52)得到占空比为

$$d=\frac{2i_c(d+d_2)-2\langle i_L(t)\rangle_{T_s}-m_2 d_2^2 T_s}{2m_a(d+d_2)T_s+m_1 dT_s} \tag{7-55}$$

需要说明的是，由于式(7-55)两边都含有 d，所以在仿真时需要通过叠代来求解 d。

根据式(7-48)、式(7-52)、式(7-54)和式(7-55)可得出 CPM 的 PSpice 模型如表 7-2 所示，并以器件名为 CPM 存放用户库中，以方便调用。

表 7-2　峰值电流控制的大信号 PSpice 模型

```
*参数：L = 等效电感，  fs = 开关频率，va = Rf*ma/fs 为人工斜坡补偿的幅值，Rf 为等效电流的采样电阻值。
*引脚：ctr：电压控制信号 v(ctr) = Rf*ic
*****current：电感平均电流在采样电阻上产生的电压 v(current) = Rf*iL
*****节点 1：第一个时区，电感电压的平均值 v(1)，由此可求出电感电流上升的斜率，m1 = v(1)/L
*****节点 2：第二个时区，电感电压的平均值 v(2)，由此可求出电感电流下降的斜率，m2 = v(2)/L
*****d：占空比(控制器的输出信号)
*****************************************************************
. subckt CPM ctr current 1 2 d
+params : L = 100e-6 fs = 1e5 va = 0.5 Rf = 0.1
*应用式(7-54)求解 d2 的最小值
Ed2 d2 0 table {MIN ( L*fs*(v(ctr)-va*v(d))/Rf/(v(2)), 1-v(d))} (0,0) (1,1)
*应用式(7-47)和式(7-49)，求解斜率。节点 m1 和 m2 的电位 v(m1)和 v(m2)表示：
*在一个开关周期内，以上升/下降斜率为 m1/ m2 的电感电流在采样电阻上产生的电压。
Em1 m1 0 value = {Rf*v(1)/L/fs}
Em2 m2 0 value = {Rf*v(2)/L/fs}
*由式(7-55)--给分子和分母同乘以 Rf，求解输出控制信号 d 的表达式。
Eduty d 0 table {
+ 2*(v(ctr)*(v(d)+v(d2))
+ -v(current)-v(m2)*v(d2)*v(d2)/2)
+ /(v(m1)*v(d)+2*va*(v(d)+v(d2)))
+ } (0.01,0.01) (0.99,0.99)
.ends
*$
```

该 PSpice 子电路的名称为 CPM，电路的参数：电感 L、开关频率 f_s、斜坡补偿电压 V_a 和等效电流的采样电阻 R_f。它们在子电路中的默认值为：$L = 100\mu H$，$V_a = 0.5V$，$f_s = 100kHz$，$R_f = 0.1\Omega$。

7.5.2　开环性能与闭环性能的仿真与比较

本节以 Buck 变换器电路为例，说明 CPM 子电路模型的应用方法和使用技巧。在建立平均电路模型时，用组合平均模型代替开关网络，用 CPM 子电路模型描述峰值电流控制器。CPM 子电路模型有四个输入信号。独立电压源 v_c 代表输入控制信号，通常它是电压控制器的输出电压，它只受输出电压控制。在研究电流控制器的控制特性时，通常令其为一个常数。受控电压源 E_i 的电压值正比于电感电流 i_L，它代表了电感电流的控制作用。受控电压源 E_1 的电压值为 $V(1)-V(3)$，其数值等于在第 1 个子间隔内，功率开关管导通且二极管截止时，电感两端的电压 $v_1(t)$。受控电压源 E_2 的电压值为 $V(3)$，它等于在第 2 个子间隔内，功率开关管截止且二极管导通时，电感两端的电压 $v_2(t)$。受控电压源 E_1 和 E_2 代表了电感电压的控制作用。$L = 100\mu H$，$V_a = 0.5V$，$f_s = 100kHz$，$R_f = 0.1\Omega$。

下面通过仿真图 7-35 所示电路研究峰值电流控制模式对开关变换器功率级动态特性的影响。CPM 中电路的参数：$L = 35\mu H$，$V_a = 0.6V$，$f_s = 200kHz$，$R_f = 1\Omega$。仿真时令输入控制电压为一个恒定的直流电压，$V_c = 1.4V$，仿真计算出静态工作点。仿真的结果是开关占空比

D=0.676，直流输出电压为 $V=8.1\text{V}$，电感电流的直流成分为 $I_L=0.81\text{A}$，变换器工作于 CCM。在静态工作点的基础上进行两次 AC 扫描仿真。

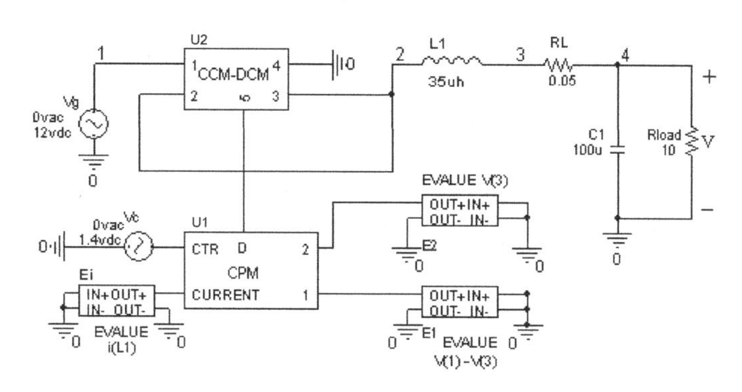

图 7-35　CPM 控制 Buck 变换器仿真实例

为了便于叙述，定义占空比-输出电压的传递函数 $G_{vd}(s)=\dfrac{\hat{v}}{\hat{d}}$ 为原功率级的传递函数，其输入量和输出量分别为功率开关管占空比和变换器的输出。原功率级的传递函数表征了采用直接占空比控制模式时，变换器主电路的动态特性。同时，定义控制-输出的传递函数 $G_{vc}(s)=\dfrac{\hat{v}}{\hat{v}_c}$ 为新功率级的传递函数。新功率级包括了变换器主电路和峰值电流控制器，其输入量、输出量分别为峰值电流控制器的输入控制信号(在双环控制时，这个控制量为电压控制器的输出信号)和变换器的输出。新功率级的传递函数表征了采用峰值电流控制模式时，变换器主电路的动态特性。求取 $G_{vd}(s)=\dfrac{\hat{v}}{\hat{d}}$ 的方法是，在图 7-35 电路中，去掉 CPM 控制器，在 CCM-DCM 的 5 端施加一个带有直流偏置的交流电压源。直流偏置电压为已计算出的开关占空比静态工作点的数值，即 $D=0.676\text{V}$，交流电压的幅值为 1mV，输出电压的初值 $V=8.1\text{V}$，电感电流的初值 $I_L=0.81\text{A}$。在上述初值的基础上进行 AC 扫描。求取 $G_{vc}(s)=\dfrac{\hat{v}}{\hat{v}_c}$ 的方法是，在图 7-35 电路中，在 CPM 模型的 CTR 端施加一个带有直流偏置的交流电压源。直流偏置电压 $V_c=1.4\text{V}$，交流电压的幅值为 1mV。开关占空比的初值 D=0.676；输出电压的初值 $V=8.1\text{V}$；电感电流的初值 $I_L=0.81\text{A}$。在上述初值的基础上进行 AC 扫描。

原功率级的传递函数 $G_{vd}(s)=\dfrac{\hat{v}}{\hat{d}}$ 和新功率级传递函数 $G_{vc}(s)=\dfrac{\hat{v}}{\hat{v}_c}$ 的幅频特性和相频特性如图 7-36 所示。原功率级的传递函数 $G_{vd}(s)$ 是一个高 Q 值的 2 阶系统，具有一对复共轭极点。在这对极点处，幅频特性幅值有一个尖峰，相频特性从 0°到-180°急剧变化。新功率级传递函数 $G_{vc}(s)$ 是一个含有两个极点的系统，主极点(低频极点)的频率在 100Hz～1kHz 之间，其数值近似等于负载电阻和滤波电容决定的极点频率；另一个极点约在开关频率的一半处。因此，就关心的频率范围(直流到开关频率的一半)，新功率级的传递函数 $G_{vc}(s)$ 是一个一阶系统。CPM 控制器的作用是将原二阶系统变为一阶系统。新功率级的另一个特点是在很宽的频率范围内相位滞后都在-90°左右；一个高频极点使得在较高的频率处增加了额外的相位延迟。图 7-36 所示的频率特性说明了 CPM 控制优于占空比控制。由于新功率级的传递函数 $G_{vc}(s)$ 是一个一阶系统，因此很容易设计电压反馈环。

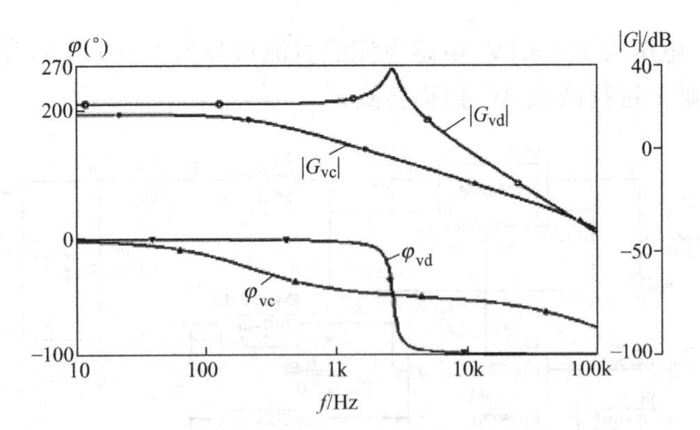

图 7-36　Buck 变换器控制-输出频率响应

（CPM 控制与占空比控制相比较）

CPM 控制的另一个优点是对于输入电压扰动具有很强的抑制能力。理论上，如果人工斜坡补偿网络设计合理，可以完全消除输入电压扰动对输出电压的影响。在图 7-35 电路中，去掉 CPM 控制器，在 CCM-DCM 的 5 端施加一个直流电压源，其直流电压值为已计算出的开关占空比静态工作点的数值，即 $D=0.676$V；在 CCM-DCM 的 1 端施加一个带有直流偏置的交流电压源，直流偏置为直流输入电压 12V，交流电压源的幅度为 1mV，得到如图 7-37 所示仿真电路。输出电压的初值 $V=8.1$V，电感电流的初值 $I_L=0.81$A。在上述初值的基础上进行 AC 扫描，得到原功率级 G_{vg} 的频率特性。同理，可得到新功率级 G_{vg} 的频率特性，两个仿真结果如图 7-38 所示。比较可知，在所关心的所有频率处 100～120Hz，CPM 控制方式对输入电压扰动的衰减要比占空比控制方式至少多了 30dB。

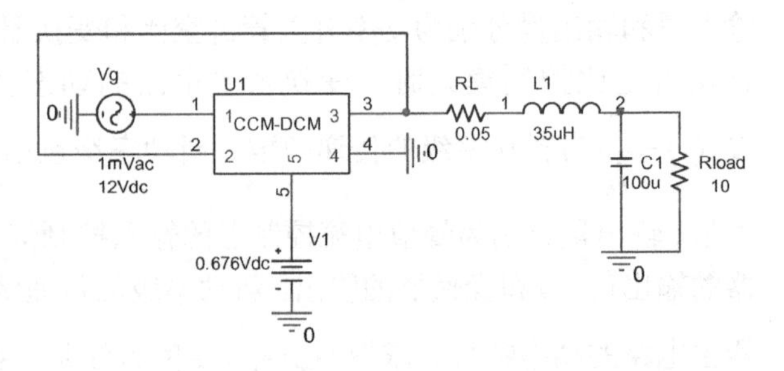

图 7-37　原功率级 Buck 变换器音频衰减率的仿真电路

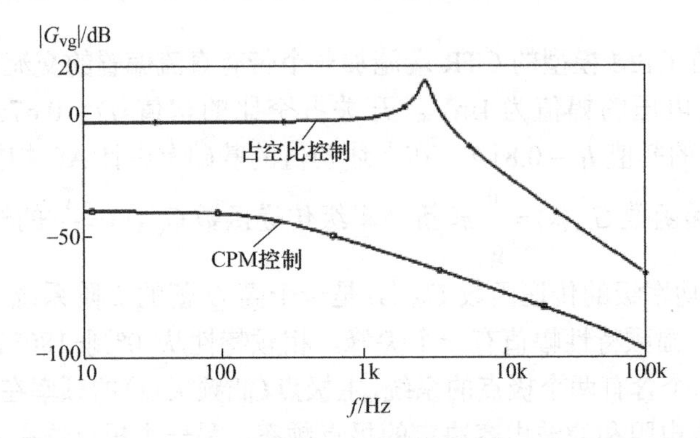

图 7-38　Buck 变换器音频衰减率仿真结果

（CPM 控制与占空比控制比较）

此外，研究峰值电流控制对输出阻抗的影响是很有意义的。测量输出阻抗的方法是在变换器的输出端施加一个交流电压源，测量其电流。新功率级和原功率级仿真电路分别如图 7-39 和图 7-40 所示。

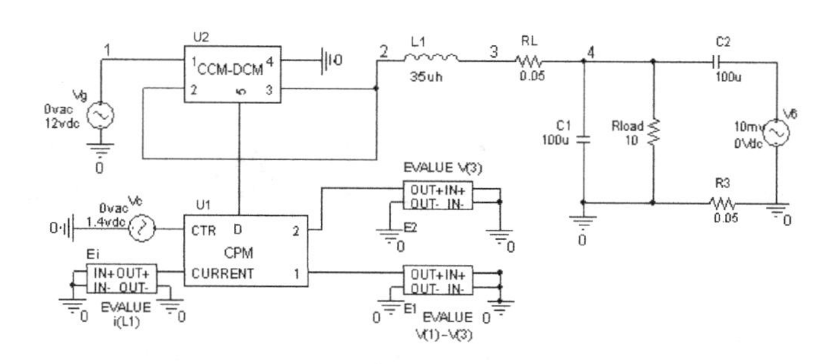

图 7-39 新功率级 Buck 变换器输出阻抗测量电路

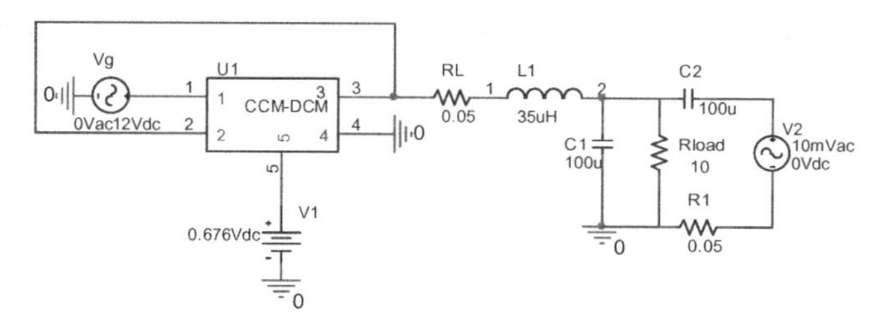

图 7-40 原功率级 Buck 变换器输出阻抗测量电路

仿真结果如图 7-41 所示。在占空比控制的变换器(原功率级)中,低频段的输出阻抗很小。其原因是在低频段,由于电感的感抗很小,输出阻抗又主要取决于电感的阻抗,随着频率上升,电感的阻抗增大,输出阻抗也随之增大。在输出 LC 滤波器的谐振频率处,输出阻抗出现了一个尖峰。在更高的频率处,输出阻抗主要由滤波电容的阻抗决定,它随着频率的增大而减小。对于 CPM 控制的变换器(新功率级),低频阻抗很高,它等于负载电阻与输出电容的并联。由于 CPM 控制使得系统变为一个一阶系统,即在低频段,电感不会影响系统的特性,包括输出阻抗。随着频率的提升,输出阻抗主要由滤波电容决定,且随着频率的增加而不断减小。在高频处,占空比控制的变换器与 CPM 控制的变换器的输出阻抗有着相同的渐近线。

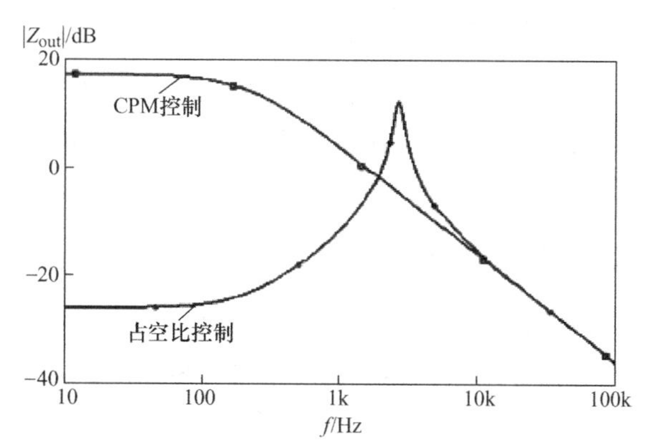

图 7-41 Buck 变换器输出阻抗仿真结果

(功率级与原功率级比较)

第 8 章　谐振变换器的建模

在前几章详细讨论了 PWM 型变换器的建模与控制。由于谐振变换器具有许多优点，故在本章将重点介绍有关谐振型变换器的建模及其控制，对谐振变换器的基础知识只做简单介绍，有兴趣的读者可以阅读参考文献[1]、[5]。

谐振型变换器中含有一个 LC 谐振槽路。在一个开关时区，或多个开关时区内，谐振槽路中各电量为正弦量，或者其有用的成分为正弦量。正弦量的幅值在大范围内变化，因此在研究 PWM 型变换器所使用的“小纹波假设”在谐振槽路的小信号建模中不再适用。PWM 开关变换器是通过开关管的占空比实现输出电压或输出电流及输出功率调节的 PWM 开关调节系统。谐振变换器是依靠改变开关网络的工作频率实现对输出量的控制，因此它是一种变频控制的谐振型开关调节系统，简称谐振型开关调节系统。像 PWM 型开关调节系统一样，谐振型开关调节系统也是一种强非线性、离散的病态系统，要精确的建立其数学模型并从理论上得到系统的瞬态解和稳态解是较为困难的，更不能用经典控制理论设计控制器并研究其稳定性。必须指出，PWM 型变换器是靠平均值传输能量的，而谐振型变换器是靠“基波”传输能量，由此导致了分析方法是不同的。在稳态分析时，PWM 型变换器采用平均值分析法，而谐振变换器采用基波分析法；在小信号建模方面，PWM 型变换器采用平均状态法，谐振变换器采用基波扰动法。

由于谐振变换器中含有谐振槽路，很容易在大范围内实现开关网络的 ZVS 或 ZCS，所以开关损耗较小。这意味着谐振变换器可以工作在较高的工作频率，但由于循环电流的影响会使通态损耗有所增加。

8.1　谐振变换器建模的基础知识

谐振变换器的小信号模型是研究谐振变换器的动态特性及闭环控制设计的基础。在建立其小信号模型的过程中，应用了许多基本概念和理论，例如扩展描述函数的概念、调频信号的理论等，本节将主要介绍这些基础知识，便于读者深刻理解谐振变换器的小信号建模。

8.1.1　谐振变换器结构及基本类型

谐振变换器(Resonant Converter，RC)由开关网络 N_s、谐振槽路(或称谐振网络)N_T、整流电路 N_R、低通网络 N_F 等部分组成，其结构框图如图 8-1 所示。在图 8-1 中，V_g 为直流电压源，提供输入功率。开关网络 N_s 将直流能量变换为交流能量，其输出电压 $v_s(t)$ 为一个方波功率信号。$v_s(t)$ 含有基波和高次谐波，其频谱特性如图 8-2a 所示。$v_s(t)$ 是谐振槽路 N_T 的输入信号。N_T 是具有带通特性的线性网络，其传输比 $H(j\omega)$ 定义为输出信号和输入信号之比。电压传输特性

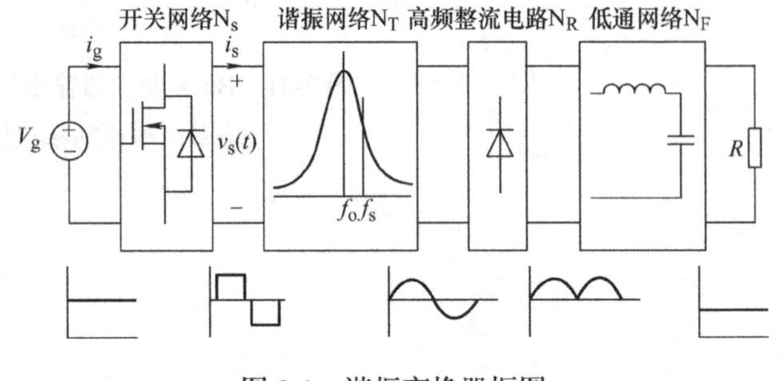

图 8-1　谐振变换器框图

$H(\mathrm{j}\omega)$描述了 N_T 的频率响应，其频谱特性如图 8-2b 所示。由图 8-2 可知，如果 N_T 是一个高 Q 值的谐振网络且开关频率 f_s 比较接近于谐振频率 f_0，则 N_T 的输出信号中只含有 $v_s(t)$ 中的基波，高次谐波分量可以忽略不计。因此整流网络 N_R 的输入信号为一个正弦量。假设整流网络为全波整流器，则整流器的输出为全波整流波形，全波整流波形展开后，含有直流分量和高次谐波分量，其频谱如图 8-2d 所示。从频谱分析观点看，N_R 的作用相当于“频谱搬移”。假设低通网络 N_F 的转折频率远小于开关频率，其频谱如图 8-2e 所示，低通滤波网络的输出信号只有直流和很小的交流纹波。因此小纹波假设在 N_F 中仍然是适用的。

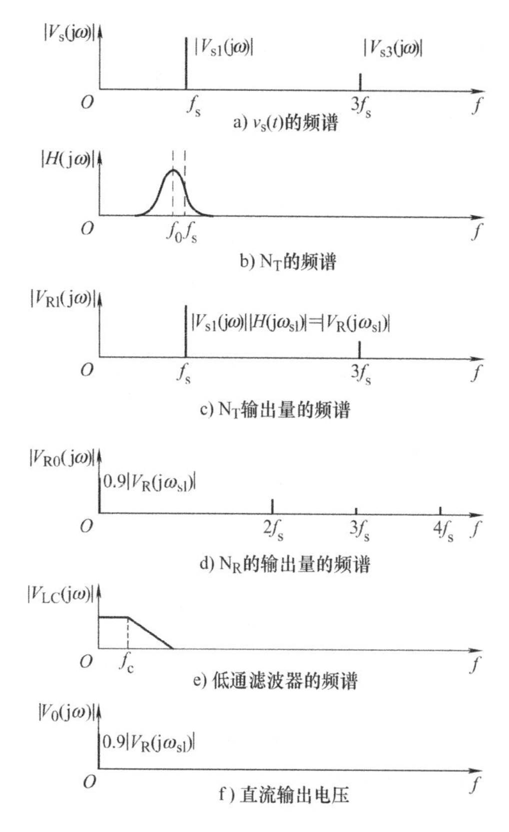

图 8-2　谐振变换器的频谱

下面简要介绍谐振变换器的调节原理，当开关频率 f_s 等于谐振网络的谐振频率 f_0 时，直流输出电压达到最大值；当开关频率偏离 f_0，直流输出电量降低，f_s 偏离 f_0 越远，直流输出电压越低。因此，谐振变换器是通过改变 f_s 与 f_0 的偏离程度达到调节输出电压的目的。

依据谐振槽路的类型分类，谐振变换器主要包括三种基本类型：串联谐振变换器(SRC)、并联谐振变换器(PRC)和串并联谐振变换器(SPRC)。图 8-3 所示为全桥式串联谐振变换器，其直流输出是由谐振电流 i_L(谐振电感电流)通过整流滤波后产生，而负载通过整流电路与谐振电感串联连接，故称为串联谐振电路。这种电路电压转换率小于或等于 1，即在理想情况下，开关频率等于电路的谐振频率时，输出电压等于输入电压；开关频率偏离谐振频率时，输出电压小于输入电压。在 SRC 中含有一个串联的谐振槽路，串联谐振槽路具有电流源的性质，因此低通滤波器应是一个滤波电容。图 8-4 所示为全桥式并联谐振变换器，谐振电压 u_C(谐振电容电压)通过整流滤波后形成直流输出，负载通过整流电路与谐振电容并联连接，故称为并联谐振电路。这种变换器可以升压，也可以降压，这取决于开关频率和谐振电路的有效 Q 值。在 PRC 中含有一个并联的谐振槽路，并联谐振槽路具有电

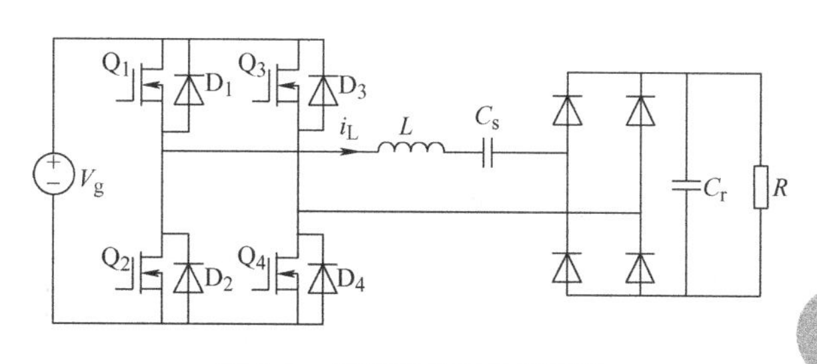

图 8-3　串联谐振变换器框图

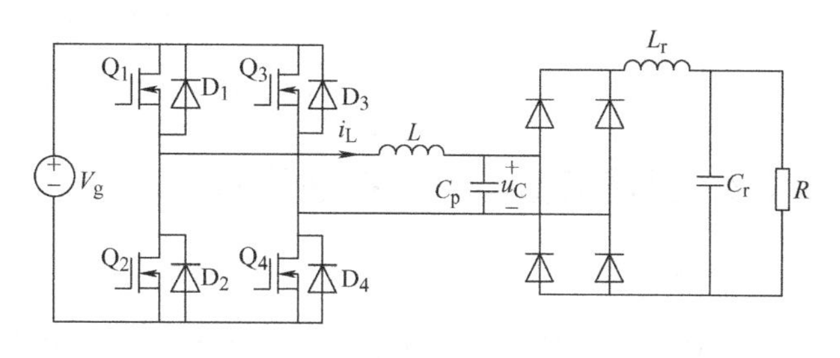

图 8-4　并联谐振变换器框图

压源的性质，因此与之相匹配的低通滤波器应为 LC 滤波器。图 8-5 所示为全桥式串并联谐振变换器，亦称为 LCC 谐振变换器，它相当于在 PRC 的基础上串联一个电容，与 SRC 及 PRC 相比，SPRC 的优点很多：①串联电容使得回路等效电容量减小，从而使谐振网络的特征阻抗增加，可以减小回路电流，减少变换器所承受的电流应力；②LCC 谐振变换器的电压转换特性允许变换器所接负载范围很大。在重载时它近似 SRC，轻载时它近似为 PRC，且轻载回路能量最小；③它具有内部短路保护功能。总之，SPRC 集中了 SRC 及 PRC 的优点，应用十分广泛。

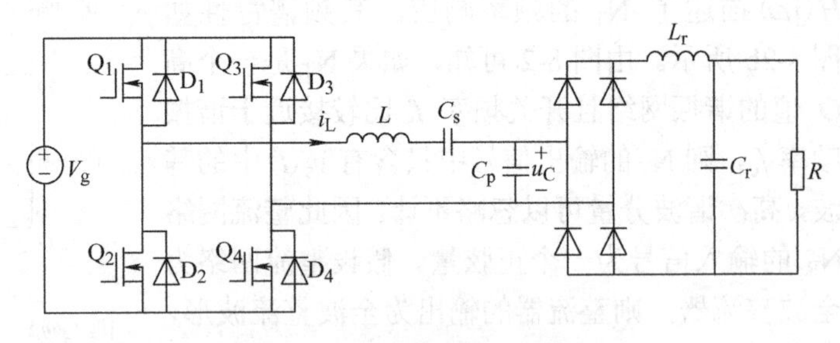

图 8-5 串并联谐振变换器框图

图 8-6 给出了另一类谐振变换器——准谐振变换器。准谐振变换器是以 PWM 变换器为基础，增加适当的谐振元件对 PWM 变换器中的开关网络进行改造，得到一个新的开关网络——称为谐振开关网络。谐振开关网络中谐振元件只是在开关接通或关断的瞬间发生谐振，以便使开关变为软开关(ZVS 或 ZCS)，达到降低开关损耗的目的。图 8-6a 为 Buck 变换器的 PWM 开关网络，增加一个二极管、谐振电感 L_r、谐振电容 C_r 后，变为谐振开关网络，如图 8-6b 所示；用谐振开关网络替代 PWM 开关网络，得到准谐振变换器如图 8-6c 所示。在谐振变换器中，L_r 和 C_r 的谐振频率远远高于开关频率，所以准谐振变换器仍采用 PWM 控制。

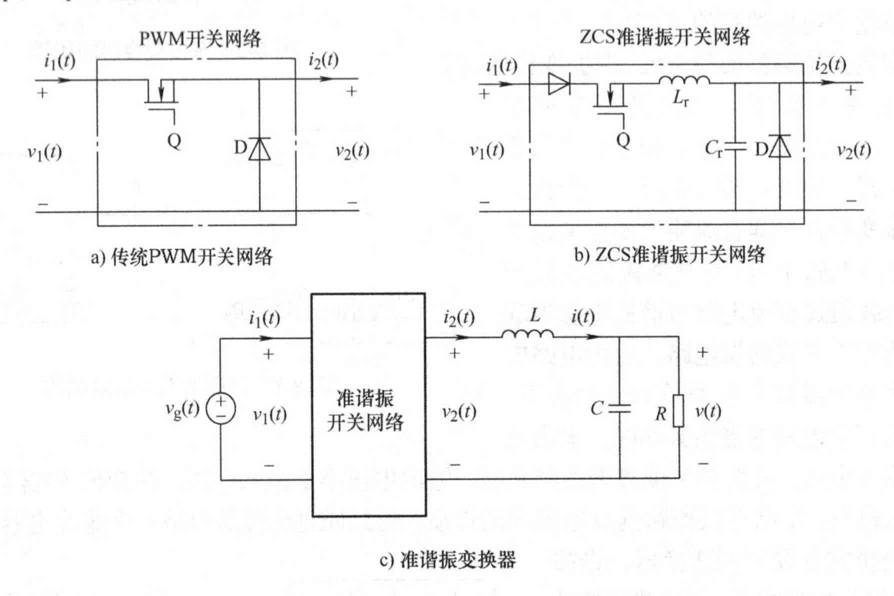

图 8-6 准谐振变换器及其开关网络

8.1.2 描述函数与扩展描述函数

1. 描述函数

描述函数法是在频率域里研究非线性系统稳定性的一种等效线性化方法，又称“谐波平衡法”。主要思路是将非线性环节在正弦信号作用下的输出用一次谐波分量来近似，并得出非线性环节的等效近似频率特性，即描述函数。这样就可应用线性系统中的理论来分析此非线性系统。

应用描述函数分析非线性系统，有一定的限制条件：①非线性系统的结构可以化成一个非线性环节和一个线性部分相串联的形式；②非线性环节输入/输出特性为奇对称，以保证非线性特性在正弦信号作用下的输出不包含恒定分量，即输出平均值为零；③系统的线性部分有较好的低通滤波特性。

对于一个特性不随时间变化的非线性环节，输入为正弦函数 $x(t)=A\sin\omega t$，一般情况下，非线性环节的稳态输出 $y(t)$ 是与输入信号同频率的非正弦周期函数，并可以展成傅里叶级数，即有

$$y(t)=A_0+\sum_{n=0}^{\infty}(A_n\cos n\omega t+B_n\sin n\omega t) \tag{8-1}$$

由第二条限制条件可知，$A_0=0$；由第三条限制条件可知，高次谐波分量已被充分衰减，故非线性环节的稳态输出可近似为只有一次谐波分量，即

$$y(t)\approx y_1(t)=A_1\cos\omega t+B_1\sin\omega t=Y_1\sin(\omega t+\varphi_1) \tag{8-2}$$

这样，稳态输出可以近似看成一个与输入信号同频的正弦函数，只是幅值与相位不同。将输出信号的一次谐波分量和输入信号的复数比定义为非线性环节的描述函数，用 $N(A,\omega)$ 表示。一般它只与输入信号的幅值有关，即

$$N(A,\omega)=\frac{Y_1}{A}\exp(\mathrm{j}\varphi_1) \tag{8-3}$$

典型的非线性特性的描述函数包括死区、饱和、间隙等特性，这些特性一般都为单输入/单输出形式。

2. 扩展描述函数

通常开关变换器是一个非线性环节，其非线性状态方程为

$$\dot{x}=f[\boldsymbol{x},\boldsymbol{u},s(t)] \tag{8-4}$$

式中，$\boldsymbol{x}$ 为变换器的状态向量，如：电感中的电流，电容上的电压；$\boldsymbol{u}$ 是指输入电压向量和负载偏置电流；$s(t)$ 表示开关的驱动信号。

变换器状态变量的波形是周期变化的，不同工作点由不同的参数$\{\boldsymbol{u},p\}$确定，p 是由 $s(t)$ 确定的控制参数。稳态下，状态变量可以展开成傅里叶级数

$$x(t)=\sum_{k=-\infty}^{\infty}X_k\mathrm{e}^{\mathrm{j}k\omega_s t} \tag{8-5}$$

式中，谐波系数和谐波角频率为

$$X_k=\frac{1}{T_s}\int_0^{T_s}x(t)\mathrm{e}^{-\mathrm{j}k\omega_s t}\mathrm{d}t,\quad \omega_s=\frac{2\pi}{T_s} \tag{8-6}$$

同理，式(8-4)右边的函数 $f[\boldsymbol{x},\boldsymbol{u},s(t)]$ 亦可展开成傅里叶级数，即

$$f[\boldsymbol{x},\boldsymbol{u},s(t)]=\sum_{k=-\infty}^{\infty}F_k(\boldsymbol{X},\boldsymbol{u},p)\mathrm{e}^{\mathrm{j}k\omega_s t} \tag{8-7}$$

式中，$\boldsymbol{X}=\{\cdots,X_{-1},X_0,X_1,\cdots\}$为各谐波系数向量。

这里，可以看出$\{F_k(\bullet)\}$符合描述函数概念，但其形式为多输入 / 多输出形式，故称其为**扩展描述函数**。

如果变换器在调制或扰动条件下，其傅里叶展开式的系数就会随时间变化，基于式(8-5)得

$$x(t)=\sum_{k=-\infty}^{\infty}X_k e^{jk\omega_s t}$$

$$\frac{dx(t)}{dt}=\sum_{k=-\infty}^{\infty}\left(\frac{dX_k(t)}{dt}+jk\omega_s X_k(t)\right)e^{jk\omega_s t} \tag{8-8}$$

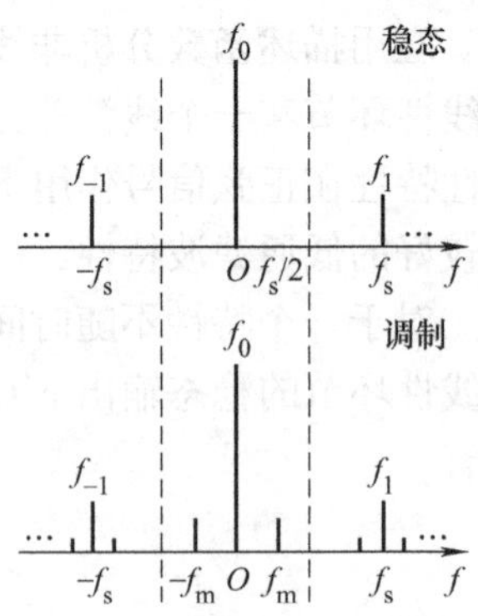

图 8-7　扩展描述函数的概念

在调制过程中，稳态方程中的非线性函数也将受到扰动。如果扰动为低频小信号扰动，扰动信号或调制信号的频率为f_m，在原频谱中每条频谱线两边就会再产生边频 f_m 和$-f_m$，如图 8-7 所示。如果扰动信号的频率f_m小于一半的开关频率，就不会有频谱混杂现象，即

$$\frac{dX_k(t)}{dt}+jk\omega_s X_k(t)=F_k(\boldsymbol{X},\boldsymbol{u},p) \tag{8-9}$$

式(8-9)为调制方程，利用它可以求稳态方程和扰动后的小信号调制方程。

8.1.3　谐振变换器的稳态分析——基波分析法

为了便于分析，首先做如下假设：

1)整个变换器中所有的开关器件均为无损耗的开关器件，所有无源器件均为线性元器件。

2)开关网络的输出电压$v_s(t)$是一个方波脉冲序列，即占空比为 50%。

3)谐振槽路N_T的Q值一般选取大于 0.5 且工作频率f_s接近谐振频率f_0。

4)低通滤波器的转折频率远远小于开关频率且工作在 CCM 模式。

1. 开关网络N_s的稳态模型

在上述假设的基础上，开关网络N_s的输出电压$v_s(t)$可以用基波$v_{s1}(t)$替代，其分析误差小于 3%，基波$v_{s1}(t)$的表达式为

$$v_{s1}(t)=\frac{4V_g}{\pi}\sin\omega_s t=V_{s1}\sin\omega_s t \tag{8-10}$$

式中，V_g是直流电压源的幅值；$\omega_s=2\pi f_s$，f_s为开关频率。

式(8-10)表明，开关网络的输出特性可以用一个正弦电压源$v_{s1}(t)$来表示。为了建立开关网络N_s的完整模型，需要研究N_s对直流电源V_g的负载效应。N_s的输入电流$i_g(t)$，直流成分为I_g，i_s是N_T的输入电流，即谐振槽路的输入电流，开关网络如图 8-8a 所示。当开关处于“1”位置时，$i_g=i_s$；当开关处于“2”位置时，$i_g=-i_s$。i_s的波形如图 8-8b 所示，其表达式为

$$i_s(t)=I_{s1}\sin(\omega_s t-\varphi_s) \tag{8-11}$$

式中，φ_s是N_T输入阻抗的相角。

由于V_g为直流源，对输入电流i_g而言，只有直流成分I_g能产生有功功率，即

$$I_g=\langle i_g(t)\rangle_{T_s}=\frac{2}{T_s}\int_0^{T_s/2}i_s(\tau)d\tau=\frac{2}{\pi}I_{s1}\cos\varphi_s$$

所以开关网络对 V_g 的负载效应可以用一个直流电流源来表示。开关网络的等效电路如图 8-9 所示。

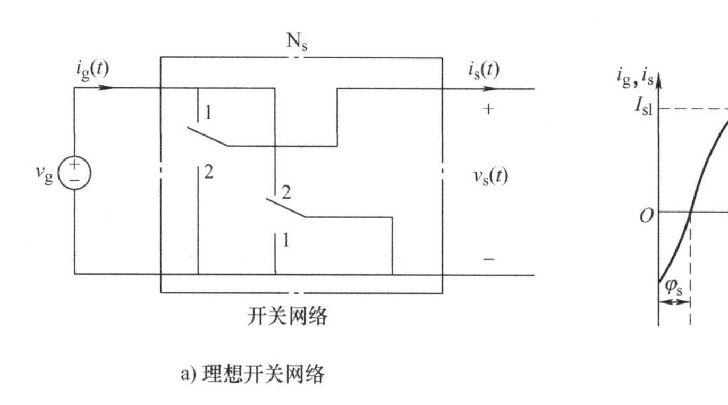

a) 理想开关网络　　b) i_g与i_s的波形

图 8-8　开关网络

2. 整流电路 N_R 和低通网络 N_F 的稳态模型

下面以串联谐振变换器为例，介绍整流电路 N_R 和低通网络 N_F 的稳态模型。

在串联谐振变换器中，串联谐振槽路的输出特性可用一个电流源 $i_R(t)$ 来表示。$i_R(t)$ 就是整流电路 N_R 的输入信号。与串联谐振槽路相匹配的低通滤波器为一个滤波电容 C_F。当 C_F 足够大时，N_R 输出电压的高频分量全部被剔除。因此，在小纹波假设的基础上，$v(t) = V$，$i(t) = I$，即负载电阻 R 上无交流分量。由于 N_R 是由理想二极管组成，当 $i_R > 0$，$v_R(t) = V$；当 $i_R < 0$，$v_R(t) = -V$。因此，整流器的输入电压为一个方波电压，图 8-10 给出了 N_R、N_F 的示意图。

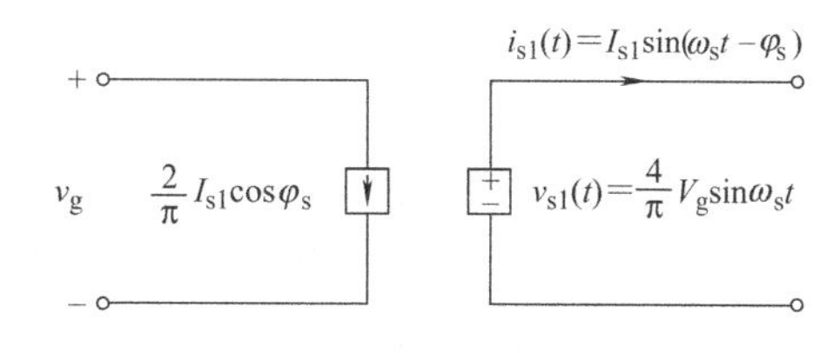

图 8-9　开关网络的等效电路

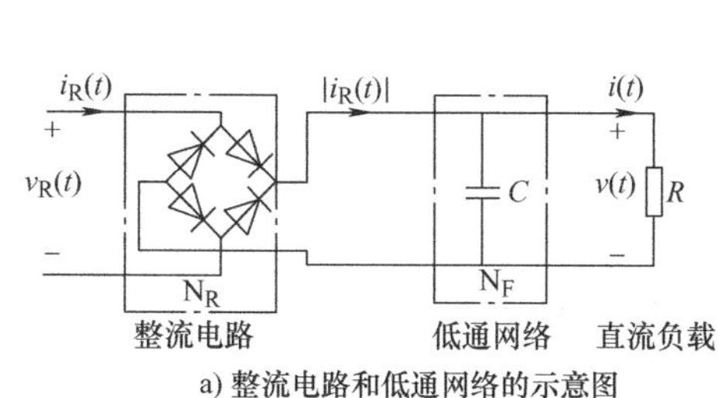

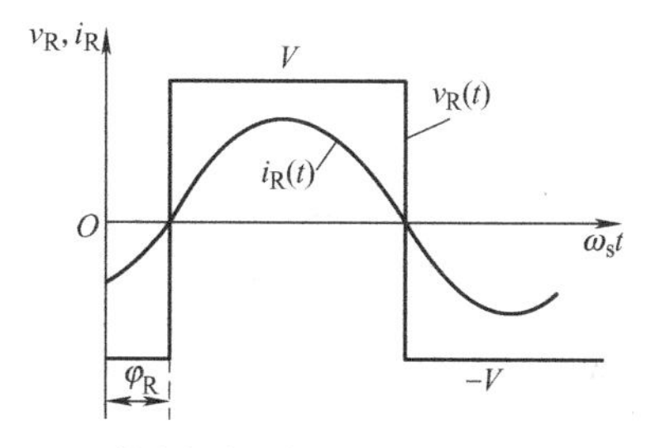

a) 整流电路和低通网络的示意图　　b) 整流电路的输入电压和电流

图 8-10　整流电路和低通网络及主要波形

整流电路 N_R 的输入电流，即谐振槽路的输出电流 $i_R(t)$ 为

$$i_R(t) = I_{R1}\sin(\omega_s t - \varphi_R) \tag{8-12}$$

整流器输入电压 $v_R(t)$ 的傅里叶级数为

$$v_R(t) = \frac{4V}{\pi}\sum_{n=1,3,5}^{\infty}\frac{1}{n}\sin(n\omega_s t - \varphi_R) \tag{8-13}$$

由于 $v_R(t)$ 是谐振槽路的输出电压，只有基波分量可以产生有功功率，所以 $v_R(t)$ 的基波

分量 $v_{R1}(t)$ 是有实际意义的量，其表达式为

$$v_{R1}(t)=\frac{4V}{\pi}\sin(\omega_s t-\varphi_R) \tag{8-14}$$

式中，V 为负载 R 两端的直流电压。

整流电路 N_R 对谐振槽路 N_T 的负载效应可以用一个电阻 R_e 来表示，即有

$$R_e=\frac{v_{R1}(t)}{i_R(t)}=\frac{4V}{\pi I_{R1}} \tag{8-15}$$

整流电路输出电流 $|i_R(t)|$ 中的高频成分被滤波电容 C 滤除掉，因此只有其直流分量流经负载 R，其值用 I 表示，即

$$I=\frac{2}{T_s}\int_0^{T_s/2} I_{R1}\left|\sin(\omega_s t-\varphi_R)\right|\mathrm{d}t=\frac{2}{\pi}I_{R1} \tag{8-16}$$

将式(8-16)代入式(8-15)得

$$R_e=\frac{8}{\pi^2}R \tag{8-17}$$

式(8-16)表明，在求稳态解时，滤波电容 C 相当于开路。整流电路和滤波网络对直流负载 R 的源效应可用一个电流来表示；同时式(8-15)表明，整流电路对谐振网络的负载效应可以用 R_e 表示。因此，可得整流电路和滤波网络的稳态模型如图 8-11 所示。

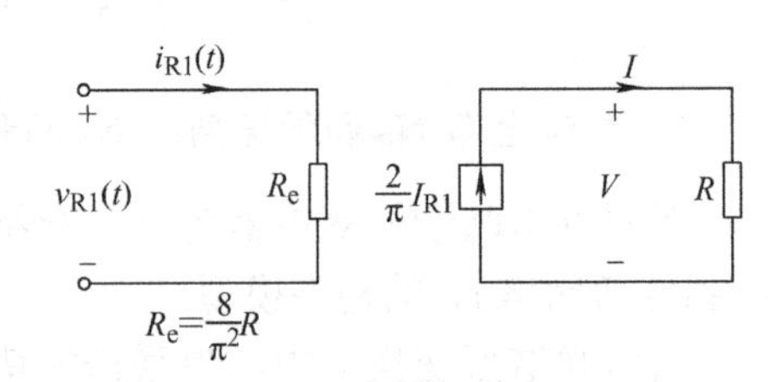

图 8-11　整流电路和滤波网络的稳态模型

不同的整流电路等效电阻不同，表 8-1 给出常见整流电路的等效电阻。

表 8-1　不同类型整流电路的等效电阻

负载名称	整流电路	等效电阻
电压负载——全桥整流电路	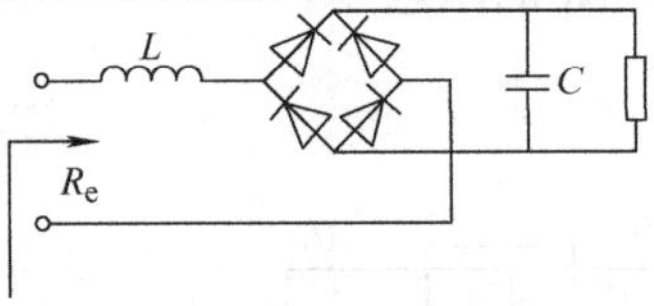	$R_e=\frac{8}{\pi^2}R$
电流负载——全桥整流电路	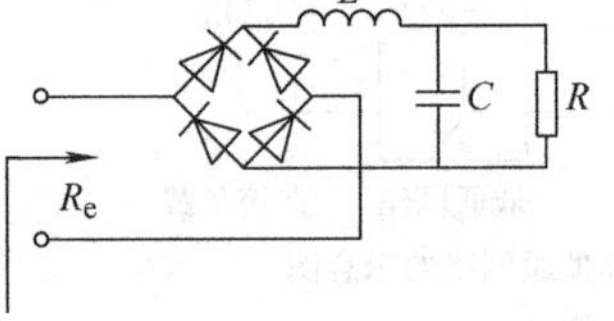	$R_e=\frac{\pi^2}{8}R$
倍流整流电路	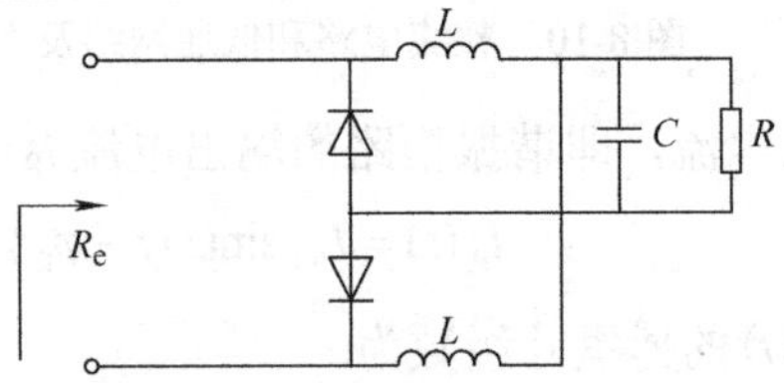	$R_e=\frac{\pi^2}{2}R$
半波整流电路	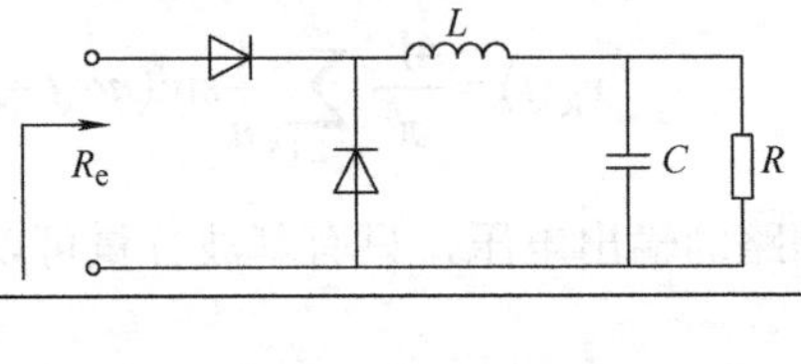	$R_e=\frac{\pi^2}{2}R$

（续）

负载名称	整流电路	等效电阻
倍压整流电路	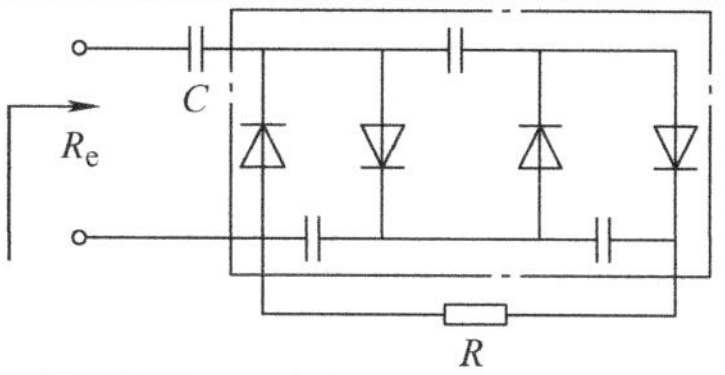 C　R_e　R	$R_e=\frac{32}{\pi^2}R$

3．谐振槽路的传递函数 $H(j\omega)$

对谐振槽路而言，输入的电压源为一个正弦量 $v_{s1}(t)$，整流电路对其的负载效应可以用一个线性电阻 R_e 表示。因此，谐振槽路为一个线性网络，可以用传递函数 $H(j\omega)$ 来描述，则有

$$H(j\omega)=\frac{v_{R1}(j\omega)}{v_{s1}(j\omega)} \tag{8-18}$$

串联谐振槽路的传递函数为

$$|H(j\omega)|=\frac{1}{\sqrt{1+Q^2\left(\frac{\omega}{\omega_0}-\frac{\omega_0}{\omega}\right)^2}} \tag{8-19}$$

式中，$Q=\frac{\omega_0 L_r}{R_e}$，$\omega_0=\frac{1}{\sqrt{L_r C_r}}$，$L_r$ 和 C_r 是谐振电感和电容。

并联谐振槽路的传递函数为

$$|H(j\omega)|=\frac{1}{\sqrt{\left[1-\left(\frac{\omega}{\omega_0}\right)^2\right]^2+\left(\frac{\omega}{\omega_0 Q}\right)^2}} \tag{8-20}$$

式中，$Q=\frac{\omega_0 L_r}{R_e}$，$\omega_0=\frac{1}{\sqrt{L_r C_p}}$。

LCC 谐振槽路的传递函数为

$$|H(j\omega)|=\frac{\frac{\omega}{\omega_0}Q\left(\frac{1+C_n}{C_n}\right)}{\sqrt{\left[1-\left(\frac{\omega}{\omega_0}\right)^2\left(\frac{1+C_n}{C_n}\right)\right]^2+\left(\frac{\omega}{\omega_0}\right)^2 Q^2\frac{(1+C_n)^4}{C_n^{\ 2}}\left[1-\left(\frac{\omega}{\omega_0}\right)^2\right]^2}} \tag{8-21}$$

式中，$Q=\frac{R_e}{Z_0}$，$\omega_0=\frac{1}{\sqrt{L_r C_{eq}}}$，$C_{eq}=\frac{C_s C_p}{C_s+C_p}$，$C_n=\frac{C_p}{C_s}$，$Z_0=\sqrt{\frac{L_r}{C_{eq}}}$。

综上所述，可得串联谐振变换器的稳态模型，如图 8-12 所示。

8.1.4　调频信号的近似表达

通常谐振变换器采用调频控制，因此在研究谐振变换器的动态特性时，谐振槽路的输入电压为一个调频信号。在研究谐振变换器的小信号建模时，假设扰动信号为一个低频小幅度

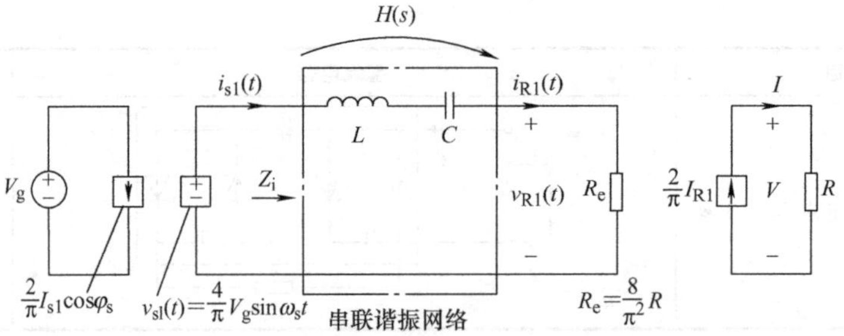

图 8-12　串联谐振变换器的稳态模型

的正弦信号。如果设谐振变换器稳态工作时所对应的开关频率为载频信号，扰动信号为调制信号，则谐振槽路的输入电压信号就是一个正弦信号调制的调频信号。又因为扰动信号为低频小信号，所以相当于调制指数甚小($m_f \ll 1$)的工况(简称这种工况为小调制指数工况)。因此，研究小调制指数工况时，调频信号的特性为谐振变换器的小信号建模提供了必要的基础知识。

设载波信号的角频率为ω_s，其振幅为C_0，则载波信号的表达式为

$$c(t) = C_0 \sin\omega_s t \tag{8-22}$$

当频率受到调制时，ω_s就不再为一个常数。当调制信号为正弦波时，即

$$e(t) = E_m \cos\Omega t \tag{8-23}$$

调制后的角频率是以ω_s为中心频率上下成比例摆动的一个正弦量，即角频率为一个如下式所示的时间函数：

$$\omega(t) = \omega_s + \Delta\omega(t) = \omega_c + k_f e(t) = \omega_c + k_f E_m \cos\Omega t \tag{8-24}$$

式中，$\Delta\omega(t)$是调制后的频率增量；k_f是频率增量和调制信号强度成正比关系的比例系数。因此，调制信号的总相角$\theta(t)$可以表示为

$$\theta(t) = \omega_s + \int_0^t \Delta\omega(\tau)\mathrm{d}\tau = \omega_s + m_f \cos\Omega t \tag{8-25}$$

令调制指数为

$$m_f = \frac{k_f E_m}{\Omega} \tag{8-26}$$

则正弦调制下的调频信号表达式为

$$a(t) = A_0 \sin\left(\omega_s t + \frac{k_f E_m}{\Omega}\sin\Omega t\right) = A_0 \sin(\omega_s t + m_f \sin\Omega t) \tag{8-27}$$

式中，$A_0 = C_0$。

调频信号可以分解为许多正弦波的叠加，从而可以作出其频谱。

在正弦调制的情况下，调频信号的频谱要用第一类贝塞尔函数表示，因此较为复杂。文献[29]给出了详细讨论，有兴趣的读者可以阅读这个参考文献。

在研究谐振变换器小信号建模时，由于扰动信号为低频小幅度的正弦量，所以等价于小调制指数($m_f \ll 1$)的工况。因此研究$m_f \ll 1$工况，对谐振变换器的小信号建模是十分有意义的。

利用三角公式，式(8-27)可以改写为

$$a(t) = A_0\sin(\omega_s t + m_f\sin\Omega t) = A_0[\sin\omega_s t\cos(m_f\sin\Omega t) + \cos\omega_s t\sin(m_f\sin\Omega t)] \tag{8-28}$$

令 $a_s(t) = A_0\cos(m_f\sin\Omega t)$，$a_c(t) = A_0\sin(m_f\sin\Omega t)$，因为$\omega_s >> \Omega$，所以相对载频频率而言，$a_s(t)$和$a_c(t)$是一个变化十分缓慢的信号，因此式(8-28)可以近似写为

$$a(t) \approx a_s(t)\sin\omega_s t + a_c(t)\cos\omega_s t \tag{8-29}$$

由上式可见，当$\omega_s >> \Omega$时，调频信号可以转化为两个调幅信号源之和。

将上面讨论的结论应用于谐振变换器的分析中，其实际含义为，开关网络的输出电压可以用两个调幅的正弦信号源之和来表示，即谐振槽路的输入电压源可以用式(8-29)近似表示。由于谐振槽路为标准的线性网络，因此，谐振槽路中各元件的电压和电流的稳态解应与式(8-29)具有相同的结构形式，即谐振槽路中各元件的电压和电流的表达式为

$$i(t) \approx i_s(t)\sin\omega_s t + i_c(t)\cos\omega_s t \tag{8-30a}$$

$$v(t) \approx v_s(t)\sin\omega_s t + v_c(t)\cos\omega_s t \tag{8-30b}$$

式(8-30)是谐振槽路小信号建模的基本表达式。

当$m_f \leqslant 1$时，近似表达式为

$$\cos(m_f\sin\Omega t) \approx 1,\quad \sin(m_f\sin\Omega t) \approx m_f\sin\Omega t$$

将近似结果代入式(8-29)，得到小调整指数下，调频信号近似表达式为

$$a(t) \approx A_0(\sin\omega_s t + m_f\cos\omega_s t\sin\Omega t) = A_0\sin\omega_s t + \frac{A_0 m_f}{2}[\sin(\omega_s + \Omega)t - \sin(\omega_s - \Omega)t] \tag{8-31}$$

由式(8-31)可见，在小调制指数工况下，调频波频谱与调幅波频谱分量相同，包含了载频频率成分和两上下边频分量。因此，在小调制指数工况下，调频信号可以简化为调幅信号。上述表达式将为谐振槽路的小信号建模开辟新的途径。

8.2 谐振变换器扩展描述函数分析法

谐振变换器小信号分析主要有扩展描述函数法、采样数据法[28]和离散时域法[29]等。本节主要介绍基于扩展描述函数的谐振变换器小信号分析，简称为扩展描述函数法。美国国家电力电子研究中心李泽元教授及他的博士生应用扩展描述函数的概念，对串联谐振变换器、并联谐振变换器[30]以及串并联谐振变换器[31]等小信号分析进行了深入研究，取得了很好的成果。本节将以串并联(LCC)谐振变换器为例，介绍扩展描述函数法的主要研究思路以及相关的成果。

扩展描述函数法结合时域分析和频域分析，可以得到连续时间的线性小信号 PSpice 模型。使用这种模型，可以直接得到谐振变换器动态响应的幅频特性和相频特性，为设计谐振变换系统的控制器提供了方便。扩展描述函数法的主要思路是，基于谐振变换器的整体电路，包括开关网络、谐振槽路、整流网络和低通滤波器等，利用基尔霍夫定律列写非线性状态方程，用扩展描述函数对其非线性环节进行线性化处理，用谐波平衡法得到大信号模型。在此基础上，对大信号模型进行小信号扰动与线性化处理，得到基于某个稳态工作点的小信号模型。

8.2.1 LCC 谐振变换器的小信号建模

图 8-13 所示为谐振变换器小信号建模的示意图。其中，$\hat{v}_g$、$\hat{i}_o$分别表示电网电压的扰动和负载的扰动；$\hat{f}'_{SN}$、$\hat{d}$分别表示频率控制和占空比控制；$\hat{i}_g$、$\hat{v}_o$都为输出变量，分别表示

电网电流受到的扰动和输出电压受到的扰动。从图 8-13 中很容易获得通用的小信号传递函数，例如控制频率-输出的传递函数 $\hat{v}_o/\hat{f}'_{SN}$、输入-输出传递函数 $\hat{v}_o/\hat{v}_g$、输入阻抗 $\hat{v}_g/\hat{i}_g$ 和输出阻抗 $\hat{v}_o/\hat{i}_o$，这些便是小信号模型研究的内容。将"扩展描述函数法"应用于如图 8-14 所示的 LCC 谐振变换器，可建立其小信号仿真模型。

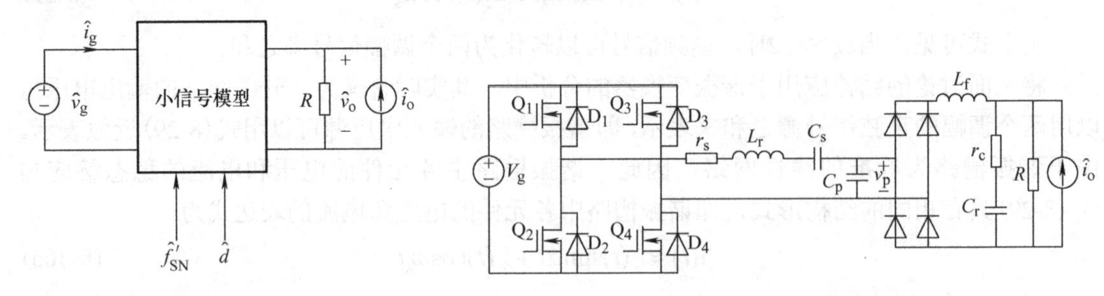

图 8-13　谐振变换器小信号模型框图　　图 8-14　LCC 谐振变换器

为了简化分析，首先给出如下假设：

假设 1　图 8-14 中所有的开关均为理想开关，即无损耗、无惯性、无寄生参数。

假设 2　图 8-14 中所有的无源器件是线性元件，其损耗已在其等效电路中明确表示。例如谐振电感的损耗用电阻 r_s 表示，滤波电容的损耗用 r_c 表示。

假设 3　滤波电感电流的交流纹波很小，可以忽略不计。

在上述假设条件下，画出其等效电路如图 8-15 所示。

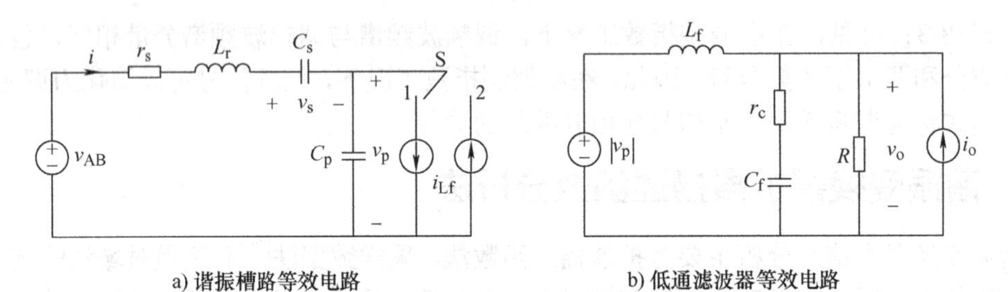

a) 谐振槽路等效电路　　b) 低通滤波器等效电路

图 8-15　列写状态方程用等效电路

图 8-15a 给出谐振槽路的等效电路，在这个等效电路中，基于假设 2 和假设 3，低通滤波器对谐振槽路的负载效应用一个直流电流源 i_{Lf} 来表示。基于假设 1，整流网络用开关 S 来表示，当 $v_p>0$ 时，S 位于"1"的位置；当 $v_p<0$ 时，S 位于"2"的位置。谐振槽路输入是开关网络的输出，用一个电压源 v_{AB} 表示。如果采用基波分析法，则 v_{AB} 用其基波 v_{AB1} 表示。图 8-15b 给出了低通滤波器的等效电路。在这个等效电路中，谐振槽路和整流网络对低通滤波器的源效应用谐振网络的输出电压 $|v_p|$ 表示。

步骤 1　根据等效电路，列写 LCC 谐振变换器的状态方程。

状态方程为

$$L_r\frac{di}{dt}+ir_s+v_s+v_p=v_{AB} \tag{8-32a}$$

$$C_s\frac{dv_s}{dt}=i \tag{8-32b}$$

$$C_{\mathrm{p}}\frac{\mathrm{d}v_{\mathrm{p}}}{\mathrm{d}t}+\mathrm{sgn}(v_{\mathrm{p}})i_{\mathrm{L_f}}=i \tag{8-32c}$$

$$L_{\mathrm{f}}\frac{\mathrm{d}i_{\mathrm{L_f}}}{\mathrm{d}t}+i_{\mathrm{L_f}}r_{\mathrm{c}}'+\left(1-\frac{r_{\mathrm{c}}'}{R}\right)v_{\mathrm{C_f}}=\left|v_{\mathrm{p}}\right|-r_{\mathrm{c}}'i_{\mathrm{o}} \tag{8-32d}$$

$$\frac{r_{\mathrm{c}}'}{r_{\mathrm{c}}}C_{\mathrm{f}}\frac{\mathrm{d}v_{\mathrm{C_f}}}{\mathrm{d}t}+\frac{1}{R}v_{\mathrm{C_f}}=i_{\mathrm{L_f}}+i_{\mathrm{o}} \tag{8-32e}$$

式中，$r_{\mathrm{c}}'=r_{\mathrm{c}}//R$，$\mathrm{sgn}(v_{\mathrm{p}})$为符号函数，当 $v_{\mathrm{p}}>0$，$\mathrm{sgn}(v_{\mathrm{p}})=1$，相当于在图 8-15a 中 S 位于“1”位置；当 $v_{\mathrm{p}}<0$，$\mathrm{sgn}(v_{\mathrm{p}})=-1$，相当于在图 8-15a 中 S 位于“2”位置。

系统的输出方程为

$$v_{\mathrm{o}}=r_{\mathrm{c}}'i_{\mathrm{L_f}}+\left(1-\frac{r_{\mathrm{c}}'}{R}\right)v_{\mathrm{C_f}}+r_{\mathrm{c}}'i_{\mathrm{o}} \tag{8-32f}$$

$$i_{\mathrm{g}}=\frac{1}{T_{\mathrm{s}}}\int_0^{T_{\mathrm{s}}}i\frac{v_{\mathrm{AB}}(t)}{v_{\mathrm{g}}}\mathrm{d}t \tag{8-32g}$$

在图 8-15 所示的电路中，可以通过改变开关频率ω_{s}或占空比 d 实现输出电压的调节。这个电路的稳态工作点是由$\{v_{\mathrm{g}}，i_{\mathrm{o}}，R，d，\omega_{\mathrm{s}}\}$等变量组确定。

步骤 2　谐波近似。

当 LCC 谐振变换器处于稳态时，v_{AB}以及各状态变量的典型波形如图 8-16 所示。由图 8-16 可见，用基波表示谐振槽路中各状态变量的假设是合理的。

这些典型波形也说明，谐振变换器的稳定分析法——基波分析法是合理的。对于低通滤波器，用直流量表示各状态变量是合理的。简而言之，谐振变换器分析法的基础是：①谐振槽路中各变量是正弦量，因此谐振槽路是依靠基波传输能量的；②低通网络是靠平均值传输能量的。

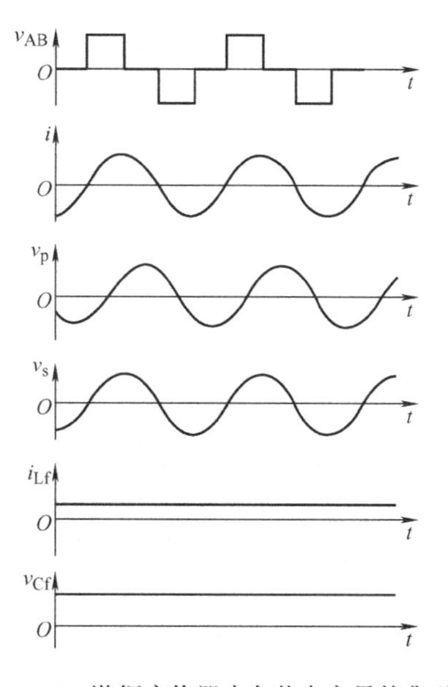

图 8-16　LCC 谐振变换器中各状态变量的典型波形

在 8.1.4 节中已经阐述了当谐振变换器受到扰动时，在系统进行调节的过程中，谐振槽路的输入电压 v_{AB} 的基波等效为一个调频信号。当扰动信号为一个低频小信号扰动时，调频信号可以用一个幅值时变的正弦信号和一个余弦信号的叠加来表示。因为扰动信号的频率远远低于开关频率，所以在一个高频周期内，可以认为其幅值为常数。这样，系统变为似稳态系统。用线性微分方程描述这个似稳态系统也是合理的。根据线性微分方程的理论，如果激励为正弦信号或正弦信号的叠加，方程的特解与其激励具有相同的形式。基于上述原因，谐振网络中各状态变量也应是一个幅值时变的正弦信号和一个余弦信号的叠加，因此有

$$i\approx i_{\mathrm{s}}(t)\sin\omega_{\mathrm{s}}t+i_{\mathrm{c}}(t)\cos\omega_{\mathrm{s}}t \tag{8-33a}$$

$$v_{\mathrm{s}}\approx v_{\mathrm{ss}}(t)\sin\omega_{\mathrm{s}}t+v_{\mathrm{sc}}(t)\cos\omega_{\mathrm{s}}t \tag{8-33b}$$

$$v_{p} \approx v_{ps}(t)\sin\omega_{s}t + v_{pc}(t)\cos\omega_{s}t \tag{8-33c}$$

分别求导，得出

$$\frac{di}{dt} \approx \left(\frac{di_{s}}{dt} - \omega_{s}i_{c}\right)\sin\omega_{s}t + \left(\frac{di_{c}}{dt} + \omega_{s}i_{s}\right)\cos\omega_{s}t \tag{8-34a}$$

$$\frac{dv_{s}}{dt} \approx \left(\frac{dv_{ss}}{dt} - \omega_{s}v_{ss}\right)\sin\omega_{s}t + \left(\frac{dv_{sc}}{dt} + \omega_{s}v_{ss}\right)\cos\omega_{s}t \tag{8-34b}$$

$$\frac{dv_{p}}{dt} \approx \left(\frac{dv_{ps}}{dt} - \omega_{s}v_{ps}\right)\sin\omega_{s}t + \left(\frac{dv_{pc}}{dt} + \omega_{s}v_{ps}\right)\cos\omega_{s}t \tag{8-34c}$$

当谐振槽路的输入电压源是一个正弦量，在启动过程中，谐振槽路各状态变量可以用式(8-33)表示，此时 $i_{s}(t)$、$i_{c}(t)$、$v_{ss}(t)$、$v_{sc}(t)$、$v_{pc}(t)$ 和 $v_{ps}(t)$ 是指数函数。当谐振槽路的输入电压源是一个正弦量，谐振槽路进入稳态后，$i_{s}(t)$、$i_{c}(t)$、$v_{ss}(t)$、$v_{sc}(t)$、$v_{pc}(t)$ 和 $v_{ps}(t)$ 均为常数，其导数为零。

步骤 3 用扩展描述函数表示非线性环节。

在式(8-32)中含有三个非线性项，即 v_{AB}、$\mathrm{sgn}(v_{p})$ 和 $|v_{p}|$。用扩展描述函数近似处理这些项，使式(8-32)变为近似的线性方程组。在下面表达式中，用 f_{i} 表示扩展描述函数，其具体表达式用傅里叶级数展开确定。

v_{AB} 是开关网络的输出电压，同时也是谐振槽路的输入信号。由图 8-16 可见，谐振槽路中各状态变量与 v_{AB} 是同频的正弦量，因此，若将 v_{AB} 展开为傅里叶级数，只有基波分量是谐振槽路的有效激励，其余高次谐波均被谐振槽路衰减掉，故 v_{AB1} 的表达式为

$$v_{AB1} = f_{1}(d, v_{g})\sin\omega_{s}t = \left[\frac{4v_{g}}{\pi}\sin\left(\frac{\pi}{2}d\right)\right]\sin\omega_{s}t \tag{8-35a}$$

式中，$f_{1}(d,v_{g})$ 是 AB 两端电压基波分量的幅值，$f_{1}(d,v_{g}) = \frac{4}{\pi}v_{g}\sin\left(\frac{\pi}{2}d\right)$；$\mathrm{sgn}(v_{p})$ 是一个符号函数，当 i_{L_f} 等于常数时，$\mathrm{sgn}(v_{p})i_{L_f}$ 表示一个频率为开关频率的方波信号，即整流网络和低通滤波网络对谐振槽路的负载效应，可用一个频率为开关频率的方波电流源表示。但是谐振槽路的输出电压为一个正弦波，因此从能量传输角度看，在方波电流源中只有其基波传输能量，其余高次谐波均不产生能量，因此有

$$\mathrm{sgn}(v_{p})i_{L_f} = f_{2}(v_{ps}, v_{pc}, i_{L_f})\sin\omega_{s}t + f_{3}(v_{ps}, v_{pc}, i_{L_f})\cos\omega_{s}t = \frac{4i_{L_f}}{\pi A_{p}}(v_{ps}\sin\omega_{s}t + v_{pc}\cos\omega_{s}t) \tag{8-35b}$$

式中，v_{ps} 和 v_{pc} 分别表示 v_{p} 的正弦和余弦分量的幅值，$f_{2}(v_{ps}, v_{pc}, i_{L_f})$ 为正弦分量的幅值，$f_{2}(v_{ps}, v_{pc}, i_{L_f}) = \frac{4}{\pi}\frac{v_{ps}}{A_{p}}i_{L_f}$；$f_{3}(v_{ps}, v_{pc}, i_{L_f})$ 为余弦分量的幅值，$f_{3}(v_{ps}, v_{pc}, i_{L_f}) = \frac{4}{\pi}\frac{v_{pc}}{A_{p}}i_{L_f}$。$A_{p}$ 表示合成的幅度，即有

$$A_{p} = \sqrt{v_{ps}^{2} + v_{pc}^{2}}$$

v_{p} 是谐振槽路的输出电压，$|v_{p}|$ 是整流网络的输出电压。由于低通网络是依靠直流量(或平均值)传输能量的。因此，$|v_{p}|$ 是一个全波整流波形，展开为傅里叶级数后，其直流分量对

低通网络而言是有用的激励信号，故有

$$\left|v_{\mathrm{p}}\right| = f_4(v_{\mathrm{ps}}, v_{\mathrm{pc}}) = \frac{2}{\pi}A_{\mathrm{p}} \tag{8-35c}$$

式中，$f_4(v_{\mathrm{ps}},\ v_{\mathrm{pc}})$为谐振网络的输出电压。

i_{g}是开关网络的输入电流。i_{g}与谐振槽路的输入电流 i 的关系式已在 8.1.3 节中讨论过。由于开关网络的输入电压为直流，因此，只有 i_{g} 中的直流成分才能产生有功功率，故有

$$i_{\mathrm{g}} = f_5(d, i_{\mathrm{s}}) = \frac{2i_{\mathrm{s}}}{\pi}\sin\left(\frac{\pi}{2}d\right) \tag{8-35d}$$

式中，i_{s}的表达式见 8.1.3 节中的式(8-11)。

步骤 4　谐波平衡。

当小幅度低频扰动信号的频率远远低于系统的开关频率时，相对于开关频率而言，扰动信号是一个变化十分缓慢的量，因此可以认为整个谐振变换器是一个似稳态系统。将式(8-33)～式(8-35)代入式(8-32)，并令直流项、直流分量和余弦分量的系数分别相等，得到描述这个似稳态系统的数学模型，这个数学模型是一个大信号模型，其表达式为

$$L\left(\frac{\mathrm{d}i_{\mathrm{s}}}{\mathrm{d}t} - \omega_{\mathrm{s}}i_{\mathrm{c}}\right) + r_{\mathrm{s}}i_{\mathrm{s}} + v_{\mathrm{ss}} + v_{\mathrm{ps}} = \frac{4}{\pi}v_{\mathrm{g}}\sin\left(\frac{\pi}{2}d\right) \tag{8-36a}$$

$$L\left(\frac{\mathrm{d}i_{\mathrm{c}}}{\mathrm{d}t} + \omega_{\mathrm{s}}i_{\mathrm{s}}\right) + r_{\mathrm{s}}i_{\mathrm{c}} + v_{\mathrm{sc}} + v_{\mathrm{pc}} = 0 \tag{8-36b}$$

$$C_{\mathrm{s}}\left(\frac{\mathrm{d}v_{\mathrm{ss}}}{\mathrm{d}t} - \omega_{\mathrm{s}}v_{\mathrm{sc}}\right) = i_{\mathrm{s}} \tag{8-36c}$$

$$C_{\mathrm{s}}\left(\frac{\mathrm{d}v_{\mathrm{sc}}}{\mathrm{d}t} + \omega_{\mathrm{s}}v_{\mathrm{ss}}\right) = i_{\mathrm{c}} \tag{8-36d}$$

$$C_{\mathrm{p}}\left(\frac{\mathrm{d}v_{\mathrm{ps}}}{\mathrm{d}t} - \omega_{\mathrm{s}}v_{\mathrm{pc}}\right) + \frac{4}{\pi}\frac{i_{L_{\mathrm{f}}}}{A_{\mathrm{p}}}v_{\mathrm{ps}} = i_{\mathrm{s}} \tag{8-36e}$$

$$C_{\mathrm{p}}\left(\frac{\mathrm{d}v_{\mathrm{pc}}}{\mathrm{d}t} + \omega_{\mathrm{s}}v_{\mathrm{ps}}\right) + \frac{4}{\pi}\frac{i_{L_{\mathrm{f}}}}{A_{\mathrm{p}}}v_{\mathrm{pc}} = i_{\mathrm{c}} \tag{8-36f}$$

$$L_{\mathrm{f}}\frac{\mathrm{d}i_{\mathrm{L_f}}}{\mathrm{d}t} + i_{\mathrm{L_f}}r_{\mathrm{c}}' + \left(1 - \frac{r_{\mathrm{c}}'}{R}\right)v_{\mathrm{C_f}} = \frac{2}{\pi}A_{\mathrm{p}} - r_{\mathrm{c}}'i_{\mathrm{o}} \tag{8-36g}$$

$$\frac{r_{\mathrm{c}}}{r_{\mathrm{c}}'}C_{\mathrm{f}}\frac{\mathrm{d}v_{\mathrm{C_f}}}{\mathrm{d}t} + \frac{1}{R}v_{\mathrm{C_f}} = i_{\mathrm{L_f}} + i_{\mathrm{o}} \tag{8-36h}$$

$$v_{\mathrm{o}} = r_{\mathrm{c}}'\left(i_{\mathrm{L_f}} + i_{\mathrm{o}}\right) + \left(1 - \frac{r_{\mathrm{c}}'}{R}\right)v_{\mathrm{C_f}} \tag{8-36i}$$

$$i_{\mathrm{g}} = \frac{2}{\pi}i_{\mathrm{s}}\left(\frac{\pi}{2}d\right) \tag{8-36j}$$

步骤 5　稳态解。

当谐振变换器进入稳态时，其工作点用 V_{g}、I_{o}、R、D 和Ω_{s}等参数表示。可以得到如下主要结论：

1) 谐振槽路输入电压的表达式为 $V_{AB1}=V_e\sin\Omega_s t=\left[\frac{4V_g}{\pi}\sin\left(\frac{\pi}{2}D\right)\right]\sin\Omega_s t$，其中，$V_e=\frac{4V_g}{\pi}\sin\left(\frac{\pi}{2}D\right)$，$V_e$为一个常数。由表 8-1 可知，谐振槽路的负载为 R_e，$R_e=\frac{\pi^2}{8}R$。基于上面结论可以得到谐振槽路的稳态等效电路，如图 8-17a 所示。

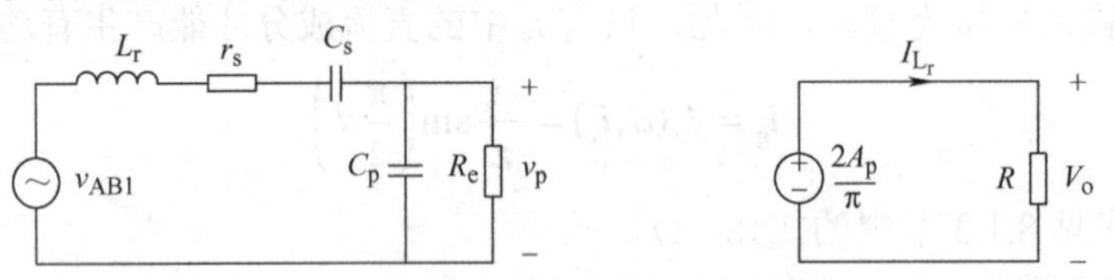

a) 谐振槽路的稳态等效电路　　b) 低通滤波网络的稳态等效电路

图 8-17　稳态等效电路

2) 低通滤波网络的负载为 R，$i_o=I_o=0$。由于电路处于稳态，因此电感满足伏秒平衡相当于短路；电容满足电荷平衡，相当于开路。其输入为 v_p 是经全波整流后得到$|v_p|$的直流分量 $\frac{2A_p}{\pi}$。

3) 稳态时，由于式(8-33)中的系数变为常数，即 $i_s=I_s$、$i_c=I_c$、$v_{ss}=V_{ss}$、$v_{sc}=V_{sc}$、$v_{pc}=V_{pc}$ 和 $v_{ps}=V_{ps}$，所以状态变量的增量等于零，即 $\frac{dx}{dt}=0$。由式(8-36)可以得到其稳态解。例如，将稳态量代入式(8-36a)可以得到

$$-\Omega_s I_c+r_s I_s+V_{ss}+V_{ps}=\frac{4}{\pi}V_g\sin\left(\frac{\pi}{2}D\right) \tag{8-37}$$

若对式(8-36)中的其余方程进行类似处理也可以得到相应的稳态方程。求解这些方程得到稳态解为

$$I_s=V_e\Omega_s C_s\frac{(\beta-\alpha\Omega_s C_p R_e)}{\alpha^2+\beta^2} \tag{8-38a}$$

$$I_c=V_e\Omega_s C_s\frac{(\alpha+\beta\Omega_s C_p R_e)}{\alpha^2+\beta^2} \tag{8-38b}$$

$$V_{ss}=V_e\frac{(\alpha+\beta\Omega_s C_p R_e)}{\alpha^2+\beta^2} \tag{8-38c}$$

$$V_{sc}=V_e\frac{(-\beta+\alpha\Omega_s C_p R_e)}{\alpha^2+\beta^2} \tag{8-38d}$$

$$V_{ps}=V_e\frac{\beta\Omega_s C_s R_e}{\alpha^2+\beta^2} \tag{8-38e}$$

$$V_{pc}=V_e\frac{\alpha\Omega_s C_s R_e}{\alpha^2+\beta^2} \tag{8-38f}$$

$$A_p=V_e\frac{\Omega_s C_s R_e}{\sqrt{\alpha^2+\beta^2}} \tag{8-38g}$$

$$I_{L_f}=\frac{2}{\pi}\frac{A_p}{R} \tag{8-38h}$$

$$V_{C_f}=\frac{2}{\pi}A_p \tag{8-38i}$$

其中，

$$V_e=\frac{4}{\pi}V_g\sin\left(\frac{\pi}{2}d\right) \tag{8-38j}$$

$$\alpha=1-\Omega_s^2LC_s-R_er_s\Omega_s^2C_pC_s \tag{8-38k}$$

$$\beta=R_e\Omega_s(C_p+C_s)\left(1-\Omega_s^2LC_e+\frac{r_s}{R_e}\frac{C_e}{C_p}\right) \tag{8-38l}$$

$$R_e=\frac{\pi^2}{8}R \tag{8-38m}$$

$$C_e=\frac{C_sC_p}{C_s+C_p} \tag{8-38n}$$

求解稳态解的另一种方程时，用图 8-17 所示的稳态电路。

4）应用图 8-17 给出的稳态等效电路，在忽略 r_s 的条件下，可以得到直流增益 M，即

$$M=\frac{V_o}{V_g}=\frac{V_{C_f}}{V_g}=\frac{\Omega_sC_sR\sin(D\pi/2)}{\sqrt{(1-\Omega_s^2LC_s)^2+R_e\Omega_s(C_s+C_p)(1-\Omega_s^2LC_e)^2}} \tag{8-39}$$

取 $D=1$，$Q_p=\frac{R}{Z_o}$，$Z_o=\sqrt{\frac{L}{C_e}}$，$F_o=\frac{1}{2\pi\sqrt{LC_e}}$，$C_e=\frac{C_sC_p}{C_s+C_p}$。图 8-18 给出了 LCC 谐振变换器的直流增益特性。谐振变换器的直流增益特性曲线是设计主电路最主要的依据。当输入电压的最大值和最小值给定以及负载的变化范围给定后，在直流增益特性曲线中能够确定出工作频率的范围。

步骤 6 小信号扰动与线性化处理。

式(8-36)是 LCC 谐振变换器的大信号模型。用此模型可以研究系统的大信号扰动。结合特定的控制电路，可以通过时域仿真的方法求出该系统的稳态工作区域。但是大信号模型以及大信号分析结果无法作为设计控制电路的基础。如果能得到线性化的小信号等效电路，则可以利用经典控制理论设计控制电路，并研究系统的稳定性。

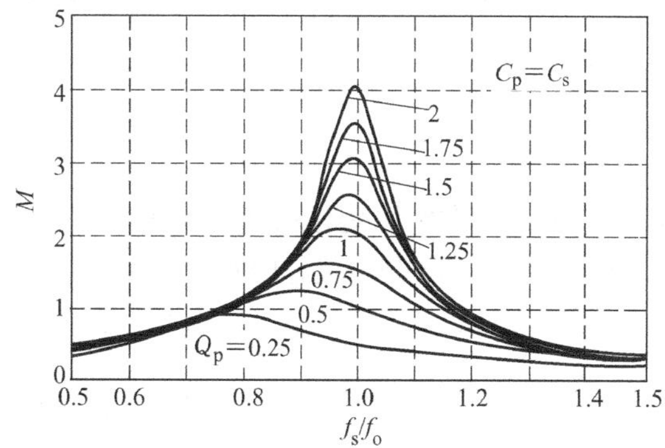

图 8-18 LCC 谐振变换器的直流增益特性

下面对式(8-36a)进行小信号扰动，并进行线性化处理，得到相应的小信号数学模型。同理亦可以对式(8-36)中的其余式子进行类似处理，得到相应的小信号数学模型。

扰动量：$v_g=V_g+\hat{v}_g$，$d=D+\hat{d}$，$i_o=0+\hat{i}_o$，$\omega_s=\Omega_s+\hat{\omega}_s$，$i_s=I_s+\hat{i}_s$，$i_c=I_c+\hat{i}_c$，$v_{ss}=V_{ss}+\hat{v}_{ss}$，$v_{sc}=V_{sc}+\hat{v}_{sc}$，$v_{sc}=V_{sc}+\hat{v}_{sc}$，$v_{pc}=V_{pc}+\hat{v}_{pc}$，$v_{ps}=V_{ps}+\hat{v}_{ps}$。

式(8-36a)右边进行小信号扰动和线性化处理方法如下：

$$v_g\sin\left(\frac{\pi}{2}d\right)=(V_g+\hat{v}_g)\sin\left[\frac{\pi}{2}(D+\hat{d})\right]=(V_g+\hat{v}_g)\left[\sin\left(\frac{\pi}{2}D\right)\cos\left(\frac{\pi}{2}\hat{d}\right)+\cos\left(\frac{\pi}{2}D\right)\sin\left(\frac{\pi}{2}\hat{d}\right)\right]$$

因为$d \ll 1$，所以，$\cos\left(\frac{\pi}{2}\hat{d}\right) \approx 1$，$\sin\left(\frac{\pi}{2}\hat{d}\right) \approx \frac{\pi}{2}\hat{d}$，代入上式可得

$$v_{\mathrm{g}}\sin\left(\frac{\pi}{2}d\right) \approx (V_{\mathrm{g}}+\hat{v}_{\mathrm{g}})\left[\sin\left(\frac{\pi}{2}D\right)+\frac{\pi}{2}\hat{d}\cos\left(\frac{\pi}{2}D\right)\right]$$

$$=V_{\mathrm{g}}\sin\left(\frac{\pi}{2}D\right)+\frac{\pi}{2}\hat{d}V_{\mathrm{g}}\cos\left(\frac{\pi}{2}D\right)+\hat{v}_{g}\sin\left(\frac{\pi}{2}\hat{d}\right)+\frac{\pi}{2}\hat{v}_{\mathrm{g}}\hat{d}\cos\left(\frac{\pi}{2}D\right)$$

忽略二阶微分量，即令$\hat{v}_{\mathrm{g}}\hat{d}=0$，则

$$v_{\mathrm{g}}\sin\left(\frac{\pi}{2}d\right) \approx \frac{\pi}{4}\left[\frac{4}{\pi}V_{\mathrm{g}}\sin\left(\frac{\pi}{2}D\right)+E_{\mathrm{d}}\hat{d}+k_{\mathrm{v}}\hat{v}_{\mathrm{g}}\right] \tag{8-40}$$

式中，$E_{\mathrm{d}}=2V_{\mathrm{g}}\cos\left(\frac{\pi}{2}D\right)$；$k_{\mathrm{v}}=\frac{4}{\pi}\sin\left(\frac{\pi}{2}D\right)$。

式(8-40)中第一项对应式(8-37)中右边的稳态项。

式(8-36a)左边的处理方法是，将扰动量代入后，并忽略二阶微分量，结合式(8-40)的结果，式(8-36a)可以改写为

$$-\Omega_{\mathrm{s}}LI_{\mathrm{c}}+L\frac{\mathrm{d}\hat{i}_{\mathrm{s}}}{\mathrm{d}t}-Z_{\mathrm{L}}\hat{i}_{\mathrm{c}}-E_{\mathrm{s}}\hat{f}_{\mathrm{SN}}+r_{\mathrm{s}}I_{\mathrm{s}}+r_{\mathrm{s}}\hat{i}_{\mathrm{s}}+V_{\mathrm{ss}}+\hat{v}_{\mathrm{ss}}+V_{\mathrm{ps}}+\hat{v}_{\mathrm{ps}}=\frac{4}{\pi}\left[\frac{\pi}{4}V_{\mathrm{g}}\sin\left(\frac{\pi}{2}D\right)+k_{\mathrm{v}}\hat{v}_{\mathrm{g}}+E_{\mathrm{d}}\hat{d}\right]$$

式中，$Z_{\mathrm{L}}=\Omega_{\mathrm{s}}L$，$E_{\mathrm{s}}=I_{\mathrm{c}}\omega_{\mathrm{o}}L$，$\hat{f}_{\mathrm{SN}}=\hat{\omega}_{\mathrm{s}}/\omega_{\mathrm{o}}$。

将稳态量与动态量分离，可得到稳态方程和动态方程。稳态方程为

$$-\Omega_{\mathrm{s}}LI_{\mathrm{c}}+r_{\mathrm{s}}I_{\mathrm{s}}+V_{\mathrm{ss}}+V_{\mathrm{ps}}=\frac{4}{\pi}V_{\mathrm{g}}\sin\left(\frac{\pi}{2}D\right)$$

上式对应式(8-37)，所以稳态方程对应着稳态解。

小信号动态方程为

$$L\frac{\mathrm{d}\hat{i}_{\mathrm{s}}}{\mathrm{d}t}=-r_{\mathrm{s}}\hat{i}_{\mathrm{s}}+Z_{\mathrm{L}}\hat{i}_{\mathrm{c}}-\hat{v}_{\mathrm{ss}}-\hat{v}_{\mathrm{ps}}+k_{\mathrm{v}}\hat{v}_{\mathrm{g}}+E_{\mathrm{d}}\hat{d}+E_{\mathrm{s}}\hat{f}_{\mathrm{SN}} \tag{8-41a}$$

式中，$E_{\mathrm{d}}\hat{d}$是占空比变化引起的增量；$k_{\mathrm{v}}\hat{v}_{\mathrm{g}}$是输入电压扰动引起的增量；$E_{\mathrm{s}}\hat{f}_{\mathrm{SN}}$是频率扰动引起的增量；$Z_{\mathrm{L}}\hat{i}_{\mathrm{c}}$是电流$\hat{i}_{\mathrm{c}}$控制的电流源。

同理，对式(8-36)其余方程进行小信号扰动和线性化处理，可以得到

$$L\frac{\mathrm{d}\hat{i}_{\mathrm{c}}}{\mathrm{d}t}=-r_{\mathrm{s}}\hat{i}_{\mathrm{c}}-Z_{\mathrm{L}}\hat{i}_{\mathrm{s}}-\hat{v}_{\mathrm{sc}}-\hat{v}_{\mathrm{pc}}+E_{\mathrm{c}}\hat{f}_{\mathrm{SN}} \tag{8-41b}$$

$$C_{\mathrm{s}}\frac{\mathrm{d}\hat{v}_{\mathrm{ss}}}{\mathrm{d}t}=\hat{i}_{\mathrm{s}}+G_{\mathrm{s}}\hat{v}_{\mathrm{sc}}+J_{\mathrm{ss}}\hat{f}_{\mathrm{SN}} \tag{8-41c}$$

$$C_{\mathrm{s}}\frac{\mathrm{d}\hat{v}_{\mathrm{sc}}}{\mathrm{d}t}=\hat{i}_{\mathrm{c}}-G_{\mathrm{s}}\hat{v}_{\mathrm{ss}}-J_{\mathrm{sc}}\hat{f}_{\mathrm{SN}} \tag{8-41d}$$

$$C_{\mathrm{p}}\frac{\mathrm{d}\hat{v}_{\mathrm{ps}}}{\mathrm{d}t}=\hat{i}_{\mathrm{s}}-g_{\mathrm{ps}}\hat{v}_{\mathrm{ps}}+g_{\mathrm{sc}}\hat{v}_{\mathrm{pc}}-2k_{\mathrm{s}}\hat{i}_{\mathrm{L_f}}+J_{\mathrm{ps}}\hat{f}_{\mathrm{SN}} \tag{8-41e}$$

$$C_{\mathrm{p}}\frac{\mathrm{d}\hat{v}_{\mathrm{pc}}}{\mathrm{d}t}=\hat{i}_{\mathrm{c}}+g_{\mathrm{cs}}\hat{v}_{\mathrm{ps}}-g_{\mathrm{pc}}\hat{v}_{\mathrm{pc}}-2k_{\mathrm{c}}\hat{i}_{\mathrm{L_f}}+J_{\mathrm{pc}}\hat{f}_{\mathrm{SN}} \tag{8-41f}$$

$$L_{\mathrm{f}}\frac{\mathrm{d}\hat{i}_{\mathrm{L_f}}}{\mathrm{d}t}=k_{\mathrm{s}}\hat{v}_{\mathrm{ps}}+k_{\mathrm{c}}\hat{v}_{\mathrm{pc}}-r_{\mathrm{c}}'\hat{i}_{\mathrm{L_f}}-\frac{R}{R+r_{\mathrm{c}}}\hat{v}_{\mathrm{C_f}}-r_{\mathrm{c}}'\hat{i}_{\mathrm{o}} \tag{8-41g}$$

$$C_{\mathrm{f}}\frac{\mathrm{d}\hat{v}_{\mathrm{C_f}}}{\mathrm{d}t}=\frac{r_{\mathrm{c}}'}{r_{\mathrm{c}}}\left(\hat{i}_{\mathrm{L_f}}-\frac{\hat{v}_{\mathrm{C_f}}}{R}+\hat{i}_{\mathrm{o}}\right) \tag{8-41h}$$

输出部分的方程为

$$\hat{v}_{\mathrm{o}}=r_{\mathrm{c}}'(\hat{i}_{\mathrm{L_f}}+\hat{i}_{\mathrm{o}})+\frac{R}{R+r_{\mathrm{c}}}\hat{v}_{\mathrm{C_f}} \tag{8-41i}$$

$$\hat{i}_{\mathrm{g}}=\frac{2}{\pi}\sin\left(\frac{\pi}{2}D\right)\hat{i}_{\mathrm{s}}+J_{\mathrm{d}}\hat{d} \tag{8-41j}$$

步骤 7　小信号等效电路。

基于小信号动态方程组，即式(8-41)，可以得到小信号等效电路，如图 8-19 所示。等效电路分为谐振槽路等效电路和低通滤波网络等效电路两部分。式(8-41a)～式(8-41f)是谐振槽路的小信号数学模型，式(8-41g)和式(8-41h)是低通滤波网络的小信号数学模型。

由于低通滤波网络是一个线性网络，且依靠平均值传输能量。这与 PWM 变换器中的低通滤波器具有相同的作用，因此等效电路的处理方法相同。在 PWM 变换器的小信号模型中，低通滤波网络的小信号等效电路与原滤波网络相同。因此，在谐振变换器中，低通滤波网络的小信号等效电路与滤波网络的结构完全相同。低通滤波器的输入电压为整流网络的输出电压。而整流网络的输入电压是由正弦分量和余弦分量的叠加组成。正弦分量和余弦分量均为一个小信号扰动的调幅信号。这两个调幅信号是大信号，整流器的非线性可以忽略不计。因此，两个调幅信号同时作用于整流网络得到的总直流输出近似等于两个调幅信号分别作用于整流网络得到的两个直流输出之和。简而言之，当谐振槽路输出的两个调幅信号为大信号时，对于整流网络的直流输出而言，整流网络满足叠加原理。又因为扰动信号是低频小信号，在一个开关周期内，低频扰动信号的幅值近似为常数，因此由两个载频信号携带的低频扰动信号作用与对载波的直流衰减相同。基于上述分析，低频滤波网络等效电路的等效输入信号源为谐振槽路扰动信号的叠加，其变换系数分别为 k_{s} 和 k_{c}，其表达式为

$$k_{\mathrm{s}}=\frac{2}{\pi}\frac{V_{\mathrm{ps}}}{A_{\mathrm{p}}} \tag{8-42a}$$

$$k_{\mathrm{c}}=\frac{2}{\pi}\frac{V_{\mathrm{pc}}}{A_{\mathrm{p}}} \tag{8-42b}$$

由于谐振槽路是依靠基波传输能量的，所以在稳态时，谐振槽路中各电量均为恒频恒幅的正弦量或者是正弦量和余弦量的叠加。由式(8-33)可知，在低频小信号扰动时，谐振槽路的各状态是一个变幅值的正弦量和余弦量的叠加，所以等效电路由两部分组成，如图 8-19a 所示。在图 8-19a 中，上半部为正弦量对应的等效电路，下半部为余弦量对应的等效电路。其输出为上半部分和下半部分输出电压 $\hat{v}_{\mathrm{ps}}$ 和 $\hat{v}_{\mathrm{pc}}$ 的线性叠加。

对谐振槽路产生直接影响的扰动量有四个变量，$i_{\mathrm{L_f}}=0+\hat{i}_{\mathrm{L_f}}$、$v_{\mathrm{g}}=V_{\mathrm{g}}+\hat{v}_{\mathrm{g}}$、$d=D+\hat{d}$、$\omega_{\mathrm{s}}=\Omega_{\mathrm{s}}+\hat{\omega}_{\mathrm{s}}$。下面讨论各扰动量对等效电路的影响。

在稳态时，谐振槽路的有效输入电压是开关网络输出电压的基波分量，即$\frac{\pi}{4}V_{\mathrm{g}}\sin\left(\frac{\pi}{2}D\right)\sin\omega_{\mathrm{s}}t$，

这是一个恒频恒幅的正弦信号。因此，在稳态时，对于谐振槽路的源效应而言，开关网络的作用是将一个直流电压 V_g 变换为一个恒频恒幅的正弦信号。

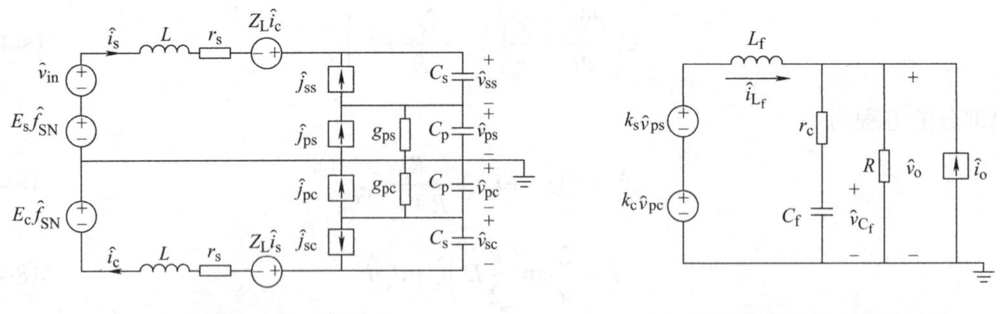

a) 谐振槽路小信号等效电路

b) 低通滤波网络的小信号等效电路

图 8-19　小信号等效电路

因为扰动信号 $\hat{v}_g$ 和 $\hat{d}$ 是低频小信号，在一个开关周期内扰动量的变化十分缓慢，所以在仅考虑输入电压源扰动和占空比扰动量时，近似认为开关网络的输出电压在一个开关周期内是一个幅值恒定、频率恒定的方波信号。将这个方波信号在一个开关周期内展开为傅里叶级数，并取其基波分量作为谐振槽路的输入信号，得到一个幅值缓慢变化的恒频正弦波。因此，在考虑 $\hat{v}_g$ 和 $\hat{d}$ 时，开关网络的作用是将带有扰动的直流输入电压和带有扰动的占空比信号变为一个恒频、幅值作微小波动的正弦信号，即调幅信号。

由式(8-40)可以得到

$$\frac{4}{\pi}v_g \sin\left(\frac{\pi}{2}d\right)\sin\omega_s t \approx \left[\frac{4}{\pi}V_g \sin\left(\frac{\pi}{2}D\right)+k_v\hat{v}_g+E_d\hat{d}\right]\sin\omega_s t$$

式中，$k_v=\frac{4}{\pi}\sin\left(\frac{\pi}{2}D\right)$，$E_d=2V_g\cos\left(\frac{\pi}{2}D\right)$。

由于上式中只有正弦高频分量，没有余弦分量，所以输入直流电压源和占空比的扰动只对图 8-19a 所示等效电路的上半部分有贡献，其贡献用 $\hat{v}_{in}$ 表示，即

$$\hat{v}_{in}=k_v\hat{v}_g+E_d\hat{d} \tag{8-43a}$$

在 8.2.4 节中已经得出如下结论：当频率扰动量为小信号低频正弦量时，谐振槽路的有效输入信号应该是一个以开关频率为载波频率的调幅信号。因此，谐振槽路各电量亦为一个调幅信号。用式(8-33)表示电感电流、电容电压等状态变量，而电感上的电压和电容上的电流则可以通过式(8-34)求得。

基于式(8-34a)，电感电压的正弦分量的系数为，$L\frac{\mathrm{d}i_s}{\mathrm{d}t}-\omega_s Li_c$，将扰动量 $i_s=I_s+\hat{i}_s$，$i_c=I_c+\hat{i}_c$，$\omega_s=\Omega_s+\hat{\omega}_s$ 等代入，忽略二阶微小量后得

$$L\frac{\mathrm{d}i_s}{\mathrm{d}t}-\omega_s Li_c=L\frac{\mathrm{d}\hat{i}_s}{\mathrm{d}t}-(\Omega_s I_c L+\Omega_s L\hat{i}_c+\omega_0 LI_c\hat{\omega}_s)$$

由上式可见，频率扰动对电感电压中正弦量的影响可以用一个频率控制的电压源 $E_s\hat{f}_{SN}(=I_c\omega_0 L\hat{f}_{SN})$ 和一个电流控制的电压源 $Z_L\hat{i}_c(=\Omega_s L\hat{i}_c)$ 表示。

同理，可以证明频率扰动对电容电流的影响为一个频率控制的电流源和一个电压控制的

电压源。因此有

$$\hat{j}_{ss} = G_s \hat{v}_{sc} + J_{ss} \hat{f}_{SN} \tag{8-43b}$$

$$\hat{j}_{ps} = g_{sc} \hat{v}_{pc} - 2k_s \hat{i}_{L_f} + J_{ps} \hat{f}_{SN} \tag{8-43c}$$

$$\hat{j}_{sc} = G_s \hat{v}_{ss} + J_{sc} \hat{f}_{SN} \tag{8-43d}$$

$$\hat{j}_{pc} = g_{cs} \hat{v}_{ps} - 2k_c \hat{i}_{L_f} + J_{pc} \hat{f}_{SN} \tag{8-43e}$$

式中，$G_s = \Omega_s C_s$；$J_{ss} = V_{sc}\omega_0 C_s$；$J_{sc} = V_{ss}\omega_0 C_s$；$g_{sc} = \Omega_s C_p + \dfrac{1}{R_e}\dfrac{\alpha\beta}{\alpha^2+\beta^2}$；$g_{cs} = -\Omega_s C_p + \dfrac{1}{R_e}\dfrac{\alpha\beta}{\alpha^2+\beta^2}$；$k_c = \dfrac{2}{\pi}\dfrac{V_{pc}}{A_p}$；$J_{ps} = -V_{pc}\omega_o C_p$；$J_{pc} = V_{ps}\omega_o C_p$。

顺便指出，$\hat{j}_{ps}$ 和 $\hat{j}_{pc}$ 考虑了负载扰动的影响，所以含有 $\hat{i}_{L_f}$ 项。

设 LCC 谐振变换器电路参数如下：$L = 36.6\mu H$，$C_s = 1.23nF$，$C_p = 0.93nF$，$L_f = 37.1\mu H$，$C_f = 1.19\mu F$，$r_c = 0.973\Omega$，$f_0 = 1.15MHz$，$Z_0 = 262\Omega$。

求出稳态解后，将稳态解及上述参数代入图 8-19 所示的小信号仿真模型，利用 PSpice5.0 仿真出控制-输出频率特性，如图 8-20 所示。

这个小信号模型适合于低 Q 值、工作频率接近开关频率的工况。但此小信号模型很难写出解析表达式，因此给控制电路的设计带来了困难。

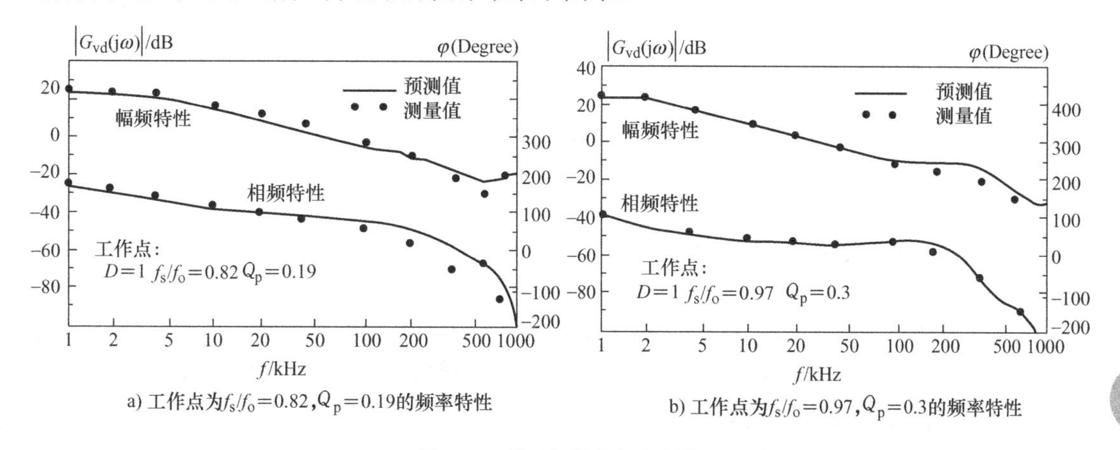

图 8-20 控制-输出频率特性

8.2.2 高 Q 值谐振变换器的小信号分析

1. LCC 谐振变换器的工作区域

式(8-39)给出了 LCC 谐振变换器的直流增益计算公式，即

$$M = \frac{V_o}{V_g} = \frac{\Omega_s C_s R\sin(D\pi/2)}{\sqrt{(1-\Omega_s^2 LC_s)^2 + R_e\Omega_s(C_s + C_p)(1-\Omega_s^2 LC_e)^2}}$$

基于上面公式，可以绘制直流增益的幅频特性，如图 8-21 所示。因为 $Q_p = R/Z_o$，不同的负载电阻对应着不同的 Q 值。最重负载时，$Q_p = Q_{pmin} = 0.55$；最轻负载时，$Q_p = Q_{pmax} = 5$。当输入电压最高时，M 最小，对应着图中 CD 段；当输入电压最低时，M 最大，对应着图中

AB 段。因此，AB、CD 直线和 Q_{pmax}、Q_{pmin} 对应的直流增益幅频特性曲线构成了 LCC 谐振变换器的工作区域，如图 8-21 中阴影部分。

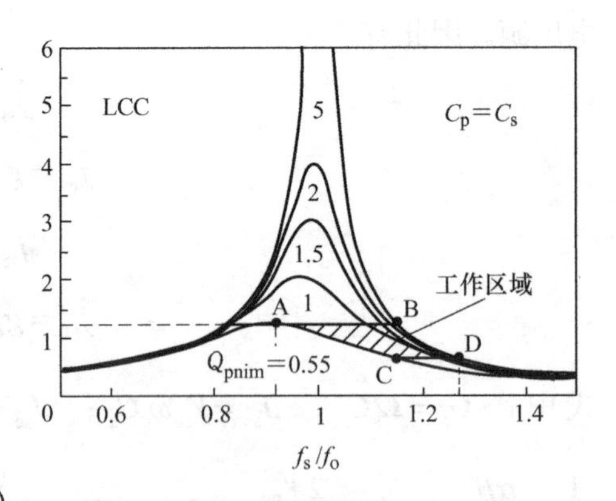

图 8-21　LCC 谐振变换器的直流增益特性

分别以 A、B、C、D 为工作点，利用图 8-19 给出的小信号模型，仿真得到其对应的控制频率-输出传递函数 $G(j\omega)$ 的频率特性如图 8-22 所示。可见，系统的最坏工况出现在 D 点，因为 D 工作点对应的传递函数的增益最大，相位最大。因此，LCC 谐振变换器的最坏情况是输入电压最高，负载最轻。D 工作点对应的直流增益曲线具有高 Q 值（在本例中，$Q_p=Q_{pmax}=5$）且远离谐振曲线的峰值点等明显的特点。

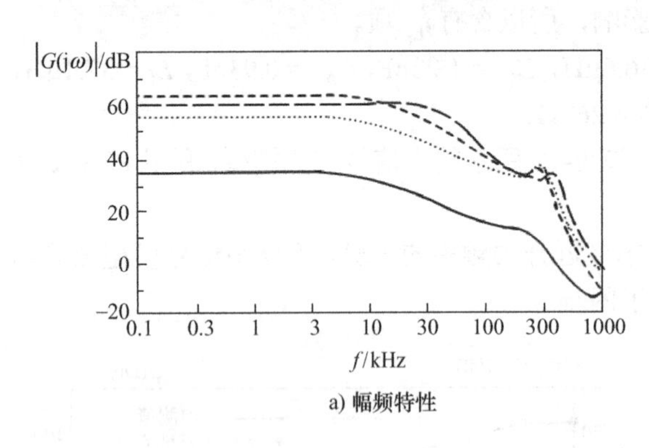

a) 幅频特性

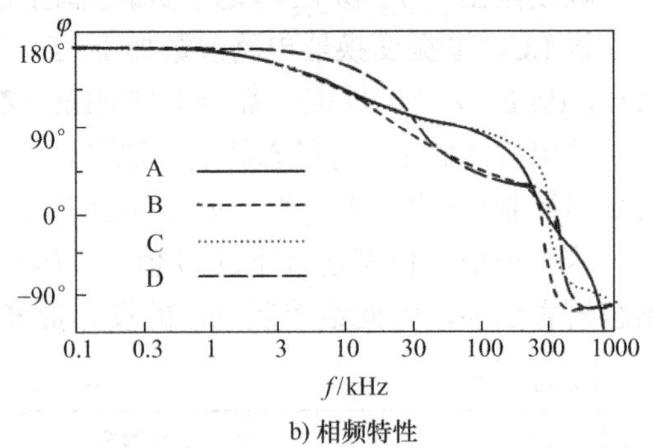

b) 相频特性

图 8-22　A、B、C、D 四个工作点的小信号传递特性

2. 高 Q 值谐振变换器小信号传递函数

用扩展描述函数法可以建立谐振变换器的小信号仿真模型，但不能给出设计控制电路所必需的控制频率-输出传递函数的解析表达式，给设计带来了很多困难。

假设谐振槽路具有较高的 Q 值，而且稳态工作点远离谐振曲线的峰值点，文献[33]给出了串联谐振变换器和并联谐振变换器的传递函数。这个假设恰好与谐振变换器的最坏情况吻合，所以这个假设是符合工程实际的。

串联谐振变换器控制频率-输出电压传递函数 $G_s(s)$ 为

$$G_s(s)=\frac{\hat{v}_o}{\hat{f}_{SN}}=\frac{G_{DC}}{\left(1+\dfrac{s}{\omega_{fs}}\right)\left(1+\dfrac{s}{Q_s\omega_b}+\dfrac{s^2}{\omega_b^2}\right)} \tag{8-44a}$$

$$G_{DC}=\frac{dV_o}{df_{SN}}=V_g\frac{dM}{df_{SN}} \tag{8-44b}$$

$$\omega_{fs}=\frac{1}{RC_f} \tag{8-44c}$$

$$Q_s=\frac{\omega_o L}{R} \tag{8-44d}$$

$$\omega_b = \begin{cases} \omega_o - \omega_s & (f_s < f_o) \\ \omega_s - \omega_o & (f_s > f_o) \end{cases} \tag{8-44e}$$

式中，G_{DC}是直流增益幅频特性曲线 M 在工作点处的斜率；ω_{fs}是低通滤波器的极点角频率；R 是负载电阻；C_f是低通滤波器的滤波电容；Q_s是工作点对应直流增益幅频特性曲线的品质因数；$\omega_o = \dfrac{1}{\sqrt{LC}}$ 是谐振槽路的自由谐振频率；ω_b 是差拍频率；$f_{SN} = f_s/f_o$，$\hat{f}_{SN} = \hat{f}_s / f$，$f_o = \omega_o/(2\pi)$。

并联谐振变换器控制频率-输出电压传递函数 $G_p(s)$为

$$G_p(s) = \frac{\hat{v}_o}{\hat{f}_{SN}} = \frac{G_{DC}}{\left(1 + \dfrac{s}{Q_{fs}\omega_{fp}} + \dfrac{s^2}{\omega_{fp}^2}\right)\left(1 + \dfrac{s}{Q_b\omega_b} + \dfrac{s^2}{\omega_b^2}\right)} \tag{8-45a}$$

$$\omega_{fp} = \frac{1}{\sqrt{L_f C_f}} \tag{8-45b}$$

$$Q_f = \frac{R}{\omega_{fp} L_f} \tag{8-45c}$$

式中，$G_{DC} = V_g \dfrac{dM}{df_{SN}}$，$Q_p = R/(\omega_o L)$，$\omega_b$是差拍频率，由式(8-44e)给定。$Q_f$、$\omega_{fp}$是描述输出滤波器的两个参数。

需要指出，在 $G_p(s)$和 $G_s(s)$的表达式中，ω_{fp}或$\omega_{fs} \ll \omega_b$。从 $G_p(s)$和 $G_s(s)$表达式可见：①直流增益是由直流增益频率特性曲线在工作点处的斜率确定；②传递函数的主极点是由输出低通滤波器决定的；③传递函数的主频特性是由谐振网络的差拍频率决定的，用一个双重极点的传递函数描述，Q 为原直流增益的 Q 值；④文献[35]指出，上面公式适应的工作范围是：对并联谐振变换器，要 $Q_p > 3$，$f_s/f_o < 0.8$；对于串联谐振变换器 $Q_p > 3$，$f_s/f_o < 0.7$。

文献[34]给出串并联谐振变换器控制频率—输出传递函数 $G_{sp}(s)$为

$$G_{sp}(s) = \frac{\hat{v}_o(s)}{\hat{f}_{SN}(s)} = \frac{G_o\left(1 + \dfrac{s}{\omega_{ESR}}\right)}{\left(1 + \dfrac{s}{\omega_{p1}}\right)\left(1 + \dfrac{s}{\omega_{p2}}\right)\left(1 + \dfrac{s}{\omega_b Q_b} + \dfrac{s^2}{\omega_b^2}\right)} \tag{8-46a}$$

$$\omega_{ESR} = \frac{1}{r_c C_f} \tag{8-46b}$$

式中，ω_{ESR} 是输出滤波电容等效损耗电阻 ESR(r_c、ω_{ESR})引起的零点；ω_{p1}、ω_{p2} 是低频滤波器引起的两个极点；r_c是输出滤波电容 C_f的 ESR(等效损耗电阻)。

文献[32]和文献[33]的最大差别在于确定 Q_b、ω_b的方法不同，文献[33]是由仿真图 8-19 给出的小信号模型得到 Q_b和ω_b。但如果在最坏情况，也可用文献[32]给出的方法确定 Q_b和ω_b。

8.2.3 电压控制器的设计实例

在控制频率-输出电压传递函数中，存在着差拍频率引起的二阶双重极点的传递函数，这个双重极点会产生 180°的滞后相移，如果不用电压控制器有效地消除其影响，很难设计出控制带宽较宽的控制系统，因而影响调节速度。由图 8-21 可见，差拍频率随工作点变化而变化，因此，如果要使系统在整个工作区域里均处在最佳设计，需要一个变参数的补偿网络，这对于以传统运放为基础的设计技术，很难满足要求。

目前通用的方法是：①令穿越频率低于差拍频率，这个要求实际是以牺牲控制频带为代价；②在最坏情况下，即高压、轻载的条件下，设计出满足要求的系统。这种设计方法实际保证了系统在任何工况均能稳定工作，但不能保证系统在非最坏工况下的最优控制。

电压控制型谐振变换系统的框图如图 8-23 所示。功率级的传递函数为 $G(s)$，$G(s)$ 由式（8-44）、式（8-45）或式（8-46）确定，电压控制器包括压控振荡器、采样网络、补偿网络等环节，其传递函数为 $H(s)$。

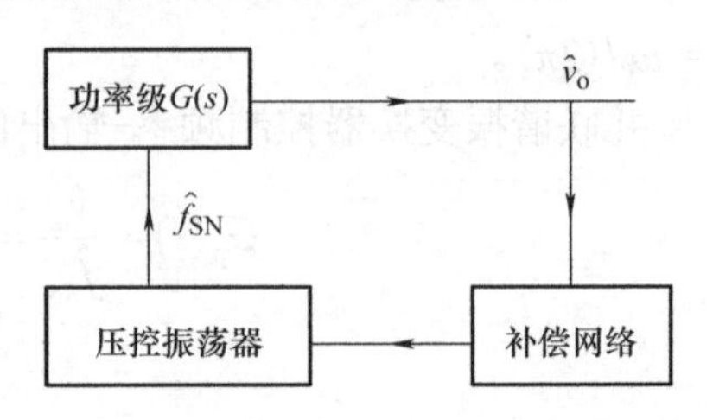

图 8-23 电压控制型谐振变换系统框图

功率级的传递函数是控制对象。下面以 LCC 谐振变换器为例研究电压控制器的设计方法。式（8-46a）给出了 LCC 谐振变换器控制频率-输出电压的传递函数。这个控制对象是一个具有四阶极点的高阶系统。选用如图 8-24 所示双极点-双零点的补偿网络作为电压控制器，这个网络的频率特性如图 8-24b 所示，在第 4 章等前面章节中已详细讨论过。

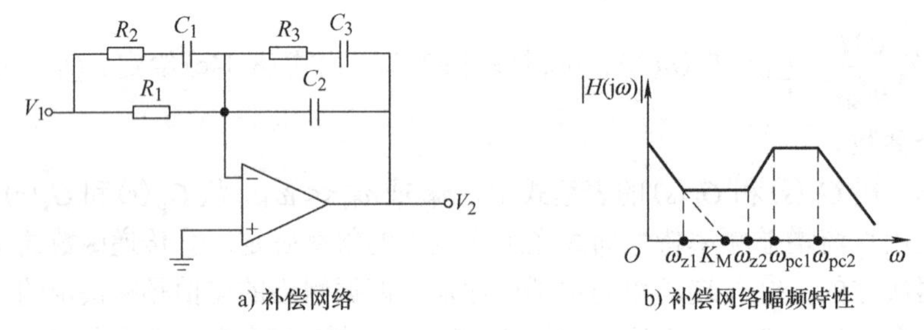

a) 补偿网络　　b) 补偿网络幅频特性

图 8-24 双极点-双零点补偿网络

双极点-双零点电压控制器的传递函数为

$$H(s)=\frac{K_M\left(1+\frac{s}{\omega_{z1}}\right)\left(1+\frac{s}{\omega_{z2}}\right)}{s\left(1+\frac{s}{\omega_{pc1}}\right)\left(1+\frac{s}{\omega_{pc2}}\right)} \tag{8-47}$$

它包括电压采样网络和压控振荡器的传递函数。式中，K_M 是直流增益。

用 ω_{z1} 和 ω_{z2} 抵消低通滤波器产生的两个极点 ω_{p1} 和 ω_{p2}，使得系统在低频段具有较大的直流增益且以-20dB/dec 斜率下降，则有

$$\omega_{z1}=\omega_{p1},\quad \omega_{z2}=\omega_{p2}$$

用 ω_{pc1} 抵消 ESR 产生的零点 ω_{ESR}，使得系统在大于 ω_{ESR} 以后，仍以-20dB/dec 的斜率下降，则有

$$\omega_{ESR}=\omega_{pc1}$$

为了消除差拍频率产生的尖峰影响，选用穿越频率 ω_c 小于差拍频率。为了便于计算，选用 ω_{pc2} 恰好等于穿越频率，即

$$\omega_{pc2}=\omega_c<\omega_b$$

利用开环传递函数$|T(j\omega_c)|=|G(j\omega_c)H(j\omega_c)|=1$，求得$K_M$。图 8-25 给出了控制对象$|G(j\omega)|$，电压控制器$|H(j\omega)|$和开环传递函数$|T(j\omega)|$的幅频特性。在$\omega=\omega_c$处，系统的相位裕度为 40°，基本满足要求。

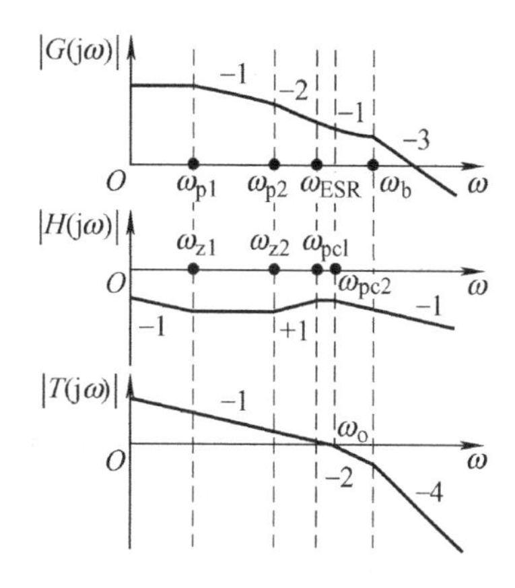

图 8-25　开环传递函数的幅频特性

LCC 谐振变换器在频率控制的模式下存在一个固有缺点：满载低电压时控制频带下降至很低。针对这种情况，在设计控制器时应选择较低的 Q_P，这样可以减少电流应力，减小电感尺寸及变压器的匝数比，但是控制频率的范围就增加了，其折衷的方法就是将增益变化的范围减小。选择远离谐振峰值点的工作区域可以减小增益变化的范围，但这些工作区域的选择会使无用功流入/流出谐振槽路，从而影响变换器的效率。引入电流反馈环是解决这种问题的有效措施。因为电流的变化规律和输出电压的变化规律相同，工作点变化时，电流环可以消除外电压环的增益变化。

8.3　等效电路模型法

8.2 节介绍的以扩展描述函数为基础的小信号建模方法称为“整体法”。该方法在建模时，需对谐振槽路的每个谐振元件列写状态方程，得到描述整个谐振槽路动态行为的状态方程组。然后求解这个方程组，得到其稳态模型和动态小信号模型。状态方程组的维数等于谐振变换器的阶数。随着谐振变换器的阶数增加，状态方程组的维数增加，求解的难度也随之加大。因此，“整体法”不适合高阶谐振变换器的小信号建模。然而，高阶谐振变换器比低阶谐振变换器在功率变换方面有更优越的性能，并逐渐成为一个新的发展方向。所以，寻找适合高阶谐振变换器的小信号建模方法是十分有必要的。

本节以扩展描述函数为基础，提出一种新的方法，称为等效电路模型法。其基本思路是：针对谐振槽路中的每个谐振元件列写其 $V\text{-}I$ 特性方程，用谐波近似和谐波平衡的方法求解方程，得到其稳态模型和小信号线性等效模型。再用小信号模型替换原谐振槽路中的谐振元件并化简之，得到完整的小信号模型。为了说明等效电路模型法的使用方法，下面给出了两个应用实例。这两个应用实例表明，利用等效电路模型法获得的小信号模型与整体法获得的模型一致，但等效电路模型法保留的信息最多、概念清楚、处理简单、通用性强，适合于高阶谐振变换器的小信号建模。

8.3.1　谐振元件的小信号模型

在 8.1.3 节中讨论“调频信号的近似表达式”时，已得到如下结论：①谐振槽路的输入电压用开关网络输出电压的基波近似表示，通常谐振变换器采用调频控制，因此谐振槽路的输入电压为一个调频信号；②当调制信号为一个低频小信号正弦量时，调频信号可以用一个幅值时变的正弦信号和一个余弦信号的叠加来表示，在研究谐振槽路的小信号建模时，扰动信号可以认为是调制信号，谐振变换器稳态工作时所对应的开关频率是载波信号，因此低频小信号扰动时，谐振槽路的有效输入电压是一个幅值时变的正弦信号和余弦信号的叠加信号；③因为扰动信号的频率远远低于开关频率，所以在一个高频周期内可以近似认为其幅值保持不变，即对于开关频率而言，系统为一个似稳态系统。由于谐振槽路为一个线性网络，用线性微分方程描述这个似稳态系统是合理的。根据线性微分方程的理论，如果激励为正弦信号或正弦信号的叠加，方程的特解(即系统的稳态响应)与其激励具有相同的形式。因此，谐振槽路中各电量均应是一个幅值时变的正弦信号和余弦信号的叠加信号。电感、电容的电压和电流表达式为

$$i \approx i_s(t)\sin\omega_s t + i_c(t)\cos\omega_s t \tag{8-48a}$$

$$v \approx v_s(t)\sin\omega_s t + v_c(t)\cos\omega_s t \tag{8-48b}$$

式中，$f_s(=\omega_s/2\pi)$是谐振变换器稳态工作时的开关频率。

1. 电感的小信号模型

图 8-26 所示电感元件伏安特性瞬时形式为

$$v = L\frac{di}{dt} \tag{8-49}$$

在低频小信号扰动时，电感上的电压和电流用式(8-48)表示。将式(8-48)代入式(8-49)，并令方程中正弦量、余弦量的系数及稳态量分别相等，可得

$$v_s = L\frac{di_s}{dt} - \omega_s L i_c \tag{8-50a}$$

$$v_c = L\frac{di_c}{dt} + \omega_s L i_s \tag{8-50b}$$

式(8-50)为大信号模型。在稳态中，各状态变量为定值，得出稳态方程为

$$V_s = -\Omega_s L I_c \tag{8-51a}$$

$$V_c = \Omega_s L I_s \tag{8-51b}$$

对于大信号方程在工作点附近加入扰动量，则有

$$v = V + \hat{v}, \quad \omega_s = \Omega_s + \hat{\omega}_s, \quad i = I + \hat{i}$$

作线性化近似，再分离动态和稳态方程，得出小信号模型为

$$L\frac{d\hat{i}_s}{dt} - Z_L\hat{i}_c - E_s\hat{f}_{SN} = \hat{v}_s \tag{8-52a}$$

$$L\frac{d\hat{i}_c}{dt} + Z_L\hat{i}_s - E_c\hat{f}_{SN} = \hat{v}_c \tag{8-52b}$$

式中，$Z_L = \Omega_s L$；$E_s = I_c\omega_0 L$；$E_c = -I_s\omega_0 L$；$\hat{f}_{SN} = \dfrac{\hat{\omega}_s}{\omega_0}$。

基于式(8-52)可以得出电感的小信号模型，如图 8-27 所示。

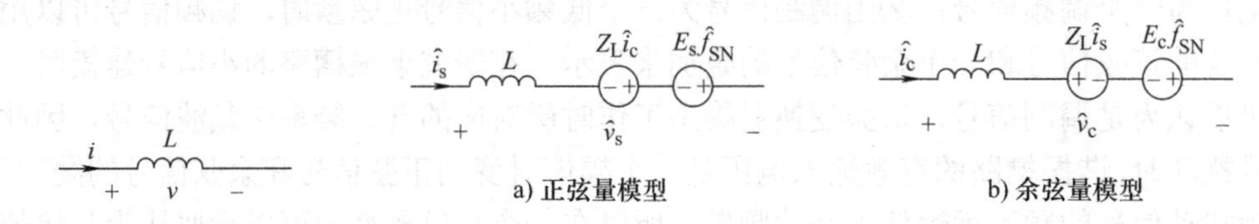

图 8-26 电感的时域模型

图 8-27 电感的小信号模型

2. 电容元件的小信号模型

电容元件如图 8-28 所示。与上同样分析可以得到电容元件的小信号模型如图 8-29 所示。顺便指出，由于电阻为一个非储能元件，其小信号模型与稳态模型相同。

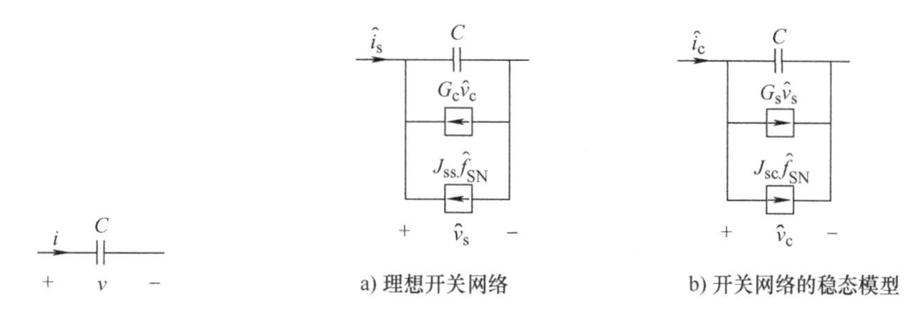

图 8-28　电容的时域模型

图 8-29　开关网络及稳态模型

8.3.2　开关网络的小信号模型

理想开关网络及其稳态模型如图 8-30 所示。开关网络的输出电压和输出电流的波形如图 8-31 所示。

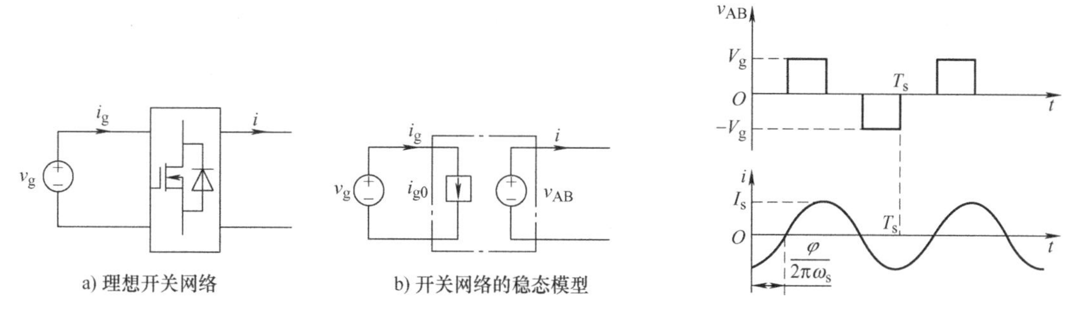

图 8-30　开关网络及稳态模型

图 8-31　开关网络输出的电压 v_{AB} 和输出电流 i 的波形

由于开关网络的输出电流为正弦波，当谐振槽路具有较高 Q 值时，将开关网络输出电压展开为傅里叶级数后，只有基波分量是谐振槽路的有效输入，因此用基波代替方波作为谐振槽路的输入信号，即有

$$v_{AB1}=\frac{4}{\pi}v_g\sin\left(\frac{\pi}{2}d\right)\sin\omega_s t \tag{8-53}$$

式中，d 是开关网络输出电压的占空比。

开关网络输出电流的表达式为

$$i(t)=I_s\sin(\omega_s t-\varphi) \tag{8-54}$$

式中，φ是谐振槽路输入阻抗的相角。

图 8-31 所示的电流波形是开关频率大于谐振频率的工况。

由于 v_g 为直流电压源，对于开关网络的输入电流 i_g 而言，只有 i_g 中的直流成分 I_g 可以产生有功功率，输入电流 i_g 的表达式为

$$i_{\mathrm{g}}=\frac{2}{T_{\mathrm{s}}}\int_{0}^{\frac{T_{\mathrm{s}}}{2}}\frac{v_{\mathrm{AB1}}i(\tau)}{v_{\mathrm{g}}}\mathrm{d}\tau=\frac{2}{\pi}I_{\mathrm{s}}\sin\left(\frac{\pi}{2}d\right)\cos\varphi \tag{8-55}$$

扰动量为

$$v_{\mathrm{AB1}}=V_{\mathrm{AB1}}+\hat{v}_{\mathrm{AB1}}，\ v_{\mathrm{g}}=V_{\mathrm{g}}+\hat{v}_{\mathrm{g}}，\ d=D+\hat{d}，\ i_{\mathrm{s}}=I_{\mathrm{s}}+\hat{i}_{\mathrm{s}}，\ i_{\mathrm{g}}=I_{\mathrm{g}}+\hat{i}_{\mathrm{g}}$$

由于频率扰动已在式(8-48)中考虑，所以在上述扰动量中，没有考虑频率的扰动。将上述扰动代入式(8-53)后，根据式(8-40)的推导过程，得到考虑 d 和 v_{g} 扰动后，基波的幅值表达式为

$$\hat{v}_{\mathrm{in}}=\hat{v}_{\mathrm{AB1}}=E_{\mathrm{d}}\hat{d}+k_{\mathrm{v}}\hat{v}_{\mathrm{g}} \tag{8-56}$$

式中，$E_{\mathrm{d}}=2V_{\mathrm{g}}\cos\left(\frac{\pi}{2}D\right)$；$k_{\mathrm{v}}=\frac{4}{\pi}\sin\left(\frac{\pi}{2}D\right)$。

将扰动量代入式(8-55)，得

$$\begin{aligned}I_{\mathrm{g}}+\hat{i}_{\mathrm{g}}&=\frac{2}{\pi}(I_{\mathrm{s}}+\hat{i}_{\mathrm{s}})\sin\left[\frac{\pi}{2}(D+\hat{d})\right]\cos\varphi\\&=\frac{2}{\pi}(I_{\mathrm{s}}+\hat{i}_{\mathrm{s}})\left[\sin\left(\frac{\pi}{2}D\right)\cos\left(\frac{\pi}{2}\hat{d}\right)+\sin\left(\frac{\pi}{2}\hat{d}\right)\cos\left(\frac{\pi}{2}D\right)\right]\cos\varphi\end{aligned}$$

因为 $\hat{d}\ll 1$，所以 $\cos\left(\frac{\pi}{2}\hat{d}\right)\approx 1$，$\sin\left(\frac{\pi}{2}\hat{d}\right)\approx\frac{\pi}{2}\hat{d}$，且忽略其二阶微分量，则有

$$i_{\mathrm{g}}=J_{\mathrm{d}}\hat{d}+k_{\mathrm{I}}\hat{i}_{\mathrm{s}} \tag{8-57}$$

式中，$J_{\mathrm{d}}=I_{\mathrm{s}}\cos\varphi\cos\left(\frac{\pi}{2}D\right)$，$k_{\mathrm{I}}=\frac{2}{\pi}\cos\varphi\sin\left(\frac{\pi}{2}D\right)$。

由式(8-56)和式(8-57)可得到开关网络的小信号模型，如图 8-32 所示。

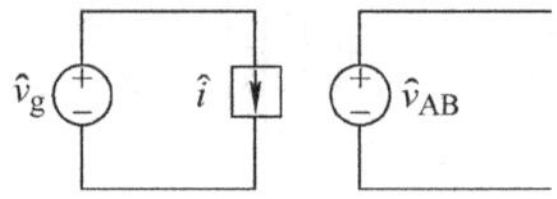

图 8-32 开关网络的小信号模型图

8.3.3 高频整流电路的小信号模型

谐振槽路的负载是带有低通滤波器的高频整流器。谐振槽路的典型电路分为串联谐振槽路、并联谐振槽路和串并联谐振槽路。就其输出特性而言，这三种典型的谐振槽路可分为电压型和电流型。串联谐振槽路是电流型，并联谐振槽路和串并联谐振槽路均属于电压型。不同类型的谐振槽路需要与之相匹配的低通滤波器。电压型谐振槽路需要 LC 型低通滤波器，电流型谐振槽路需要 RC 型低通滤波器。

假设低通滤波器是工作在 CCM 状态，而且交流纹波量与其直流量相比可以略去不计。由于低通滤波器是靠平均值传输能量的，所以，基于上述假设，可以用直流量近似表示低通滤波器的负载效应。对于 LC 型滤波器，用直流电流源来表示低通滤波器对整流器的负载效应，其直流电流源的数值等于流过滤波电感上的直流电流，称之为电流负载。对于 RC 型滤波器，用直流电压源来表示低通滤波器对整流器的负载效应，其直流电压源的数值等于输出电容上的直流电压，称之为电压负载。

下面以电流源整流器为例，研究整流器的小信号模型。如图 8-33a 所示的整流器，v_{p}、i_{R} 分别表示整流器的交流输入电压和电流；v_{R}、$i_{L_{\mathrm{f}}}$ 分别表示整流器的直流输出电压和电流；电

容 C_p 是并联谐振槽路（或串并联谐振槽路）的谐振电容；L_f 是低通滤波器的滤波电感。

电流型整流器的稳态等效电路如图 8-33b 所示。在图 8-33b 中，i_{R1} 表示整流器输入电流的基波分量，用 i_{R1} 电流源表示整流器对谐振槽路的负载效应；v_{R0} 表示整流器输出电压的直流分量，用 v_{R0} 电压源表征整流器对低通滤波器的源效应。下面研究 i_{R1} 和 v_{R0} 电源的小信号模型，即整流器的小信号模型。

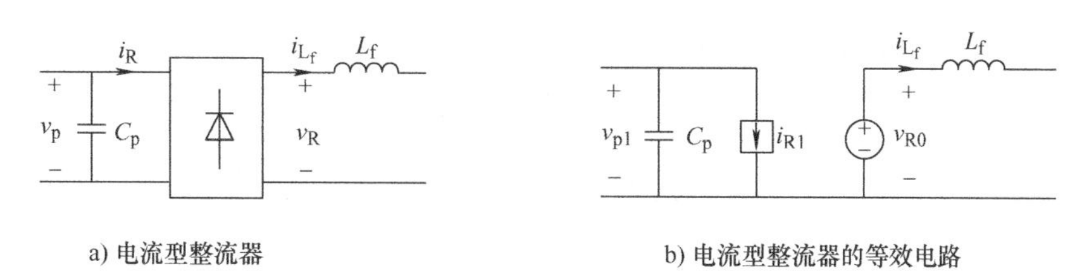

a) 电流型整流器　　b) 电流型整流器的等效电路

图 8-33　电流型负载整流器及等效电路

1. 电流源的小信号模型

在图 8-33a 中，由于 v_p 表示谐振槽路的输出电压，当谐振槽路具有较高 Q 值时，v_p 为一个正弦信号。假设整流器是由理想二极管组成的全波整流电路，且忽略滤波电感中的高频纹波，则整流器的输入电流 i_R 是一个与 v_p 同频同相的方波电流，如图 8-34 所示。

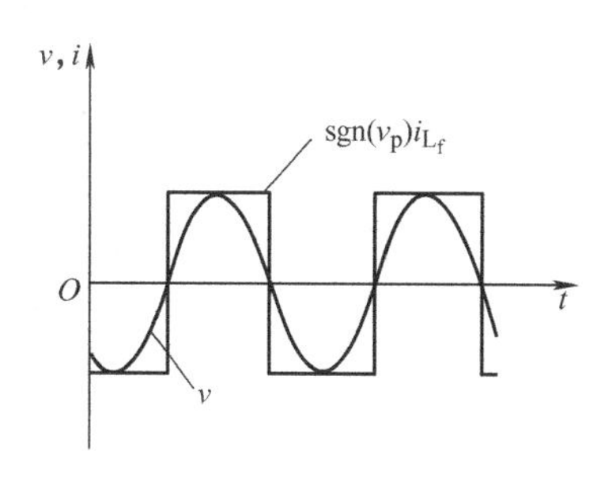

图 8-34　整流器输入电流和电压波形比较

整流器输入电流为

$$i_R = \mathrm{sgn}(v_p) i_{L_f} \tag{8-58a}$$

由于谐振槽路的输出电压 v_p 为一个正弦信号，所以只有 i_R 中的基波成分才是有效分量，用 i_{R1} 表示。

整流器输入电流的基波分量为

$$i_{R1} = \frac{4}{\pi} i_{L_f} \frac{v_p}{|v_p|} \tag{8-58b}$$

由于 v_p 是谐振槽路的输出电压，由式(8-48)可知

$$v_p \approx v_{ps} \sin \omega_s t + v_{pc} \cos \omega_s t \tag{8-59}$$

式中，v_{ps}、v_{pc} 分别表示正弦分量和余弦分量的幅值；v_p 的模为 $|v_p| = \sqrt{v_{ps}^2 + v_{pc}^2}$ 。

整流器的输入电流基波分量为

$$i_{R1} = i_{Rs1} \sin \omega_s t + i_{Rc1} \cos \omega_s t \tag{8-60a}$$

$$i_{Rs1} = \frac{4}{\pi} i_{L_f} \frac{v_{ps}}{|v_p|} \tag{8-60b}$$

$$i_{Rc1} = \frac{4}{\pi} i_{L_f} \frac{v_{pc}}{|v_p|} \tag{8-60c}$$

扰动量为

$v_{ps} = V_{ps} + \hat{v}_{ps}$，$v_{pc} = V_{pc} + \hat{v}_{pc}$，$i_{L_f} = I_{L_f} + \hat{i}_{L_f}$，$i_{Rs1} = I_{Rs1} + \hat{i}_{Rs1}$，$i_{Rc1} = I_{Rc1} + \hat{i}_{Rc1}$

将扰动量代入式(8-60b)，得

$$I_{Rs1} + \hat{i}_{Rs1} = \frac{4(I_{L_f} + \hat{i}_{L_f})(V_{ps} + \hat{v}_{ps})}{\pi\sqrt{(V_{ps} + \hat{v}_{ps})^2 + (V_{pc} + \hat{v}_{pc})^2}} \tag{8-61}$$

忽略二阶微分量后，原式右边可以近似用下面式子表示：

$$原式右边 \approx \frac{4(I_{L_f} V_{ps} + V_{ps}\hat{i}_{L_f} + I_{L_f}\hat{v}_{ps})}{\pi\sqrt{V_{ps}^2 + V_{pc}^2}\sqrt{1 + \dfrac{2(V_{ps}\hat{v}_{ps} + V_{pc}\hat{v}_{pc})}{V_{ps}^2 + V_{pc}^2}}}$$

当 $x \ll 1$ 时，利用公式 $\dfrac{1}{\sqrt{1+x}} \approx 1 - \dfrac{1}{2}x$，对上式进行近似处理，并忽略二阶微分量，得

$$原式右边 \approx \frac{4(I_{L_f} V_{ps} + I_{L_f}\hat{v}_{ps} + V_{ps}\hat{i}_{L_f})}{\pi\sqrt{V_{ps}^2 + V_{pc}^2}}\left(1 - \frac{V_{ps}\hat{v}_{ps} + V_{pc}\hat{v}_{pc}}{V_{ps}^2 + V_{pc}^2}\right)$$

$$= \frac{4I_{L_f}V_{ps}}{\pi\sqrt{V_{ps}^2 + V_{pc}^2}} + \frac{4V_{ps}}{\pi\sqrt{V_{ps}^2 + V_{pc}^2}}\hat{i}_{L_f} - \frac{4I_{L_f}V_{pc}^2}{\pi\left(\sqrt{V_{ps}^2 + V_{pc}^2}\right)^3}\hat{v}_{ps} - \frac{4I_{L_f}V_{pc}V_{ps}}{\pi\left(\sqrt{V_{ps}^2 + V_{pc}^2}\right)^3}\hat{v}_{pc} + \frac{4I_{L_f}\hat{v}_{ps}}{\pi\sqrt{V_{ps}^2 + V_{pc}^2}}$$

令 $A_p = \sqrt{V_{ps}^2 + V_{pc}^2}$，$g_{ps} = -\dfrac{4I_{L_f}V_{pc}^2}{\pi A_p^3} + \dfrac{4}{\pi}\dfrac{I_{L_f}}{A_p}$，$g = \dfrac{4I_{L_f}V_{ps}V_{pc}}{\pi A_p^3}$，$k_s = \dfrac{2V_{ps}}{\pi A_p}$。

基于上面分析，式(8-61)可以改写为

$$I_{Rs1} + \hat{i}_{Rs1} \approx \frac{4I_{L_f}V_{ps}}{\pi A_p} + g_{ps}\hat{v}_{ps} - g\hat{v}_{ps} + 2k_s\hat{i}_{L_f}$$

对上式进行稳态和小信号分离，得

稳态方程
$$I_{Rs1} \approx \frac{4I_{L_f}V_{ps}}{\pi A_p} \tag{8-62a}$$

小信号方程
$$\hat{i}_{Rs1} = g_{ps}\hat{v}_{ps} - g\hat{v}_{pc} + 2k_s\hat{i}_{L_f} \tag{8-62b}$$

采用同样的处理方法，可以得到式(8-60c)所对应的稳态方程和小信号方程，分别为

稳态方程
$$I_{Rc1} \approx \frac{4V_{pc}}{\pi A_p}I_{L_f} \tag{8-63a}$$

小信号方程
$$\hat{i}_{Rc1} = g_{pc}\hat{v}_{pc} - g\hat{v}_{ps} + 2k_c\hat{i}_{L_f} \tag{8-63b}$$

式中，$g_{pc} = -\dfrac{4I_{L_f}V_{ps}^2}{\pi A_p^3} + \dfrac{4}{\pi}\dfrac{I_{L_f}}{A_p}$；$k_c = \dfrac{2V_{pc}}{\pi A_p}$。

图 8-33b 中的电流源 i_{R1} 的小信号模型可以用式(8-62b)和 式(8-63b)表征。

2. 电压源的小信号模型

在谐振变换器中，整流器的输入电压是谐振槽路的输出电压，当工作频率接近谐振频率

且谐振槽路具有较高的 Q 值，则整流器的输入电压为正弦波，如图 8-35a 所示。经过全波整流器后，其输出电压的波形如图 8-35b 所示。

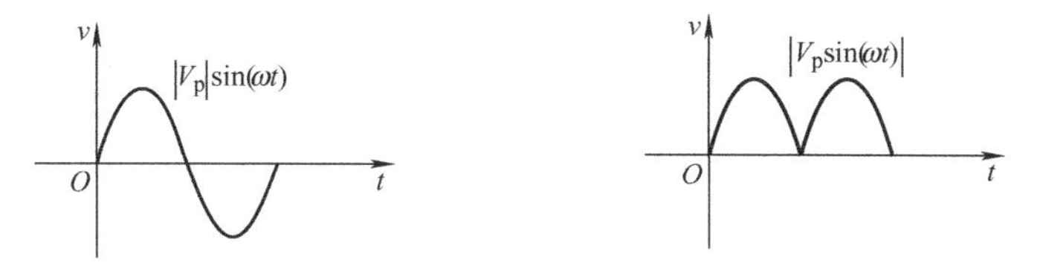

a) 整流器的输入电压波形　　b) 整流器的输出电压波形

图 8-35　整流前后输入电压的波形

将整流器的输出电压展开为傅里叶级数，则有

$$v_{\mathrm{R}}=\left|v_{\mathrm{p}}\sin\omega_{\mathrm{s}}t\right|=\frac{2\left|V_{\mathrm{p}}\right|}{\pi}-\frac{4}{\pi}\sum_{n=1}^{\infty}\frac{\left|V_{\mathrm{p}}\right|}{(2n-1)(2n+1)}\cos 2n\omega_{\mathrm{s}}t \tag{8-64}$$

式中，$\left|V_{\mathrm{p}}\right|=\sqrt{V_{\mathrm{ps}}^2+V_{\mathrm{pc}}^2}$ 。

由于整流器的输出电压是低通滤波器的输入电压，当低通滤波器的转折频率远小于开关频率，且低通滤波器工作在 CCM 状态，因此对低通滤波器而言，有效的输入信号为式(8-64)中的直流分量。这就解释了在整流器稳态模型中为什么要用一个直流电压源作为等效电路的原因。

稳态时，电压源的方程为

$$V_{\mathrm{R0}}=\frac{2}{\pi}\left|V_{\mathrm{p}}\right| \tag{8-65}$$

扰动量为

$$v_{\mathrm{R0}}=V_{\mathrm{R0}}+\hat{v}_{\mathrm{R0}}\,,\quad v_{\mathrm{ps}}=V_{\mathrm{ps}}+\hat{v}_{\mathrm{ps}}\,,\quad v_{\mathrm{pc}}=V_{\mathrm{pc}}+\hat{v}_{\mathrm{pc}}$$

将扰动量代入式(8-65)，并进行小信号线性化处理，则有

$$\begin{aligned}V_{\mathrm{R0}}+\hat{v}_{\mathrm{R0}}&=\frac{2}{\pi}\sqrt{(V_{\mathrm{ps}}+\hat{v}_{\mathrm{ps}})^2+(V_{\mathrm{pc}}+\hat{v}_{\mathrm{pc}})^2}\\&\approx\frac{2}{\pi}\sqrt{V_{\mathrm{ps}}^2+V_{\mathrm{pc}}^2}\sqrt{1+\frac{2V_{\mathrm{ps}}\hat{v}_{\mathrm{ps}}+2V_{\mathrm{pc}}\hat{v}_{\mathrm{pc}}}{V_{\mathrm{ps}}^2+V_{\mathrm{pc}}^2}}\\&\approx\frac{2}{\pi}\sqrt{V_{\mathrm{ps}}^2+V_{\mathrm{pc}}^2}\left(1+\frac{V_{\mathrm{ps}}\hat{v}_{\mathrm{ps}}+V_{\mathrm{pc}}\hat{v}_{\mathrm{pc}}}{V_{\mathrm{ps}}^2+V_{\mathrm{pc}}^2}\right)\\&=\frac{2}{\pi}\sqrt{V_{\mathrm{ps}}^2+V_{\mathrm{pc}}^2}+k_{\mathrm{s}}\hat{v}_{\mathrm{ps}}+k_{\mathrm{c}}\hat{v}_{\mathrm{pc}}\end{aligned}$$

对上式进行稳态和小信号分离，得到其小信号模型为

$$\hat{v}_{\mathrm{R0}}=k_{\mathrm{s}}\hat{v}_{\mathrm{ps}}+k_{\mathrm{c}}\hat{v}_{\mathrm{pc}} \tag{8-66}$$

综上所述，式(8-62b)和式(8-63b)是整流器输入端的小信号模型，用电流源表示；式(8-66)是整流器输出端的小信号模型，用电压源表示。因此，整流器小信号模型的等效电路如图 8-36 所示。

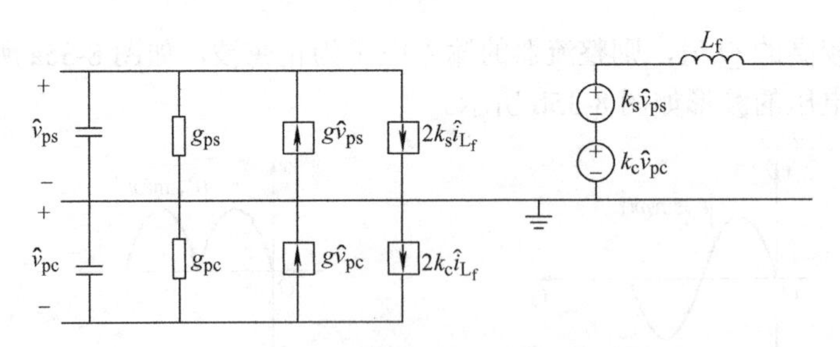

图 8-36　整流器的小信号模型

8.3.4　典型应用

例 8-1　LCC 谐振变换器小信号建模。

LCC 谐振变换器的原理电路如图 8-37 所示。

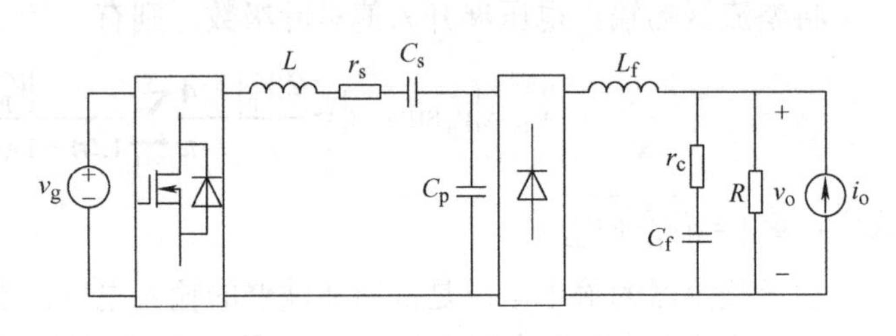

图 8-37　LCC 谐振变换器

使用本节已给出的开关网络的小信号模型、谐振槽路中储能元件的小信号模型、整流器的小信号模型等替代原理电路中的元器件，得到 LCC 谐振变换器小信号模型，如图 8-38 所示。在图中，点画线框 1 表示开关网络的小信号模型；点画线框 2 表示整流器的小信号模型。必须指出，在谐振变换器中，低通滤波器是依靠平均值传输能量的，与 PWM 变换器相同，其低通滤波器的小信号模型就是其原电路本身。

在小信号模型中，谐振槽路的输出端以及整流器的输入端含有多个电流源，在图 8-38 中，用实心黑点表示。这些电流源为并联结构，可以用两个电流源 $\hat{j}_{ps}$ 和 $\hat{j}_{pc}$ 分别表示，因此，得到简化电路如图 8-39 所示。

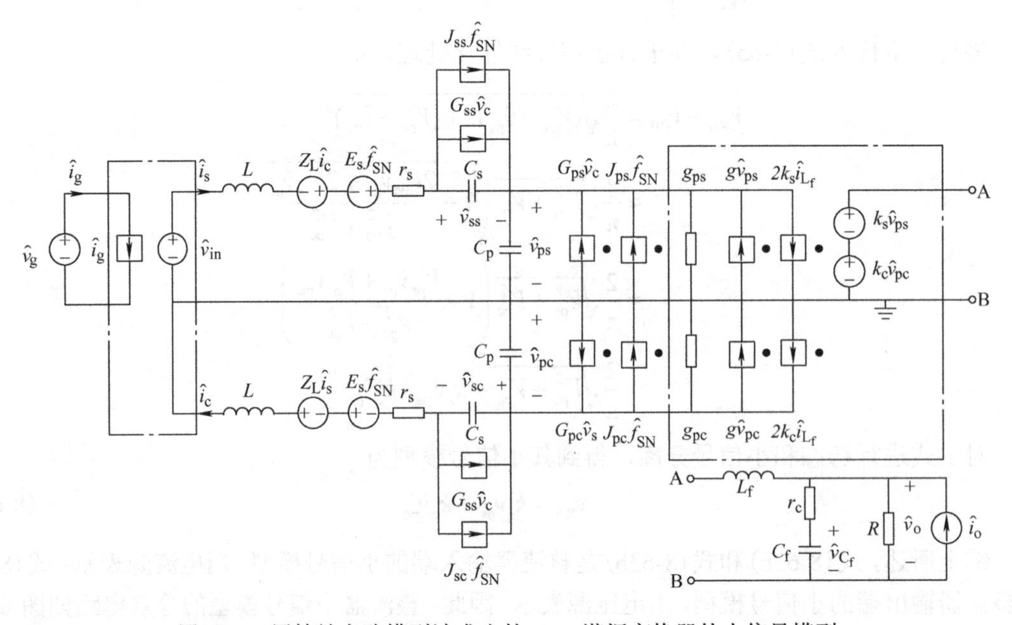

图 8-38　用等效电路模型法求出的 LCC 谐振变换器的小信号模型

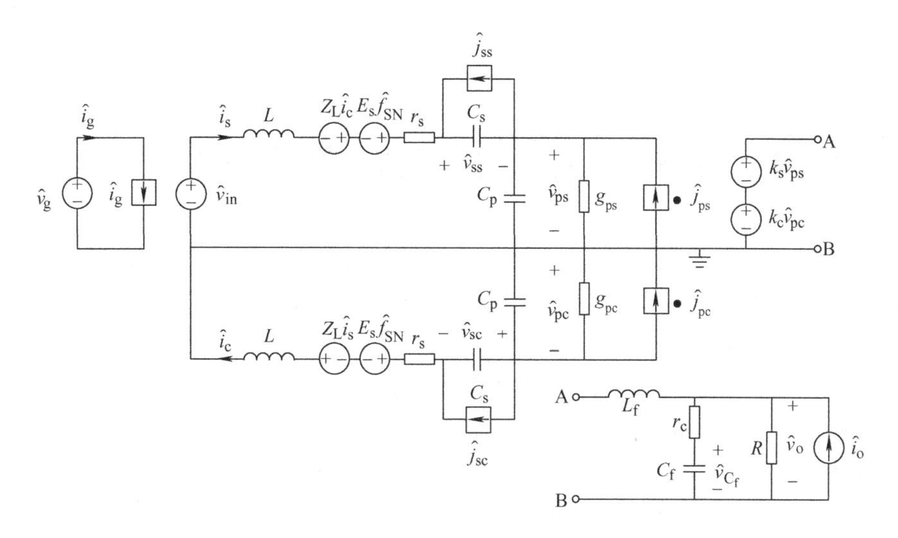

图 8-39 简化的 LCC 谐振变换器的小信号模型

通过比较可知用等效电路模型法可以获得和“整体法”得到的模型一致的小信号模型。

例 8-2 级联式双 Γ -LC 型谐振变换器的小信号建模。

应用等效电路法可以很快对级联式双 Γ -LC 型谐振变换器建立其小信号模型。此模型只采取频率控制。图 8-40 给出了双 Γ -LC 型谐振变换器原理电路，其小信号模型如图 8-41 所示。

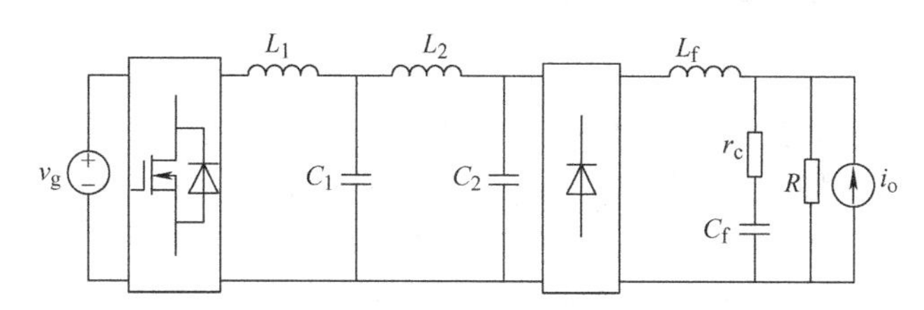

图 8-40 双 Γ-LC 型谐振变换器

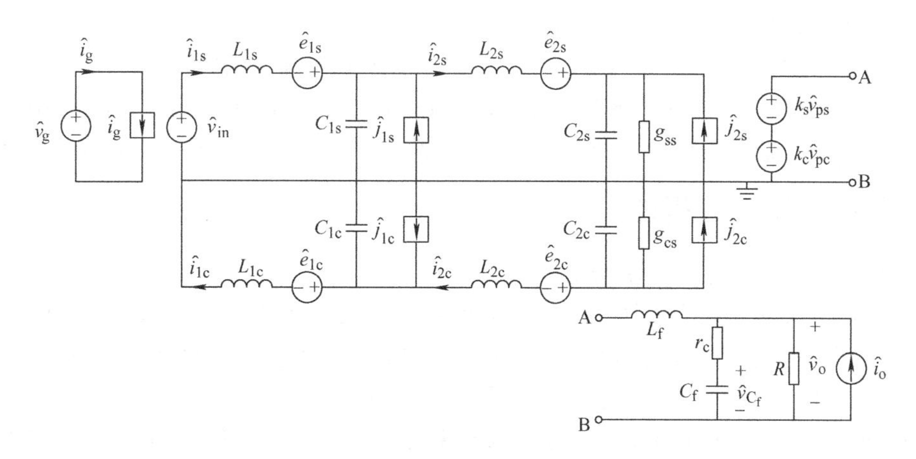

图 8-41 双 Γ-LC 型谐振变换器的小信号模型

第 9 章　LLC 谐振变换器的建模与设计

由于高功率密度和高转换效率的需求，LLC 谐振变换器得到了广泛应用。与硬开关隔离型半桥拓扑和移相全桥拓扑相比，LLC 谐振变换器具有如下独特的优良品质：①结构简单；②从空载到满载的全负载范围内，实现了一次侧 MOSFET 的 ZVS 和二次侧整流管的 ZCS，有利于提高开关频率及其转换效率；③对于单管和双管正激变换器、半桥和全桥变换器、非对称的半桥变换器和移相全桥变换器等而言，其效率曲线与常识相悖，即随着输入电压升高，变换器的效率持续下降。相反，LLC 谐振变换器的效率会随着输入电压增加而增加；④宽输入电压范围；⑤充分利用了隔离变压器的磁化电感 L_m 和漏电感 L_r，易于磁集成，从而减小了体积。

本章主要介绍 LLC 谐振变换器拓扑结构、稳态——基波分析法、直流增益特性、功率级设计、小信号模型、稳压原理与静态分析及其控制器的设计。试图从静态和动态等方面系统地介绍 LLC 谐振变换器的基础知识，以保证知识的系统性和完整性，同时重点介绍建模方法和设计方法，保证知识的实用性和可操作性。

9.1　LLC 谐振变换器的基础知识

LLC 谐振变换器的拓扑结构如图 9-1 所示，它是由半桥开关网路、谐振槽路、隔离变压器、全波整流器和低通滤波器(Low Pass Filter，LPF)等部分组成。通常，采用带有死区的互补对称信号控制上、下两个开关管 Q_1 和 Q_2，使得开关网路的输出为一个幅度为 V_g 的方波功率信号。在谐振电感 L_r 和谐振电容 C_r 构成的串联谐振支路的基础上，增加了变压器磁化电感 L_m，构成了 LLC 谐振槽路，试图在宽输入电压范围和全负载范围实现开关管的 ZVS[35]。通常，开关角频率 ω_s 接近串联谐振角频率 ω_o。在高 Q 工况，谐振回路的电流 i_{L_r} 近似为一正弦波。又因谐振槽路是一个线性网路，它的电压和电流信号均为正弦波信号，即变压器一、二次侧的电流信号均为正弦信号。变压器二次侧的电流经过整流二级管 D_{r1} 和 D_{r2} 后，得到全波整流信号，输出电容 C_f 吸收了高频分量，而直流分量在负载 R_L 两端形成直流输出电压 V_o。因此，开关网络与谐振槽路的功能是，将输入直流电压 V_g 转化为一个正弦高频电流源。

9.1.1　稳态—基波分析法

为了便于分析，基波分析法给出假设：

1) 所有的开关器件均为无损耗的理想元器件，所有的无源器件均为线性元器件。

2) 开关网络的输出电压 $v_s(t)$ 是一个方波脉冲序列，即占空比为 50%。

3) 谐振槽路的 Q 值一般选取大于 0.5 且开关频率接近谐振频率。

4) 低通滤波器的转折频率远远小于开关频率。因此，输出电压 V_o 的高频纹波可忽略不计。

基于上述假设，基波分析法的要点是，用基波电压 $v_{s1}(t)$ 替代开关网络的方波输出电压 $v_s(t)$，其分析误差小于 3%，表达为

$$v_{s1}(t)=\frac{2V_g}{\pi}\sin\omega_s t=V_{s1}\sin\omega_s t \tag{9-1}$$

式中，V_g 是输入直流电压源的幅值；$\omega_s=2\pi f_s$，f_s 为开关频率。

对于高 Q 值的谐振槽路，当开关频率接近谐振频率时，其带通滤波特性使其内部电流近似为正弦波，可表示为

$$i_{L_r}(t)=I_{L_{r1}}\sin(\omega_s t-\varphi_s) \tag{9-2}$$

式中，$I_{L_{r1}}$ 为输入电流的峰值；φ_s 为输入阻抗相角，描述谐振槽路感性区的相移特性。

由于 V_g 为直流电压源，只有 $i_{L_r}(t)$ 中的直流分量 I_g 能够产生有功功率，所以开关网路对直流电压源的负载效应可表示为

$$I_g=\left\langle i_g(t)\right\rangle_{T_s}=\frac{1}{T_s}\int_0^{T_s/2} i_s(\tau)\mathrm{d}\tau=\frac{1}{\pi}I_{s1}\cos\varphi_s \tag{9-3}$$

因此，用一个幅度为 I_g 的直流电流源描述开关网路的输入端口，而输出端口的模型是一个交流正弦源，用式(9-1)表示，如图 9-2 所示。

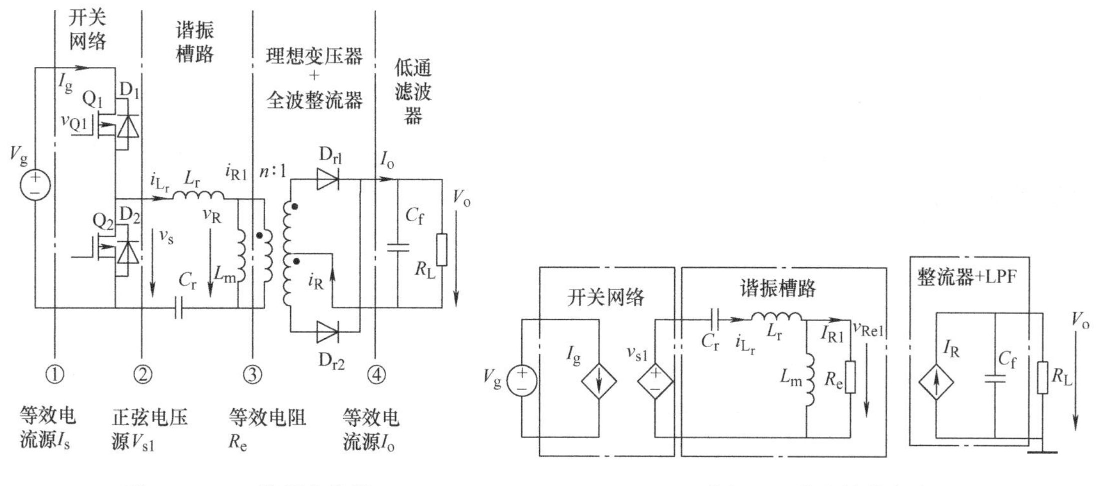

图 9-1 LLC 谐振变换器　　　　图 9-2 稳态等效电路

下面介绍整流器的等效电路。在基波分析法中，开关网络的输出电压 $v_s(t)$ 用其基波 $v_{s1}(t)$ 替代，使得谐振槽路的电压和电流响应均为正弦信号。因此，理想变压器一次侧的电流为

$$i_{R1}(t)=I_{R1}\sin(\omega_s t-\varphi_R) \tag{9-4}$$

然而，基于假设条件 4)，输出电压 V_o 为一个稳定的直流量。又因整流二极管 D_{r1} 和 D_{r2} 轮流导通，所以变压器一次侧的电压为一个幅值为 nV_o 的方波信号，其表达式为

$$v_R(t)=\frac{4nV_o}{\pi}\sum_{j=1,3,5}^{\infty}\frac{1}{j}\sin(\mathrm{j}\omega_s t-\varphi_R) \tag{9-5}$$

式中，n 为变压器的匝数比。另外，因为理想变压器一次侧的电流为一个正弦量，所以只有基波分量能够产生功率，其表达式为

$$v_{R1}(t)=\frac{4nV_o}{\pi}\sin(\omega_s t-\varphi_R) \tag{9-6}$$

式中，V_o 为输出直流电压。

整流器对谐振槽路的负载效应可用电阻 R_e 表示，即有

$$R_{\mathrm{e}}=\frac{v_{\mathrm{R1}}(t)}{i_{\mathrm{R1}}(t)}=\frac{4nV_{\mathrm{o}}}{\pi I_{\mathrm{R1}}} \tag{9-7}$$

变压器一次侧的电流经过整流器后，得到全部整流信号。输出电容 C_{f} 滤除所有的高频分量，直流分量流过负载 R_{L}，用 I_{R} 表示，则有

$$I_{\mathrm{R}}=\frac{2}{T_{\mathrm{s}}}\int_{0}^{T_{\mathrm{s}}/2} nI_{\mathrm{R1}}\left|\sin(\omega_{\mathrm{s}}t-\varphi_{\mathrm{R}})\right|\mathrm{d}t=\frac{2n}{\pi}I_{\mathrm{R1}} \tag{9-8}$$

将式(9-8)代入式(9-7)得到变压器一次侧的等效负载为

$$R_{\mathrm{e}}=\frac{8n^{2}R_{\mathrm{L}}}{\pi^{2}} \tag{9-9}$$

综上所述，整流器对谐振槽路的负载效应为电阻 R_{e}，对 LPF 的源效应用恒流源 I_{R} 表示，如图 9-2 所示。

基于上述分析可得如下结论：在分析稳态响应时，可以将图 9-1 所示 LLC 谐振变换器变换为图 9-2 所示的线性等效电路。

9.1.2 直流增益特性

由图 9-2 可以得到谐振槽路的稳态模型如图 9-3 所示。基于稳态模型，用相量法可得到谐振槽路的传递函数为

$$H(\mathrm{j}\omega)=\frac{\dot{V}_{\mathrm{Re1}}}{\dot{V}_{\mathrm{s1}}}=\frac{\dfrac{\mathrm{j}\omega L_{\mathrm{m}}R_{\mathrm{e}}}{R_{\mathrm{e}}+\mathrm{j}\omega L_{\mathrm{m}}}}{\mathrm{j}\omega L_{\mathrm{r}}+\dfrac{1}{\mathrm{j}\omega C_{\mathrm{r}}}+\dfrac{\mathrm{j}\omega L_{\mathrm{m}}R_{\mathrm{e}}}{R_{\mathrm{e}}+\mathrm{j}\omega L_{\mathrm{m}}}} \tag{9-10}$$

直流增益 M 等于传递函数的模，可表示为

$$M=\left|H(\mathrm{j}\omega)\right|=\frac{V_{\mathrm{Re1}}}{V_{\mathrm{s1}}}=\frac{2nV_{\mathrm{o}}}{V_{\mathrm{g}}} \tag{9-11}$$

式中，输入电压模和输出电压模的表达式分别为

$$V_{\mathrm{s1}}=\frac{2V_{\mathrm{g}}}{\pi},\quad V_{\mathrm{Re1}}=\frac{4nV_{\mathrm{o}}}{\pi}$$

为了写出简洁增益表达式，定义几个新参数，如表 9-1 所列。

表 9-1　LLC 变换器参数定义表

参数	直流增益	第一谐振频率	第二谐振频率	品质因数	归一化频率	电感比
表达式	$M=\frac{2nV_{\mathrm{o}}}{V_{\mathrm{g}}}$	$f_{\mathrm{o}}=\frac{1}{2\pi\sqrt{L_{\mathrm{r}}C_{\mathrm{r}}}}$	$f_{\mathrm{p}}=\frac{1}{2\pi\sqrt{(L_{\mathrm{r}}+L_{\mathrm{m}})C_{\mathrm{r}}}}$	$Q=\frac{\sqrt{L_{\mathrm{r}}/C_{\mathrm{r}}}}{R_{\mathrm{e}}}$	$f_{\mathrm{n}}=\frac{f}{f_{\mathrm{o}}}<1$	$L_{\mathrm{n}}=\frac{L_{\mathrm{m}}}{L_{\mathrm{r}}}>1$
公式号	式(9-12)	式(9-13)	式(9-14)	式(9-15)	式(9-16)	式(9-17)

基于以上参数定义，将式(9-10)改写为直流增益公式，即有

$$M=\frac{2nV_{\mathrm{o}}}{V_{\mathrm{g}}}=\left|H(\mathrm{j}\omega)\right|=\frac{L_{\mathrm{n}}f_{\mathrm{n}}^{2}}{\sqrt{[(1+L_{\mathrm{n}})f_{\mathrm{n}}^{2}-1]^{2}+[QL_{\mathrm{n}}f_{\mathrm{n}}(f_{\mathrm{n}}^{2}-1)]^{2}}} \tag{9-18}$$

在式(9-18)中含有一个自变量归一化角频率ω_n，作为横轴；品质因数Q和电感比L_n分别为参变量，并令$L_n=5$，$Q=0.1$、0.3、0.5、0.7、1和2，绘制出LLC谐振变换器的直流增益曲线族，如图9-4所示，现分别以第一、第二串联谐振频率f_o和f_p为分界线，将曲线族划分为三个区域。

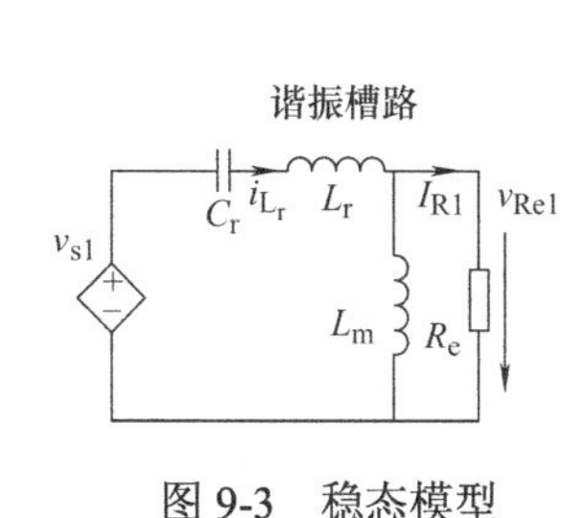

图9-3　稳态模型

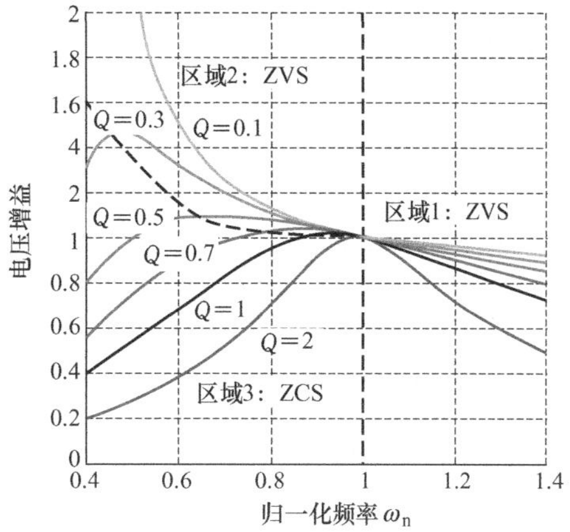

图9-4　直流增益曲线

区域1，$f>f_o$，导致了$\omega L_m>>R_e$。所以，在如图9-3所示的并联支路中，R_e起主导作用，L_m支路可以认为是开路。故在区域1，LLC谐振变换器退化为一个LC串联谐振电路。又因开关频率大于第一谐振频率，所以谐振槽路的输入阻抗呈现出电感特性，使得开关网路的Q_1和Q_2开关管满足ZVS条件。

当$f=f_o$，$M=1$且与Q无关。物理含义是，当开关频率等于串联谐振频率时，LLC谐振变换器具有单位增益，且与负载的大小无关。这是最理想的工作点，具有如下特征：①开关网路无需向谐振槽路注入无功功率，效率达到了极值；②无需任何外界控制，负载调整率达到最好；③输入电压的调整率等于零。

区域2和3的分解线是$f=f_p$。在区域3，因为Q值较大，对应的等效电阻R_e较小，仍满足$\omega L_m>>R_e$条件，使得LLC变换器再次退化为LC串联谐振变换器。因为$f<f_o$，所以谐振槽路的输入阻抗呈现出电容特性，使得开关网路的Q_1和Q_2满足ZCS条件。因此，应该避免工作在区域2。

事实上，LLC谐振变换器早已存在，但并未得到广泛的使用，直到本世纪初台达公司在其专利[36]中描述了区域2的工作过程，杨波在其博士论文中清楚地定义了区域2后[37]，LLC变换器才开始受到工业界的关注。区域2的主要特征如下：①$f_o>f>f_p$，谐振槽路的输入阻抗为电感特性，是一个ZVS区域；②随着Q值的减小，对应负载增加，直流增益M增加，使其具有良好的电压调整率，并具有如下理想的效率曲线：随着输入电压增加，工作点向串联谐振频率点移动，无功功率减小，效率不断提升；③由于磁化电感L_m存在，LLC谐振变换器可以开路运行。

9.1.3　时域波形

1. 时域波形分析法

谐振变换器工作在开关模式，类似于数字时序逻辑电路，时序波形图是一种有效分析方法，图 9-5 给出了区域 2 的时域波形图。将一个开关周期分为四个时间区间，与之对应的等效电路如图 9-6 所示。下面借助于时序波形与等效电路阐述 LLC 变换器的工作过程。

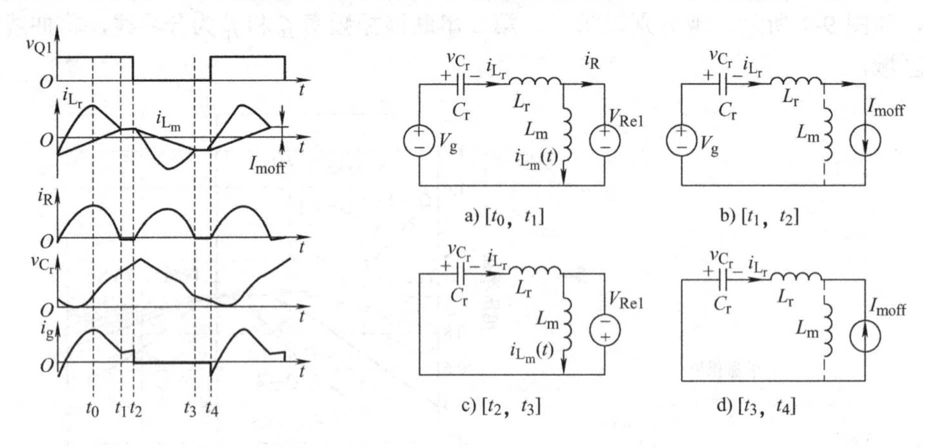

图 9-5 LLC 的时域波形　　　　图 9-6 分时区等效电路

区间 1$[t_0, t_1]$，等效电路如图 9-6a 所示，其中 V_{Re1} 为输出电压折算到变压器一次侧的电压。在 t_0 时刻，驱动信号 v_{Q1} 为高电平，开关管 Q_1 开始导通，但因为谐振电感的电流 $i_{L_r}<0$，Q_1 的体二极管 D_1 导通，实现了 Q_1 的 ZVS 开启。当 Q_1 开始工作后，谐振槽路的输入端与直流电压源 V_g 接通，并从中汲取能量，导致电感电流不断增加，迫使整流二极管 D_{r1} 导通，向负载传输能量。然而，当 D_{r1} 导通后，磁化电感 L_m 两端的电压被输出钳位。在输出电压的作用下，磁化电感 L_m 的电流 i_{L_m} 开始增加。需要指出，因为谐振电容 C_r 的电压含有 $0.5V_g$ 的直流分量，所以在 $i_{L_r}<0$ 期间，谐振电容 C_r 仍在放电状态，v_{C_r} 持续下降。而在 $i_{L_r}>0$ 期间，v_{C_r} 不断上升。

区间 2$[t_1, t_2]$，等效电路如图 9-6b 所示，在 t_1 时刻，谐振电感的电流等于磁化电感的电流 I_{moff}，流过 D_{r1} 的电流 $i_R=0$，实现了 D_{r1} 的 ZCS 关断，停止向负载提供能量。同时，因 D_{r1} 关断磁化电感失去了电压钳位而参加谐振。通常 $L_m=(2.5\sim6)L_r$，为了简化分析，可用一个数值为 I_{moff} 的电流源替代磁化电感。又因谐振电感电流等于 $I_{moff}>0$，而谐振电容的电压持续上升。

区间 3$[t_2, t_3]$，等效电路如图 9-6c 所示，对照发现图 9-6c 几乎等同于图 9-6a，但有所差异。差异一是，直流电压源 V_g 不再为谐振槽路提供能量，能量来自谐振电容；差异二是，在 t_2 时刻，下开关管 Q_2 和 D_{r2} 同时导通，工作过程类似于区间 1，但是，电流和电压的变化趋势相反，无需赘述。区间 4$[t_3, t_4]$与区间 2 的工作过程类似，但电流方向相反，等效电路如图 9-6d 所示。

2. 相平面分析法

相平面分析法是分析谐振变换器和软开关技术的一种十分有用的分析方法，它能在相平面上直观表示各个谐振元件状态变量的运动轨迹，为人们深刻理解谐振过程提供了便利。相平面分析法的主要思想是，以谐振元件的状态方程为基础，将如图 9-6 所示的分时区等效电路归纳为一个统一电路，如图 9-7a 所示。基于统一电路，列写状态方程。求解状态方程，在相平面上绘制归一化状态变量的轨迹，如图 9-7b 所示，展示各状态变量的运动过程。

基于图 9-7a 所示的统一电路，列写状态方程为

$$\begin{bmatrix} \dfrac{dv_C}{dt} \\ \dfrac{di_L}{dt} \end{bmatrix} = \begin{bmatrix} 0 & \dfrac{1}{C_r} \\ -\dfrac{1}{L_E} & 0 \end{bmatrix} \begin{bmatrix} v_C \\ i_L \end{bmatrix} + \begin{bmatrix} 0 \\ \dfrac{1}{L_E} \end{bmatrix} V_E \tag{9-19}$$

式中，V_E和L_E分别为不同区域的等效直流源和等效电感。图 9-7a 给出了V_E和L_E在不同区域的表达式。需要指出，V_o为输出电压折算到变压器一次侧的电压。

令状态变量的初值为

$$\begin{cases} v_C(t_0) = V_{C0} \\ i_L(t_0) = I_{L0} = I_{moff} \end{cases}$$

得到状态方程的解为

$$\begin{cases} v_C(t) = V_E + (V_{C0} - V_E)\cos\omega_o(t-t_0) + I_{L0}Z_o\sin\omega_o(t-t_0) \\ i_L(t) = I_{L0}\cos\omega_o(t-t_0) - \dfrac{V_{C0}-V_E}{Z_o}\sin\omega_o(t-t_0) \end{cases} \tag{9-20}$$

式中，Z_o为特征阻抗，其表达式为

$$Z_o = \sqrt{\frac{L_E}{C_r}} \tag{9-21}$$

ω_o为谐振角频率，其表达式为

$$\omega_o = \frac{1}{\sqrt{L_E C_r}} \tag{9-22}$$

令归一化变量为

$$\begin{cases} v_{CN} = v_C(t) - V_E \\ i_{LN} = Z_o i_L(t) \\ \theta = \omega_o(t-t_0) \end{cases}$$

将式(9-20)转化为归一化状态方程，则有

$$\begin{cases} v_{CN} = v_C(t) - V_E = (V_{C0} - V_E)\cos\theta + I_{L0}Z_o\sin\theta \\ i_{LN} = Z_o i_L(t) = Z_o I_{L0}\cos\theta - (V_{C0}-V_E)\sin\theta \end{cases} \tag{9-23}$$

由此可得到状态轨迹方程为

$$(v_C(t) - V_E)^2 + i_{LN}^2 = (V_{C0} - V_E)^2 + (Z_o I_{L0})^2 = \rho^2 \Rightarrow 半径 \tag{9-24}$$

由式(9-24)可知，归一化状态变量的轨迹为一个变半径、变圆心的圆，如图 9-7b 所示。基于归一化状态变量轨迹图，下面再次介绍 LLC 谐振槽路的工作过程。

区间 1[t_0，t_1]：在状态变量轨迹图中，A 点对应着t_0时刻。因为谐振电感电流小于零，所以此刻Q_1的体二极管D_1导通，实现了Q_1的 ZVS 开启。随后谐振电流$i_L(t)$和电容电压$V_C(t)$沿着上半圆弧由 A 点向 B 点移动，同时磁化电感L_m的电流在输出电压源V_o的作用下，沿上直线由 A 点向 B 点移动。到达 B 点后，即使Q_1仍然导通，但因变压器二次侧电压小于输出电压而D_{r1}开始反偏，停止向负载提供能量。区间 2[t_1，t_2]，在t_1时刻，因D_{r1}截止致使磁化电感失去了钳位电压而参加谐振。然而，又因L_m>>L_r，可以认为磁化电感

是一个电流源。在状态变量轨迹图中，点 B 对应着 t_1 时刻，在此电流源的作用下电容电压不断增加，使得状态变量的轨迹沿着近似直线由 B 点向 C 点移动。区间 3[t_2，t_3]，在 t_2 时刻，下开关管 Q_2 和 D_{r2} 同时导通。在状态变量轨迹图中，谐振电流 $i_{L_r}(t)$ 和电容电压 $V_C(t)$ 沿着下半圆弧由 C 点向 D 点移动，同时磁化电感的电流在 $-V_o$ 的作用下，沿下面直线由 C 点向 D 点移动。到达 D 点后，整流二极管 D_{r2} 反偏截止。区间 4[t_3，t_4]与区间 2 的工作过程类似，不再赘述。

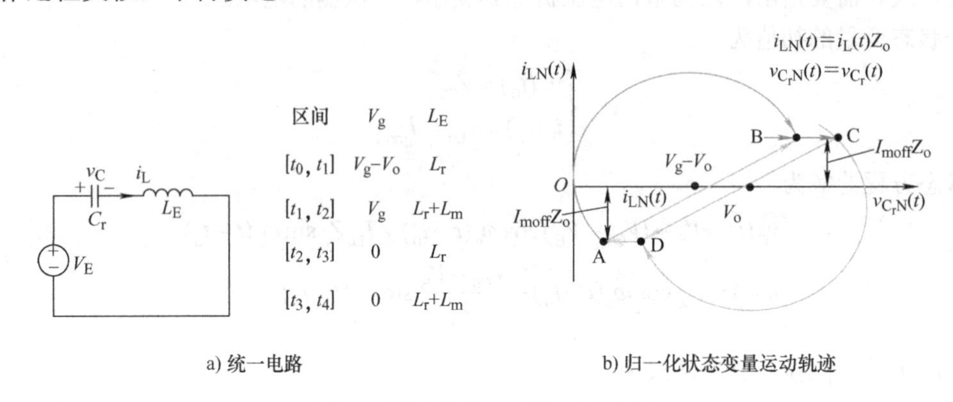

区间 Vg LE
[t0, t1] Vg−Vo Lr
[t1, t2] Vg Lr+Lm
[t2, t3] 0 Lr
[t3, t4] 0 Lr+Lm

a) 统一电路　　b) 归一化状态变量运动轨迹

图 9-7　谐振变换器的相平面分析

9.2　功率级设计

9.2.1　功率级设计需要考虑的问题

与任何工程设计类似，在 LLC 变换器功率级设计中也需要折衷处理，而折衷处理方案将直接影响设计结果。首先，当磁化电感 L_m 的值变小，调频范围变窄，但因磁化电流增加而导致开关损耗和导通损耗增加。因此，需要在调频范围与功率损耗之间进行折衷处理。其次，对于同一设计要求，存在着多组 L_r 和 C_r 的设计结果，均能正常工作。增加 C_r 的数值，有助于减小谐振电容的电压应力，却导致了谐振槽路特征阻抗的减少，影响电路短路工作性能。因为短路电流、输入电压和特征阻抗之间满足欧姆定律，较小特征阻抗意味着较大的短路电流。为了限制短路电流，需要更高的开关频率，增加了调频范围。因此，调频范围与特征阻抗之间也需要折衷处理。另外，降低开关频率会导致导通损耗增加。基于上述折衷处理，本书给出功率级设计的两个原则。

原则 1　谐振电容 C_r 最小原则。谐振电容的数值应尽可能地小一些，以增加特征阻抗，保证在重载工况具有足够 Q 值和较小的短路电流。

原则 2　磁化电感 L_m 取大原则。磁化电感的数值尽可能取大一些，以降低损耗，并保证在期望的调频范围具有合理的电压增益。

有人用“In the Vicinity”这个词组表述 LLC 变换器的功率级设计[38]。其含义是，因为采用了基波分析法求取谐振变换器功率级的直流增益，所以设计结果仅在谐振频率点与实验相吻合，其余频率点均为近似设计。下面介绍功率级设计需要考虑的若干问题。

问题 1　输入电压调整率

设输入电压的最小值和最大值分别为 V_{gmin} 和 V_{gmax}，则计算最大直流增益 M_{max} 和最小直流增益 M_{min} 公式分别为

$$M_{\max}=\frac{2nV_{\mathrm{o}}}{V_{\mathrm{g\,min}}} \tag{9-25}$$

$$M_{\min}=\frac{2nV_{\mathrm{o}}}{V_{\mathrm{g\,max}}} \tag{9-26}$$

问题 2　空载运行

LLC 谐振变换器的一个显著优点是允许空载运行。本书定义为 $Q=0$ 工况为空载运行。在 $Q=0$ 工况，开关频率应该远大于串联谐振频率。因此，对直流增益公式(9-18)进行如下近似处理，即 $Q=0$，$(1+L_{\mathrm{n}})f_{\mathrm{n}}^2>>1$，得到空载工况的直流增益式为

$$M_{\infty}=\frac{L_{\mathrm{n}}}{1+L_{\mathrm{n}}}=\frac{L_{\mathrm{m}}}{L_{\mathrm{m}}+L_{\mathrm{r}}} \tag{9-27}$$

式(9-27)表明，当变换器空载运行时，谐振电容近似短路，输出电压与输入电压之比等于 L_{r} 和 L_{m} 的分压。由此可以推断，若空载时输出电压偏高，则需适当减少 L_{m}，反之亦然。

问题 3　选择开关频率

因为 EMI 测试的频率起点为 150kHz，在实际设计中，如果使用 Coolmos 管，开关频率一般为 100～150kHz；如果使用 IGBT，开关频率建议为 30～50kHz；如果选用 GaN，开关频率建议在 400～500kHz。

问题 4　确定变换器匝数比 *n*

为了满足输入电压调整率，允许直流增益在单位增益附近变化，两个极值由式(9-25)和式(9-26)确定。当开关频率等于第一串联谐振频率，谐振槽路具有单位增益，谐振电感的电流为一个正弦波，串联谐振支路不产生无功功率，而 L_{m} 的电流使得开关管与整流二极管均为软开关，变换器的效率达到最大。因此，定义第一串联谐振频率点为第一最佳工作点。在功率级设计中，选择额定输入电压 V_{gnorm} 对应着单位增益，以便使系统获得最佳效率。由此得到变换器匝数比 n 的计算公式为

$$n=M\frac{V_{\mathrm{gnorm}}}{2V_{\mathrm{o}}}\bigg|_{M=1}=\frac{V_{\mathrm{gnorm}}}{2V_{\mathrm{o}}} \tag{9-28}$$

问题 5　选择 L_{n} 和 Q 值

在“电路与系统”理论中，品质因数 Q 的原始定义为无功功率与有功功率的比值，所以在谐振槽路中，Q 值正比于无功功率，而无功功率又正比于循环电流幅值。因此，增加 Q 值意味着循环电流和导通功耗增加而其效率减少。另外，由图 9-4 所示的直流增益曲线可知，增加 Q 值意味着直流增益的峰值减少，导致在满载——最低输入电压工况无法满足电压调整率的要求。减少 Q 值意味着直流增益曲线峰值增加和曲线的斜率增加，微小频率增量会导致较大电压增益的变化，影响系统的稳定性。因此，应合理地选择满载工况的 Q 值。

第二串联谐振频率是 LLC 变换器的第二个最佳工作点，其特性等同于第一最佳工作点。由图 9-4 可知，当 $Q<0.7$ 时才会出现明显的高增益特性，且第二谐振频率 f_{p} 与 Q 值同步减小。因此，Q 值推荐为 0.5。定义 $Q=0.5$ 增益曲线对应的第二谐振频率点为最大增益工作点。

文献[37]给出了 Q 值不同范围的实验结果，如表 9-2 所示。在方案 1 中，$Q=1$～0，调频范围较窄：175～200kHz，谐振电容的电压应力高达 800V，两倍于输入电压；在方案 3 中，$Q=0.25$～0，调频范围较宽：72～200kHz；峰值输出电流较大：31～89A；在方案 2 中，调频范围合适、一次侧电流较小：6.0～8.3A，电压最大应力为 440V。故 $Q=0.5$～0 是最佳设计。

表 9-2 Q 值对系统的影响

设计方案	Q 取值范围	f_s 取值范围/kHz	一次侧电流/A	开关关断电流/A	谐振电容电压/V	峰值输出电流/A
方案 1	1～0	175～200	8.1～9.2	7.8～5.8	800	31～43
方案 2	0.5～0	135～200	6.0～8.3	4.1～3.2	440	31～49
方案 3	0.25～0	72～200	5.7～10.2	1.9～0.24	430	31～89

图 9-8 给出了不同 L_n(1，5，10，20)对应的直流增益曲线。下面以 $Q=0.5$ 为例，说明 L_n 对直流增益的影响。在图 9-8a 中 $L_n=1$，第二谐振频率点对应的直流增益大于 2，$Q=0.5$～0 曲线的斜率很大，调频范围过窄，影响系统稳定性；在图 9-8c 和图 9-8d 中，$L_n=10$ 或 20，第二谐振频率点的直流增益大于 1 或近似等于 1，系统几乎失去了对输入电压的调整能力；在图 9-8b 中，$L_n=5$，并联谐振频率点对应的直流增益约为 1.2，曲线斜率和调频范围均处在合理的范围。因此，**L_n 的推荐值为 5，变化范围为 2.5～6。**

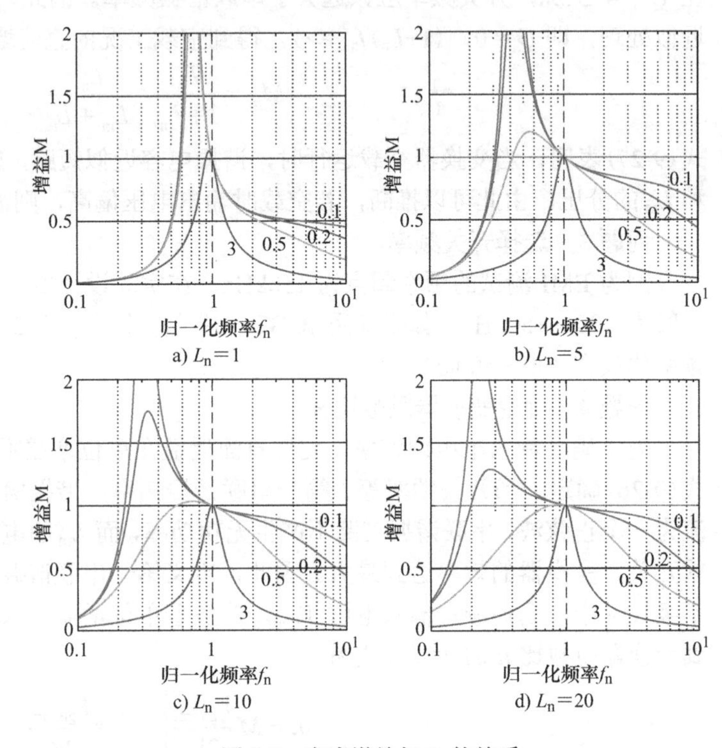

图 9-8 直流增益与 L_n 的关系

问题 6 谐振电容 C_r 的最小值

LLC 谐振槽路中谐振电容 C_r 的作用十分类似于 OTL 型功率放大器中的隔直电容，在谐振电流负半波，Q_2 导通，谐振槽路与电压源 V_g 并无物理连接，需电容 C_r 充当直流电源，为谐振槽路提供能量。因此，在 Q_1 导通期间，电压源 V_g 除需为谐振槽路提供能量之外，还需为 C_r 提供足够的能量，以备负半波使用。因此，电容 C_r 两端电压的最大值至少要等于直流输入电压 V_g。换句话说，在半个开关周期内，谐振电容 C_r 的端电压是由零增加到直流输入电压。

设重载工况的输出功率为 P_{omax}，效率为 η，输入电压的最大值为 V_{gmax}，则直流输入电压源的平均输出电流为

$$I_g=\frac{\frac{P_{o\max}}{\eta}}{V_{g\max}} \tag{9-29}$$

在一个周期 T_s 内，C_r 从直流输入电源中获得电荷量 Q_c 为

$$Q_c=I_gT_s \tag{9-30}$$

谐振电容 C_r 的计算公式为

$$C_r=\frac{Q_c}{V_{g\max}}=\frac{I_gT_s}{V_{g\max}}=\frac{P_{o\max}T_{s\max}}{\eta V_{g\max}^2} \tag{9-31}$$

改写上式可得到电容的能量公式，即

$$\frac{1}{2}C_{\mathrm{r}}V_{\mathrm{g\,max}}^{2}=\frac{P_{\mathrm{o\,max}}T_{\mathrm{s}}}{2\eta} \tag{9-32}$$

式(9-32)表明，谐振电容只有在 Q_1 导通的半个周期内，从直流电源汲取能量。必须指出，由式(9-31)计算出的数值是谐振电容的最小值。因此，实际设计值应该大于这个数值。

问题 7　短路运行[38]

在如图 9-1 所示的电路中，若输出短路，$R_{\mathrm{L}}=0$，磁化电感 L_{m} 短路，谐振槽路退化为 LC 串联谐振电路。输入电流 $I_{\mathrm{L_r}}(\mathrm{j}\omega)$ 的表达式为

$$\dot{I}_{\mathrm{L_r}}=\frac{\dfrac{V_{\mathrm{g}}}{2}}{\mathrm{j}\omega L_{\mathrm{r}}+\dfrac{1}{\mathrm{j}\omega C_{\mathrm{r}}}}=\frac{\mathrm{j}\omega C_{\mathrm{r}}\dfrac{V_{\mathrm{g}}}{2}}{1-\left(\dfrac{\omega}{\omega_{\mathrm{o}}}\right)^{2}} \tag{9-33}$$

由式(9-33)可知，当开关频率等于串联谐振频率，输入电流接近于无穷大，使得 Q_1 和 Q_2 开关管因过电流而损坏。为了保护开关网路和谐振槽路，需要提高开关频率。如果 $\omega>>\omega_{\mathrm{o}}$，短路电流的表达式可以改写为

$$\left|\dot{I}_{\mathrm{L_r}}\right|=\frac{V_{\mathrm{g}}}{2\omega L_{\mathrm{r}}} \tag{9-34}$$

简而言之，在短路运行工况，L_{m} 被短路，谐振槽路退化为 LC 串联谐振电路，需要提高开关频率以减少输入电流。另外，由于短路电流与谐振电感 L_{r} 值成反比。在设计时，L_{r} 值应尽可能大一些。

问题 8　ZVS 条件[38]

LLC 变换器的主要优点是具有明显降低开关损耗的能力，使开关管能够在全负载范围内实现 ZVS。在图 9-4 所示直流增益曲线的区域 2 和区域 1 内，开关管 Q_1 和 Q_2 实现了 ZVS 开启。在区域 1 和区域 2，开关频率大于谐振频率，谐振槽路的输入阻抗呈感性，使得输入电流的过零点滞后于输入电压的过零点。然而，谐振槽路的工作点位于直流增益的感性区是实现 ZVS 的必要条件，并非充分条件。在开关管 Q_1 关断时刻，其输出电容 C_{ds1} 的初始电压值为零，而 Q_2 的输出电容 C_{ds2} 的电压初值等于直流输入电压 V_{g}。在 Q_1 关断瞬间，谐振槽路的电流使得 C_{ds1} 充电而 C_{ds2} 放电，半桥的中点电位由 V_{g} 开始下降直至为零。随后，Q_2 的体二极管 D_2 导通。若此时开通 Q_2，则实现了 ZVS。由此，将 ZVS 的充分条件归纳为如下两个公式。

ZVS 充分条件 1　在开关管关断时刻，谐振槽路存储的磁能必须大于两个开关管输出电容完成一次充、放电所需的电能，即存在

$$\frac{1}{2}(L_{\mathrm{r}}+L_{\mathrm{m}})I_{\mathrm{moff}}^{2}>\frac{1}{2}(2C_{\mathrm{ds1}}+2C_{\mathrm{ds2}})V_{\mathrm{g}}^{2} \tag{9-35}$$

式中，I_{moff} 是 Q_1 关断时刻磁化电感 L_{m} 的电流。另外，需要提醒的是，MOSFET 管输出电容是一个关于输出电压的非线性函数。在可变电阻区的容值是有源区的 3～5 倍。而厂家用户手册提供数据的是有源区的电容值。同时，维持体二极管导通也需要一定的能量。为了防止半桥开关网路的直通现象，需要在两个驱动信号之间增加一个死区时间，表示为 T_{d}，确保一个开关管彻底关断后才允许另一个开关管开启。在研究 ZVS 过程中，用一个数值为 I_{moff} 的恒流

源替代谐振槽路，利用电容恒流充放电方法研究 C_{ds1} 和 C_{ds2} 的电压变化规律。因此，关断电流 I_{moff} 必须在 T_d 期间完成 C_{ds1} 和 C_{ds2} 的充放电过程。由此得到 ZVS 充分条件 2，即有

$$T_d \leqslant 16(C_{ds1}+C_{ds2})f_s L_m \tag{9-36}$$

式中，$f_s(=1/T_s)$ 为开关频率。减少 T_d 意味着增加 I_{moff}，使得开关损耗和导通损耗增加。T_d 的建议值为 100ns。当开关管、开关频率和死区时间确定后，式(9-36)就变为磁化电感最大值的限制条件，即有

$$L_m \leqslant \frac{T_d}{16(C_{ds1}+C_{ds2})f_s} \tag{9-37}$$

变压器一、二次侧电流有效值的表达式分别为

$$I_{rmsP}=\frac{1}{4\sqrt{2}}\frac{V_o}{nR_L}\sqrt{\frac{n^4 {R_L}^2 T_s^2}{{L_m}^2}+4\pi^2}$$

$$I_{rmsS}=\frac{1}{4}\frac{V_o}{nR_L}\sqrt{\frac{5\pi^2-48}{12\pi^2}\frac{n^4 {R_L}^2 T_s^2}{{L_m}^2}+1}$$

由变压器一、二次侧电流有效值的表达式可知，增大 L_m 有利于减少一、二次侧电流的有效值，提高效率。然而由式(9-37)可知，增加 L_m 有可能使开关管不能满足 ZVS 条件。

9.2.2 功率级设计实例[35,38]

下面以 12V 输出电压的 ATX12 计算机和服务器电源为例，介绍 LLC 谐振变换器功率级的设计方法与步骤。

1. 技术指标

输入电压：375～405V；

额定输入电压：$V_{gnorm}=390V$；

额定输出功率：300W；

输出电压：12V；

额定输出电流：25A；

电压调整率($I_o=1.0A$)：≤1%；

负载调整率($V_g=390V$)：≤1%；

输出电压纹波峰峰值($V_g=390V$，$I_o=25A$)：$\Delta V_o \leqslant 120mV$；

效率($V_g=390V$，$I_o=25A$)：≥90%；评论：效率偏低。效率应该大于 95%。

开关频率(额定工作下)：70～150kHz。评论：频率范围太宽。

选取 8 脚封装的 UCC25600 作为控制器，内置有软启动、效率提升和高级保护等功能，以达到效率成本综合最优。

2. 设计步骤

步骤 1　变压器匝数比

在第一最佳工作点确定变压器的匝数比 n。由式(9-28)可得

$$n=M\frac{V_g}{2V_o}\bigg|_{\substack{M=1\\V_g=V_{gnorm}}}=\frac{390}{2\times 12}=16.25\approx 16$$

步骤 2　确定增益范围

在计算电压增益时，应该考虑整流二极管的正向压降 $V_F=0.7V$ 和 1%负载调整率带来的影响。假设实际效率为 92%(设计要求为＞90%)，则 LLC 变换器等效输出电阻消耗了 8%功率。等效输出电阻的压降 V_{loss} 为

$$V_{loss}=\frac{\dfrac{300W}{92\%}\times 8\%}{25A}\approx 1.05V$$

基于上述考虑，改写式(9-25)为

$$M_{max}=\frac{2n(V_{o\,max}+V_F+V_{loss})}{V_{g\,min}}=\frac{2\times 16\times[12V(1+1\%)+0.7V+1.05V]}{375V}\approx 1.18$$

需要说明的是，M_{max} 对应着额定负载的最大 Q 值。如果不考虑整流二极管的压降和等效输出电阻的影响，可能导致重载工况时输出电压过低。为了使系统在 110%过载条件下仍然正常工作，应重新计算最大增益，即

$$M_{max}=1.18\times 110\%\approx 1.30$$

同理，改写式(9-26)计算最小直流增益为

$$M_{min}=\frac{2n(V_{o\,min}+V_F)}{V_{g\,max}}=\frac{2\times 16[12V\times(1-1\%)+0.7V]}{405V}=0.99$$

评论：在计算最大增益的公式中，若考虑 8%的总损耗，就不应再考虑二极管的压降，所以原文提供的公式有误。

步骤 3　选择 L_n 和 Q

选择 L_n 和 Q 的原则是：最大直流增益的工作点应该位于第二谐振频率附近，使得变换器在最低输入电压工况具有较高的效率。在 9.2.1 节功率级设计需要考虑问题 5 中指出，Q 的推荐值为 0.5，L_n 的推荐值为 5，变化范围 2.5～6。首先，选择 $L_n=5$，由图 9-8b 可知，$Q=0.5$ 对应的最大增益为 1.2，小于 1.3 的设计要求。所以，应该适当降低 L_n 和 Q 值。选择 $L_n=3.5$，$Q=0.45$，绘制直流增益，如图 9-9 所示。

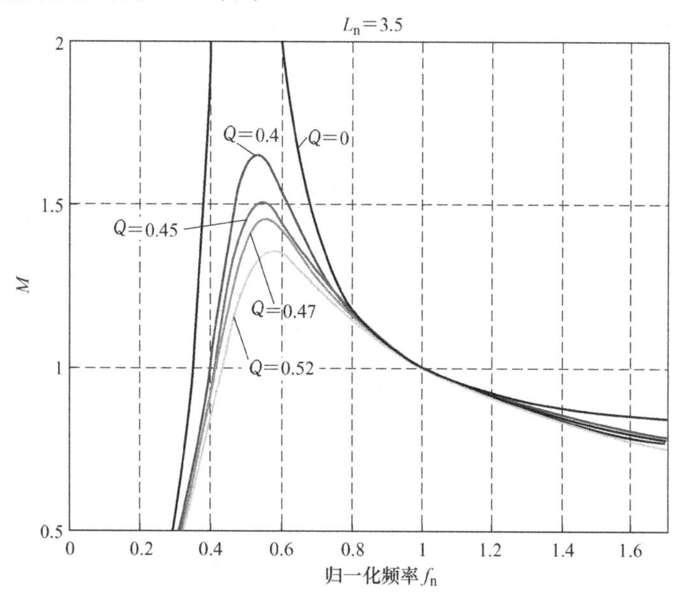

图 9-9　$L_n=3.5$ 的直流增益曲线

步骤 4　计算一次侧交流等效电阻 R_e

由式(9-9)计算出变压器一次侧等效电阻 R_e 为

$$R_e = \frac{8n^2}{\pi^2}\frac{V_o}{I_o} = \frac{8\times 16^2}{\pi^2}\times\frac{12\text{V}}{25\text{A}} \approx 99.7\Omega$$

110%过载工况对应的等效负载为

$$R_e = \frac{8n^2}{\pi^2}\times\frac{V_o}{110 I_o\%} = \frac{8\times 16^2}{\pi^2}\times\frac{12\text{V}}{25\text{A}\times 110\%} \approx 90.6\Omega$$

步骤 5　设计谐振槽路参数

品质因数 Q 的另一种表达式为

$$Q = \frac{\sqrt{L_r / C_r}}{R_e} = \frac{1}{\omega_o C_r R_e}$$

选择初始第一谐振频率为 130kHz，由满载工况计算谐振电容 C_r 为

$$C_r = \frac{1}{2\pi f_0 Q R_e} = \frac{1}{2\pi\times 0.45\times 130\text{kHz}\times 99.7} \approx 27.3\text{nF}$$

取 $f_{min} = 80\text{kHz}$，$V_{gmax} = 405\text{V}$，$\eta = 92\%$，由式(9-31)计算出 C_r 的最小值为 24.85nF，小于设计值。说明这个设计是合理的。

由式(9-13)计算谐振电感为

$$L_r = \frac{1}{(2\pi\times f_0)^2 C_r} = \frac{1}{(2\pi\times 130\text{kHz})^2\times 27.3\text{nF}} \approx 54.9\mu\text{H} \Rightarrow 60\mu\text{H}$$

由式(9-17)计算出磁化电感为

$$L_m = L_n L_r = 3.5\times 60\mu\text{H} = 210\mu\text{H}$$

开关管的输出电容 $C_{ds} = 100\text{pF}$，死区时间 $T_d = 100\text{ns}$，磁化电感最大值取 240.4μH，满足 ZVS 对磁化电感最大值的限制，满足 ZVS 的充分条件 2。

步骤 6　验证谐振槽路设计

第一串联谐振频率为

$$f_o = \frac{1}{2\pi\sqrt{L_r C_r}} = \frac{1}{2\pi\times\sqrt{60\mu\text{H}\times 27.3\text{nF}}} \approx 124.4\text{kHz}$$

电感比为

$$L_n = \frac{L_m}{L_r} = \frac{210\mu\text{H}}{60\mu\text{H}} = 3.5$$

满载工况的 Q 值为

$$Q = \frac{\sqrt{L_r / C_r}}{R_e} = \frac{\sqrt{60\mu\text{H} / 27.3\text{nF}}}{99.7\Omega} \approx 0.47$$

110%过载工况的 Q 值为

$$Q = \frac{\sqrt{L_r / C_r}}{R_e} = \frac{\sqrt{60\mu\text{H} / 27.3\text{nF}}}{90.6\Omega} \approx 0.52$$

令 $L_n=3.5$，$Q=0$、0.47、0.52，绘制直流增益曲线，如图 9-10 所示。

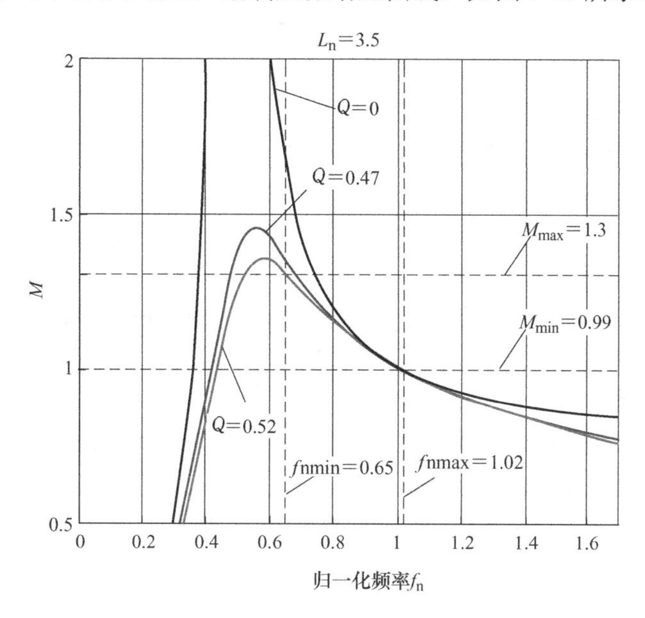

图 9-10　直流增益曲线及其工作区域

在图 9-10 中，$M_{min}=0.99$ 直线与曲线的交点对应的频率为最大归一化频率 $f_{nmax}=1.02$，谐振频率 $f_o=124.4\text{kHz}$，则最高工作频率为 $f_{max}=f_o\times f_{nmax}=126.9\text{kHz}$；$M_{max}=1.3$ 直线与 $Q=0.52$ 曲线的交点对应的频率为最小归一化频率 $f_{nmin}=0.65$，则最低工作频率 $f_{min}=f_{nmin}\times f_o=80.7\text{kHz}$。

步骤 7　计算一次侧电流

在 110%负载工况，由式(9-8)计算变压器一次侧等效负载的有效值为

$$I_{R1}=\frac{\pi}{2\sqrt{2}}\frac{I_o}{n}=1.11\times\frac{25\text{A}\times110\%}{16}\approx1.91\text{A}$$

在最低开关频率($f_{min}=80.7\text{kHz}$)工况，磁化电流达到了最大值，即有

$$I_m=\frac{2\sqrt{2}}{\pi}\frac{nV_o}{\omega L_m}=0.901\times\frac{16\times12\text{V}}{2\pi\times80.7\text{kHz}\times210\mu\text{H}}\approx1.63\text{A}$$

则谐振电感的电流等于 I_{R1} 和 I_m 的矢量和，可表示为

$$I_{L_r}=\sqrt{I_m^2+I_{R1}^2}=\sqrt{(1.63\text{A})^2+(1.91\text{A})^2}\approx2.51\text{A}$$

式中，I_{L_r} 也是开关管和变压器一次侧以及谐振电感最大电流的有效值。

步骤 8　计算二次侧电流

变压器二次侧电流的有效值与一次侧电流值满足变压器的变比关系，即有

$$I_R=nI_{R1}=16\times1.91\text{A}\approx30.6\text{A}$$

由于变压器采用了带中心抽头的结构，负载电流由两个二次绕组平均分担，其有效值为

$$I_{D_r}=\frac{\sqrt{2}I_R}{2}=\frac{\sqrt{2}\times30.6\text{A}}{2}\approx21.6\text{A}$$

平均值为

$$I_{\text{Drave}}=\frac{\sqrt{2}I_{\text{R}}}{\pi}=\frac{\sqrt{2}\times 30.6\text{A}}{\pi}\approx 13.8\text{A}$$

步骤 9　选择变压器

变压器可以自行设计也可以选择购买，其参数如下：匝数比 $n=16$；一次侧电压 450VAC；一次侧电流 $I_{\text{p}}=I_{\text{L}_\text{r}}=2.6\text{A}>2.51\text{A}$；二次侧电压 36VAC；二次侧电流 $I_{\text{s}}=I_{\text{dr}}=21.6\text{A}$（带有中心抽头的变压器）；空载工作频率 127kHz；满载工作频率 80kHz；一、二次侧安全等级 IEC 60950 增强型隔离标准。

评论：在变压器设计时，通常主要考虑磁化电感、磁滞损耗和导线损耗，并不考虑一、二次侧电压。然而，在工程设计中，必须考虑变压器的耐压，以便决定绝缘等级和绕制工艺。

步骤 10　选择谐振电感

原方案利用变压器的漏感电感作为 L_{r}，然而实验结果表明，漏感会增加变压器的损耗。建议谐振电感仍然使用独立电感。电感可以自行设计也可以选择购买，其参数如下：串联谐振电感 $L_{\text{r}}=60\mu\text{H}$；电流 $I_{\text{L}_\text{r}}=2.6\text{A}$；频率范围 80～127kHz。计算电感两端电压表达式为

$$V_{\text{L}_\text{r}}=\omega L_{\text{r}}I_{\text{L}_\text{r}}=2\pi\times 80.7\text{kHz}\times 60\mu\text{H}\times 2.6\text{A}\approx 75.7\text{V}$$

取电感的耐压值为 100V。

步骤 11　选择谐振电容

由于谐振电容流过的电流为高频大电流，需要选择低损耗因子(DF)的电容。电解电容和 X7R 多层瓷片电容因具有高 DF 值而不适合用作谐振电容。NP0 电容具有低 DF 值，但容量太小，也不适合用作谐振电容。谐振变换器通常采用金属化聚丙烯薄膜电容。这种电容具有极低 DF 值并允许高频电流通过。

图 9-11 给出了电容耐压值与工作频率的关系曲线。由图可知，12nF 电容额定耐压值为 600Vrms，当工作频率为 100kHz 时，耐压减半，变为 300V。因此在设计谐振变换器时需要降额(减半)使用电容的耐压值。

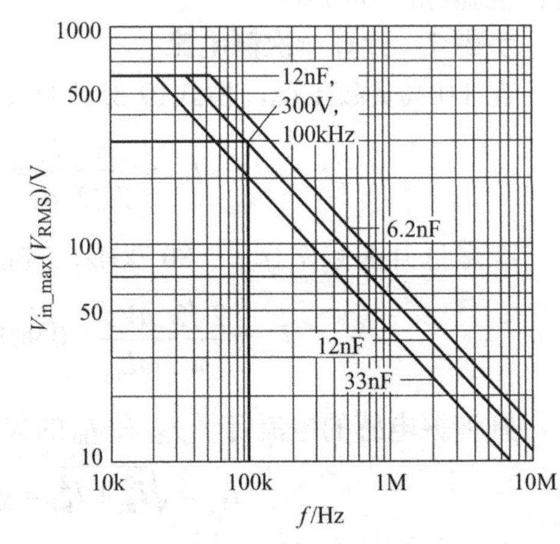

图 9-11　电容耐压值与工作频率

谐振电容应满足如下要求：①流过电容的电流 $I_{\text{C}_\text{r}}=I_{\text{L}_\text{r}}=2.6\text{A}$；②电容两端的交流电压，则有

$$V_{\text{C}_\text{r}}=\frac{I_{\text{C}_\text{r}}}{\omega C_{\text{r}}}=\frac{2.6\text{A}}{2\pi\times 80.7\text{kHz}\times 27.3\text{nF}}\approx 187.9\text{V}$$

在 Q_2 导通期间，谐振槽路与直流输入电源并无任何物理连接，在此期间谐振电容充当了直流电源的作用。谐振电容的直流工作点为 $V_{\text{g}}/2$。由此得到电容两端电压的有效值计算式为

$$V_{\text{C}_\text{r}\text{\_RMS}}=\sqrt{\left(\frac{V_{\text{g max}}}{2}\right)^2+V_{\text{C}_\text{r}}{}^2}=\sqrt{\left(\frac{405}{2}\right)^2+187.9^2}\approx 276.3\text{V}$$

峰值电压值为

$$V_{\text{C}_\text{r}\text{\_peak}}=\frac{V_{\text{in\_max}}}{2}+\sqrt{2}V_{\text{C}_\text{r}}=\frac{405}{2}+\sqrt{2}\times 187.9\approx 467.4\text{V}$$

步骤 12　选择开关管 MOSFET

因为开关频率大于 100kHz，应选用 MOSFET 开关管。Q_1 和 Q_2 的耐压等于输入电压的最大值 405V，所以应选用耐压值为 500V 的 MOSFET 管。

在稳态工作时，Q_1 和 Q_2 轮流导通，平均承担谐振电流。然而在启动瞬间，由于输出电容的初值为零，磁化电感被短路，电路运行在短路工作模式，每个 MOSFET 上流过高达 110% 过载谐振电流，所以两个开关管的电流值应为 2.51A。

ZVS 使得开关管的开关损耗达到了最小值。因此在谐振变换器设计过程中主要考虑管子的导通损耗。通常应该选用导通电阻 R_{on} 尽可能小的开关管。在 MOSFET 中，减少导通电阻意味着增加导电的截面积，输出电容 C_{ds} 随之增加。在实际设计中需要折衷处理 R_{on} 和 C_{ds}。

步骤 13　验证 ZVS 条件

ZVS 的必要条件是工作点位于直流增益曲线的感性区，而其充分条件由式(9-35)和式(9-36)给出，重写为

$$\frac{1}{2}(L_m+L_r)I_{moff}^2 \geqslant \frac{1}{2}(2C_{ds1}+2C_{ds2})V_g^2$$

$$T_d \geqslant 16(C_{ds1}+C_{ds2})f_s L_m$$

耐压 500V 的 MOSFET 输出电容 C_{ds} 的典型值为 100pF。在最高工作频率，磁化电感的峰值 I_{moff} 达到了最小值，其值为

$$I_{moff}=\frac{4}{\pi\sqrt{2}}\frac{nV_o}{2\pi f_s L_m}\bigg|_{f_s=127\text{kHz}}=0.901\times\frac{16\times12\text{V}}{2\pi\times127\text{kHz}\times210\mu\text{H}}\approx1.03\text{A}$$

故，应该在最高工作频率处验证 ZVS 的充分条件，则有

$$\frac{1}{2}(L_m+L_r)(\sqrt{2}I_{moff})^2=\frac{1}{2}(210\mu\text{H}+60\mu\text{H})\times(\sqrt{2}\times1.03\text{A})^2\approx286.5\times10^{-6}\text{J}>$$
$$\frac{1}{2}(2C_{eq})V_{g\max}^2=\frac{1}{2}(2\times200\text{pF})\times(405\text{V})^2\approx32.8\times10^{-6}\text{J}$$

满足充分条件 1。

死区时间为

$$T_d \geqslant 16C_{eq}f_{sw}L_m=16\times200\text{pF}\times127\text{kHz}\times210\mu\text{H}\approx85\text{ns}$$

取 $T_d=100\text{ns}$，满足充分条件 2。

步骤 14　选择整流二极管

与全桥整流器相比，带有中心抽头变压器的全波整流电路节省了两个整流管，使得整流效率提高一倍，然而随之而来的缺点是整流管的耐压(V_{DB})为两倍的输出电压

$$V_{DB}=\frac{V_{g\max}}{2n}\times2=\frac{405\text{V}}{2\times16}\times2\approx25\text{V}$$

应该选择耐压值超过 30V 的二极管。两个整流管均分了变压器二次侧的电流。因此，整流管的平均电流为

$$I_{Dr}=\frac{\sqrt{2}I_R}{\pi}=\frac{\sqrt{2}\times30.6\text{A}}{\pi}\approx13.8\text{A}$$

步骤 15　选择输出滤波器

通常 PWM 变换器采用 LC 二阶滤波器，具有体积小、成本低、动态响应好等优点。然而，LLC 谐振变换器通常工作在直流增益曲线的感性区，其变压器二次侧的等效电路为感性，需要容性滤波器与之配合。因此，LLC 变换器的滤波电路为一个输出电容 C_f。变压器二次侧输出电流是一个全波整流正弦波，经傅里叶展开后，存在着直流分量、基波分量及其奇次高频谐波分量。直流分量流过了负载，输出电容吸收其余交流分量。

全波整流器的输出电流为

$$I_{rect}=\frac{\pi}{2\sqrt{2}}I_o$$

流过输出电容 C_f 的有效值为

$$I_{C_f}=\sqrt{\left(\frac{\pi}{2\sqrt{2}}I_o\right)^2-I_o^2}=\sqrt{\frac{\pi^2}{8}-1}\times I_o\approx 0.482I_o=0.482\times 25\text{A}\approx 12.1\text{A}$$

上式表明，输出电容电流的有效值接近负载电流的一半。如此大的电流流过一个电容会引起巨大损耗，使得电容温升超过其额定值。在 LLC 变换器中，通常需要多个电容并联以减少其电流。铝电解电容具有高纹波电流值和低等效串联电阻(ESR)，是输出电容的理想选择。整流器输出电流的交流分量通过输出电容后，会在 ESR 产生交流纹波。根据设计要求，输出交流纹波的峰峰值为 120mV，所以最大允许 ESR_{max} 为

$$ESR_{max}=\frac{\Delta V_o}{2\sqrt{2}I_{Co}}=\frac{0.12}{2\sqrt{2}\times 12.1}\approx 3.5\text{m}\Omega$$

9.3　LLC 谐振变换器的小信号模型

9.3.1　小信号模型的直流增益 G_{DC}

在 9.1.2 节中，基于图 9-3 所示的稳态模型，推导出 LLC 谐振变换器的直流增益公式，用式(9-18)表示。在稳态模型中，磁化电感 L_m 始终参与谐振，这与变换器的实际工况不符，所以才有了“In the Vicinity”概念，即式(9-18)在谐振频率点准确地描述了直流增益特性，在其余频率点均为近似公式，因此，它是一个比较粗糙的公式，尤其在工作区域 2 的误差较大。田水林在其博士论文中[39]提出了精确的直流增益公式为

$$M=\frac{1}{\sin\frac{\alpha}{2}}\left|\frac{\text{j}\omega_n L_n}{\text{j}\omega_n\left(L_n+1-\frac{1}{\omega_n^2}\right)+\frac{\pi^2 Q\left(1-\omega_n^2\right)\omega_n L_n}{8\sin\frac{\alpha}{2}}}\right|\quad \alpha=\begin{cases}\pi & f_s\geqslant f_o\ \text{区域1}\\ \omega_n\pi & f_s<f_o\ \text{区域2}\end{cases}\tag{9-38}$$

基于式(9-38)绘制出直流增益曲线，如图 9-12 所示。在区域 1，开关频率 f_s 大于第一串联谐振频率 f_o，直流增益小于 1，LLC 变换器退化为串联谐振变换器；在区域 2，$f_s<f_o$ 时，直流增益大于 1，LLC 变换器变为并联谐振变换器。当 $f_s=f_o$ 时，直流增益等于 1，输出电压的表达式为

$$V_o = \left.\frac{V_g}{2n}\right|_{\substack{M=1\\ \omega_n=1}} \tag{9-39}$$

当$f_s \neq f_o$时，输出电压的通用表达式为

$$V_o = M\frac{V_g}{2n} \tag{9-40}$$

小信号模型的直流增益G_{DC}定义为直流增益曲线在静态工作点处的斜率，其表达式为

$$\begin{cases} G_{DC} = \dfrac{dV_o}{d\omega_s} = \dfrac{V_g}{2n\omega_o}\dfrac{dM}{d\omega_n} \\ dV_o = \dfrac{V_g}{2n}dM，\ d\omega_s = \omega_o d\omega_n \end{cases} \tag{9-41}$$

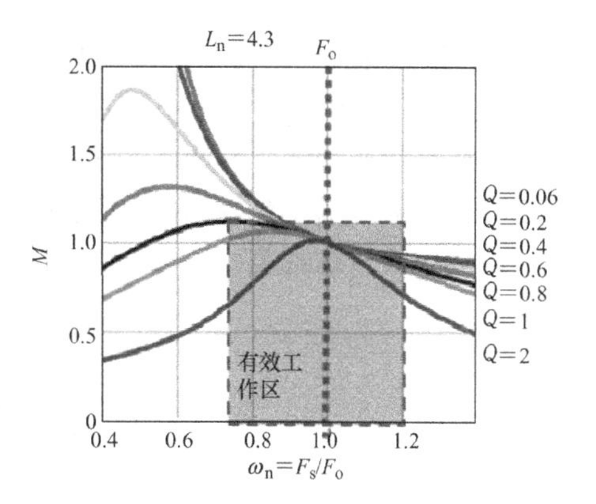

图 9-12　直流增益曲线

LLC 变换器通常工作在区域 2 与区域 1 之间，其参数的取值范围是 $Q=0.5$～0，$M=0.8$～1.2，$\omega_n=0.9$～1.2，其有效工作区如图 9-12 中阴影部分所示。

9.3.2　规范小信号等效电路

第 1 章和第 2 章介绍了 PWM 开关变换器的小信号等效电路。它为工程师设计闭环开关变换器奠定了基础。一般而言，可用数学模型和电路模型描述开关变换器的动态特性。而对于工程师而言，更喜欢电路模型。电路模型为工程技术人员理解动态特性和设计控制电路提供了方便。然而，谐振变换器的小信号等效电路模型始终没有令人满意的结果。文献[38]提出了 LLC 谐振变换器在有效工作区内的规范小信号等效电路，如图 9-13 所示。在等效电路中，输入扰动电压正比于扰动频率，比例系数定义为

$$K_d = \frac{4V_g}{\pi}\frac{1}{\omega_o L_n} \tag{9-42}$$

设L_e表示谐振电感L_r和磁化电感L_m的小信号等效电感。在区域 1，$f_s \geqslant f_o$，磁化电感不参与谐振；在区域 2，磁化电感参与谐振，所以L_e的表达式为

$$L_e = \begin{cases} \left(1+\dfrac{1}{\omega_n^2}\right)L_r & f \geqslant f_o \\ \left(1+\dfrac{1}{\omega_n^2}\right)L_r + L_m(1-\omega_n) & f < f_o \end{cases} \tag{9-43}$$

如前所述，在区域 1，LLC 谐振变换器退化为一个串联谐振变换器。在 8.2.2 节中，式(8-44)是串联谐振变换器的小信号模型。在这个模型中，存在一个差拍谐振频率 $\omega_b=\omega_s-\omega_o$。到目前为止，人们尚不清楚差拍频率的形成机理，但数值仿真和实验结果均已证实，串联谐振变换器的小信号特性存在一个差拍谐振频率。因此，在等效电路中，用等效电容C_e描述差拍谐振现象，表达式为

$$C_e = \frac{1}{L_e(\omega_s-\omega_o)^2} \tag{9-44}$$

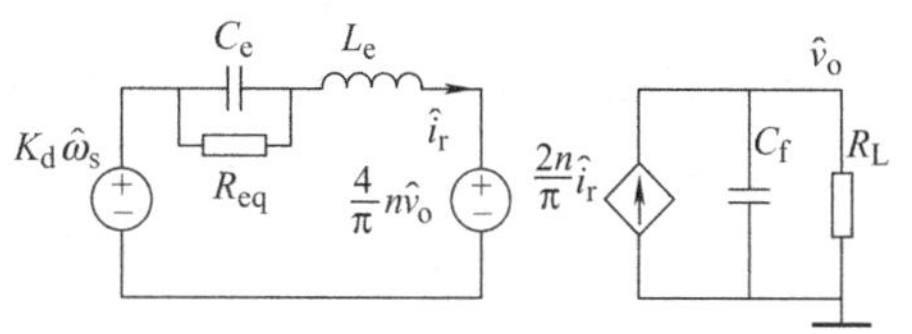

图 9-13　规范小信号等效电路

与之相反的是，LLC 谐振变换器在区域 2 变为

一个并联谐振电路。与 8.2.2 节所述的 LCC 并联谐振有所不同，实验结果证明，LLC 谐振变换器在区域 2 的动态特性并不存在差拍现象，其低频小信号特性表现为等效电感 L_e 与输出滤波电容 C_f 的并联谐振。因此，在等效电路中引入了一个虚拟电阻 R_{eq} 表示差拍谐振现象是否存在。在区域 1，$f_s \geqslant f_o$，存在着差拍谐振现象，$R_{eq} \neq 0$；在区域 2，$f_s < f_o$，差拍谐振现象消失，$R_{eq} = 0$。R_{eq} 的表达式为

$$\begin{cases} R_{eq} = \begin{cases} \dfrac{L_e \left| X_{eq} \right| \left| \omega_s - \omega_o \right|}{R_e} & f_s \geqslant f_o \\ 0 & f_s < f_o \end{cases} \\ X_{eq} = \omega_s L_r - \dfrac{1}{\omega_s C_r} \end{cases} \tag{9-45}$$

9.3.3 小信号解析模型

数字仿真和实验结果表明，在远离第一谐振频率的区域 1 内，存在着差拍谐振现象，其小信号特性用一个低频极点和一个二阶差拍极点表示，则小信号模型为

$$G_s(s) = \frac{G_{DC}}{\left(1+\dfrac{s}{\omega_{fs}}\right)\left(1+\dfrac{s}{Q_b\omega_b}+\dfrac{s^2}{\omega_b^2}\right)} \qquad f_s \geqslant 1.15 f_o \tag{9-46}$$

式中，$\omega_b = \omega_s - \omega_o$；$Q_b = \dfrac{\left|\omega_s L_r - \dfrac{1}{\omega_s C_r}\right|}{R_e}$；$R_e = \dfrac{8n^2 R_L}{\pi^2}$；$\omega_{fs}$ 是输出电容 C_f 和负载 R_L 形成的低频极点，$\omega_{fs} = \dfrac{1}{R_L C_f}$；二阶极点表述差拍谐振现象。

需要指出，在直流增益曲线中，第一串联谐振频率为一个奇异点，准静态分析结论是：在串联谐振频率附近无差拍谐振现象，所以在规范小信号等效电路中，$R_{eq} \approx 0$，等效谐振电容 C_e 不参与谐振。等效谐振电感 L_e 与输出滤波电容 C_f 谐振，形成一个二阶极点 ω_p，其小信号特性表示为

$$\begin{cases} G_s(s) = \dfrac{G_{DC}}{1+\dfrac{s}{Q_p\omega_p}+\dfrac{s^2}{\omega_p^2}} & 1.15 f_o \geqslant f \geqslant f_o \\ \omega_p = \dfrac{1}{\sqrt{L_e \dfrac{8n^2}{\pi^2} C_f}},\ Q_p = \dfrac{8n^2}{\pi^2} R_L \sqrt{\dfrac{C_f}{L_e}},\ L_e = \left(1+\dfrac{1}{\omega_n^2}\right) L_r,\ \omega_n = \dfrac{f_s}{f_o} \end{cases} \tag{9-47}$$

由式(9-47)可知：①在第一串联谐振频率点附近，小信号特性由三阶系统退化为二阶系统；②在串联谐振频率附近，变压器一次侧的扰动电压响应是扰动信号的倍频信号，但是，仍无数学模型描述倍频现象。工作点位于区域 2，LLC 谐振变换器的小信号特性等同于区域 1 第一串联谐振频率点附近的频率响应。而在区域 2，磁化电感 L_m 参与了谐振，L_e 的计算公式修正为

$$L_e = \left(1+\frac{1}{\omega_n^2}\right) L_r + L_m (1-\omega_n) \tag{9-48}$$

通常，LLC 谐振变换器主要工作在区域 2。为了扩展输入电压的上限值，允许工作点进入其区域 1 的谐振频率点附近，所以小信号模型的统一解析表达式为

$$G_s(s)=\frac{G_{DC}}{1+\dfrac{s}{Q_p\omega_p}+\dfrac{s^2}{\omega_p^2}}\qquad f_s\leqslant 1.15f_o \tag{9-49}$$

式中，$\omega_p=\dfrac{1}{\sqrt{L_e\dfrac{\pi^2}{8n^2}C_f}}$；$Q_p=\dfrac{\sqrt{8}n}{\pi}R_L\sqrt{\dfrac{C_f}{L_e}}$；$\omega_n=\dfrac{f_s}{f_o}$；$L_e=\begin{cases}\left(1+\dfrac{1}{\omega_n^2}\right)L_r & f_s\geqslant f_o\\ \left(1+\dfrac{1}{\omega_n^2}\right)L_r+L_m(1-\omega_n) & f_s<f_o\end{cases}$。

本节介绍了 LLC 谐振变换器的规范小信号等效电路及其统一解析表达式，为 LLC 变换器的闭环设计提供了理论依据。尽管这些模型还比较粗糙，但为设计控制器提供了方便。

9.3.4 小信号模型验证

电路参数如下：$V_g=400\text{V}$，$L_r=14\mu\text{H}$，$C_r=30\text{nF}$，$f_o=250\text{kHz}$，$C_f=660\mu\text{F}$，$n=4$，$R_L=2.3\Omega$，$V_o=48\text{V}$，$P_o=1\text{kW}$。

基于式(9-38)，应用 SIMPLIS 软件，得到直流增益的仿真曲线族如图 9-14 所示。图中虚线是使用 LLC 谐振变换器直接进行数值仿真所得的结果，这种结果与实验结果基本吻合；实线是用式(9-38)得到的仿真结果。由图可知，在 $f_s>0.8f_o$ 的高频区，两种仿真结果几乎重合。然而，在 $f_s<0.8f_o$ 低频区，式(9-38)会产生很大误差。因此，建议在仿真低频直流增益曲线时，仍然使用基波分析法得到的式(9-18)。

应用规范小信号等效电路仿真，得到控制-输出电压传递函数的波特图如图 9-15 所示，图中有三条曲线。当 $f_s=1.4f_o$，工作点位于区域 1，且远离串联谐振点。$R_{eq}=6.5\Omega$，数值较

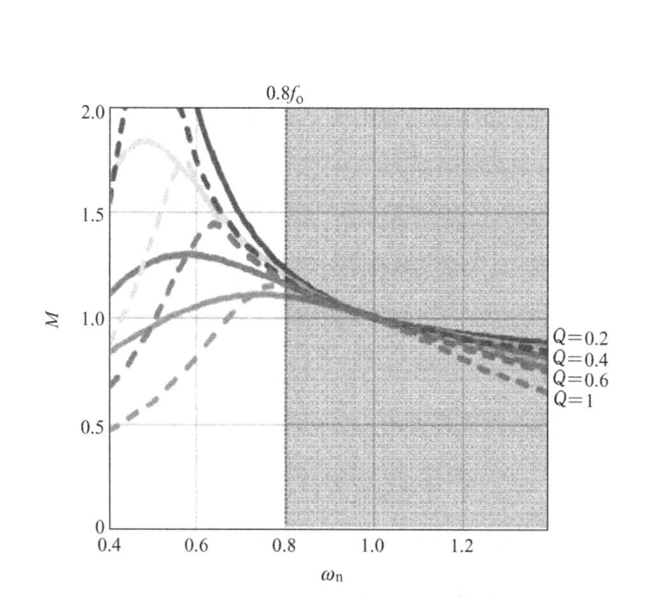

图 9-14 直流增益曲线仿真结果

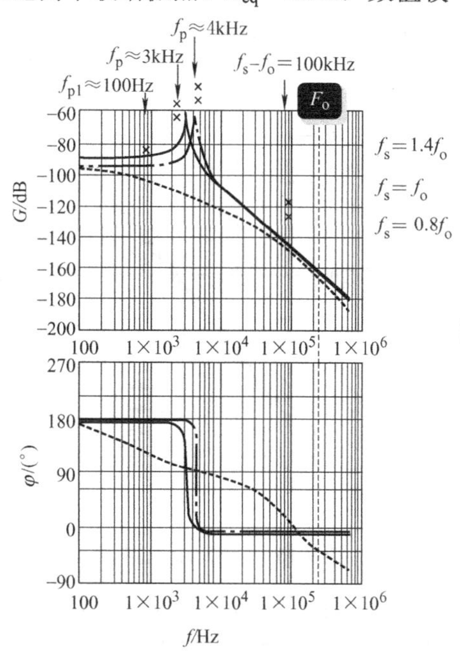

图 9-15 控制-输出传递函数的仿真结果

大，所以 L_e 与 C_e 谐振，形成差拍谐振频率 $f_b = 100\text{kHz}$，品质因数 $Q_b = 0.6$，其伯德图用粗虚线表示。可知，1kHz 频率点的相位滞后了 45°，说明在 1kHz 附近存在一个极点，$f_{p1} = 1\text{kHz}$。然而，因为 $C_f = 660\mu\text{F}$，$R_L = 2.3\Omega$，计算 $f_{p1} \approx 105\text{Hz}$，说明相频特性与幅频特性在低频段存在误差。$f_s = 1.4f_o$，$f_o = 250\text{kHz}$，差拍频率 $f_b = 0.4f_o = 100\text{kHz}$。在 $f = f_b$ 附近的相位差为 90°，说明差拍频率一定存在。

当 $f_s = f_o$，$R_{eq} = 0\Omega$，等效 C_e 短路，无差拍谐振现象。然而，L_e 与等效输出电容 C_f 谐振，形成另一类二阶极点 ω_p，频率特性的伯德图用点划线表示。当工作点位于区域 2，$f_s = 0.8f_o$，伯德图用黑线表示。两条特性曲线的主要差异在于谐振频率，即磁化电感是否参加谐振。由此证明，小信号模型的统一解析表达式(9-49)能够描述有效工作区的动态特性。

9.4 闭环 LLC 谐振变换器的静态分析

9.4.1 闭环 LLC 谐振变换器的稳压原理

闭环 LLC 谐振变换器是变频控制系统，通过改变开关频率调节输出电压。UCC25600 是一个典型的控制芯片，其内部含有一个电流控制振荡器(Current Control Oscillation，CCO)，其传输特性曲线如图 9-16 所示。振荡频率的表达式为

$$\omega_s = \omega_o + K_{ICO} I_C \tag{9-50}$$

式中，K_{ICO} 为电流灵敏度系数；I_C 为控制电流(光耦晶体管的集电极电流)。CCO 的小信号模型为

$$\frac{d\omega_s}{dI_C} = K_{ICO} \tag{9-51}$$

闭环 LLC 谐振变换器是一个电压调节器，需要采样输出电压作为反馈信号，经过控制器调节 CCO 的电流，实现稳定输出电压。图 9-17 给出了光耦隔离 LLC 变换器的典型反馈电路。反馈电路由 TL431、光耦器件 OC 和变频控制芯片 CCO 等组成。

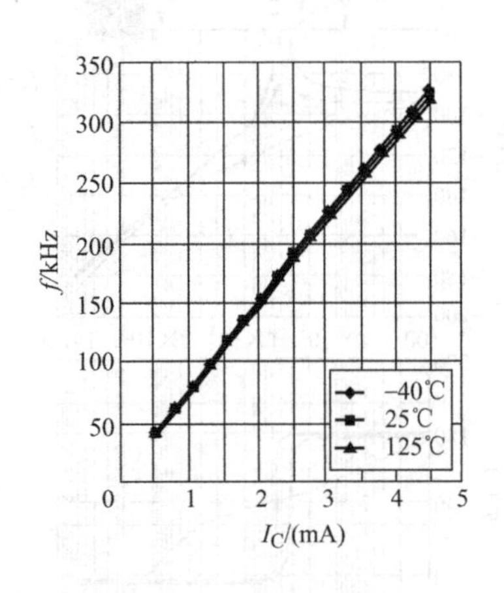

图 9-16　CCO 的传输特性

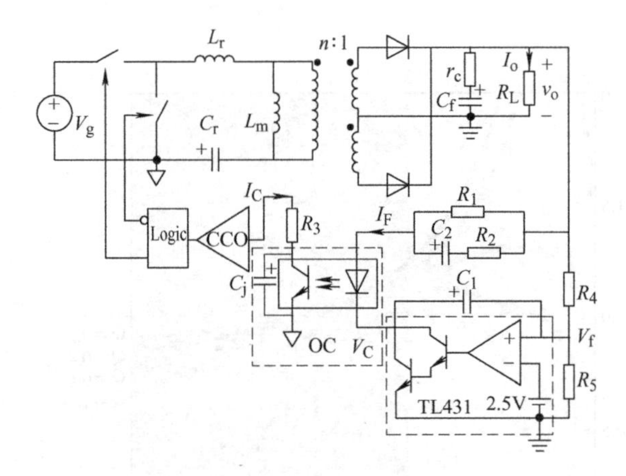

图 9-17　光耦隔离的 LLC 变换器

LLC 变换器的稳压原理如图 9-18 所示，图 9-18a 是 LLC 变换器功率级的直流增益曲线。TL431 是一个集电极开路的运放，同相端为 2.5V 的标准电压源，反相端通过电阻采样网路 R_4 和 R_5 与变换器的输出端连接，输出端为 OC 的 LED 提供静态电流，其电压-电流传输特性

曲线如图 9-18b 所示。OC 的电流传输特性曲线如图 9-18c 所示。CCO 的电流-频率传输特性曲线如图 9-18d 所示。输出电压 V_o 进入稳态的标志是，图 9-18 中的反馈电压 V_f 等于参考电压 2.5V。此时，输出电压处在图 9-18a 的 a_0 点，分别在图 9-18b、c 和 d 中对应着 b_0、c_0 和 d_0 点。因为系统进入稳态，从 a_0 点出发，经由 b_0、c_0 到达 d_0。然后，由 d_0 点再到 a_0 点进入一个循环。在循环过程中，各点的位置保持不变。

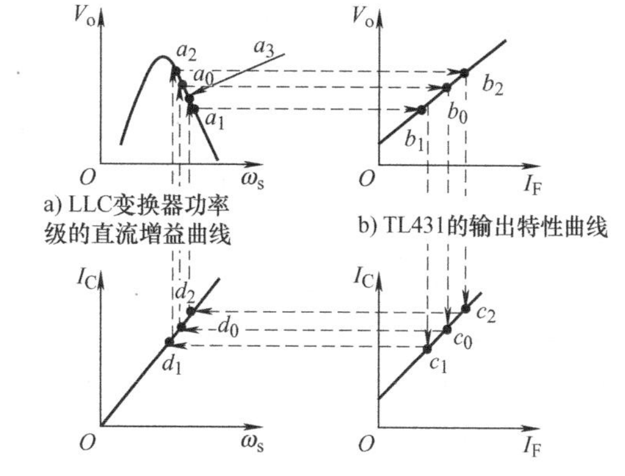

图 9-18　稳定输出电压的原理示意图

若因负载加重，输出电压 V_o 由 a_0 点偏移到 a_1 点，TL431 使得 OC 中 LED 电流 I_F 下降，在图 9-18b 中工作点由 b_0 点移动到 b_1；I_F 下降导致了 OC 中晶体管集电极电流 I_C 下降，进而促使 CCO 的频率下降，在图 9-18c、d 中工作点分别由 c_0 和 d_0 移动到 c_1 和 d_1；在下一个循环中，由 d_1 点出发，经由 a_2、b_2 和 c_2 抵到 d_2。而 d_2 在图 9-18a 中又对应的 a_3。与 a_1 点相比，a_3 点更靠近稳态工作点 a_0，因此，通过一段时间调节后，工作点会重新回到稳态工作点 a_0、b_0、c_0 和 d_0。

9.4.2　闭环 LLC 谐振变换器的静态分析

静态分析的目的是根据电路实际参数，通过直流分析，获取不同工作区域中各关键工作点的静态电压和电流，验证反馈放大器 TL431、光耦器件 OC 与电流控制振荡器 CCO 是否具有合理的工作点和线性工作区域。然而，由图 9-17 可知，由于 TL431 与反馈电容 C_1 构成一个积分环节，无法直接获取反馈放大器的直流输出电压 V_C，使其直流分析只能采用逆向分析法。本书提出的逆向分析法是，如图 9-19 所示，根据直流增益平面给定的工作区域，确定四个关键点 A、B、C 和 D 及其对应的开关频率 ω_s；根据 ω_s 的数值，在图 9-16 所示的特性曲线上确定 CCO 的输出电流 I_C；用光耦器件的电流比 $CTR = I_C/I_F$，确定 LED 的电流 I_F；用 I_F 和反馈电阻 R_1 计算出 V_C。用上述计算参数验证 TL431、OC 和 CCO 是否具有合理的工作点。

下面以冷阴极荧光灯用镇流器的前级电路为例[39]，介绍静态分析法。电路如图 9-17 所示，参数如下：输入电压 $V_g = 340 \sim 390\text{V}$；输出电压 $V_o = 24\text{V}$；输出电流 $I_o = 1 \sim 6\text{A}$；谐振槽路的参数 $C_r = 47\text{nF}$，$L_r = 160\mu\text{H}$，$L_m = 1.24\text{mH}$；变压器变比 $n = 1/0.14 \approx 7$；输出电容 $C_f = 2\text{mF}$，ESR 电阻 $r_C = 15\text{m}\Omega$；控制器的参数 $R_1 = 6.8\text{k}\Omega$，$R_2 = 300\Omega$，$R_3 = 2.7\text{k}\Omega$，$R_4 = 1.8\text{k}\Omega$，$R_5 = 210\Omega$，$C_1 = 82\text{nF}$，$C_2 = 33\text{nF}$；流控振荡器 CCO 的增益 $K_{ICO} = 0.34\text{MHz/mA}$；光耦器件的电流比 $CTR = 0.48 \sim 1.2$，光耦器件 OC 的输出结电容 $C_j = 4.7 \sim 9.4\text{nF}$，开关频率 $f_s = 50 \sim 150\text{kHz}$。

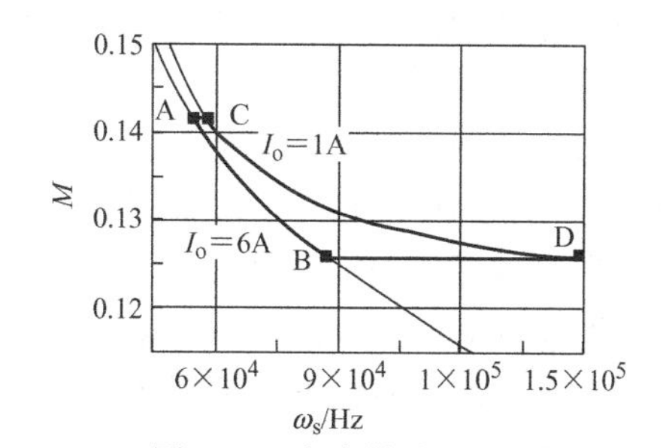

图 9-19　直流增益平面工作区

（注：参考文献[40]中 D 点对应频率为 200kHz，而原文中指出最高工作频率为 150kHz。故本书作者将其改为 150kHz）

根据上述给定的技术参数，用直流增益公式绘制直流增益曲线，如图 9-19 所示。计算关键参数：串联谐振频率$f_o = 58\text{kHz}$；电感比$L_n = 7.75$，$Q_{max} = 1.125$。图 9-19 中有两条增益曲线，分别对应着输出电流 1A 和 6A。两条水平线是最高输入电压和最低输出电压对应的增益值。由此确定了四个关键点 A、B、C、和 D 及其工作区域。其中点 A、C 位于区域 2，而点 B、D 位于区域 1。另外，点 A、B 是满载工况对应的直流增益。在设计控制器时，应以这条曲线为重点，并核对全区域的稳定性。

评论：虽然这个电路是一个典型设计，但功率级设计仍存在如下缺陷。

1) Q_{max}的推荐值为 0.5，而设计值 1.125，远高于推荐值，使得满载直流增益曲线过于平坦，导致控制频带的带宽增加，开关频率变化范围是 50～150kHz。

2) 电感比L_n的推荐值为 2.5～6，而设计值是 7.75，使得轻载曲线过于平坦，也是导致控制频带的带宽增加的另一个原因。

3) $L_n = 7.75$引起的另一个问题是，点 D 处的斜率极小，使其环路特性的直流增益变小，导致高压输入-轻载工况的穿越频率减小。在闭环设计一节将仔细讨论这一问题。

4) 谐振频率$f_o = 58\text{kHz}$，使得点 B 和点 D 远离谐振点，导致开关网络的循环电流和无功功率增加，而降低了效率。

5) CCO 的增益$K_{ICO} = 0.34\text{MHz/mA}$，而 UCC25600 的增益为 60～100kHz/mA，典型值为 80kHz/mA。CCO 的增益过大会影响闭环系统的稳定性。当然，在本例中使用高增益 CCO 有利于弥补直流增益曲线过于平坦的不足。

在工作点 A 处，开关频率达到了最小值，$f_s = 50\text{kHz}$。根据流控振荡器 CCO 的增益$K_{ICO} = 0.34\text{MH/mA}$，确定光耦晶体管的电流$I_{CA}$为

$$I_{CA} = \frac{f_s}{K_{ICO}} = \frac{50}{340}\text{mA} \approx 0.15\text{mA}$$

$CTR = 0.48$～1.2，取$CTR = 0.5$，光耦 LED 的电流为

$$I_{FA} = \frac{I_{CA}}{CTR} = \frac{0.15}{0.5}\text{mA} = 0.3\text{mA}$$

通常 LED 的正向电压$V_F = 1$～1.5V，取$V_F = 1.2\text{V}$，反馈放大器输出电压V_{CA}为

$$V_{CA} = V_o - I_{FA}R_1 - V_F = (24 - 0.5 \times 6.8 - 1.2)\text{V} = 19.4\text{V}$$

同理可以计算出工作点 D 的参数：$I_{CD} = 0.45\text{mA}$，$I_{FD} = 0.9\text{mA}$，$V_{CD} = 16.7\text{V}$。

评论：

1) CCO、OC 和 TL431 三种器件静态电流范围对照图以及静态工作点的匹配图如图 9-20 所示。TL431 的极限参数为，最高电压 37V，灌入电流范围 1～100mA，推荐值为$I_{CT} = 1$～20mA[40]。光耦器件 H11A817A 的 LED 的电流$I_F = 0.5$～5mA，取$CTR = (0.4$～$1) \times 1.2 = 0.48$～1.2，则集电极电流$I_C = 0.24$～6mA[41]。UCC25600 中 CCO 流出电流范围$I_{RT} = 0.5$～4.5mA[35]。因此，在直流增益曲线点 A 和点 D，流出 CCO 和灌入 TL431 的电流值偏小，不足以使这两个器件正常工作。

2) 由于 CCO 的工作频率与流出电流成正比，由此引发反馈回路中 TL431、OC 和 CCO 的静态工作点的失配问题。需要研究三者静态工作点的匹配技术。

静态工作点匹配电路如图 9-21 所示。

建议 1　在光耦器件 OC 的 LED 两端并入一个电阻R_{DF}，在不增加光耦 LED 静态电流I_F的基础上，增加 TL431 的灌入电流。

建议 2 在 CCO 的输入端并联一个电阻 R_{CT}，以确定其最低开关频率。

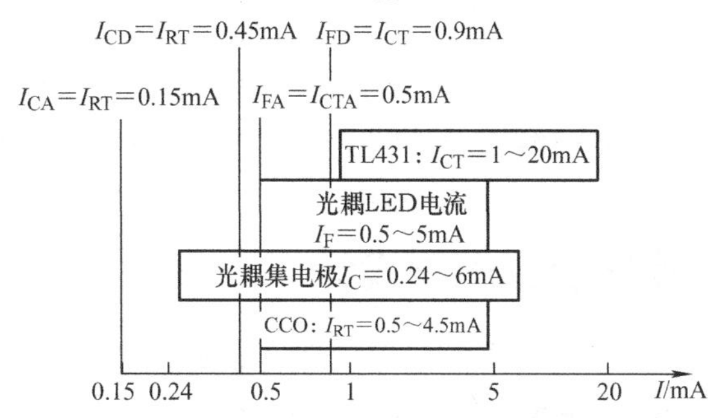

图 9-20 CCO、OC 和 TL431 三种器件静态范围对照图以及静态工作点的匹配图

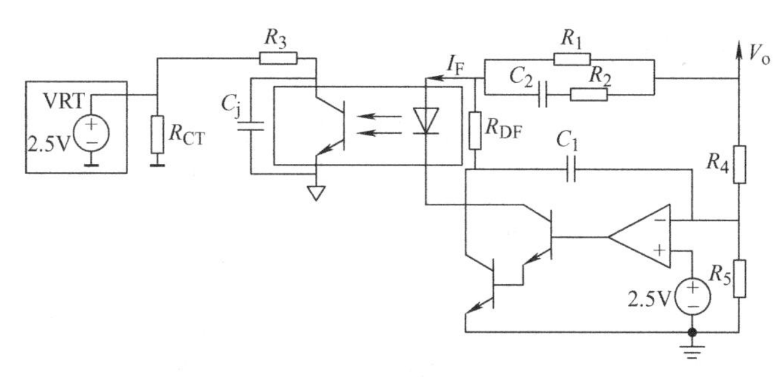

图 9-21 CCO、OC 和 TL431 三种器件静态工作点匹配电路

9.4.3 开环传递函数的直流增益公式

在图 9-17 所示的电路中，由于 TL431 是一个反相器，所以反馈电阻 R_1 的电压是输出电压增量ΔV_o和 TL431 输出电压增量ΔV_C之和，流过电阻 R_1 的电流增量ΔI_F 为

$$\Delta I_F=\frac{\Delta V_C+\Delta V_o}{R_1}=\frac{\Delta V_C(1+\Delta V_o/\Delta V_C)}{R_1}$$

由此得到控制电压增量的表达式

$$\Delta V_C=\frac{\Delta I_F R_1}{(1+\Delta V_o/\Delta V_C)} \tag{9-52}$$

光敏晶体管的电流增量ΔI_F 为

$$\Delta I_C=CTR\times\Delta I_F \tag{9-53}$$

式中，CTR 是光耦器件的电流传输比，取 $CTR=0.48\sim1.2$。

CCO 输出频率的增量$\Delta\omega$为

$$\Delta\omega_s=K_c\Delta I_C=K_{ICO}CTR\times\Delta I_F \tag{9-54}$$

根据式(9-41)，功率级的直流增益为

$$G_{DC}=\frac{dV_o}{d\omega_s}=\frac{V_g}{2n\omega_o}\frac{dM}{d\omega_n} \tag{9-55}$$

开环传递函数的直流增益 G_{DC1} 为

$$G_{DC1}=\frac{dV_o}{dV_C}=\frac{\Delta V_o}{\Delta\omega_s}\frac{\Delta\omega_s}{dV_C}=\frac{A}{1-A} \tag{9-56}$$

$$A = \frac{V_g}{2n\omega_o} \frac{dM}{d\omega_n} \frac{K_{ICO} CTR}{R_1} \tag{9-57}$$

由图 9-19 可知，点 A 处的斜率陡峭，而点 D 处的斜率平坦，导致了点 D 处的环路特性的直流增益变小，使得高压输入-轻载工况的穿越频率变小，降低了系统的响应速度。文献[38]的实验结果证明了这个直流增益公式的正确性。

9.5 LLC 谐振变换器反馈电路设计

为了保证知识的系统性，也便于读者学习和全面理解 LLC 变换器控制器设计过程，首先简要地回顾 LLC 变换器小信号建模的有关基础知识。在此基础上，再介绍控制器的设计原则以及反馈电路设计。

9.5.1 功率级的动态特性

在 9.3.2 节中曾介绍了 LLC 谐振变换器的规范小信号等效电路。在等效电路中，输入扰动电压正比于扰动频率，比例系数 K_d 是频率-电压转换的灵敏度(V/rad)。在 LLC 谐振变换器中，高频变压器通过整流器直接与负载连接，因此，用一个扰动电压源描述其负载效应。另一方面，由于输出电容 C_f 和负载 R_L 组成的 LPF 是一种容性负载，用一个扰动电流源描述整流器的源效应。等效电感 L_e 表示谐振电感 L_r 和磁化电感 L_m 的小信号等效电感。它是一个变结构的电路，在不同的工作区域具有不同的拓扑结构及其小信号特性。

在工作区域 1，因磁化电感 L_m 不参加谐振而使其退化为一个串联谐振变换器(Series Resonant Converter，SRC)。SRC 的小信号特性存在着差拍谐振现象，它的传递函数含有一个低频极点和一个二阶的差拍极点，将式(9-46)重写于此

$$G_{vf}(s) = \frac{G_{DC}}{\left(1 + \frac{s}{\omega_{fs}}\right)\left(1 + \frac{s}{Q_b \omega_b} + \frac{s^2}{\omega_b^2}\right)} \qquad f_s \geqslant 1.15 f_o$$

对照式(8-44a)可知，这个模型等同于 SRC 的小信号模型。

在工作区域 2，磁化电感 L_m 在一个开关周期内部分时间参与谐振，使得 LLC 变换器成为一个多频谐振电路。时域小信号仿真结果表明，在工作区域 2 不存在差拍谐振现象。在规范小信号等效电路中，$R_{eq} = 0$，谐振电容 C_r 被短路，不参加谐振。若将滤波电容 C_f 和负载 R_L 折算到变压器的一次侧，则与等效电感 L_e 构成了一个低频并联谐振电路。因此，小信号模型表达式为

$$G_{vf}(s) = \frac{G_{DC}}{1 + \frac{s}{Q_p \omega_p} + \frac{s^2}{\omega_p^2}} \qquad f_s \leqslant 1.15 f_o$$

$$\omega_p = \frac{1}{\sqrt{L_e \frac{\pi^2}{8n^2} C_f}}, \quad Q_p = \frac{\sqrt{8}n}{\pi} R_L \sqrt{\frac{C_f}{L_e}}, \quad \omega_n = \frac{f_s}{f_o} \tag{9-58}$$

$$L_e = \begin{cases} \left(1 + \frac{1}{\omega_n^2}\right) L_r & f_s \geqslant f_o \\ \left(1 + \frac{1}{\omega_n^2}\right) L_r + L_m (1 - \omega_n) & f_s < f_o \end{cases}$$

严格地讲，第一谐振频率点是小信号特性奇异点。然而，时域仿真结果表明，在谐振频率点附近，小信号特性仍然满足式(9-58)。

电压控制的闭环LLC谐振变换器的原理电路如图 9-22 所示[39]。电路的参数如下：$V_g = 340 \sim 390V$，$V_o = 24V$，$I_o = 1 \sim 6A$，$C_r = 47nF$，$L_r = 160\mu H$，$L_m = 1.24mH$，$n \approx 7$，$K_{ICO} = 0.34MHz/mA$。在直流增益平面上的工作区域如图 9-19 所示，其中点 A、B 是满载工况的静态工作点，而点 C、D 为轻载工况的静态工作点。

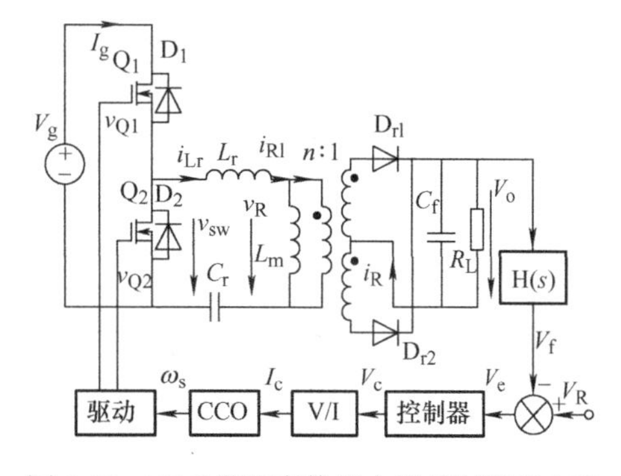

图 9-22　LLC 谐振变换器电压控制原理电路

在图 9-22 所示的电路中，反馈电路的工作原理是，电压采样网络$H(s)$将输出电压衰减为反馈电压V_f，经过求和器获得参考电压V_R与V_f的误差电压V_e，控制器产生电压控制信号V_c，电压-电流转换器 V/I 是一个电阻，将V_c转换为电流控制信号I_c，以控制 CCO 输出振荡频率，调节输出电压。

在控制器的输出端施加电压扰动信号，测量输出电压的扰动响应，得到不同静态工作点处的频率响应$G_{vc}(s)$，如图 9-23 所示。

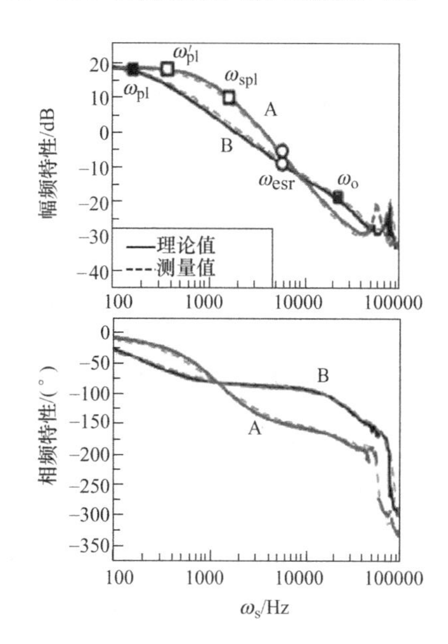

图 9-23　控制-输出的动态响应

频率响应$G_{vc}(s)$是控制对象的传递函数，包括电压-电流转换器 V/I、流控振荡器 CCO 和功率级$G_{vf}(s)$等三个环节。需要指出的是，V/I 和 CCO 的传递函数近似为常数，不会新增加零、极点，所以，$G_{vc}(s)$和$G_{vf}(s)$具有相同的零、极点。

图 9-23 分别给出了工作点 A—区域 2 和工作点 B—区域 1 传递函数$G_{vf}(s)$的频率特性。在工作点 B，存在一个低频极点ω_{pl}、低频零点ω_{esr}和一对共轭极点ω_o。对照式(9-57)可知，$\omega_{pl} = \omega_{fs}$，是输出滤波器引起的极点；$\omega_o = \omega_b$，是二阶差拍极点；零点$\omega_{esr}$起源于输出电容的 ESR 电阻$r_C$。由于式(9-57)未考虑 ESR 的影响，所以应修改为

$$G_{vf}(s) = \frac{G_{DC}\left(1+\dfrac{s}{\omega_{esr}}\right)}{\left(1+\dfrac{s}{\omega_{fs}}\right)\left(1+\dfrac{s}{Q_b\omega_b}+\dfrac{s^2}{\omega_b^2}\right)},\quad \omega_{esr} = \frac{1}{r_C C_f} \tag{9-59}$$

当静态工作点由点 B 移到点 A 时，图 9-23 的测量结果显示，存在两个低频实数极点ω'_{pl}和ω_{spl}以及一个 ESR 零点ω_{esr}。由于式(9-58)同样未考虑 ESR 的影响，所以应修正为

$$G_{vf}(s) = \frac{G_{DC}\left(1+\dfrac{s}{\omega_{esr}}\right)}{1+\dfrac{s}{Q_p\omega_p}+\dfrac{s^2}{\omega_p^2}},\ \omega_{esr} = \frac{1}{r_C C_f} \tag{9-60}$$

式中，分母多项式的两个根等于两个低频极点 $\omega'_{\rm pl}$ 和 $\omega_{\rm sp1}$。当 $Q_{\rm p}<0.5$ 时，存在两个实数极点。当 $Q_{\rm p}>0.5$ 时，存在一对共轭极点，可以通过下面公式将其转换为两个近似实数极点

$$\begin{cases}\omega'_{\rm pl}=\omega_{\rm p}10^{\frac{-1}{2Q_{\rm p}}}\\ \omega_{\rm sp1}=\omega_{\rm p}10^{\frac{1}{2Q_{\rm p}}}\end{cases}$$

因此，式(9-60)的近似表达式为

$$G_{\rm vf}(s)\approx\frac{G_{\rm DC}\left(1+\dfrac{s}{\omega_{\rm esr}}\right)}{\left(1+\dfrac{s}{\omega'_{\rm pl}}\right)\left(1+\dfrac{s}{\omega_{\rm sp1}}\right)},\ \omega_{\rm esr}=\frac{1}{r_{\rm C}C_{\rm f}} \tag{9-61}$$

由图 9-23 可知，在小于 $\omega_{\rm esr}$ 的低频段，工作点 B 的小信号特性近似为一个一阶系统，而工作点 A 的小信号特性却是一个二阶系统，存在着两个极点。在中频段，相移 $\angle G_{\rm vc}=-150°$。因此工作点 A 是 LLC 谐振变换器的最坏工况。LLC 谐振变换器的最坏工况不同于 PWM 变换器。PWM 的最坏工况是高压-轻载工况，而 LLC 谐振变换器的最坏工况为低压-重载。故应以工作点 A 的小信号特性为基准，设计电压控制器。由图 9-23 可得，$\omega'_{\rm pl}=5.0\times10^3$rad/s，$\omega_{\rm sp1}=7.0\times10^3$rad/s。

9.5.2 电压控制器的设计原则

根据最坏工况传递函数 $G_{\rm vc}(s)$ 的具有双极点和单零点的特点，本书给出 LLC 谐振变换器—电压控制器的设计原则：

1) 增加一个积分环节以消除静态误差。

2) 增加 $\omega_{\rm z1}$ 和 $\omega_{\rm z2}$ 两个低频零点抵消控制对象的两个低频极点，以增加穿越频率。

3) 增加一个中频极点 $\omega_{\rm p1}$ 抵消 ESR 零点 $\omega_{\rm esr}$。

4) 增加一个高频 $\omega_{\rm p2}$ 加大开环传递函数高频段的衰减率。

基于上述原则，选择双极点-双零点的电压控制器，表达式为

$$G_{\rm v}(s)=\frac{K_{\rm m}\left(1+\dfrac{s}{\omega_{\rm z1}}\right)\left(1+\dfrac{s}{\omega_{\rm z2}}\right)}{s\left(1+\dfrac{s}{\omega_{\rm p1}}\right)\left(1+\dfrac{s}{\omega_{\rm p2}}\right)} \tag{9-62}$$

电压闭环控制的框图如图 9-24a 所示，其中，控制器的传递函数为 $G_{\rm v}(s)$，电压采样网络的传递函数为 $H(s)$，控制对象的传递函数为 $G_{\rm vc}(s)$，包括了 V/I、CCO 和功率级 $G_{\rm vf}(s)$ 等三个环节，如图 9-24b 所示。

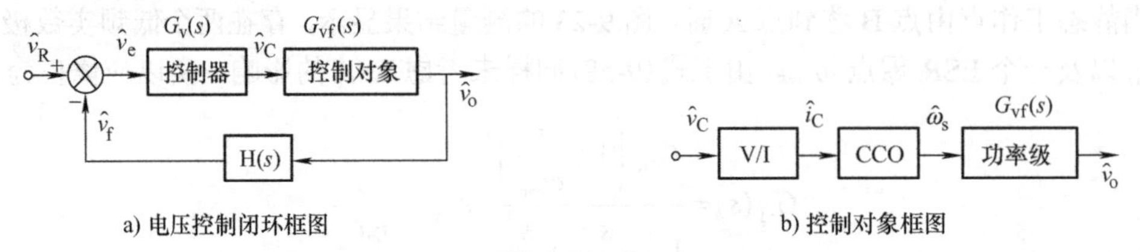

图 9-24 闭环电压控制框图

基于图 9-24a 所示，开环传递函数 $T(s)$ 的表达式为

$$T(s)=G_{\mathrm{vf}}(s)G_{\mathrm{v}}(s)H(s)=\frac{K_{\mathrm{m}}\left(1+\dfrac{s}{\omega_{\mathrm{z1}}}\right)\left(1+\dfrac{s}{\omega_{\mathrm{z2}}}\right)}{s\left(1+\dfrac{s}{\omega_{\mathrm{p1}}}\right)\left(1+\dfrac{s}{\omega_{\mathrm{p2}}}\right)}\frac{G_{\mathrm{DC}}\left(1+\dfrac{s}{\omega_{\mathrm{esr}}}\right)}{\left(1+\dfrac{s}{\omega'_{\mathrm{p1}}}\right)\left(1+\dfrac{s}{\omega_{\mathrm{sp1}}}\right)}H(s) \tag{9-63}$$

根据控制器的设计原则，可得

$$\omega_{\mathrm{z1}}=\omega'_{\mathrm{p1}},\quad \omega_{\mathrm{z2}}=\omega_{\mathrm{sp1}},\quad \omega_{\mathrm{p1}}=\omega_{\mathrm{esr}} \tag{9-64}$$

将式(9-64)代入式(9-63)，得

$$T(s)=\frac{K_{\mathrm{m}}G_{\mathrm{DC}}H(s)}{s\left(1+\dfrac{s}{\omega_{\mathrm{p2}}}\right)} \tag{9-65}$$

控制对象及其开环传递函数的伯德图如图 9-25 所示，其中图 9-25a 表示控制对象在工作点 A 处的幅频特性的伯德图，图 9-25b、c 分别表示工作点 A 处对应的开环传递函数的幅频特性和相频特性曲线。

为了便于确定控制器的直流增益 K_{m}，在初始设计时，令穿越频率 $f_{\mathrm{c}}=f_{\mathrm{p2}}$，保证相位裕量为 45°。在穿越频率处，式(9-65)可以改写为

$$|T(\mathrm{j}\omega_{\mathrm{c}})|=\frac{K_{\mathrm{m0}}|H(\mathrm{j}\omega_{\mathrm{c}})|G_{\mathrm{DC}}}{\sqrt{2}\pi f_{\mathrm{c}}}=1 \tag{9-66}$$

直流增益 K_{m} 初值 K_{m0} 的计算式为

$$K_{\mathrm{m0}}=\frac{\sqrt{2}\pi f_{\mathrm{c}}}{G_{\mathrm{DC}}|H(\mathrm{j}\omega_{\mathrm{c}})|} \tag{9-67}$$

在实际设计时，为了保证足够的相位裕量，适当地减少 K_{m} 值，使得穿越频率 f_{c} 位于 −20dB/dec 的幅频特性曲线。本设计中，取 $K_{\mathrm{m}}=1257$。另外，控制器中 ω_{p2} 是光耦器件的极点，下一节将给出详细论述。如前所述，设计控制器是以工作点 A 为基准，确保在工作点 A 处，LLC 谐振变换器能够稳定工作，但并不能保证变换器能在图 9-19 所示的整个工作区均能稳定工作，所以需要验证其余三个工作点 B、C 和 D，得到仿真结果是，A 点的穿越频率 $f_{\mathrm{c}}=2.5\mathrm{kHz}$，相位裕量为 55°；B 点穿越频率 $f_{\mathrm{c}}=4.5\mathrm{kHz}$，相位裕量为 110°；C 点穿越频率 $f_{\mathrm{c}}=2.4\mathrm{kHz}$，相位裕量为 65°；D 点穿越频率 $f_{\mathrm{c}}=210\mathrm{Hz}$，相位裕量为 45°。证明四个工作点及其整个工作区域均能稳定工作。

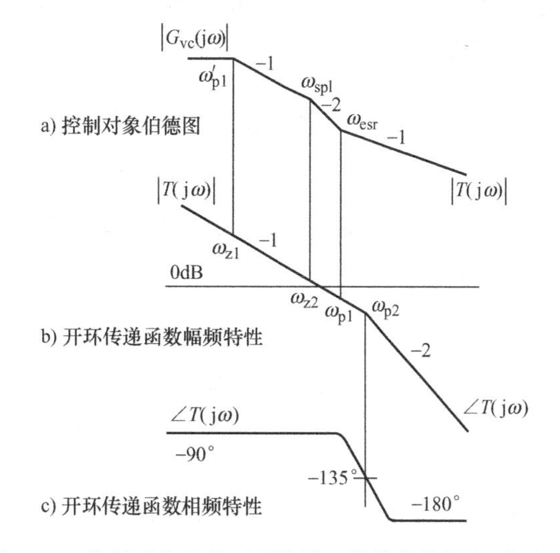

图 9-25　控制对象及其开环传递函数的伯德图(工作点 A)

9.5.3 反馈电路的传递函数

由于 LLC 谐振变换器常用于高压输入-低压输出的降压工况，控制电路与功率级需要电气隔离。通常由可控精密稳压源 TL431 和高速光耦器件组成反馈电路，如图 9-26 所示。它是一个典型的三极点-双零点电路。下面推导传递函数。

光耦 LED 的交流电阻 r_d 为

$$r_d \approx \frac{26\text{mV}}{I_F}$$

式中，I_F 是光耦 LED 的静态电流。由图 9-20 可知，I_F 取值范围 1～5mA。因此 $r_d = 5\sim26\Omega$，很小。所以，在交流分析过程，可以忽略 r_d 的影响。

基于图 9-26 所示电路，并忽略 r_d 的影响，可得

$$\hat{i}_f \approx \frac{\hat{v}_o - \left(-\dfrac{z_2(s)}{z_1(s)}\hat{v}_o\right)}{z_3(s)}, \ z_1(s) = R_4, \ z_2(s) = \frac{1}{sC_1}, \ z_3(s) = \left(R_2 + \frac{1}{sC_2}\right) // R_1$$

简化整理上式后，则得

$$\frac{\hat{i}_f}{\hat{v}_o} = \frac{K_1\left(1+\dfrac{s}{\omega_{z1}}\right)\left(1+\dfrac{s}{\omega_{z2}}\right)}{1+\dfrac{s}{\omega_{p1}}}, \ \omega_{z1} = \frac{1}{R_4C_1}, \ \omega_{z2} = \frac{1}{(R_1+R_2)C_2}, \ \omega_{p1} = \frac{1}{R_2C_2}, \ K_1 = \frac{1}{R_1R_4C_1}$$

在忽略输出电容 C_j 的影响下，光耦的小信号模型为

$$\frac{\hat{i}_c}{\hat{i}_f} = \frac{\Delta I_c}{\Delta I_f} \approx CRT\Big|_{I_d=I_{dQ}} \tag{9-68}$$

由于光耦的输出端存在一个结电容 C_j，其输出端的传递函数为

$$\frac{\hat{v}_c}{\hat{i}_c} = \frac{K_2}{1+\dfrac{s}{\omega_{p2}}}, \ \omega_{p2} = \frac{1}{R_3C_j}, \ K_2 = R_3 \tag{9-69}$$

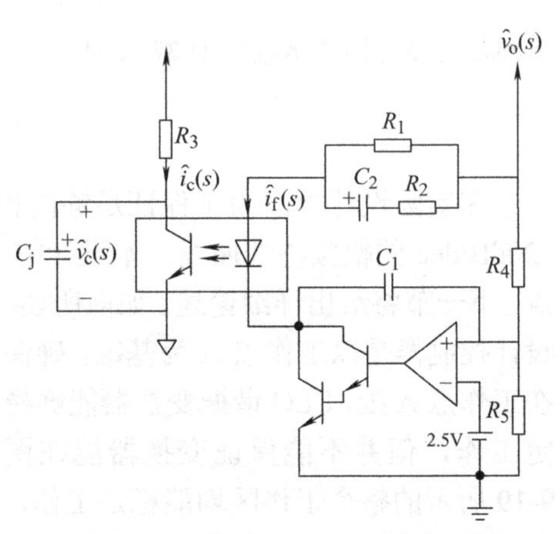

图 9-26 三极点-双零点反馈电路

由式(9-67)～式(9-69)三个传递函数可得反馈电路的传递函数为

$$G_v(s) = \frac{\hat{v}_c}{\hat{v}_o} = \frac{\hat{i}_f}{\hat{v}_o}\frac{\hat{i}_c}{\hat{i}_f}\frac{\hat{v}_c}{\hat{i}_c} = \frac{K_m\left(1+\dfrac{s}{\omega_{z1}}\right)\left(1+\dfrac{s}{\omega_{z2}}\right)}{s\left(1+\dfrac{s}{\omega_{p1}}\right)\left(1+\dfrac{s}{\omega_{p2}}\right)}, K_m = K_1 \cdot CRT \cdot K_2 \tag{9-70}$$

对照式(9-62)可知，反馈电路的传递函数具有三个极点和两个零点。因此，这个反馈电路适合用作 LLC 谐振变换器的电压控制器。

第 10 章　开关调节系统的 Psim 仿真技术

Psim 是专门为电力电子和电动机控制设计及其动态系统分析的一个仿真平台，具有仿真速度快和用户界面友好等优点，为电力电子系统分析和数字控制、电动机驱动系统研究等提供了强大的仿真环境。Psim 中的开关器件分为理想器件和非理想器件。在进行闭环系统仿真时，建议使用理想开关器件，忽略复杂的开关瞬态过程，开关导通电阻为 10μΩ，关断电阻为 1MΩ，无需缓冲电路，使其仿真速度快，且几乎不存在收敛问题。

本章主要介绍如下三个仿真技术：

1) 基于小信号时域仿真的开关变换器数值建模。 用小信号时域仿真技术模拟环路增益测量仪的功能，测量开关变换器的小信号动态特性。根据小信号时域仿真结果，建立开关变换器的闭式数学模型，或分析开关调节系统的环路频率特性，为研究开关变换器的动态特性提供一个有效的途径。因为时域仿真所得的仿真结果几乎可以等价于实测结果，免去了购买昂贵环路增益测量仪和复杂而繁琐的测量过程。

2) 控制器的智能设计。 Smartctrl 模块为电力电子工程师提供了一个控制器智能设计的工具。

3) 自动形成数字控制器的 C 代码。 SimCoder 模块是 Psim 仿真平台新增的一个功能，它可以直接由 Psim 仿真电路并形成相应 C 代码，将其下载到指定的 DSP 硬件中运行，或进行数字仿真验证设计的合理性和正确性。

10.1　开关变换器数值建模

通常工程师使用环路增益测量仪测量开关变换器的低频-小信号频率特性，以验证其小信号模型的正确性及其控制器设计的合理性。随着仿真技术的进步，文献[37]提出了小信号时域仿真技术，模拟环路增益测量仪的功能，为开关变换器数值建模开辟了新的途径。时域仿真技术几乎等价于实测结果。因此，本节利用 Psim 平台，介绍建立在时域仿真基础上的数值建模方法。

10.1.1　时域仿真的基础知识

本节以图 10-1 所示的 Buck 变换器为例，介绍时域仿真技术的基础知识及其步骤，如图 10-2 所示。

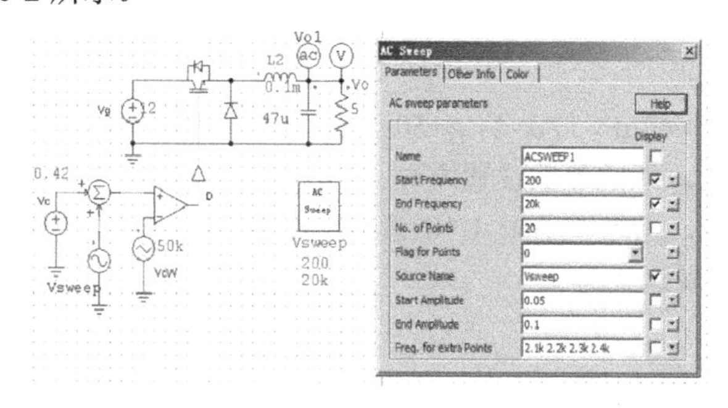

图 10-1　Buck 开关变换器的时域仿真电路图

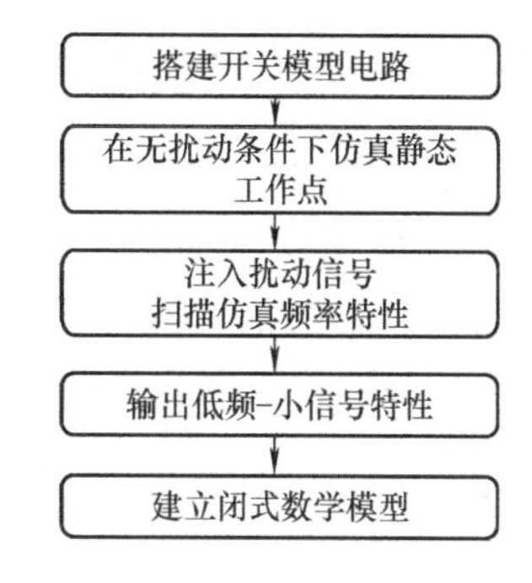

图 10-2　开关变换器数值建模的步骤

步骤 1　搭建开关模型电路

为了保证仿真结果的准确性，一般直接使用变换器的开关模型电路，即使用功率级的原理电路。当然，在仿真过程中，开关模型电路中存在高频纹波，仿真时间较长。为了凸显变换器的低频-小信号动态特性和提高仿真速度，也可以采用平均模型电路。

步骤 2　仿真静态工作点

类似于模拟小信号放大器，开关变换器是一个强非线性系统，不能使用传递函数、频率特性等模型描述其性能。然而，当静态工作点固定后，在低频-小信号扰动的条件下，开关变换器可近似为一个线性-非时变电路。所以，选择合适的静态工作点是小信号分析的基础。在图 10-1 所示的 Buck 变换器中，直流控制电压用 V_c 表示，载波 V_{CW} 是一个单位幅值的高频锯齿波。在无扰动信号时，扫描电压源 V_{sweep} 的幅度等于零，V_c 和 V_{CW} 二者通过比较器产生占空比 D 的静态工作点。因为 V_{CW} 的幅度等于 1，所以 $D=V_c$。CCM 工作模式的占空比公式为

$$D=\frac{V_o}{V_g}=V_c \tag{10-1}$$

式中，V_o 和 V_g 分别为直流输出电压和输入电压。需要指出，静态占空比 D 的最大值应小于 V_{CW} 的幅值，最小值应大于 0.1，建议 D 取值范围为 0.25～0.8。如果 D 值较大，在调节输出过程中会出现瞬时占空比 $d=1$ 的区间，本书定义为饱和失真；如果 D 值过小，会出现瞬时占空比 $d=0$ 的区间，本书定义为截止失真。

因为低频—小信号仿真是以合理的静态工作点为基础，所以需要完成如下工作：①依据理论公式计算出占空比的理论值，以此作为控制电压的初始值；②根据理论计算或静态仿真结果确定电容电压和电感电流平均值，以此作为状态变量的初始值。需要指出，在 Buck 变换器中，当开关管和续流二极管处于静止状态时，电感电流没有通路，所以不能为 Buck 变换器的电感设置初始值。

步骤 3　增加频率扫描扰动信号 V_{sweep}

为了得到控制-输出的频率特性，需要在直流控制信号 V_c 的基础上，增加一个频率扫描的电压源 V_{sweep}。V_{sweep} 是一个幅度固定、频率在指定范围内扫描的正弦小信号，并假定初始相位等于零。如图 10-1 所示，在仿真小信号之前，需要设置 V_{sweep} 源的参数。

在介绍 V_{sweep} 源的参数设置原理之前，简单回顾一下 Buck 变换器的小信号模型，表达式为

$$\frac{\hat{v}_o(s)}{\hat{v}_c(s)}=\frac{K_m V_g}{1+\dfrac{s}{\omega_0 Q}+\dfrac{s^2}{\omega_0^2}} \tag{10-2}$$

式中，$\omega_0=\dfrac{1}{\sqrt{LC}}$，$Q=R_L\sqrt{\dfrac{C}{L}}$，$K_m=\dfrac{1}{V_{CW}}$。

在仿真电路中，R_L=5Ω，L=0.1mH，C=47μF，V_{CW}=1，f_s=50kHz，求得谐振频率 f_0=2.32kHz，K_m=1，品质因数 Q=3.43。下面介绍 V_{sweep} 源的参数设置原理。

起始频率（f_{SF}）：对于式(10-2)而言，当频率小于 1/10 谐振频率 f_0 时，频率特性的伯德图没有明显变化。因此，确定起始频率表达式为

$$f_{SF}\approx\frac{f_0}{10} \tag{10-3}$$

在本实例中 $f_0=2.32\text{kHz}$，取 $f_{SF}=200\text{Hz}$。

终止频率(f_{EF})：由于采用了开关模型电路进行仿真，高频纹波及其高频分量会对变换器的低频-小信号特性产生频率混叠现象。为了消除混叠现象，根据香农定理，终止频率应小于$f_s/2$，即有$f_{EF}<f_s/2$。在本例中，$f_s=50\text{kHz}$，取$f_{EF}=20\text{kHz}$。在实际仿真中，建议终止频率小于$f_s/4$。

测量频率点的数目 N：在起始频率f_{SF}和终止频率f_{Ef}之间均匀地分布N个频率点，作为正弦扰动信号的频率。一般而言，N越大，扫描频率更加密集，仿真结果更加准确，但仿真的时间就越长。

确定扰动信号的幅度：首先强调，为了剔除噪声，在仿真控制-输出频率特性过程中，Psim 仿真平台应该使用了相关技术，致使测得的频率特性与扰动信号幅值大小无关。其次，PWM 开关变换器是一个强非线性-时变系统，只有在低频-小信号扰动的条件下，可以近似为一个线性-非时变系统。最后指出，开关变换器控制-输出频率特性基本呈现低通滤波器的特性，在高频段，其幅值随着频率的增加而迅速下降，斜率一般为-40～-20dB/dec。为了提高信噪比，扰动信号的起始幅度A_s应远小于终止幅度A_E。在本例中，$A_s=0.05\text{V}$，而$A_E=0.1\text{V}$。事实上，小信号仿真是在直流静态工作点的基础上，叠加一个低频-小信号正弦扰动信号。要求扰动信号的幅值远远小于静态工作点的数值，以防止饱和失真与截止失真。基于这一原则，下面给出选择扰动幅度的一般原则和典型数值。

终止频率的幅度为

$$A_E << V_c，取 A_E=V_c/(10～100) \tag{10-4}$$

初始频率幅度为

$$A_s = A_E/(2～10)，且 A_s \geq 1\text{mV} \tag{10-5}$$

附加频率点：由表 1-2 可知，常用的 CCM 型开关变换器的小信号模型中，含有一个如式(10-2)所示的二阶环节。图 10-3 给出了不同 Q 值时 CCM 型 Buck 变换器的幅频和相频特性曲线。由图可见，当$Q>0.5$，幅频特性和相频特性在谐振频率f_0附近的变化十分剧烈。而 Psim 在频率扫描时，均匀地选取测试频率。因此，无法准确获取f_0附近的频率特性，需要增加额外的附加频率测试点。这些附加的频率点至少包括谐振频率f_0、二阶极点的起始频率f_a和终止频率f_b，计算公式为

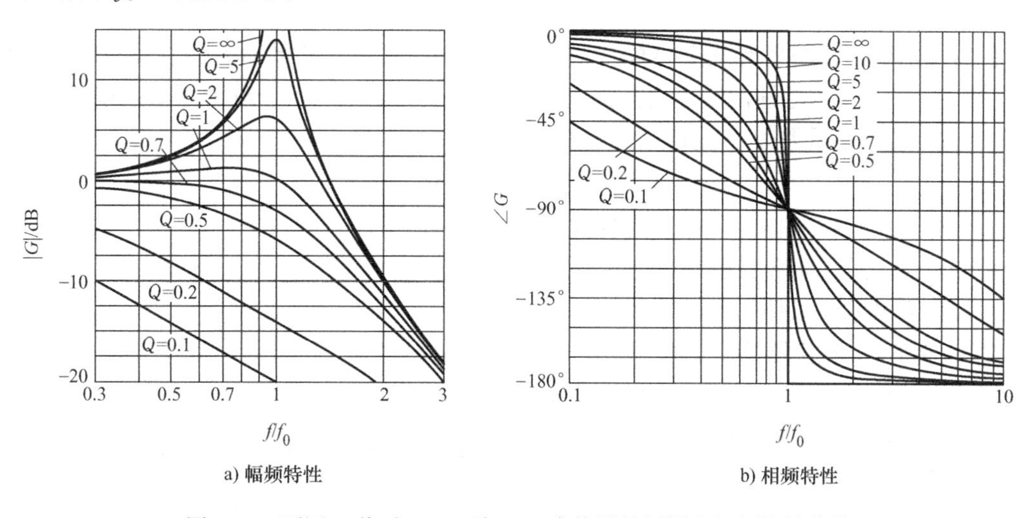

a) 幅频特性　　b) 相频特性

图 10-3　不同 Q 值时 CCM 型 Buck 变换器的幅频和相频特性曲线

$$f_0 = \frac{1}{2\pi\sqrt{LC}},\ f_a = 10^{-\frac{1}{2Q}} f_0,\ f_b = 10^{\frac{1}{2Q}} f_0 \tag{10-6}$$

步骤 4　输出低频-小信号特性

Psim 仿真结果如图 10-4 所示。由仿真结果可知，直流增益 $A_o = 21.65\text{dB}$，谐振频率 $f_0 = 1.98\text{kHz} \approx 2\text{kHz}$，幅频特性的峰值为 $A_M = 27.14\text{dB}$，基本接近理论计算值。

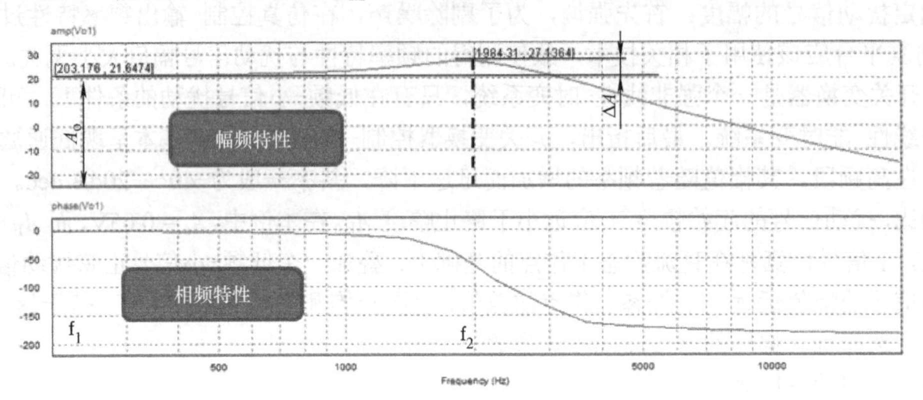

图 10-4　CCM-Buck 变换器的幅频和相频特性曲线

步骤 5　建立数学模型-小信号特性的闭式表达式

由图 10-4 所示的频率特性可知，在低频段，$f < 1\text{kHz}$，幅频特性基本保持不变，相移近似为零；在高频段，$f > 4\text{kHz}$，相移等于 180°，幅频特性衰减的斜率为-40dB/dec；在中频段，$1\text{kHz} < f < 4\text{kHz}$，幅频特性和相频特性剧烈变化。频率特性的上述特征与高 Q 值的巴特沃斯低通滤波器的频率特性十分吻合，故选用高 Q 值的巴特沃斯低通滤波器作为 CCM 型 Buck 变换器的小信号模型，得到闭式表达式为

$$H(s) = \frac{\hat{v}_o(s)}{\hat{v}_c(s)} = \frac{A_o}{1 + \dfrac{s}{\omega_0 Q} + \dfrac{s^2}{\omega_0^2}} \tag{10-7}$$

巴特沃斯低通滤波器有三个参数，直流增益 A_o、转折频率 f_c 和品质因数 Q 值。选择 $f = f_{SF}$，在 f_{SF} 频率点，在幅频特性曲线上直接提取直流增益的分贝值；相移 90° 对应的频率为转折频率 f_c，令 $f_c = f_0$；品质因数 Q 的计算公式为

$$20\lg Q = 20\lg \Delta A \tag{10-8}$$

在设计电压型控制器时，可以式(10-7)作为控制对象，进行闭环分析与设计。不必再用时域仿真技术，以便提高设计效率。

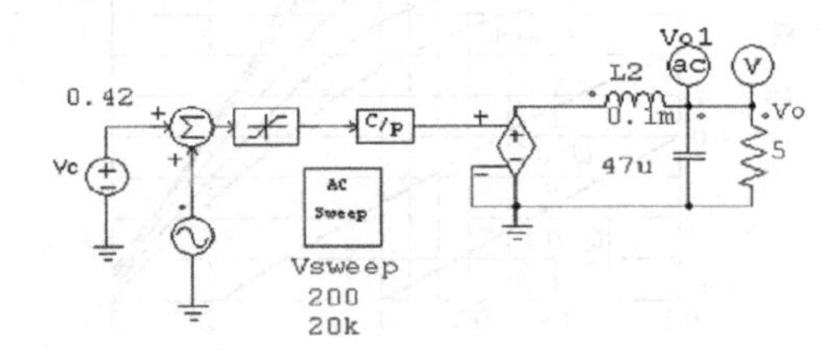

图 10-5　CCM 型 Buck 变换器的平均模型仿真电路

CCM 型 Buck 变换器的平均模型仿真电路如图 10-5 所示。与图 10-1 所示的时域仿真电路相比，用电压控制电压源 VCCVS 替代时域仿真电路中的开关网络，控制系数等于直流输入电源的电压值。平均模型仿真电路具有如下优点：①无高频纹波及其高次谐波的影响，低频-小信号频率响应的精度更高；②仿真时间短；③无收敛问题。

10.1.2 时域仿真的实例

例 10-1 仿真闭环开关调节器的环路增益。

环路交流扫描探针：位于 Psim 界面，选择 Element >> other >> probes >> ac sweep probe (loop)，用环路交流扫描探针测量闭环控制系统的环路频率特性，包括幅频特性和相频特性。下面结合图 10-6 所示的平均电流控制 Buck 变换器的电流环说明一些基本概念。①在电流反馈通道上插入一个交流扫描电压源 V_{sweep} 作为扰动输入；②带黑点“•”一端表示环路增益的输入端 v_x，另一端是环路增益的输出端 v_y，则环路增益的定义为

$$T(\mathrm{j}\omega)=\frac{v_y}{v_x}\text{，幅频特性，amp(Ti)=20lg}\left|T(\mathrm{j}\omega)\right|\text{，phase(Ti)=}\angle T(\mathrm{j}\omega) \tag{10-9}$$

③ 环路增益仿真的三个关键点：其一，在低频段和中频段，幅频特性的斜率应为-20dB/dec。其二，高频段幅频特性的斜率应为-40dB/dec。其三，穿越频率 f_c 以及相位裕度。必须指出，f_c 应小于 $f_s/4$，相位裕度应超过 45°，对于开关变换器，建议相位裕度大于 50°。平均电流控制 Buck 变换器环路增益仿真电路及其仿真结果如图 10-6 所示。

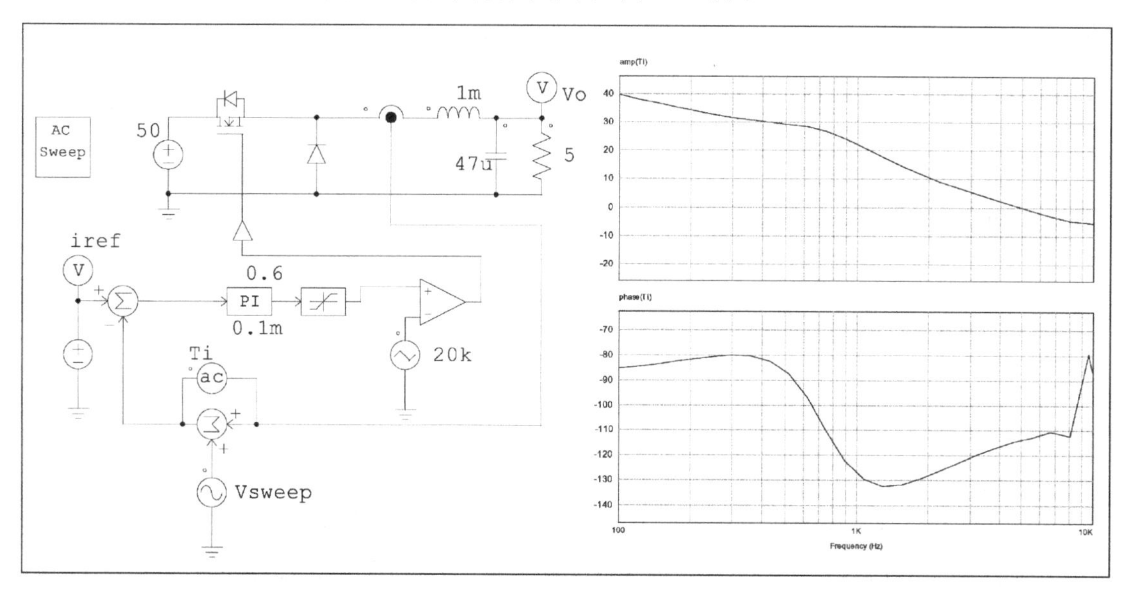

图 10-6 平均电流控制 Buck 变换器环路增益仿真电路及其仿真结果

例 10-2 PWM-IC 控制的实际开关调节器的环路增益。

对于 DC-DC 变换器而言，元件库 Power IC 中包含了 Unitrode UC3842/43/44、MC33260、UC3823A/B、UC3854、UC3872、UC2817 等典型的控制芯片，为工程师直接仿真实际系统提供了方便。

UC3842 PWM IC 控制 Buck 变换器环路增益的仿真电路如图 10-7 所示。这是一个带有峰值电流控制的电压调节器，即双环控制系统；在运放的反馈通路中插入交流扫描电压源 V_{sweep} 和环路交流扫描探针，以测量双环控制系统环路增益的频率特性。带有峰值电流控制的电压调节器具有输入电压范围宽、高压-轻载的 DCM 工况的控制频带宽和自带峰值电流保护等优点，缺点是存在次谐波振荡以及抗干扰能力差。

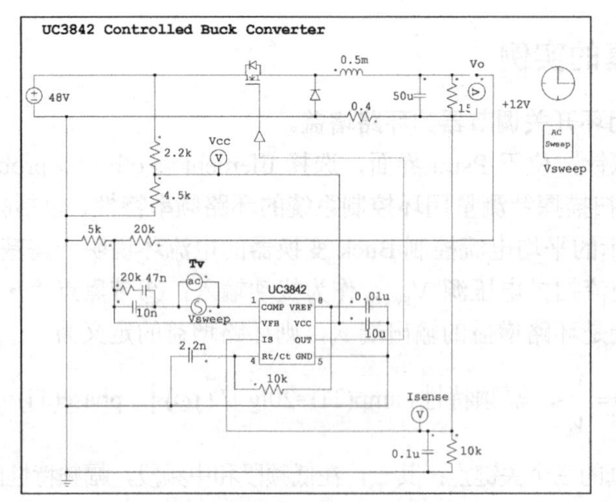

图 10-7　UC3842 PWM IC 控制 Buck 变换器环路增益仿真电路

例 10-3　LCC 谐振变换器的 PWM 小信号建模。

正如第 8 章和第 9 章所述，到目前为止，建立谐振变换器小信号模型和等效电路仍是一件繁琐而困难的工作。这里介绍基于时域仿真技术建立谐振变换器功率级小信号仿真模型的方法。LCC 谐振变换器的小信号时域仿真电路如图 10-8 所示，其中图 10-8a 是全桥 LCC 谐

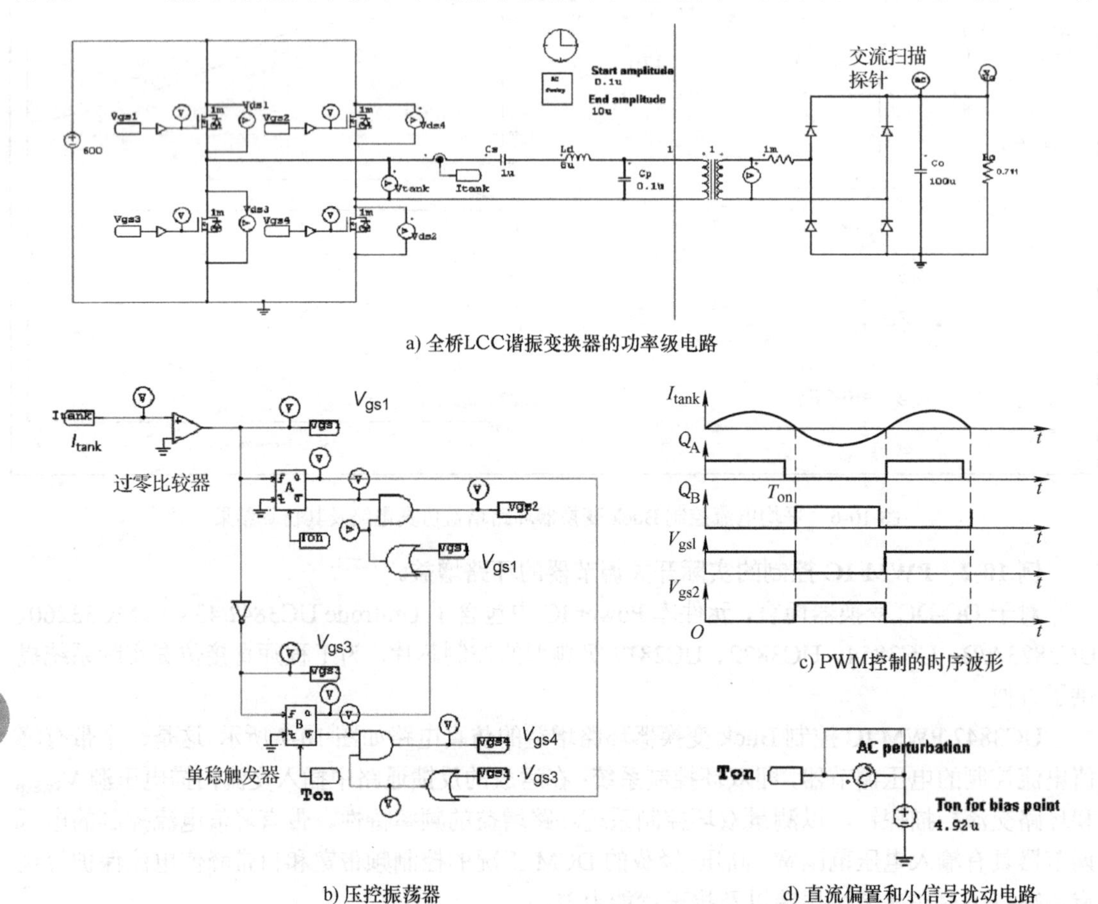

图 10-8　LCC 谐振变换器的小信号时域仿真

振变换器的功率级电路，两个检测量分别为I_{tank}和交流扫描探针测量输出电压小信号频率响应。I_{tank}是谐振槽路的电感电流，其频率等于谐振频率的正弦信号。交流扫描探针与环路交流扫描探针具有相同的功能，显示输出端的交流小信号响应的幅频特性和相频特性。其差别在于环路交流扫描探针测量闭环控制环路的频率响应，而交流扫描探针检测输出电压的频率响应。

图 10-8 给出了 PWM 控制的原理电路，其主要时序波形如图 10-8c 所示。在I_{tank}电流由负值向正值变化的过零点，单稳触发器 A 输出高电平，$Q_A = 1$，致使$V_{gs1} = V_{gs4} = 1$，持续时间等于单稳触发器 A 的脉冲宽度T_{on}；相反，在I_{tank}电流由正值向负值变化的过零点，单稳触发器 B 输出高电平，$Q_B = 1$，致使$V_{gs2} = V_{gs3} = 1$，持续时间为单稳触发器 B 的脉冲宽度T_{on}。

图 10-8d 是直流偏置和小信号扰动电路。其中直流电压源的数值决定单稳触发器的脉冲宽度T_{on}。AC perturbation 是小信号交流扫频扰动信号，与图 10-1 中V_{sweep}的功能相同，改变脉冲宽度T_{on}。

必须指出：谐振槽路的谐振周期一定要大于$2T_{on}$；在V_{sweep}的设置中，**终止幅度**$A_E = 10\mu V$不甚合理。因为它大于偏置点 4.95μV，不符合小信号扰动的幅度远远小于直流偏置工作点的基本原则，应该选用$A_E = 0.2\mu V$。

仿真可以得到 PWM 控制-LCC 谐振变换器功率级的小信号频率特性，如图 10-9 所示。由仿真结果可以得到如下结论：①相频特性曲线的有效变化范围是 0～180°；②当频率小于f_0(3.85kHz) 时，幅频特性比较平坦；③当频率大于f_0时，幅频特性曲线下降的斜率近似为 −40dB/十倍频程；④当频率等于f_0，幅频特性凸起。上述特征也符合巴特沃斯低通滤波器的频率特性。因此，应选用巴特沃斯低通滤波器的数学表达式作为 PWM 控制-LCC 谐振变换器功率级的小信号模型。

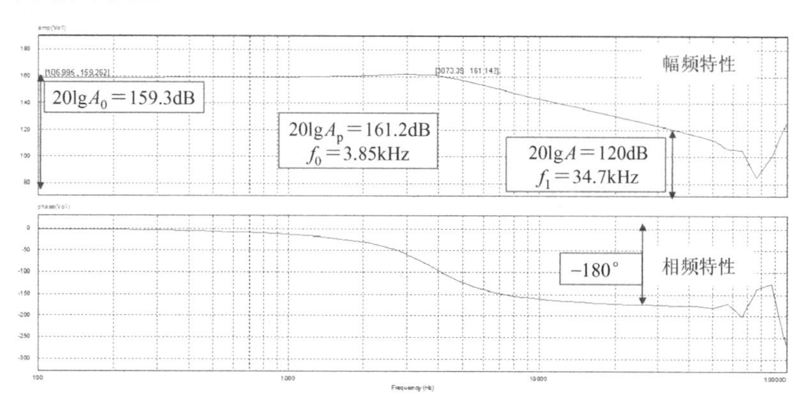

图 10-9　PWM 控制-LCC 谐振变换器的小信号频率特性

由仿真结果得到下面参数值：

截止频率：$f_0 = 3.85\text{kHz}$

直流增益：$20\lg A_0 = 159.3\text{dB} \approx 160\text{dB}$，$A_0 = 10^8$

幅频特性峰值：$20\lg A_p = 161.2\text{dB}$

品质因数：$20\lg Q = 20\lg A_p - 20\lg A_0 = 1.9\text{dB}$，$Q = 1.24$

PWM 控制-LCC 谐振变换器功率级的小信号模型为

$$H(s) = \frac{\hat{v}_o(s)}{\hat{v}_c(s)} = \frac{A_o}{1 + \dfrac{s}{\omega_0 Q} + \dfrac{s^2}{\omega_0^{\ 2}}} \tag{10-10}$$

式中，$A_0=10^8$；$Q=1.24$；$\omega_0=2\pi f_0$；$f_0=3.85\text{kHz}$。

在设计 PWM 控制-LCC 谐振变换器电压控制器时，式(10-10)是控制对象的表达式。

评论：①在图 10-8a 中，变压器输出端与整流桥之间应该是一个滤波电感，而不是一个电阻。否则不符合电路构成的基本原则；②开关频率等于谐振频率，使得谐振槽路不存在无功功率。然而，可能带来的问题是开关网络不满足 ZVS 条件，开关损耗极高；③采用 PWM 控制，不符合谐振变换器常用的变频控制原理，但仍可以工作。

10.2 控制器的智能设计

Psim 仿真软件为用户提供了开关变换器控制环路设计与优化的智能工具——SmartCtrl，适用于常用的 DC-DC 变换器和 PFC 变换器等。为了便于设计和评估稳定效果，SmartCtrl 程序提供了稳定工作区域，称为“solution map”。基于选定的控制对象、传感器和控制器的类型，稳定工作区域展示了穿越频率 f_c 和相位裕量的取值范围。根据已确定的穿越频率和相位裕量，当用户在稳定工作区域内选择一个对应工作点，SmartCtrl 自动求取控制器(regulator)的参数。在稳定工作区域选定工作点后，Smartctrl 提供了一种非常直观评估的方法——环路性能分析图，包括伯德图、极坐标图和瞬态响应曲线等。换句话讲，稳定工作区域的一个工作点唯一地对应一幅环路性能分析图。可用环路性能分析图评估系统的优劣。最后，Smartctrl 还提供了十分简便的优化技术和瞬态仿真验证方法。本节以电压控制模式 Buck 变换器为例，介绍控制器智能设计工具——SmartCtrl 的使用步骤及其相关的基础知识。

电压控制模式 Buck 变换器如图 10-10 所示。它是一个单环控制环路，用虚线框表示待设计的控制器。电路参数如下：输入电压为 16V；输出电压为 10V，参考电压为 2.5V，输出电感 200μH，输出电容 300μF，开关频率 100kHz。

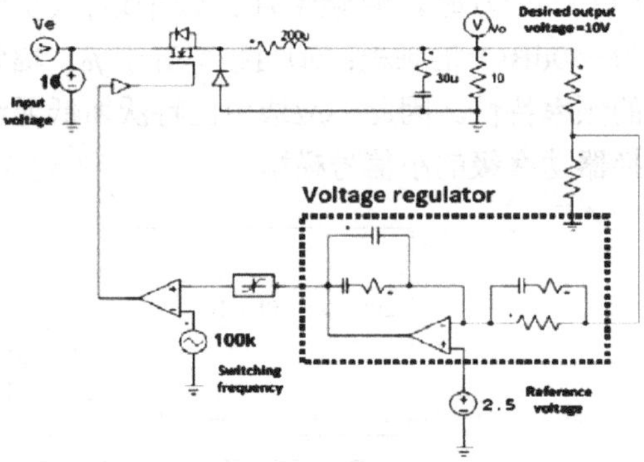

图 10-10　电压控制模式的 Buck 变换器

步骤 1　启动智能设计工具——SmartCtrl

如图 10-11 所示，在 Psim 主界面上按下 SmartCtrl 按钮，程序进入控制器智能设计环境，如图 10-12 所示。

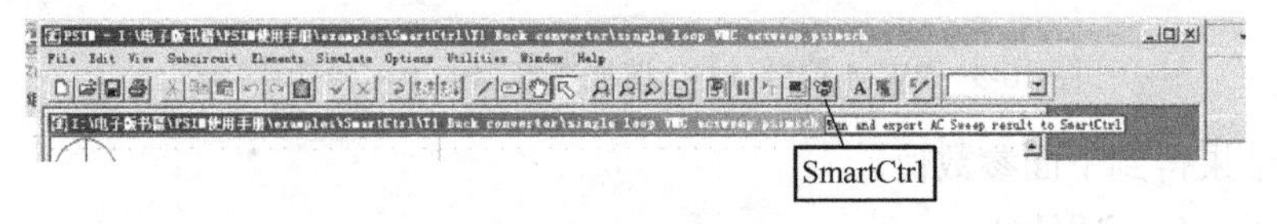

图 10-11　Psim 主页中的 SmartCtrl 按钮

Psim 将待设计的控制对象分为两类，如图 10-12 所示。其一是新的控制对象，位于图的左侧，包括单环 DC-DC 变换器——single loop DC-DC converter、用传递函数描述的单环变换器——single loop converter using an imported transfer function、双环 DC-DC 变换器——double loop DC-DC converter 和 PFC 变换器——PFC converter。其二是已有的控制对象，位于图的右侧，包括最新保存的文件——recently saved file、先前保存文件——previously saved file 和预定义变换器——predefined converter。

步骤 2　确定变换器的类型

在图 10-12 所示的控制器智能设计界面，按下“single loop DC-DC converter”，进入控制对象遴选界面，如图 10-13 所示。在这个界面中，选定“Buck(Voltage mode controlled)”，随后进入开关变换器参数设置界面，如图 10-14 所示。在这个界面中定义功率级电路的参数，诸如输入、输出电压、电感及其寄生电阻 R_L、电容及其 ESR 电阻和输出功率等。

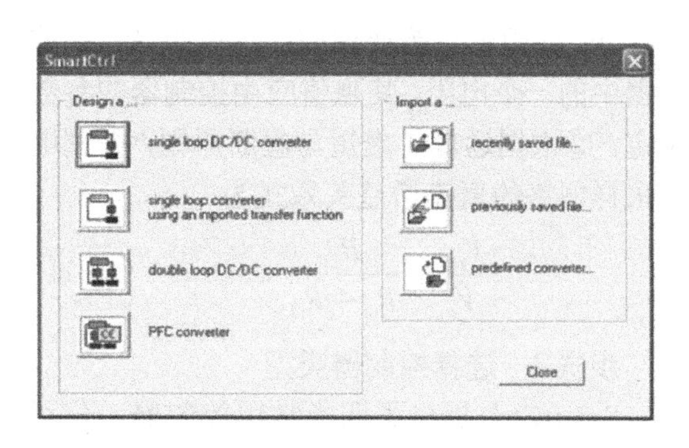

图 10-12　控制器智能设计界面

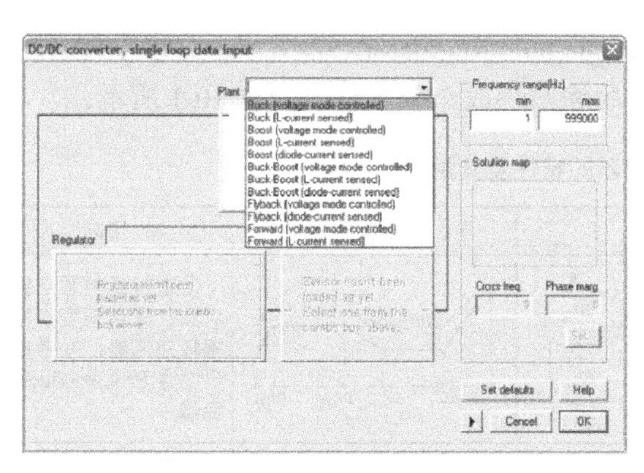

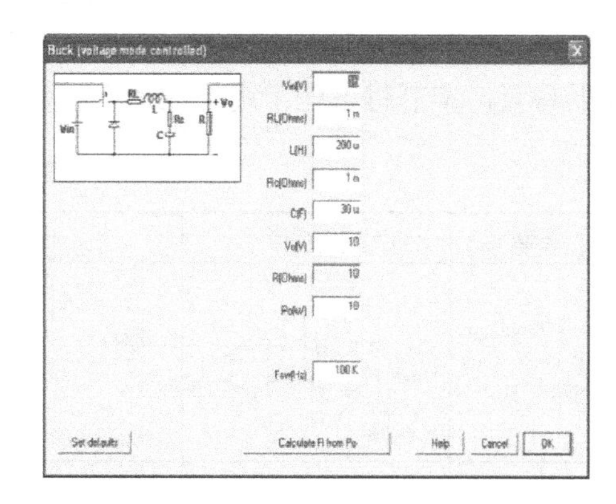

图 10-13　控制对象遴选界面　　　　图 10-14　开关变换器参数设置界面

步骤 3　确定电压采样网络的类型

当选定功率级拓扑并完成参数设定后，程序进入电压采样网络——sensor 遴选阶段，如图 10-15 所示。SmartCtrl 提供了两类电压采样网络，其一是电阻分压器，如图 10-16 所示，其二是嵌入式电压采样网络。

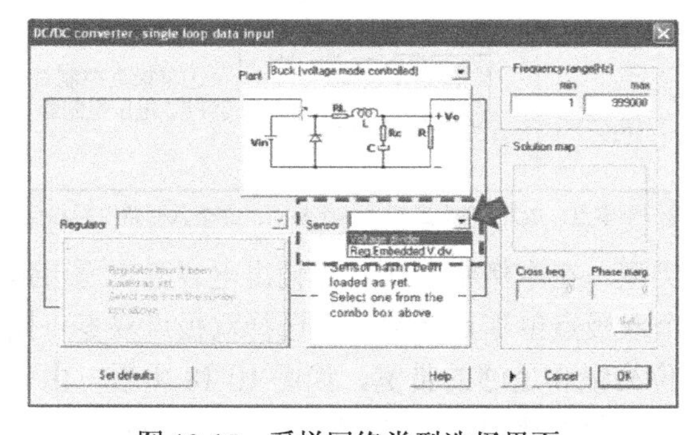

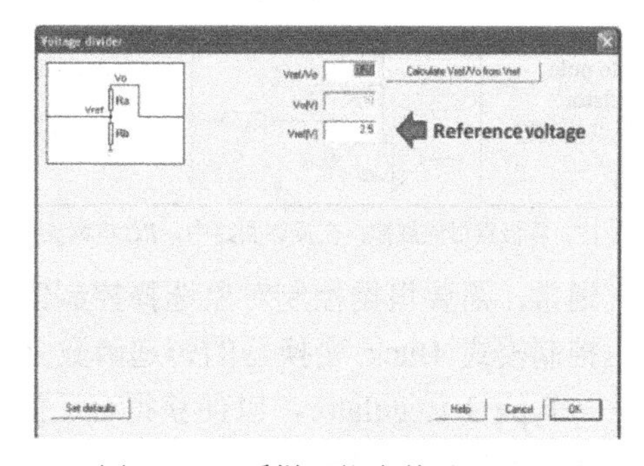

图 10-15　采样网络类型选择界面　　　　图 10-16　采样网络参数设计界面

如图选择电阻分压器作为采样网络，程序进入采样网络参数设计界面，如图 10-16 所示。设计者必须输入参考电压，本例中 $V_{ref}=2.5\text{V}$。根据变换器的输出电压和参考电压，SmartCtrl 自动计算出分压比及其分压电阻的阻值。

若在 sensor 选项中选择嵌入式电压采样网络，程序进入图 10-17 所示的界面。因 R_{11} 和 R_{ar} 组成的分压器镶嵌在控制器中，当输出电压、参考电压和 R_{11} 确定后，SmartCtrl 自动计算

电阻 R_{ar} 的阻值。需要说明：①电阻 R_{11} 是控制器中的一个电阻，其阻值应由控制器的参数决定；②根据运放的虚短与虚断原则，得到电压采样网络的直流增益关系式为

$$\frac{V_{ref}}{V_o}=\frac{R_{ar}}{R_{ar}+R_{11}} \tag{10-11}$$

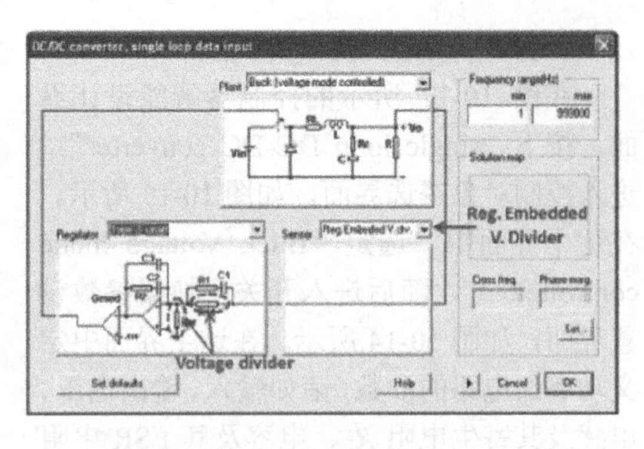

图 10-17　嵌入式电压采样网络界面

步骤 4　选择控制器类型

SmartCtrl 提供了四类常用控制器，分别是双极点双零点控制器——Type 3 Regulator、单极点单零点控制器——Type 2 Regulator、PI 控制器——PI Regulator 和单极点控制器——Single pole Regulator。为了便于读者掌握各个控制器特点，本书将这些常用控制器的特性及其用途归纳成一个表格，如表 10-1 所示。

表 10-1　常用控制器的特性及其用途

类型	拓扑结构	传递函数	伯德图	用途
Type 3 Regulator 双极点双零点控制器	C_3, C_2, R_1, C_1, G_{mod}, R_2, R_{11}	$G_c(s)=\frac{K\left(1+\frac{s}{\omega_{01}}\right)\left(1+\frac{s}{\omega_{02}}\right)}{s\left(1+\frac{s}{\omega_{p1}}\right)\left(1+\frac{s}{\omega_{p2}}\right)}$ $\omega_{01}>\omega_{p1}>\omega_{02}>\omega_{p2}$	−20dB/dec; O, ω_{01}, ω_{p1}, ω_{02}, ω_{p2}	①双极点单零点控制对象；②谐振变换器电压环控制器；③考虑输出电容 ESR 的 Buck 变换器
Type 2 Regulator 单极点单零点控制器	C_3, C_2, G_{mod}, R_2, R_{11}	$G_c(s)=-\frac{K(1+s/\omega_0)}{s(1+s/\omega_p)}$, $\omega_0<\omega_p$ $K=R_2/R_{11},\omega_0=1/(R_2C_2)$, $\omega_0=1/(R_2C_2)$	−20dB/dec; 20lg$K$; −20dB/dec; O, ω_0, ω_p	①单极点控制对象；②电流环控制器；③隔离反激变换器 T431 控制器；④忽略输出电容 ESR 的 Buck 变换器
PI Regulator PI 控制器	C_2, G_{mod}, R_2, R_{11}	$G_c(s)=-\frac{1+s/\omega_0}{sR_{11}C_2}$ $K=R_2/R_{11},\omega_0=1/(R_2C_2)$	−20dB/dec; 20lg$K$; O, ω_0	①单电压环控制器；②隔离反激变换器 T431 控制器
Single pole Regulator 单极点控制器	C_3, G_{mod}, R_2, R_{11}	$G_c(s)=-\frac{K}{1+s/\omega_p}$ $K=R_2/R_{11},\omega_p=1/(R_2C_3)$	−20dB/dec; 20lg$K$; O, ω_p	①单极点控制对象；②PFC 电压控制器

注：零极点形成规律：在反馈回路中，*RC* 串联支路形成一个零点，*RC* 并联支路形成一个极点；在输入回路中则相反。

通常，需要根据控制对象选择控制器的类型。在本例中，在考虑输出电容 ESR 影响时，电压控制模式 Buck 变换器的传递函数是一个双极点单零点函数，应选择双极点双零点控制器——Type 3 Regulator，以便获得合适的相位裕量和足够的带宽，如图 10-18 所示。由于采用了嵌入式电压采样网络，所以还需要确定 R_{11} 的阻值以及 PWM 比较器的增益 G_{mod}。$G_{mod}=1/V_M$，V_M 是锯齿波峰峰值。选择 PWM 增益 G_{mod} 和电压采样网络 R_{11} 阻值界面如图 10-19 所示。

步骤 5　选择穿越频率和相位裕量

当选定控制对象、传感器和控制器的类型后，SmartCtrl 自动进行小信号时域仿真，以便生成稳定工作区域。扰动信号的频率范围为 1Hz～1MHz。随后，自动进入穿越频率和相位裕量设定界面，如图 10-20 所示。在这个界面，按下“Set”按钮后，程序自动显示稳定工作区域图，如图 10-21 所示。

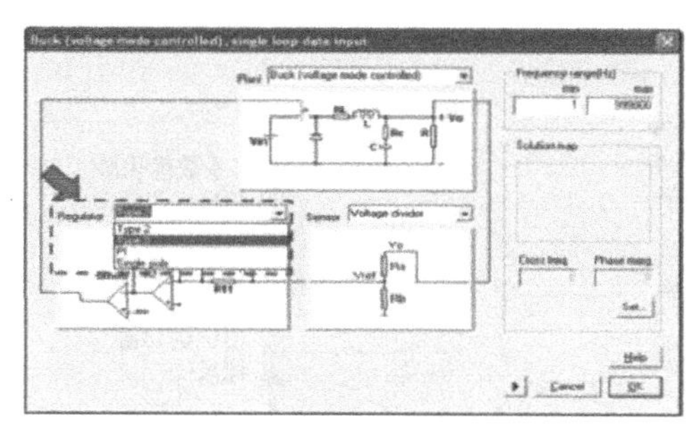

图 10-18　选择控制器类型界面

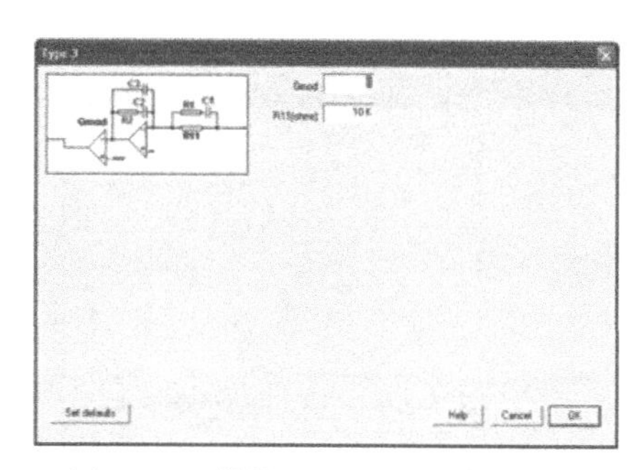

图 10-19　选择 PWM 增益 G_{mod} 和电压采样网络 R_{11} 阻值界面

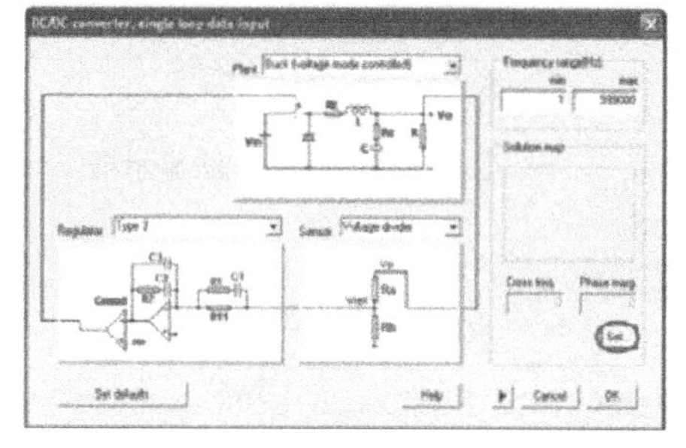

图 10-20　穿越频率和相位裕量设定界面

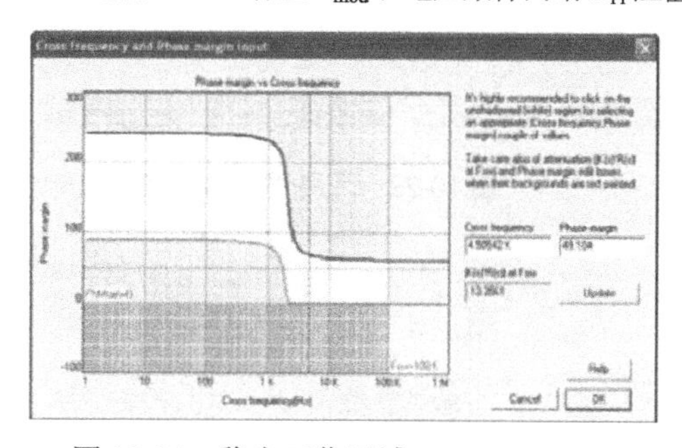

图 10-21　稳定工作区域——solution map

在稳定工作区域图中，x 轴是穿越频率，y 轴是相位裕量；图中“白色”的区域是稳定工作区域。换句话讲，白色区域内任何一点对应的穿越频率和相位裕量均能使系统稳定工作。对于 PWM 开关变换器，一般选择穿越频率 $f_c=f_s/(4\sim20)$，相位裕量等于 45°～60°，其中 f_s 是开关频率。根据这一原则，在右侧的编辑框中设定穿越频率和相位裕量的数值并按下更新(Update)按钮，或直接单击白色区域的某个点，程序将在白色区域内显示为红色点。在本例中，穿越频率为 4.4436kHz，相位裕量等于 49.1°。如果设计者认可这个设计结果，按下“OK”按钮后，程序将进入下一个步骤。

步骤 6　控制环路的分析和优化

当穿越频率和相位裕量确定后，SmartCtrl 可以计算出控制器的参数，并评估控制回路的性能。Smartctrl 提供了一种非常直观而简便的方法，包括控制对象与环路增益的伯德图、极坐标图和瞬态响应曲线，如图 10-22 所示。

根据控制器的类型，SmartCtrl 提供了多种优化方法，以便计算控制器的最佳参数。在本例中，对于 Type3 型控制器，SmartCtrl 提供了三种环路优化的算法。第一种是 *K* 系数法，通过改变穿越频率或相位裕量，改变直流增益 *K*，以优化系统设计；第二种是 *K*+法，分别调整穿越频率、相位裕量和直流增益 *K* 等三个参数优化系统；第三种是零极点配置方法，通过改变控制器零极点位置优化系统。图 10-23 展示了 *K*+优化方法显示框，含有 *K* 系数、穿越频率和相位裕量等三个优化游标尺。滑动任何一个游标尺，如图 10-23 所示的系统性能分析图随之改变。设计者可以通过滑动游标尺并观察系统的性能得到最优设计结果。

在图 10-22 所示的环路性能分析图中还包含了参数扫描功能，如图 10-24a 所示，含有输入参数扫描器 I 按钮和控制器参数扫描器 R 按钮。按下 I 按钮，显示出各种输入参数，如图 10-24b 所示。当选定扫描参数后，滑动游标尺，进行参数扫描，系统的各种性能随之改变。图 10-24c 展示了控制器的参数扫描。

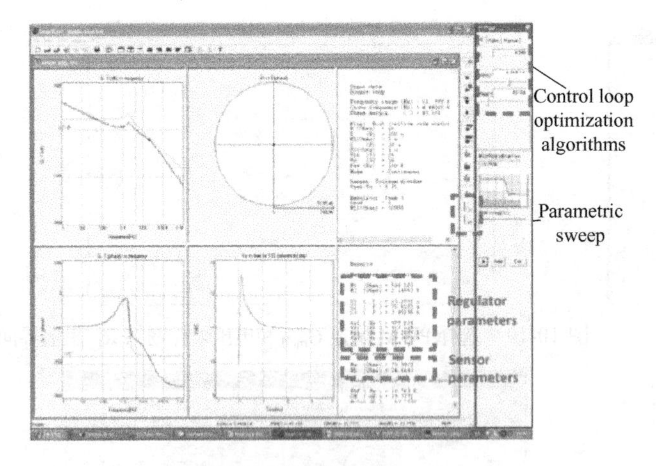

图 10-22　环路性能分析图

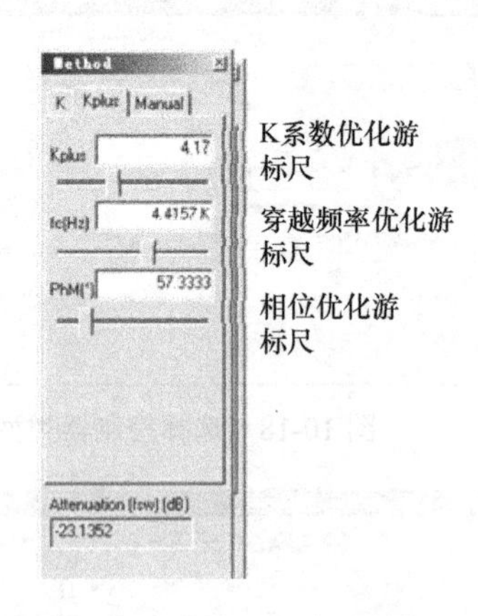

图 10-23　优化方法显示框

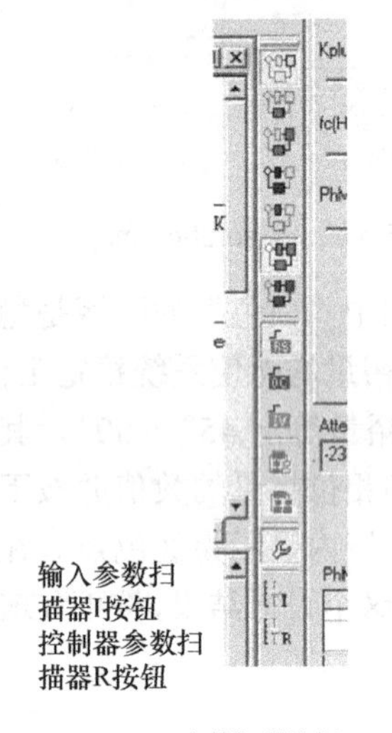

a) I、R参数扫描按钮

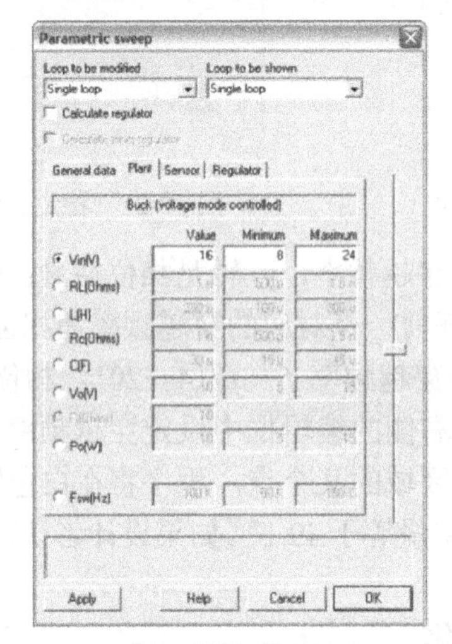

b) 输入I参数扫描界面

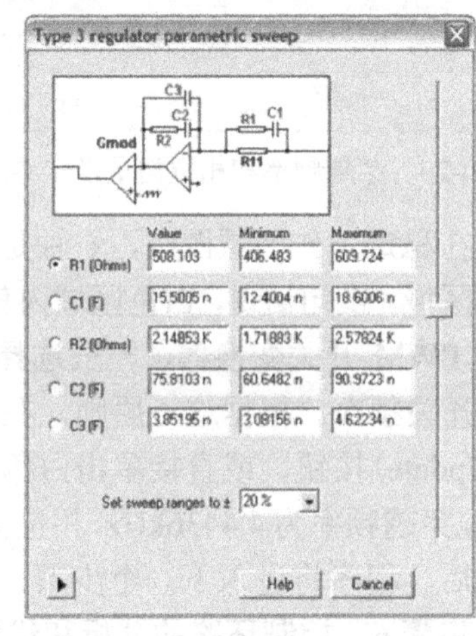

c) 控制器R参数I扫描界面

图 10-24　参数扫描按钮及其界面

步骤 7　仿真验证

在设计完成后，通常还需要进行时域仿真验证。因此在图 10-22 所示环路性能分析图的顶部工具栏中，含有一个 Psim 的图标，如图 10-25 所示。按下 Psim 图标，Smartctrl 将进行时域瞬态仿真，验证系统的时域指标。在本例中，图 10-26 中虚线框内的参数是由 Smartctrl 确定的，包括电压采样网络和控制器。为了验证设计效果，令负载电流跃变 50%，观察其输出电压的波形。电压输出时域波形表明，控制环路具有超调量小和调节时间短等优良性能。

图 10-25　Psim 图标

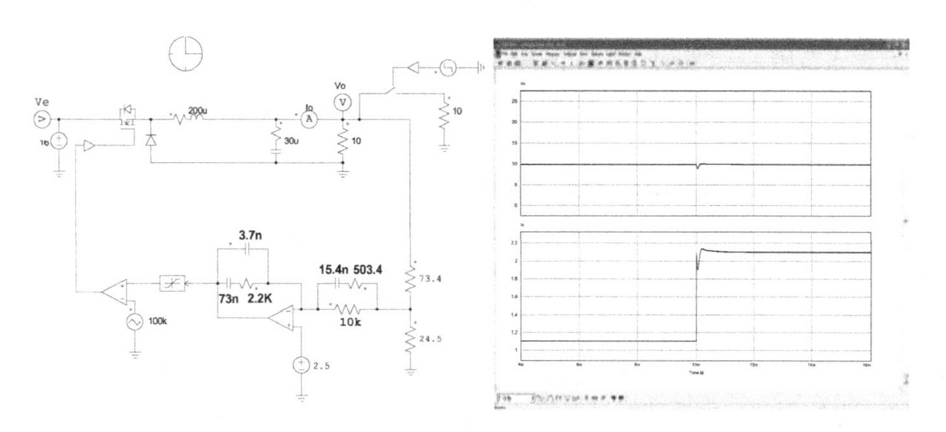

图 10-26　仿真验证

10.3　自动形成数字控制器的 C 代码

SimCoder 模块是 Psim 仿真平台一个新增功能，它可以直接由 Psim 仿真生成相应 C 代码，并将其下载到指定的 DSP 硬件中运行，或直接进行数字仿真验证其设计的合理性和正确性。

在 Psim 主界面顶部的工具栏中找到 Simulation，按下 Simulation 按键进入 Simulation Control 界面，选择 SimCoder 按钮进入 SimCoder 设置界面，如图 10-27 所示。

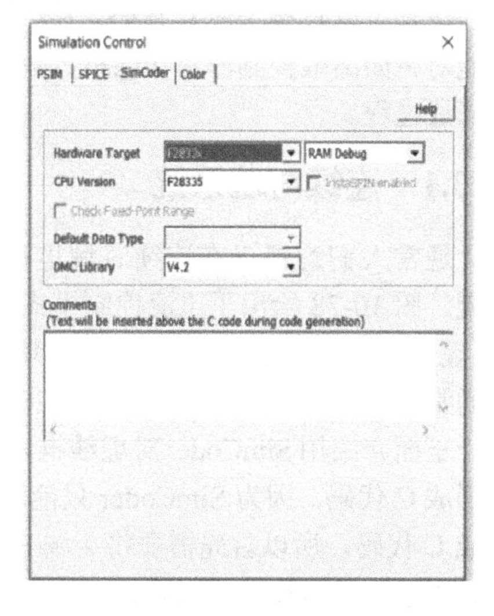

图 10-27　SimCoder 设置界面

1. SimCoder 设置界面的参数说明

1) 配套目标硬件——Supported Hardware Target。

SimCoder 支持下面 DSP 硬件或数值仿真：

① None：仅用于数值仿真，无需将仿真结果下载到任何指定 DSP 硬件。

② F2833X：TI 公司 TMSF2833x 系列 DSP(浮点运算)。

③ F2803/6/2X：TI 公司 TMSF2803/6/2x 系列 DSP(定点运算)。

④ PE-Expert4：PE-expert4 DSP 硬件。PE-expert4 是 Myway 公司研发的 DSP 开发板，它使用 TI 浮点运算 DSP320C6657 和 Myway 公司 PE-OS 库。

2) 目标板的配置——Project Configuration。

对于 F2883x 及 F2803/6/2x 目标硬件，Project Configuration 设定为 RAM Debug、RAM Release、Flash Release 或 Flash RAM Release。对于 PE-expert4 目标硬件，Project Configuration 设定为 PE-ViewX。

3) CPU 的版本——CPU Version。

对于 F2883x、F2803/6/2x 目标硬件，CPU 版本如下：F2883x 中 CPU 版本是 F28335/4/3；F2803x 中 CPU 版本是 F28035/4/3/1/0；F2806x 中 CPU 版本是 F28069/8/7/6/5/4/3/2；F2802x 中 XCPU 版本是 F28027/6/5/3/2/1/0/00。

核对固定点范围——Check Fixed-Point Rang：这个选项只适应 F2803/6/2x 目标硬件。如果使用这个功能，SimCoder 在仿真时核对数据并提供数据范围表。如果数据接近或超过规定范围，则表中给出显示警告。

隐含数据类型——Default Date Type：当目标硬件为浮点类 DSP，则由计算机自己完成。如果固定类型 DSP 或无目标，用户在下拉菜单中选择合适的隐含数据类型。对于 F2803/6/2x 目标硬件，从 Integer IQ1/2/⋯/30 中选择其一；在无目标 DSP 时，从 float Integer IQ1/2/⋯/30 中选择其一。

2. 自动生成 C 代码的通用步骤

步骤 1 在连续时域中用 Psim 设计和仿真系统，以验证其是否满足设计要求。

步骤 2 将控制部分由连续时域变换为离散时域，并进行仿真，以验证离散系统是否满足要求。

步骤 3 选定目标硬件板，用目标硬件中的元器件修改系统，仿真验证其结果，再生成 C 代码。

步骤 4 对于无目标硬件板，用子电路替代控制部分，为子电路形成 C 代码盒，并仿真系统。

当然，步骤 1 和步骤 2 并非是强制性的选项。譬如，用户可以在 Psim 中设计一个电路、无需仿真可以直接生成 C 代码。需要说明的是，只能在离散域中形成 C 代码。因此，SimCoder 只能对诸如离散控制器和状态机等数字模块形成 C 代码。下面通过一个简单例子介绍 C 代码的形成过程。

10.3.1 连续时域系统

通常人们习惯于在连续时域里设计和仿真系统。图 10-28 给出了电流控制模式 Buck 变换器，虚线框内是一个 PI 控制器，其中增益 $k = 0.4$，时间常数 $T = 0.004$，开关频率 $f_s = 20\text{kHz}$。

下面介绍用 SimCoder 对虚线框内的 PI 控制器形成 C 代码。因为 SimCoder 只能对数字模块形成 C 代码，所以首先需要将 s 域 PI 控制器变换为离散 z 域的数字控制器。

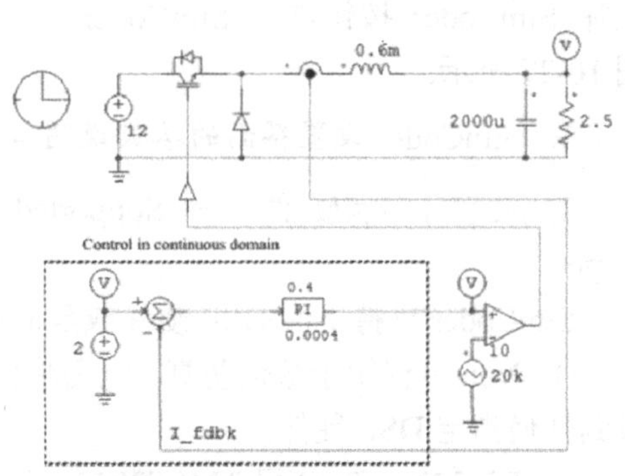

图 10-28 模拟电流控制模式 Buck 变换器

10.3.2 离散时域系统

Psim 主页的公共资源库 Utilities 提供了连续系统的离散化功能——s2z converter，包含最常用的双线性变换（又称 Tustin 或梯形变换）和向后欧拉离散化方法。进入界面的命令是 Utilities>>s2z converter。本例采用了向后欧拉法，输入采样频率为 20kHz；选中模拟 PI 控制器——proportional integral；在右面参数（parameter）栏中输入比例系数 $k = 0.4$，积分系数（即时间常数）$T = 0.004$，如图 10-29 所示。在离散化方法——conversion method 中，选中向后欧拉法——Backforward Eular；然后按下离散化命令键——Convert，得到 z 域的 PI 结构图。

基于离散化控制器的结构图，在 Psim 中绘制离散电流控制模式 Buck 变换器，如图 10-30 所示。与图 10-28 所示连续时域控制器相比，数字控制器存在三个变化，如图 10-30 中阴影部分所示。首先，用离散 PI 控制器替代了模拟 PI 控制器。其次，需要增加一个零阶保持器 ZOH，以替代 A/D 转换器对反馈电流 i_L 的离散化处理。最后，用单位延迟器 U1 建模，表示实现数字控制器需要一个采样周期的延迟。数字控制过程是，在每个周期的起始点对反馈信号进行采样，控制器在该周期内完成控制量的运算。但是，因为控制器完成控制量的运算需要时间，最新的计算值不会立刻送出，而是存放在锁存器中，在下一周期的起始点送出。

在本例中采用向后欧拉离散化方法，离散积分器的表达式为

$$y(n)=y(n-1)+T_s u(n) \tag{10-12}$$

式中，$y(n)$和$u(n)$分别表示当前的输出和输入量；$y(n-1)$表示上一个周期的输出量；T_s表示采样周期。因此，用延迟单元 $1/z$ 与一个求和器表示图 10-30a 中的积分器，得到完整的数字控制器，如图 10-30b 所示。需要注意，图 10-30a 中的系数 k_2 需要除以采样频率 20kHz，才能得到图 10-30b 中的 k_3。

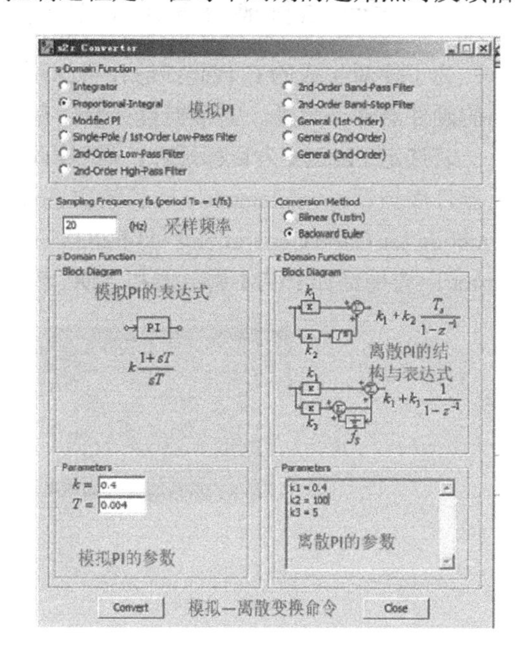

图 10-29　模拟控制器离散化方法

必须指出，由于离散化过程会产生量化误差和截断误差，对于同一控制器，系统在连续时间域内是稳定的，也能满足所有性能要求。然而经过离散化后，离散化系统就可能不稳定，或者某些技术指标不能满足要求。因此，需要对离散化后的数字系统进行仿真，验证其是否满足稳定性及其技术指标。如果离散系统不满足要求，则需要返回到连续时域，进行重新设计。

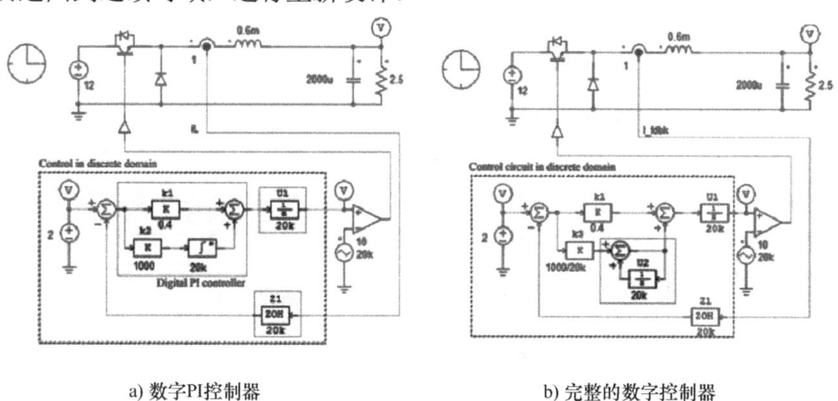

a) 数字PI控制器　　b) 完整的数字控制器

图 10-30　离散电流控制模式 Buck 变换器

下面简要介绍离散化的基础知识。

1) 采样频率至少要大于控制系统闭环带宽的四倍以上，否则离散化会产生零、极点的混叠现象。

2) Psim 提供了向后欧拉和双线性离散化方法。一般认为，最好的离散化方法是双线性变换，即使采样频率略高于闭环带宽的四倍，离散系统也能很好地接近原始的模拟系统。通常，向后欧拉离散化方法要求采样频率必须大于 100 倍的闭环带宽，离散系统才能较好地接近原始的模拟系统。

10.3.3 基于目标硬件生成 C 代码

为了使新生成的 C 代码能够在目标硬件板中运行，需要对仿真电路进行修改，以包含增加的硬件器件。另外，需根据目标硬件有效位数适当地缩放各个变量。

若选定 F2833x 为目标硬件，需要再增加目标硬件的相关器件。在 Psim 主页面中，按下元器件库按钮——Element，然后依次进行下面操作进入 TI F288335 元器件库：Element>> Simcode for Code Generation>>TI F28335 target，如图 10-31 所示。在目标硬件库——TI F2335 target 中选择诸如 PWM 调节器和 ADC 转换器等。

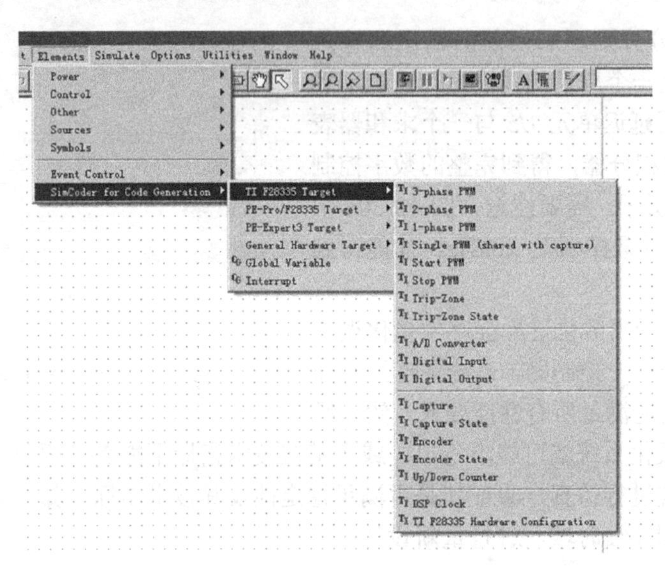

图 10-31　选择目标硬件的元件库

在本例中，首先在电流传感器与控制器之间插入一个 A/D 转换器。用户需要关注 A/D 转换器允许输入量的范围，以减少量化误差和输入饱和现象。如果电流传感器的输出范围超过了 A/D 转换器输入量的允许范围，则需要在电流传感器与 A/D 转换器之间再插入一个信号调理电路，以便将电流传感器的输出范围缩放到 A/D 转换器输入量的允许范围。

在目标硬件库——TI F28335 target 中选中 ADC 转换器后，单击鼠标的右键，在属性——attributes 栏中对 A/D 转换器的工作模式、增益和输入信号类型进行设定，如图 10-32 所示。A/D 转换器含有实时——continuous、8 通道——Start-stop (8-channel) 和 16 通道——Start-stop（16-channel）外触发等三种工作模式。16 路输入分为 A 和 B 两组各 8 路输入。另外，ADC 转换器还有增益设定功能，以便对输入信号放大减少量化误差。

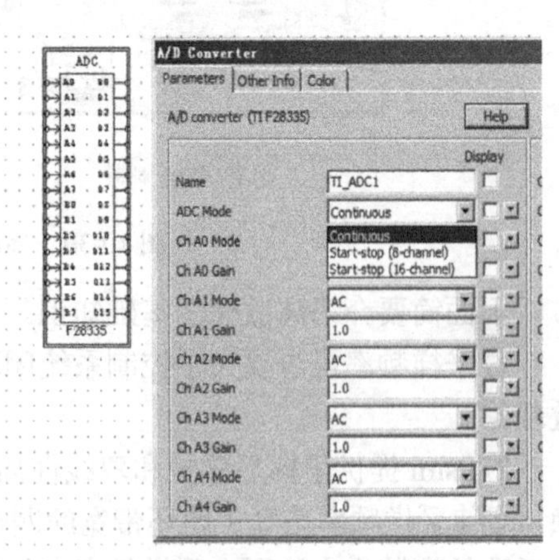

图 10-32　设定 ADC 的示意图

在本例中，A/D 转换器的设定如下：①转换模式——ADC mode：Start-stop (8channel)，其含义是用 PWM 发生器触发 A/D 转换器；在 16 路

A/D 转换器中只有 8 路输入可以使用，以便减少 A/D 转换的总时间，提高系统的实时性；②A0 通道模式——Ch A0 mode：DC。意味着 A0 通道允许直流输入信号的范围是 0～3V；若采用交流输入——AC 模式，输入电压的范围是-1.5V～1.5V；③增益设定—— Ch A0 gain：1.0。

为了减少因 A/D 转换引起的频谱混叠现象，输入信号通常需经过一个反混叠滤波器处理后再送入 A/D 转换器。反混叠滤波器一般是一个低通滤波器（LPF）或带通滤波器（BPF），滤波器的截止频率 f_c 应略大于输入信号的最高频率 f_{imax}，并至少低于四倍的采样频率 f_s。在 DC-DC 变换器中，通常使用霍尔元件作为电流和电压传感器，霍尔传感器的传递函数为一阶低通滤波器，截止频率约为 10～100kHz。因此，选择合适带宽的霍尔电压/电流传感器可以替代反混叠滤波器。

用元件库中的 PWM 发生器替代原电路中的比较器和载波信号。若在目标硬件库——TI F28335 target 中选择单相 PWM——1 phase PWM 后，单击鼠标右键，在其属性——attribute 中对 PWM 发生器进行设置。在本例中 PWM 发生器设定如下：

1）PWM 源——PWM source：PWM1——无相移。F28335 处理器中含有 6 个 PWM 源，分别记为 PWM1～6；另外，PWM 源还存在有、无移相功能之分。如果采用移相控制，应选择 PWM-phase。

2）输出模式——Output Mode：选择 A——使用 PWM 输出端口——正脉冲输出。PWM 源有两路互补输出信号，模式 A 为正脉冲有效，而模式 B 为负脉冲有效。

3）采样频率——Sampling frequency：20kHz。设定采样频率为 20kHz。采样频率既是 PWM 更新数据的频率，也是离散控制器的采样速率，还是零阶保持器的更新频率，因为 PWM 源、离散控制器和零阶保持器需使用相同的采样频率。

4）载波类型——Carrier Wave Type，锯齿波——Sawtooth（start high），选出正值有效的锯齿波。F28335 处理器中含有三角波和锯齿波两种载波。在 DC-DC 变换器中通常使用锯齿波作为载波，而在 DC-AC 逆变器中使用三角波。

5）ADC 的触发模式——trigger ADC Group A，含义是触发 A 组 A/D 转换器，A1～7。触发模式分为非触发型 ADC（即 ADC 工作在连续转换模式）、触发 A 组 A/D 转换器、触发 B 组 A/D 转换器以及 A、B 两组 A/D 转换器同时触发。

6）ADC 的触发位置——ADC Trigger Position：0，其含义是令每个周期载波的起始点为 ADC 的采样点。触发位置由 0 到一个小于 1 的数决定。当触发位置为 0 时，在每个 PWM 周期的起始点触发 A/D 转换器；若触发位置为 0.5，则在一个 PWM 周期 180° 的位置触发 A/D 转换器。

7）峰峰值——Peak-to-peak：1，定义载波的峰峰值，也是输入信号或控制器输出信号允许的工作范围。

图 10-33 给出了添加目标硬件元器件后得到的离散电流控制模式的 Buck 变换器。与图 10-30b 所示电路相比，在控制器输出与 PWM 调节器之间缺少一个单位延迟单元，其原因是 PWM 发生器本身就隐含了一个周期的延迟。

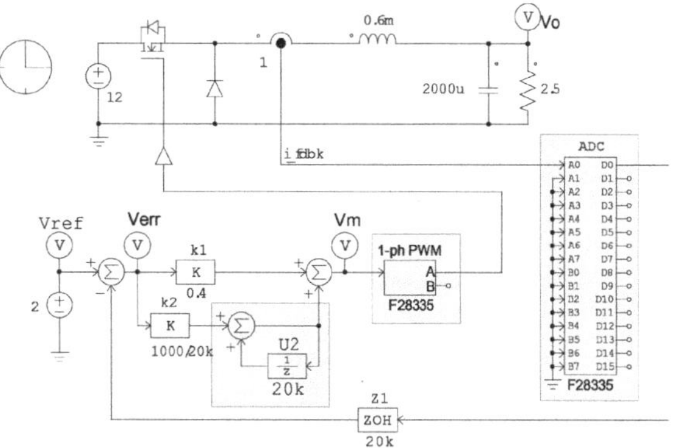

图 10-33　增加目标硬件所需的元器件

在新添加 ADC 和 PWM 调制器硬件

后，为了验证其正确性，需要进行仿真验证。通常，系统的仿真结果应该非常接近于数字控制的仿真结果。在完成了仿真验证，通过 Simulation（主页面）>>Generate Code 方式产生 C 代码。新产生的 C 代码可以直接在 F2833x 目标硬件中运行，而不需任何修改。

针对上述系统，由 SimCoder 生成下面的 C 代码：

```
/*********************************************************************************
// This code is created by SimCoder Version 9.3.3 for TI F2833x Hardware Target
//
// SimCoder is copyright by Powersim Inc., 2009-2013
//
// Date: February 24, 2014 14:36:33
**********************************************************************************/
#include<math.h>
#include"PS_bios.h"
typedef float DefaultType;
#defineGetCurTime() PS_GetSysTimer()

interrupt void Task();

DefaultTypefGbliref = 0;
DefaultTypefGblU2 = 0;

interrupt void Task()
{
    DefaultTypefU2, fSUMP1, fSUMP3, fk3, fk1, fSUM1, fZ1, fTI_ADC1, fVDC2;

    PS_EnableIntr();
    fU2 = fGblU2;

  fTI_ADC1 = PS_GetDcAdc(0);
  fVDC2 = 2;
  fZ1 = fTI_ADC1;
  fSUM1 = fVDC2 - fZ1;
  fk1 = fSUM1 * 0.4;
  fk3 = fSUM1 * (1000.0/20000);
  fSUMP3 = fk3 + fU2;
  fSUMP1 = fk1 + fSUMP3;
  PS_SetPwm1RateSH(fSUMP1);
#ifdef_DEBUG
    fGbliref = fVDC2;
#endif
    fGblU2 = fSUMP3;
    PS_ExitPwm1General();
}
void Initialize(void)
{
    PS_SysInit(30, 10);
    PS_StartStopPwmClock(0);
    PS_InitTimer(0, 0xffffffff);
    PS_InitPwm(1, 0, 20000*1, (4e-6)*1e6, PWM_POSI_ONLY, 42822);// pwnNo, waveType, frequency, deadtime,
outtype
    PS_SetPwmPeakOffset(1, 10, 0, 1.0/10);
    PS_SetPwmIntrType(1, ePwmIntrAdc0, 1, 0);
    PS_SetPwmVector(1, ePwmIntrAdc0, Task);
    PS_SetPwmTzAct(1, eTZHighImpedance);
    PS_SetPwm1RateSH(0);
    PS_StartPwm(1);

      PS_StartStopPwmClock(1);
  }

  void main()
  {
```

```
    Initialize();
    PS_EnableIntr();   // Enable Global interrupt INTM
    PS_EnableDbgm();
    for (;;) {
    }
}
```

下面介绍生成代码的结构。

Interrupt void task()：20kHz 中断服务子程序，以 20kHz 为频率调用一次。

Void initialize()：初始化程序。对硬件进行初始化。

Void main：主程序。它调用初始化程序，无限循环次运行。

需要说明的是，在本例中所有控制模块以 20kHz 的采样速率运行。倘若有一个模块以不同速率运行，则需要嵌入相应的中断服务子程序。一个中断服务程序应与其采样速率相匹配。对于不涉及采样速率的功能模块，需将其 C 代码放置在主程序中。

这些代码与所有必要运行文件应存储在与主电路图路径相同的子文件夹中。用户可以将这些工程文件加载到 TI 的 CCS(Code Composer Studio)环境，进行代码编辑，并下载到 DSP 硬件中进行实时运行。

10.3.4 基于 C 代码的仿真系统

在 Psim 中，可以将一个整体电路划分为若干个功能模块，每个功能模块形成一个子电路。如果某个子电路的元器件满足 C 代码形成条件，SimCoder 程序能够将其转化为 C 代码。本节的后半部分将详细介绍形成 C 代码的限制条件。

本节仍以电流控制模式 Buck 变换器为例，说明控制子电路的 C 代码形成方法。在图 10-34 所示电路中，控制子电路用虚线框图表示，并与主电路隔离，形成一个独立的子电路。

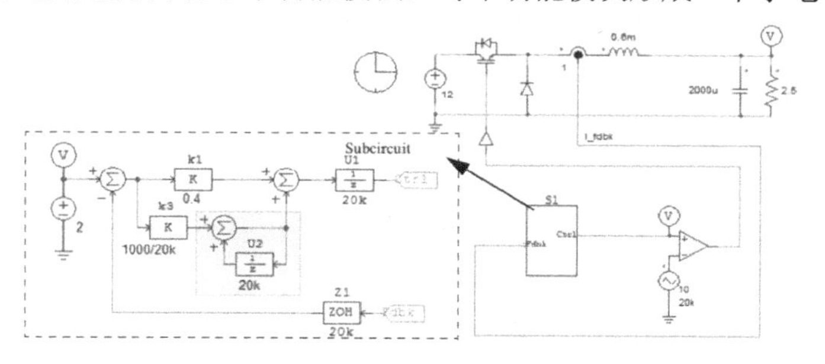

图 10-34　电流控制模式 Buck 变换器的 C 代码仿真电路

创建子电路的方法与步骤如下：

步骤 1　用鼠标选定电路。

步骤 2　在 Psim 主页中，单击子电路——Subcircuit 按键，在下拉菜单中用 Place input/output port 命令定义输入/输出端口。

步骤 3　单击鼠标右键，在下拉菜单中单击创建子电路名称——Creat Subcircuit，定义子电路文件名，将形成的子电路文件放置在当前页面对应的子文件夹中。

步骤 4　连接输入和输出端口进行仿真。

在本例中，子电路未包含比较器与载波信号源。原因是：①在大部分硬件系统中，这两个功能模块通常由外部硬件完成，或由微控制器的外围接口电路完成；②比较器和载波需要在每个时钟步长计算一次，而 C 代码是以采样速率 20kHz 运行。在用 SimCoder 形成 C 代码时，必须明确地定义每个器件采样速率。比较器有两个输入，一是以 20kHz 为采样速率的控制器输出，而另一个输入信号是速率尚未定义的载波信号。在这种工况，SimCoder 会假定比较器的两个输入具有相同的速率。因此，子电路不应该包含比较器和载波信号源。

SimCoder 既可以对用作仿真的子电路形成 C 代码，也可以对硬件目标板生成 C 代码。然而，它们是两个不同类型的代码，不能相互替换。换句话讲，用于仿真的 C 代码不适应于目标硬件，反之亦然。本节只介绍用作仿真的子电路的 C 代码形成。

1. 形成仿真功能的子电路 C 代码

形成仿真功能的子电路 C 代码的步骤如下：

1) 在主电路中单击子电路后，再单击鼠标右键，在下拉菜单中选择“属性——Attributes”。

2) 单击属性——Attributes 后，出现如图 10-35 所示对话框。在硬件选择——Select hardward 中选择无目标——None 选项；勾选 Replace subcircuit with generated code for simlution 复选框，已达到用新生成的 C 代码替代原子电路之目的；按下 Generate Code 按键，并选择 Generate Code for Simulation 后，计算机自动显示 C 代码。

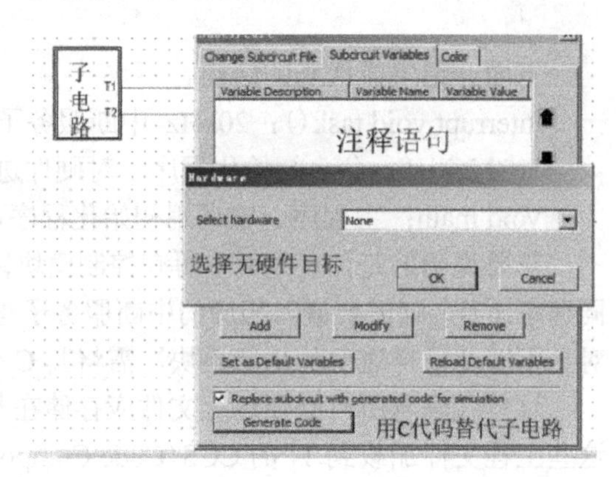

图 10-35　形成仿真功能子电路 C 代码的对话框

3) 如果需要，用户还可以在这个程序开始部分，增加一个说明文字——C 代码的注释语句。为了输入和编辑这些注释语句，在 Simulation Control 中，找到 SimCoder 选项，在单击 Generate Code 按钮之前可以在对话框中写入或编辑注释。

下面是生成代码的起始部分：

```
/*********************************************************************
// This code is created by SimCoder Version 9.3.3
//
// SimCoder is copyright by Powersim Inc., 2009-2013
// Date: February 24, 2014 14:55:33
**********************************************************************/

#include     <stdio.h>
#include     <math.h>
#define      ANALOG_DIGIT_MID      0.5
#define INT_START_SAMPLING_RATE 1999999000L
#define NORM_START_SAMPLING_RATE 2000000000L

typedef void (*TimerIntFunc)(void);
typedef double DefaultType;
DefaultType     *inAry = NULL, *outAry;
DefaultType     *inTmErr = NULL, *outTmErr;

double fCurTime;
double GetCurTime() {return fCurTime;}

/* The input/output node definition for C/DLL block.
   The 2nd display node (outAry[1]): From element 'S1_iref'.
*/
/* The C block for the generated code has the following additional output port(s):
   2 - S1.iref
*/
void _SetVP6(int bRoutine, DefaultType fVal);
void InitInOutArray()
{... ...}

void FreeInOutArray()
{ ... ...}

   void CopyInArray(double* in)
   { ... ...}

   void CopyOutArray(double* out)
   { ... ...}

void Task();
void TaskS1(DefaultType fIn0, DefaultType *fOut0);

DefaultType     fGblS1_U1 = 0;
DefaultType     fGblS1_U2 = 0;

void TaskS1(DefaultType fIn0, DefaultType *fOut0)
{ ... ...}

void Task()
{
    TaskS1(inAry[0],&outAry[0]);
}

typedef struct {
    TimerIntFunc      func;
    long              samprate;
    double               tmLastIntr;
} TimeChk;
#define NUM_TIMER_INTR     1
TimeChk     lGbl_TimeOverChk[NUM_TIMER_INTR] = {
    {Task, 20000, 0}};

void InitAllTaskPtr(void)
{
    lGbl_TimeOverChk[0].func = Task;
    lGbl_TimeOverChk[0].samprate = 20000;
}

void _SetVP6(int bRoutine, DefaultType fVal)
{
    static    DefaultType    val = 0.0;
    if (bRoutine) {
        val = fVal;
    }


            outAry[1] = val;
        }
```

在子电路生成的 C 代码末尾，包含 SimulationStep 函数、SimulationBegin 函数和 SimulationEnd 函数，如下所示。这些函数可以运行在 C 模块中替代子电路。

```
void SimulationStep(
            double t, double delt, double *in, double *out,
             int *pnError, char * szErrorMsg,
             void ** reserved_UserData, int reserved_ThreadIndex, void * reserved_AppPtr)
{ ... ...}

void SimulationBegin(
            const char *szId, int nInputCount, int nOutputCount,
             int nParameterCount, const char ** pszParameters,
             int *pnError, char * szErrorMsg,
             void ** reserved_UserData, int reserved_ThreadIndex, void * reserved_AppPtr)
{
    InitInOutArray();
}

void SimulationEnd(const char *szId, void ** reserved_UserData, int reserved_ThreadIndex, void *
reserved_AppPtr)
{
    FreeInOutArray();
}
```

用 C 代码模块替代子电路的步骤为：在子电路的属性对话框——Attribute dialog 中存在一个“用 C 代码替代子电路——replace subcircuit with generated code for simulation”的复选框。当勾选这个复选框后，计算机自动用 C 代码替代了子电路。用户无需再额外地用 C 模块替代子电路。

然而，若用户想按照自己的意愿修改 C 代码，则可以根据以下的步骤将生成的代码放置在 C 模块中。

在上面的例子中，生成的子电路代码包含四个部分：SimulationStep，SimulationBegin，SimulationEnd 和代码的其他部分。同样 C 模块由这四部分组成，如下所示：

```
#include <Stdlib.h>
#include <String.h>
#include <math.h>
#include <Psim.h>

// PLACE GLOBAL VARIABLES OR USER FUNCTIONS HERE...
... ...

/////////////////////////////////////////////////////////////////////
// FUNCTION: SimulationStep
{
// ENTER YOUR CODE HERE...

}

/////////////////////////////////////////////////////////////////////
// FUNCTION: SimulationBegin
{
// ENTER INITIALIZATION CODE HERE...

}

/////////////////////////////////////////////////////////////////////
// FUNCTION: SimulationEnd
{

}
```

为了在主电路中建立一个 C 代码盒，进入主页面 Elements，通过 Elements>>Other>>

Function>>C block 下拉菜单，在主电路中添加一个 C 代码模块。然后，将已生成的各个部分代码复制到 C 代码盒中。即将已生成代码的 SimultionStep 函数复制到 SimultionStep 段中，将 SimultionBegin 复制到 SimultionBegin，从 SimultionEnd 复制到 SimultionEnd，将剩余代码 rest 放置在 User Functions section。图 10-36 给出了用 C 代码盒替代子电路的范例。

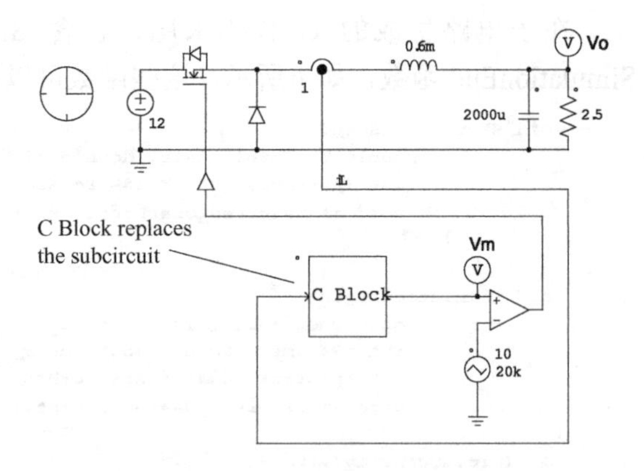

图 10-36　用 C 代码盒替代子电路的范例

2. *形成子电路 C 代码的限制条件*

采用 SimCoder 生成子电路 C 代码时，必须遵循如下限制条件。

限制条件 1：子系统中的所有元件均能够支持生成代码。为了便于确定某个元件是否支持 SimCoder 生成代码，可以在 Psim 主页中选择 Options>>Settings 后，在 advance 界面中勾选"Show image next to elements that can be used for code generation"复选框。在 Psim 元器件库中，带有图标 C_G 标志的元器件为支持生成代码的元器件。

限制条件 2：子电路端口的单向性。输入端口仅用于描述子电路的输入量，输出端口只能用于描述子电路的输出量，不允许使用双向端口。

限制条件 3：以时钟频率为基准的硬件需放置在主电路中。例如 A/D 转换器，数字输入/输出接口，译码器，计数器和 PWM 发生器以及硬件中断电路等均不能放置在子电路中，只能放置在顶层的主电路中，因为 SimCoder 不支持其生成代码。

限制条件 4：子系统无法确定采样速率的输入量，需添加零阶保持器。如果子系统本身无法确定某个输入量的采样速率，必须在其输入端添加一个零阶保持模块，以明确地定义其采样速率。否则，这个输入量及其后级模块将被视为无采样速率。

限制条件 5：每个输入量需配置一个零阶保持器。如果子电路的输入端未接零阶保持模块，SimCoder 则根据与其相连的子系统定义其采样速率。为了避免歧义，建议在每一个输入端口上放置一个零阶保持模块，以明确其采样速率。

顺便指出，在下一节介绍系统状态转换的代码生成中，凡涉及的子电路同样需要满足上述限制条件。

10.3.5　系统状态转换的代码生成

通常一个系统可能包含相互关联的多个工作状态。当满足某个特定条件时，系统会从一个状态转移到另一个状态。SimCoder 用子电路描述状态及其转换。

为了叙述状态转换的工作过程，为电流控制模式 Buck 变换器增加如下功能：①为系统增加一个开关 SW1，控制系统的启动和停止。如此设置后，系统就有停止和运行两个工作模式。当切换开关位置后，系统将从一个模式转换为另一个模式。②在停止模式中，为防止积分器饱和而造成阻塞现象，积分器的输出应被设置为 0。

图 10-37 给出了状态控制的范例。图中 S1 和 S2 为子电路，其内部结构如图 10-38 所示。

与图 10-34 所示的电路相比，图 10-37 所示电路存在如下差异：

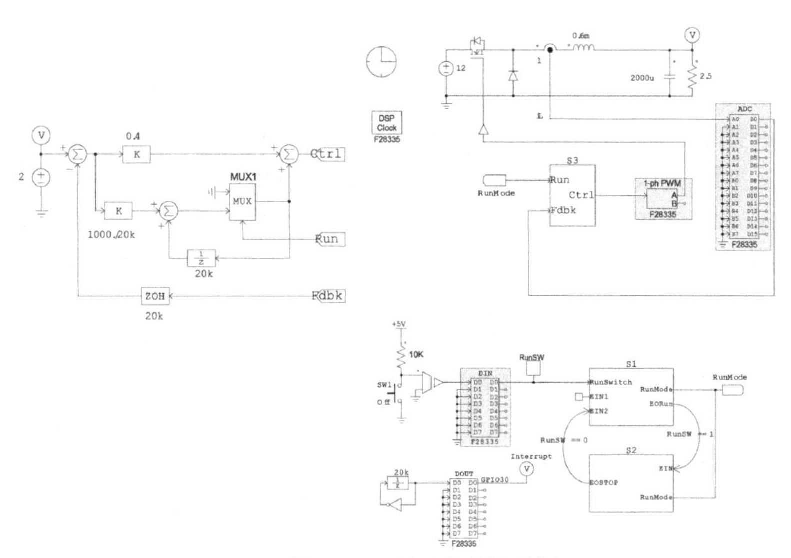

图 10-37　状态控制的范例

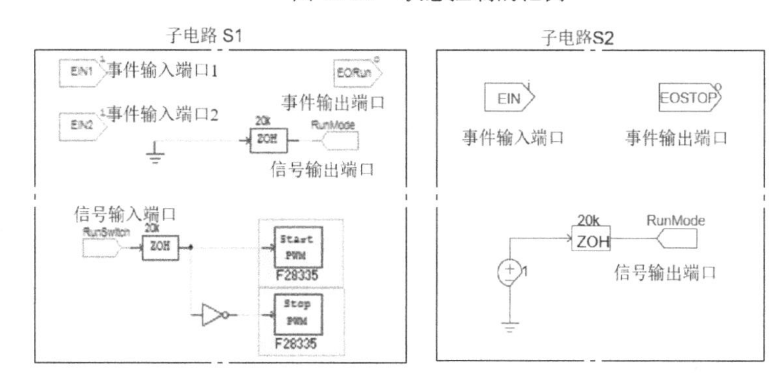

图 10-38　子电路 S1 和 S2 的内部结构

1）增加了两个事件控制子电路 S1 和 S2，描述两个工作模式。分别用子电路 S1/S2 表示停止模式/运行模式。

2）默认的工作模式是停止模式。通过将默认状态元件 Default Event 与子电路 S1 的输入事件端口 EIN1 连接表示默认工作模式。

3）子电路 S1 有两个输入事件端口 EIN1 和 EIN2，和一个输出事件端口 EORun，还有一个输入信号端口 RunSwitch 和一个输出信号端口 RunMode。子电路 S2 有一个输入事件端口 EIN 和一个输出事件端口 EOStop，以及一个输出信号端口 RunMode。作者认为输入事件端口变量表示进入这个子电路，而输出事件端口变量则表示要离开这个子电路。

4）在主电路中，开关 SW1、电压传感器和 F28335 中 D8 路触发器，组成了一个硬件数字检测电路，用以检测开关 SW1 的位置。当开关处在 off 位置时，数字输入信号 RunSwitch 是高电平 high(1)，同时全局变量 RunSW 也为高电平 high(1)，系统由停止变为运行模式。当开关处在 ON 位置，RunSW = RunSwitch 是低电平 low(0)，系统由运行变为停止模式。

5）变量 RunSW 是一个全局变量，适用于两个子电路。换句话讲，用 RunSW 变量控制系统的状态转化。RunSW = 1/0，表示系统由停止/运行切换为运行/停止模式。

6）添加一个多路选择器 MUX1，以免在停止模式时积分器继续进行积分运算。当系统停止运行时，信号 RunMode 为低电平 0 时，积分器停止积分；当信号 RunMode 为高电平 1 时，积分器才开始工作。

基于上述说明，下面介绍系统工作过程。

1）通过硬件数字检测电路获取开关 SW1 的位置信息，并将其输出信号变量 RunSwitch 送入子电路 S1。同时开关 SW1 的位置信号也定义了全局变量 RunSW 的逻辑信号。

2）系统的初始状态为停止模式。当满足条件“RunSW == 1”（或 RunSW 由 0 变为 1），系统将从停止模式变为运行模式。将 S1 的输出事件端口 EORun 与 S2 的输入事件端口 EIN 相连接，表示由停止到启动的转换过程。

3）若系统的初态为运行模式，当满足条件“RunSW == 0”（或 RunSW = 0），系统将从运行模式转换为停止模式。将 S2 的输出事件端口 EOStop 与 S1 的输入事件端口 EIN2 连接表示这个转换过程。

4）若子电路处在默认的停止模式，则 RunMode 被置 0。RunMode 信号为 0 时，子电路 S1 中的零阶保持器输出低电平，通过一个非门后变为高电平“/”，使得硬件 PWM 发生器停止工作。然而，当 RunSwitch 变为 1 时，启动 PWM 调制器，同时开关由停止模式切换到运行模式。

5）在运行模式子电路中，RunMode 信号为高电平 1，保证积分器正常工作。

修改系统后，用户可以通过仿真验证其正确性，随后再生成硬件目标板的所需系统代码。

附　　录

附录 A　与频率法相关的基础知识

工程上在对开关调节系统分析与综合时广泛采用频率法。频域分析法包括零点/极点分析、频率特性和频率响应分析等，为便于读者查阅，在此简单介绍与频率法相关的自动控制理论基础知识。

1. 伯德图

开关调节系统的频域分析是在伯德图上进行的。伯德图又称对数频率特性图，它实际上包括两部分：对数幅频特性图和对数相频特性图，它表示经过开关变换器后输出信号相对于输入信号的增益和相位移。

对数幅频特性图和对数相频特性图的横坐标相同，均表示频率 f(或角频率 ω),采用对数 $\lg f$(或 $\lg\omega$)标度，单位：Hz(或 s^{-1})。应注意的是横坐标轴的分度不是等分的，频率 f 每变化 10 倍，横坐标就增加一个单位长度，这个单位长度代表 10 倍频的距离，故又称为十倍频程，记作“dec”。横坐标分度采用不等分的目的是为了将低频和高频同时表示在有限的长度内。

对数幅频特性的纵坐标表示幅频特性幅值的对数值乘以 20，均匀分度，单位为“分贝”，记作“dB”。对数幅频特性采用 $20\lg|G|$ 目的是将幅值的乘除运算化为加减运算，以简化曲线的绘制过程。

对数相频特性的纵坐标表示相角值，均匀分度，单位为“度”，记作“°”。

2. 零点和极点

开关变换器控制系统的设计主要包括控制系统的性能指标的设计和控制电路中各个电路环节的设计，由于不同的开关变换器传递函数包含有各种零点和极点，而控制器的设计就是要根据系统性能指标的要求和开关变换器的传递函数，选择适当的结构，将开关调节系统匹配成典型的系统，因此下面论述零、极点响应等问题。

(1) 单极点响应　由第 2 章介绍的 DCM 型 Buck 变换器的控制-输出传递函数为

$$G_{vd}(s)=\frac{G_{d0}}{1+\dfrac{s}{\omega_p}} \tag{A-1}$$

式中，G_{d0} 和 ω_p 均可以由第 2 章的有关公式计算或查表获得。

如果不考虑参数 G_{d0}，Buck 变换器的控制-输出传递函数表明有一个单极点，将其化成标准形式为

$$G(s)=\frac{1}{\left(1+\dfrac{s}{\omega_0}\right)} \tag{A-2}$$

式中，$\omega_0=\omega_p$，由于 ω_p 是正实数，ω_0 也是正实数。

式(A-2)的分母中含有一个 $s=-\omega_0$ 的根，因此传递函数 $G(s)$ 在复平面的左半平面上存在一实极点。

传递函数 $G(s)$ 的相角为

$$\angle G(\mathrm{j}\omega)=\arctan\left(\frac{\omega}{\omega_0}\right) \tag{A-3}$$

因此，单极点传递函数的伯德图如图 A-1 所示。其幅频特性曲线可用两条渐进线近似表示：在 $0<f<f_0$ 的低频范围内，$|G(\mathrm{j}\omega)|_{\mathrm{dB}}$ 是一条 0dB 直线；在 $f_0<f<\infty$ 的高频范围内，$|G(\mathrm{j}\omega)|_{\mathrm{dB}}$ 是一条斜率为−20dB/dec 的直线；在 $f=f_0$ 时，两条直线(渐进线)在此处相交，相交点的频率 f_0 即为转折频率。转折频率将近似的幅频特性曲线分为两段：低频段和高频段。所以转折频率确定后，就可绘制出近似的幅频特性，实际幅频特性曲线在低频和高频非常趋近渐进线，而在转折频率 f_0 处，实际曲线与渐进线有 3dB 小偏差，在 $f=f_0/2$ 和 $f=2f_0$ 处实际曲线与渐进线均相差 1dB。

单极点的相频特性曲线可用三条渐进线近似表示：在 $f\leqslant f_0/10$ 时，是一条 $\angle G(\mathrm{j}\omega)=0°$ 的直线；在 $f_0/10\leqslant f\leqslant 10f_0$ 的频率范围内，是以斜率为−45°/dec 的直线；在 $10f_0\leqslant f$ 时，是一条 $\angle G(\mathrm{j}\omega)=-90°$ 的直线。渐进线分别在 $f=f_0/10$ 和 $f=10f_0$ 处相交，近似曲线与实际曲线在这两点处的误差为±5.7°，且相频特性曲线 $\angle G(\mathrm{j}\omega)$ 是对 $\angle G(\mathrm{j}\omega)=-45°$ 的点斜对称。

(2) 单零点响应　在 CCM 模式下工作的 Buck 变换器，如果考虑其输出滤波电容等效串联电阻 ESR 的影响，则其控制-输出的传递函数中就多了一个由输出滤波等效串联电阻与输出滤波电容本身引起的零点。下面分析单零点响应的频率特性。

单零点响应的传递函数的分子中含有一个根，其传递函数的标准形式为

$$G(s)=\left(1+\frac{s}{\omega_0}\right) \tag{A-4}$$

式(A-4)与式(A-2)的传递函数互为倒数，所以按镜像原理可直接由单极点响应的对数幅频和相频特性得出单零点响应的曲线，如图 A-2 所示。由图可见，对于单零点的幅频特性，在 $0<f<f_0$ 的低频范围内，$|G(\mathrm{j}\omega)|_{\mathrm{dB}}$ 是一条 0dB 直线；在 $f_0<f<\infty$ 的高频范围内，$|G(\mathrm{j}\omega)|_{\mathrm{dB}}$ 是一条斜率为 20dB/dec 的直线；在 $f=f_0$ 时，两条直线(渐进线)在此点处相交，相交点的频率 f_0 即为转折频率，实际幅频特性曲线在转折频率处与渐进线相差 3dB，在 $f=f_0/2$ 和 $f=2f_0$ 处实际曲线与渐进线均相差 1dB。

对于单零点的相频特性，在 $f\leqslant f_0/10$ 时，是一条 $\angle G(\mathrm{j}\omega)=0°$ 的直线；在 $f_0/10\leqslant f\leqslant 10f_0$ 的频率范围内，是以斜率为 45°/dec 的直线；在 $10f_0\leqslant f$ 时，是一条 $\angle G(\mathrm{j}\omega)=90°$ 的直线。渐进线分别在 $f=f_0/10$ 和 $f=10f_0$ 处相交，近似曲线与实际曲线在这两点处的误差为±5.7°，且相频特性曲线 $\angle G(\mathrm{j}\omega)$ 是对 $\angle G(\mathrm{j}\omega)=45°$ 的点斜对称，如图 A-2 所示。

(3) 右半平面零点　在小信号 CCM 模式下工作的 Boost、Buck-boost 变换器的控制-输出传递函数中含有右半平面零点。右半平面零点的标准形式为

$$G(s)=\left(1-\frac{s}{\omega_0}\right) \tag{A-5}$$

式(A-5)中的根为正值，因此它在右半 s 复平面上。右半平面零点也称非最小相位零点。式(A-5)形式与式(A-4)(左半平面零点)的形式相似，只是 s 前的系数相差一负号。负号使相频特性在高频段相位相反。因此右半平面零点与左半平面零点具有相同的幅频特性，而它们的相频特性是不相同的。右半平面零点的幅频与相频特性渐进线如图 A-3 所示。

3. 频率的变换[10]

将单极点或单零点传递函数中的含有 s 项的分子与分母倒置，这种倒置定义为频率变换。频率轴变换后将会出现另外两种形式，下面分别讨论。

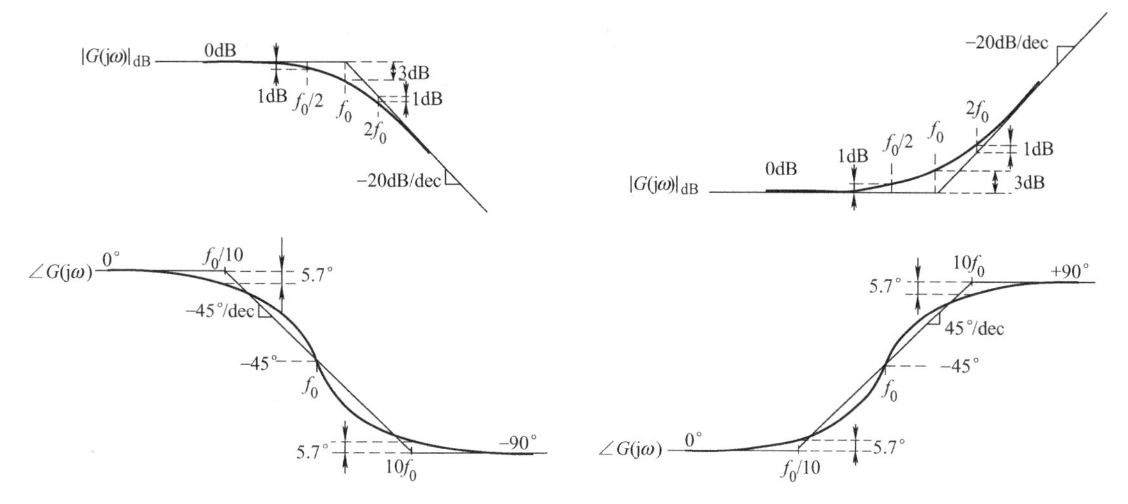

图 A-1　单极点传递函数的伯德图　　图 A-2　单零点传递函数的伯德图

单极点响应的传递函数为

$$G(s)=\frac{1}{\left(1+\frac{s}{\omega_0}\right)}$$

频率变换后的传递函数为

$$G(s)=\frac{1}{\left(1+\frac{\omega_0}{s}\right)} \tag{A-6}$$

称它为倒置极点，其幅频和相频特性如图 A-4 所示。频率变换后，倒置极点的幅频特性在 $0<f<f_0$ 的低频范围内，$|G(j\omega)|_{dB}$ 是一条斜率为 20dB/dec 的直线；在 $f_0<f<\infty$ 的高频范围内，$|G(j\omega)|_{dB}$ 是一条 0dB 直线；在 $f=f_0$ 时，两条直线(渐进线)在此点相交。

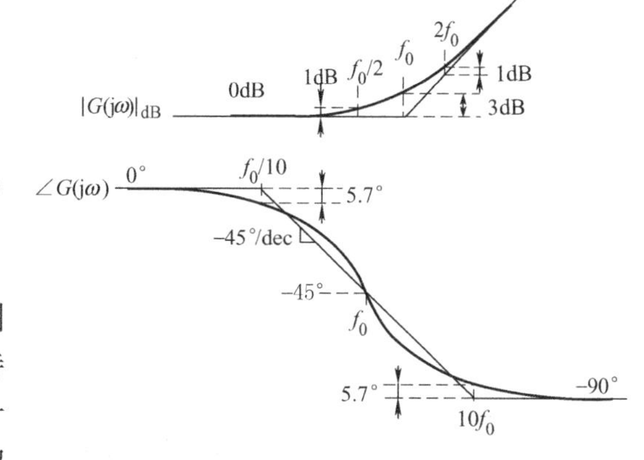

图 A-3　右半平面零点响应的伯德图

这种形式对描述高通滤波器的增益和其他传递函数在希望强调高频增益且具有低频衰减的情况是很有用的。

当然式(A-6)也可表示为

$$G(s)=\frac{\left(\frac{s}{\omega_0}\right)}{\left(1+\frac{s}{\omega_0}\right)} \tag{A-7}$$

但是式(A-6)更直接强调了高频增益为 1。

频率变换的另一种形式是倒置零点，其表达式为

$$G(s)=\left(1+\frac{\omega_0}{s}\right) \tag{A-8}$$

倒置零点的伯德图如图 A-5 所示。从图中可见，倒置零点的幅频特性在 $0<f<f_0$ 的低频范围内，$|G(\mathrm{j}\omega)|_{\mathrm{dB}}$ 是一条斜率为−20dB/dec 的直线；在 $f_0<f<\infty$ 的高频范围内，$|G(\mathrm{j}\omega)|_{\mathrm{dB}}$ 是一条 0dB 直线；在 $f=f_0$ 时，两条直线(渐进线)在此点相交。同样式(A-8)也可表示为

$$G(s)=\frac{\left(1+\dfrac{s}{\omega_0}\right)}{\dfrac{s}{\omega_0}} \tag{A-9}$$

但是式(A-8)在强调高频增益时更适用。具有这种典型传递函数的例子是 PI(比例积分)控制器。

为方便查阅，现将上述各种情况的零、极点传递函数及相应的伯德图列于表 A-1 中。

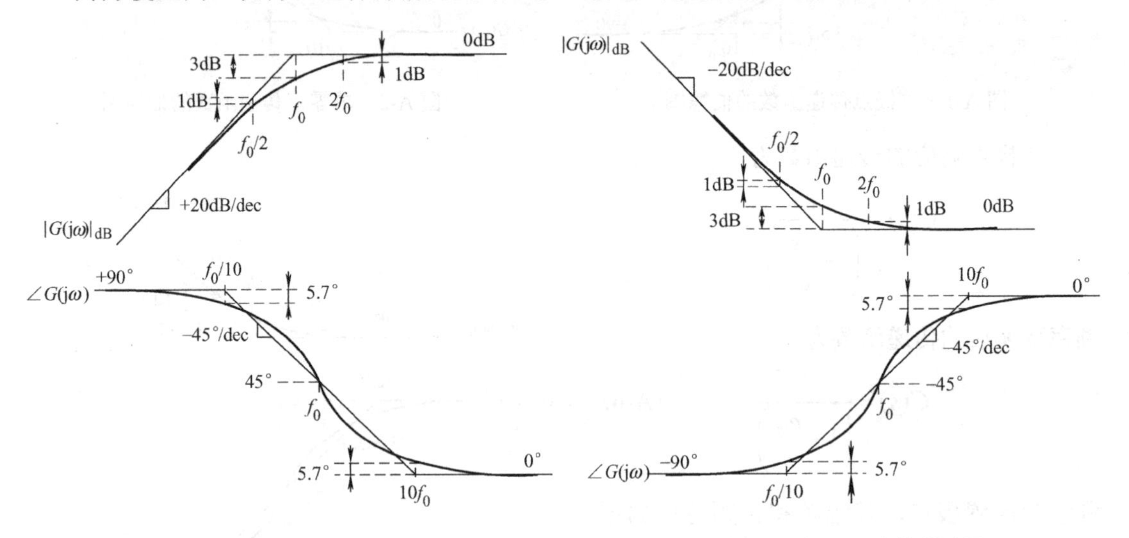

图 A-4　倒置实极点的伯德图　　　　图 A-5　倒置零点的伯德图

表 A-1　零、极点传递函数和伯德图汇总

零/极点类型	传递函数	幅频特性	相频特性
单极点	$G(s)=\dfrac{1}{\left(1+\dfrac{s}{\omega_0}\right)}$	0dB −20dB/dec	0° −90°
单零点	$G(s)=\left(1+\dfrac{s}{\omega_0}\right)$	+20dB/dec 0dB	+90° 0°
右半平面零点	$G(s)=\left(1-\dfrac{s}{\omega_0}\right)$	+20dB/dec 0dB	0° −90°

(续)

零/极点类型	传递函数	幅频特性	相频特性
倒置极点	$G(s)=\dfrac{1}{\left(1+\dfrac{\omega_0}{s}\right)}$	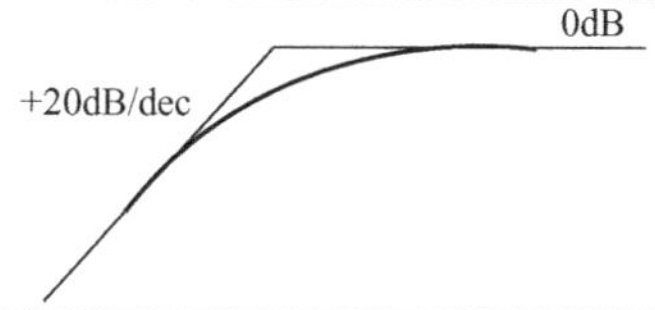 +20dB/dec 0dB	 90° 0°
倒置零点	$G(s)=\left(1+\dfrac{\omega_0}{s}\right)$	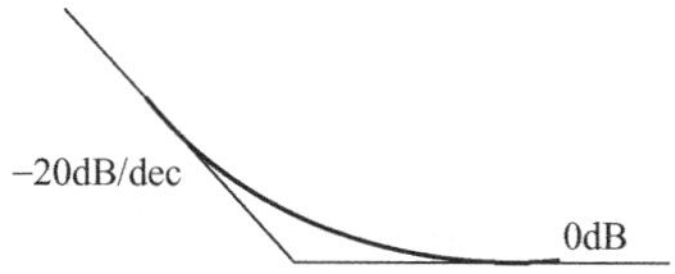 −20dB/dec 0dB	 0° −90°

4. 双极点响应(谐振)

(1)谐振　图 A-6 所示为一具有双极点的低通滤波器，Buck 变换器就具有这种典型低通滤波网络。当通过等效化简后，Boost 和 Buck-boost 变换器的等效模型同样具有相似的滤波器。这种双极点低通滤波器的传递函数为

$$G(s)=\frac{v_2(s)}{v_1(s)}=\frac{1}{1+s\dfrac{L}{R}+s^2LC} \tag{A-10}$$

这个传递函数含有二阶多项式的分母，可表示为

$$G(s)=\frac{1}{1+a_1s+a_2s^2} \tag{A-11}$$

式中，$a_1=L/R$；$a_2=LC$。

将分母分解成两个根的形式，则有

$$G(s)=\frac{1}{\left(1-\dfrac{s}{s_1}\right)\left(1-\dfrac{s}{s_2}\right)} \tag{A-12}$$

用解一元二次方程根的方法可得根的表达式为

$$\begin{cases} s_1=\dfrac{-a_1+\sqrt{a_1^2-4a_2}}{2a_2} \\ s_2=\dfrac{-a_1-\sqrt{a_1^2-4a_2}}{2a_2} \end{cases} \tag{A-13}$$

如果 $4a_2\leqslant a_1^2$，则根是实数，单实根伯德图的绘制在前面单极点响应中已介绍过，运用叠加原理，可得到双极点响应的伯德图。

如果 $4a_2>a_1^2$，则式(A-12)根是复数。而前面介绍的单极点响应的结果是在假设 ω_0 为正实数的前提下得出的，因此不适用于根为复数时的情况。下面讨论根为复数时的幅频和相频特性。

式(A-10)和式(A-11)的传递函数写成标准形式为

$$G(s)=\frac{1}{1+2\zeta\dfrac{s}{\omega_0}+\left(\dfrac{s}{\omega_0}\right)^2} \tag{A-14}$$

如果式(A-11)中系数 a_1 和 a_2 都是正实数，那么参数 ζ 和 ω_0 也是正实数。参数 ω_0 也是转折角

频率，它被定义为 $\omega_0=2\pi f_0$，或称为自然振荡角频率；ζ 称为阻尼比或阻尼系数，它决定着传递函数在 $f=f_0$ 附近的形状。也可将式(A-14)写成另一种标准形式为

$$G(s)=\frac{1}{1+\frac{s}{Q\omega_0}+\left(\frac{s}{\omega_0}\right)^2} \tag{A-15}$$

式中

$$Q=\frac{1}{2\zeta} \tag{A-16}$$

参数 Q 称为电路的品质因数。比较式(A-10)和式(A-15)对应项的系数，可得

$$\begin{cases} f_0=\dfrac{\omega_0}{2\pi}=\dfrac{1}{2\pi\sqrt{LC}} \\ Q=R\sqrt{\dfrac{C}{L}} \end{cases} \tag{A-17}$$

其中，当 $Q\leqslant 0.5$ 时，式(A-13)的两根 s_1、s_2 是实根；当 $Q>0.5$ 时，根为复数。传递函数 $G(s)$ 的幅值为

$$|G(\mathrm{j}\omega)|=\frac{1}{\sqrt{\left[1-\left(\frac{\omega}{\omega_0}\right)^2\right]^2+\frac{1}{Q^2}\left(\frac{\omega}{\omega_0}\right)^2}} \tag{A-18}$$

所以幅频特性如图 A-7 所示。图中可见，在低频段 $(\omega/\omega_0)<<1$ 时，幅值 $|G|\to 1$，$|G(\mathrm{j}\omega)|_{\mathrm{dB}}$ 是一条 0dB 直线；在高频段 $(\omega/\omega_0)>>1$ 时，因 $(\omega/\omega_0)^4$ 是式(A-18)的主导项，$|G|\to(f/f_0)^{-2}$，因此，$|G(\mathrm{j}\omega)|_{\mathrm{dB}}$ 是一条斜率为−40dB/dec 的直线。两渐进线在 $f=f_0$ 处相交，它与 Q 值无关。

参数 Q 是实际曲线与渐进线在转折频率 $f=f_0$ 附近的差值，将 $\omega=\omega_0$ 代入式(A-18)得

$$|G(\mathrm{j}\omega_0)|=Q \tag{A-19}$$

因此在转折频率 $f=f_0$ 附近的 Q 值大小即是实际传递函数的真实值。式(A-19)用分贝表示为

$$|G(\mathrm{j}\omega_0)|_{\mathrm{dB}}=|Q|_{\mathrm{dB}} \tag{A-20}$$

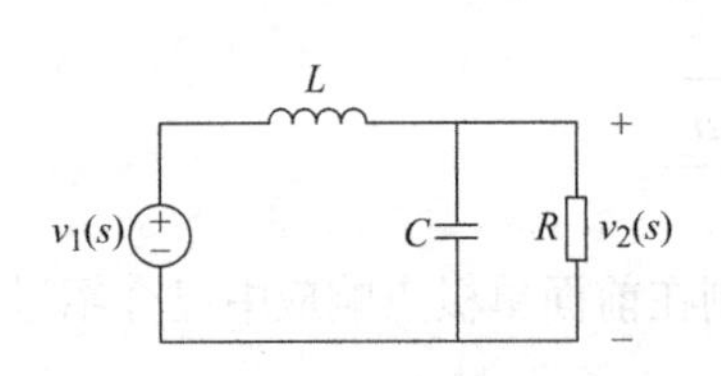

图 A-6 双极点低通滤波器

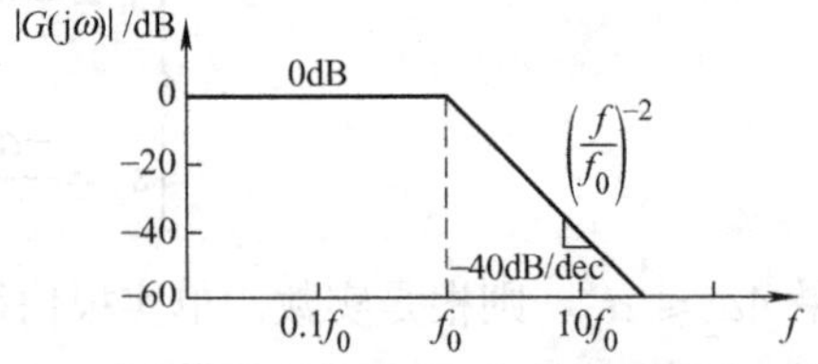

图 A-7 双极点传递函数幅频特性渐进线

例如，当 $Q=2$ 时，用分贝表示则为 6dB，说明真实曲线在转折频率 $f=f_0$ 处与渐进线相差 6dB。双极点传递函数的幅频特性的显著特点如图 A-8 所示。

不同 Q 值时双极点响应的幅频特性实际曲线如图 A-9 所示。从图中可见，双极点响应的幅

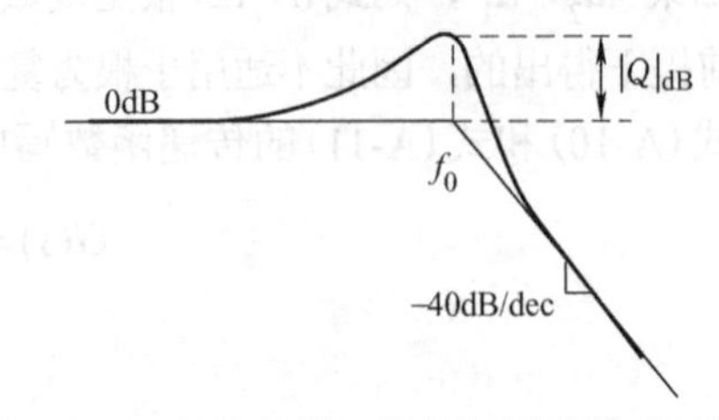

图 A-8 双极点传递函数的幅频特性重要特征

频特性不仅与转折频率有关，而且也与品质因数 Q(或阻尼比 ζ)有关，渐进线与实际曲线的误差是随 Q 值不同而不同。比较图 A-7 和图 A-9 可见，用渐进线来近似幅频特性实际曲线存在误差，误差计算公式为[12]

$$\begin{cases} \Delta G_1(\mathrm{j}\omega) = -20\lg\sqrt{\left(1-\dfrac{f^2}{f_0^2}\right)^2 + \dfrac{f^2}{Q^2 f_0^2}}, & f \leqslant f_0 \\ \Delta G_2(\mathrm{j}\omega) = -20\lg\sqrt{\left(1-\dfrac{f^2}{f_0^2}\right)^2 + \dfrac{f^2}{Q^2 f_0^2}} + 40\lg\dfrac{f}{f_0}, & f \geqslant f_0 \end{cases} \tag{A-21}$$

根据上式绘制的误差曲线如图 A-10 所示。从图中可见，当 $0.714 < Q < 1.25$ 时，误差 $\Delta G(\mathrm{j}\omega) < 4\mathrm{dB}$，当 Q 值在 $0.714 < Q < 1.25$ 范围外时，误差将增大。工程上，当满足 $0.714 < Q < 1.25$ 时，可使用渐进对数幅频特性；在此范围外，应使用准确的对数幅频特性。准确的对数幅频特性可在渐进对数幅频特性的基础上，用图 A-10 所示的误差曲线修正，其计算式为

$$|G(\mathrm{j}\omega)|_{\mathrm{dB}} = -20\lg\sqrt{\left(1-\frac{f^2}{f_0^2}\right)^2 + \frac{f^2}{Q^2 f_0^2}} \tag{A-22}$$

双极点响应的传递函数 $G(s)$ 的相位为

$$\angle G(\mathrm{j}\omega) = -\arctan\left[\frac{\dfrac{1}{Q}\left(\dfrac{\omega}{\omega_0}\right)}{1-\left(\dfrac{\omega}{\omega_0}\right)^2}\right] \tag{A-23}$$

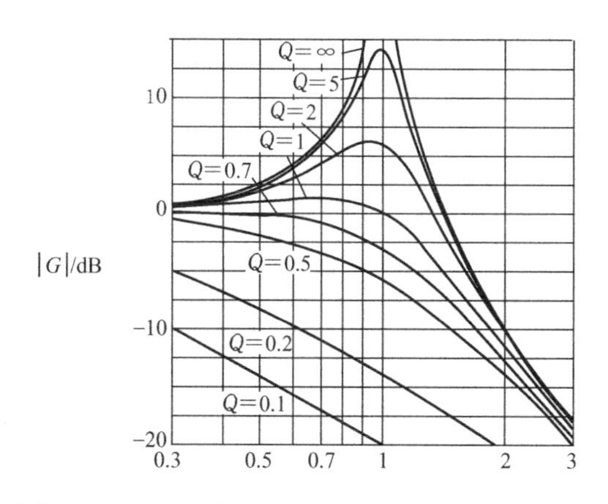

图 A-9　不同 Q 值时双极点响应实际幅频特性曲线

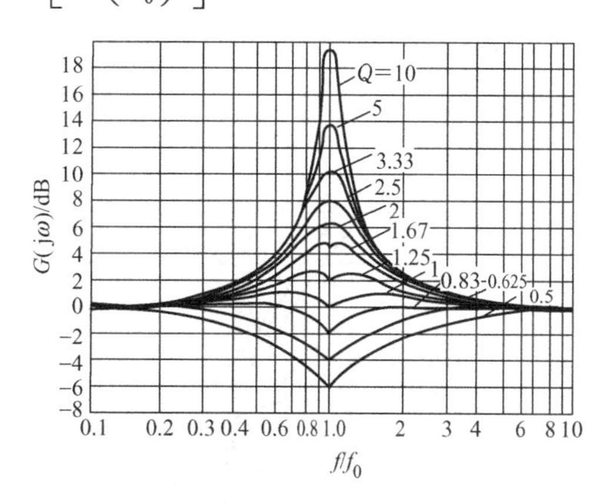

图 A-10　双极点响应的误差修正曲线

对应的相频特性如图 A-11 所示。在低频段相位趋近 0°；在高频段相位趋近-180°；在转折频率 $f = f_0$ 处的相位是-90°。图 A-11 描述了 Q 值增加，相频特性形状在 0°和-180°之间的变化情况。

中频段渐进线的选择应为

$$\begin{cases} f_{\mathrm{a}} = 10^{-\frac{1}{2Q}} f_0 \\ f_{\mathrm{b}} = 10^{\frac{1}{2Q}} f_0 \end{cases} \tag{A-24}$$

这样中频段渐进线是以−180Q/dec 斜率变化，如图 A-12 所示。当 $Q=0.5$ 时，以转折频率 $f=f_0$ 为中心，约两个十倍频程频率的范围内，相位从 0° 变化到−180°。

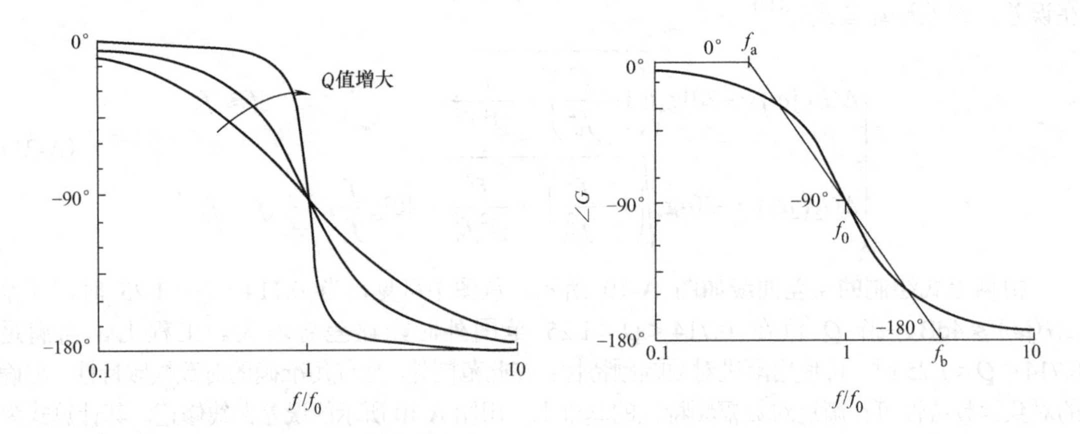

图 A-11　增大 Q 值引起明显相位变化的双极点相频特性　图 A-12　双极点响应相频特性中频段渐进线

不同 Q 值时双极点响应的相频特性实际曲线如图 A-13 所示。

(2) 相位裕量与品质因数的关系

相位裕量与品质因数之间存在

$$\varphi_{\mathrm{m}}=\arctan\sqrt{\frac{1+\sqrt{1+4Q^4}}{2Q^4}} \tag{A-25}$$

将品质因数用分贝表示，绘制 $Q=f(\varphi_{\mathrm{m}})$ 的关系曲线如图 A-14 所示[5]。

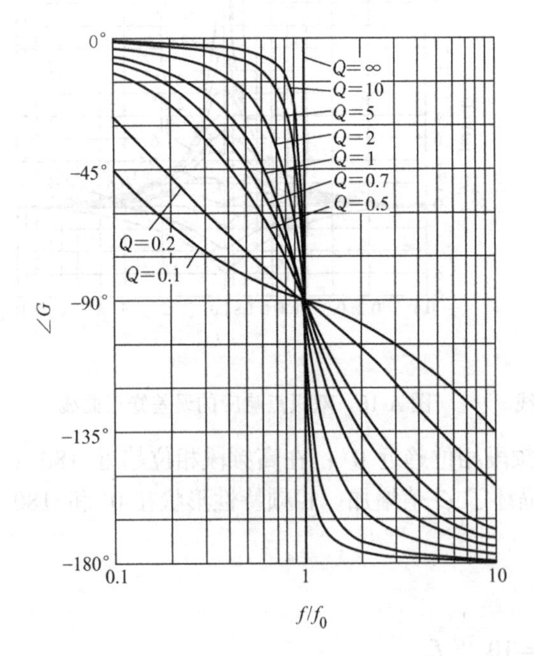

图 A-13　不同 Q 值时双极点响应相频特性实际曲线

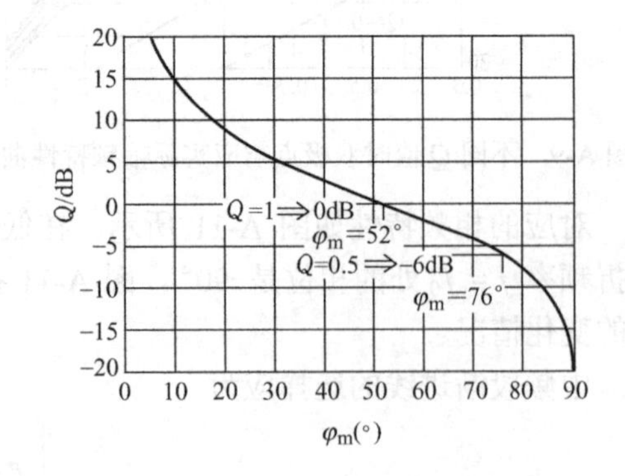

图 A-14　$Q=f(\varphi_{\mathrm{m}})$ 的关系曲线

附录 B　几种传递函数近似处理方法

在开关调节系统控制器的设计中，应根据开关调节系统控制的要求和控制对象的具体情况设计适当的控制器，使系统校正成典型系统。从第 3 章对 I 型和 II 型系统的跟随指标、抗扰性能以及相关参数的分析中可得出：如果系统主要要求有良好的跟随性能，则可按典型 I 型系统进行设计；如果系统主要要求有良好的抗扰性能，则应按典型 II 型系统进行设计；如果系统既要求抗扰能力强，又要跟随性能好，可能这两类系统都无法满足，这就要采取其他控制方式。

在确定了要采用哪种典型系统之后，设计控制器的传递函数使其与控制对象的传递函数相乘，匹配成典型系统。

然而在开关调节系统的工程设计中并不是所有情况下都能匹配成典型系统，或者有时仅靠 P、I、PI、PD、PID 几种控制器都不能满足系统要求时，需对控制对象的传递函数做近似处理。下面介绍在开关调节系统设计中的几种近似处理方法。

1. 中频段大惯性环节的近似

如果系统中存在一个时间常数非常大的惯性环节 $1/(Ts+1)$ 时，可以近似成积分环节 $1/(Ts)$ [9]，如在 3.5.4 节中分析 CCM 型 Buck 电路在中频段开环传递函数的近似就是一个例子。

设大惯性环节的频率特性为

$$\frac{1}{\mathrm{j}\omega T+1}=\frac{1}{\sqrt{(\omega T)^2+1}}\angle \arctan(\omega T) \tag{B-1}$$

而将大惯性环节近似成积分环节时，其幅值可近似为

$$\frac{1}{\sqrt{(\omega T)^2+1}}\approx\frac{1}{\omega T} \tag{B-2}$$

式(B-2)中的近似条件为 $(\omega T)^2 \gg 1$。在工程设计中，一般允许有 10%以内的误差，因此按工程设计惯例，近似条件可改写成 $\omega T \geqslant \sqrt{10}$。考虑到开环频率特性的截止频率 ω_c 与闭环频率特性的带宽 ω_b 一般较为接近，可以将 ω_c 作为闭环系统通频带的标志，且对 $\sqrt{10}=3.1623\approx 3$ 取整后，近似条件变为

$$\omega_c \geqslant \frac{3}{T} \tag{B-3}$$

近似处理之后的相位角近似条件为 $\arctan(\omega T)\approx 90°$，按工程惯例，当取 $\omega T=\sqrt{10}$ 时，则有 $\arctan(\omega T)=\arctan\sqrt{10}=72.45°$。可见，将大惯性环节近似成积分环节之后，相位角的滞后从 72.45° 变成了 90°，滞后得更多，使系统的稳定裕度变得更小。这说明实际系统的稳定裕度要大于近似后的系统，按近似系统设计控制器后，实际系统的稳定性将更好，由此证得上述的近似方法是可行的。

分析中频段大惯性环节近似处理后对频率特性的影响，可从 3.5.4 节中 CCM 型 Buck 调节系统的开环传递函数及近似过程中得出结论：将大惯性环节近似成积分环节后对系统的动态性能虽然影响不大，但在考虑稳态精度时，仍应按原系统考虑，因为这种近似处理相当于人为地将系统的类型提高了一级，这显然是不真实的，因此这种近似处理只适用于分析动态性能。

2. 高频段小惯性环节的近似

开关调节系统中，存在变换器滞后环节、电流滤波环节（如图 B-1 所示），这些环节的存

在往往使系统有若干个小时间常数的惯性环节，它们都处于频率特性的高频段，是一组小惯性环节群。对于高频段小惯性环节群可采用近似处理的方法。

例如某开关调节系统的开环传递函数为

$$G(s)=\frac{K(\tau s+1)}{s(T_1 s+1)(T_2 s+1)(T_3 s+1)} \tag{B-4}$$

式中，T_2 和 T_3 是小时间常数，存在 $T_1 >> T_2$，$T_1 >> T_3$，$T_1 >> \tau$，系统的开环频率特性如图 B-2 所示。

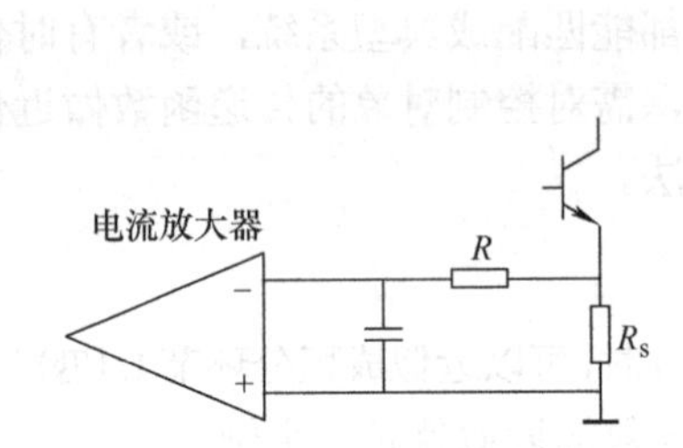

图 B-1　带滤波的电阻检测电路

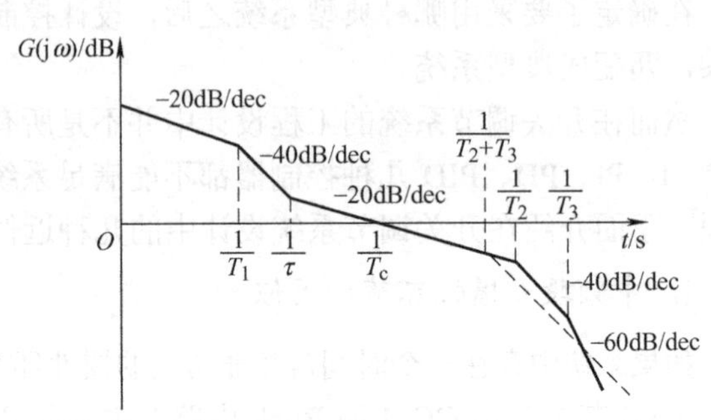

图 B-2　高频段小惯性环节群近似处理对频率特性的影响

小惯性环节群的频率特性为

$$\frac{1}{(\mathrm{j}\omega T_2+1)(\mathrm{j}\omega T_3+1)}$$

近似后的表达式为

$$\frac{1}{(\mathrm{j}\omega T_2+1)(\mathrm{j}\omega T_3+1)}=\frac{1}{(1-T_2T_3\omega^2)+\mathrm{j}\omega(T_2+T_3)}\approx\frac{1}{1+\mathrm{j}\omega(T_2+T_3)} \tag{B-5}$$

由式(B-5)可得近似条件为 $T_2T_3\omega^2<<1$，按工程设计惯例(允许小于 10%误差)，近似条件可写成 $T_2T_3\omega^2\leqslant 1/10$，这样允许的频带为 $\omega\leqslant\frac{1}{\sqrt{10T_2T_3}}$，与前面一样，将$\omega_c$作为闭环系统通频带标志，且取整数，得近似条件为

$$\omega_c\leqslant\frac{1}{3\sqrt{T_2T_3}} \tag{B-6}$$

在上式近似条件下，小惯性环节群的传递函数近似式为

$$\frac{1}{(T_2 s+1)(T_3 s+1)}\approx\frac{1}{(T_2+T_3)s+1} \tag{B-7}$$

近似后的对数幅频特性如图 B-2 虚线所示。

如果实际开关调节系统存在三个小惯性环节群时，设它们的传递函数为

$$\frac{1}{(T_2 s+1)(T_3 s+1)(T_4 s+1)}$$

则相应的频率特性为

$$\frac{1}{(\mathrm{j}\omega T_2+1)(\mathrm{j}\omega T_3+1)(\mathrm{j}\omega T_4+1)}=\frac{1}{[1-(T_2T_3+T_2T_4+T_3T_4)\omega^2]+\mathrm{j}\omega(T_2+T_3+T_4-T_2T_3T_4\omega^2)}$$

如果存在$(T_2T_3+T_2T_4+T_3T_4)\omega^2 \ll 1$ 和 $T_2T_3T_4\omega^2 \ll (T_2+T_3+T_4)$，则三个小惯性环节群的频率特性可近似为

$$\frac{1}{(T_2s+1)(T_3s+1)(T_4s+1)} \approx \frac{1}{(T_2+T_3+T_4)s+1} \tag{B-8}$$

上面的近似条件也可表示成$\omega^2 \ll \dfrac{1}{T_2T_3+T_2T_4+T_3T_4}$和$\omega^2 \ll \dfrac{T_2+T_3+T_4}{T_2T_3T_4}$，因为时间常数$T_2$、$T_3$、$T_4$都是正值，故必然存在：$T_2T_3+T_2T_4+T_3T_4>T_2T_3$，则有$\dfrac{1}{T_2T_3+T_2T_4+T_3T_4}<\dfrac{1}{T_2T_3}$，同理可推出：$\dfrac{1}{T_2T_3+T_2T_4+T_3T_4}<\dfrac{1}{T_2T_4}$和$\dfrac{1}{T_2T_3+T_2T_4+T_3T_4}<\dfrac{1}{T_3T_4}$，所以有$\dfrac{1}{T_2T_3+T_2T_4+T_3T_4}<\dfrac{1}{T_2T_3}+\dfrac{1}{T_2T_4}+\dfrac{1}{T_3T_4}$。

因此只要$\omega \ll \dfrac{1}{\sqrt{T_2T_3+T_2T_4+T_3T_4}}$成立，上面两近似条件必然成立。按工程设计方法近似表达式成立的条件为

$$\omega_{\mathrm{c}} \leqslant \frac{1}{3\sqrt{T_2T_3+T_2T_4+T_3T_4}} \tag{B-9}$$

从而可进一步得出：在一定的条件下，开关调节系统的小惯性环节群可近似成一个小惯性环节，其时间常数等于小惯性环节群中各惯性环节时间常数之和。

3. 高阶系统的降阶近似

小惯性环节群的近似是高阶系统降阶近似的一种特例，而更一般的情况是如何忽略开关调节系统特征方程的高次项[9]，这是下面要讨论的问题，即近似的条件是什么？现以三阶为例，设开关调节系统的特征方程为

$$F(s)=as^3+bs^2+cs+1$$

式中，a、b、c都是正系数，且存在$bc>a$(系统是稳定的)。如果能忽略高次项，则近似条件推导如下：

$$F(\mathrm{j}\omega)=a(\mathrm{j}\omega)^3+b(\mathrm{j}\omega)^2+c(\mathrm{j}\omega)+1=(1-b\omega^2)+\mathrm{j}\omega(c-a\omega^2)\approx 1+\mathrm{j}\omega c$$

近似条件为$b\omega^2 \ll 1$和$a\omega^2 \ll c$，按工程设计惯例有$\omega^2 \leqslant \dfrac{1}{10b}$和$\omega^2 \leqslant \dfrac{c}{10a}$，将$\omega_{\mathrm{c}}$作为闭环系统通频带标志，且取整数，得近似条件为

$$\omega_{\mathrm{c}} \leqslant \frac{1}{3}\min\left(\frac{1}{\sqrt{b}},\sqrt{\frac{c}{a}}\right) \tag{B-10}$$

4. 任意阶多项式根的近似

在开关调节系统中，如果不做任何近似处理，系统都是高阶的，求解高阶系统的多项式根的运算很困难。在分析高阶系统时，传统的方法是采用主导极点的概念对高阶系统进行近似分析，例如：如果能找到一对共轭复根主导极点，高阶系统就可以近似地当作二阶系统来分析；如果能找到一个主导极点，高阶系统就可当作一阶系统来分析。有时，对于不大符合存在闭环主导极点条件的高阶系统，可设法使其符合条件，例如：在某些不希望的闭环极点附近引入闭环零点，人为地构成零点、极点“相抵消”。但是，近年来随着计算机的发展与普及，特别是已出现了一些求解高阶方程的软件，这给高阶系统的分析和设计提供了方便。

为此，有必要介绍任意多项式根的近似分析表达式[5]。

设系统是 n 阶，其多项式为

$$P(s)=1+a_1s+a_2s^2+\cdots+a_ns^n \tag{B-11}$$

可用因式分解的方法得到 n 阶多项式的另一种表达式，即

$$P(s)=(1+\tau_1s)(1+\tau_2s)\cdots(1+\tau_ns) \tag{B-12}$$

在实际电路中，系数 a_1，…，a_n 是实数，而时间常数 τ_1，…，τ_n 可能是实数也可能是复数。一般情况下，多数或所有的时间常数由电路元件值依靠一种很简单的方法被区分开，即这些时间常数是两两互不相同的。这样就易得到这些时间常数的简单近似分析表达式。

将式(B-12)各因式相乘并与式(B-11)各项对应后，能够发现，时间常数 τ_1，…，τ_n 与原来的系数 a_1，…，a_n 存在关系为

$$\begin{cases} a_1=\tau_1+\tau_2+\cdots+\tau_n \\ a_2=\tau_1(\tau_2+\cdots+\tau_n)+\tau_2(\tau_3+\cdots+\tau_n)+\cdots \\ a_3=\tau_1\tau_2(\tau_3+\cdots+\tau_n)+\tau_2\tau_3(\tau_4+\cdots+\tau_n)+\cdots \\ \quad\vdots \\ a_n=\tau_1\tau_2\tau_3\cdots\tau_n \end{cases} \tag{B-13}$$

通常无法得到系统的任意阶多项式的精确因式分解方程式，尽管如此，由式(B-13)可以得到根的近似表达式。现假设所有时间常数都是实数且各不相等，这些时间常数按大小以递减顺序排列存在关系为

$$|\tau_1|\gg|\tau_2|\gg\cdots\gg|\tau_n| \tag{B-14}$$

如果式(B-14)成立，则式(B-13)中的每一等式的第一项占主导，因此就可得到系数 a_1,…, a_n 的近似表达式为

$$\begin{cases} a_1\approx\tau_1 \\ a_2\approx\tau_1\tau_2 \\ a_3\approx\tau_1\tau_2\tau_3 \\ \quad\vdots \\ a_n\approx\tau_1\tau_2\tau_3\cdots\tau_n \end{cases} \tag{B-15}$$

根据式(B-15)可以解出时间常数，结果为

$$\begin{cases} \tau_1\approx a_1 \\ \tau_2\approx\dfrac{a_2}{a_1} \\ \tau_3\approx\dfrac{a_3}{a_2} \\ \quad\vdots \\ \tau_n\approx\dfrac{a_n}{a_{n-1}} \end{cases} \tag{B-16}$$

如果有

$$|a_1|\gg\left|\frac{a_2}{a_1}\right|\gg\left|\frac{a_3}{a_2}\right|\gg\cdots\gg\left|\frac{a_n}{a_{n-1}}\right| \tag{B-17}$$

那么式(B-11)给出的多项式就可以近似地分解为

$$P(s) \approx (1+a_1 s)\left(1+\frac{a_2}{a_1}s\right)\left(1+\frac{a_3}{a_2}s\right)\cdots\left(1+\frac{a_n}{a_{n-1}}s\right) \tag{B-18}$$

通过上面的推导，至此已获得了任意阶多项式根的近似分析表达式。

值得一提的是：如果式(B-11)中的原来系数是电路元件的简单函数，那么由式(B-18)获得的近似根也同样是电路元件的简单函数。任意阶多项式根的近似分析表达式是在式(B-17)成立的条件下才适用，如果此式中某一项不满足，则可采用分离相关项的办法去近似，读者可查阅相关书籍。

5. 低 Q 值的近似

对于附录 A 中的式(A-11)，当其特征方程式的根为实数时，也可以表示成标准形式，即

$$G(s)=\frac{1}{\left(1+\dfrac{s}{\omega_1}\right)\left(1+\dfrac{s}{\omega_2}\right)} \tag{B-19}$$

如果能已知转折角频率 ω_1 和 ω_2，运用上式就很容易求出两个根。但是在用这种方法去求解根的过程中的困难在于，需用复杂的二次方程式先去求解转折角频率。转折角频率的表达式含有电路元件 R、L、C 等，特别是当电路包含许多元件数时，将导致表达式的复杂，使求解过程更困难。即使是在图 A-6 所示的双极点低通滤波器这样简单的电路、其传递函数如式(A-10)的情况下，用二次方程式求解得出转折角频率的复杂等式为

$$\omega_1、\omega_2=\frac{\dfrac{L}{R}\pm\sqrt{\left(\dfrac{L}{R}\right)^2-4LC}}{2LC} \tag{B-20}$$

当这两个转折角频率 ω_1 和 ω_2 在数值上很好地分离，即数值上相差很大时，可有以下非常简单的关系表达式为

$$\begin{cases}\omega_1 \approx \dfrac{R}{L}\\[2mm] \omega_2 \approx \dfrac{1}{RC}\end{cases} \tag{B-21}$$

这种情况下 ω_1 基本上与 C 值的大小无关；ω_2 基本上与 L 值的大小无关。虽然式(B-20)明显表明了两转折角频率是依赖所有的元件值的，但式(B-21)比式(B-20)更实用，因为用低 Q 值近似更易获得 ω_1 和 ω_2 的值。这就是接下来要讨论的问题——低 Q 值的近似。

现设含有 Q 值的双极点传递函数的标准形式为

$$G(s)=\frac{1}{1+\dfrac{s}{Q\omega_0}+\left(\dfrac{s}{\omega_0}\right)^2}$$

当 $Q \leqslant 0.5$ 时，用一元二次方程求解根的方法可得上式中分母多项式的根为

$$\begin{cases}\omega_1=\dfrac{\omega_0}{Q}\dfrac{1-\sqrt{1-4Q^2}}{2}\\[2mm] \omega_2=\dfrac{\omega_0}{Q}\dfrac{1+\sqrt{1-4Q^2}}{2}\end{cases} \tag{B-22}$$

如果定义函数 $F(Q)$ 为

$$F(Q)=\frac{1}{2}\left(1+\sqrt{1-4Q^2}\right) \tag{B-23}$$

则转折角频率 ω_2 变为

$$\omega_2=\frac{\omega_0}{Q}F(Q) \tag{B-24}$$

当 $Q\ll 0.5$ 时，$4Q^2\ll 1$，则 $F(Q)\approx 1$，可得

$$\omega_2\approx\frac{\omega_0}{Q} \tag{B-25}$$

函数 $F(Q)$ 与 Q 值之间的关系曲线如图 B-3 所示。由图可见，当 Q 值减少到小于 0.5 时，$F(Q)$ 很快地接近于 1。

为了获得 ω_1 的近似表达式，将式(B-22)中的 ω_1 等式乘 $F(Q)$，简化后可得

$$\omega_1=\frac{Q\omega_0}{F(Q)} \tag{B-26}$$

当 Q 值很低时，$F(Q)$ 趋近于 1，因此有近似表达式为

$$\omega_1\approx Q\omega_0 \tag{B-27}$$

低 Q 值的幅频渐进线如图 B-4 所示。

由图可见，当 $Q<0.5$ 时，在 ω_0 处被分裂成两实极点，一实极点出现在转折角频率 ω_1 处，$\omega_1<\omega_0$；另一实极点出现在 ω_2 处，$\omega_2>\omega_0$；而转折角频率 ω_1 和 ω_2 用式(B-27)、式(B-25)很容易得到它们的近似值。在 $Q<0.5$ 的情况下，利用式(B-27)和式(B-25)可获得转折角频率的分析表达式为

$$\begin{cases}\omega_1\approx Q\omega_0=R\sqrt{\dfrac{C}{L}}\dfrac{1}{\sqrt{LC}}=\dfrac{R}{L}\\[2ex]\omega_2\approx\dfrac{\omega_0}{Q}=\dfrac{1}{\sqrt{LC}}\dfrac{1}{R\sqrt{\dfrac{C}{L}}}=\dfrac{1}{RC}\end{cases} \tag{B-28}$$

对于图 A-6 双极点滤波电路中的参数 Q 和 ω_0 通常是由式(B-28)给出。因此，低 Q 值的近似可获得针对设计的、简单的转折角频率的分析表达式，这也是在此用一定的篇幅讨论低 Q 值近似的意义所在。

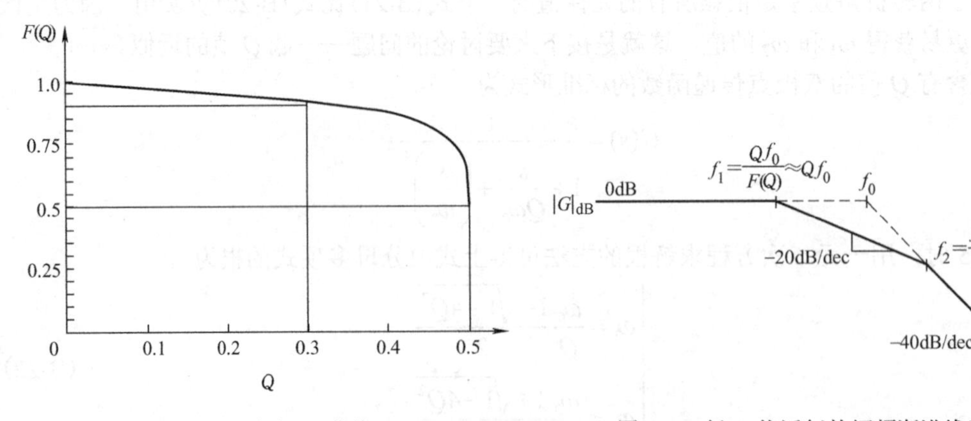

图 B-3　$F(Q)$–Q 曲线

图 B-4　低 Q 值近似的幅频渐进线示意图

参 考 文 献

[1] 蔡宣三，龚绍文. 高频功率电子学——直流-直流变换部分[M]. 北京：科学出版社，1993.

[2] 叶慧贞，杨兴洲. 开关稳压电源[M]. 北京：国防工业出版社，1990.

[3] 李宏. 电力电子设备用器件与集成电路应用指南：第 1 册：电力半导体器件及其驱动电路[M]. 北京：机械工业出版社，2001.

[4] 童福尧，冯培悌. 功率 MOSFET 使用中应注意的问题[J]. 机电工程，1994(3)：52–56.

[5] ERICKSON R W，MAKSIMOVIĆ D. Fundamentals of Power Electronics[M]. 2nd ed. Amsterdam: Kluwer Academic Publishers，2001.

[6] CHUA L O，LIN P M，Comuter Aided Analysis of Electronic Cricuity:Algorithms & Computational Techniques[M]. NewJersey: Prentice-Hall，1975.

[7] 蔡宣三. 开关电源的频域分析与综合(I)[J]. 电源世界，2002(9).

[8] 蔡尚峰. 自动控制理论：上册[M]. 北京：机械工业出版社，1980.

[9] 陈伯时. 电力拖动自动控制系统——运动控制[M]. 3 版. 北京：机械工业出版社，2004.

[10] 蔡宣三. 开关电源的频域分析与综合(II)[J]. 电源世界，2002(10).

[11] 杨自厚. 自动控制原理[M]. 2 版. 北京：冶金工业出版社，1990.

[12] 刘祖润. 自动控制原理[M]. 北京：机械工业出版社，1998.

[13] BROWN M. 开关电源设计指南[M]. 2 版. 徐德鸿，等译. 北京：机械工业出版社，2004 .

[14] 李爱文，张承慧. 现代逆变技术及其应用[M]. 北京：科学出版社，2000 .

[15] 胡松涛. 自动控制原理[M]. 4 版. 北京：科学出版社，2001.

[16] DIXON L. Unitrode Average Current Model Control of Switching Power Supplies，Product&Application Handbook[Z]. 1993–1994.

[17] DIXON L. Texas Instruments. Control Loop Cookbook[Z]. 2001.

[18] MITCHELL D，MAMMANO B. Texas Instruments. Designing Stable Control Loops[Z]. 2001.

[19] Unitrode Application Note. Modeling Analysis and Compensation of the Current—model Converter [Z]. 1993–1994.

[20] Unitrode Application Note. Practical Consideration in Current Model Power Supplies[Z]. 1993–1994.

[21] 蔡宣三. 双环控制的开关电源系统瞬态建模——功率守恒法[J]. 电源世界，2002(12).

[22] 张卫平，吴兆麟. 电流控制型 PWM 开关变换器的稳定性研究[J]. 电力电子技术，1999(5).

[23] 慕丕勋，冯桂林. 微机开关电源显示器电路图集[M]. 北京：电子工业出版社，1995.

[24] 吴兆麟. 电力电子电路的计算机仿真技术[M]. 杭州：浙江大学出版社，1998.

[25] 陈建业. 电力电子电路的计算机仿真技术[M]. 北京：清华大学出版社，2003.

[26] 陆治国. 电源的计算机仿真技术[M]. 北京：科学出版社，2001.

[27] 管致中，等. 电路、信号与系统：下册[M]. 北京：人民教育出版社，1979.

[28] VORPERIAN V，CUK S. Small-signal analysis of resonant converters[C]. IEEE Power Electronics Specialists，1983: 269–282.

[29] WITULSKI A，ERICKSON R. Small-signal ac equivalent circuit modeling of the series resonant

converter[C]. IEEE Power Electronics Specialists， 1987: 639–704.

[30] YANG E X, LEE F C，JOVANOVIC M M. Small-Signal Modeling of series and parallel resonant converters[C]. Proceedings of the Applied power Electronics Conference，1992: 785–792.

[31] YANG E X, LEE F C，JOVANOVIC M M. Small-signal modeling of LCC resonant converter[C]. Proceedings of the Applied power Electronics Conference，1992: 941–950.

[32] YANG E X, CHOI B, LEE F C. Dynamic analysis and control design of LCC resonant converter[C]. Proceedings of the Applied power Electronics Conference，1992: 362–369.

[33] VORPERIAN V, High-Q Appraximate small-signal analysis of resonant converter[C]. IEEE PESC Toulouse，1985：707–715.

[34] 张卫平. MH 灯用交流无频闪电子电源的研究[D]. 杭州：浙江大学，1998.

[35] TI Literature. 8-Pin High-Performance Resonant Mode Controller[Z]. 2011.

[36] YANG B. Topology investigation for front end DC/DC Power Conversion for Distributed Power Systems[D]. Virginia Polytechnic Institute and State University，2003.

[37] HUANG H. TI Literature . Designing an LLC Resonant Half-Bridge Power Converter[Z]. 2011.

[38] TIAN S. Equivalent Circuit Model of High Frequency PWM and ,Resonant Converters[D]. Virginia：Virginia Tech. 2015.

[39] JANG J，JOUNG M，CHOI B. Dynamic Analysis and Control Design of Optocoupler-Isolated LLC Series Resonant Converters with Wide Input and Load Variations[C]. IEEE, 2009.

[40] Low-Voltage Adjustable Precision Shunt Regulator[Z]. 2007.

[41] Qt Optoelectronics . 4–Pin Phototransistor Optocouplers[Z]. 1996.